度量空间的拓扑学

杨忠强　杨寒彪　编著

U0263631

科学出版社

北京

内 容 简 介

本书主要是以度量空间为基础进行拓扑学性质的探究. 对于读者而言, 以度量空间为基础可以降低拓扑学的入门难度. 与此同时本书也介绍了对于拓扑学而言相对重要的结果, 特别是其他中文书籍相对较少涉及的拓扑学维数论, 无限维拓扑学等的相关结果也在本书中有所体现. 此外, 重视拓扑学和其他学科的结合是本书的一个特点. 本书从基本的集合论知识起步, 先介绍了度量空间、连续映射、度量空间的连通性和紧性, 然后介绍了可分度量空间、完备度量空间、Baire 空间, 还包含了这些结论在分析学中的应用、Cantor 集的拓扑特征及其万有性; 进一步, 本书定义了拓扑空间, 并把度量空间的拓扑学知识推广到了更一般的拓扑空间中, 并定义了仿紧性, 证明了一些可度量化定理等. 最后本书证明了 Michael 选择定理、Dugundji 扩张定理、Brouwer 不动点定理和 Anderson 定理.

本教材主要面向数学专业本科生和低年级研究生, 也可以作为对拓扑学有兴趣的研究者的参考书.

图书在版编目(CIP)数据

度量空间的拓扑学/杨忠强, 杨寒彪编著. —北京: 科学出版社, 2017.3
ISBN 978-7-03-051617-6

Ⅰ. ①度… Ⅱ. ①杨… ②杨… Ⅲ. ①度量空间②拓扑 Ⅳ. ①O177.3 ②O189

中国版本图书馆 CIP 数据核字(2017) 第 018969 号

责任编辑: 李静科 / 责任校对: 邹慧卿
责任印制: 赵 博 / 封面设计: 陈 敬

科 学 出 版 社 出版
北京东黄城根北街 16 号
邮政编码: 100717
http://www.sciencep.com

北京天宇星印刷厂印刷
科学出版社发行 各地新华书店经销

*

2017 年 3 月第 一 版 开本: 720 × 1000 1/16
2025 年 2 月第五次印刷 印张: 21 3/4
字数: 428 000

定价: 128.00 元
(如有印装质量问题, 我社负责调换)

前　　言

　　本书的主要目的是为本科生和研究生提供度量空间的拓扑学的入门材料; 同时为拓扑学专业的研究生提供关于维数论和无限维拓扑学的入门材料. 相对于国内一般的点集拓扑学教材而言, 本教材的重点是度量空间的拓扑学, 这恰好是拓扑学在其他数学分支应用中最重要的部分, 同时满足了在一个相对比较短的篇幅内以比较低的起点上给出一些深刻的拓扑学定理的要求. 另外, 本教材提供的拓扑学维数论在国内出版的教材中较少涉及; 无限维拓扑学, 特别是 Anderson 定理 (即 Hilbert 空间 ℓ^2 同胚于无限可数个实直线的乘积) 在国内出版的中文书籍中还没有出现. 作者的另一个期待是本书能尽量体现拓扑学和其他数学分支的联系, 例如, 证明存在充分多的处处连续处处不可导的函数, 对 Cantor 集的探讨, 对 Euclidean 空间 $\mathbb{R}^n$ 的拓扑性质的讨论, 证明 Michael 选择定理、Brouwer 不动点定理和 Brouwer 域不变性定理等.

　　本书由十章组成. 第 1 章给出本书需要的集合论知识. 第 2 章定义度量空间、连续映射和其他基本概念并给出这些概念的性质, 同时我们也给出大量例子. 第 3 章和第 4 章分别定义度量空间的连通性和紧性, 研究这两类度量空间的基本性质, 特别是给出 Cantor 集的拓扑特征. 第 5 章研究可分度量空间, 特别是证明了含 Cantor 空间在内的一些空间的万有性质. 第 6 章定义和研究完备度量空间与可完备度量空间并给出其在分析上的应用. 第 7 章定义拓扑空间, 探讨第 2—6 章的各种概念在更一般的拓扑空间中的变化, 并给出拓扑空间一些特有的性质, 例如, 仿紧性; 证明了一些经典的度量化定理. 在第 8 章, 我们的目的是证明 Michael 选择定理、Dugundji 扩张定理和 Brouwer 不动点定理, 前两个结论是联系拓扑学和分析学的重要桥梁, 后者是拓扑学中的最重要的结果之一. 为此, 我们定义拓扑线性空间、单纯复形等概念. 第 9 章讨论维数论. 我们定义三种维数并给出它们重合的条件. 利用这些结果我们证明 Euclidean 空间 $\mathbb{R}^n$ 是互相不同胚的和 Brouwer 域不变性定理 —— 一个在很多数学分支中有用的定理. 本书的最后一章给出无限维拓扑学引论, 其主要目的是证明 Anderson 定理, 证明这个结果所使用的工具在今天的无限维拓扑学研究中仍然生机勃勃.

　　本书的前七章已经在汕头大学本科生和研究生教学中多次使用, 后面三章也在拓扑专业研究生教学中多次使用.

　　本书的绝大多数结论及其证明都来源于一些经典的书籍, 作者的主要工作是选择和作自认为恰当的陈述. 个别的结论和证明作者没有在其他的地方发现. 第 1 章

主要参考了 [10] 和 [20]. 第 2—7 章主要参考了 [1],[4],[9], [13], [17]. 第 8 章主要参考了 [2], [11] [12], [16], [19]. 第 9 章主要参考了 [4], [5], [11], [12], [16]. 第 10 章主要参考了 [11], [16]. 书籍 [4] 和 [11] 给出了本书涉及的绝大多数结论的历史, 读者可以参考.

阅读完本书后, 如果你想继续学习拓扑学, [4] 给出了关于一般拓扑学经典内容再学习的材料; [11] 和 [12] 是进一步学习无限维拓扑学的很好教材; [16] 是一本最新出版的关于维数论和绝对收缩核理论的深刻而全面的书, 对学习和研究都会有很大的帮助, 可惜的是作者酒井克朗教授在出版前删去了该书草稿中包含的关于无限维拓扑学的内容, 我们期待着他下一本书的出版. [13] 和 [14] 是学习代数拓扑学的好教材. [5] 给出了维数论的全面陈述. 另外, 本书中包含一些没有给出证明的陈述, 但告知了包含这些证明的文献. 为读者进一步学习相应的内容提供了方便.

本书第 8 章和第 10 章由杨寒彪完成, 其余由杨忠强完成. 杨寒彪负责最后审定.

已故的王国俊教授引领我进入拓扑学这个数学领域, 并在其后给了我很多帮助和鼓励, 谨以此书敬献给恩师王国俊教授! 感谢四川大学的刘应明院士和日本筑波大学的酒井克朗教授对我们学习拓扑学提供的帮助! 西安工业大学的张丽丽教授, 汕头大学的罗军博士 (现为重庆大学特聘研究员) 和徐斐教授给本书的初稿提出了很多非常有价值的建议和修改意见, 我们表示感谢! 博士生杨鎏同学为本书绘制了插图, 汕头大学的历届本科生和研究生也对本书初稿提出了很多修改意见, 作者们一并感谢!

作者们感谢下列基金对本书出版的支持: 中央财政支持地方高校发展专项资金 “汕头大学数学省级攀登重点学科建设”, 国家自然科学基金 (项目编号: 11471202, 11526159), 广东省创新强校工程 (汕头大学精品教材), 广东省自然科学基金 (项目编号: 2016A030310002), 广东省创新强校工程 (广东省教学质量与教学工程立项建设项目).

由于作者们学疏才浅, 不当和错误在所难免, 请读者不惜赐教!

杨忠强[①]

2016 年 8 月 1 日

---

① 通讯地址: 广东省汕头市汕头大学理学院数学系, 515063. E-mail: zqyang@stu.edu.cn

目　　录

第 1 章　公理集合论简述 ·· 1

1.1　集合论公理 ·· 1

1.2　集合上的几种特殊关系 ·· 8

1.3　序数与基数 ··· 16

1.4　选择公理 ··· 26

第 2 章　度量空间 ·· 31

2.1　度量空间的定义及例子 ··· 31

2.2　开集、闭集、基、序列 ··· 36

2.3　闭包、内部、边界 ··· 41

2.4　连续映射、同胚、拓扑性质 ······································· 45

2.5　一致连续、等距映射与等价映射 ··································· 51

2.6　度量空间的运算 ··· 53

2.7　Urysohn 引理和 Tietze 扩张定理 ································· 67

2.8　Borel 集和绝对 Borel 空间 ······································ 73

第 3 章　度量空间的连通性 ·· 76

3.1　连通空间 ··· 76

3.2　连通分支与局部连通空间 ··· 82

3.3　道路连通空间 ··· 87

第 4 章　紧度量空间 ·· 91

4.1　紧度量空间的定义、等价条件 ····································· 91

4.2　紧度量空间的运算 I ··· 96

4.3　紧度量空间的性质 ··· 99

4.4　局部紧度量空间 ·· 102

4.5　紧度量空间的运算 II ··· 106

　　4.5.1　超空间 ·· 106

　　4.5.2　函数空间 ·· 111

4.6　Cantor 集的拓扑特征 ··· 113

第 5 章　可分度量空间 ··· 118

5.1　可分度量空间的定义及等价条件 ·································· 118

5.2　嵌入定理 ···123

5.3　Cantor 空间的万有性质 ·································129

第 6 章　完备度量空间与可完备度量空间 ·················134

6.1　完备度量空间 ···134

6.2　度量空间的完备化 ·······································142

6.3　可完备度量空间 ···144

6.4　Baire 性质及其应用 ·····································146

第 7 章　拓扑空间与可度量化定理 ·························156

7.1　拓扑空间的定义及例子 ···································156

7.2　分离性公理 ···164

7.3　紧性与紧化 ···171

7.4　可数性公理与可分可度量化定理 ·························182

7.5　仿紧空间 ···190

7.6　度量化定理 ···199

7.7　说明 ···207

第 8 章　Michael 选择定理与 Brouwer 不动点定理 ········209

8.1　线性空间 ···209

8.2　Michael 选择定理及其应用 ·······························216

8.3　Euclidean 空间 $\mathbb{R}^n$ ····································223

8.4　Brouwer 不动点定理 ·····································230

8.4.1　单形和单纯复形 ·································231

8.4.2　单形的重心重分 ·································234

8.4.3　Spermer 定理 ···································240

8.4.4　Brouwer 不动点定理 ·····························242

第 9 章　维数论 ···245

9.1　三种维数的定义 ···245

9.2　关于覆盖维数的进一步讨论 ·······························248

9.3　度量空间的维数 ···257

9.4　维数与 Euclidean 空间 $\mathbb{R}^n$ ····························270

9.5　无限维维数论简述 ·······································282

第 10 章　无限维拓扑学引论 ·······························284

10.1　构造同胚的三种方法及其应用 ···························284

10.1.1　方法一: 同胚列的极限是同胚的条件 ··············284

　　10.1.2　方法二: Bing 收缩准则 ·· 289
　　10.1.3　方法三: 同痕 ··· 294
　10.2　Z-集 ·· 300
　10.3　Z-集的同胚扩张定理 I ··· 303
　10.4　Z-集的同胚扩张定理 II ·· 309
　10.5　吸收子 ·· 313
　10.6　Anderson 定理 ·· 320
参考文献 ··· 330
索引 ·· 331

第1章 公理集合论简述

集合论是现代数学的基础. 本章将给出本书所需要的基本集合论知识. 按照现在的教材体系, 集合论知识在高中数学课本中已经出现, 在大学的各门课程中又进行了加深, 特别是 "实变函数" 课程中定义了基数等. 因此, 我们希望, 作为这些课程的后续课程, 我们给出的集合论知识能在此基础上有所提高. 我们选择一种介于公理化方法和朴素方法之间的方法介绍集合论知识. 具体而言, 我们没有给出逻辑知识, 虽然, 一般来讲, 公理化集合论需要很强的逻辑知识. 另外, 对于一些如果用公理化方法将会很麻烦的地方, 我们进行了朴素处理. 当然, 我们也兼顾公理化方法和朴素方法, 一方面用公理的方法给出严格的陈述, 另一方面又用朴素的语言给出解释. 关于集合论的系统知识见 [8], [10], [20].

读者如果不想学习公理集合论, 你可以简单浏览一下 1.1 节, 知道本书的一些记号, 然后继续看 1.2 节—1.4 节即可. 对于大多数读者已经熟悉的一些集合论知识, 我们放在了练习中, 希望大家复习.

1.1 集合论公理

本节将给出集合论公理和一些基本概念. 所谓公理化方法就是用公理 (即被认为是正确的论断) 给出一些概念的性质. 集合论中两个最重要的不定义概念为: **集合和集合的元素**. 也就是说, 下面的两个论断不需要给出定义:

第一, Z 是一个集合;

第二, 集合 a 是集合 A 的元素, 记作, $a \in A$ 或者 $A \ni a$.

因为读者已经熟悉这两个概念的朴素说明, 我们在此不再进一步地说明. 本书中, 几乎所有的研究对象都是集合, 所以, 小写的英文字母 a, b, c 等, 大写的英文字母 A, B, C 等, 花写的英文字母 $\mathcal{A}, \mathcal{B}, \mathcal{C}$ 等, 带下标的字母 $a_2, B_3, \mathcal{C}_4$ 等, 希腊字母 $\alpha, \beta, \Gamma, \Delta$ 等都可以表示集合. 注意, "元素" 并不是一个集合论概念, 更不是一个不定义概念. 所以, 你可以说, 集合 a 是集合 A 的一个元素, 但是, 你不可以说, 集合 a 是一个元素! 在很多教科书中, 为了强调, 有时称一个由集合组成的集合为族. 但是, 按照一般公理化集合论的观点, 所有的集合都是由集合组成的. 本书中, 为了和大家的习惯一致, 我们有时也称一些集合为族, 也就是说, **族**是集合的同义词. 另外, 对于个别不是集合的类, 我们用多个黑体字母表示, 例如, **SET** 表示所有集合构成的类.

在本书中, 用 $a \notin A$ 或者 $A \not\ni a$ 记 $a \in A$ 不成立, 表示 a 不是集合 A 的元素. 以后, 我们也用类似的方法表示否定, 例如, $3 \not\leqslant 2$, $a \neq b$ 等.

下面我们用公理给出这两个概念的基本性质, 这个公理体系被称为 **Zermelo-Fraenki 选择公理系统**, 简记为 **ZFC 系统**.

公理 1.1.1 (外延性公理)　对于任意的两个集合 X, Y, $X = Y$ 的充分必要条件是对任意的集合 Z,

$$Z \in X \text{ 当且仅当 } Z \in Y.$$

外延性公理说明集合是由该集合的元素确定的, 这个公理是下面很多集合唯一性的保障. 而下面的公理 1.1.2—公理 1.1.7, 公理 1.1.9—公理 1.1.10 将保障存在充分多的集合.

公理 1.1.2 (空集存在公理)　存在集合 X 使得对于任意的集合 Z,

$$Z \notin X.$$

由外延性公理, 满足上面条件的集合 X 是唯一的.

定义 1.1.1　称满足上面公理的唯一集合为**空集**, 记为 $\varnothing$. 不是空集的其他集合称为**非空集合**.

公理 1.1.3 (对集存在公理)　对于任意的两个集合 a, b, 存在集合 X 使得对任意的集合 x,

$$x \in X \text{ 当且仅当 } x = a \text{ 或者 } x = b.$$

定义 1.1.2　对于任意的两个集合 a, b, 我们称满足上面公理的唯一集合为由 a, b 组成的**对集**, 记为 $\{a, b\}$. 当 $a = b$ 时, 我们用 $\{a\}$ 记 $\{a, b\}$, 称 $\{a\}$ 为**单点集**. 显然, $\{a, b\} = \{b, a\}$. 设 a, b 是集合, 我们使用

$$(a, b) \text{ 记集合 } \{\{a\}, \{a, b\}\}.$$

由三次对集存在公理知, 后者确实是一个集合. 称 (a, b) 是由 a, b 组成的**序对集**.

和对集不同, 我们有下面的结论.

定理 1.1.1　对任意的集合 a, b, x, y, $(a, b) = (x, y)$ 当且仅当 $x = a$ 且 $y = b$. 特别地, 当 $a \neq b$ 时, $(a, b) \neq (b, a)$.

证明　显然, 当 $x = a, y = b$ 时, 有 $(a, b) = (x, y)$. 现在假设 $(a, b) = (x, y)$, 即 $\{\{a\}, \{a, b\}\} = \{\{x\}, \{x, y\}\}$. 我们考虑下面 3 种情况来证明这时 $x = a, y = b$.

情况 A. $\{a\} = \{x\}, \{a, b\} = \{x, y\}$. 显然 $a = x$ 成立. 如果 $a = b$, 那么, $y = a = b$. 所以有 $a = x, b = y$ 成立. 如果 $a \neq b$, 那么 $y \neq a$, 否则, $b \notin \{a\} = \{x, y\}$, 与 $b \in \{a, b\} = \{x, y\}$ 矛盾. 所以, $y = b$.

情况 B. $\{a\} = \{x, y\}, \{a, b\} = \{x\}$. 这时, 由第一个等式和定义, 有 $x = a$ 且 $y = a$; 由第二个等式和定义, 有 $a = x$ 且 $b = x$. 所以 $x = a, y = b$ 成立.

情况 C. 否则, 这时, 必然有 $\{a\} = \{x\} = \{x, y\} = \{a, b\}$. 所以, 仿情况 B 可以验证 $x = a, y = b$ 也成立. $\qquad\square$

进一步, 我们可以定义

$$(x_1, x_2, x_3) = ((x_1, x_2), x_3);$$
$$(x_1, x_2, x_3, x_4) = ((x_1, x_2, x_3), x_4);$$
$$\cdots\cdots$$
$$(x_1, x_2, \cdots, x_n, x_{n+1}) = ((x_1, x_2, \cdots, x_n), x_{n+1}).$$

公式是一个逻辑学概念, 简单叙述如下. 首先是**原始公式**, 即下面的两类公式:

(1) $x = y$;

(2) $x \in y$.

命题连接词包括

非: $\neg p$, **且**: $p \wedge q$, **或**: $p \vee q$, **蕴含**: $p \rightarrow q$, **等价**: $p \Leftrightarrow q$.

量词包括

任意量词: $\forall x\ \phi$, **存在量词**: $\exists x\ \phi$.

公式是原始公式经过有限次命题连接词和量词复合所能得到的全体.

如果一个变量 x 出现在一个公式 ϕ 中且在 x 的前面没有量词 $\forall x$ 和 $\exists x$, 那么, 我们称 x 为公式 ϕ 的**自由变量**. 如果 $x_1, x_2, \cdots, x_n$ 是公式 ϕ 的全部自由变量, 我们记这个公式为 $\phi(x_1, x_2, \cdots, x_n)$. 不含自由变量的公式称为**句子**. 在公理化集合论发展的早期, 人们曾认为对任意的公式 $\phi(x)$,

$$\{x : \phi(x)\}$$

是集合. 但著名的 **Russell 悖论**否定了这种想法. 事实上, 假定如此, 那么

$$Z = \{x : x \notin x\}$$

是一个集合. 但, 容易看到, 这时, $Z \in Z$ 当且仅当 $Z \notin Z$. 矛盾!

对任意的公式 $\phi(x, p_1, \cdots, p_n)$, 称

$$\{x : \phi(x, p_1, \cdots, p_n)\}$$

为一个**可由变量** $p_1, \cdots, p_n$ **定义的类**. 如果 ϕ 仅含一个自由变量 x, 那么, 上面的类称为**可定义的类**. 集合一定是类. 事实上, 设 A 是一个集合, 那么

$$A = \{x : x \in A\}.$$

所以, A 是类. 但是, Russell 悖论说明类不一定是集合. **SET** 表示所有集合构成的类. 后面的正则性公理将显示它不是集合. 我们需要下面的公理.

公理 1.1.4 (分离性公理)　设 X 是集合, $\phi(x,u)$ 是一个公式, 那么对任意的 u, 存在集合 Y 使得对任意的集合 x,

$$x \in Y \text{ 当且仅当 } (x \in X) \wedge \phi(x,u).$$

显然, 满足上面条件的集合 Y 是唯一的, 记作

$$\{x \in X : \phi(x,u)\}.$$

分离性公理有很多推论.

定理 1.1.2　对任意的非空集合 X, 存在唯一集合 Y 使得对任意的集合 y,

$$y \in Y \text{ 当且仅当对任意的 } x \in X, \text{ 有 } y \in x.$$

证明　因为 X 不是空集, 所以存在 $x_0 \in X$. 那么,

$$Y = \{y \in x_0 : \forall x \ (x \in X) \rightarrow (y \in x)\}.$$

注意到,

$$\phi(x) : \forall x \ (x \in X) \rightarrow (y \in x)$$

是一个公式. 因此, 由分离性公理 Y 是一个集合. 显然, Y 是我们需要的集合. 唯一性由外延性公理立即得到.　□

定义 1.1.3　满足上面定理的唯一集合 Y 称为集合 X 的**交**, 记作

$$\bigcap X \text{ 或者 } \bigcap_{x \in X} x.$$

当 $X = \{x_1, x_2\}$ 时, 我们用 $x_1 \bigcap x_2$ 代替 $\bigcap X$. 当 $x_1 \bigcap x_2 = \varnothing$ 时, 我们说集合 x_1, x_2 **不相交**; 当 $x_1 \bigcap x_2 \neq \varnothing$ 时, 我们说集合 x_1, x_2 **相交**.

注 1.1.1　我们不能证明空集的交存在! 所以, 以后我们谈到集合的交时一般指非空集合的交. 但在特定的情况下, 我们可以专门定义空集的交.

定理 1.1.3　对任意的集合 X, Y, 存在唯一的集合 Z 使得对任意的集合 z,

$$z \in Z \text{ 当且仅当 } z \in X \text{ 但 } z \notin Y.$$

证明　显然,

$$Z = \{z \in X : z \notin Y\} = \{z \in X : \neg(z \in Y)\}$$

满足要求. 由外延性公理, 满足上面定理的集合 Z 由集合 X, Y 确定.　□

定义 1.1.4 满足上面定理的唯一集合 Z 称为集合 X 与集合 Y 的**差**, 记作

$$X \setminus Y.$$

但分离性公理并不能得到并集的存在性, 我们需要又一个公理.

公理 1.1.5 (并集存在公理) 对任意的集合 X, 存在集合 Y 使得对任意的集合 y,

$$y \in Y \text{ 当且仅当存在 } x \in X \text{ 使得 } y \in x.$$

由外延性公理, 满足上面公理的集合 Y 由集合 X 确定.

定义 1.1.5 我们称满足上面公理的唯一集合 Y 为集合 X 的**并**, 记作

$$\bigcup X \text{ 或者 } \bigcup_{x \in X} x.$$

显然, $\bigcup \varnothing = \varnothing$. 设 $x_1, x_2, \cdots, x_n, x_{n+1}$ 是集合, 令

$$\{x_1, x_2, x_3\} = \bigcup\{\{x_1, x_2\}, \{x_3\}\};$$
$$\cdots\cdots$$
$$\{x_1, x_2, \cdots, x_n, x_{n+1}\} = \bigcup\{\{x_1, x_2, \cdots, x_n\}, \{x_{n+1}\}\}.$$

通常, 我们用

$$x_1 \bigcup x_2 \bigcup \cdots \bigcup x_n \text{ 或者 } \bigcup_{i=1}^{n} x_i \text{ 代替 } \bigcup\{x_1, x_2, \cdots, x_n\}.$$

那么

$$\{x_1, x_2, \cdots, x_n\} = \{x_1\} \bigcup \{x_2\} \bigcup \cdots \bigcup \{x_n\}.$$

也许你会认为, 我们不需要对集存在公理而用 $\{x_1\} \bigcup \{x_2\}$ 定义 $\{x_1, x_2\}$ 即可保障对集 $\{x_1, x_2\}$ 的存在性. 但, 事实上是不对的, 因为没有对集存在公理, 对于集合 x, $\{x\}$ 将不能按照上面的方式定义.

同样, 我们用

$$x_1 \bigcap x_2 \bigcap \cdots \bigcap x_n \text{ 或者 } \bigcap_{i=1}^{n} x_i \text{ 代替 } \bigcap\{x_1, x_2, \cdots, x_n\}.$$

下面, 我们将给出幂集公理, 为此, 我们需要一个定义.

定义 1.1.6 设 X, Y 是集合, 如果对任意的集合 x, 由 $x \in X$ 可以推出 $x \in Y$, 则称 X 是 Y 的**子集** 或者 X **包含于** Y 或者 Y **包含** X, 记作 $X \subset Y$ 或者 $Y \supset X$. 否则, 记为 $X \not\subset Y$ 或者 $Y \not\supset X$. 如果 $X \subset Y$ 且存在集合 $y \in Y$ 使得 $y \notin X$, 则说 X 是 Y 的**真子集**. 记作 $X \subsetneq Y$.[1]

---

[1]有的教科书中用 $X \subseteq Y$ 表示 X 是 Y 的子集, 用 $X \subset Y$ 表示 X 是 Y 的真子集.

下面是幂集公理.

公理 1.1.6 (幂集公理)　*对任意的集合 X, 存在集合 Y 使得对任意的集合 Z,*

$$Z \in Y \text{ 当且仅当 } Z \subset X.$$

定义 1.1.7　我们把满足上面条件的集合 Y 称为集合 X 的**幂集**, 它由 X 唯一确定, 记为 $P(X)$.

幂集公理是说, 集合的子集的全体是集合.

利用幂集公理, 我们可以定义集合的乘积. 对于集合 X, Y, 可能你知道, $X \times Y$ 应该是由所有的序对集 (x, y) 组成, 这里, $x \in X, y \in Y$. 但, 问题是 $X \times Y$ 为什么是一个集合? 我们需要幂集公理. 首先, 对任意的 $x \in X, y \in Y$, 按定义, $\{x, y\} \subset X \bigcup Y$. 因此, $\{x, y\} \in P(X \bigcup Y)$. 同理, $\{x\} \in P(X) \subset P(X \bigcup Y)$. 所以

$$(x, y) = \{\{x\}, \{x, y\}\} \in P(P(X \bigcup Y)).$$

再应用分离性公理, 我们知道

$$X \times Y = \{(x, y) \in P(P(X \bigcup Y)) : x \in X, y \in Y\}$$

是集合.

定义 1.1.8　设 X, Y 是集合, 称集合 $X \times Y$ 为集合 X, Y 的 **Cartesian 乘积**, 简称为**乘积**. 同样, 我们可以定义有限乘积. 设 $X_1, X_2, \cdots, X_n$ 是集合,

$$X_1 \times X_2 \times \cdots \times X_n = \{(x_1, x_2, \cdots, x_n) : x_1 \in X_1, x_2 \in X_2, \cdots, x_n \in X_n\}$$

被称为集合 $X_1, X_2, \cdots, X_n$ 的**乘积**. 特别地, 当 $X_1 = X_2 = \cdots = X_n = X$ 时, 我们用 X^n 表示上面的集合. 同时, 为了方便, 我们约定 $X^0 = \{\varnothing\}$.

定义 1.1.9　设 X, Y 是集合, $X \times Y$ 中的任何子集 R 被称为由 X 到 Y 的一个**关系**. 令

$$\mathrm{dom}(R) = \{x \in X : \text{ 存在 } y \in Y \text{ 使得 } (x, y) \in R\},$$

$$\mathrm{ran}(R) = \{y \in Y : \text{ 存在 } x \in X \text{ 使得 } (x, y) \in R\}.$$

显然, $\mathrm{dom}(R), \mathrm{ran}(R)$ 分别是集合 X, Y 的子集, 分别称为关于 R 的**定义域**和**值域**. 如果由 X 到 Y 的关系 f 满足下面的条件, 我们称 f 为一个由 X 到 Y 的**映射**:

(i) $\mathrm{dom}(f) = X$;

(ii) 对任意的 $x \in X, y_1, y_2 \in Y$, 如果 $(x, y_1), (x, y_2) \in f$, 那么, $y_1 = y_2$.

显然, 如果 f 是由 X 到 Y 的映射, 那么, 对任意的 $x \in X$, 存在唯一的 $y \in Y$ 使得 $(x, y) \in f$. 我们用 $f(x)$ 记这个唯一的 y, 称之为在 f 下 x 的**像**. 我们用

$$f : X \to Y$$

表示 f 是由 X 到 Y 的映射. 用 Y^X 表示由 X 到 Y 的映射全体, Y^X 是一个集合, 见练习 1.1.E. 为了方便, 我们约定, $Y^\varnothing = \{\varnothing\}$.

我们可以仿照上面定义由类到类的映射.

公理 1.1.7 (替换公理) 对任意的集合 X 和任意的类 Y, 如果 $f: X \to Y$ 是映射, 那么 $\mathrm{ran}(f)$ 是集合.

上面的替换公理通俗地讲就是, 集合的像是集合. 它是不可缺少的. 下面的正则公理保证了不会存在 "畸形" 集合.

公理 1.1.8 (正则公理) 不存在集合 $x_1, x_2, \cdots, x_n$ 使得

$$x_1 \in x_2 \in \cdots \in x_n \in x_1.$$

设 x 是一个集合, 我们称集合

$$x + 1 = x \bigcup \{x\}$$

为集合 x 的**后继集合**. 进一步, 定义

$$x + 2 = (x + 1) + 1, \ x + 3 = (x + 2) + 1, \cdots$$

由正则公理得

定理 1.1.4 对任意的集合 x 和自然数 $n \neq 0$, 有 $x + n \neq x$.

到目前为止, 我们的公理不能保证 "无限集" 的存在性. 所以, 我们需要无限集公理.

公理 1.1.9 (无限集公理) 存在集合 X 使得

$$\varnothing \in X, \ \text{对任意的} \ x \in X, \ \text{有} \ x + 1 \in X.$$

好像这个公理与无限集无关, 但我们后面在严格定义了无限集后将证明满足这个条件的集合必然是无限的. 一般来说, 称上面的公理体系为 **Zermelo-Fraenki 系统**, 简记为 **ZF 系统**. 最后, 引入一个饱受争议的公理, 完成了 ZFC 系统的公理陈述.

公理 1.1.10 (选择公理) 设 X 是集合且 $\varnothing \notin X$, 那么, 存在映射 $f: X \to \bigcup X$ 使得对任意的 $x \in X$, 有

$$f(x) \in x.$$

注意, 对于 $X = \{x_1, x_2, \cdots, x_n\}$ 是有限集的特殊情况, 选择公理中的结论可以由前面的公理得到. 选择公理之所以饱受争议是因为凡必须用选择公理才能证明的结论, 其证明都不是很自然. 但是, 如果没有选择公理, 很多我们熟悉的数学结

论将不再成立. 对于一般拓扑学, 选择公理也是不可缺少的. 关于选择公理的进一步讨论, 我们将在 1.4 节给出.

练　习　1.1

1.1.A. 设 X_1, X_2 是非空集合. 证明

$$\bigcup X_1 \bigcup \bigcup X_2 = \bigcup(X_1 \bigcup X_2); \quad \bigcap X_1 \bigcap \bigcap X_2 = \bigcap(X_1 \bigcup X_2).$$

1.1.B. 设 A, B, C 是集合. 证明

(1) $A\bigcap(B\bigcup C) = (A\bigcap B)\bigcup(A\bigcap C),\ A\bigcup(B\bigcap C) = (A\bigcup B)\bigcap(A\bigcup C);$

(2) $A\bigcap B = B\bigcap A, A\bigcup B = B\bigcup A;$

(3) $A\bigcap\varnothing = \varnothing, A\bigcup\varnothing = A;$

(4) $A \subset B$ 当且仅当 $A\bigcap B = A$ 当且仅当 $A\bigcup B = B.$

(5) $A = B$ 当且仅当 $A \subset B$ 且 $B \subset A.$

1.1.C. 设 A, B 是集合. 证明

$$A\bigcap\bigcup B = \bigcup_{b\in B}(A\bigcap b), \quad A\bigcup\bigcap B = \bigcap_{b\in B}(A\bigcup b).$$

1.1.D. 设 A, B 是集合. 证明

$$A \setminus \bigcup B = \bigcap_{b\in B}(A \setminus b) \quad A \setminus \bigcap B = \bigcup_{b\in B}(A \setminus b).$$

上面的两个公式被称为 de Morgan 对偶律.

1.1.E. 设 X, Y 是集合. 证明 Y^X 是集合.

1.2　集合上的几种特殊关系

上一节, 我们已经定义了集合上的关系和一种特殊的关系 —— 映射. 本节, 我们将再定义 3 种特殊的关系: 等价关系、偏序关系和良序关系. 我们将研究这 4 种关系的基本性质.

映射对我们是非常重要的概念. 下面我们给出一些基本的概念和符号. 设 X, Y 是集合, $f : X \to Y$ 是映射. 对任意的 $A \subset X, B \subset Y$, 定义

$$f(A) = \{f(a) \in Y : a \in A\}; \quad f^{-1}(B) = \{x \in X : f(x) \in B\}.$$

当 $B = \{b\}$ 是单点集时, 我们用

$$f^{-1}(b) \text{ 代替 } f^{-1}(\{b\}).$$

由分离性公理, $f(A), f^{-1}(B)$ 分别是 Y, X 的子集, 分别称为在 f 下集合 A 的**像**和在 f 下集合 B 的**逆像**. 注意到, 在这个定义下, $f : P(X) \to P(Y)$ 和 $f^{-1} : P(Y) \to P(X)$ 是两个映射. 这样, 我们使用了同一个记号 f 表示两个不同的映射, 但一般不会由此引起混淆, 如果有必要, 我们用 $f : X \to Y$ 和 $f : P(X) \to P(Y)$ 区别它们. 如果

$$f(X) = \mathrm{ran}(f) = Y,$$

那么, 我们称 f 是**满射**. 如果对任意的 $x_1, x_2 \in X$,

$$x_1 \neq x_2 \text{ 能推出 } f(x_1) \neq f(x_2),$$

那么, 我们称 f 是**单射**. 如果 f 既是单射又是满射, 那么, 我们称 f 是**双射**或者**一一对应**. 当 f 是一一对应时, 我们可以定义

$$f^{-1} = \{(y, x) \in Y \times X : (x, y) \in f\}.$$

容易验证 $f^{-1} : Y \to X$ 是一个映射而且也是一一对应. f^{-1} 称为 f 的**逆映射**.

设 X, Y, Z 是集合, $f : X \to Y$ 和 $g : Y \to Z$ 是映射. 定义

$$g \circ f = \{(x, z) \in X \times Z : \exists\, y (y \in Y) \wedge (f(x) = y) \wedge (g(y) = z)\}.$$

那么, $g \circ f$ 是 X 到 Z 的映射, 称为映射 f 和 g 的**复合**. 设 $f : X \to Y$ 是一个映射, $A \subset X$, 定义

$$f|A = f \bigcap (A \times Y).$$

那么, $f|A : A \to Y$ 是一个映射, 称为映射 f 在 A 上的**限制**. 对任意的集合 X,

$$\mathrm{id}_X = \{(x, x) \in X \times X : x \in X\}$$

是 X 到 X 的映射, 称为 X 上的**恒等映射**. 如果没有混淆, 恒等映射也记为 $\mathrm{id} : X \to X$. 对任意的的集合 X, Y 和 $c \in Y$, 我们定义映射

$$\{(x, c) \in X \times Y : x \in X\}$$

为**常值映射**. 这个常值映射一般也记作 $c : X \to Y$.

我们熟悉的映射 $f : X \to Y$ 的定义是: 对任意的 $x \in X$, 指定了唯一的 $y = f(x) \in Y$ 与之对应. 我们的定义和这个定义本质上是一样的. 我们的定义仅仅是比较严格, 这里的定义比较方便, 或者具体地说, 我们的定义就是这个定义的严格化. 一般来说, 我们会给出映射的记号, 例如, f, ϕ 等. 但是, 有时为了简单, 我们

可能不引入需要定义的映射的记号, 而用下面的方法给出由 X 到 Y 的映射: 对任意的 $x \in X$, 我们有唯一确定的 y 与之对应. 那么, 我们用

$$x \mapsto y$$

定义这个映射. 例如, 对任意的集合 X,

$$x \mapsto (x, x)$$

建立了一个由 X 到 $X \times X$ 的映射.

关于像和逆像的运算性质, 大家可能已经很熟悉, 我们把它们放在本节的练习中, 请大家复习.

设 I, X 是集合, $\phi : I \to X$ 是满射. 如果, 对任意的 $i \in I$, 我们用 x_i 记 $\phi(i)$, 那么,

$$X = \{\phi(i) : i \in I\} = \{x_i : i \in I\}.$$

这时, 我们说 $\{x_i : i \in I\}$ 是集合 X 的一个**指标化**, I 被称为**指标集**, 映射 ϕ 被称为**指标映射**. 指标化经常被用来表示集合的交、并等, 例如, 这时

$$\bigcup X = \bigcup_{i \in I} x_i, \quad \bigcap X = \bigcap_{i \in I} x_i.$$

后面, 当设 $X = \{x_i : i \in I\}$ 时, 就意味着对集合 X 的一个指标化. 显然, 任何一个集合都能够指标化, 而且如果必要, 我们能进一步要求指标映射是一一对应的.

设 X 是集合, R 是 X 到 X 的关系, 即 $R \subset X \times X$. 这时, 我们称 R 是 X 上的**关系**. 下面, 我们定义 X 上的关系的几种性质.

自反关系: 如果对任意的 $x \in X$, 有 $(x, x) \in R$;

对称关系: 对任意的 $x, y \in X$, 如果 $(x, y) \in R$, 则 $(y, x) \in R$;

反对称关系: 对任意的 $x, y \in X$, 如果 $(x, y) \in R$ 且 $(y, x) \in R$, 则 $x = y$;

传递关系: 对任意的 $x, y, z \in X$, 如果 $(x, y) \in R$ 且 $(y, z) \in R$, 则 $(x, z) \in R$.

定义 1.2.1 设 X 是集合, R 是 X 到 X 的关系. 如果 R 满足自反关系、对称关系和传递关系, 那么, 我们称 R 为 X 上的**等价关系**. 一般地, 我们使用 $\sim$ 记等价关系, $(x, y) \in \sim$ 一般被记为 $x \sim y$. 如果 $\sim$ 是 X 上的等价关系, 对任意的 $x \in X$, 令

$$[x]_{\sim} = [x] = \{y \in X : x \sim y\}.$$

上面记号的意思是, 如果没有混淆, 我们将使用 $[x]$ 记这个集合, 如果可能有混淆, 我们将使用 $[x]_{\sim}$ 记这个集合.

定理 1.2.1 如果 $\sim$ 是 X 上的等价关系, 则对任意的 $x, y \in X$, 有

(1) $[x] = [y]$ 或者 $[x] \bigcap [y] = \varnothing$;

(2) $\bigcup\limits_{x \in X} [x] = X$.

证明 留给读者. □

注意到, 对任意的 $x \in X$, 有 $[x] \in P(X)$. 因此,

$$[X] = \{[x] \in P(X) : x \in X\}$$

是 $P(X)$ 的一个子集, 称为 X 在等价关系 $\sim$ 下的**商集合**. 进一步, 我们定义一个映射 $q : X \to [X]$ 为

$$q(x) = [x],$$

称其为在等价关系 $\sim$ 下的**自然映射**.

设 X, S 是一个集合, $\phi : S \to P(X)$ 是一个单射, 如果 ϕ 满足下面条件:

(i) 对任意的 $s_1, s_2 \in S$, 如果 $s_1 \neq s_2$, 则 $\phi(s_1) \bigcap \phi(s_2) = \varnothing$;

(ii) $\bigcup\limits_{s \in S} \phi(s) = X$,

那么, 我们称 ϕ 是集合 X 的一个**分划**.

定理 1.2.2 设 X 是集合.

(1) 如果 $\sim$ 是 X 上的等价关系, 由公式 $\phi(\sim)([x]) = [x]$ 定义的映射 $\phi(\sim) : [X] \to P(X)$ 建立了集合 X 的一个分划;

(2) 如果 $\phi : S \to P(X)$ 是集合 X 的一个分划, 那么, 我们定义 X 上的一个关系 $\sim (\phi)$ 为

$$\sim (\phi) = \{(x, y) \in X \times X : \phi(x) = \phi(y)\},$$

那么, $\sim (\phi)$ 是 X 上的等价关系;

(3) 对 X 上任意的等价关系 $\sim$ 和任意的分划 ϕ, 有

$$\phi(\sim (\phi)) = \phi, \quad \sim (\phi(\sim)) = \sim .$$

证明 留给读者. □

由定理 1.2.2 知, 集合 X 上的等价关系和分划本质上是一样的.

集合上另一个重要的关系是偏序关系.

定义 1.2.2 设 X 是一个集合, R 是 X 上一个关系. 如果 R 是自反的、反对称的、传递的, 那么, 我们称 R 是 X 上的**偏序关系**. 一般地, 我们用 $\leqslant$ 记偏序关系, 这时, $(x, y) \in \leqslant$ 将被记为 $x \leqslant y$ 或者 $y \geqslant x$. 我们称序对 $(X, \leqslant)$ 为**偏序集**.

　　下面给出偏序集中一些基本的定义和性质, 这些性质的证明都是显然的, 请读者一试. 设 $(X, \leqslant)$ 是偏序集, $A \subset X$, $x_0 \in X$. 如果

$$对任意的 \ a \in A, \ 有 \ a \leqslant x_0,$$

那么, 我们称 x_0 是 A 的一个**上界**. 进一步地, 如果 $x_0 \in A$, 那么, 我们称 x_0 是 A 的**最大元**. 偏序集的子集不一定有上界, 更不一定有最大元! 上界可能也有很多, 但是, 最大元最多有一个. 如果 A 有最大元的话, 我们用 $\max A$ 表示之. 设 $A \subset X$, $x_0 \in A$. 如果

$$对任意的 \ a \in A, \ a \geqslant x_0 \ 能推出 \ a = x_0,$$

那么, 我们称 x_0 是 A 的一个**极大元**. 当然, 极大元未必存在, 存在的话也未必唯一. 如果 A 有最大元, 则这个最大元是 A 的唯一的极大元. 但, 相反的不成立, 即 A 存在唯一的极大元, 这个极大元未必是 A 的最大元. 如果 $\leqslant$ 是 X 上的偏序关系, 那么

$$\preccurlyeq \ = \{(x, y) \in X \times X : y \leqslant x\}$$

也是 X 上的偏序关系, 称为偏序关系 $\leqslant$ 的**反偏序关系**. 如果 x_0 是集合 A 在偏序集 $(X, \preccurlyeq)$ 中的上界 (最大元, 极大元), 我们称 x_0 是集合 A 在偏序集 $(X, \leqslant)$ 中的**下界 (最小元, 极小元)**. 集合 A 的最小元用 $\min A$ 表示. 对于偏序集 $(X, \leqslant)$ 的子集 A, 用 $U(A)$ 表示 A 的上界的集合. 如果 $U(A)$ 存在最小元 x_0, 那么, 我们称 x_0 为 A 的**上确界**. 同理, 我们可以定义**下确界**. A 的上 (下) 确界若存在则唯一, 我们用 $\sup A \ (\inf A)$ 记之. 当然, 集合的上 (下) 确界未必存在. 如果 A 存在最大 (小) 元 x_0, 那么, x_0 是 A 的上 (下) 确界. 如果 $A = X$, 那么, 在上面的各种概念中, 我们一般省略 A. 例如, X 的最大元被简称为最大元.

　　例 1.2.1　设 X 是集合, 那么 $(P(X), \subset)$ 是偏序集, 这里

$$\subset \ = \{(A, B) \in P(X) \times P(X) : A \subset B\}.$$

对任意的 $\mathcal{A} \subset P(X)$, $\bigcup \mathcal{A}$ 和 $\bigcap \mathcal{A}$ 分别是 $\mathcal{A}$ 的上确界和下确界. X 和 $\varnothing$ 分别是 $P(X)$ 的最大元和最小元, 但是, 一般的子集 $\mathcal{A}$ 未必存在最大 (小) 元, 甚至极大 (小) 元. 如果 X 至少含两个元素, 令

$$\mathcal{A} = P(X) \setminus \{X\}.$$

那么, 对任意的 $x \in X$, $X \setminus \{x\} \in \mathcal{A}$ 是 $\mathcal{A}$ 的极大元但不是 $\mathcal{A}$ 的最大元, 也不是它的上确界.

　　设 $(X, \leqslant)$ 是偏序集, $A \subset X$. 那么,

$$\leqslant_A \ = \ \leqslant \bigcap (A \times A)$$

是集合 A 上的偏序关系, 因此, $(A, \leqslant_A)$ 是偏序集, 称为 $(X, \leqslant)$ 的**子偏序集**. 为了简单, 我们经常写 $\leqslant_A$ 为 $\leqslant$.

定义 1.2.3　设 $(X, \leqslant)$ 是偏序集. 如果偏序关系 $\leqslant$ 还满足下面的条件:

　　　　全序条件: 对任意的 $x, y \in X, x \leqslant y$ 和 $y \leqslant x$ 之一成立,

我们称 $\leqslant$ 为 X 上的**全序关系**, 称 $(X, \leqslant)$ 为**全序集**或者为**线性序集**或者为**链**.

　　在全序集中, 极大 (小) 元就是最大 (小) 元.

　　最后, 我们引入良序集的概念.

定义 1.2.4　设 $(X, \leqslant)$ 是全序集, 如果

　　　　良序条件: 对 X 的任意非空子集 A, A 有最小元

成立, 那么, 我们称 $(X, \leqslant)$ 为**良序集**, 称 $\leqslant$ 为 X 上的**良序关系**.

　　现在我们一般认为集合论是数学的基础, 甚至, 我们熟悉的自然数也可以在集合论中得到定义. 我们称满足无限集公理的集合为**归纳集**.

定理 1.2.3　*存在最小的归纳集, 即存在归纳集 ω 使得对任意的归纳集 X, 我们有 $\omega \subset X$.*

　　证明　由无限集公理, 设 X_0 是一个归纳集. 令

$$\mathcal{A} = \{A \in P(X_0) : A \text{ 是归纳集}\}.$$

那么, $X_0 \in \mathcal{A}$, 于是, $\mathcal{A}$ 非空. 令

$$\omega = \bigcap \mathcal{A}.$$

下面的事实表明了 ω 是最小的归纳集:

　　事实 1. ω 是归纳集. 由定义很容易验证.

　　事实 2. 对任意的归纳集 X, 我们有 $\omega \subset X$. 设 X 是归纳集. 那么, 容易验证 $X \bigcap X_0 \in \mathcal{A}$. 所以

$$\omega \subset X_0 \bigcap X \subset X. \qquad\qquad \square$$

　　由归纳集的定义,

$$0 = \varnothing \in \omega,$$

$$1 = 0 + 1 = \{\varnothing\} = \{0\} \in \omega,$$

$$2 = 1 + 1 = \{\varnothing, \{\varnothing\}\} = \{0, 1\} \in \omega,$$

$$\cdots.$$

我们称这些集合为**自然数**. 显然, 集合 $\{0, 1, 2, \cdots\}$ 是归纳集, 所以, 由 ω 的最小性知

$$\omega = \{0, 1, 2, \cdots\}.$$

称 ω 为**自然数集**.

对于集合 A, B, 我们用

$$A \Subset B \text{ 表示 } A \in B \text{ 或者 } A = B.$$

可以证明下面的定理[①]

定理 1.2.4 (1) 对任意的自然数 n, $(n, \Subset)$ 是良序集;

(2) $(\omega, \Subset)$ 是良序集;

(3) 对任意的自然数 $n, m \in \omega$, 如果 $n \in m$, 那么, $n \subset m$;

(4) 对任意的 $n \in \omega$, 我们有 $n \subset \omega$.

进一步, 我们可以定义 ω 上的四则运算并证明其满足我们熟悉的性质, 由此, 定义有理数、实数等, 在此省略定义过程. 我们仅仅给出相应的记号:

$$
\begin{aligned}
&\textbf{非 0 自然数:} && \mathbb{N} = \omega \setminus \{0\} = \{1, 2, \cdots\}; \\
&\textbf{整数集:} && \mathbb{Z}; \\
&\textbf{有理数集:} && \mathbb{Q}; \\
&\textbf{无理数集:} && \mathbb{P}; \\
&\textbf{实数集:} && \mathbb{R}.
\end{aligned}
$$

当然我们像通常那样定义这些集合上的四则运算及线性序关系 $\leqslant$ 等. 对任意的 $a, b \in \mathbb{R}$, 如果 $a \leqslant b$, 令

$$
\begin{aligned}
{[a, b]} &= \{x \in \mathbb{R} : a \leqslant x \leqslant b\}; \\
(a, b) &= \{x \in \mathbb{R} : a < x < b\}; \\
{[a, b)} &= \{x \in \mathbb{R} : a \leqslant x < b\}; \\
(a, b] &= \{x \in \mathbb{R} : a < x \leqslant b\}.
\end{aligned}
$$

我们也可以定义

$$[a, +\infty), \quad (-\infty, b)$$

等集合, 统称为**区间**. $[a, b]$ 被称为**闭区间**; $(a, b), (-\infty, b), (a, +\infty), (-\infty, +\infty) = \mathbb{R}$ 被称为**开区间**; $[a, b), (b, a], (-\infty, b], [a, \infty)$ 被称为**半开半闭区间**. 当 $a = b$ 时, $[a, b] = \{a\}$ 称为**退化的区间**, 而 $(a, b) = [a, b) = (a, b] = \varnothing$ 不再称为区间. 特别地,

$$\mathbf{I} = [0, 1], \quad \mathbf{J} = [-1, 1], \quad \mathbb{R}^+ = [0, +\infty).$$

[①]为了避免过分的繁琐, 我们不给出这个大家熟悉的结论的证明.

我们引入良序集的目的是使用它做归纳法, 包括归纳证明和归纳定义. 在良序集 $(W, \leqslant)$ 中, 对任意的 $x, y \in W$, 我们用 $x < y$ 表示 $x \leqslant y$ 但是 $x \neq y$. 令

$$W(x_0) = \{x \in W : x < x_0\},$$

称其为 W 对 x_0 的**前截**.

定理 1.2.5 设 $(W, \leqslant)$ 是良序集, 对任意的 $x \in W$, $P(x)$ 是一个关于 x 的命题. 如果

对任意的 $x_0 \in W$, 假设对任意的 $x \in W(x_0), P(x)$ 成立, 则 $P(x_0)$ 成立,

那么对任意的 $x \in W$, 有 $P(x)$ 成立.

证明   反设存在 $x \in W$ 使得 $P(x)$ 不成立. 那么, 集合

$$A = \{x \in W : P(x) \text{ 不成立}\}$$

是 W 的非空子集, 因此, 存在最小元 $x_0 \in A$. 从而, 对任意的 $x < x_0, P(x)$ 成立. 由条件, 这时有 $P(x_0)$ 成立, 与 $x_0 \in A$ 矛盾.   □

注 1.2.1 你可能疑惑为什么没有假定 P 对 $(W, \leqslant)$ 中的最小元成立. 事实上, 如果 x_0 是 $(W, \leqslant)$ 的最小元, 那么, $W(x_0) = \varnothing$. 所以

对任意的 $x \in W(x_0), P(x)$ 成立.

因此, $P(x_0)$ 成立. 这样定理的假定可以推出 P 对 $(W, \leqslant)$ 中的最小元成立.

用同样的方法可以证明下面的归纳定义定理.

定理 1.2.6 设 $(W, \leqslant)$ 是良序集, Y 是一个集合, $\Phi : \mathcal{F} \to Y$ 是一个映射, 这里

$$\mathcal{F} = \bigcup \{Y^A : A \subset W\}.$$

那么存在唯一的映射 $\phi : W \to Y$ 满足下面的条件, 对任意的 $x_0 \in W$

$$\phi(x_0) = \Phi(\phi | W(x_0)).$$

因为自然数 $(n, \subseteq)$ 和 $(\omega, \subseteq)$ 是良序集, 而且, 按照我们的定义, 在这些集合中, $\subseteq$ 就是 $\leqslant$, 所以上面的两个定理对它们有效, 这就是普通的有限归纳法和数学归纳法. 对于其他的良序集, 这个方法称为**超限归纳法**.

练 习 1.2

1.2.A. 设 $f : X \to Y$ 是映射, $\{A_i : i \in I\} \subset P(X), \{B_j : j \in j\} \subset P(Y)$, $A \subset X, B \subset Y$. 证明

(1) $f(\bigcup\{A_i : i \in I\}) = \bigcup\{f(A_i) : i \in I\}$;

(2) $f^{-1}(\bigcup\{B_j : j \in j\}) = \bigcup\{f^{-1}(B_j) : j \in j\}$;

(3) $f^{-1}(\bigcap\{B_j : j \in j\}) = \bigcap\{f^{-1}(B_j) : j \in j\}$;

(4) $f^{-1}(Y \setminus B) = X \setminus f^{-1}(B)$;

(5) 举例说明 $f(\bigcap\{A_i : i \in I\}) = \bigcap\{f(A_i) : i \in I\}$ 和 $f(X \setminus A) = Y \setminus f(A)$ 可以不成立, 并探讨它们成立的条件.

1.2.B. 设 $f : X \to Y$ 是映射且 $X \neq \varnothing$, 证明

(1) f 是单射的充分必要条件是存在映射 $g : Y \to X$ 使得 $g \circ f = \mathrm{id}_X$;

(2) f 是满射的充分必要条件是存在映射 $g : Y \to X$ 使得 $f \circ g = \mathrm{id}_Y$;

(3) f 是双射的充分必要条件是存在映射 $g : Y \to X$ 使得 $g \circ f = \mathrm{id}_X$ 且 $f \circ g = \mathrm{id}_Y$, 这时, $g = f^{-1}$.

1.2.C. 证明单射的复合是单射, 满射的复合是满射, 一一对应的复合是一一对应.

1.2.D. 设 $f : X \to Y$ 是满射. 证明

$$\sim = \{(x_1, x_2) \in X \times X : f(x_1) = f(x_2)\}$$

是 X 上的等价关系, 并建立一个一一对应 $g : [X] \to Y$.

1.2.E. 设 $(P, \leqslant)$ 是偏序集且含最大元 $\top$ 和最小元 $\bot$. 证明论断

$$\text{对任意的 } \varnothing \neq A \subset P, \sup A \text{ 存在}$$

和论断

$$\text{对任意的 } \varnothing \neq B \subset P, \inf B \text{ 存在}$$

等价.

1.2.F. 设 $n \in \omega$. 由定义证明 $n = \varnothing$ 或者存在 $k \in \omega$ 使得 $n = k + 1$.

1.3　序数与基数

本节将定义序数和基数, 并给出它们的基本性质.

为了定义序数, 我们先给出良序集的进一步性质. 设 $(P, \leqslant)$ 和 $(Q, \leqslant)$ 是两个偏序集, $f : P \to Q$ 是映射. 如果对任意的 $x_1, x_2 \in P$,

$$x_1 \leqslant x_2 \text{ 能推出 } f(x_1) \leqslant f(x_2),$$

那么我们称 f 是偏序集 $(P, \leqslant)$ 到偏序集 $(Q, \leqslant)$ 的**保序映射**. 如果进一步, f 是一一对应且 f^{-1} 也是保序映射, 那么, f 称为是偏序集 $(P, \leqslant)$ 到偏序集 $(Q, \leqslant)$ 的**同**

构, 称 $(P, \leqslant)$ 和 $(Q, \leqslant)$ **同构**. 如果 $(P, \leqslant)$ 和 $(Q, \leqslant)$ 是线性序集, 它们之间的保序映射也称为**递增的**. 如果映射 $f : P \to Q$ 满足

$$x_1 \leqslant x_2 \text{ 能推出 } f(x_1) \geqslant f(x_2),$$

那么我们称 f 是**递减的**. 如果, 我们用 $<$ 代替 $\leqslant$, 用 $>$ 代替 $\geqslant$, 可以定义**严格递增映射**和**严格递减映射**.

引理 1.3.1 设 $(W, \leqslant)$ 是良序集, $f : W \to W$ 是严格递增的, 那么, 对任意的 $x \in W$, 有 $f(x) \geqslant x$.

证明   否则,

$$X = \{x \in W : f(x) < x\}$$

是 W 的非空集, 因此, 存在 X 的最小元 x_0. 那么 $z = f(x_0) < x_0$. 由于 f 是严格递增的, 所以, $f(z) < z$. 矛盾于 x_0 的最小性.   □

推论 1.3.1 对任意的良序集 W, 恒等映射是 W 到 W 的唯一同构.

证明   设 $f : W \to W$ 是同构, 那么 $f^{-1} : W \to W$ 也是同构. 因此, 对任意的 $x \in W$, $f(x) \geqslant x$ 且 $f^{-1}(x) \geqslant x$. 所以, $f(x) = x$.   □

推论 1.3.2 两个良序集之间的同构是唯一的.

推论 1.3.3 良序集不能同构于它自己的任何前截.

现在, 我们给出下面重要的定理.

定理 1.3.1 对任意的两个良序集 W_1, W_2, 下面 3 个结论中恰好有一个成立:

(i) W_1 同构于 W_2 的一个前截;

(ii) W_2 同构于 W_1 的一个前截;

(iii) W_1 同构于 W_2.

证明   令

$$R = \{(x, y) \in W_1 \times W_2 : W_1(x) \text{ 和 } W_2(y) \text{ 同构}\}.$$

那么 R 是 W_1 到 W_2 的一个关系. 利用推论 1.3.3 很容易证明, 对任意的 $x \in \text{dom}(R)$, 存在唯一的 $y \in W_2$ 使得 $(x, y) \in R$; 对任意的 $y \in \text{ran}(R)$, 存在唯一的 $x \in W_1$ 使得 $(x, y) \in R$. 假设 $\text{dom}(R) \neq W_1$ 且 $\text{ran}(R) \neq W_2$. 令 x_0 是 $W_1 \setminus \text{dom}(R)$ 的最小元, y_0 是 $W_2 \setminus \text{ran}(R)$ 的最小元. 那么, 不难验证

$$\text{dom}(R) = W_1(x_0), \ \text{ran}(R) = W_2(y_0),$$

而且 R 是 $W_1(x_0)$ 到 $W_2(y_0)$ 的同构. 由此说明 $(x_0, y_0) \in R$. 矛盾. 所以, 下面 3 种情况必有一个成立:

情况 A. $\mathrm{dom}(R) = W_1$, $\mathrm{ran}(R) \neq W_2$. 这时, R 建立了 W_1 与 W_2 的一个前截 $W_2(y_0)$ 的同构, (i) 成立.

情况 B. $\mathrm{dom}(R) \neq W_1$, $\mathrm{ran}(R) = W_2$. 这时, R 建立了 W_1 的一个前截 $W_1(x_0)$ 与 W_2 的同构, (ii) 成立.

情况 C. $\mathrm{dom}(R) = W_1$, $\mathrm{ran}(R) = W_2$. 这时, R 建立了 W_1 与 W_2 的一同构, (iii) 成立.

最后, 再次利用推论 1.3.3 知上面 3 种情况只能有一个成立. □

这样, 对任意的两个良序集, 它们或者同构或者一个同构于另一个的一个前截. 所谓序数是希望在同构的良序集所构成的类中选择出一个良序集作为这个类的代表. 从本质上讲, 选择哪一个都没有区别. 但我们可以选择得好一点使其还满足:

如果一个代表同构于另一个代表的前截, 则前者就是后者的一个前截.

于是, 我们引入下面的定义.

定义 1.3.1 设 α 是一个集合, 如果下面条件成立, 那么我们称 α 是一个**序数**:

(i) $(\alpha, \subseteq)$ 是良序集;

(ii) 如果 $x \in \alpha$, 那么 $x \subset \alpha$.

当我们说序数 α 是良序集时, 我们指 $(\alpha, \subseteq)$ 是良序集. 下面的定理说明了这样定义的序数满足我们的要求.

定理 1.3.2 (1) 如果 α 是序数且 $\beta \in \alpha$, 那么, $\beta = \alpha(\beta)$;

(2) 如果 α 是序数且 $\beta \in \alpha$, 那么, β 也是序数;

(3) 对任何两个不同序数, 必有一个是另一个的前截, 从而它们不同构;

(4) 对任意由序数构成的非空集合 A, $\bigcap A$ 和 $\bigcup A$ 都是序数而且 $\bigcap A \in A$;

(5) 如果 α 是序数, 那么, $\alpha + 1$ 也是序数;

(6) 任意的良序集必同构于某一个序数.

证明 (1) 由序数的定义 (ii) 知 $\beta \subset \alpha$. 因此, 由定义,

$$\alpha(\beta) = \{x \in \alpha : x \in \beta\} = \alpha \bigcap \beta = \beta.$$

(2) 由于良序集的子集也是良序集, 所以 β 满足序数的定义 (i). 现在, 设 $x \in \beta$, 那么, 由 (1) 知

$$x = \alpha(x) \subset \alpha(\beta) = \beta.$$

(3) 设 α, β 是两个不同的序数. 不妨设 $\alpha \setminus \beta \neq \varnothing$. 那么, $\alpha \setminus \beta$ 在 $(\alpha, \subseteq)$ 中存在最小元 x. 下面仅仅需要证明 $\beta = \alpha(x)$. 首先, 由 x 的定义知 $\alpha(x) \subset \beta$. 如果 $\beta \not\subset \alpha(x)$, 设 y 是 $\beta \setminus \alpha(x)$ 的最小元, 那么, $\beta(y) \subset \alpha(x)$. 又, 对任意的 $z \in \alpha(x)$, 有 $z \in \beta$, 所以

$$y \in z, \quad y = z, \quad z \in y$$

之一成立. 如果前两者之一成立, 那么, 由定义和 (1),(2) 知 $y \in \alpha(x)$. 矛盾! 所以, $z \in y = \beta(y)$. 这样

$$x = \alpha(x) = \beta(y) = y \in \beta.$$

而此矛盾于 $x \in \alpha \setminus \beta$. 所以, $\beta = \alpha(x)$.

(4) 利用 (1), (2), (3) 和定义容易验证, 留给读者.

(5) 由定义立即得到.

(6) 设 W 是良序集. 令

$$A = \{x \in W : W(x) \text{ 同构于一个序数}\}.$$

建立映射 F, 对任意的 $a \in A$, 定义 $F(a)$ 是一个序数使得 $F(a)$ 同构于 $W(a)$. 由 (3) 知 $F(a)$ 是唯一的. 由替换公理知 $F(A)$ 是一个集合. 由推论 1.3.2, 令 $\phi_a : W(a) \to F(a)$ 是唯一的同构. 可以验证对任意的 $a, b \in A$, 如果 $a < b$, 那么

$$\phi_b | W(a) = \phi_a. \tag{1-1}$$

从而, 由 (4) 知 $\bigcup F(A) = \alpha$ 也是序数. 进一步, 利用式 (1-1) 容易验证 $\phi = \bigcup_{a \in A} \phi_a$ 是 $\bigcup_{a \in A} W(a)$ 到 α 的同构.

如果 $\bigcup_{a \in A} W(a) = W$, 我们完成了定理的证明.

如果 $\bigcup_{a \in A} W(a) \neq W$, 那么, 存在最小的 $x \in W \setminus \bigcup_{a \in A} W(a)$. 则

$$W(x) = \bigcup_{a \in A} W(a)$$

且 $\phi : W(x) \to \alpha$ 是同构. 又显然,

$$\phi \bigcup \{(x, \alpha)\} : W(x) \bigcup \{x\} \to \alpha + 1$$

是同构. 所以, 如果 $W(x) \bigcup \{x\} = W$, 那么, 我们完成了证明. 如果 $W(x) \bigcup \{x\} \neq W$, 选择 y 是非空集合 $W \setminus (W(x) \bigcup \{x\})$ 的最小元, 那么, $W(y) = W(x) \bigcup \{x\}$ 且由上面知 $W(y)$ 同构于 $\alpha + 1$. 所以, $x \in W(y) \subset \bigcup_{a \in A} W(a)$. 矛盾于 x 的选择. 所以, $W(x) \bigcup \{x\} \neq W$ 的情况不会出现. □

对于序数 α, β, 如果 α 是 β 的前截, 我们说 α 小于 β, 用 $\alpha < \beta$ 或者 $\beta > \alpha$ 表示. 那么, 对任意的两个序数 α, β, 下面的关系刚好有一个成立:

$$\alpha < \beta, \quad \alpha = \beta, \quad \alpha > \beta.$$

这个性质被称为**序数的三歧性**.我们用 $\alpha \leqslant \beta$ 表示 $\alpha < \beta$ 或者 $\alpha = \beta$. 同理, 可以定义 $\alpha \geqslant \beta$. 由定理 1.2.4 知对任意的自然数 n, n 是序数且 ω 也是序数. 设 α 是序数, 如果存在序数 β 使得 $\alpha = \beta + 1$, 那么, 我们称 α 是**后继序数**. 这时, 我们称 α 是 β 的**后继序数**, β 是 α 的**前继序数**. 非 0 非后继的序数称为**极限序数**. $\mathbb{N}$ 中的元素都是后继序数, ω 是极限序数. 设 α 是序数, 我们可以定义:

$$\alpha + 0 = \alpha, \ \alpha + 1, \ \alpha + 2 = (\alpha + 1) + 1, \cdots.$$

我们用 **ORD** 表示所有序数的类, 那么, 在 **ORD** 上, $\leqslant$ 满足良序关系的所有要求. 由于 **ORD** 不是集合, 所以 $(\mathbf{ORD}, \leqslant)$ 不是良序集, 尽管如此, 我们仍然可以在 $(\mathbf{ORD}, \leqslant)$ 上用超限归纳法来证明一个命题对任意的序数成立, 也可以定义从 **ORD** 到一个集合的映射. 我们写出 **ORD** 前面的一些元素:

$$0, 1, 2, \cdots, \omega, \omega + 1, \omega + 2, \cdots,$$

$$\omega + \omega = \{0, 1, 2, \cdots, \omega, \omega + 1, \omega + 2, \cdots\}, \omega + \omega + 1, \cdots.$$

设 W 是良序集, 我们用 $\overline{W}$ 表示和 W 同构的序数, 称之为 W 的**序型**. 下面的结果很有用, 证明留给读者.

定理 1.3.3　设 α 是序数, 不存在严格递减的映射 $f : \omega \to \alpha$.

推论 1.3.4　对任意的序数 α, 存在唯一的极限序数 α_0 和 $n \in \omega$ 使得 $\alpha = \alpha_0 + n$. 如果 n 是偶数 (奇数), 那么 α 被称为**偶序数** (**奇序数**).

现在, 我们定义基数, 开始本节的第二部分.

定义 1.3.2　设 m 是一个序数, 如果对任意的序数 α,

$$\alpha < m \text{ 能推出不存在一一对应 } f : \alpha \to m,$$

那么我们称 m 是**基数**. 也就是说, 基数是能建立一一对应的序数中最小的序数. 设 A 是集合, m 是一个基数, 如果 A 和 m 之间存在一一对应, 那么, 我们说 A 的**基数**是 m, 用 $|A|$ 表示 A 的基数. 对任意的集合 A, B, 如果 $|A| = |B|$, 那么, A 和 B 之间存在一一对应.

是否每一个集合都有基数是一个非常有意义的问题. 显然, 每一个序数都有基数. 事实上, 设 α 是一个序数, 那么集合

$$A = \{\beta \in \alpha + 1 : \beta \text{ 和 } \alpha \text{ 之间存在一一对应}\}$$

是序数 $\alpha + 1$ 的非空子集, 因为 $\alpha \in A$. 因此, $m = \min A$ 存在. 显然, m 是基数且 $|\alpha| = m$. 由下一节的定理 1.4.1 和上面的论断显然可以推出每一个集合都有基数

这个事实. 现在, 我们先承认这个事实. 由此, 对任意的集合 A, B, $|A| = |B|$ 的充分必要条件是 A 和 B 之间存在一一对应. 由序数的三歧性, 对于任意的集合 A, B,

$$|A| < |B|, \quad |A| = |B|, \quad |B| < |A|$$

恰好有一个成立. 我们称之为**基数的三歧性**. 对于给定的集合 A, B, 判断哪一个成立对我们来说是一件非常有意义的工作.

定理 1.3.4 对任意的非空集合 A, B, 下面的论断等价:

(a) $|A| \leqslant |B|$;

(b) 存在单射 $f : A \to B$;

(c) 存在满射 $g : B \to A$.

证明 设 $\phi : A \to |A|$ 和 $\psi : B \to |B|$ 是一一对应.

(a)$\Rightarrow$(b). 因为 $|A| \leqslant |B|$, 所以, $|A| \subset |B|$. 于是, $f(a) = \psi^{-1}(\phi(a))$ 定义了一个由 A 到 B 的单射 (见练习 1.2.C).

(b)$\Rightarrow$(c). 设 $f : A \to B$ 是单射. 选择 $a_0 \in A$. 定义

$$g = \{(b, a) \in B \times A : (a, b) \in f\} \bigcup \{(b, a_0) \in B \times A : b \notin \mathrm{ran}(f)\}.$$

那么, 容易验证 $g : B \to A$ 是满射.

(c)$\Rightarrow$(a). 设 $g : B \to A$ 是满射. 对任意的 $\xi \in |A|$, $\phi^{-1}(\xi) \in A$. 因为 $g : B \to A$ 是满射, 存在 $b \in B$ 使得 $g(b) = \phi^{-1}(\xi)$. 于是, 存在 $\eta \in |B|$ 使得 $\psi^{-1}(\eta) = b$. 因此, 令

$$\lambda(\xi) = \min\{\eta \in |B| : \phi^{-1}(\xi) = g(\psi^{-1}(\eta))\}.$$

容易验证 $\lambda : |A| \to |B|$ 是单射. 令

$$W = \lambda(|A|).$$

那么, λ 给出了 $|A|$ 到 W 的一一对应. 由基数的定义和练习 1.3.A 知

$$|A| \leqslant \overline{W} \leqslant |B|.$$

(a) 成立. $\qquad\qquad\qquad\qquad\qquad\qquad\qquad\qquad\qquad\qquad\qquad\qquad\qquad$ □

推论 1.3.5 对任意的非空集合 A, B, 下面的论断等价:

(a) $|A| = |B|$;

(b) 存在单射 $f : A \to B$ 和单射 $g : B \to A$;

(c) 存在满射 $f : A \to B$ 和满射 $g : B \to A$;

(d) 存在满射 $f : A \to B$ 和单射 $g : A \to B$.

上面推论中 (a) 和 (b) 的等价性被称为 **Cantor-Bernstein 定理**.

下面的定理表明不存在最大的基数.

定理 1.3.5 对任意的集合 A, 有 $|A| < |P(A)|$.

证明 显然, 映射 $a \mapsto \{a\}$ 建立了 A 到 $P(A)$ 的单射, 所以 $|A| \leqslant |P(A)|$. 现在假设 $f : A \to P(A)$ 是满射. 令

$$B = \{a \in A : a \notin f(a)\}.$$

那么, $B \in P(A)$, 于是, 存在 $b \in A$ 使得 $f(b) = B$. 但是, 由 B 的定义知 $b \in B$ 当且仅当 $b \notin B$. 矛盾. 所以, 不存在从 A 到 $P(A)$ 的满射. 从而, $|A| < |P(A)|$. □

对于基数 m, 我们用 2^m 记 $P(m)$ 的基数. 上面的定理说明, 对任意的基数 m, $m < 2^m$.

由基数的定义可以看出, $0, 1, 2, \cdots, \omega$ 是基数, 这些基数被称为**可数基数**. 其中, $0, 1, 2, \cdots$ 被称为**有限基数**, ω 被称为**可数无限基数**. 设 α 是一个序数, 如果 $|\alpha| \leqslant \omega$, 那么, 我们称 α 是一个**可数序数**. $\omega + 1, \omega + \omega$ 是可数序数. 事实上,

$$f(\omega) = 0, \quad f(n) = n + 1$$

建立了 $\omega + 1$ 到 ω 的一一对应;

$$g(n) = 2n, \quad g(\omega + n) = 2n + 1, \quad n \in \omega$$

建立了 $\omega + \omega$ 到 ω 的一一对应. 由下一节的定理 1.4.1 知, 存在 $P(\omega)$ 上的一个良序关系 $\leqslant$. 令

$$\alpha = \overline{(P(\omega), \leqslant)} > \omega,$$

$$\omega_1 = \min\{\beta \in \alpha + 1 : |\beta| > \omega\}.$$

也就是说, ω_1 是第一个不可数序数, 当然, 也是第一个不可数基数. 从而由序数的定义知, 作为集合, ω_1 由所有可数序数组成. 利用同样的方法, 可定义第三个无限基数 ω_2, 第四个无限基数 ω_3, 等等. 不难证明

$$\omega_\omega = \bigcup_{n \in \omega} \omega_n$$

也是一个基数, 它是大于所有 ω_n 的最小基数. 所有基数的全体不是集合, 用 **CAR** 表示这个类.

定义 1.3.3 设 A 是一个集合, 如果存在 $n \in \omega$ 使得 $|A| = n$, 那么, 我们称 A 是**有限集**, 否则称 A 是**无限集**. 如果 $|A| \leqslant \omega$, 那么, 我们称 A 是一个**可数集合**. 如果, $|A| = \omega$, 那么, 我们称 A 是一个**可数无限集合**.

判断一个集合是不是可数无限集合对我们特别重要, 我们给出下面的定理.

定理 1.3.6 对任意的可数无限集合 A, B, 有

(1) $A \bigcup B$ 是可数无限集合;

(2) $A \times B$ 是可数无限集合.

证明 设 $f : \omega \to A$ 和 $g : \omega \to B$ 是一一对应. 显然, (1),(2) 中的两个集合的基数都不小于 ω. 下面, 我们利用定理 1.3.4 分别证明它们都不大于 ω.

(1) 定义 $h : \omega \to A \bigcup B$ 为

$$h(n) = \begin{cases} f(k) & \text{如果 } n = 2k, \\ g(k) & \text{如果 } n = 2k+1. \end{cases}$$

那么, h 是 ω 到 $A \bigcup B$ 的满射 (但不一定是单射), 由定理 1.3.4 知 $|A \bigcup B| \leqslant \omega$. 也就是说, 如果 $A = \{a_0, a_1, a_2, \cdots\}$, $B = \{b_0, b_1, b_2 \cdots\}$, 那么,

$$A \bigcup B = \{a_0, b_0, a_1, b_1, a_2, b_2, \cdots\}.$$

(2) 同 (1), 如果 $A = \{a_0, a_1, a_2, \cdots\}$, $B = \{b_0, b_1, b_2 \cdots\}$, 那么,

$$A \times B = \{(a_0, b_0), (a_0, b_1), (a_1, b_0), (a_0, b_2), (a_1, b_1), (a_2, b_0), \cdots\}. \qquad \square$$

推论 1.3.6 (1) 如果 A 是可数的且对任意的 $a \in A$, a 也是可数的, 那么, $\bigcup A$ 是可数的;

(2) 如果对任意的 $i \in \{1, 2, \cdots, n\}$, A_i 是可数的, 那么 $\prod_{i=1}^{n} A_i$ 是可数的;

(3) 如果 A 是可数的, 那么,

$$\text{Fin}(A) = \{B \in P(A) : |B| < \omega\}$$

是可数的.

证明 (1) 设 $f : \omega \to A$ 是满射, 对任意的 $a \in A$, 令 $g_a : \omega \to a$ 也是满射. 定义 $h : \omega \times \omega \to \bigcup A$ 为

$$h(n, m) = g_{f(n)}(m).$$

那么, h 是满射. 又由定理 1.3.6(2) 知 $|\omega \times \omega| = \omega$, 所以 $\bigcup A$ 是可数的.

(2) 使用数学归纳法, 应用定理 1.3.6(2) 立即可得.

(3) 对任意的 $n \in \omega$, 令

$$\text{Fin}_n(A) = \{B \in P(A) : |B| \leqslant n\}.$$

那么
$$(a_1, a_2, \cdots, a_n) \mapsto \{a_1, a_2, \cdots, a_n\}$$

定义了 A^n 到 $\mathrm{Fin}_n(A)$ 的满射, 所以, 由定理 1.3.4 和本定理的 (2) 知

$$|\mathrm{Fin}_n(A)| \leqslant |A^n| \leqslant \omega.$$

再利用本定理的 (1), 有

$$|\mathrm{Fin}(A)| = \left| \bigcup_{n \in \omega} \mathrm{Fin}_n(A) \right| \leqslant \omega. \qquad \square$$

推论 1.3.7 (1) 非 0 自然数集 $\mathbb{N}$, 整数集 $\mathbb{Z}$, 有理数集 $\mathbb{Q}$ 都是可数无限集;

(2) $\mathbb{Z}^2$, $\mathbb{Q}^2$ 都是可数无限集;

(3) 无理数集 $\mathbb{P}$ 和实数集 $\mathbb{R}$ 都不是可数集且 $|\mathbb{P}| = |\mathbb{R}|$;

(4) $|\mathbb{R}| = |P(\mathbb{N})|$.

证明 (1) $\mathbb{N} = \omega \setminus \{0\}$ 显然是可数的. 由于 $n \mapsto -n$ 建立了 $\mathbb{N}$ 到集合 $-\mathbb{N} = \{-1, -2, \cdots\}$ 的一一对应, 所以, $-\mathbb{N}$ 也是可数的, 所以 $\mathbb{Z} = \omega \bigcup (-\mathbb{N})$ 是可数的. 定义映射 $f : \mathbb{Z} \times \mathbb{N} \to \mathbb{Q}$ 为

$$f(n, m) = \frac{n}{m}.$$

那么, f 是满射. 由此知, $\mathbb{Q}$ 是可数的.

(2) 由 (1) 和定理 1.3.6 立即可得.

(3) 为了证明 $\mathbb{R}$ 不是可数的, 我们仅需要证明它的子集 $\mathbf{I} = [0, 1]$ 不是可数的即可. 反设

$$\mathbf{I} = \{a_1, a_2, \cdots, a_n, \cdots\}$$

是可数的. 假设, 对任意的 n,

$$a_n = 0.i_n^{(1)} i_n^{(2)} \cdots i_n^{(m)} \cdots$$

是 a_n 的十进位小数表示, 这里,$0 = 0.000\cdots$, $1 = 0.999\cdots$. 现在, 对任意的 m, 令

$$i^{(m)} = \begin{cases} 9 & \text{如果 } i_m^{(m)} \in \{0, 1, 2, 3, 4\}, \\ 0 & \text{如果 } i_m^{(m)} \in \{5, 6, 7, 8, 9\}. \end{cases}$$

那么

$$x = 0.i^{(1)} i^{(2)} \cdots i^{(m)} \cdots \in \mathbf{I}.$$

但是, 对任意的 n, 我们有 $x \neq a_n$. 矛盾于 $\mathbf{I} = \{a_1, a_2, \cdots, a_n, \cdots\}$. 所以, $\mathbf{I}$ 不是可数的, 由此说明 $\mathbb{R}$ 不是可数的. 现在, 我们建立 $\mathbb{P}$ 到 $\mathbb{R}$ 的一一对应. 事实上, 设

$$\mathbb{Q} = \{r_1, r_2, \cdots, r_n, \cdots\}.$$

定义 $f : \mathbb{P} \to \mathbb{R}$ 为

$$f(x) = \begin{cases} \sqrt{2} + r_{\frac{n}{2}} & \text{如果 } x = \sqrt{2} + r_n \text{ 且 } n \text{ 是偶数}, \\ r_{\frac{n+1}{2}} & \text{如果 } x = \sqrt{2} + r_n \text{ 且 } n \text{ 是奇数}, \\ x & \text{否则}. \end{cases}$$

则 f 是一一对应.

(4) 注意 $10 = \{0, 1, 2, \cdots, 9\}$, 令

$$F = \{f \in 10^{\mathbb{N}} : \text{存在 } N \in \mathbb{N} \text{ 使得对任意的 } n > N, f(n) = 9\}.$$

那么, 很容易验证 $|F| = \omega$. 于是, 利用和上面证明 $|\mathbb{P}| = |\mathbb{R}|$ 相同的方法可以证明

$$|10^{\mathbb{N}} \setminus F| = |10^{\mathbb{N}}|.$$

对任意的 $f \in 10^{\mathbb{N}} \setminus F$, 令

$$\phi(f) = 0.f(1)f(2) \cdots f(n) \cdots \in \mathbf{I}.$$

那么, $\phi : 10^{\mathbb{N}} \setminus F \to [0, 1)$ 是一一对应. 所以

$$|10^{\mathbb{N}}| = |10^{\mathbb{N}} \setminus F| = |[0, 1)| = |\mathbf{I}|,$$

上面公式中最后一个等号见练习 1.3.D. 最后, 利用练习 1.3.E(2)(3), 有 $|P(\mathbb{N})| = |\mathbf{I}|$. $|\mathbb{R}| = |\mathbf{I}|$ 的证明留给读者. $\qquad\square$

基数 $|\mathbb{R}| = |\mathbf{I}|$ 被称为**连续统基数**, 用 c 表示, 即 $c = 2^\omega$. **连续统假设**是

$$c = \omega_1.$$

也即 $\mathbf{I}$ 的基数是最小的不可数基数. 连续统假设是否成立是集合论的创立人 Cantor 提出的, Hilbert 把它作为 20 世纪要解决的 23 个最重要的数学问题之首. 20 世纪 70 年代, 人们证明了连续统假设在 ZFC 系统中既不能被证明也不能被否定. 更一般地, 有所谓**广义连续统假设**:

对任意的无限基数 m, 2^m 是比 m 大的最小基数.

同样, 广义连续统假设在 ZFC 系统中既不能被证明也不能被否定.

练 习 1.3

1.3.A. 设 α 是序数, $W \subset \alpha$. 证明 $\overline{W} \leqslant \alpha$. 举例说明, 对于 α 真子集 W, $\overline{W} = \alpha$ 有可能成立.

1.3.B. 直接证明 Cantor-Bernstein 定理.

1.3.C. 证明集合 A 是无限集的充分必要条件是存在 A 的真子集 B 使得 $|A| = |B|$.

1.3.D. 证明 $|(0,1)| = |[0,1]| = |\mathbf{I}|$.

1.3.E. (1) 证明对任意的集合 A, B, C, 有 $|C^{A \times B}| = |C^{A^B}|$;

　　　(2) 注意到 $2 = \{0,1\}$. 证明任意的集合 A, 有 $|2^A| = |P(A)|$;

　　　(3) 证明 $|2^{\mathbb{N}}| = |10^{\mathbb{N}}| = |\mathbb{N}^{\mathbb{N}}|$.

1.4 选 择 公 理

本节将给出选择公理的几个等价命题, 这里所谓等价是指, 在 ZF 系统中, 它们可以和选择公理互相推出. 但是, 我们并不准备证明这些, 我们仅仅证明这些命题是 ZFC 系统中的定理, 也即选择公理可以在 ZF 系统中推出它们. 另外, 本节我们将定义集合的任意乘积.

定理 1.4.1(良序公理)　任意的集合上都存在良序关系.

证明　设 A 是集合. 因为空集上显然存在良序关系, 我们假定 $A \neq \varnothing$. 令

$$B = P(A) \setminus \{\varnothing\}.$$

那么, 由选择公理存在映射 $g : B \to \bigcup B$, 使得对任意的 $b \in B$, 有 $g(b) \in b \subset A$. 令

$$\mathcal{F} = \bigcup\{A^W : W \subset \mathbf{ORD} \text{ 且 } W \text{ 是集合}\}.$$

定义 $\Phi : \mathcal{F} \to A+1$ 为, 对任意的 $f \in \mathcal{F}$,

$$\Phi(f) = \begin{cases} g(A \setminus \mathrm{ran}(f)) & \text{如果 } A \setminus \mathrm{ran}(f) \neq \varnothing, \\ A & \text{如果 } A \setminus \mathrm{ran}(f) = \varnothing. \end{cases}$$

那么, 由定理 1.2.6, 存在唯一的映射 $\phi : \mathbf{ORD} \to A+1$ 使得对任意的 $\alpha \in \mathbf{ORD}$,

$$\phi(\alpha) = \Phi(\phi|\alpha).$$

注意, $\mathbf{ORD}(\alpha) = \alpha$. 对任意的 $\alpha < \beta \in \mathbf{ORD}$, 如果 $\phi(\alpha), \phi(\beta)$ 都不等于 A, 那么

$$\phi(\beta) = \Phi(\phi|\beta) = g(A \setminus \mathrm{ran}(\phi|\beta)) \in A \setminus \mathrm{ran}(\phi|\beta) \not\ni \phi(\alpha).$$

所以, $\phi(\beta) \neq \phi(\alpha)$. 因此, 如果对任意的 $\alpha \in \mathbf{ORD}$, 都有 $\phi(\alpha)$ 不等于 A, 那么, ϕ 是 $\mathbf{ORD}$ 到集合 A 的单射, 这矛盾于 $\mathbf{ORD}$ 不是集合. 所以, 存在 $\alpha \in \mathbf{ORD}$ 使得 $\phi(\alpha) = A$. 那么, $A \setminus \mathrm{ran}(\phi|\alpha) = \varnothing$. 令 α_0 是满足这个条件的最小的 α. 那么, $\phi : \alpha_0 \to A$ 是一一对应. 这个一一对应把 α_0 上的良序关系传递为 A 上的一个良序关系. □

良序公理保证了我们可以认为任意的集合上存在良序关系, 甚至可以认为这个良序关系的序数是极限序数 (假定集合是无限的) 或者后继序数, 从而, 我们可以在这个集合上用归纳证明和归纳定义. 后面, 我们将会看到一些例子. Zorn 引理是我们需要的另一个和选择公理等价的命题, 它在很多数学分支中有非常重要的应用. 设 $(P, \leqslant)$ 是偏序集, C 是 P 的子集, 如果 $\leqslant_C$ 是 C 上的全序关系, 那么, 我们称 C 为 $(P, \leqslant)$ 的一个**链**.

定理 1.4.2(Zorn 引理) 设 $(P, \leqslant)$ 是非空偏序集. 如果 $(P, \leqslant)$ 中每一个链都有上界, 那么, $(P, \leqslant)$ 存在极大元.

证明 我们利用良序公理 (定理 1.4.1) 证明这个结果. 设 $\preccurlyeq$ 是 P 上的一个良序关系, 我们用 $b \prec a$ 表示 $b \preccurlyeq a$ 且 $b \neq a$. 利用定理 1.2.6[1] 定义映射 $f : P \to \{0, 1\}$ 为, 对任意的 $a \in P$,

$$f(a) = \begin{cases} 1 & \text{如果对任意的 } b \prec a, f(b) = 1 \text{ 能推出 } b \leqslant a, \\ 0 & \text{否则.} \end{cases}$$

令

$$C = \{c \in P : f(c) = 1\}.$$

那么, C 是 $(P, \leqslant)$ 的一个链. 事实上, 对任意的 $c_1, c_2 \in C$, 不妨设 $c_1 \prec c_2$. 由于 $f(c_1) = 1$, 所以, 由 $f(c_2)$ 定义, 只有当 $c_1 \leqslant c_2$ 时才有 $f(c_2) = 1$. 现在, 由于 $f(c_2) = 1$ 确实成立, 因此, 我们有 $c_1 \leqslant c_2$.

由定理的假设, C 在 $(P, \leqslant)$ 有上界 t. 我们证明 t 是 $(P, \leqslant)$ 的极大元. 否则, 集合 $A = \{s \in P \setminus \{t\} : t \leqslant s\} \neq \varnothing$. 令 s_0 是 A 在 $(P, \preccurlyeq)$ 中的最小元. 那么, 对任意的 $b \prec s_0$, 如果 $f(b) = 1$, 则 $b \in C$. 由此能推出, $b \leqslant t \leqslant s_0$. 由 $f(s_0)$ 的定义知 $f(s_0) = 1$. 所以, $s_0 \in C$. 故, $s_0 \leqslant t$. 此矛盾于 s_0 的定义. □

定义 1.4.1 设 $\mathcal{S} = \{X_s : s \in S\}$ 是集合, 也即 $\{X_s : s \in S\}$ 是对 $\mathcal{S}$ 的指标化. 令

$$\prod_{s \in S} X_s = \left\{ f : S \to \bigcup_{s \in S} X_s : \text{对任意的 } s \in S \text{ 有 } f(s) \in X_s \right\}.$$

[1]定理 1.2.6 的本质是假设 $(W, \leqslant)$ 是一个良序集, 如果对任意的 $x \in W$, 假设对任意的 $y \in W(x)$, $f(y) \in Y$ 已经有定义, 我们可以依次定义 $f(x) \in Y$, 那么, 就定义了一个映射 $f : W \to Y$. 在定理 1.4.1 的证明中, 我们严格按照定理 1.2.6 的格式写出了证明, 但在定理 1.4.2 的证明中, 我们不再给出定理 1.2.6 所要求的 Φ 的具体定义, 请读者给出一个.

显然, $\prod_{s \in S} X_s$ 是集合, 称之为 $\{X_s : s \in S\}$ 的 **Cartesian 乘积**, 简称为**乘积**. 每一个 X_s 被称为这个乘积的**因子集合**或者**因子**.

定理 1.4.3 $\prod_{s \in S} X_s = \varnothing$ 当且仅当存在 $s \in S$, 使得 $X_s = \varnothing$.

证明   如果存在 $s \in S$, 使得 $X_s = \varnothing$, 由定义, 有 $\prod_{s \in S} X_s = \varnothing$. 反之, 如果对任意的 $s \in S$, $X_s \neq \varnothing$, 由选择公理可得 $\prod_{s \in S} X_s \neq \varnothing$.   □

下面, 我们考虑几个特殊情况.

如果对任意的 $s \in S$, $X_s = X$, 那么, 由定义

$$\prod_{s \in S} X_s = X^S.$$

如果 $S = \{1, 2, \cdots, n\}$ 是有限集, 那么, 我们能建立一个自然的一一对应

$$\phi : X_1 \times X_2 \times \cdots \times X_n \to \prod_{s \in S} X_s.$$

事实上, 对任意的 $(x_1, x_2, \cdots, x_n) \in X_1 \times X_2 \times \cdots \times X_n$, 我们按下面的方法定义 $\phi(x_1, x_2, \cdots, x_n) \in \prod_{s \in S} X_s$, 对任意的 $s \in S = \{1, 2, \cdots, n\}$, 令

$$\phi(x_1, x_2, \cdots, x_n)(s) = x_s.$$

那么, 很容易验证 $\phi : X_1 \times X_2 \times \cdots \times X_n \to \prod_{s \in S} X_s$ 是一一对应. 因此, 我们今后将视 $X_1 \times X_2 \times \cdots \times X_n$ 和 $\prod_{s \in S} X_s$ 为同一个集合.

对我们而言, 最重要的情况是 $S = \mathbb{N}$, 我们也可以将 $\prod_{n \in \mathbb{N}} X_n$ 写为

$$X_1 \times X_2 \times \cdots \times X_n \times \cdots \ \text{或者} \ X_1 \times X_2 \times \cdots.$$

$x \in \prod_{n \in \mathbb{N}} X_n$ 经常被写为 $(x_1, x_2, \cdots, x_n, \cdots)$ 或者 $(x_1, x_2, \cdots)$, 这里 $x_n = x(n)$. 这样

$$\prod_{n \in \mathbb{N}} X_n = X_1 \times X_2 \times \cdots = \{(x_1, x_2, \cdots) : \text{对任意的} \ n \in \mathbb{N}, x_n \in X_n\}.$$

今后, 我们将视各种方便分别使用记号 x_n 或者记号 $x(n)$. 同样, 记号 (x_n) 和 $(x_n)_n$ 也将被同时使用.

一个由 $\mathbb{N}$ 到集合 X 的映射被称为 X 上的一个**序列**. 序列 $x : \mathbb{N} \to X$ 一般被写为 $(x_n)_n$ 或者 (x_n), 这里, $x_n = x(n)$. 那么

$$X^{\mathbb{N}} = \{(x_n)_n : x_n \in X\} = \{(x_n) : x_n \in X\} = \prod_{n \in \mathbb{N}} X_n,$$

这里, 对任意的 $n \in \mathbb{N}$, $X_n = X$. 在本章第一节, 对任意的集合 X 和任意的 $n \in \omega$, 我们已经定义了 X^n. 和此记号对应的, 我们有时用 X^∞ 记 $X^{\mathbb{N}}$ 或者 X^ω.

我们给出乘积的一个简单性质. 设 $S = \bigcup_{i \in I} S_i$ 且对任意不同的 $i_1, i_2 \in I$, $S_{i_1} \bigcap S_{i_2} = \varnothing$. 则

$$\prod_{s \in S} X_s \quad \text{和} \quad \prod_{i \in I}\left(\prod_{s \in S_i} X_s\right)$$

之间存在一个自然的一一对应. 因此, 我们以后将认为它们是一样的.

定义 1.4.2 设 $\prod_{s \in S} X_s$ 是 $\{X_s : s \in S\}$ 的乘积, 对任意的 $s \in S$, 我们能够定义 $p_s : \prod_{s \in S} X_s \to X_s$ 为, 对任意的 $f \in \prod_{s \in S} X_s$,

$$p_s(f) = f(s).$$

称 p_s 为向因子 X_s 的**投影映射**. 如果 $\prod_{s \in S} X_s \neq \varnothing$, 那么 p_s 是满射. 更一般地, 设 $S_0 \subset S$, 我们能够定义 $p_{S_0} : \prod_{s \in S} X_s \to \prod_{s \in S_0} X_s$ 为, 对任意的 $f \in \prod_{s \in S} X_s$,

$$p_{S_0}(f) = f|S_0.$$

称 p_{S_0} 为向 $\prod_{s \in S_0} X_s$ 的**投影映射**.

对任意的集合 Y 和映射 $f : Y \to \prod_{s \in S_0} X_s$, $\{p_s \circ f : Y \to X_s\}_{s \in S}$ 是一族映射. 反之, 设 $\{f_s : Y \to X_s\}_{s \in S}$ 是一族映射. 那么, 我们能够按下面的方式定义映射 $f : Y \to \prod_{s \in S_0} X_s$, 对任意的 $y \in Y$ 和 $s \in S$,

$$f(y)(s) = f_s(y),$$

称之为由 $\{f_s : Y \to X_s\}_{s \in S}$ 确定的映射. 那么, $p_s \circ f = f_s$. 因此, 映射 $f : Y \to \prod_{s \in S_0} X_s$ 和映射族 $\{f_s : Y \to X_s\}_{s \in S}$ 互相唯一确定.

如果对任意的 $s \in S$, $A_s \subset X_s$, 那么

$$\prod_{s \in S} A_s \subset \prod_{s \in S} X_s.$$

称 $\prod_{s \in S} X_s$ 这样的子集为**乘积形状的子集**. 注意, 并非 $\prod_{s \in S} X_s$ 的所有子集都是乘积形状的.

练 习 1.4

1.4.A. 证明定理 1.4.3 中的论断在 ZF 系统中与选择公理等价.

1.4.B. 利用 Zorn 引理证明良序公理. (提示: 设 A 集合, 令

$$\mathcal{A} = \{(B, R) : B \subset A \text{ 且 } (B, R) \text{ 是良序集合}\}.$$

在 A 上定义偏序关系:

$$(B_1, R_1) \leqslant (B_2, R_2) \text{ 当且仅当 } B_1 \subset B_2 \text{ 且 } R_1 = R_2 \bigcap (B_1 \times B_1).$$

对偏序集 $(A, \leqslant)$ 应用 Zorn 引理得到其极大元使得 A 成为良序集.)

1.4.C. 对任意的 $s \in S$, 设 $A_s, B_s \subset X_s$. 证明

$$\prod_{s \in S} A_s \bigcap \prod_{s \in S} B_s = \prod_{s \in S} (A_s \bigcap B_s).$$

但

$$\prod_{s \in S} A_s \bigcup \prod_{s \in S} B_s = \prod_{s \in S} (A_s \bigcup B_s)$$

未必成立.

1.4.D (König 定理). 设 S 是非空集合. 对任意的 $s \in S$, 设 A_s, B_s 是集合且 $|A_s| < |B_s|$. 证明

$$\left| \bigcup_{s \in S} A_s \right| < \left| \prod_{s \in S} B_s \right|.$$

证明定理 1.3.5 是这个结论的推论.

第 2 章 度 量 空 间

本章介绍度量空间及其相关概念和它们的基本性质, 为以后的讨论提供基本的术语和事实. 同时, 本章中含有大量的例子, 这些例子对于理解本章内容乃至全书内容都是非常重要的, 请读者不要轻视它们.

本章中, 除 2.8 节外, 其他各节的内容都是基本的而且重要的.

2.1 度量空间的定义及例子

度量空间是我们熟悉的 Euclidean 空间的自然推广, 也为我们在分析中熟悉的一致收敛等提供一个一般的框架, 是本课程中最重要的定义之一. 本节定义度量空间并给出了几个自然的和不自然的度量空间的例子.

定义 2.1.1 设 X 是非空集合①, $d: X \times X \to \mathbb{R}^+ = [0, +\infty)$ 是一个映射, 若对任意 $x, y, z \in X$, 下面的性质成立:

(M1) (**正定性**) $d(x, y) \geqslant 0$, 且 $d(x, y) = 0$ 当且仅当 $x = y$;

(M2) (**对称性**) $d(x, y) = d(y, x)$;

(M3) (**三角不等式**) $d(x, z) \leqslant d(x, y) + d(y, z)$.

则称 (X, d) 是**度量空间**, d 称为 X 上的**度量**, $d(x, y)$ 称为点 x, y 的**距离**.

例 2.1.1 设 X 是非空集合, 令 $d: X \times X \to \mathbb{R}^+$ 定义为

$$d(x, y) = \begin{cases} 1 & \text{如果 } x \neq y, \\ 0 & \text{如果 } x = y. \end{cases}$$

则 (X, d) 是度量空间. 验证以上三条是平凡的, 留给读者. 这个度量空间称为**离散度量空间**.

例 2.1.2 n-维 Euclidean 空间 $\mathbb{R}^n$. 定义 $d: \mathbb{R}^n \times \mathbb{R}^n \to \mathbb{R}^+$ 为

$$d((x_1, x_2, \cdots, x_n), (y_1, y_2, \cdots, y_n)) = \sqrt{(x_1 - y_1)^2 + (x_2 - y_2)^2 + \cdots + (x_n - y_n)^2}.$$

则 $(\mathbb{R}^n, d)$ 是度量空间. 事实上, 验证定义 2.1.1 中的 (M1)(M2) 是显然的, 我们证明 (M3). 考虑关于 t 的二次三项式:

$$f(t) = \sum_{i=1}^{n} (a_i + b_i t)^2,$$

---

① 一般来说, 我们总是假定 X 是非空的, 但是, 有一些特殊情况, 为了方便, 我们也允许 $X = \varnothing$.

a_i, b_i 是实数. 由于它没有相异的实根, 因此判别式 $\leqslant 0$, 即对任意的实数 a_i, b_i, 我们有

$$\left(\sum_{i=1}^{n} a_i b_i \right)^2 \leqslant \sum_{i=1}^{n} a_i^2 \cdot \sum_{i=1}^{n} b_i^2.$$

此公式称为 **Cauchy 不等式**. 由此公式, 我们有

$$\sum_{i=1}^{n} (a_i + b_i)^2 = \sum_{i=1}^{n} a_i^2 + 2 \sum_{i=1}^{n} a_i b_i + \sum_{i=1}^{n} b_i^2$$

$$\leqslant \sum_{i=1}^{n} a_i^2 + 2 \sqrt{\left(\sum_{i=1}^{n} a_i^2 \right) \cdot \left(\sum_{i=1}^{n} b_i^2 \right)} + \sum_{i=1}^{n} b_i^2$$

$$= \left(\sqrt{\sum_{i=1}^{n} a_i^2} + \sqrt{\sum_{i=1}^{n} b_i^2} \right)^2.$$

所以

$$\sqrt{\sum_{i=1}^{n} (a_i + b_i)^2} \leqslant \sqrt{\sum_{i=1}^{n} a_i^2} + \sqrt{\sum_{i=1}^{n} b_i^2}.$$

现在, 对任意的 $x = (x_1, x_2, \cdots, x_n), y = (y_1, y_2, \cdots, y_n), z = (z_1, z_2, \cdots, z_n) \in \mathbb{R}^n$, 令, $a_i = x_i - z_i, b_i = z_i - y_i$, 代入上式得 (M3) 成立.

$\mathbb{R}^n$ 称为 n-维 **Euclidean 空间**, 一般我们用 $\mathbb{R}$ 记 $\mathbb{R}^1$.

例 2.1.3　定义 $\rho : \mathbb{R}^n \times \mathbb{R}^n \to \mathbb{R}^+$ 为

$$\rho((x_1, x_2, \cdots, x_n), (y_1, y_2, \cdots, y_n)) = \max\{|x_1 - y_1|, |x_2 - y_2|, \cdots, |x_n - y_n|\}.$$

则 $(\mathbb{R}^n, \rho)$ 是度量空间, 此时定义 2.1.1 中 (M1) (M2) (M3)的验证是显然的. 度量空间 $(\mathbb{R}^n, d)$ 与 $(\mathbb{R}^n, \rho)$ 是不同的度量空间, 但它们存在着密切的关系, 所以在一定意义下也是 "相同" 的, 详见本章 2.5 节.

例 2.1.4　设 $\ell^2 = \{(x_1, x_2, \cdots) \in \mathbb{R}^{\mathbb{N}} : \sum_{i=1}^{\infty} x_i^2 < \infty\}$, 定义 $d : \ell^2 \times \ell^2 \to \mathbb{R}^+$ 为

$$d((x_1, x_2, \cdots), (y_1, y_2, \cdots)) = \sqrt{\sum_{i=1}^{\infty} (x_i - y_i)^2}.$$

则 (ℓ^2, d) 是度量空间. 为此, 注意到对任意的 $(x_1, x_2, \cdots), (y_1, y_2, \cdots) \in \ell^2$ 和任意的 $N \in \mathbb{N}$,

$$\sum_{i=1}^{N} (x_i - y_i)^2 \leqslant \sum_{i=1}^{N} 2(x_i^2 + y_i^2) \leqslant 2 \left(\sum_{i=1}^{\infty} x_i^2 + \sum_{i=1}^{\infty} y_i^2 \right) < \infty.$$

故级数 $\sum_{i=1}^{\infty}(x_i - y_i)^2$ 收敛, 所以 $d : \ell^2 \times \ell^2 \to \mathbb{R}^+$ 确实为一个映射. d 满足定义中的 (M1) (M2)是显然的. 对于例 2.1.2 的公式 (M3), 令 $n \to \infty$(相关级数是收敛的), 可得本例中的 (M3) 成立.

ℓ^2 称为 **Hilbert 空间** ℓ^2.

例 2.1.5 设 $X = (-1, 1)$, 定义 $d : (-1, 1) \times (-1, 1) \to \mathbb{R}^+$ 为

$$d(x, y) = |x - y|.$$

则 $((-1, 1), d)$ 是度量空间. 现在定义 $\rho : (-1, 1) \times (-1, 1) \to \mathbb{R}^+$ 为

$$\rho(x, y) = \left| \tan \frac{\pi}{2} x - \tan \frac{\pi}{2} y \right|.$$

则 ρ 也是 $(-1, 1)$ 上的一个度量.

例 2.1.6 定义 $\rho : \mathbb{R}^2 \times \mathbb{R}^2 \to \mathbb{R}^+$ 为

$$\rho((x_1, y_1), (x_2, y_2)) = \begin{cases} |y_1 - y_2| & \text{如果 } x_1 = x_2, \\ |y_1| + |x_1 - x_2| + |y_2| & \text{如果 } x_1 \neq x_2. \end{cases}$$

则 ρ 是 $\mathbb{R}^2$ 上的一个度量.

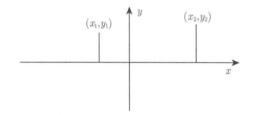

图 2-1　河流空间中两点的距离

我们仅需要验证三角不等式 (M3) 成立. 设 $(x_1, y_1), (x_2, y_2), (x_3, y_3) \in \mathbb{R}^2$, 我们证明

$$\rho((x_1, y_1), (x_3, y_3)) \leqslant \rho((x_1, y_1), (x_2, y_2)) + \rho((x_2, y_2), (x_3, y_3)). \tag{2-1}$$

情况 A. 当 $x_1 = x_3$ 时, 式左 $= |y_1 - y_3|$, 式右 $\geqslant |y_1 - y_2| + |y_2 - y_3| \geqslant |y_1 - y_3| =$ 式左

情况 B. 当 $x_1 \neq x_3$ 时, 则 $x_2 \neq x_1$ 或者 $x_2 \neq x_3$, 不妨设 $x_2 \neq x_1$, 则

$$\begin{aligned}
\text{式左} &= |y_1| + |x_1 - x_3| + |y_3| \\
&\leqslant |y_1| + |x_1 - x_2| + |x_2 - x_3| + |y_2| - |y_2| + |y_3| \\
&= \rho((x_1, y_1), (x_2, y_2)) + |x_2 - x_3| + |y_3| - |y_2|.
\end{aligned}$$

不论 $x_2 = x_3$ 是否成立, 都有 $|x_2 - x_3| + |y_3| - |y_2| \leqslant \rho((x_2, y_2), (x_3, y_3))$, 故

$$\text{式左} \leqslant \rho((x_1, y_1), (x_2, y_2)) + \rho((x_2, y_2), (x_3, y_3)) = \text{式右}.$$

因此, 式 (2-1) 成立. 此度量 ρ 被形象地称为 $\mathbb{R}^2$ 中的森林度量. 我们设想 $\mathbb{R}^2$ 为一大片森林, x 轴为这片森林中一条河流, 河流可以用船交通, 居住在 (x, y) 处的居民, 为了和外界连通, 都修了一条小道和河流垂直. 这样, (x_1, y_1), (x_2, y_2) 两处的居民可以走通的最短距离恰好为 $\rho((x_1, y_1), (x_2, y_2))$. 因此, 这个度量空间被称为**河流空间**.

对于上述例 2.1.2 中的 Euclidean 空间 $\mathbb{R}^n$ 和例 2.1.4 中的 Hilbert 空间 ℓ^2, 请读者特别注意, 我们今后将多次使用.

定义 2.1.2 设 (X, d) 是度量空间, $A \subset X$. 若存在 $M \in \mathbb{R}^+$ 使得对任意的 $x, y \in A$ 有 $d(x, y) \leqslant M$, 则称 A 为 (X, d) 中的**有界集**, M 称为其一个上界. A 的所有上界的下确界称为 A 的**直径**, 用 $\operatorname{diam} A$ 表示 A 的直径. 容易验证

$$\operatorname{diam} A = \sup\{d(x, y) : x, y \in A\}.$$

若 $A = X$ 为 (X, d) 中的有界集, 则称 (X, d) 为**有界度量空间**, d 称为**有界度量**, X 的一个上界称为这个度量空间的一个**上界**.

对于任意度量空间 (X, d), 令 $\overline{d} : X \times X \to \mathbb{R}^+$ 为

$$\overline{d}(x, y) = \min\{d(x, y), 1\}.$$

则容易验证 $\overline{d}$ 为 X 上的一个度量. 显然, $\overline{d}$ 为 X 的一个有界度量. 我们称 $\overline{d}$ 为 d 的**标准有界化度量**. 我们将在 2.2 节给出 d 与 $\overline{d}$ 的密切关系.

上面例子中, 例 2.1.1 和例 2.1.5 的第一个为有界度量空间, 其余为无界度量空间.

定义 2.1.3 设 (X, d) 是度量空间, $x_0 \in X$, $\varepsilon > 0$. 令

$$B_{(X,d)}(x_0, \varepsilon) = \{x \in X : d(x, x_0) < \varepsilon\}.$$

称之为 (X, d) 中以x_0为中心, 以 ε 为半径的球, 也称为 x_0 的 ε-球形邻域. 根据需要,$B_{(X,d)}(x_0, \varepsilon)$ 经常被记作 $B_X(x_0, \varepsilon)$, $B_d(x_0, \varepsilon)$ 或者 $B(x_0, \varepsilon)$. 显然 x_0 的 ε-球形邻域关于 ε 是单调递增的.

在上面的例 2.1.1 中, 对任意的 $x_0 \in X$, 有

$$B(x_0, \varepsilon) = \begin{cases} \{x_0\} & \text{如果 } \varepsilon \leqslant 1, \\ X & \text{如果 } \varepsilon > 1. \end{cases}$$

在例 2.1.2 中, 球恰好为我们所熟悉的不带边界的球; 在例 2.1.3 中, 球为不带边界的正方形 $(n = 2)$, 正方体 $(n = 3)$, $\cdots$. 读者可以考虑例 2.1.6 中一个点的球形邻域是什么集合.

本节最后, 我们引入两个记号. 设 A 是度量空间 (X, d) 的子集. 对任意的 $x \in X$, 令

$$d(x, A) = \inf\{d(x, a) : a \in A\}.$$

我们规定对任意的 $x \in X$, $d(x, \varnothing) = +\infty$. 又, 对任意的 $y \in X$, $d(x, \{y\}) = d(x, y)$. 对任意的 $\varepsilon > 0$, 令

$$B(A, \varepsilon) = \bigcup_{a \in A} B(a, \varepsilon).$$

练 习 2.1

2.1.A. 对于例子 2.1.6 中的空间, 令 $x = (0, 1)$, $A = \{1\} \times \mathbb{R}$. 求 $d(x, A)$.

2.1.B. 设 $f : \mathbb{R} \to \mathbb{R}$ 是严格递增的连续函数 (按分析中的定义), 定义 $\rho : \mathbb{R} \times \mathbb{R} \to \mathbb{R}^+$ 为

$$\rho(x, y) = |f(x) - f(y)|.$$

证明 $(\mathbb{R}, \rho)$ 是度量空间.

2.1.C. 设 $\mathrm{C}([a, b])$ 是由非单点的闭区间 $[a, b]$ 到 $\mathbb{R}$ 的所有连续函数 (按分析中的定义). 对任意的 $f, g \in \mathrm{C}([a, b])$, 令

$$d(f, g) = \sqrt{\int_a^b (f(x) - g(x))^2 \, \mathrm{d}x}.$$

证明 $(\mathrm{C}([a, b]), d)$ 是度量空间.

如果 $\mathrm{C}([a, b])$ 用由 $[a, b]$ 到 $\mathbb{R}$ 的所有 Riemann 可积函数 (按分析中的定义) 代替, 上面结论成立吗?

2.1.D. 对于例子 2.1.2 中的 Euclidean 空间 $\mathbb{R}^2$, 求下列集合的直径:

(1) $A = \{(x, y) : x^2 + y^2 \leqslant 1\}$;

(2) $B = \mathbf{I} \times \mathbf{I}$;

(3) C 是以点 $(0, 0), (0, 1), (1, 0)$ 为顶点的三角形的边界、内部、边界和内部之并、外部 (按直观的定义理解本例中的上面概念).

2.1.E. 设 (X, d) 是度量空间, 定义 $\rho : X \times X \to \mathbb{R}^+$ 为

$$\rho(x, y) = \frac{d(x, y)}{1 + d(x, y)}.$$

证明 (X, ρ) 是有界度量空间.

2.2 开集、闭集、基、序列

和在 Euclidean 空间 $\mathbb{R}^n$ 一样, 本节我们将定义开集、闭集、基和序列等概念并给出它们的基本关系.

从本节开始, 我们将逐渐减少对具体度量的依赖. 这样做有两个原因, 第一, 确实有一些问题不可以定义度量, 见第 7 章; 第二, 具体的度量有时是不必要的, 甚至为我们带来不必要的麻烦.

定义 2.2.1 设 (X, d) 是度量空间, $U \subset X$. 若对任意的 $x \in U$, 存在 $\varepsilon_x > 0$ 使得 $B(x, \varepsilon_x) \subset U$, 则称 U 为 X 中**开集**. 用 $\mathcal{T}_{(X,d)}$ 表示 (X, d) 中开集的全体, 称 $\mathcal{T}_{(X,d)}$ 为 (X, d) 上的**拓扑**. $\mathcal{T}_{(X,d)}$ 一般被简记为 $\mathcal{T}_d$, 有时根据需要, 也记为 $\mathcal{T}_X$.

我们有下面重要的结论.

定理 2.2.1 对任意的度量空间 (X, d), $\mathcal{T}_d$ 有如下性质:

(T1) $\varnothing, X \in \mathcal{T}_d$;

(T2) $\mathcal{T}_d$ 对有限交封闭, 即若 $U_1, U_2, \cdots, U_n \in \mathcal{T}_d$, 则 $U_1 \bigcap U_2 \bigcap \cdots \bigcap U_n \in \mathcal{T}_d$;

(T3) $\mathcal{T}_d$ 对任意并封闭, 即对任意的族 $\{U_s : s \in S\} \subset \mathcal{T}_d$, 有 $\bigcup\limits_{s \in S} U_s \in \mathcal{T}_d$.

证明 (T1) 因为 $x \in \varnothing$ 对任意的 $x \in X$ 不会成立, 所以我们不需要找 $\varepsilon_x > 0$, 从而 $\varnothing$ 为开集. 又, 对任意的 $x \in X$, $B(x, 1) \subset X$, 故 X 为开集.

(T2) 我们仅对 $n = 2$ 证明, 一般的 n 只需使用数学归纳法即可. 设 $U_1, U_2 \in \mathcal{T}_d$, $x \in U_1 \bigcap U_2$, 则 $x \in U_1$ 且 $x \in U_2$. 由 $\mathcal{T}_d$ 的定义, 存在 $\varepsilon_1, \varepsilon_2 > 0$ 使得 $B(x, \varepsilon_1) \subset U_1$ 且 $B(x, \varepsilon_2) \subset U_2$. 令 $\varepsilon = \min\{\varepsilon_1, \varepsilon_2\} > 0$, 则

$$B(x, \varepsilon) \subset B(x, \varepsilon_1) \bigcap B(x, \varepsilon_2) \subset U_1 \bigcap U_2.$$

因此, $U_1 \bigcap U_2 \in \mathcal{T}_d$.

(T3) 设 $\{U_s : s \in S\} \subset \mathcal{T}_d$, 对任意的 $x \in \bigcup\limits_{s \in S} U_s$, 存在 $s_0 \in S$ 使得 $x \in U_{s_0} \in \mathcal{T}_d$. 故存在 $\varepsilon > 0$ 使得 $B(x, \varepsilon) \subset U_{s_0} \subset \bigcup\limits_{s \in S} U_s$. 从而 $\bigcup\limits_{s \in S} U_s \in \mathcal{T}_d$. $\qquad\qquad\square$

定义 2.2.2 设 (X, d) 是度量空间, $F \subset X$. 若 $X \setminus F$ 是 (X, d) 中的开集, 则称 F 为 (X, d) 中的**闭集**.

利用定理 2.2.1 和 de Morgan 对偶律 (练习 1.1.D), 有

定理 2.2.2 设 (X, d) 是度量空间, 则

(C1) $\varnothing, X$ 是闭集;

(C2) 全体闭集族对有限并封闭;

(C3) 全体闭集族对任意交封闭.

注 2.2.1 按照注 1.1.1, 我们不能证明空集的交的存在性. 在一个特定的度量空间 (X, d) 中, 为了方便, 我们总是规定空集的交为 X. 这时, 定理 2.2.1(T2) 和定理 2.2.2(C3) 对空集也成立. 这样的规定不会导致任何矛盾. 当然, 也不会给我们带来任何实质性的用处, 所以, 你也可以不认可这个规定.

另外, 我们还有下面直接判断集合是否为闭集的方法.

定理 2.2.3 设 (X, d) 是度量空间, $F \subset X$. 则下面条件等价:

(a) F 是闭集;

(b) 对任意的 $x \notin F$, 存在 $\varepsilon_x > 0$ 使得 $B(x, \varepsilon_x) \bigcap F = \varnothing$;

(c) 对任意的 $x \notin F$, 存在包含 x 的开集 U 使得 $U \bigcap F = \varnothing$.

定理 2.2.4 对任意度量空间 (X, d) 和 $x \in X$, 单点集 $\{x\}$ 是闭的.

以上定理的证明留给读者.

定义 2.2.3 设 (X, d) 是度量空间, $x \in X$. 如果 $\{x\}$ 是 X 的开集, 则称 x 为 X 的**孤立点**.

离散空间中的每一点都是孤立点, Euclidean 空间 $(\mathbb{R}^n, d)$ 中无孤立点.

在 2.1 节的例 2.1.1 中, 所有集合都是开集同时也是闭集, 在例 2.1.2 和例 2.1.3 中, 集合 U 在 $(\mathbb{R}^n, \rho)$ 中开当且仅当其在 $(\mathbb{R}^n, d)$ 中开, 请读者验证之. 对于例 2.1.5 中在 $(-1, 1)$ 上定义的两个度量 d, ρ 而言, $((-1,1), d)$ 与 $((-1,1), \rho)$ 也有相同的开集族. 我们注意到 d 是 $(-1, 1)$ 上的有界度量, ρ 是无界度量. 进一步, 我们有下面的一般性结论.

定理 2.2.5 设 (X, d) 是度量空间, $\bar{d}$ 为 d 的标准有界化度量, 则 $(X, \bar{d})$ 与 (X, d) 有相同的开集族, 即 $\mathcal{T}_d = \mathcal{T}_{\bar{d}}$.

证明 设 U 在 (X, d) 中开, 我们证明 U 在 $(X, \bar{d})$ 中也开. 设 $x \in U$, 由于 U 在 (X, d) 中开, 存在 $\varepsilon > 0$ 使得 $B_d(x, \varepsilon) \subset U$. 令 $\varepsilon' = \min\{\varepsilon, 1\}$, 则 $B_d(x, \varepsilon') \subset B_d(x, \varepsilon) \subset U$. 由 $\bar{d}$ 的定义知

$$B_{\bar{d}}(x, \varepsilon') = B_d(x, \varepsilon') \subset B_d(x, \varepsilon) \subset U.$$

故 U 在 $(X, \bar{d})$ 中开. 反之, 设 U 在 $(X, \bar{d})$ 中开, 则对任意的 $x \in U$, 存在 $\varepsilon > 0$ 使得 $B_{\bar{d}}(x, \varepsilon) \subset U$, 由于对任意的 $x, y \in X$, $\bar{d}(x, y) \leqslant d(x, y)$, 故

$$B_d(x, \varepsilon) \subset B_{\bar{d}}(x, \varepsilon) \subset U.$$

所以 U 在 (X, d) 中也开. $\square$

一般来说, 一个度量空间的开集和开集全体是复杂的. 我们可以选择一部分比较简单的开集使得这些开集仍然可以在很多情况下起到全体开集的作用, 下面定义的基和子基就是这个目的, 后面定义的邻域基等概念也有类似的作用.

定义 2.2.4　设 (X,d) 是度量空间, $\mathcal{B} \subset \mathcal{T}_d$. 若对任意的 $U \in \mathcal{T}_d$, 存在 $\mathcal{B}$ 的一个子族 $\mathcal{B}_U$ 使得 $\bigcup \mathcal{B}_U = U$, 则称 $\mathcal{B}$ 为 (X,d) 的一个**基**.

定理 2.2.6　设 (X,d) 是度量空间, 则 $\mathcal{B} = \{B(x,\varepsilon) : x \in X, \varepsilon > 0\}$ 是 (X,d) 的一个基.

证明　首先证明 $\mathcal{B} \subset \mathcal{T}_d$, 即每一个球都是开集. 设 $x \in X$, $\varepsilon > 0$, $y \in B(x,\varepsilon)$, 即 $d(x,y) < \varepsilon$. 令 $\delta = \varepsilon - d(x,y) > 0$. 见图 2-2. 我们证明 $B(y,\delta) \subset B(x,\varepsilon)$. 事实上, 对任意的 $z \in B(y,\delta)$, 有 $d(z,y) < \delta = \varepsilon - d(x,y)$, 故

$$d(x,z) \leqslant d(x,y) + d(y,z) < \varepsilon.$$

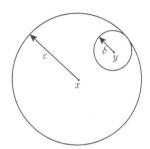

图 2-2　δ 的选择

其次证明每一个开集都可表示为一族球之并. 设 $U \in \mathcal{T}_d$, 则对任意的 $x \in U$, 存在 $\varepsilon_x > 0$ 使得 $B(x,\varepsilon_x) \subset U$. 见图 2-3. 故

$$\{x\} \subset B(x,\varepsilon_x) \subset U.$$

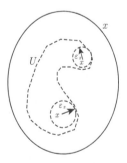

图 2-3　ε_x 的选择

所以

$$U = \bigcup_{x \in U} \{x\} \subset \bigcup_{x \in U} B(x,\varepsilon_x) \subset \bigcup_{x \in U} U = U.$$

因此

$$U = \bigcup_{x \in U} B(x, \varepsilon_x). \qquad \square$$

定理 2.2.7 设 (X, d) 是度量空间, $\mathcal{B} \subset \mathcal{T}_d$ 是 (X, d) 的基当且仅当对任意开集 U 和任意的 $x \in U$, 存在 $B \in \mathcal{B}$ 使得 $x \in B \subset U$.

此定理是验证一个开集族是基的重要方法, 请读者自证.

定义 2.2.5 设 X 是度量空间, $\mathcal{S}$ 是 X 的一族开集, 若

$$\mathcal{B} = \{ S_1 \bigcap S_2 \bigcap \cdots \bigcap S_n : S_i \in \mathcal{S}, \forall i = 1, 2, \cdots, n; n = 1, 2, \cdots \}$$

是 X 的基, 则称 $\mathcal{S}$ 是 X 的**子基**. 即, 如果 $\mathcal{S}$ 的有限交的全体构成 X 的基, 则称 $\mathcal{S}$ 是 X 的子基.

例如, 在 $\mathbb{R}$ 中,

$$\mathcal{B}_1 = \{(a, b) : a < b\} \quad \text{及} \quad \mathcal{B}_2 = \{(a, b) : a < b \text{ 且 } a, b \text{ 均为有理数}\}$$

都是 $\mathbb{R}$ 的基.

$$\mathcal{S}_1 = \{(-\infty, b) : b \in \mathbb{R}\} \bigcup \{(a, +\infty) : a \in \mathbb{R}\}$$

是 $\mathbb{R}$ 的子基. 另外,

$$\mathcal{S}_2 = \{(-\infty, b) : b \in \mathbb{Q}\} \bigcup \{(a, +\infty) : a \in \mathbb{Q}\}$$

也是 $\mathbb{R}$ 的子基.

定义 2.2.6 设 (X, d) 是度量空间, $x_0 \in X$. 一个包含 x_0 的开集称为 x_0 的一个**邻域**, 用 $\mathcal{N}(x_0)$ 或 $\mathcal{N}_d(x_0)$ 表示 x_0 的邻域全体. 设 $\mathcal{U} \subset \mathcal{N}(x_0)$. 若对任意 x_0 的邻域 V, 存在 $U \in \mathcal{U}$ 使得 $U \subset V$, 则称 $\mathcal{U}$ 为 X 在点 x_0 的**邻域基**.

由定理 2.2.1(T2) 知 $\mathcal{N}(x_0)$ 对有限交封闭, 也即 x_0 的有限个邻域的交也是 x_0 的邻域. 对 $\varepsilon > 0$, 我们称 $B_d(x_0, \varepsilon)$ 为 x_0 在 (X, d) 中的**球形邻域**. 显然, x_0 的所有球形邻域是 x_0 点的一个邻域基. 更少一点, 设 $\{\varepsilon_n : n = 1, 2, \cdots\}$ 是一个正数列且 $\lim_{n \to \infty} \varepsilon_n = 0$, 则 $\{B(x_0, \varepsilon_n) : n = 1, 2, \cdots\}$ 是 x_0 的一个邻域基. 例如, $\left\{ B\left(x_0, \dfrac{1}{n}\right) : n = 1, 2, \cdots \right\}$ 是 x_0 的一个邻域基. 关于邻域与开集的关系, 我们有下面简单的定理.

定理 2.2.8 设 (X, d) 是度量空间, $U \subset X$. 则 U 是开集当且仅当对任意的 $x \in U$, U 包含 x 的一个邻域.

证明 如果 U 是开集, 由邻域的定义知, 对任意的 $x \in U$, $U \in \mathcal{N}(x)$. 从而 U 包含 x 的一个邻域 U. 反之, 设对任意的 $x \in U$, U 包含 x 的一个邻域 V_x. 那么

$$U = \bigcup_{x \in U} \{x\} \subset \bigcup_{x \in U} V_x \subset U.$$

从而, 由定理 2.2.1(T3) 知 $U = \bigcup\limits_{x \in U} V_x$ 是开集.　　　　　　　　□

我们能把数学分析中序列收敛的概念推广到一般的度量空间中.

定义 2.2.7　设 (X, d) 是度量空间, X 中一个序列 x 也称为度量空间 (X, d) 的**序列**. 设 $\phi : \mathbb{N} \to \mathbb{N}$ 是严格单调递增的映射, 我们称序列 $x \circ \phi$ 为序列 x 的一个子列, 记为 $(x_{n_i}, i = 1, 2, \cdots)$ 或 (x_{n_i}), 这里, $x_{n_i} = x(\phi(i))$, $n_i = \phi(i)$. 设 $x \in X$, 若对 x 的任意邻域 U, 存在 $N \in \mathbb{N}$ 使得对任意的 $n > N$ 有 $x_n \in U$, 则称序列 $(x_n, n = 1, 2, \cdots)$**收敛于点** $x \in X$ 或者序列 $(x_n, n = 1, 2, \cdots)$ 的**极限为点** $x \in X$, 记作 $\lim_{n \to \infty} x_n = x$ 或 $x_n \to x \ (n \to \infty)$ 或者 $x_n \to x$. 这时, 我们称 (x_n) 是**收敛序列**. 序列也简称为**列**.

下面两个定理的证明留给读者.

定理 2.2.9　设 (x_n) 是度量空间 (X, d) 中的序列, $x \in X$, 则下列条件等价:

(a) $\lim_{n \to \infty} x_n = x$;

(b) $\lim_{n \to \infty} d(x, x_n) = 0$(在 $\mathbb{R}$ 中).

定理 2.2.10　对任意度量空间 X 和 X 中收敛序列 (x_n),

(1) (x_n) 的极限唯一;

(2) (x_n) 的任何子列都收敛且任何子列的极限都等于 (x_n) 的极限.

例 2.2.1　在例 2.1.6 中 $\lim_{n \to \infty} \left(\dfrac{1}{n}, 1 \right) = (0, 1)$ 成立吗? 为什么?

我们有下面重要结论.

定理 2.2.11　设 d, ρ 是集合 X 上两个度量, 则 $\mathcal{T}_d = \mathcal{T}_\rho$ 当且仅当对 X 中任意的序列 (x_n) 和点 x, $\lim_{n \to \infty} x_n = x$ 在 (X, d) 中成立当且仅当其在 (X, ρ) 中成立.

证明　"⇒". 若 $\mathcal{T}_d = \mathcal{T}_\rho$, 由定理 2.2.8 知在 (X, d) 和 (X, ρ) 中 x 点有相同的邻域, 故 $\lim_{n \to \infty} x_n = x$ 在 (X, d) 中成立当且仅当其在 (X, ρ) 中成立.

"⇐". 用反证法. 设 $\mathcal{T}_d \neq \mathcal{T}_\rho$, 不妨设存在 $U \in \mathcal{T}_d \setminus \mathcal{T}_\rho$, 则 $U \neq \varnothing$. 由定理 2.2.8 知存在 $x \in U$ 使得对任意的 $\delta > 0$ 有 $B_\rho(x, \delta) \not\subset U$. 由于 $U \in \mathcal{T}_d$, 故存在 $\varepsilon > 0$ 使得 $B_d(x, \varepsilon) \subset U$. 但由前面的 x 的选择, 对任意的 $n \in \mathbb{N}$, $B_\rho\left(x, \dfrac{\varepsilon}{n}\right) \not\subset U$. 由此知, 对任意的 n, $B_\rho\left(x, \dfrac{\varepsilon}{n}\right) \not\subset B_d(x, \varepsilon)$, 选择 $x_n \in B_\rho\left(x, \dfrac{\varepsilon}{n}\right) \setminus B_d(x, \varepsilon)$. 则 $\lim_{n \to \infty} x_n = x$ 在 (X, ρ) 中成立, 但在 (X, d) 中不成立. 前者是因为 $\lim_{n \to \infty} \rho(x_n, x) \leqslant \dfrac{\varepsilon}{n}$, 后者是因为对一切 n, $x_n \notin B_d(x, \varepsilon)$ 成立.　　　　　□

序列的收敛性可以刻画一个集合是否是闭集.

定理 2.2.12　设 (X, d) 是度量空间, $F \subset X$, 则 F 是 X 中闭集当且仅当对 F 中任意的序列 x_n, 若 $\lim_{n \to \infty} x_n$ 存在, 则 $\lim_{n \to \infty} x_n \in F$.

证明　留作练习.　　　　　　　　□

本节最后, 我们定义一个概念.

定义 2.2.8 设 (X,d) 是度量空间, $D \subset X$, 如果对任意的 $d \in D$, 存在开集 U 使得 $U \bigcap D = \{d\}$, 那么, 我们称 D 是 X 的**离散子集**.

离散空间是自己的离散子集. $\mathbb{N}$ 和 $Z = \left\{ \dfrac{1}{n} : n \in \mathbb{N} \right\}$ 都是 $\mathbb{R}$ 中的离散子集. $\mathbb{Q}, \mathbb{P}$ 和 $(0,1)$ 都不是 $\mathbb{R}$ 中的离散子集.

练 习 2.2

2.2.A. 对于练习 2.1.E 中定义的 ρ, 证明 $\mathcal{T}_d = \mathcal{T}_\rho$.

2.2.B. 设 (X,d) 是度量空间, 定义

$$\mathcal{B} = \left\{ B\left(x, \frac{1}{n}\right) : x \in X, n \in \mathbb{N} \right\}.$$

证明 $\mathcal{B}$ 是 (X,d) 的基.

2.2.C. 证明离散空间中任何子集都是离散的.

2.3 闭包、内部、边界

本节将延续上一节的讨论, 我们将定义闭包、内部、边界等集合的运算并讨论它们的性质.

定义 2.3.1 设 X 是度量空间, $A \subset X$, $x \in X$. 若对任意 $U \in \mathcal{N}(x)$,

$$(U \setminus \{x\}) \bigcap A \neq \varnothing,$$

则称 x 是 A 的**聚点**. A 的聚点之集用 $\operatorname{der} A$ 表示, 称为 A 的**导集**. 更重要的是,

$$\operatorname{cl} A = A \bigcup \operatorname{der} A$$

称为 A 的**闭包**.

容易验证, $x \in \operatorname{cl} A$ 当且仅当对任意 $U \in \mathcal{N}(x)$,

$$U \bigcap A \neq \varnothing.$$

进一步, 显然 der 和 cl 都是单调递增的, 即大集合有大的导集和大的闭包. 我们有如下结论.

定理 2.3.1 对任意的度量空间 X 和子集 A, $\operatorname{der} A$ 和 $\operatorname{cl} A$ 都是闭集且 $\operatorname{cl} A$ 是包含 A 的最小闭集.

证明　设 $x \notin \mathrm{der}\, A$, 则存在 $U \in \mathcal{N}(x)$ 使得 $(U \setminus \{x\}) \bigcap A = \varnothing$. 注意到对任意 $y \in U \setminus \{x\}$, $U \setminus \{x\} = U \bigcap (X \setminus \{x\}) \in \mathcal{N}(y)$ 且 $((U \setminus \{x\}) \setminus \{y\}) \bigcap A = \varnothing$, 所以 $y \notin \mathrm{der}\, A$. 由此说明了 $U \bigcap \mathrm{der}\, A = \varnothing$. 由于 U 是开集, 利用定理 2.2.3 知 $\mathrm{der}\, A$ 是闭的.

$\mathrm{cl}\, A$ 是闭集的证明可仿上进行.

现在我们证明 $\mathrm{cl}\, A$ 是包含 A 的最小闭集. 令

$$\overline{A} = \bigcap \{F \subset X : F \text{ 是闭集且 } F \supset A\}.$$

则由定理 2.2.2 知 $\overline{A}$ 是闭的且显然 $\overline{A}$ 是包含 A 的最小闭集, 由此知 $\mathrm{cl}\, A \supset \overline{A}$. 若 $x \notin \overline{A}$, 则存在闭集 F 使得 $F \supset A$ 且 $x \notin F$. 由此知 $X \setminus F \in \mathcal{N}(x)$ 且

$$(X \setminus F) \bigcap A \subset (X \setminus F) \bigcap F = \varnothing.$$

因此 $x \notin \mathrm{cl}\, A$. □

关于闭包运算, 有如下的 Kuratowski 闭包定理.

定理 2.3.2 (Kuratowski 闭包定理)　设 A, B 是度量空间 X 中的子集, 则

(1) $\mathrm{cl}\, \varnothing = \varnothing$;

(2) $\mathrm{cl}\, A \supset A$;

(3) $\mathrm{cl}\, \mathrm{cl}\, A = \mathrm{cl}\, A$;

(4) $\mathrm{cl}(A \bigcup B) = \mathrm{cl}\, A \bigcup \mathrm{cl}\, B$.

证明　(1) 和 (2) 是显然的. 由于 $\mathrm{cl}\, A$ 是闭集, 所以 $\mathrm{cl}\, A$ 是包含它自己的最小闭集, 故 $\mathrm{cl}\, \mathrm{cl}\, A = \mathrm{cl}\, A$, 即 (3) 成立. 由 $\mathrm{cl}\, A$ 是单调递增的, 从而 $\mathrm{cl}(A \bigcup B) \supset \mathrm{cl}\, A \bigcup \mathrm{cl}\, B$. 又 $\mathrm{cl}\, A \bigcup \mathrm{cl}\, B \supset A \bigcup B$ 且前者为闭集, 故 $\mathrm{cl}(A \bigcup B) \subset \mathrm{cl}\, A \bigcup \mathrm{cl}\, B$. 因此 (4) 成立. □

我们可以用序列的极限来刻画集合的闭包和导集.

定理 2.3.3　设 A 是度量空间 X 的子集, $x \in X$. 则 $x \in \mathrm{cl}\, A (x \in \mathrm{der}\, A)$ 当且仅当存在 $A(A \setminus \{x\})$ 中序列 (a_n) 使得 $a_n \to x$.

证明　我们以 $\mathrm{cl}\, A$ 为例证明. 设 $x \in \mathrm{cl}\, A$, 则对任意的 $\varepsilon > 0$, $B(x, \varepsilon) \bigcap A \neq \varnothing$. 特别地, 选择 $a_n \in B\left(x, \dfrac{1}{n}\right) \bigcap A$, 则 $d(x, a_n) < \dfrac{1}{n}$, 故 (a_n) 是 A 中序列且 $\lim_{n \to \infty} a_n = x$. 反之, 设 $x \notin \mathrm{cl}\, A$, 则 $X \setminus \mathrm{cl}\, A \in \mathcal{N}(x)$ 且对于 A 中任意序列 (x_n) 及 n, $x_n \notin X \setminus \mathrm{cl}\, A$, 故 (x_n) 不收敛于 x (它也可能不收敛于任意点). □

容易证明下面的定理.

定理 2.3.4　设 A 是度量空间 X 的子集, $x \in X$, 则 $x \in \mathrm{cl}\, A$ 当且仅当 $d(x, A) = 0$.

请大家考虑下面的结论成立吗? 在任意度量空间 (X, d) 中, 对任意的 $x_0 \in X$ 和 $\varepsilon > 0$, 有 $\mathrm{cl}\, B_d(x_0, \varepsilon) = \{x \in X : d(x_0, x) \leqslant \varepsilon\}$.

下面我们讨论度量空间的内部运算及其性质.

定义 2.3.2 设 A 是度量空间 X 中的子集, $x \in A$. 若存在 $U \in \mathcal{N}(x)$ 使得 $U \subset A$, 则称 x 为 A 的**内点**. A 的内点的全体称为 A 的**内部**, 记作 $\operatorname{int} A$.

内部和闭包有如下的联系.

定理 2.3.5 对于度量空间 X 中任意的子集 A,

$$\operatorname{int} A = X \setminus \operatorname{cl}(X \setminus A) \ \text{且} \ \operatorname{cl} A = X \setminus \operatorname{int}(X \setminus A).$$

证明

$$
\begin{aligned}
x \in \operatorname{int} A &\Leftrightarrow \text{存在} \ U \in \mathcal{N}(x) \ \text{使得} \ U \subset A \\
&\Leftrightarrow \text{存在} \ U \in \mathcal{N}(x) \ \text{使得} \ U \bigcap (X \setminus A) = \varnothing \\
&\Leftrightarrow x \notin \operatorname{cl}(X \setminus A) \\
&\Leftrightarrow x \in X \setminus \operatorname{cl}(X \setminus A).
\end{aligned}
$$

故第一式成立. 用 $X \setminus A$ 代替 A 可得第二式也成立. □

由于上面的闭包与内部的关系定理和闭包的性质, 我们能够得到内部的相应结果, 证明留给读者.

定理 2.3.6 设 X 是度量空间, $A \subset X$. 则 $\operatorname{int} A$ 是包含于 A 的最大开集.

定理 2.3.7 设 X 是度量空间, $A, B \subset X$. 则

(1) $\operatorname{int} X = X$;

(2) $\operatorname{int} A \subset A$;

(3) $\operatorname{int} \operatorname{int} A = \operatorname{int} A$;

(4) $\operatorname{int}(A \bigcap B) = \operatorname{int} A \bigcap \operatorname{int} B$.

下面我们定义度量空间中集合的边界.

定义 2.3.3 设 A 是度量空间 X 中的子集, 若对任意的 $U \in \mathcal{N}(x)$,

$$U \bigcap A \neq \varnothing \ \text{且} \ U \bigcap (X \setminus A) \neq \varnothing,$$

则称 x 为 A 的**边界点**. A 的边界点的全体称为 A 的**边界**, 用 $\operatorname{bd} A$ 表示之.

有下面简单事实, 其说明了任何子集 A 都将度量空间 X 分成互不相交的三个子集之并: $\operatorname{int} A, \operatorname{bd} A, X \setminus \operatorname{cl} A$. 证明留给读者.

定理 2.3.8 设 A 是度量空间 X 的子集, 则 $\{\operatorname{int} A, \operatorname{bd} A, X \setminus \operatorname{cl} A\}$ 是 X 的一个分划.

推论 2.3.1 对于度量空间 X 中任意子集 A, $\operatorname{bd} A$ 是闭集.

对于度量空间 (X, d) 和它的子集 A, 我们定义了算子 $\operatorname{der} A, \operatorname{cl} A, \operatorname{int} A, \operatorname{bd} A$. 有时为了说明这些算子所在的度量空间 (X, d), 我们需要加一定的下标. 例如, $\operatorname{cl}_X A$, $\operatorname{int}_d A$ 等.

最后, 我们给出下面两个定义.

定义 2.3.4　设 (X,d) 是度量空间, A 是 X 的子集. 如果 $\mathrm{cl}\,A = X$, 那么, 称 A 是 (X,d) 的**稠密集合**. 如果 $\mathrm{int}\,\mathrm{cl}\,A = \varnothing$, 那么, 称 A 是**无处稠密集合**.

容易验证, 集合 A 是度量空间 (X,d) 的稠密集当且仅当对任意的非空开集 U, 有 $U \bigcap A \neq \varnothing$. A 是无处稠密的当且仅当对任意的非空开集 U, 存在非空开集 V 使得 $U \supset V$ 且 $V \bigcap A = \varnothing$.

练　习　2.3

2.3.A. 证明有理数集 $\mathbb{Q}$, 无理数集 $\mathbb{P}$ 都是 Euclidean 空间 $\mathbb{R}$ 的稠密集.

2.3.B. 设 (X,d) 是度量空间, $\mathcal{B}$ 是 (X,d) 的基. 证明集合 D 在 (X,d) 中稠密当且仅当对任意的非空集合 $B \in \mathcal{B}$, $B \bigcap D \neq \varnothing$.

2.3.C. 对于例子 2.1.2 中的空间 $\mathbb{R}$ 和例子 2.1.5 中的空间 $(-1,1)$, 分别求集合 $(0,1)$ 在其中的闭包、内部、边界.

2.3.D. 设 (A_n) 是度量空间 (X,d) 的集合列, 证明

$$\mathrm{cl}\,\bigcup_{n=1}^{\infty} A_n = \bigcup_{n=1}^{\infty} \mathrm{cl}\,A_n \bigcup \left(\bigcap_{n=1}^{\infty} \mathrm{cl}\,\bigcup_{i=n}^{\infty} A_i \right).$$

举例说明等式右边的第二项不可缺少.

2.3.E. 证明 Kuratowski 14 集定理: 对于度量空间 (X,d) 中的任意集合 A, 通过取闭包、内部、余集三种运算最多可以得到 14 个不同的集合. (提示: 本练习中可以用 $(\cdot)^-, (\cdot)^o, (\cdot)'$ 分别表示闭包、内部、余集三种运算. 先证明 $A^{-'-'-'-'-} = A^{-'-'-}$.)

给出 $\mathbb{R}$ 的一个子集 A 使得通过取闭包、内部、余集三种运算可以得到 14 个不同的集合.

2.3.F. 设 (X,d) 是度量空间, A 是 X 的子集. 如果 $A = \mathrm{int}\,\mathrm{cl}\,A$, 那么, 我们称 A 是空间 (X,d) 的**正则开集**. 正则开集的余集称为**正则闭集**. 证明如下结论:

(1) A 是正则闭集当且仅当 $A = \mathrm{cl}\,\mathrm{int}\,A$;

(2) 闭集的内部是正则开集;

(3) 正则开集关于有限交封闭 (即任意有限个正则开集的交是正则开集), 但关于有限并不封闭;

(4) 所有正则开集的全体构成空间的基.

2.3.G. 证明度量空间中任何集合不可能既是稠密集又是无处稠密集; 无处稠密集的余集一定是稠密集; 一个集合是稠密开集的充分必要条件是其余集是无处稠密的闭集; 举例说明稠密集的余集可能是稠密集.

2.4 连续映射、同胚、拓扑性质

本节将引入我们第二个最重要的概念: 连续映射, 并给出其很多等价条件; 我们也将定义同胚和拓扑性质的概念.

定义 2.4.1 设 (X, d) 与 (Y, ρ) 是两个度量空间, $f : X \to Y$ 是映射, $x_0 \in X$. 若对任意 $\varepsilon > 0$, 存在 $\delta > 0$ 使得对任意的 $x \in X$, 如果 $d(x, x_0) < \delta$, 那么, $\rho(f(x), f(x_0)) < \varepsilon$, 则称 f **在 x_0 点连续**. 若 f 在 X 的每一点都连续, 则称 f 为由度量空间 (X, d) 到度量空间 (Y, ρ) 的**连续映射**.

例 2.4.1 若 $(X, d) = (\mathbb{R}^n, d)$, $(Y, \rho) = (\mathbb{R}, d)$, 则上述连续性和分析学中的连续性概念一致.

例 2.4.2 若 (X, d) 为离散度量空间, 则对任意的度量空间 (Y, ρ) 和任意的映射 $f : X \to Y$, f 都是连续的.

例 2.4.3 若 (X, d) 为度量空间, 则恒等映射 $\mathrm{id}_X : X \to X$ 是连续的. 另外, 对任意的度量空间 X, Y 以及 $c \in Y$, 常值映射 $c : X \to Y$ 总是连续的.

下面的两个定理给出了连续的几个等价刻画, 今后将经常使用.

定理 2.4.1 设 (X, d) 与 (Y, ρ) 是度量空间, $x_0 \in X, f : X \to Y$. 则下列条件等价:

(a) f 在 x_0 点连续;

(b) 对任意 $V \in \mathcal{N}(f(x_0))$, 存在 $U \in \mathcal{N}(x_0)$ 使得 $f(U) \subset V$;

(c) 对 X 中任意序列 (x_n), 若在 (X, d) 中, $\lim_{n \to \infty} x_n = x_0$ 成立, 则在 (Y, ρ) 中 $\lim_{n \to \infty} f(x_n) = f(x_0)$ 成立.

证明 (a)⇒(b). 设 (a) 成立. 对任意的 $V \in \mathcal{N}(f(x_0))$, 存在 $\varepsilon > 0$ 使得 $B_\rho(f(x_0), \varepsilon) \subset V$. 由于 (a) 成立, 存在 $\delta > 0$ 使得对任意的 $x \in X$, 若 $d(x, x_0) < \delta$, 则 $\rho(f(x), f(x_0)) < \varepsilon$. 即若 $x \in B_d(x_0, \delta)$, 则 $f(x) \in B_\rho(f(x_0), \varepsilon)$. 其等价于

$$f(B_d(x_0, \delta)) \subset B_\rho(f(x_0), \varepsilon) \subset V.$$

故若令 $U = B_d(x_0, \delta)$, 则 U 为 x_0 的邻域且 $f(U) \subset V$, 因此, (b) 成立.

(b)⇒(c). 设 (b) 成立, (x_n) 是 X 中的序列且 $\lim_{n \to \infty} x_n = x_0$. 为了证明 $\lim_{n \to \infty} f(x_n) = f(x_0)$, 设 $V \in \mathcal{N}(f(x_0))$, 则由 (b) 存在 $U \in \mathcal{N}(x_0)$, 使得 $f(U) \subset V$. 又, 由假设 $\lim_{n \to \infty} x_n = x_0$, 存在 $N \in \mathbb{N}$ 使得对任意的 $n > N$, $x_n \in U$. 故 $f(x_n) \in f(U) \subset V$. 由序列收敛的定义, 此说明 $\lim_{n \to \infty} f(x_n) = f(x_0)$.

(c)⇒(a). 设 (c) 成立而 (a) 不成立, 则存在 $\varepsilon > 0$, 使得对任意的 $\delta > 0$, 存在 $z_\delta \in X$ 使得 $d(z_\delta, x_0) < \delta$, 但 $\rho(f(z_\delta), f(x_0)) \geqslant \varepsilon$. 特别地, 分别取 $\delta = \dfrac{1}{n}$, 令 $x_n =$

$z_{\frac{1}{n}}$, 则 $d(x_n, x_0) < \dfrac{1}{n}$; 但 $\rho(f(x_n), f(x_0)) \geqslant \varepsilon$. 所以由定理 2.2.9 知 $\lim_{n\to\infty} x_n = x_0$,
但 $\lim_{n\to\infty} f(x_n) \neq f(x_0)$. 矛盾于 (c) 成立. $\square$

定理 2.4.2 设 $f : (X, d) \to (Y, \rho)$ 是度量空间 (X, d) 到度量空间 (Y, ρ) 的映射, 则下列条件等价:

(a) f 在 X 上连续;

(b) 对任意的 $V \in \mathcal{T}_\rho$, $f^{-1}(V) \in \mathcal{T}_d$;

(c) 对 (Y, ρ) 中任意闭集 F, $f^{-1}(F)$ 在 (X, d) 中是闭集;

(d) 存在 (Y, ρ) 的一个基 $\mathcal{B}$ 使得, 对任意的 $B \in \mathcal{B}$, $f^{-1}(B) \in \mathcal{T}_d$;

(e) 存在 (Y, ρ) 的一个子基 $\mathcal{S}$ 使得, 对任意的 $S \in \mathcal{S}$, $f^{-1}(S) \in \mathcal{T}_d$;

(f) 对 (X, d) 的任意集合 A, 有 $f(\mathrm{cl}\, A) \subset \mathrm{cl}\, f(A)$;

(g) 对 (Y, ρ) 的任意集合 B, 有 $f^{-1}(\mathrm{cl}\, B) \supset \mathrm{cl}\, f^{-1}(B)$;

(h) 对 X 中任意收敛序列 $x_n \to x$, 有 $\lim_{n\to\infty} f(x_n) = f(x)$.

证明   我们证明的思路如下:

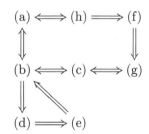

(a) $\Leftrightarrow$ (h) 利用上面的定理和定义立即可得. (b) $\Leftrightarrow$ (c) 可由开集与闭集的互余性及 $f^{-1}(Y \setminus B) = X \setminus f^{-1}(B)$ 得到. (b) $\Rightarrow$ (d) $\Rightarrow$ (e) 是显然的.

现在我们证明 (e) $\Rightarrow$ (b). 设 $\mathcal{S}$ 是 (Y, ρ) 的一个子基, 则

$$\mathcal{B} = \{S_1 \textstyle\bigcap S_2 \bigcap \cdots \bigcap S_n : S_i \in \mathcal{S}, \forall i = 1, 2, \cdots, n; n = 1, 2, \cdots\}$$

是 (Y, ρ) 的基, 故对任意的 $V \in \mathcal{T}_\rho$, 存在集族 $\mathcal{V} = \{S_1^t \bigcap S_2^t \bigcap \cdots \bigcap S_{n_t}^t : t \in T\} \subset \mathcal{B}$ 使得 $V = \bigcup \mathcal{V}$, 其中, 对任意的 $t \in T$ 和任意的 $i \leqslant n_t$, $S_i^t \in \mathcal{S}$, 那么

$$f^{-1}(V) = \bigcup\{f^{-1}(S_1^t \textstyle\bigcap S_2^t \bigcap \cdots \bigcap S_{n_t}^t) : t \in T\}$$
$$= \bigcup\left\{\bigcap_{i=1}^{n_t} f^{-1}(S_i^t) : t \in T\right\}.$$

由假设, 对任意的 $t \in T$, 及任意的 $i \leqslant n_t$, $f^{-1}(S_i^t) \in \mathcal{T}_d$. 故由 $\mathcal{T}_d$ 对有限交和任意并封闭知 $f^{-1}(V) \in \mathcal{T}_d$, 即 (b) 成立.

(a) $\Rightarrow$ (b). 设 f 在 X 上连续, $V \in \mathcal{T}_\rho$. 为了证明 $f^{-1}(V) \in \mathcal{T}_d$, 设 $x \in f^{-1}(V)$, 则 $f(x) \in V$. 故存在 $\varepsilon > 0$ 使得 $f(x) \in B_\rho(f(x), \varepsilon) \subset V$, 由 (a), 存在 $\delta > 0$ 使得对任意

的 $x' \in X$, 若 $d(x, x') < \delta$, 则 $\rho(f(x), f(x')) < \varepsilon$, 即 $f(B_d(x, \delta)) \subset B_\rho(f(x), \varepsilon) \subset V$. 从而 $B_d(x, \delta) \subset f^{-1}(V)$. 故 $f^{-1}(V) \in \mathcal{T}_d$.

(b) $\Rightarrow$ (a). 设 (b) 成立, $x_0 \in X$. 对任意的 $\varepsilon > 0$, 由定理 2.2.6, $B_\rho(f(x_0), \varepsilon) \in \mathcal{T}_\rho$, 故由 (b) 知 $f^{-1}(B_\rho(f(x_0), \varepsilon)) \in \mathcal{T}_d$. 显然, $x_0 \in f^{-1}(B_\rho(f(x_0), \varepsilon))$, 所以存在 $\delta > 0$ 使得 $B_d(x_0, \delta) \subset f^{-1}(B_\rho(f(x_0), \varepsilon))$, 即 $f(B_d(x_0, \delta) \subset B_\rho(f(x_0), \varepsilon))$. 因此, 对任意的 $x \in X$, 若 $d(x, x_0) < \delta$, 则 $\rho(f(x), f(x_0)) < \varepsilon$.

(c) $\Rightarrow$ (g). 设 (c) 成立, 则对任意的 $B \subset Y$, $f^{-1}(\mathrm{cl}\, B)$ 是闭集, 且 $f^{-1}(\mathrm{cl}\, B) \supset f^{-1}(B)$. 故 $f^{-1}(\mathrm{cl}\, B) \supset \mathrm{cl}\, f^{-1}(B)$.

(g) $\Rightarrow$ (c). 设 (g) 成立, 则对 Y 中任意的闭集 F, 有

$$f^{-1}(F) = f^{-1}(\mathrm{cl}\, F) \supset \mathrm{cl}\, f^{-1}(F) \supset f^{-1}(F).$$

故 $f^{-1}(F) = \mathrm{cl}\, f^{-1}(F)$, 从而 $f^{-1}(F)$ 是 X 中闭集.

(h) $\Rightarrow$ (f) 的证明留给读者.

最后我们证明 (f) $\Rightarrow$ (g). 设 (f) 成立, $B \subset Y$, 则 $f^{-1}(B) \subset X$, 由 (f) 知

$$f(\mathrm{cl}\, f^{-1}(B)) \subset \mathrm{cl}\, f(f^{-1}(B)) \subset \mathrm{cl}\, B,$$

即 $\mathrm{cl}\, f^{-1}(B) \subset f^{-1}(\mathrm{cl}\, B)$.   □

以上等价性最常用的是 (a) $\Leftrightarrow$ (b) $\Leftrightarrow$ (c) $\Leftrightarrow$ (d) $\Leftrightarrow$ (h).

注 2.4.1 虽然映射 $f : (X, d) \to (Y, \rho)$ 连续的定义中利用了度量 d 和 ρ, 但由上述定理知, f 是否连续仅与拓扑 $\mathcal{T}_d$ 和拓扑 $\mathcal{T}_\rho$ 有关, 与具体的度量 d 与 ρ 无关. 也就是说, 如果 d' 和 ρ' 分别是 X 和 Y 上的度量且 $\mathcal{T}_d = \mathcal{T}_{d'}$, $\mathcal{T}_\rho = \mathcal{T}_{\rho'}$, 则 $f : (X, d) \to (Y, \rho)$ 连续当且仅当映射 $f : (X, d') \to (Y, \rho')$ 连续.

后面我们经常需要下面的定理.

定理 2.4.3 (1) 设 $f, g : X \to \mathbb{R}$ 是由度量空间 (X, d) 到 Euclidean 空间 $\mathbb{R}$ 的两个连续映射, 则

$$\{x \in X : f(x) < g(x)\} \text{ 和 } \{x \in X : f(x) \leqslant g(x)\}$$

分别是 X 中的开集和闭集.

(2) 设 $f, g : X \to Y$ 是由度量空间 (X, d) 到 (Y, ρ) 的两个连续映射, 则

$$\{x \in X : f(x) \neq g(x)\} \text{ 和 } \{x \in X : f(x) = g(x)\}$$

分别是 X 中的开集和闭集.

证明 (1) 设 $x_0 \in \{x \in X : f(x) < g(x)\}$, 选择 $a \in \mathbb{R}$ 使得 $f(x_0) < a < g(x_0)$. 由于 f, g 是连续的, 所以 $f^{-1}(-\infty, a)$ 和 $g^{-1}(a, +\infty)$ 是 X 中的开集, 因此, 它们的

交也是开集. 所以, 存在 $\varepsilon > 0$ 使得

$$B(x_0, \varepsilon) \subset f^{-1}(-\infty, a) \bigcap g^{-1}(a, +\infty) \subset \{x \in X : f(x) < g(x)\}.$$

于是, $\{x \in X : f(x) < g(x)\}$ 是 X 中的开集. 由于

$$\{x \in X : f(x) \leqslant g(x)\} = X \setminus \{x \in X : f(x) > g(x)\},$$

所以 $\{x \in X : f(x) \leqslant g(x)\}$ 是 X 中的闭集.

(2) 设 $U = \{x \in X : f(x) \neq g(x)\}$. 对任意的 $x \in U$, 有 $\rho(f(x), g(x)) = a > 0$. 因此, $B_\rho\left(f(x), \dfrac{a}{2}\right), B_\rho\left(g(x), \dfrac{a}{2}\right)$ 分别是点 $f(x), g(x)$ 在 (Y, ρ) 中的邻域且由 (M3) 知

$$B_\rho\left(f(x), \frac{a}{2}\right) \bigcap B_\rho\left(g(x), \frac{a}{2}\right) = \varnothing. \tag{2-2}$$

由于 f, g 是连续的, 由定理 2.4.2 知 $f^{-1}\left(B_\rho\left(f(x), \dfrac{a}{2}\right)\right)$ 和 $g^{-1}\left(B_\rho\left(g(x), \dfrac{a}{2}\right)\right)$ 都是 x 的邻域, 因此, 其交

$$V = f^{-1}\left(B_\rho\left(f(x), \frac{a}{2}\right)\right) \bigcap g^{-1}\left(B_\rho\left(g(x), \frac{a}{2}\right)\right)$$

也是 x 点的邻域. 由公式 (2-2) 知, $f(V) \bigcap g(V) = \varnothing$. 所以, $V \subset U$. 利用定理 2.2.8 知 U 是开集. 进一步, $\{x \in X : f(x) = g(x)\} = X \setminus U$ 是闭集. □

回忆以下, 对度量空间 (X, d) 和非空的子集 A,

$$d(x, A) = \inf\{d(x, a) : a \in A\}.$$

我们有下面的定理.

定理 2.4.4 对任意的度量空间 (X, d) 和非空的子集 A, 映射 $d(\cdot, A) : X \to \mathbb{R}$ 是连续的. 特别地, 对任意的 $y \in X$, $d(\cdot, y)$ 是连续的. 由于 $d(\cdot, \varnothing) = +\infty$ 是常值映射, 所以也可以认为是连续的.

证明 为了证明 $d(\cdot, A) : X \to \mathbb{R}$ 的连续性, 由连续映射的定义, 我们仅仅需要证明对任意的 $x, y \in X$, 下式成立:

$$|d(x, A) - d(y, A)| \leqslant d(x, y). \tag{2-3}$$

对任意的 $\varepsilon > 0$, 存在 $a \in A$ 使得 $d(y, A) + \varepsilon \geqslant d(y, a)$. 于是

$$d(x, A) - d(y, A) \leqslant d(x, a) - d(y, a) + \varepsilon \leqslant d(x, y) + \varepsilon.$$

由 $\varepsilon > 0$ 的任意性知

$$d(x, A) - d(y, A) \leqslant d(x, y).$$

同理,

$$d(y, A) - d(x, A) \leqslant d(x, y).$$

因此, 式 (2-3) 成立. □

定义 2.4.2 设 X, Y 是两个度量空间, $f: X \to Y$ 是映射, 若对 X 中任意开 (闭) 集 U, $f(U)$ 在 Y 中开 (闭), 则称 f 为由 X 到 Y 的**开 (闭) 映射**.

关于连续映射、开映射和闭映射, 有下面有用而简单的定理, 请读者自证.

定理 2.4.5 设 X, Y, Z 是度量空间, $f: X \to Y$, $g: Y \to Z$ 是连续 (开、闭) 映射, 则 $g \circ f: X \to Z$ 也是连续 (开、闭) 映射.

下面我们引入同胚及拓扑性质的概念.

定义 2.4.3 设 (X, d) 与 (Y, ρ) 是度量空间, $f: X \to Y$ 是一一对应 (即 f 既是单射也是满射), 若 $f: (X, d) \to (Y, \rho)$ 和 $f^{-1}: (Y, \rho) \to (X, d)$ 都是连续的 (这里 $f^{-1}: Y \to X$ 表示 f 的逆映射), 则称 f 是度量空间 (X, d) 到度量空间 (Y, ρ) 的一个**同胚映射**. 如果 (X, d) 与 (Y, ρ) 之间存在同胚映射, 则称 (X, d) 与 (Y, ρ)**同胚**. 记作 $(X, d) \approx (Y, \rho)$ 或者 $X \approx Y$.

下面, 我们给出一些正面和反面的例子:

例 2.4.4 设 $(\mathbb{R}, d)$ 是 Euclidean 空间, $((-1, 1), d)$ 是通常度量空间, 定义 $f: \mathbb{R} \to (-1, 1)$ 为

$$f(x) = \frac{2}{\pi} \arctan x.$$

则 f 是 $(\mathbb{R}, d)$ 到 $((-1, 1), d)$ 的一个同胚映射. 从而, $\mathbb{R} \approx (-1, 1)$.

例 2.4.5 设 $a < b$, 则 $((a, b), d)$ 与 $((0, 1), d)$ 同胚. 事实上,

$$f(x) = \frac{x - a}{b - a}$$

建立了二者之间的同胚. 从而, $(a, b) \approx (0, 1)$. 显然, 上述 f 也建立了闭区间 $[a, b]$ 到闭区间 $\mathbf{I}$ 之间的同胚. 故, $[a, b] \approx \mathbf{I}$.

例 2.4.6 设 d, ρ 是集合 X 上的两个度量, 若 $\mathcal{T}_d = \mathcal{T}_\rho$, 则 $\mathrm{id}_X: (X, d) \to (X, \rho)$ 是同胚映射.

例 2.4.7 设 d, ρ 是集合 X 上的两个度量, 若 $\mathcal{T}_d \subsetneqq \mathcal{T}_\rho$, 则 $\mathrm{id}_X: (X, d) \to (X, \rho)$ 是开映射且是闭映射但不是连续映射, $\mathrm{id}_X: (X, \rho) \to (X, d)$ 是连续映射但既不是开映射也不是闭映射.

例 2.4.8 对于一维 Euclidean 空间 $(\mathbb{R}, d)$ 和它的子集 (A, d), 定义 $j_A: A \to \mathbb{R}$ 为 $j_A(x) = x$. 则容易验证 j_A 总是连续的且 j_A 是开 (闭) 映射当且仅当 A 是 $(\mathbb{R}, d)$ 的开 (闭) 集. 由此说明, 连续的开映射可以不是闭映射; 反之, 连续的闭映射可以不是开映射.

显然有下面的定理, 请读者自证.

定理 2.4.6　同胚关系是等价关系, 即对任意度量空间 X, Y, Z,

(1) X 与 X 同胚;

(2) 若 X 与 Y 同胚, 则 Y 与 X 也同胚;

(3) 若 X 与 Y 同胚且 Y 与 Z 同胚, 则 X 与 Z 同胚.

定理 2.4.7　设 (X, d) 与 (Y, ρ) 是两个度量空间, $f: X \to Y$ 是一一对应, 则下列条件等价:

(1) f 是同胚;

(2) f 是连续开映射;

(3) f 是连续闭映射.

定义 2.4.4　设 P 是一个性质, 对于任意度量空间 X, 若 X 具有性质 P, 则与 X 同胚的所有空间都具有性质 P, 这时称 P 为**同胚不变性质**或者**拓扑性质**.

我们也允许 P 为度量空间的子集与度量空间的相对位置, 也可以允许 P 为子集的运算, 甚至也可以是若干度量空间的相对关系等. 本书中我们主要研究度量空间的拓扑性质, 但也包含一些非拓扑性质.

验证一个性质 P 是否是拓扑性质的简单而实用的方法是看此性质能否用开集及集合的运算等价地表示出来. 实际上, 当我们证明了性质 P 可以用开集及集合的运算来表示时, P 就是拓扑性质. 如果我们能给出两个同胚的空间, 一个有性质 P, 另一个没有性质 P, 那么可以说明性质 P 不是拓扑性质. 依此法则, 我们总结以前的概念是否是拓扑性质:

不是拓扑性质的有: 度量 d, 度量的有界性, 集合的直径, 集合的有界性, 球形邻域.

是拓扑性质的有: 开集, 闭集, 稠密集, 无处稠密集, 离散集, 集合的闭包, 内部, 边界, 序列是否收敛及它的极限, 集族是否是基、子基, 点的邻域及邻域基, 映射是否连续, 是否是开 (闭) 映射.

以后每给出一个概念, 我们将指出其是否为拓扑性质.

练　习　2.4

2.4.A. 设 (X, d) 是度量空间, $A \subset X$. 如果存在连续映射 $r: X \to X$ 使得 $r(X) = A$ 且对任意的 $x \in A$, $r(x) = x$, 则称 A 是 X 的**收缩核**. 证明收缩核一定是闭子集.

2.4.B. 设 $(X, d), (Y, \rho)$ 是度量空间, $\mathcal{B}$ 是 (X, d) 的基. 证明映射 $f: X \to Y$ 是开映射当且仅当对任意的 $B \in \mathcal{B}$, $f(B)$ 在 (Y, ρ) 中开. 举例说明, 上面结论中基不能用子基代替.

2.4.C. 设 $f, g: X \to Y$ 是由度量空间 (X, d) 到度量空间 (Y, ρ) 的两个连续映射, D 是 X 的稠密子集. 证明: 如果 $f|D = g|D$, 则 $f = g$.

2.4.D. 设 $(X,d),(Y,\rho)$ 是度量空间. 证明映射 $f:X\to Y$ 是闭连续映射的充分必要条件是, 对任意的 $A\subset X$, $\mathrm{cl}_Y f(A)=f(\mathrm{cl}_X A)$. 映射 $f:X\to Y$ 是开连续映射的充分必要条件是, 对任意的 $A\subset X$, $f(\mathrm{int}_X(A))\subset\mathrm{int}_Y(f(A))$. 举例说明开连续映射不能保证上面等式成立.

证明连续映射 $f:X\to Y$ 是开映射的充分必要条件是, 对任意的 $B\subset Y$, $\mathrm{cl}_X f^{-1}(B)=f^{-1}(\mathrm{cl}_Y B)$, 其也等价于, 对任意的 $B\subset Y$, $\mathrm{int}_X(f^{-1}(B)=f^{-1}(\mathrm{int}_Y(B))$,

2.4.E. 证明 $(0,1)\not\approx\mathbf{I}$.

2.4.F. 证明满射 $f:\mathbb{R}\to\mathbb{R}$ 是同胚当且仅当其为严格单调的连续映射.

2.5 一致连续、等距映射与等价映射

本节我们将定义一致连续、等距映射与等价映射等概念并讨论它们的基本性质. 这是几个非拓扑性质, 它们是度量空间特有的性质.

定义 2.5.1 设 (X,d) 与 (Y,ρ) 是两个度量空间, $f:X\to Y$ 是映射. 若对任意的 $\varepsilon>0$, 存在 $\delta>0$ 使得对任意的 $x,y\in X$, 若 $d(x,y)<\delta$, 则 $\rho(f(x),f(y))<\varepsilon$, 这时称 f 是 (X,d) 到 (Y,ρ) 的**一致连续映射**.

如果 (X,d) 与 (Y,ρ) 分别是 Euclidean 空间 $(\mathbb{R}^n,d)$ 与 $(\mathbb{R},d)$, 则此一致连续性与分析中定义的相同. 显然, 一致连续的复合也是一致连续的. 一致连续的映射必是连续映射, 但反之不真. 大家在数学分析中已经知道了大量反例. 下面举例说明一致连续性的概念是非拓扑性质.

例 2.5.1 设 $X=(-1,1)$, $Y=\mathbb{R}$, 定义 $d(x,y)=|x-y|$ (在 X 与 Y 上), 作 $f:X\to Y$ 为 $f(x)=\tan\dfrac{\pi}{2}x$, 则 $f:(X,d)\to(Y,d)$ 不是一致连续的.

现在我们在 X 上定义另一个度量 ρ 为

$$\rho(x,y)=\left|\tan\frac{\pi}{2}x-\tan\frac{\pi}{2}y\right|.$$

则容易验证 $f:(X,\rho)\to(Y,d)$ 是一致连续的. 由于 $\mathcal{T}_\rho=\mathcal{T}_d$, 故 $\mathrm{id}:(X,d)\to(X,\rho)$ 是同胚, 由此说明 id 不保持一致连续性.

定义 2.5.2 设 (X,d) 与 (Y,ρ) 是两个度量空间, $f:X\to Y$ 是一一对应. 若对于任意的 $x,y\in X$, 有 $d(x,y)=\rho(f(x),f(y))$, 则称 f 为度量空间 (X,d) 与 (Y,ρ) 的**等距映射**, 此时称 (X,d) 与 (Y,ρ) 是两个**等距的度量空间**.

显然, 等距映射一定是一致连续的, 等距关系是一个等价关系. 2.1 节中例 2.1.2 和例 2.1.3 中给出了 $\mathbb{R}^2$ 中的两个度量 d,ρ, 容易验证 $\mathrm{id}:(\mathbb{R}^2,d)\to(\mathbb{R}^2,\rho)$ 是一致连续的, 但非等距映射.

本书中讨论的所有性质 (除了第 7 章中定义的拓扑向量空间的一些性质外) 都是在等距映射下不变的性质, 最后我们定义等价度量的概念.

定义 2.5.3　设 d 与 ρ 是集合 X 上的两个度量, 若存在实数 $m, M > 0$ 使得对任意的 $x, y \in X$ 有

$$m\, \rho(x, y) \leqslant d(x, y) \leqslant M\, \rho(x, y),$$

则称 d 与 ρ 是 X 上的两个**等价度量**.

等价度量虽然可以不是等距映射, 但如果 d 与 ρ 是 X 上的两个等价度量, 那么, 度量空间 (X, d) 和 (X, ρ) 的各种性质几乎没有实质性不同, 而仅仅会有量的不同. 例如, 对于集合 $A \subset X$, A 在 (X, d) 和 (X, ρ) 是否有界是等价的, 但是, 如果有界, A 在 (X, d) 和 (X, ρ) 可以有不同的直径.

例 2.5.2　本章中 2.1 节例 2.1.2 和例 2.1.3 给出的 $\mathbb{R}^n$ 上的两个度量 d, ρ 是等价度量, 因为

$$\rho(x, y) \leqslant d(x, y) \leqslant \sqrt{n}\rho(x, y).$$

以上三个概念对于同一集合 X 上两个度量 d 和 ρ 而言有下面简单事实: 若 $\mathrm{id} : (X, d) \to (X, \rho)$ 是等距映射, 则必为等价度量; 若 d 与 ρ 为等价度量, 则 $\mathrm{id} : (X, d) \to (X, \rho)$ 和 $\mathrm{id} : (X, \rho) \to (X, d)$ 都是一致连续的, 从而 $\mathcal{T}_d = \mathcal{T}_\rho$. 但反之都不真. 前者的反例为上述例 2.1.2. 后者的反例如下.

例 2.5.3　令 $X = \mathbf{I}$, $d(x, y) = |x - y|$, $\rho(x, y) = |\sqrt{x} - \sqrt{y}|$, 容易验证 d, ρ 为 X 上的两个度量. 进一步, $\mathrm{id} : (X, \rho) \to (X, d)$ 是一致连续的. 事实上, 对任意的 x, y, 有

$$d(x, y) = \rho(x, y)(\sqrt{x} + \sqrt{y}) \leqslant 2\rho(x, y).$$

故对任意的 $\varepsilon > 0$, 令 $\delta = \dfrac{\varepsilon}{2}$, 则当 $\rho(x, y) < \delta$ 时, $d(x, y) < \varepsilon$, 所以 $\mathrm{id} : (X, \rho) \to (X, d)$ 是一致连续的. 又, 因为函数 $f(x) = \sqrt{x}$ 在 $\mathbf{I}$ 上按照数学分析中的定义是一致连续的, 所以对任意的 $\varepsilon > 0$, 存在 $\delta > 0$, 使得对任意的 $x, y \in \mathbf{I}$, 当 $|x - y| < \delta$ 时, $|f(x) - f(y)| < \varepsilon$. 即 $\rho(x, y) < \varepsilon$. 由此说明 $\mathrm{id} : (\mathbf{I}, d) \to (\mathbf{I}, \rho)$ 是一致连续的. 但不存在 $m > 0$ 使得 $m\rho(x, y) \leqslant d(x, y)$ 对任意的 $x, y \in \mathbf{I}$ 成立. 事实上, 对任意的 $m > 0$, 选择 $n \in \mathbb{N}$ 使得 $\dfrac{2}{n} < m$, 令 $x = \dfrac{1}{n^2}, y = \dfrac{1}{(n+1)^2}$, 则

$$\rho(x, y) = \left| \frac{1}{n} - \frac{1}{n+1} \right| = \frac{1}{n(n+1)},$$

$$d(x, y) = \left| \frac{1}{n^2} - \frac{1}{(n+1)^2} \right| = \frac{2n+1}{n^2(n+1)^2} \leqslant \frac{2}{n^2(n+1)}.$$

故 $\dfrac{d(x, y)}{\rho(x, y)} \leqslant \dfrac{2}{n} < m$, 所以 $m\, \rho(x, y) > d(x, y)$.

练 习 2.5

2.5.A. 证明两个离散空间 X 和 Y 是等距的充分必要条件是 $|X| = |Y|$.

2.5.B. 探讨练习 2.1.B 给出的 $\mathbb{R}$ 上的度量和通常度量是等价的条件.

2.5.C. 分别探讨 (X, d) 和 $(X, \overline{d})$ 是等距和等价的条件.

2.6 度量空间的运算

所谓度量空间的运算就是由一些度量空间生成一个 (或几个) 新的度量空间. 本节中仅考虑子空间、和空间和可数乘积运算, 以后我们将考虑其他运算.

定义 2.6.1 设 (X, d) 是度量空间, $\varnothing \neq Y \subset X$, 则 $d|Y \times Y : Y \times Y \to \mathbb{R}$ 是 Y 中的度量, 称 $(Y, d|Y \times Y)$ 是 (X, d) 的**子空间**. 以后, 为了简单, 也记 $d|Y \times Y$ 为 d.

关于子空间有下面简单事实.

定理 2.6.1 设 (Y, d) 是 (X, d) 的子空间, 则

(1) $V \subset Y$ 是 Y 中开集当且仅当存在 X 中开集 U 使得

$$V = U \bigcap Y.$$

(2) $E \subset Y$ 是 Y 中的闭集当且仅当存在 X 中的闭集 F 使得

$$E = F \bigcap Y.$$

(3) 对任意的 $A \subset Y$, 用 $\mathrm{cl}_Y A$ 和 $\mathrm{cl}_X A$ 分别表示 A 在 Y 与 X 中的闭包, 则 $\mathrm{cl}_Y A = \mathrm{cl}_X A \bigcap Y$.

证明 我们证明 (1) 和 (3), (2) 的证明留给读者.

(1) 设 $V \subset Y$, 若 V 在 (Y, d) 中是开集, 则对任意的 $y_0 \in V$, 存在 $\varepsilon_{y_0} > 0$ 使得

$$\{y \in Y : d(y, y_0) < \varepsilon_{y_0}\} \subset V.$$

令

$$U = \bigcup_{y_0 \in V} \{x \in X : d(x, y_0) < \varepsilon_{y_0}\}.$$

则 U 是 (X, d) 中一族球之并, 因此为 (X, d) 的开集而且

$$\begin{aligned}
U \bigcap Y &= \bigcup_{y_0 \in V} \{x \in X : d(x, y_0) < \varepsilon_{y_0}\} \bigcap Y \\
&= \bigcup_{y_0 \in V} \{x \in Y : d(x, y_0) < \varepsilon_{y_0}\} \\
&= V.
\end{aligned}$$

反之, 若存在 (X, d) 中开集 U 使得 $V = U \bigcap Y$, 则对任意的 $y \in U \bigcap Y$, 存在 $\varepsilon_y > 0$ 使得 $\{x \in X : d(x, y) < \varepsilon_y\} \subset U$. 那么

$$y \in Y \bigcap \{x \in X : d(x, y) < \varepsilon_y\} \subset Y \bigcap U.$$

于是,

$$Y \bigcap U = \bigcup_{y \in U \cap Y} Y \bigcap \{x \in X : d(x, y) < \varepsilon_y\} = \bigcup_{y \in Y \cap U} \{x \in Y : d(x, y) < \varepsilon_y\}.$$

即 $Y \bigcap U$ 是 Y 中一族球之并, 因此为 Y 的开集.

(3) 设 $x \in X$, 则由 (1) 知

$$\begin{aligned}
x \in \mathrm{cl}_Y A &\Leftrightarrow x \in Y \text{ 且对 } Y \text{ 中任意开集 } V, \text{ 若 } V \ni x, \text{ 则 } V \bigcap A \neq \varnothing \\
&\Leftrightarrow x \in Y \text{ 且对 } X \text{ 中任意开集 } U, \text{ 若 } U \ni x, \text{ 则 } (U \bigcap Y) \bigcap A \neq \varnothing \\
&\Leftrightarrow x \in Y \text{ 且对 } X \text{ 中任意开集 } U, \text{ 若 } U \ni x, \text{ 则 } U \bigcap A \neq \varnothing \\
&\Leftrightarrow x \in Y \text{ 且 } x \in \mathrm{cl}_X A \\
&\Leftrightarrow x \in Y \bigcap \mathrm{cl}_X A \qquad\qquad\qquad\qquad\qquad\qquad\qquad\qquad\qquad \square
\end{aligned}$$

注 2.6.1　对内部运算和边界运算, 我们并没有类似上述定理中 (3) 的结论. 只能说, 对于 $A \subset Y$, A 在 Y 中的内部包含 A 在 X 中的内部. 例如, 令 $X = \mathbb{R}^2$, $Y = \mathbb{R} \times \{0\}$, $A = \mathbf{I} \times \{0\}$, d 为 $\mathbb{R}^2$ 上的 Euclidean 度量, 则 A 在 X 中的内部为空集, 而 A 在 Y 中为 $(0, 1) \times \{0\}$. 边界的情况将更为复杂.

下面给出的 $\mathbb{R}^n$ 的子空间是我们经常用到的.

例 2.6.1　定义 $\mathbb{R}^n$ 的子空间

　　n 维球体: $\mathbf{B}^n = \{(x_1, x_2, \cdots, x_n) \in \mathbb{R}^n : x_1^2 + x_2^2 + \cdots + x_n^2 \leqslant 1\}$;

　　n 维方体: $\mathbf{J}^n = [-1, 1]^n$;

　　n 维单位方体: $\mathbf{I}^n = [0, 1]^n$;

　　$n - 1$ 维球面: $\mathbb{S}^{n-1} = \{(x_1, x_2, \cdots, x_n) \in \mathbb{R}^n : x_1^2 + x_2^2 + \cdots + x_n^2 = 1\}$.

另外, 对任意的 $m < n$, $\mathbb{R}^m \times \underbrace{\{0\} \times \cdots \times \{0\}}_{n-m}$ 也是 $\mathbb{R}^n$ 的子空间且显然与 $\mathbb{R}^m$ 等距同构, 有时也直接说 $\mathbb{R}^m$ 是 $\mathbb{R}^n$ 的子空间. 另外, $\mathbb{S}^0 = \{-1, 1\}$ 是有定义的.

下面的定理说明子空间的拓扑仅与大空间的拓扑有关, 而与大空间的度量无关.

定理 2.6.2　设 $\varnothing \neq Y \subset X$, d, ρ 是 X 上两个度量且 $\mathcal{T}_d = \mathcal{T}_\rho$, 则 $\mathcal{T}_{d|Y} = \mathcal{T}_{\rho|Y}$.

证明　这个定理是上述定理 2.6.1(1) 的推论.　　　　　　　　　　　　　　　　 $\square$

在考虑度量空间的子空间时, 我们经常用 $\mathcal{T}_X$ 和 $\mathcal{T}_Y$ 分别表示度量空间 (X, d) 和 (Y, ρ) 的全体开集之集, 即 $\mathcal{T}_X = \mathcal{T}_d$, $\mathcal{T}_Y = \mathcal{T}_\rho$. 最后我们再给出子空间的几个性质.

定理 2.6.3 (1) 设 $\mathcal{B}$ 是 (X,d) 的 (子) 基, (Y,d) 是 (X,d) 的子空间. 则 $\mathcal{B}|Y = \{B\bigcap Y : B \in \mathcal{B}\}$ 是 (Y,d) 的 (子) 基.

(2) 设 (Y,d) 是 (X,d) 的子空间, $y \in Y$. 则 $\mathcal{N}(y)|Y = \{U\bigcap Y : U \in \mathcal{N}(y)\}$ 是 y 在子空间 (Y,d) 中的邻域全体. 若 $\mathcal{B}_X(y)$ 是 y 点在空间 X 中的一个邻域基, 则 $\mathcal{B}_X(y)|Y$ 是 y 点在子空间 Y 中的一个邻域基.

(3) 设 (Y,d) 是 (X,d) 的子空间且 Y 是 (X,d) 的离散子集, 则 $\mathcal{T}_{(Y,d)} = \mathcal{T}_{(Y,\rho)} = P(Y)$, 这里, ρ 是 Y 上的离散度量.

证明 请读者自证. □

定义 2.6.2 设 (X,d) 是度量空间, U 是开 (闭) 子集, 则称 (U,d) 为 (X,d) 的**开子空间(闭子空间)**.

上面的例子中的 n 维球体 $\mathbf{B}^n$, n 维方体 $\mathbf{J}^n = [-1,1]^n$, n 维单位方体 $\mathbf{I}^n = [0,1]^n$, $n-1$ 维球面 $\mathbb{S}^{n-1} = \{(x_1, x_2, \cdots, x_n) : x_1^2 + x_2^2 + \cdots + x_n^2 = 1\}$ 都是 $\mathbb{R}^n$ 的闭子空间, 对任意的 $m < n$, $\mathbb{R}^m \times \underbrace{\{0\} \times \cdots \{0\}}_{n-m}$ 也是 $\mathbb{R}^n$ 的闭子空间. $(0,1)^n$ 是 $\mathbb{R}^n$ 的开子空间, 但对任意的 $m < n$, $(0,1)^m \times \underbrace{\{0\} \times \cdots \{0\}}_{n-m}$ 不是 $\mathbb{R}^n$ 的开子空间, 也不是闭子空间.

例 2.4.8 可以推广到一般情况. 设 A 是度量空间 (X,d) 的子空间, 我们可以定义 $j_A : A \to X$ 为 $j_A(x) = x$, 称之为由 A 到 X 的**嵌入映射**. 容易验证 j_A 是连续的; 而 j_A 是开 (闭) 映射当且仅当 A 是 X 的开 (闭) 子空间. 从而, 对任意的度量空间 (Y,ρ) 及连续映射 $f : X \to Y$, $f|A = f \circ j_A : A \to Y$ 连续. 对于度量空间 (Y,ρ) 及其子空间 B, 度量空间 (X,d) 及映射 $f : X \to B$, 由定理 2.4.5 容易验证, 映射 $f : X \to B$ 连续当且仅当映射 $j_B \circ f : X \to Y$ 是连续的. 在今后大多数情况下, 映射 $j_B \circ f : X \to Y$ 也被写为 $f : X \to Y$. 所以映射 $f : X \to B$ 的连续性和映射 $f : X \to Y$ 的连续性是等价的. 进一步, 如果映射 $j_B \circ f = f : X \to Y$ 是开 (闭) 映射, 那么 $f : X \to B$ 也是开 (闭) 映射, 但是其逆并不成立. 例如, $\mathrm{id}_A : A \to A$ 是开映射也是闭映射, 但是 $j_A \circ \mathrm{id}_A : A \to X$ 可能既不是开映射也不是闭映射. 最后, 我们引入下面的定义.

定义 2.6.3 设 (X,d) 和 (Y,ρ) 是度量空间, $f : X \to Y$ 是单射, 如果 $f : X \to f(X)$ 是同胚映射 (等距映射), 则我们称 $f : X \to Y$ 是**同胚嵌入** (等距嵌入). 当 $f(X)$ 是 Y 的开 (闭) 集时, 我们称 $f : X \to Y$ 是**开 (闭) 同胚嵌入 (开 (闭)等距嵌入)**.

注 2.6.2 连续的单射不一定是同胚嵌入. 例如, 设 $X = \{x_1, x_2, \cdots, x_\infty\}$ 是可数的离散空间, 考虑映射 $f : X \to \mathbb{R}$ 为 $f(x_n) = \dfrac{1}{n}, f(x_\infty) = 0$. 那么, f 是连续的单射但不是同胚嵌入.

定理 2.6.4 设 Y 是度量空间 X 的开子空间, $A \subset X$. 如果 A 是 X 的稠密 (无处稠密) 集, 那么 $A \bigcap Y$ 是 Y 的稠密 (无处稠密) 集.

证明 请读者给出. □

定理 2.6.1 说明子空间 Y 中每一个开 (闭) 集 B 一定可以写成大空间 X 中一个开 (闭) 集 A 与 Y 之交. 但满足条件的 A 并不是唯一的, 随意的选择会导致整体性质差. 下面的定理给出了一种自然的选择, 这种选择有良好的整体性质. 在定理 9.3.7 的证明中, 我们需要这个结果.

定理 2.6.5 设 (Y, d) 是度量空间 (X, d) 的子空间.

(1) 存在映射 $\varphi : \mathcal{T}_Y \to \mathcal{T}_X$ 使得

(i) $\varphi(Y) = X$, $\varphi(\varnothing) = \varnothing$;

(ii) 对任意 $B \in \mathcal{T}_Y$, $\varphi(B) \bigcap Y = B$;

(iii) 如果 $A, B \in \mathcal{T}_Y$ 且 $A \subset B$, 则 $\varphi(A) \subset \varphi(B)$;

(iv) 对任意的 $A, B \in \mathcal{T}_Y$, $\varphi(A \bigcap B) = \varphi(A) \bigcap \varphi(B)$.

(2) 存在映射 $\psi : \mathcal{F}_Y \to \mathcal{F}_X$, 这里, $\mathcal{F}_Y, \mathcal{F}_X$ 分别表示 (X, d) 和 (Y, d) 的闭集全体, 使得

(i) $\psi(Y) = X$, $\psi(\varnothing) = \varnothing$;

(ii) 对任意 $B \in \mathcal{F}_Y, \psi(B) \bigcap Y = B$;

(iii) 如果 $A, B \in \mathcal{F}_Y$ 且 $A \subset B$, 则 $\psi(A) \subset \psi(B)$;

(iv) 对任意的 $A, B \in \mathcal{F}_Y$, $\psi(A \bigcup B) = \psi(A) \bigcup \psi(B)$.

证明 (1) 对任意 $B \in \mathcal{T}_Y$, 令

$$\varphi(B) = \{x \in X : d(x, B) < d(x, Y \setminus B)\}.$$

见图 2-4.

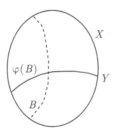

图 2-4 $\varphi(x)$ 的定义

由定理 2.4.3 和定理 2.4.4 知 $\varphi(B) \in \mathcal{T}_X$. 现在我们证明 $\varphi : \mathcal{T}_Y \to \mathcal{T}_X$ 满足 (1) 中的 (i)—(iv).

由于 $d(x, \varnothing) = +\infty$, (i) 成立.

显然 (i) 成立也说明了当 $B \in \{\varnothing, Y\}$ 时 (ii) 成立. 因此为证明 (ii), 设 $B \in \mathcal{T}_Y \setminus \{\varnothing, Y\}$. 对任意的 $y \in B$, 由于 B 是 (Y, d) 中的开集, 存在 $\varepsilon > 0$ 使得

$$\{z \in Y : d(z, y) < \varepsilon\} \subset B.$$

因此, $d(y, B) = 0 < \varepsilon \leqslant d(y, Y \setminus B)$. 所以, $y \in \varphi(B)$. 这说明 $B \subset \varphi(B) \bigcap Y$. 另一方面, 设 $y \in Y \setminus B$, 则 $d(y, Y \setminus B) = 0$. 因此, $d(y, B) < d(y, Y \setminus B)$ 不能成立. 所以, $y \notin \varphi(B)$. 这说明 $\varphi(B) \bigcap Y \subset B$. 故 (ii) 成立.

由定义, 对任意的 $A, B \subset X$ 及 $x \in X$, 如果 $A \subset B$, 那么 $d(x, A) \geqslant d(x, B)$. 由此, 我们知道 (iii) 成立.

最后, 我们证明 (iv) 成立. 对任意的 $A, B \in \mathcal{T}_Y$, 由 (iii) 知 $\varphi(A \bigcap B) \subset \varphi(A) \bigcap \varphi(B)$. 反之, 设 $x \in \varphi(A) \bigcap \varphi(B)$, 同时, 不妨设 $d(x, Y \setminus A) \leqslant d(x, Y \setminus B)$. 则

$$d(x, A) < d(x, Y \setminus A) \leqslant d(x, Y \setminus B).$$

令 $\varepsilon = d(x, Y \setminus A) - d(x, A) > 0$. 由定义, 存在 $a \in A$ 使得

$$d(x, a) < d(x, A) + \varepsilon = d(x, Y \setminus A) \leqslant d(x, Y \setminus B).$$

由此说明了 $a \notin Y \setminus B$. 所以, $a \in A \bigcap B$. 故

$$d(x, A \bigcap B) \leqslant d(x, a) < d(x, Y \setminus A) = d(x, Y \setminus (A \bigcap B)).$$

最后一个等号成立的原因是

$$\begin{aligned}
&d(x, Y \setminus (A \bigcap B)) \\
={}&d(x, (Y \setminus A) \bigcup (Y \setminus B)) \\
={}&\inf\{d(x, c) : c \in (Y \setminus A) \bigcup (Y \setminus B)\} \\
={}&\min\{\inf\{d(x, c) : c \in Y \setminus A\}, \inf\{d(x, c) : c \in Y \setminus B\}\} \\
={}&\min\{d(x, Y \setminus A), d(x, Y \setminus B)\} \\
={}&d(x, Y \setminus A).
\end{aligned}$$

所以, $x \in \varphi(A \bigcap B)$. 因此, $\varphi(A) \bigcap \varphi(B) \subset \varphi(A \bigcap B)$.

(2) 对任意的 $B \in \mathcal{F}_Y$, 令

$$\psi(B) = X \setminus \varphi(Y \setminus B).$$

那么利用 (1), 我们知道 $\psi : \mathcal{F}_Y \to \mathcal{F}_X$ 满足 (2) 中的 (i)—(iv). 另外, 读者不难看出

$$\psi(B) = \{x \in X : d(x, B) \leqslant d(x, Y \setminus B)\}. \qquad \square$$

注 2.6.3 在上面定理的证明中定义的映射 $\varphi: \mathcal{T}_Y \to \mathcal{T}_X$ 未必满足

$$\varphi(A\bigcup B) = \varphi(A)\bigcup\varphi(B).$$

因此, $\psi: \mathcal{F}_Y \to \mathcal{F}_X$ 未必满足

$$\varphi(A\bigcap B) = \varphi(A)\bigcap\varphi(B).$$

例如, 令

$$X = \mathbb{R}^2 \setminus \{(0,0)\}, \quad Y = \{(x,y) \in X : y = 0\}$$

且赋予 Euclidean $\mathbb{R}^2$ 的子空间度量. 再令

$$A = \{(x,0) \in Y : x > 0\}, \ B = \{(x,0) \in Y : x < 0\}.$$

那么

$$\varphi(A) = \{(x,y) \in X : x > 0\}, \ \varphi(B) = \{(x,y) \in X : x < 0\}.$$

因此,

$$\varphi(A)\bigcup\varphi(B) = \{(x,y) \in X : x \neq 0\} \neq X = \varphi(Y) = \varphi(A\bigcup B).$$

我们定义的第二个拓扑运算是 (有限) 乘积运算.

定义 2.6.4 设 $(X_1,d_1),(X_2,d_2),\cdots,(X_n,d_n)$ 是度量空间, 定义 $d: (X_1 \times X_2 \times \cdots \times X_n) \times (X_1 \times X_2 \times \cdots \times X_n) \to \mathbb{R}^+$ 为

$$d((x_1,x_2,\cdots,x_n),(y_1,y_2,\cdots,y_n))$$
$$=\sqrt{(d_1(x_1,y_1))^2 + (d_2(x_2,y_2))^2 + \cdots + (d_n(x_n,y_n))^2}.$$

则 d 是 $X_1 \times X_2 \times \cdots \times X_n$ 的一个度量, 称之为 **Euclidean 乘积度量**. 此时称 $(X_1 \times X_2 \times \cdots \times X_n, d)$ 为 $(X_1,d_1),(X_2,d_2),\cdots,(X_n,d_n)$ 的 **Euclidean 乘积度量空间**. 另外, 定义 $\rho: (X_1 \times X_2 \times \cdots \times X_n) \times (X_1 \times X_2 \times \cdots \times X_n) \to \mathbb{R}^+$ 为

$$\rho((x_1,x_2,\cdots,x_n),(y_1,y_2,\cdots,y_n))$$
$$=\max\{d_1(x_1,y_1),d_2(x_2,y_2),\cdots,d_n(x_n,y_n)\}.$$

则 ρ 也是 $X_1 \times X_2 \times \cdots \times X_n$ 上的一个度量, 称为 **最大值乘积度量**, 称 $(X_1 \times X_2 \times \cdots \times X_n,\rho)$ 为 $(X_1,d_1),(X_2,d_2),\cdots,(X_n,d_n)$ 的 **最大值乘积度量空间**.

定理 2.6.6 设 $(X_1,d_1),(X_2,d_2),\cdots,(X_n,d_n)$ 是 n 个度量空间, 则对任意的 $(x_1,x_2,\cdots,x_n),(y_1,y_2,\cdots,y_n) \in X_1 \times X_2 \times \cdots \times X_n$, 有

$$\rho((x_1,x_2,\cdots,x_n),(y_1,y_2,\cdots,y_n))$$
$$\leqslant d((x_1,x_2,\cdots,x_n),(y_1,y_2,\cdots,y_n))$$
$$\leqslant \sqrt{n}\rho((x_1,x_2,\cdots,x_n),(y_1,y_2,\cdots,y_n)).$$

证明 请读者自证. □

由此知 d 和 ρ 是 $X_1 \times X_2 \times \cdots \times X_n$ 上的等价度量, 从而 $\mathcal{T}_d = \mathcal{T}_\rho$. 因此对拓扑性质而言, d 和 ρ 并无区别. 因此今后我们用 $X_1 \times X_2 \times \cdots \times X_n$ 表示这两个度量空间中的任一个, 统称为**乘积度量空间**. 由它们导出的开集全体称为**乘积拓扑**. 每一个 (X_i, d_i) 称为这个乘积空间的**因子空间**. 当所有的 (X_i, d_i) 都等于 (X, d) 时, 我们用 $(X, d)^n$ 记 $(X_1 \times X_2 \times \cdots \times X_n, d)$ 或者 $(X_1 \times X_2 \times \cdots \times X_n, \rho)$. 如果没有必要说明度量 d, $(X, d)^n$ 也简记为 X^n

设 $(X_1, d_1), (X_2, d_2), \cdots, (X_n, d_n)$ 是度量空间. 对任意的 $i \leqslant n$ 及任意的固定的点 $x^0 = (x_1^0, \cdots, x_{i-1}^0, x_{i+1}^0, \cdots, x_n^0) \in X_1 \times \cdots \times X_{i-1} \times X_{i+1} \times \cdots \times X_n$, 我们能够定义映射 $j_i : X_i \to X = X_1 \times X_2 \times \cdots \times X_n$ 为: 对任意的 $x_i \in X_i$,

$$j_i(x_i) = (x_1^0, \cdots, x_{i-1}^0, x_i, x_{i+1}^0, \cdots, x_n^0).$$

显然, 不论 X 上取 Euclidean 乘积度量还是最大值乘积度量, j_i 都是等距嵌入, 所以, 作为 X 的子空间, $j_i(X_i)$ 具有 X_i 的一切性质. 今后, 我们将不加说明地利用这个结果.

例如, $\mathbb{R}^n$ 上的 Euclidean 度量刚好为 $\mathbb{R}$ 的 Euclidean 度量的 Euclidean 乘积. $\mathbf{I}^n, \mathbf{J}^n$ 也分别是 $\mathbf{I}, \mathbf{J}$ 的 Euclidean 度量乘积. 但 $\mathbf{B}^n$ 并不是 $\mathbf{B}^1$ 的 Euclidean 度量乘积, 但它们是同胚的 (为什么?), 而 $\mathbb{S}^{n-1}$ 不是 $n-1$ 个 $\mathbb{S}^1$ 的 Euclidean 度量乘积, 甚至它们都不同胚. 例如当 $n = 3$ 时, $\mathbb{S}^2 = \{(x_1, x_2, x_3) : x_1^2 + x_2^2 + x_3^2 = 1\}$ 是普通球面, $\mathbb{S}^1 \times \mathbb{S}^1$ 同胚于环面 (像轮胎). $\mathbb{S}^2$ 和 $\mathbb{S}^1 \times \mathbb{S}^1$ 不是同胚的, 证明比较困难, 见定理 9.4.10.

定理 2.6.7 设 $\mathcal{B}_1, \mathcal{B}_2, \cdots, \mathcal{B}_n$ 分别是度量空间 $(X_1, d_1), (X_2, d_2), \cdots, (X_n, d_n)$ 的基, 定义

$$\mathcal{B} = \{U_1 \times U_2 \times \cdots \times U_n : U_i \in \mathcal{B}_i, i = 1, 2, \cdots, n\}.$$

则 $\mathcal{B}$ 是 $X_1 \times X_2 \times \cdots \times X_n$ 的基.

证明 由于 $\mathcal{T}_d = \mathcal{T}_\rho$, 我们用 ρ 证明. 首先证明任意 $U = U_1 \times U_2 \times \cdots \times U_n \in \mathcal{B}$ 是 $(X_1 \times X_2 \times \cdots \times X_n, \rho)$ 中的开集. 设 $(x_1, x_2, \cdots, x_n) \in U$, 对任意的 $i \leqslant n$, 存在 $\varepsilon_i > 0$ 使得

$$x_i \in B_{d_i}(x_i, \varepsilon_i) \subset U_i.$$

令 $\varepsilon = \min\{\varepsilon_1, \varepsilon_2, \cdots, \varepsilon_n\} > 0$, 则

$$(x_1, x_2, \cdots, x_n) \in B_{d_1}(x_1, \varepsilon) \times B_{d_2}(x_2, \varepsilon) \times \cdots \times B_{d_n}(x_n, \varepsilon) \subset U.$$

由 ρ 的定义容易验证,

$$B_\rho((x_1, x_2, \cdots, x_n), \varepsilon) = B_{d_1}(x_1, \varepsilon) \times B_{d_2}(x_2, \varepsilon) \times \cdots \times B_{d_n}(x_n, \varepsilon).$$

上面两式可推出

$$(x_1, x_2, \cdots, x_n) \in B_\rho((x_1, x_2, \cdots, x_n), \varepsilon) \subset U.$$

因此 U 为 $(X_1 \times X_2 \times \cdots \times X_n, \rho)$ 中的开集.

下面用定理 2.2.7 证明 $\mathcal{B}$ 是 $(X_1 \times X_2 \times \cdots \times X_n, \rho)$ 的基. 设 U 是乘积空间中的开集, 设 $(x_1, x_2, \cdots, x_n) \in U$, 则存在 $\varepsilon > 0$ 使得

$$B_\rho((x_1, x_2, \cdots, x_n), \varepsilon) = B_{d_1}(x_1, \varepsilon) \times B_{d_2}(x_2, \varepsilon) \times \cdots \times B_{d_n}(x_n, \varepsilon) \subset U.$$

由于 $\mathcal{B}_1, \mathcal{B}_2, \cdots, \mathcal{B}_n$ 分别是 $(X_1, d_1), (X_2, d_2), \cdots, (X_n, d_n)$ 的基, 故对任意的 $i \leqslant n$, 存在 $U_i \in \mathcal{B}_i$ 使得 $x_i \in U_i \subset B_{d_i}(x_1, \varepsilon)$. 则

$$(x_1, x_2, \cdots, x_n) \in U_1 \times U_2 \times \cdots \times U_n$$
$$\subset B_{d_1}(x_1, \varepsilon) \times B_{d_2}(x_2, \varepsilon) \times \cdots \times B_{d_n}(x_n, \varepsilon) \subset U.$$

因为 $U_1 \times U_2 \times \cdots \times U_n \in \mathcal{B}$, 我们知道 $\mathcal{B}$ 为 $X_1 \times X_2 \times \cdots \times X_n$ 的基. □

推论 2.6.1　设 $(X_1, d_1), (X_2, d_2), \cdots, (X_n, d_n)$ 是度量空间, 则

$$\mathcal{B} = \{U_1 \times U_2 \times \cdots \times U_n : U_i \text{ 在 } X_i \text{ 开}, i = 1, 2, \cdots, n\}$$

是 $X_1 \times X_2 \times \cdots \times X_n$ 的基. 这个基称为 $X_1 \times X_2 \times \cdots \times X_n$ 的**标准基**.

注意, 推论 2.6.1 中定义的 $\mathcal{B}$ 一般并不是空间 $X_1 \times X_2 \times \cdots \times X_n$ 的开集全体.

推论 2.6.2　设对于 $i \leqslant n, d_i, \rho_i$ 分别是集合 X_i 的两个度量且 $\mathcal{T}_{d_i} = \mathcal{T}_{\rho_i}$. 则由 $d_1, d_2, \cdots, d_n$ 和 $\rho_1, \rho_2, \cdots, \rho_n$ 在 $X_1 \times X_2 \times \cdots \times X_n$ 导出的乘积拓扑相同.

推论 2.6.3　设 $(X_1, d_1), (X_2, d_2), \cdots, (X_n, d_n)$ 是度量空间, 对任意的 $i \leqslant n$, $A_i \subset X_i$. 那么

$$\text{cl} \prod_{i=1}^{n} A_i = \prod_{i=1}^{n} \text{cl} A_i, \ \text{int} \prod_{i=1}^{n} A_i = \prod_{i=1}^{n} \text{int} A_i.$$

有限个离散子集的乘积是离散子集; 稠密集的乘积是稠密的. 如果存在 $i \leqslant n$ 使得 A_i 是 X_i 的无处稠密集, 那么 $\prod_{i=1}^{n} A_i$ 是 $\prod_{i=1}^{n} X_i$ 的无处稠密集.

证明　请读者给出. □

注意, 由于 $X_1 \times X_2 \times \cdots \times X_n$ 中的所有子集并非都是乘积形状的, 所以, 我们并不能从上面的推论中把乘积空间中所有子集的闭包和内部用因子空间的闭包和内部表示出来.

设 $(X_1, d_1), (X_2, d_2), \cdots, (X_n, d_n)$ 是度量空间, $X_1 \times X_2 \times \cdots \times X_n$ 是其乘积空间, 在 1.4 节中, 对任意的 $i \leqslant n$, 我们定义了投影映射 $p_i : X_1 \times X_2 \times \cdots \times X_n \to X_i$ 为

$$p_i(x_1, x_2, \cdots, x_n) = x_i.$$

容易证明对 $A_i \subset X_i$,

$$A_1 \times A_2 \times \cdots \times A_n = \bigcap_{i=1}^{n} p_i^{-1}(A_i).$$

利用定理 2.6.7, 习题 2.4.B 和连续映射的等价性, 读者容易证明下述结论.

定理 2.6.8 每一个 $p_i : X_1 \times X_2 \times \cdots \times X_n \to X_i$ 是连续的开满映射.

但一般来说, 投影映射并不是闭映射. 例如, 令 $X_1 = X_2 = \mathbb{R}$,

$$A = \{(x,y) \in \mathbb{R}^2 = \mathbb{R} \times \mathbb{R} : xy = 1 \text{ 且 } x,y > 0\}.$$

则 A 是 $\mathbb{R}^2$ 中的闭集, 但 $p_1(A) = (0, +\infty)$ 不是 $\mathbb{R}$ 中的闭集.

关于投影映射 p_i 有下面的进一步结果.

定理 2.6.9 设 $X_1, X_2, \cdots, X_n, Y$ 是度量空间, $f : Y \to X_1 \times X_2 \times \cdots \times X_n$ 是映射, 则 f 连续当且仅当对任意的 $i \leqslant n, p_i \circ f : Y \to X_i$ 连续.

证明 必要性是显然的. 现在设对任意的 $i \leqslant n, p_i \circ f : Y \to X_i$ 连续. 对任意的 $i \leqslant n$, 设 U_i 是 X_i 中的开集. 那么

$$f^{-1}(U_1 \times U_2 \times \cdots \times U_n) = f^{-1}\left(\bigcap_{i=1}^{n} p_i^{-1}(U_i)\right) = \bigcap_{i=1}^{n} (p_i \circ f)^{-1}(U_i).$$

由假设, 对任意的 i, $(p_i \circ f)^{-1}(U_i)$ 是 Y 中开集, 故 $f^{-1}(U_1 \times U_2 \times \cdots \times U_n)$ 也是 Y 中开集. 故由推论 2.6.1, 定理 2.4.2 中 (a)⇔(d) 知 $f : Y \to X_1 \times X_2 \times \cdots \times X_n$ 是连续的. $\quad\square$

此定理今后将经常用到.

我们也可以将有限乘积推广到可数无限乘积. 首先, 上述定义的 d 和 ρ 都不可行, 因为它们的值域可能不在 $\mathbb{R}^+$ 中. 但如果仅仅为了讨论拓扑问题 (这是本书的主要目的), 我们可以用以下方法.

设 $((X_n, d_n))_{n=1}^{\infty}$ 是一列度量空间, 对于每一个 n, 令 $\bar{d}_n$ 是 d_n 的标准有界化度量. 对任意的 $x = (x_1, x_2, \cdots), y = (y_1, y_2, \cdots) \in X_1 \times X_2 \times \cdots = \prod_{n=1}^{\infty} X_n$, 令

$$d(x,y) = \sum_{n=1}^{\infty} 2^{-n} \bar{d}_n(x_n, y_n).$$

则 $(\prod_{n=1}^{\infty} X_n, d)$ 是一个度量空间, 称之为 $((X_n, d_n))_{n=1}^{\infty}$ 的**可数乘积度量空间**. 称由此度量导出的拓扑为**乘积拓扑**. 称每一个 (X_n, d_n) 为乘积拓扑空间 $(\prod_{n=1}^{\infty} X_n, d)$ 的**因子空间**. 当所有的 (X_n, d_n) 都等于 (X, d) 时, 我们用 $(X, d)^{\mathbb{N}}$ 或者 $X^{\mathbb{N}}$ 记 $(\prod_{n=1}^{\infty} X_n, d)$.

关于可数乘积度量空间, 上述三个定理的对应结论是:

定理 2.6.10 设 $((X_n, d_n))_{n=1}^\infty$ 是一列度量空间, $\mathcal{B}_n$ 是 (X_n, d_n) 的基, 则

$$\mathcal{B} = \left\{ U_1 \times U_2 \times \cdots \times U_i \times \prod_{n=i+1}^\infty X_n : j \leqslant i \text{ 时}, U_j \in \mathcal{B}_j; i = 1, 2, \cdots \right\}$$

是 $(\prod_{n=1}^\infty X_n, d)$ 的一个基. 如果令每一个 $\mathcal{B}_n$ 是 $((X_n, d_n))$ 的全体开集, 那么上面定义的 $\mathcal{B}$ 称为乘积空间 $(\prod_{n=1}^\infty X_n, d)$ 的**标准基**.

证明 不妨假定 $\bar{d}_n = d_n$(为什么?). 首先 $\mathcal{B}$ 中每一个成员都是 $(\prod_{n=1}^\infty X_n, d)$ 中的开集, 证明同定理 2.6.7, 略去. 现在设 $x = (x_1, x_2, \cdots) \in \prod_{n=1}^\infty X_n$, $\varepsilon > 0$, 选择i 充分大使得 $\sum_{n=i+1}^\infty \frac{1}{2^n} < \frac{\varepsilon}{2}$, 则容易证明

$$x \in B_{d_1}\left(x_1, \frac{\varepsilon}{2}\right) \times B_{d_2}\left(x_2, \frac{\varepsilon}{2}\right) \times \cdots \times B_{d_i}\left(x_i, \frac{\varepsilon}{2}\right) \times \prod_{n=i+1}^\infty X_n \subset B_d(x, \varepsilon).$$

进一步, 对任意的 $j \leqslant i$, 选择 $U_j \in \mathcal{B}_j$ 使得

$$x_j \in U_j \subset B_{d_j}\left(x_j, \frac{\varepsilon}{2}\right).$$

则

$$x \in U_1 \times U_2 \times \cdots \times U_i \times \prod_{n=i+1}^\infty X_n \subset B_d(x, \varepsilon)$$

且

$$U_1 \times U_2 \times \cdots \times U_i \times \prod_{n=i+1}^\infty X_n \in \mathcal{B}.$$

由定理 2.2.6 和定理 2.2.7, 此说明了 $\mathcal{B}$ 为 $(\prod_{n=1}^\infty X_n, d)$ 的基. $\square$

推论 2.6.4 设 $(X_1, d_1), (X_2, d_2), \cdots$ 是度量空间, 对任意的 n, $A_n \subset X_n$. 那么,

$$\mathrm{cl}\prod_{n=1}^\infty A_n = \prod_{n=1}^\infty \mathrm{cl}\, A_n.$$

稠密集的无限乘积是稠密的. 如果存在 n 使得 A_n 是 X_n 的无处稠密集, 那么 $\prod_{n=1}^\infty A_n$ 是 $\prod_{n=1}^\infty X_n$ 的无处稠密集.

注 2.6.4 一般来说,

$$\mathrm{int}\left(\prod_{n=1}^\infty A_n\right) \neq \prod_{i=1}^\infty \mathrm{int}\, A_i.$$

可数无限个离散子集的乘积未必是离散的.

同样, 对于投影映射 $p_n : \prod_{n=1}^{\infty} X_n \to X_n$,

$$p_n(x_1, x_2, \cdots, x_n, \cdots) = x_n.$$

我们有下面相应的定理成立:

定理 2.6.11 $p_n : \prod_{n=1}^{\infty} X_n \to X_n$ 是连续的开满映射.

证明   请读者自证.   □

定理 2.6.12   设 $X_1, X_2, \cdots, X_n, \cdots; Y$ 是度量空间, $f : Y \to \prod_{n=1}^{\infty} X_n$ 是一个映射, 则 f 连续当且仅当对任意的 n, $p_n \circ f : Y \to X_n$ 是连续的.

证明   请读者自证.   □

在 1.4 节, 我们曾经指出, 对于任意的集合 Y, Y 到 $\prod_{n=1}^{\infty} X_n$ 和映射族 $\{f_n : Y \to X_n\}_{n \in \mathbb{N}}$ 互相唯一确定. 由定理 2.6.12, 有

推论 2.6.5   设 $\prod_{n=1}^{\infty} X_n$ 是乘积空间, Y 是度量空间. 则由 Y 到 $\prod_{n=1}^{\infty} X_n$ 的连续映射和连续映射族 $\{f_n : Y \to X_n\}_{n \in \mathbb{N}}$ 互相唯一确定, 也即, 它们之间可以建立自然的一一对应.

我们也有下面的推论.

推论 2.6.6   设 $(x(k) = (x(k)_n)_n)_k$ 是乘积空间 $\prod_{n=1}^{\infty} X_n$ 的一个序列, $x = (x_n)_n \in \prod_{n=1}^{\infty} X_n$. 则 $x(k) \to x$ $(k \to \infty)$ 当且仅当对任意的 n, $x(k)_n \to x_n$ $(k \to \infty)$.

证明   定义 $Y = \left\{ 1, \dfrac{1}{2}, \dfrac{1}{3}, \cdots, 0 \right\}$, 则作为 $\mathbb{R}$ 的子空间, Y 是仅含一个非孤立点 0 的度量空间. 定义 $f : Y \to \prod_{n=1}^{\infty} X_n$ 为

$$f\left(\frac{1}{k}\right) = x(k), \quad f(0) = x.$$

则 $x(k) \to x$ 当且仅当 $f : Y \to \prod_{n=1}^{\infty} X_n$ 是连续的, 当且仅当对任意的 n, $p_n \circ f : Y \to X_n$ 是连续的, 当且仅当对任意的 n, $x(k)_n \to x_n$.   □

例 2.6.2 $Q = \mathbf{J}^{\mathbb{N}}$, $\mathbb{R}^{\mathbb{N}}$ 和 $\{0,1\}^{\mathbb{N}}$ 分别是无限可数多个 $\mathbf{J}$, $\mathbb{R}$ 和两点集 $\{0,1\}$ 的乘积. $\{0,1\}^{\mathbb{N}}$ 是离散空间吗?

也许你会疑惑为什么我们没有仿照有限乘积的 ρ 定义无限的乘积. 也就是说, 如果 $((X_n, d_n))_{n=1}^{\infty}$ 是一列度量空间, 在 $\prod_{n=1}^{\infty} X_n$ 上定义度量

$$\rho((x_1, x_2, \cdots, x_n, \cdots), (y_1, y_2, \cdots, y_n, \cdots)) = \sup\{\overline{d_n}(x_n, y_n) : n = 1, 2, \cdots\}.$$

容易验证 ρ 确实是集合 $\prod_{n=1}^{\infty} X_n$ 上的度量, 称之为**上确界度量**. 但是, 我们要注意的是, 一般来讲, $\mathcal{T}_d \neq \mathcal{T}_\rho$. 例如, 取 $X_n = \mathbf{I}$, 那么, $\bigcup_{n=1}^{\infty} \left(\dfrac{1}{n}, 1 - \dfrac{1}{n}\right)^{\mathbb{N}}$ 是 $(\mathbf{I}^{\mathbb{N}}, \rho)$ 的开

集, 但不是 $(\mathbf{I}^{\mathbb{N}}, d)$ 的开集. 今后, 当讨论乘积空间时, 我们总是指 d.

下面我们考虑 Hilbert 空间 ℓ^2 中的序列收敛问题. 对于 $x = (x_1, x_2, \cdots, x_i, \cdots) \in \ell^2$, 令

$$\|x\| = \sqrt{\sum_{i=1}^{\infty} x_i^2}.$$

称之为 x 的**范数**, 关于范数的系统讨论见一般的泛函分析教材, 例如 [15], [19]. 我们在第 8 章有一个简单的介绍. 注意到作为集合 $\ell^2 \subset \mathbb{R}^{\mathbb{N}}$, 但是, 按照我们分别给出的 ℓ^2 和 $\mathbb{R}^{\mathbb{N}}$ 的度量, Hilbert 空间 ℓ^2 并不是 $\mathbb{R}^{\mathbb{N}}$ 的子空间, 对于 ℓ^2 中的序列, 在 Hilbert 空间 ℓ^2 和在 $\mathbb{R}^{\mathbb{N}}$ 中的收敛也是不相同的. 我们先证明下面的结论.

定理 2.6.13 设 $(x(k) = (x(k)_n)_n)_k$ 是 Hilbert 空间 ℓ^2 的一个序列, $x = (x_n)_n \in \ell^2$. 则 $\lim_{k \to \infty} x(k) = x$ 当且仅当 $\lim_{k \to \infty} \|x(k)\| = \|x\|$ 且对任意的 n, $\lim_{k \to \infty} x(k)_n = x_n$.

证明 注意到

$$|\|x(k)\| - \|x\|| = |d(x(k), 0) - d(x, 0)| \leqslant d(x(k), x),$$

且对任意的 n,

$$|x(k)_n - x_n| \leqslant d(x(k), x),$$

我们立即得知定理中的条件是必要的. 现在我们证明这个条件也是充分的. 为此, 设定理的条件成立, 我们证明 $\lim_{k \to \infty} x(k) = x$.

对任意的 $\varepsilon > 0$, 选择 $N \in \mathbb{N}$ 使得

$$0 \leqslant \|x\|^2 - \sum_{n=1}^{N} x_n^2 \leqslant \frac{\varepsilon}{24}.$$

对此 N, 选择 $K \in \mathbb{N}$ 使得对任意的 $k \geqslant K$,

$$|\|x(k)\|^2 - \|x\|^2| < \frac{\varepsilon}{24},$$

$$\left| \sum_{n=1}^{N} ((x(k)_n)^2 - x_n^2) \right| < \frac{\varepsilon}{24} \text{ 且 } \sum_{n=1}^{N} (x(k)_n - x_n)^2 < \frac{\varepsilon}{2}.$$

那么, 对任意的 $k \geqslant K$,

$$\sum_{n=N+1}^{\infty} (x(k)_n)^2 = \|x(k)\|^2 - \sum_{n=1}^{N} (x(k)_n)^2$$

$$=\|x(k)\|^2 - \sum_{n=1}^{N}((x(k)_n)^2 - x_n^2) - \sum_{n=1}^{N} x_n^2$$

$$=\|x(k)\|^2 - \|x\|^2 + \sum_{n=N+1}^{\infty} x_n^2 - \sum_{n=1}^{N}((x(k)_n)^2 - x_n^2)$$

$$<\frac{\varepsilon}{24} + \frac{\varepsilon}{24} + \frac{\varepsilon}{24}$$

$$=\frac{\varepsilon}{8}.$$

因此, 对任意的 $k \geqslant K$, 有

$$\sum_{n=1}^{\infty}((x(k)_n - x_n)^2 = \sum_{n=1}^{N}((x(k)_n - x_n)^2 + \sum_{n=N+1}^{\infty}((x(k)_n - x_n)^2$$

$$<\frac{\varepsilon}{2} + 2\left(\sum_{n=N+1}^{\infty}(x(k)_n)^2 + \sum_{n=N+1}^{\infty} x_n^2\right)$$

$$<\frac{\varepsilon}{2} + 2\left(\frac{\varepsilon}{8} + \frac{\varepsilon}{8}\right)$$

$$=\varepsilon,$$

即 $(d(x(k), x))^2 < \varepsilon$. 从而 $\lim_{k\to\infty} x(k) = x$. □

令 $x(k)$ 为集合 ℓ^2 中第 k 个坐标为 1 其余坐标全部为 0 的元素, 则 $\|x(k)\| = 1$, 因此, 由上面的定理, 在 ℓ^2 中 $\lim_{k\to\infty} x(k) = 0$ 不成立, 但是, 显然, 在 $\mathbb{R}^{\mathbb{N}}$ 中 $\lim_{k\to\infty} x(k) = 0$ 成立. 所以, 在集合 ℓ^2 上的这两个拓扑确实是不同的. 由推论 2.6.6、定理 2.6.13 和定理 2.2.12 知 Hilbert 空间 ℓ^2 包含了比作为 $\mathbb{R}^{\mathbb{N}}$ 的子空间 ℓ^2 更多的开集. 进一步, 由这些结论也能得到下面的定理, 我们将在第 9 章和第 10 章应用它.

定理 2.6.14 设 $X \subset \ell^2$ 且对任意的 $x, y \in X$, $\|x\| = \|y\|$. 则 X 作为 Hilbert 空间 ℓ^2 的子空间和作为乘积空间 $\mathbb{R}^{\mathbb{N}}$ 的子空间有相同的拓扑.

最后, 我们定义和空间. 和空间运算本身是一种平凡的运算, 对其各种性质的讨论几乎全部都是显然的, 但是它可以作为研究其他性质和构造例子的工具. 设 $\{(X_s, d_s) : s \in S\}$ 是一族度量空间且对任意不同的 $s_1, s_2 \in S$, $X_{s_1} \bigcap X_{s_2} = \varnothing$. 选择固定的 $x_s \in X_s$, 那么, 我们在集合 $X = \bigcup_{s \in S} X_s$ 上定义度量

$$d(x, y) = \begin{cases} d_s(x, y), & \text{若 } x, y \in X_s; \\ d_{s_1}(x, x_{s_1}) + 1 + d_{s_2}(x_{s_2}, y), & \text{若 } x \in X_{s_1}, y \in X_{s_2} \text{ 且 } s_1 \neq s_2. \end{cases}$$

容易验证 d 确实是 X 上一个度量, 称 (X, d) 为 $\{(X_s, d_s) : s \in S\}$ 的**和度量空间**, 记为 $\bigoplus_{s \in S}(X_s, d_s)$ 或者 $\bigoplus_{s \in S} X_s$. 我们可以定义自然的映射 $q_s : X_s \to X$ 为

$q_s(x) = x$. 则 $q_s : X_s \to X$ 为开闭等距嵌入. 因此, 每一个 X_s 都是 $\bigoplus_{s \in S} X_s$ 的既开又闭子空间. 下面列出了关于和空间 $\bigoplus_{s \in S} X_s$ 的进一步性质, 证明是显然的:

(1) $\mathcal{T}_d = \{\bigcup\limits_{s \in S} U_s : U_s \in \mathcal{T}_{d_s}\}$;

(2) 任意的集合 $A \subset X$, A 是 $\bigoplus_{s \in S} X_s$ 的开 (闭) 集当且仅当对任意的 $s \in S$, $A \bigcap X_s$ 是 X_s 的开 (闭) 集;

(3) 设 l 是闭包运算或者内部运算或者边界运算, 则对任意的 $A \subset X$, $l(A) = \bigcup\limits_{s \in S} l(A \bigcap X_s)$;

(4) 对任意的 $s \in S$, 设 $\mathcal{B}_s$ 是 X_s 的 (子) 基, 则 $\bigcup\limits_{s \in S} \mathcal{B}_s$ 是 $\bigoplus_{s \in S} X_s$ 的 (子) 基;

(5) 设 (Y, ρ) 是度量空间, $f : \bigoplus_{s \in S} X_s \to Y$ 是连续的当且仅当对任意的 $s \in S$, $f|X_s : X_s \to Y$ 是连续的.

对任意一族度量空间 $\{(X_s, d_s) : s \in S\}$, 当它们并不是两两不相交时, 我们可以用 $Y_s = X_s \times \{s\}$ 代替 X_s, 则 $\{(Y_s, d_s) : s \in S\}$ 是两两不相交的. 进一步, $d'_s((x,s),(y,s)) = d(x,y)$ 很自然地定义了 Y_s 上一个度量且 (X_s, d_s) 与 (Y_s, d'_s) 是等距同构的. 这样 $\bigoplus_{s \in S}(Y_s, d'_s)$ 有定义而且我们认为 $\bigoplus_{s \in S}(X_s, d_s) = \bigoplus_{s \in S}(Y_s, d'_s)$. 因此, 无论 $\{(X_s, d_s) : s \in S\}$ 是否两两不相交, 我们可以认为 $\bigoplus_{s \in S} X_s$ 都是有定义的.

练 习 2.6

2.6.A. 设 d, ρ 是集合 X 上两个等价的度量, $A \subset X$. 证明 $d|A \times A, \rho|A \times A$ 是集合 A 上两个等价的度量.

2.6.B. 设 (X, d) 是度量空间. 我们称乘积空间 X^2 的子集

$$\triangle = \{(x,x) \in X^2 : x \in X\}$$

为 X 的**对角线**. 证明 $\triangle$ 是空间 X^2 的闭子集.

2.6.C. 设 $(X, d), (Y, \rho)$ 是两个度量空间. Y_1 是 Y 的子空间, $f : X \to Y_1$ 是映射. 证明 $f : (X, d) \to (Y, \rho)$ 是连续的和 $f : (X, d) \to (Y_1, \rho|Y_1 \times Y_1)$ 是连续的等价. 但是, $f : (X, d) \to (Y, \rho)$ 是开 (闭) 的和 $f : (X, d) \to (Y_1, \rho|Y_1 \times Y_1)$ 是开 (闭) 的不等价.

2.6.D. 证明 $(\ell^2)^2 \approx \ell^2$.

2.6.E. 证明 $\mathbf{J}^n$ 同胚于它的子空间

$$\{(x_1, x_2, \cdots, x_n) \in \mathbf{J}^n : x_1 \leqslant x_2 \leqslant \cdots \leqslant x_n\}.$$

类似的结论对 $Q = \mathbf{J}^{\mathbb{N}}$ 成立吗? 证明你的结论.

2.6.F. 设 (X, d) 是度量空间, Y 是 X 的正则开集. 证明对任意的集合 $A \subset Y$, A 是 Y 正则开集的充分必要条件是 A 是 X 的正则开集. 举例说明 Y 中的正则开集未必是 X 中的正则开集与 Y 的交. 探讨正则闭集的情况.

2.6.G. 集合 A 是度量空间 (X, d) 的收缩核 (见练习 2.4.A) 当且仅当对任意的度量空间 Y 及任意的连续映射 $f : A \to Y$. 存在连续映射 $F : X \to Y$ 使得 $F|A = f$.

2.7 Urysohn 引理和 Tietze 扩张定理

本节将建立度量空间到 $\mathbb{R}$(或单位区间 $\mathbf{I}$) 的连续映射的几个重要定理, 今后将多次用到它们.

定理 2.7.1 (Urysohn 引理) 设 X 是度量空间, A, B 是 X 中两个不相交的闭集, 则存在连续映射 $f : X \to \mathbf{I}$ 使得 $f(A) \subset \{0\}$ 且 $f(B) \subset \{1\}$.

证明 如果 $A = \varnothing$ 或者 $B = \varnothing$, 那么, 令 $f : X \to \mathbf{I}$ 为常值 1 函数或者常值 0 函数, 则 f 满足定理的要求. 现在, 假定 A, B 都是非空的. 设 d 是 X 上的度量, 定义 $f : X \to \mathbf{I}$ 如下: 对任意的 $x \in X$,

$$f(x) = \frac{d(x, A)}{d(x, A) + d(x, B)}.$$

由于 $A \bigcap B = \varnothing$, 故对任意的 $x \in X$, $x \notin A$ 或者 $x \notin B$. 例如, 假设 $x \notin A$, 则由于 A 是闭的, 故存在 $\varepsilon > 0$ 使得 $B(x, \varepsilon) \bigcap A = \varnothing$. 由此知 $d(x, A) \geqslant \varepsilon > 0$. 所以对任意的 $x \in X$,

$$d(x, A) + d(x, B) \neq 0.$$

从而, 由定理 2.4.4 知 $f : X \to \mathbf{I}$ 是连续的. 验证 $f(A) \subset \{0\}$ 和 $f(B) \subset \{1\}$ 是显然的. □

推论 2.7.1 设 X 是度量空间, A, B 是 X 中不相交的闭集, $a, b \in \mathbb{R}$ 且 $a < b$, 则存在连续映射 $f : X \to [a, b]$ 使得 $f(A) \subset \{a\}$ 且 $f(B) \subset \{b\}$.

推论 2.7.2 设 X 是度量空间, A, B 是 X 中不相交的闭集, 则存在 X 中不相交的开集 U, V 使得 $A \subset U, B \subset V$.

证明 由定理, 假设连续映射 $f : X \to \mathbf{I}$ 满足 $f(A) \subset \{0\}$, $f(B) \subset \{1\}$. 那么, $U = f^{-1}\left(\left[0, \frac{1}{2}\right)\right)$, $V = f^{-1}\left(\left(\frac{1}{2}, 1\right]\right)$ 满足要求. □

定义 2.7.1 设 X 是集合, (Y, ρ) 是度量空间, (f_n) 是 X 到 Y 的映射列, $f : X \to Y$ 是一个映射.

(1) 若对任意的 $x \in X$, 序列 $(f_n(x))$ 收敛于 $f(x)$, 则称 (f_n)**点态收敛**于 f, 记作 $f_n \to f$. 因此, (f_n) 点态收敛于 f 当且仅当, 对任意的 $x \in X$ 及任意的 $\varepsilon > 0$, 存在 N 使得 $n > N$ 时, $\rho(f_n(x), f(x)) < \varepsilon$.

(2) 若对任意的 $\varepsilon > 0$, 存在 N 使得 $n > N$ 时, 对任意的 $x \in X$, $\rho(f_n(x), f(x)) < \varepsilon$, 则称 (f_n)**一致收敛**于 f, 记作 $f_n \rightrightarrows f$.

定理 2.7.2   设 $(X, d), (Y, \rho)$ 是度量空间, (f_n) 是 X 到 Y 的连续映射列, $f : X \to Y$ 是一个映射. 若 $f_n \rightrightarrows f$, 则 $f : (X, d) \to (Y, \rho)$ 连续.

证明   设 $x_0 \in X$, 我们证明 f 在 x_0 点连续. 对任意的 $\varepsilon > 0$, 由于 $f_n \rightrightarrows f$, 存在 N 使得 $n > N$ 时, 对任意的 $x \in X$, 有

$$\rho(f_n(x), f(x)) < \frac{\varepsilon}{3}.$$

由于 $f_{N+1} : (X, d) \to (Y, \rho)$ 连续, 故存在 $\delta > 0$ 使得当 $d(x, x_0) < \delta$ 时,

$$\rho(f_{N+1}(x), f_{N+1}(x_0)) < \frac{\varepsilon}{3}.$$

从而由以上两式知

$$\begin{aligned}
&\rho(f(x), f(x_0)) \\
&\leqslant \rho(f(x), f_{N+1}(x)) + \rho(f_{N+1}(x), f_{N+1}(x_0)) + \rho(f_{N+1}(x_0), f(x_0)) \\
&< \frac{\varepsilon}{3} + \frac{\varepsilon}{3} + \frac{\varepsilon}{3} = \varepsilon.
\end{aligned}$$

故 f 在 x_0 点连续. $\qquad\qquad\qquad\qquad\qquad\qquad\qquad\qquad\qquad\qquad\square$

注 2.7.1   (1) 细心的读者应该能看出, 这个证明和数学分析中相应定理的证明没有任何实质性差异.

(2) 正如大家所知道的, 如果把定理 2.7.2 中的条件 $f_n \rightrightarrows f$ 减弱为 $f_n \to f$, 则 f 未必连续! 但问题是, 这时, f 是否有连续点? 我们将在 6.5 节给出回答.

定义 2.7.2   设 X 是度量空间, A 是 X 的子集, 若存在可数多个开 (闭) 集$\{K_n : n = 1, 2, \cdots\}$ 使得 $A = \bigcap\limits_{n=1}^{\infty} K_n$ $\left(A = \bigcup\limits_{n=1}^{\infty} K_n\right)$, 则称 A 是 X 的一个**G_δ-集** (**F_σ-集**).

引理 2.7.1   度量空间的每一个开集或闭集都既是 G_δ-集又是 F_σ-集.

证明   设 (X, d) 是度量空间. 我们先证明 X 中每一个闭集 C 都是 G_δ-集. 由定理 2.4.4 知 $d(\cdot, C)$ 是连续的, 因此, 由定理 2.4.3 知

$$U_n = \left\{ x \in X : d(x, C) < \frac{1}{n} \right\}.$$

是 X 的开集. 下面我们利用 C 的闭性证明 $C = \bigcap_{n=1}^{\infty} U_n$, 从而说明了 C 是 G_δ-集.

显然, $C \subset \bigcap_{n=1}^{\infty} U_n$. 现在, 设 $x \in \bigcap_{n=1}^{\infty} U_n$. 则, 对任意的 $n \in \mathbb{N}$, 存在 $x_n \in C$ 使得

$d(x, x_n) < \dfrac{1}{n}$. 于是, 由定理 2.2.12 知 $x = \lim x_n \in C$. 所以 $\bigcap_{n=1}^{\infty} U_n \subset C$. 利用

de Moegen 对偶律, 每一个开集是 F_σ-集. 其余两个结论是显然的. □

若令 $X = \mathbb{R}$, 则 $\mathbb{Q}$ 是 $\mathbb{R}$ 中 F_σ-集但非 G_δ-集. 前者的证明是显然的, 后者的证明有一定难度, 请读者考虑或参考 6.3 节.

推论 2.7.3 设 A 是度量空间 (X, d) 的非空闭集, 则存在连续映射 $f : X \to \mathbf{I}$ 使得 $f^{-1}(0) = A$.

证明 由引理 2.7.1, 存在开集族 $\{U_n : n = 1, 2, \cdots\}$ 使得 $A = \bigcap_{n=1}^{\infty} U_n$. 令 $F_n = X \setminus U_n$, 则 F_n 是 X 中闭集且 $F_n \bigcap A = \varnothing$. 由 Urysohn 引理 (定理 2.7.1) 存在连续函数 $f_n : X \to \mathbf{I}$ 使得

$$f_n(A) \subset \{0\}, \quad f_n(F_n) \subset \{1\}$$

现在令 $f : X \to \mathbf{I}$ 为, 对任意的 $x \in X$,

$$f(x) = \sum_{n=1}^{\infty} 2^{-n} f_n(x).$$

显然 f 确实是 X 到 $\mathbf{I}$ 的一个映射. 又显然 $\left(\sum_{i=1}^{n} 2^{-i} f_i\right)_n$ 是 X 到 $\mathbf{I}$ 的连续函数列且一致收敛于 f, 故由上面的定理知 f 也是连续的. 由于 $A \neq \varnothing$ 且 $A = \bigcap_{n=1}^{\infty} U_n$, 所以 $f^{-1}(0) = A$ 是显然的. □

注 2.7.2 这个推论有一个直接且简单的证明, 请读者练习. 这里, 写出这个复杂而且不直接的证明是因为这个证明对更一般的情况仍然有效.

为了证明 Tietze 扩张定理, 我们需要下面的引理.

引理 2.7.2 设 X 是度量空间, A 是 X 中闭集, $g : A \to [-\lambda, \lambda]$ 连续, 这里 $\lambda > 0$. 则存在连续映射 $g^* : X \to \left[-\dfrac{1}{3}\lambda, \dfrac{1}{3}\lambda\right]$ 使得对任意的 $a \in A$, 有

$$|g(a) - g^*(a)| \leqslant \dfrac{2}{3}\lambda.$$

证明 令 $E = g^{-1}\left(\left[-\lambda, -\dfrac{1}{3}\lambda\right]\right)$, $F = g^{-1}\left(\left[\dfrac{1}{3}\lambda, \lambda\right]\right)$, 则 E, F 是 A 的不相交的闭集, 因为 A 是 X 的闭集, 所以 E, F 也是 X 的闭集 (为什么?). 故由Urysohn

引理 (定理 2.7.1) 知, 存在连续映射 $g^*: X \to \left[-\frac{1}{3}\lambda, \frac{1}{3}\lambda\right]$ 使得 $g^*(E) \subset \left\{-\frac{1}{3}\lambda\right\}$, $g^*(F) \subset \left\{\frac{1}{3}\lambda\right\}$, 见图 2-5. 容易验证 g^* 满足我们的要求.

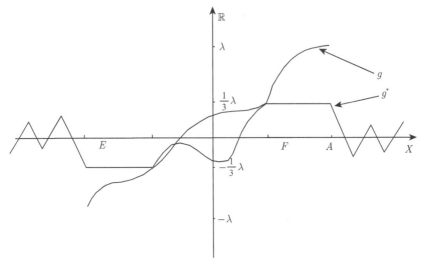

图 2-5 g^* 的定义

$\square$

定理 2.7.3 (Tietze 扩张定理)   *设 X 是度量空间, A 是 X 中闭子集, $f: A \to [a,b]$ 连续, 则存在连续映射 $\tilde{f}: X \to [a,b]$ 使得 $\tilde{f}|A = f$. 一般我们称 $\tilde{f}: X \to [a,b]$ 为 $f: A \to [a,b]$ 的**连续扩张**.*

证明   不妨设 $[a,b] = [-1,1]$. 我们归纳地定义两个连续函数列

$$\left(f_n: A \to \left[-\left(\frac{2}{3}\right)^n, \left(\frac{2}{3}\right)^n\right]\right)_{n=0}^\infty$$

和

$$\left(g_n: X \to \left[-\frac{1}{3}\left(\frac{2}{3}\right)^{n-1}, \frac{1}{3}\left(\frac{2}{3}\right)^{n-1}\right]\right)_{n=1}^\infty$$

使得对任意的 n 和任意的 $a \in A$, 有

(i) $f_0(a) = f(a)$;

(ii) $|f_{n-1}(a) - g_n(a)| \leqslant \left(\frac{2}{3}\right)^n, n \geqslant 1$;

(iii) $f_n(a) = f_{n-1}(a) - g_n(a)$.

事实上, 令 $f_0(a) = f(a)$, 则 (i) 成立. 设 $(f_i)_{i=0}^{n-1}$ 及 $(g_i)_{i=1}^{n-1}$ 已经定义, 由于

$f_{n-1}: A \rightarrow \left[-\left(\dfrac{2}{3}\right)^{n-1}, \left(\dfrac{2}{3}\right)^{n-1}\right]$ 连续, 故由引理 2.7.2 知存在连续映射 $g_n: X \rightarrow$

$\left[-\dfrac{1}{3}\left(\dfrac{2}{3}\right)^{n-1}, \dfrac{1}{3}\left(\dfrac{2}{3}\right)^{n-1}\right]$ 使得 (ii) 对 n 成立. 现在对任意的 $a \in A$, 令

$$f_n(a) = f_{n-1}(a) - g_n(a)$$

则 $|f_n(a)| \leqslant \left(\dfrac{2}{3}\right)^n$ 且 $f_n: A \rightarrow \left[-\left(\dfrac{2}{3}\right)^n, \left(\dfrac{2}{3}\right)^n\right]$ 连续. 故归纳定义完成.

由于对任意的 $x \in X$, $|g_n(x)| \leqslant \dfrac{1}{3}\left(\dfrac{2}{3}\right)^{n-1}$, 所以级数 $\tilde{f}(x) = \sum_{n=1}^{\infty} g_n(x)$ 收敛

且由定理 2.7.2 知 $\tilde{f}: X \rightarrow [-1, 1]$ 连续.

现在我们证明 $\tilde{f}|A = f$. 事实上, 对任意的 $a \in A$,

$$
\begin{aligned}
f(a) - \tilde{f}(a) &= f(a) - \lim_{N \to \infty} \sum_{n=1}^{N} g_n(a) \\
&= f(a) - \lim_{N \to \infty} \sum_{n=1}^{N} (f_{n-1}(a) - f_n(a)) && \text{(由 (iii))} \\
&= f(a) - \lim_{N \to \infty} (f_0(a) + f_N(a)) \\
&= f(a) - f(a) - \lim_{N \to \infty} f_N(a) && \text{(由 (i)及 } f_N \text{ 的定义)} \\
&= 0,
\end{aligned}
$$

所以 $\tilde{f}$ 是 f 到 X 上的连续扩张.   □

我们有下面的推论.

推论 2.7.4 设 A 是度量空间 X 的闭集, $f: A \rightarrow \mathbb{R}$ 连续, 则存在连续映射 $\tilde{f}: X \rightarrow \mathbb{R}$ 使得 $\tilde{f}|A = f$.

证明 由于我们考虑的是拓扑性质, 所以我们用 $(-1, 1)$ 代替 $\mathbb{R}$. 首先由 Tietze 扩张定理 (定理 2.7.3) 存在 $f_1: X \rightarrow [-1, 1]$ 使得 $f_1|A = f$. 令 $B = f_1^{-1}(\{-1, 1\})$, 则 $A \bigcap B = \varnothing$. 由 Urysohn 引理 (定理 2.7.1) 存在 $\alpha: X \rightarrow \mathbf{I}$ 使得 $\alpha(B) \subset \{0\}$, $\alpha(A) \subset \{1\}$. 现在令 $\tilde{f}: X \rightarrow (-1, 1)$ 为

$$\tilde{f}(x) = f_1(x) \cdot \alpha(x),$$

则 $\tilde{f}: X \rightarrow (-1, 1)$ 是连续的且其值域确实落在 $(-1, 1)$ 中, 同时, 对任意的 $x \in A$, $\tilde{f}(x) = f_1(x) = f(x)$.   □

利用同样的方法可以证明

推论 2.7.5 设 A 是度量空间 X 的闭集, J 是 $\mathbb{R}$ 的区间, $f: A \rightarrow J$ 连续, 则存在连续映射 $\tilde{f}: X \rightarrow J$ 使得 $\tilde{f}|A = f$.

下面的推论是有控制的连续扩张的存在性定理.

推论 2.7.6 设 A 是度量空间 X 的闭子集, $\varepsilon \in (0, +\infty]$. $f: A \to J$ 连续, 这里 J 为区间. $g: X \to J$ 连续且对任意的 $a \in A$ 有 $|f(a) - g(a)| < \varepsilon$, 则存在 f 到 X 上的连续扩张 $\tilde{f}: X \to J$ 使得对任意的 $x \in X$, 有 $|\tilde{f}(x) - g(x)| < \varepsilon$.

证明 由 Tietze 扩张定理的推论 (推论 2.7.5), 存在 $f: A \to J$ 的连续扩张 $F: X \to J$. 令

$$U = \{x \in X : |F(x) - g(x)| < \varepsilon\}$$

那么由假设和定理 2.4.3(1) 知 U 为 X 中开集且 $U \supset A$. 从而由 Urysohn 引理 (定理 2.7.1), 存在 $\alpha: X \to \mathbf{I}$ 使得 $\alpha(A) \subset \{1\}$, $\alpha(X \setminus U) \subset \{0\}$. 令 $\tilde{f}: X \to J$ 为, 对任意的 $x \in X$,

$$\tilde{f}(x) = \alpha(x)F(x) + (1 - \alpha(x)) \cdot g(x).$$

则 $\tilde{f}(x): X \to J$ 连续. 显然当 $x \in A$ 时, $\tilde{f}(x) = f(x)$. 进一步, 对任意的 $x \in X$, 分两种情况考虑, $x \in U$ 和 $x \in X \setminus U$, 容易验证均有 $|\tilde{f}(x) - g(x)| < \varepsilon$. $\qquad\square$

推论 2.7.7 设 A 是度量空间 X 的闭子集, $N \subset \mathbb{N}$, 对任意的 $n \in N$, J_n 是区间. d 是 $Y = \prod_{n \in N} J_n$ 上的乘积度量. $\varepsilon \in (0, +\infty]$, $f: A \to Y$ 连续. $g: X \to Y$ 连续且对任意的 $a \in A$ 有 $d(f(a), g(a)) < \varepsilon$, 则存在 f 到 X 上的连续扩张 $\tilde{f}: X \to Y$ 使得对任意的 $x \in X$, 有 $d(\tilde{f}(x), g(x)) < \varepsilon$.

证明 请读者给出. $\qquad\square$

下面我们考虑如下问题: 设 (X, d) 是度量空间, $\{A_s : s \in S\}$ 是 X 的非空子集族且 $X = \bigcup_{s \in S} A_s$, Y 是度量空间, $f: X \to Y$ 是一个映射. 那么, f 的连续性和 $f|A_s$ 的连续性有什么关系. 首先, 下面的引理是显然的.

引理 2.7.3 在上述假定下, 若 $f: X \to Y$ 是连续的, 则对任意的 $s \in S$, $f|A_s : A_s \to Y$ 也是连续的.

但其逆不真, 例如, 对于著名的 **Dirichlet 函数** $D: \mathbb{R} \to \{0, 1\}$:

$$D(x) = \begin{cases} 0, & \text{若 } x \in \mathbb{Q}, \\ 1, & \text{若 } x \in \mathbb{P}. \end{cases}$$

$D|\mathbb{Q}$ 和 $D|\mathbb{P}$ 都是连续的, 但 $D: \mathbb{R} \to \{0, 1\}$ 不是连续的. 下面的定理建立了其逆成立的两个充分条件:

定理 2.7.4 设 (X, d) 是度量空间, $\{A_s : s \in S\}$ 是 X 的非空子集族且 $X = \bigcup_{s \in S} A_s$, Y 是度量空间, $f: X \to Y$ 是一个映射. 如果对任意的 $s \in S$, $f|A_s : A_s \to Y$ 是连续的且下列条件之一成立, 则 $f: X \to Y$ 是连续的:

(1) S 是有限集且每一个 A_s 是 X 的闭集;

(2) 每一个 A_s 是 X 的开集.

证明 作为例子我们证明 (1). 设 $F \subset Y$ 是 Y 的闭集, 则容易验证 $f^{-1}(F) = \bigcup_{s \in S} (f|A_s)^{-1}(F)$. 由假设, 对每一个 $s \in S$, $(f|A_s)^{-1}(F)$ 是 A_s 的闭集, 因此也是 X 的闭集. 又因 S 是有限集, 所以 $f^{-1}(F) = \bigcup_{s \in S} (f|A_s)^{-1}(F)$ 是 X 的闭集, 从而 $f: X \to Y$ 是连续的. □

我们经常需要下面的推论:

推论 2.7.8(粘结引理) 设 A, B 是度量空间 X 的闭集且 $X = A \bigcup B$, Y 是度量空间, $f: A \to Y$ 和 $g: B \to Y$ 是连续的且对任意的 $x \in A \bigcap B$, $f(x) = g(x)$, 则下面的函数 $h: X \to Y$ 是有定义的且连续的:

$$h(x) = \begin{cases} f(x), & \text{若 } x \in A, \\ g(x), & \text{若 } x \in B. \end{cases}$$

练 习 2.7

2.7.A. 给出推论 2.7.3 一个直接证明.

2.7.B. 设 (X, d) 是度量空间, A 是其闭子集, $f: A \to \mathbf{I}$ 连续. 证明下面定义的映射 $g: X \to \mathbf{I}$ 是 f 到 X 的连续扩张:

$$g(x) = \begin{cases} f(x), & \text{若 } x \in A, \\ \inf \left\{ f(a) + \dfrac{d(x, a)}{d(x, A)} - 1 : a \in A \right\}, & \text{若 } x \in X \setminus A. \end{cases}$$

这个结果给出了 Tietze 扩张定理 (定理 2.7.3) 的一个直接证明, 我们在本节正文中给出的证明可以推广到更广的情况, 见定理 7.2.6.

设 Y 是度量空间. 如果对任意的度量空间 X, 当 Y 为 X 的闭子空间时, Y 就是 X 的收缩核, 那么, 我们称 Y 是**绝对收缩核**. 如果对任意的度量空间 X 和 X 的闭子集 A 以及连续映射 $f: A \to Y$, 都存在连续扩张 $\tilde{f}: X \to Y$, 我们称 Y 是**绝对可扩张的空间**.

2.7.C. 本节的结论证明了哪些空间是绝对可扩张的?

2.7.D. 设 (Y, d) 是绝对可扩张的度量空间. 证明 X 是绝对收缩核.

2.7.E. 证明绝对可扩张的度量空间的收缩核是绝对可扩张的.

2.7.F. 证明绝对可扩张的度量空间的乘积是绝对可扩张的.

2.7.G. 证明 $\mathbf{J}^n$ 是 $\mathbb{R}^n$ 的收缩核.

2.8 Borel 集和绝对 Borel 空间

本节主要给出 Borel 集和绝对 Borel 空间的定义, 它们的性质将在以后给出.

上一节, 我们定义了 F_σ-集和 G_δ-集, 并证明了开集和闭集都既是 F_σ 又是 G_δ-集. 显然, 可数个 F_σ-集 (G_δ-集) 的并 (交) 是 F_σ-集 (G_δ-集). 但是, 一般来说, 可数个 F_σ-集的交未必是 F_σ-集; 可数个 G_δ-集的并未必是 G_δ-集. 因此, 我们有下面一系列定义和事实.

设 (X, d) 是度量空间, (X, d) 中可数个 F_σ-集的交称为 **$F_{\sigma\delta}$-集**; 可数个 G_δ-集的并称为 **$G_{\delta\sigma}$-集**; 可数个 $F_{\sigma\delta}$-集的并称为 **$F_{\sigma\delta\sigma}$-集**; 可数个 $G_{\delta\sigma}$-集的交称为 **$G_{\delta\sigma\delta}$-集**; 依次类推. 我们分别称 (X, d) 中的开集和闭集为**0-阶 G-型 Borel 集和0-阶 F-型 Borel 集**, 其全体分别用 $\mathcal{G}_0(X) = \mathcal{T}_d$ 和 $\mathcal{F}_0(X)$ 表示, 0-阶 G-型 Borel 集和 0-阶 F-型 Borel 集统称为**0-阶 Borel 集**; (X, d) 中的 G_δ-集和 F_σ-集称为**1-阶 G-型 Borel 集和 1-阶 F-型 Borel 集**, 其全体分别用 $\mathcal{G}_1(X)$ 和 $\mathcal{F}_1(X)$ 表示, 1-阶 G-型 Borel 集和 1-阶 F-型 Borel 集统称为**1-阶 Borel 集**; 依次类推, 我们可以定义 n-阶 G-型 Borel 集和 n-阶 F-型 Borel 集, 分别用 $\mathcal{G}_n(X)$ 和 $\mathcal{F}_n(X)$ 表示; $\mathcal{G}_n(X) \bigcup \mathcal{F}_n(X)$ 的成员称为 n-阶 Borel 集. 利用引理 2.7.1 可以证明每一个 n-阶 Borel 集既是 $(n+1)$-阶 G-型 Borel 集又是 $(n+1)$-阶 F-型 Borel 集. A 是 n-阶 G-型 Borel 集当且仅当 $X \setminus A$ 是 n-阶 F-型 Borel 集. 另外, 两个 n-阶 Borel 集族中一个对可数并封闭, 另一个对可数交封闭, 分别称为 n-阶可和 Borel 族, n-阶可积 Borel 族. 显然, 当 n 是偶数时, $\mathcal{G}_n(X)$ 是 n-阶可和 Borel 族, $\mathcal{F}_n(X)$ 是 n-阶可积 Borel 族; 当 n 是奇数时, 刚好相反.

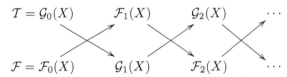

其中, 上面的一行关于可数并封闭, 下面的一行关于可数交封闭, 斜向下的箭头 $\searrow$ 表示取可数交, 斜向上的箭头 $\nearrow$ 表示取可数并.

设 (X, d) 是度量空间, 用 $\mathcal{B}(X)$ 表示包含了 $\mathcal{G}_0(X) = \mathcal{T}_d$ 且对可数并、可数交以及取余封闭的最小集族, $\mathcal{B}(X)$ 中的成员称为 X 的 **Borel 集**. 显然, 对任意的 n, n-阶 Borel 集是 Borel 集, 即

$$\bigcup_{n=0}^{\infty} \mathcal{F}_n(X) \bigcup \bigcup_{n=0}^{\infty} \mathcal{G}_n(X) \subset \mathcal{B}(X).$$

一般来说, 例如, 当 $X = \mathbb{R}$ 时, 相反的包含关系并不成立.

利用超限归纳法可以给出 $\mathcal{B}(X)$. 事实上, 设 (X, d) 是度量空间, 我们归纳地定义 $\{\mathcal{F}_\xi(X) : \xi < \omega_1\}$ 和 $\{\mathcal{G}_\xi(X) : \xi < \omega_1\}$ 如下:

(1) $\mathcal{G}_0(X) = \mathcal{T}_d$ 和 $\mathcal{F}_0(X)$ 如上定义;

(2) 设 $\eta < \omega_1$ 且 $\{\mathcal{F}_\xi(X) : \xi < \eta\}$ 和 $\{\mathcal{G}_\xi(X) : \xi < \eta\}$ 已经定义.

如果 $\eta = \xi + n$ 是奇序数, 即 ξ 是极限序数且 n 是奇数, 令 $\mathcal{G}_\eta(X)$ 是 $\mathcal{G}_{\xi+n-1}(X)$ 中元素的可数交的全体, $\mathcal{F}_\eta(X)$ 是 $\mathcal{F}_{\xi+n-1}(X)$ 中元素的可数并的全体;

如果 $\eta = \xi + n$ 是偶序数, 即 ξ 是极限序数且 $n \geqslant 0$ 是偶数, 令 $\mathcal{G}_\eta(X)$ 是 $\{\bigcup \mathcal{G}_\zeta(X) : \zeta < \eta\}$ 中元素的可数并的全体, $\mathcal{F}_\eta(X)$ 是 $\{\bigcup \mathcal{F}_\zeta(X) : \zeta < \eta\}$ 中元素的可数交的全体.

不难证明

$$\mathcal{B}(X) = \bigcup\{\mathcal{F}_\xi : \xi < \omega_1\} = \bigcup\{\mathcal{G}_\xi : \xi < \omega_1\}.$$

一般来说, 例如, 当 $X = \mathbb{R}$ 时, $\mathcal{B}(X)$ 并不是 X 的所有子集族 $P(X)$. 事实上, 容易证明 $|\mathcal{B}(\mathbb{R})| = c$ 而 $|P(\mathbb{R})| = 2^c$.

定义 2.8.1 设 (X, d) 是度量空间, $n \geqslant 0$. 如果对于任意的度量空间 (Y, ρ) 和 Y 的子空间 Z, 若 Z 同胚于 X, 那么 $Z \in \mathcal{F}_n(Y)(Z \in \mathcal{G}_n(Y))$, 则称空间 (X, d) 是**绝对 $\mathcal{F}_n$ 度量空间(绝对 $\mathcal{G}_n$ 度量空间)**.

显然, 绝对 $\mathcal{F}_n$ 度量空间和绝对 $\mathcal{G}_n$ 度量空间一定既是绝对 $\mathcal{F}_{n+1}$ 度量空间也是绝对 $\mathcal{G}_{n+1}$ 度量空间. 不存在绝对 $\mathcal{G}_0$ 度量空间. 事实上, 对任意的度量空间 (X, d), 作为 $X \times \mathbf{I}$ 的一个自然子空间, X 不是开集, 因此, (X, d) 不是绝对 $\mathcal{G}_0$ 度量空间. 给出绝对 $\mathcal{F}_n$ 度量空间和绝对 $\mathcal{G}_n$ 的充分必要条件是一个非常有意义的课题. 推论 7.6.1 给出绝对 $\mathcal{F}_0$ 度量空间的充分必要条件; 推论 6.3.1 给出了绝对 $\mathcal{G}_1$ 度量空间的充分必要条件; 关于绝对 $\mathcal{F}_1$ 度量空间参看练习 7.6.F.

练 习 2.8

2.8.A. 证明 $\mathbf{I}$ 是绝对 $\mathcal{F}_0$ 度量空间而 $\mathbb{R}$ 不是.

第3章　度量空间的连通性

本章将讨论度量空间的三种连通性, 所有内容都是基本的. 本章中的所有概念都是拓扑性质.

3.1　连 通 空 间

本节我们将定义连通空间并讨论这类空间的基本性质.

通俗地来讲, 所谓连通空间就是不能是两个 (或更多个) 互不相接的块组成的空间. 严格的定义如下.

定义 3.1.1　设 (X,d) 是度量空间, 若存在两个非空闭集 E,F 使得 $E\bigcap F = \varnothing$ 且 $E\bigcup F = X$, 则称 (X,d) 为**不连通的度量空间**. 否则, 称 (X,d) 为**连通度量空间**. 若 (X,d) 的一个子集 Y 作为子空间是连通度量空间, 则称 Y 为 (X,d) 的**连通集**.

显然, 连通性是拓扑性质. 为了刻画连通性, 我们引入下面定义.

定义 3.1.2　设 A,B 是度量空间 X 的两个子集, 若 $\operatorname{cl}A\bigcap B = \varnothing = A\bigcap \operatorname{cl}B$, 则称 A,B 为 X 的**隔离子集**.

定理 3.1.1　设 Y 是度量空间 X 的子空间, A,B 是 Y 的子集, 则 A,B 为 Y 的隔离子集当且仅当 A,B 为 X 的隔离子集.

证明　请读者自证.　　　　　　　　　　　　　　　　　　　　□

下面的定理给出了不连通空间的等价刻画, 由此可以自然地得到连通空间的等价刻画.

定理 3.1.2　设 (X,d) 是度量空间, 则下列条件等价:

(a) X 不是连通的;

(b) 存在两个非空开集 U,V 使得 $U\bigcap V = \varnothing$ 且 $X = U\bigcup V$;

(c) X 存在非空的既开又闭的真子集;

(d) X 存在非空隔离子集 A,B 使得 $X = A\bigcup B$.

证明　(a) $\Rightarrow$ (b). 设 E,F 是 X 的非空闭集且 $E\bigcap F = \varnothing, E\bigcup F = X$, 则 $U = X \setminus E, V = X \setminus F$ 是 X 的非空开集且 $U\bigcup V = X, U\bigcap V = \varnothing$.

(b) $\Rightarrow$ (c). 设 U,V 是 X 的非空开集, $U\bigcap V = \varnothing$, $X = U\bigcup V$, 则 $U = X \setminus V$, 从而 U 是 X 的非空的既开又闭的真子集.

(c) $\Rightarrow$ (d). 设 C 是 X 的非空的既开又闭的真子集, 则 C 与 $X \setminus C$ 是 X 的非空隔离子集且 $X = C\bigcup(X \setminus C)$.

(d) $\Rightarrow$ (a). 设 A, B 是 X 的非空隔离子集且 $X = A \bigcup B$, 则 $X = \operatorname{cl} A \bigcup B$. 由于 $\operatorname{cl} A \bigcap B = \varnothing$, 从而 $\operatorname{cl} A = X \setminus B$, 又由于 $A \bigcap B \subset \operatorname{cl} A \bigcap B = \varnothing$ 且 $X = A \bigcup B$, 从而 $A = X \setminus B$. 故 $\operatorname{cl} A = A$, 即 A 为闭集. 同理 B 也是闭集. 从而 X 是其两个非空的不相交的闭集之并, 从而 X 不连通. □

注 3.1.1 上述定理中四个等价条件中, 条件 (d) 有点不大自然, 那么我们为什么要列上它呢? 事实上, 条件 (d) 对于刻画连通子集来说使用起来比较方便. 设 Y 是 X 的子空间, $A, B \subset Y$. 由定理 3.1.1 知 A, B 在 X 中是隔离的与其在 Y 中是隔离的是等价的, 也就是说, 隔离性与子集所在的子空间无关, 这一点将对我们后面的讨论带来很大的方便. 相比较而言, A, B 是 X 的开集或闭集与它们是 Y 的开集或闭集是不同的.

现在我们先给出几个简单的连通与不连通空间的例子, 然后研究连通空间的性质及其运算保持情况, 最后利用这些结果再列出一些正反例以说明它们的应用.

例 3.1.1 任何度量空间中非单点的离散子集都不是连通的, 非单点的离散度量空间是不连通的, 从而它的任何非单点的子集都不连通.

例 3.1.2 $\mathbb{R}$ 中有理数集 $\mathbb{Q}$ 和无理数集 $\mathbb{P}$ 均不连通. 事实上, 选择 $p \in \mathbb{P}$, 则 $(-\infty, -p) \bigcap \mathbb{Q}$ 是 $\mathbb{Q}$ 的既开又闭的非空真子集, 同理 $\mathbb{P}$ 也不连通.

但我们有下面重要的结论.

定理 3.1.3 实数空间 $\mathbb{R}$ 是连通空间.

证明 反设 $\mathbb{R}$ 不是连通的, 则存在非空闭集 $E, F \subset \mathbb{R}$ 使得 $E \bigcap F = \varnothing$ 且 $\mathbb{R} = E \bigcup F$. 选择 $a \in E, b \in F$ 且不妨设 $a < b$, 考虑集合 $E' = E \bigcap [a, b]$ 及 $F' = F \bigcap [a, b]$. 则 E', F' 是 $\mathbb{R}$ 中闭集且 $E' \bigcap F' = \varnothing, E' \bigcup F' = [a, b]$. 令 $b' = \sup E'$, 则由 E' 是 $\mathbb{R}$ 中的闭集知 $b' \in E'$, 从而 $b' \notin F'$. 由于 b 也是 E' 的一个上界, 故 $b' < b$. 显然, 对任意的 $x \in (b', b), x \notin E'$, 因此 $(b', b) \subset F'$. 因为 F' 是闭集, 故 $b' \in F'$. 矛盾. □

注 3.1.2 在上述的证明中, 我们使用上确界原理证明了 $\mathbb{R}$ 是连通的. 事实上, 我们也可以假定 $\mathbb{R}$ 是连通的而证得上确界原理. 从这个意义讲, 它们是等价的, 从而也等价于实数 $\mathbb{R}$ 的其他像有限覆盖定理, 单调有界序列必收敛等性质.

下面我们给出连通集的一个有用性质.

定理 3.1.4 设 (X, d) 是度量空间, $C \subset X$. 则 C 是 X 的连通子集的充分必要条件是对任意的隔离子集 A, B, 若 $C \subset A \bigcup B$, 则 $C \subset A$ 或者 $C \subset B$.

证明 必要性. 令 $C_A = C \bigcap A, C_B = C \bigcap B$, 则由 A, B 是隔离的知 C_A, C_B 是隔离的, 又因为 $C \subset A \bigcup B$, 故 $C = C_A \bigcup C_B$. 由于 C 是连通的, 根据定理 3.1.2 知 $C_A = \varnothing$ 或者 $C_B = \varnothing$, 从而 $C \subset B$ 或者 $C \subset A$.

充分性. 若 C 不是连通的, 则由定理 3.1.2 知存在 C 的非空隔离子集 A, B 使得 $C = A \bigcup B$. 从而 A, B 也是 X 的隔离子集且 $C \subset A \bigcup B$. 但由于 A, B 是非空的且不相交的知 $C \not\subset A$ 且 $C \not\subset B$. □

关于连通集的运算, 我们有下面的正、反结果.

例 3.1.3　令 $X = \mathbb{R}$, $A = \{0\}$, $B = \{1\}$, 则 A, B 是 X 的连通子集, 但 $A \bigcup B$ 不是.

例 3.1.4　令 $X = \mathbb{R}^2$, $A = \{(x,y) \in \mathbb{R}^2 : x = y\}$, $B = \{(x,y) : y = x^2\}$. 则 A, B 都同胚于 $\mathbb{R}$, 从而 A, B 均连通. 但 $A \bigcap B = \{(0,0), (1,1)\}$ 不是连通的.

定理 3.1.5　设 (X,d) 是度量空间, $\{A_s : s \in S\}$ 是 X 的一族连通子集, 若存在 $s_0 \in S$ 使得对任意的 $s \in S, A_{s_0} \bigcap A_s \neq \varnothing$, 则 $\bigcup_{s \in S} A_s$ 是 X 的连通子集. 特别地, 若 $\bigcap_{s \in S} A_s \neq \varnothing$, 则 $\bigcup_{s \in S} A_s$ 是连通的.

证明　设 B, C 是非空的隔离子集且 $\bigcup_{s \in S} A_s \subset C \bigcup B$. 从而对任意 $s \in S, A_s \subset B \bigcup C$, 由定理 3.1.4 知 $A_s \subset B$ 或者 $A_s \subset C$. 不妨设 $A_{s_0} \subset B$, 则对任意的 $s \in S$, 由 $A_{s_0} \bigcap A_s \neq \varnothing$ 及 $B \bigcap C = \varnothing$ 有 $A_s \not\subset C$. 故 $A_s \subset B$. 从而 $\bigcup_{s \in S} A_s \subset B$. 应用定理 3.1.4 知 $\bigcup A_s$ 是连通的.　□

定理 3.1.6　设 X 是度量空间, A 是 X 的连通集, B 是 X 的子集且 $A \subset B \subset \text{cl}\, A$, 则 B 也是 X 的连通集. 特别地, 连通集的闭包是连通的.

证明　设 C, D 是 X 的隔离集且 $B \subset C \bigcup D$. 则由假设 $A \subset C \bigcup D$. 由定理 3.1.4 知 $A \subset C$ 或 $A \subset D$. 不妨设 $A \subset C$, 则 $B \subset \text{cl}\, A \subset \text{cl}\, C$. 由于 $\text{cl}\, C \bigcap D = \varnothing$, 从而 $B \bigcap D = \varnothing$. 因此由 $B \subset C \bigcup D$ 得 $B \subset C$. 由定理 3.1.4 知 B 是连通的.　□

推论 3.1.1　$\mathbb{R}$ 的子集 A 是连通的当且仅当 A 是 $\mathbb{R}$ 中的区间 (含有界区间、无界区间、开区间、闭区间、半开半闭区间及单点集).

证明　首先由于每一个开区间都同胚于 $\mathbb{R}$, 从而都是连通的. 单点集显然也是连通的, 最后其余的区间都介于一个开区间及其闭包之间, 故由定理 3.1.6 知它们都是连通的.

现在设 $A \subset \mathbb{R}$ 不是区间, 则存在 $a, b \in A$ 及 $c \in \mathbb{R} \backslash A$ 使得 $a < c < b$. 则 $A \bigcap (-\infty, c) = A \bigcap (-\infty, c]$ 是 A 的既开又闭的非空真子集, 故 A 不连通.　□

注 3.1.3　上述推论使我们完全弄清了 $\mathbb{R}$ 的全部连通子集. 但对于 $\mathbb{R}^n$ $(n \geqslant 2)$ 而言, 其连通子集将可能非常复杂, 我们不可能用简单的方法完全弄清它们. 后面的例子将说明这一点.

下面我们举例说明 $\mathbb{R}^2$ 中的连通集的内部和边界未必是连通的.

例 3.1.5　在空间 $\mathbb{R}^2$ 中, 注意, $B((x_0, y_0), r)$ 表示以 (x_0, y_0) 为中心, 以 r 为半径的开球. 考虑 $\mathbb{R}^2$ 的子集:

$$A = B((-2,0),1) \bigcup ([-2,2] \times \{0\}) \bigcup B((2,0),1),$$
$$B = \mathbb{R} \times [-1,1].$$

则由于 $B((-2,0),1)$ 与 $B((2,0),1)$ 均同胚于 $\mathbb{R}^2$, 从而是连通的 (见下面的推论 3.1.4), $[-2,2]\times\{0\}$ 是 $(-2,2)\times\{0\}$ 的闭包. 而 $(-2,2)$ 同胚于 $\mathbb{R}$, 故由定理 3.1.3 及定理 3.1.5 知 $[-2,2]\times\{0\}$ 也连通, 从而 A 是三个连通集之并, 且其中一个同其余两个的交非空, 所以, 由定理 3.1.5 知 A 是连通的. 但 $\mathrm{int}\, A = B((-2,0),1)\bigcup B((2,0),1)$ 显然不连通. 由定理 3.1.8 和推论 3.1.1 知 B 连通, 但 $\mathrm{bd}\, B = \mathbb{R}\times\{-1,1\}$ 显然不是连通的.

下面我们讨论连通空间的运算性质.

定理 3.1.7 设 X 是连通度量空间, Y 是度量空间, $f: X\to Y$ 是连续的满射, 则 Y 也是连通的.

证明 若 Y 不连通, 则由定理 3.1.2 知存在既开又闭的非空真子集 $C\subset Y$. 由于 f 是连续满射, 则 $f^{-1}(C)$ 是 X 的既开又闭的非空真子集, 从而 X 不连通. □

推论 3.1.2 设 X 是连通空间, $f: X\to\mathbb{R}$ 连续, 则 $f(X)$ 是 $\mathbb{R}$ 中的区间, 也即对任意的 $x,y\in X$, 如果 $f(x) < f(y)$, 则对任意的 $r\in(f(x),f(y))$, 存在 $z\in X$ 使得 $f(z) = r$.

推论 3.1.3 设 X 是连通的度量空间, 则 X 或者是单点集或者满足 $|X|\geqslant c$.

证明 设 X 是非单点的连通度量空间, 选择 $x,y\in X$ 使得 $x\neq y$. 由 Urysohn 引理 (定理 2.7.1) 存在连续函数 $f: X\to\mathbf{I}$ 使得 $f(x) = 0$ 且 $f(y) = 1$. 由定理 3.1.7, $f(X)$ 是包含 $0,1$ 的 $\mathbf{I}$ 的连通子集, 从而也是 $\mathbb{R}$ 的连通子集. 故 $f(X)$ 是包含 $0,1$ 的区间, 所以 $f(X) = \mathbf{I}$. 因此, $|X|\geqslant|\mathbf{I}| = c$. □

定理 3.1.8 设 $(X_n, n = 1, 2\cdots)$ 是一列 (有限或无限) 空间, X 是其乘积空间, 则 X 连通当且仅当对任意的 n, X_n 是连通的.

证明 必要性. 设 $p_n: X\to X_n$ 是投影映射, 则 p_n 是连续的满射. 因此, 若 X 是连通的, 则由定理 3.1.7 知每一个 X_n 是连通的.

充分性. 我们首先证明两个连通空间的乘积是连通的. 设 X_1, X_2 是连通的, $X = X_1\times X_2$. 对任意的 $(x_1, x_2)\in X_1\times X_2$, 令

$$A_{(x_1,x_2)} = (X_1\times\{x_2\})\bigcup(\{x_1\}\times X_2).$$

则由于 $X_1\times\{x_2\}$ 同胚于 X_1, $\{x_1\}\times X_2$ 同胚于 X_2, 故它们都是 $X_1\times X_2$ 的连通子集. 又由于 $(X_1\times\{x_2\})\bigcap(\{x_1\}\times X_2) = \{(x_1,x_2)\}$, 所以它们的并 $A_{(x_1,x_2)}$ 是连通的. 现在对任意的 $(y_1,y_2)\in X_1\times X_2$, $A_{(x_1,x_2)}\bigcap A_{(y_1,y_2)} = \{(y_1,x_2),(x_1,y_2)\}\neq\varnothing$, 所以族 $\{A_{(x_1,x_2)}: (x_1,x_2)\in X_1\times X_2\}$ 是 $X_1\times X_2$ 中两两相交的连通子集族, 因此由定理 3.1.5 知

$$X_1\times X_2 = \bigcup\{A_{(x_1,x_2)}: (x_1,x_2)\in X_1\times X_2\}$$

是连通的.

其次, 利用数学归纳法我们很容易得到有限个连通空间的乘积是连通的.

最后, 我们证明无限可数多个连通空间的乘积是连通的.

设对每一个 $n \in \mathbb{N}, X_n$ 是连通度量空间, $X = \prod_{n=1}^{\infty} X_n$ 是它们的乘积. 选定 $x^0 = (x_1^0, x_2^0, \cdots x_n^0, \cdots) \in X$, 则对任意的 n,

$$Y_n = X_1 \times X_2 \times \cdots \times X_n \times \{x_{n+1}^0\} \times \{x_{n+2}^0\} \times \cdots$$

是 X 的子空间且同胚于 $X_1 \times X_2 \times \cdots \times X_n$. 所以 Y_n 是连通的. 显然 $\bigcap_{n=1}^{\infty} Y_n \ni x^0$, 故由定理 3.1.5 知

$$Y = \bigcup_{n=1}^{\infty} Y_n$$

是 X 的连通集 (注意: 一般来说 $Y \neq X$), 从而由定理 3.1.6 知 $\mathrm{cl}\, Y$ 是 X 的连通子集. 因此, 我们只要证明 $\mathrm{cl}\, Y = X$ 就完成了定理的证明. 设 $x = (x_1, x_2, \cdots, x_n \cdots) \in X, U \ni x$ 是 X 中开集, 则由定理 2.6.10 知存在 $N \in \mathbb{N}$ 及 $X_1, X_2 \cdots X_N$ 中开集 $U_1, U_2, \cdots, U_N$ 使得

$$(x_1, x_2, \cdots, x_N, x_{N+1}, \cdots) \in U_1 \times U_2 \times \cdots \times U_N \times X_{N+1} \times \cdots \subset U.$$

则

$$(x_1, x_2, \cdots, x_N, x_{N+1}^0, \cdots) \in Y_N \bigcap (U_1 \times U_2 \times \cdots \times U_N \times X_{N+1} \times \cdots) \subset Y \bigcap U.$$

因此 $Y \bigcap U \neq \varnothing$. 我们证明了 $x \in \mathrm{cl}\, Y$. 由 $x \in X$ 的任意性知 $\mathrm{cl}\, Y = X$. □

推论 3.1.4　$\mathbb{R}^n, \mathbf{I}^n, \mathbf{J}^n, \mathbf{B}^n, \mathbb{S}^n$ $(n \geqslant 1)$ 均为连通空间, $\mathbb{R}^{\mathbb{N}}, \mathbf{I}^{\mathbb{N}}, \mathbf{J}^{\mathbb{N}}$ 也为连通空间.

证明　由推论 3.1.1 知, 当 $n = 1$ 时, $\mathbb{R}^n, \mathbf{I}^n, \mathbf{J}^n, \mathbf{B}^n$ 都是连通. 由定理 3.1.8 知对任意的 $n \in \mathbb{N} \bigcup \{\omega\}, \mathbb{R}^n, \mathbf{I}^n, \mathbf{J}^n$ 是连通的. 对任意的 $n \in \mathbb{N}$, 由于 $\mathbf{B}^n$ 同胚于 $\mathbf{J}^n$, 故 $\mathbf{B}^n$ 也是连通的. 最后, 我们证明当 $n \geqslant 1$ 时, $\mathbb{S}^n$ 连通 (注意, 当 $n = 0$ 时, $\mathbb{S}^n = \{-1, 1\}$ 不是连通的). 令

$$\mathbb{S}_+^n = \{(x_1, x_2, \cdots, x_n, x_{n+1}) \in \mathbb{S}^n : x_{n+1} \geqslant 0\},$$
$$\mathbb{S}_-^n = \{(x_1, x_2, \cdots, x_n, x_{n+1}) \in \mathbb{S}^n : x_{n+1} \leqslant 0\}.$$

定义 $f : \mathbf{B}^n \to \mathbb{S}_+^n$ 为, 对任意的 $(x_1, x_2, \cdots, x_n,) \in \mathbf{B}^n$, 令

$$f(x) = (x_1, x_2, \cdots, x_n, \sqrt{1 - (x_1^2 + x_2^2 + \cdots + x_n^2)}\,).$$

则 f 是同胚映射 (请读者自证), 因此 $\mathbb{S}_+^n$ 是连通的. 同理 $\mathbb{S}_-^n$ 也是连通的. 而 $\mathbb{S}_+^n \bigcap \mathbb{S}_-^n = \mathbb{S}^{n-1} \times \{0\} \neq \varnothing$(因为 $n \geqslant 1$), 因此 $\mathbb{S}^n = \mathbb{S}_+^n \bigcup \mathbb{S}_-^n$ 是连通的. □

下面我们再给出 $\mathbb{R}^n$ 中几个连通集的例子.

例 3.1.6 当 $n \geqslant 2$ 时, 对任意可数集 $A \subset \mathbb{R}^n$, $\mathbb{R}^n \backslash A$ 是连通的. 事实上, 固定 $b \in \mathbb{R}^n \backslash A$, 对任意的 $x \in \mathbb{R}^n \backslash (A \bigcup \{b\})$, 令 l 为连接 b, x 的线段的一条中垂线. 对任意的 $y \in l$, 用 $M(x,y)$ 表示连接点 b, y, x 的折线 (如图 3-1). 则对任意 $y_1, y_2 \in l$, 若 $y_1 \neq y_2$, 则 $M(x,y_1) \bigcap M(x,y_2) = \{b, x\}$.

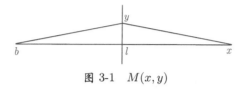

图 3-1 $M(x,y)$

假设对任意的 $y \in l, M(x,y) \bigcap A \neq \varnothing$, 选择 $f(y) \in M(x,y) \bigcap A$, 则 $f(y) \notin \{b, x\}$. 故 $f : l \to A$ 是单射. 此矛盾于 l 的基数是不可数的, 而 A 是可数. 因此, 存在 $y(x) \in l$ 使得 $M(x, y(x)) \bigcap A = \varnothing$. 令 $l(x) = M(x, y(x))$, 则 $l(x)$ 是 $\mathbb{R}^n \backslash A$ 的连通子集. 进一步, 对任意的 $x, x' \in \mathbb{R}^n \backslash (A \bigcup \{b\})$, $l(x) \bigcap l(x') \ni b$, 故 $\mathbb{R}^n \backslash A = \bigcup \{l(x) : x \in \mathbb{R}^n \backslash (A \bigcup \{b\})\}$ 是连通的.

特别地, 取 A 为 $\mathbb{R}^n$ 中所有坐标为有理数的点之集, 则 $\mathbb{R}^n \backslash A$ 连通.

推论 3.1.5 当 $n \geqslant 2$ 时, $\mathbb{R}$ 与 $\mathbb{R}^n$ 不同胚.

证明 反设 $\mathbb{R}$ 与 $\mathbb{R}^n$ 同胚, 并设 $f : \mathbb{R} \to \mathbb{R}^n$ 是一一对应且 $f : \mathbb{R} \to \mathbb{R}^n$ 和 $f^{-1} : \mathbb{R}^n \to \mathbb{R}$ 都连续. 则 $f|\mathbb{R} \backslash \{0\} : \mathbb{R} \backslash \{0\} \to \mathbb{R}^n \backslash \{f(0)\}$ 也是同胚的. 但由于 $\mathbb{R} \backslash \{0\}$ 不是区间知 $\mathbb{R} \backslash \{0\}$ 不是连通的, 而由上例 $\mathbb{R}^n \backslash \{f(0)\}$ 是连通的, 此为矛盾. $\square$

注 3.1.4 事实上, 对任意的 $n \neq m$, $\mathbb{R}^n$ 与 $\mathbb{R}^m$ 不同胚. 但它的证明要困难得多, 我们将在第 9 章给出.

最后, 我们给出下面的樊畿定理.

定理 3.1.9(樊畿定理) 度量空间 (X, d) 是连通的充分必要条件是对 X 的任意开集族 $\mathcal{U}$, 如果 $\bigcup \mathcal{U} = X$, 则对任意的 $x, y \in X$, 存在 $\mathcal{U}$ 的有限子族 $\{U_1, U_2, \cdots, U_n\}$ 使得 $x \in U_1, y \in U_n$ 且对任意的 $i < n$ 有 $U_i \bigcap U_{i+1} \neq \varnothing$.

证明 条件的充分性是显然的, 下面我们证明条件是必要的. 设 X 是连通的, $\mathcal{U}$ 是 X 的开集族且 $\bigcup \mathcal{U} = X$. 对任意的 $x \in X$, 令

$U(x) = \{y \in X : $ 存在 $\mathcal{U}$ 的有限子族 $\{U_1, U_2, \cdots, U_n\}$ 使得 $x \in U_1, y \in U_n$ 且

$$\text{对任意的 } i < n \text{ 有 } U_i \bigcap U_{i+1} \neq \varnothing\}$$

则容易验证 $U(x)$ 是包含 x 的开集. 又显然 $U(x) \bigcap U(y) \neq \varnothing$ 能推出 $U(x) = U(y)$. 所以 $\{U(x) : x \in X\}$ 构成 X 的由开集构成的分划. 由 X 是连通的知, 对任意的 $x \in X$ 有 $U(x) = X$, 也即条件是必要的. $\square$

练　习　3.1

3.1.A. 如果 (X, d) 是连通的度量空间, 那么, 对任意的 $\varepsilon > 0$ 以及任意的 $x, y \in X$, 存在 $x_0 = x, x_1, \cdots, x_n = y \in X$ 使得对任意的 $i = 1, 2, \cdots, n$, 有 $d(x_{i-1}, x_i) < \varepsilon$. 反之, 成立吗?

3.1.B. 设 (X, d) 是连通的度量空间, A 是连通子集. 如果 $X \setminus A = U \bigcup V$, 这里 U, V 是 X 的不相交的开集. 证明此时 $A \bigcup U$ 和 $A \bigcup V$ 是连通的.

3.1.C. 设 $f : X \to Y$ 连续. 如果对任意的 $y \in Y$, $f^{-1}(y)$ 是空集或者是连通的, 则称 f 是**单调的连续映射**. 证明: 如果 $X = Y = \mathbb{R}$, 那么, 此处的单调性和分析学中定义的单调性一致.

3.1.D. 设 $f : X \to Y$ 是单调开连续映射, C 是 Y 中闭连通子集, 证明 $f^{-1}(C)$ 是连通的.

3.1.E. 设 A, B 是度量空间 (X, d) 的隔离子集, 证明存在不相交的开集 U, V 使得 $A \subset U, B \subset V$.

3.2　连通分支与局部连通空间

本节将讨论连通分支的性质并定义局部连通性.

设 X 是度量空间, $x \in X$. 我们希望找一个包含 x 的 X 的最大连通子集, 称之为 x 的连通分支. 设 X 是度量空间, $x, y \in X$, 若存在 X 中连通集 C 使得 $x, y \in C$, 则称点 x, y **在 X 中连通**.

定理 3.2.1　设 X 是度量空间, $x \in X$. 令

$$C = \{y \in X : x, y \text{ 在 } X \text{ 中连通}\}.$$

则 C 是 X 中包含 x 的最大连通子集且 C 为 X 中的闭集.

证明　设 $y \in C$, 则存在连通子集 $C_y \ni x, y$. 读者不难证明

$$C = \bigcup \{C_y : y \in C\}.$$

因为 $\bigcap \{C_y : y \in C\} \ni x$, 故由定理 3.1.5 知 C 是包含 x 的连通子集. 现在我们证明 C 是包含 x 的最大连通子集. 事实上, 设 $D \ni x$ 是 X 的连通子集, 则, 由定义知, 对任意的 $y \in D$, x, y 在 X 中连通, 因此 $y \in C$. 故 $D \subset C$. 又由于连通集的闭包也是连通的, 故 $\text{cl}\, C$ 也是包含 x 的连通子集. 因此, 由 C 的最大性知 $\text{cl}\, C = C$, 即 C 为闭的. □

定义 3.2.1　设 X 是度量空间, $x \in X$. 称 X 中包含 x 的最大连通子集为 x **所在的连通分支**, 用 $C_X(x)$ 或者 $C(x)$ 记 x 所在的连通分支.

定理 3.2.2 设 X 是度量空间, 则 X 的任何两个连通分支或者是重合的或者是不相交的.

证明 利用定理 3.1.5 及连通分支的最大性立即可得. □

推论 3.2.1 设 X 是度量空间, 则 X 的所有连通分支所构成的族是 X 的一个由闭集构成的分划.

我们当然希望这个族中的成员也是开集, 这样的话, 我们就可以通过仅考虑其连通子集弄清任意度量空间的拓扑性质, 但不幸的是, 此结论不真. 例如, $X = \left\{ 0, 1, \dfrac{1}{2}, \dfrac{1}{3}, \cdots, \dfrac{1}{n}, \cdots \right\}$, 作为 $\mathbb{R}$ 的子空间, (X, d) 是度量空间. 显然, 在 (X, d) 中包含任意一个点的连通集仅有由这个点组成的单点集, 所以 (X, d) 的连通分支的全体为

$$\{\{x\} : x \in X\}.$$

特别地, $\{0\}$ 是 (X, d) 的一个连通分支, 但不是 (X, d) 的开集 (其余的连通分支均为既开又闭集). 进一步, 令 ρ 是集合 X 上的离散度量, 那么, (X, ρ) 与 (X, d) 有完全相同的连通分支而且这些连通分支是同胚的 (都是单点集), 但是, 度量空间 (X, ρ) 与 (X, d) 是不同胚的.

下面我们探讨在什么条件下连通分支都是既开又闭的.

定义 3.2.2 设 X 是度量空间, $x \in X$, 若对任意的 $U \in \mathcal{N}(x)$, 存在连通集 $V \in \mathcal{N}(x)$, 使得 $V \subset U$, 则称 **X 在 x 点是局部连通的**. 若 X 在每一个点都是局部连通的, 则称 X 为**局部连通的度量空间**.

非单点的离散度量空间是局部连通的但非连通的. 因此, 局部连通性不能推出连通性, 我们应该认为这是正常的结论. 但令人多少有点惊讶的是, 连通的度量空间, 甚至 $\mathbb{R}^2$ 中连通子集, 都可以不是局部连通的. 下面著名的例子称为**拓扑学家的正弦曲线**.

例 3.2.1 令 $X = (\{0\} \times [-1, 1]) \bigcup \left\{ (x, \sin \dfrac{1}{x}) : 0 < x \leqslant \dfrac{1}{\pi} \right\}$. 如图 3-2. 作为 $\mathbb{R}^2$ 的子空间, X 是我们需要的例子.

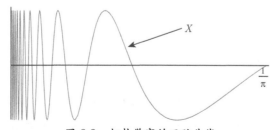

图 3-2 拓扑学家的正弦曲线

首先我们证明 X 是连通的, 令 $f : \left(0, \dfrac{1}{\pi} \right] \to \mathbb{R}^2$ 为 $f(x) = \left(x, \sin \dfrac{1}{x} \right)$, 则由定

理 2.6.9 知 f 是连续的, 故 $X_1 = f\left(\left(0, \dfrac{1}{\pi}\right]\right)$ 是 $\mathbb{R}^2$ 的连通子集. 显然, $X = \mathrm{cl}\, X_1$, 故 X 也是连通的.

其次我们证明 X 在 $X \setminus X_1$ 中的每一个点都不是局部连通的, 因此 X 不是局部连通的. 例如选择 $(0,0) \in X \setminus X_1$, $\varepsilon < \dfrac{1}{\pi}$, 则 $B((0,0), \varepsilon)$ 是一些互不相交的曲线段组成, 大致如图 3-3 所示. 它不包含 $(0,0)$ 的任何连通邻域. 故 X 在 $(0,0)$ 点不是局部连通的.

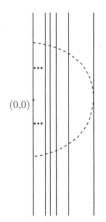

图 3-3　连通不局部连通的例子 1

我们再给出 $\mathbb{R}^2$ 中一个这样的子集: 令

$$X = (\{0,1\} \times \mathbf{I}) \bigcup \left(\mathbf{I} \times \left\{0, 1, \dfrac{1}{2}, \dfrac{1}{3}, \cdots\right\}\right)$$

如图 3-4:

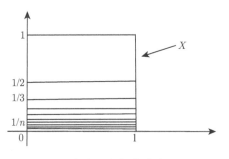

图 3-4　连通不局部连通的例子 2

很容易验证 X 是连通的, 但它在 $(0,1) \times \{0\}$ 中的点处不局部连通.

下面的定理说明局部连通空间的连通分支都是既开又闭的.

定理 3.2.3　设 X 是度量空间, 则下列条件等价:

(a) X 是局部连通的;

(b) X 的任意开子空间的任意连通分支都是开的;

(c) X 有一个由连通开集构成的基.

证明 (a)$\Rightarrow$(b). 设 $U \subset X$ 是 X 的开子空间, C 是 U 的一个连通分支. 对任意的 $x \in C \subset U$, 由于 U 是 x 点的一个邻域且 X 是局部连通的, 故存在连通开集 V 使得 $x \in V \subset U$. 由于 C 是 U 中包含 x 点的最大连通集, 故 $V \subset C$. 由此说明 C 是 U 中的开集, 同时也是 X 中开集.

(b)$\Rightarrow$(c). 令 $\mathcal{B}$ 是 X 中所有连通的开集, 我们证明 (b) 可以推出 $\mathcal{B}$ 是 X 的一个基, 从而 (c) 成立. 设 $x \in X, U \ni x$ 是开集, 则由 (b), x 在 U 中的连通分支 C 是开集 (既在 U 中, 又在 X 中), 故 $x \in C \subset U$ 且 C 是连通开集. 所以 $C \in \mathcal{B}$, 由此说明 $\mathcal{B}$ 是 X 的基.

(c)$\Rightarrow$(a) 是显然的. □

下面我们考察局部连通空间的运算性质.

定理 3.2.4 设 X 是局部连通的度量空间, Y 是度量空间, $f: X \to Y$ 是连续的开满映射, 则 Y 也是局部连通的.

证明 请读者给出. □

定理 3.2.5 设 $(X_n : n = 1, 2, \cdots)$ 是一列 (有限或无限) 度量空间, X 是其乘积, 则 X 是局部连通的充分必要条件是每一个 X_n 都是局部连通的, 且除有限个外, X_n 也是连通的.

证明 必要性. 设 X 是局部连通的, 由定理 2.6.11 和定理 3.2.4 知每一个 X_n 都是局部连通的. 我们进一步证明, 除有限个外, X_n 也是连通的. 选择 $x = (x_1, x_2, \cdots) \in X$, 设 C 是 x 点所在连通分支. 由假设和定理 3.2.3 知 $C \ni x$ 是开集. 由定理 2.6.10 知存在 $N \in \mathbb{N}$ 和 $X_1, X_2, \cdots, X_N$ 中的开集 $U_1, U_2, \cdots, U_N$ 使得

$$x \in U_1 \times U_2 \times \cdots \times U_N \times X_{N+1} \times \cdots \subset C.$$

用 $p_n : X \to X_n$ 表示向第 n 个空间的投影映射. 则对任意的 $n > N$,

$$X_n = p_n(U_1 \times U_2 \times \cdots \times U_N \times X_{N+1} \times \cdots) \subset p_n(C).$$

故 $X_n = p_n(C)$. 由于 C 是连通的, 所以 X_n 也是连通的. 由此说明了, 除前 N 个外, X_n 均是连通空间.

充分性. 设存在 N 使得对任意的 $n > N$, X_n 是连通的且设每一个 X_n 都是局部连通的. 由定理 3.2.3 知, 对任意的 n, 存在 X_n 的基 $\mathcal{B}_n$, 它的每一个成员都是连通的. 令

$$\mathcal{B} = \{U_1 \times U_2 \times \cdots \times U_m \times X_{m+1} \times \cdots :$$

$$U_1 \in \mathcal{B}_1, U_2 \in \mathcal{B}_2, \cdots, U_m \in \mathcal{B}_m; m \geqslant N\}$$

利用和定理 2.6.10 相同的方法可以证明 $\mathcal{B}$ 是 X 的一个基. 由定理 3.1.8 知 $\mathcal{B}$ 中每一个成员都是连通的. 从而, 应用定理 3.2.3, X 是局部连通的.　　　　□

定理 3.2.6　局部连通空间的每一个开子空间都是局部连通的.

证明　请读者自证.　　　　□

例子 3.2.1 说明了局部连通空间的闭子空间可以不是局部连通的. 最后, 我们给出局部连通的一个充分必要条件.

定理 3.2.7　设 (X, d) 是度量空间, 则 X 是局部连通的充分必要条件是, 对任意的 $x \in X$ 及 $U \in \mathcal{N}(x)$, 存在连通的子集 A 使得 $x \in \mathrm{int}\, A \subset A \subset U$.

证明　条件的必要性是显然的. 我们证明条件也是充分的. 对任意的 $x \in X$ 及 $U \in \mathcal{N}(x)$, 由假设存在连通的子集 A 使得 $x \in \mathrm{int}\, A \subset A \subset U$. 现在, 对任意 $y \in A$, 由于 $U \in \mathcal{N}(y)$, 故由假设, 存在连通的子集 A_y 使得 $y \in \mathrm{int}\, A_y \subset A_y \subset U$. 令 $U_1 = \bigcup\{\mathrm{int}\, A_y : y \in A\}$, $B_1 = \bigcup\{A_y : y \in A\}$. 则

$$A \subset U_1 \subset B_1 \subset U$$

且 U_1 是开集. 注意到

$$B_1 = A \bigcup B_1 = A \bigcup \bigcup\{A_y : y \in A\}.$$

应用定理 3.1.5 知 B_1 是连通集. 重复以上过程, 我们可以归纳地定义开集列 $(U_n)_n$ 和连通子集列 (B_n) 使得

$$A \subset U_n \subset B_n \subset U_{n+1} \subset B_{n+1} \subset U.$$

令 $V = \bigcup\limits_{n=1}^{\infty} U_n = \bigcup\limits_{n=1}^{\infty} B_n$. 则 $V \in \mathcal{N}(x)$ 且为包含于 U 的连通集.　　　　□

注 3.2.1　注意上面的定理并不是说, 对固定的 $x_0 \in X$, 如果对任意的 $U \in \mathcal{N}(x_0)$, 存在连通的子集 A 使得 $x_0 \in \mathrm{int}\, A \subset A \subset U$, 则 X 在 x_0 点局部连通. 现在陈述的命题是不正确的, 见练习 3.2.F.

练　习　3.2

3.2.A. 证明对乘积空间 $\prod_{n=1}^{N} X_n$(这里, $N \in \mathbb{N} \bigcup \{\infty\}$) 中的点 $x = (x_n)$, x 的连通分支为 $C(x) = \prod_{n=1}^{N} C_{X_n}(x_n)$.

设 (X, d) 是度量空间, $x \in X$, 所有包含 x 点的既开又闭的集合之交称为 x 的**伪连通分支**. 用 $Q(x)$ 表示 x 的伪连通分支. 完成下面的 3.2.B–3.2.D.

3.2.B. 证明 $Q(x)$ 是 X 的闭集. 并证明: 对任意的 $x, y \in X$, $Q(x) = Q(y)$ 或者 $Q(x) \bigcap Q(y) = \varnothing$.

3.2.C. 证明: 对任意的 $x \in X$, $C(x) \subset Q(x)$. 举例说明 $C(x) = Q(x)$ 可以不成立. (提示: 考虑 $\mathbb{R}^2$ 的子空间

$$X = \bigcup_{n=1}^{\infty} \mathbf{I} \times \left\{ \frac{1}{n} \right\} \bigcup \{(0,0), (0,1)\}.)$$

3.2.D. 如果 X 是 $\mathbb{R}$ 的子空间, 则对任意的 $x \in X$, $C(x) = Q(x)$.

3.2.E. 证明存在 $\mathbb{R}^2$ 的连通子空间 X 使得 X 可以表示为两两不相交的可数多个闭集之并. (提示: 构造一列两两不相交的 $\mathbb{R}^2$ 的子集 (I_n) 以及 $x_n \in I_n$ 满足下面条件:

(i) 对任意的 $n \in \mathbb{N}$, $I_n \approx \mathbf{I}$;

(ii) 对任意的 $n, m \in \mathbb{N}$, 如果 $m > n$, 那么 $d(x_n, I_m) < \dfrac{1}{m}$.

令 $X = \bigcup_{n=1}^{\infty} I_n$.)

3.2.F. 对于 $(a,b), (c,d) \in \mathbb{R}^2$, 用 $\overline{(a,b),(c,d)}$ 表示连接点 $(a,b), (c,d)$ 的线段. 对任意的 $n \in \mathbb{N}$, 令

$$X_n = \overline{\left(\frac{1}{n}, 0 \right), \left(\frac{1}{n+1}, 0 \right)} \bigcup \bigcup_{m=n}^{\infty} \overline{\left(\frac{1}{n}, 0 \right), \left(\frac{1}{n+1}, \frac{1}{m} \right)}.$$

作为 $\mathbb{R}^2$ 的子空间, 我们定义 $X = \{(0,0)\} \bigcup \bigcup_{n=1}^{\infty} X_n$. 见图 3-5.

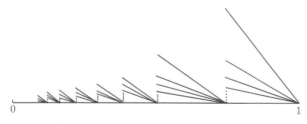

图 3-5 X 的定义

证明:

(1) X 是连通的;

(2) 对于 $(0,0)$ 点的任意邻域 U, 存在连通的子集 A 使得 $(0,0) \in \operatorname{int} A \subset A \subset U$;

(3) X 不存在连通的开集 V 使得 $(0,0) \in V \subset B((0,0), 1)$.

3.3   道路连通空间

道路连通性是另一类非常有用的连通性质. 本节将定义这个概念并讨论其与

连通性的关系.

定义 3.3.1 设 X 是度量空间, 每一个由 $\mathbf{I}$ 到 X 的连续映射 $f : \mathbf{I} \to X$ 称为 X 中一条**道路**. $f(0)$ 和 $f(1)$ 分别称为这个道路的**起点**和**终点**. 当 $f(0) = f(1)$, 称这种道路为**闭路**或者**圈**. 若对 X 中任意两个点 x, y 都存在道路 $f : \mathbf{I} \to X$ 使得 $f(0) = x$ 且 $f(1) = y$, 则称 X 为**道路连通的度量空间**.

利用定理 3.1.5 和定理 3.1.7, 容易验证, 每一个道路连通的空间都是连通的. 3.2 节中拓扑学家的正弦曲线是一个连通空间而非道路连通的例子 (请自证). 对拓扑学家的正弦曲线 X 做一个改造可以得到例子说明道路连通的空间可以不是局部连通的. 事实上, 在 $\mathbb{R}^2$ 中用一个道路连接点 $(0, 0)$ 和 $\left(\dfrac{1}{\pi}, 0 \right)$, 使得这个道路的像除起点和终点外无 X 中其他点, 这个道路的像与 X 的并得到 $\mathbb{R}^2$ 的子空间, 记为 Y, 那么 Y 是道路连通的空间但不是局部连通的 (请自证). 我们将在第 7 章说明在一定条件下局部连通的连通空间是道路连通的.

下面我们说明道路连通空间的运算情况.

定理 3.3.1 道路连通空间的连续像是道路连通空间.

证明 请读者自证.   □

定理 3.3.2 设 $\{X_n : n = 1, 2, \cdots\}$ 是一列 (有限或无限) 度量空间, X 是其乘积, 则 X 是道路连通的当且仅当每一个 X_n 是道路连通的.

证明 条件的必要性由上述定理立得. 设每一个 X_n 是道路连通的, $x = (x_1, x_2, \cdots), y = (y_1, y_2, \cdots) \in X$, 则对任意的 n, 存在道路 $f_n : \mathbf{I} \to X_n$ 使得 $f_n(0) = x_n, f_n(1) = y_n$. 现在我们定义 $f : \mathbf{I} \to X$ 为, 对任意的 $t \in \mathbf{I}$,

$$f(t) = (f_1(t), f_2(t), \cdots)$$

则由定理 2.6.12 知 $f : \mathbf{I} \to X$ 是连续的且 $f(0) = x, f(1) = y$.   □

像定义连通分支一样, 我们可以定义道路连通分支.

定义 3.3.2 设 X 是度量空间, $x \in X$, 令

$$P_X(x) = \{y \in X : 存在 X 中以 x 为起点、以 y 为终点的道路\}.$$

称 $P_X(x)$ 为 X 中 x 所在的**道路连通分支**. 除非有必要, 我们总是简记 $P_X(x)$ 为 $P(x)$.

定理 3.3.3 设 X 是度量空间, $x, y \in X$. 则 $P(x) = P(y)$ 或者 $P(x) \bigcap P(y) = \varnothing$.

证明 设 $P(x) \bigcap P(y) \neq \varnothing$, 选择 $z \in P(x) \bigcap P(y)$, 则存在连续映射 $f, g : \mathbf{I} \to X$ 使得

$$f(0) = x, \quad f(1) = z, \quad g(0) = y, \quad g(1) = z.$$

现在我们定义: $h: \mathbf{I} \to X$ 为

$$
h(t) = \begin{cases} f(2t), & 0 \leqslant t \leqslant \dfrac{1}{2}; \\[2mm] g(2-2t), & \dfrac{1}{2} \leqslant t \leqslant 1. \end{cases}
$$

则由于 $f(1) = z = g(1)$, 故按上式和下式定义的 $h\left(\dfrac{1}{2}\right)$ 是相同的. 所以由粘结引理 (推论 2.7.8) 知 h 是连续的. 又显然 $h(0) = f(0) = x, h(1) = g(0) = y$, 故存在一条以 x 为起点, 以 y 为终点的道路, 所以 $y \in P(x)$. 利用同样的方法可以证明 $P(y)$ 中任何一点都在 $P(x)$, 所以 $P(y) \subset P(x)$. 对称地, $P(x) \subset P(y)$, 所以 $P(x) = P(y)$. □

每一个度量空间都被它的道路连通分支分划为若干互不相交的道路连通子空间. 拓扑学家的正弦曲线说明道路连通分支和连通分支可以是不同的, 但我们有下面的特例成立.

定理 3.3.4 设 U 是 $\mathbb{R}^n$ 的开子空间, 则其道路连通分支和连通分支重合.

证明 设 $x \in U$, 则显然 $P(x) \subset C(x)$. 由于 $\mathbb{R}^n$ 是局部连通的, 从而 U 也是. 因此 $C(x)$ 是 $\mathbb{R}^n$ 中的开集. 下面我们证明对任意 $y \in C(x)$, $P(y)$ 是 $C(x)$ 中的开集. 事实上, 若 $y \in C(x)$, 则 $C(x) = C(y) \supset P(y)$. 又对任意 $z \in P(y)$, 选择充分小的 $\varepsilon > 0$ 使得 $B(z, \varepsilon) \subset C(x)$. 由于 $B(z, \varepsilon)$ 同胚于 $\mathbb{R}^n$, 所以 $B(z, \varepsilon)$ 中任意点都和 z 可以道路连通. 从而和 y 可以道路连通, 即 $B(z, \varepsilon) \subset P(y)$. 此说明了 $P(y)$ 是 $C(x)$ 中的开集. 由于 $\{P(y)\}$ 把 $C(x)$ 划分成互不相交的若干道路连通的子空间且每一个子空间均为开的, 从而每一个子空间也是 $C(x)$ 中的闭子集. 因此, 由 $C(x)$ 是连通的知, $C(x) = P(x)$(也就是事实上只有一块). □

推论 3.3.1 $\mathbb{R}^n$ 中的开集 U 是连通的当且仅当其是道路连通的.

和局部连通性类似, 我们可以定义局部道路连通性.

定义 3.3.3 设 (X, d) 是度量空间, $x_0 \in X$, 如果对任意的 $U \in \mathcal{N}(x_0)$, 都存在道路连通的 $V \in \mathcal{N}(x_0)$ 使得 $V \subset U$, 则称 X **在 x_0 点局部道路连通**. 如果 (X, d) 在每一点都是局部道路连通的, 则称 X 是**局部道路连通的度量空间**.

关于局部道路连通性的性质留给读者, 我们仅证明下面两个定理:

定理 3.3.5 *局部道路连通的连通空间是道路连通的.*

证明 设 (X, d) 是局部道路连通的连通空间且 $x \in X$. 为完成定理的证明我们仅需证明 $X = P(x)$. 因为 X 是连通的, 为此, 我们仅需要验证 $P(x)$ 是 X 的既开又闭集合. 由于 X 是局部道路连通的, 每一个点一定存在道路连通的邻域, 因此 $P(x)$ 是开的. 又, 对任意的 $y \in \mathrm{cl}\, P(x)$, $P(y) \in \mathcal{N}(y)$, 因此, $P(x) \bigcap P(y) \neq \varnothing$, 故利用定理 3.3.3 知, $P(x) = P(y)$, 即 $y \in P(x)$. 所以 $P(x)$. □

定理 3.3.6 设 (X,d) 是度量空间, 如果对任意的 $x \in X$ 及 $U \in \mathcal{N}(x)$, 存在道路连通的子集 A 使得 $x \in \operatorname{int} A \subset A \subset U$, 则 X 是局部道路连通的.

证明 仿照定理 3.2.7 可以证明, 留给读者.   □

练 习   3.3

3.3.A. 设 Y 是 X 的子空间, $x \in Y$. 证明 $C_Y(x) \subset C_X(x)$, $P_Y(x) \subset P_X(x)$.

3.3.B. 证明对乘积空间 $\prod_{n=1}^{N} X_n$(这里, $N \in \mathbb{N} \bigcup \{\infty\}$) 中的点 $x = (x_n)$, x 的道路连通分支为 $P(x) = \prod_{n=1}^{N} P_{x_n}$, 这里, P_{x_n} 是 x_n 在 X_n 中的道路连通分支.

3.3.C. 如果 X 是 $\mathbb{R}$ 的子空间, 则对任意的 $x \in X$, $C(x) = P(x)$.

第4章 紧度量空间

本章将讨论紧度量空间及其相关概念的主要性质. 紧度量空间是一类重要的度量空间, 它们具有良好的性质. 本章中前四节的内容是基本的, 后两节的内容也是有趣的.

4.1 紧度量空间的定义、等价条件

本节我们将给出紧度量空间的定义和等价刻画, 特别是 Alexander 子基引理. 本节中的所有概念都是拓扑性质.

定义 4.1.1 设 X 是集合, $A \subset X, \mathcal{B}$ 是 X 的一个子集族, 若 $\bigcup \mathcal{B} \supset A$, 则称 $\mathcal{B}$ 为 A 的一个**覆盖**. 若 $\mathcal{B}$ 的子族 $\mathcal{B}_0$ 也是 A 的一个覆盖, 则称 $\mathcal{B}_0$ 为 $\mathcal{B}$ 的对于 A 的一个**子覆盖**. 进一步, 若 $\mathcal{B}_0$ 是有限族, 则称 $\mathcal{B}_0$ 是 $\mathcal{B}$ 的对于 A 的一个**有限子覆盖**. 若假定 (X, d) 是度量空间, $\mathcal{B}$ 中成员均为 X 的开 (闭) 集, 则称 $\mathcal{B}$ 为 A 的**开 (闭) 覆盖**. 如果 $A = X$, 那么我们省略上面定义中的 "对于 A".

注 4.1.1 设 (X, d) 是度量空间, $\mathcal{B}$ 是 X 的一个子集族. 像在上面的定义中一样, 为了说明 $\mathcal{B}$ 的性质, 我们需要在子集族的前面加一些形容词, 例如: "开""子""有限" 等. 但这样就会使这些句子产生歧义, 例如, 在文献 [13] 的中文版前言中, 译者指出, "可数的邻域基" 有 3 种不同的解释. 鉴于此而又兼顾简洁, 在本书中, 我们约定如下: 凡是说明这个子集族个数和关系的形容词均形容子集族的, 例如, "有限""可数""子""加细" 等; 而凡是说明子集性质的形容词均是形容这个子集族的元素的, 例如 "开""闭" 等. 这样, "$\mathcal{B}$ 是 $\mathcal{A}$ 的可数开加细" 就是说: 第一, $\mathcal{B}$ 是 $\mathcal{A}$ 的加细 (具体含义见 7.5 节); 第二, $\mathcal{B}$ 是可数的; 第三, $\mathcal{B}$ 由开集组成.

定义 4.1.2 设 (X, d) 是度量空间, 若 X 的任意开覆盖都存在有限子覆盖, 则称 X 为**紧度量空间**, 简称**紧空间**. 设 Y 是 X 的非空子集, 若 Y 作为 X 的子空间是紧的, 则称 Y 为 X 的**紧子集**.

显然, 紧性是拓扑性质.

例 4.1.1 离散度量空间是紧的当且仅当它是有限的.

例 4.1.2 $\mathbb{R}^n (n \geqslant 1)$ 不是紧的. 事实上, $\mathcal{U} = \{B(O, n) : n \in \mathbb{N}\}$ 是 $\mathbb{R}^n$ 的开覆盖, 这里 $O = (0, 0, \cdots, 0)$ 是 $\mathbb{R}^n$ 的原点, 但 $\mathcal{U}$ 不存在有限子覆盖.

定理 4.1.1 设 (X, d) 是度量空间, $\varnothing \neq Y$ 是 X 的子集, 则 Y 是紧的充分必要条件是对于 Y 的由 X 的开集组成的开覆盖有有限子覆盖.

证明　请读者自证. □

定理 4.1.2　设 (X, d) 是度量空间, $\mathcal{B}$ 是 X 的一个基. 如果对于由 $\mathcal{B}$ 中成员组成的 X 的覆盖都有有限子覆盖, 则存在可数子族 $\mathcal{B}_0 \subset \mathcal{B}$ 使得 $\mathcal{B}_0$ 也是 X 的基.

证明　由于 $\mathcal{B}$ 是 X 的基, 故对任意的 $n \in \mathbb{N}$ 和任意的 $x \in X$, 存在 $B_x \in \mathcal{B}$ 使得 $x \in B_x \subset B\left(x, \dfrac{1}{n}\right)$. 则 $\{B_x : x \in X\}$ 是 $\mathcal{B}$ 的一个子族且构成 X 的开覆盖. 从而由假设知其存在有限子覆盖 $\mathcal{B}_n = \{B_{x_1}, B_{x_2}, \cdots, B_{x_{k(n)}}\}$. 令 $\mathcal{B}_0 = \bigcup\{\mathcal{B}_n : n \in \mathbb{N}\}$, 则 $\mathcal{B}_0 \subset \mathcal{B}$ 且由推论 1.3.6(1) 知 $\mathcal{B}_0$ 是可数的. 我们仅需证明 $\mathcal{B}_0$ 是 X 的基即可. 设 $x \in X$, $\varepsilon > 0$, 则存在 $n \in \mathbb{N}$ 使得 $\dfrac{1}{n} < \varepsilon$. 对于此 n, 由于 $\mathcal{B}_{2n}$ 是 X 的开覆盖, 存在 $i \leqslant k(2n)$ 使得 $x \in B_{x_i}$. 这时, 显然有

$$x \in B_{x_i} \subset B\left(x_i, \frac{1}{2n}\right) \subset B\left(x, \frac{1}{n}\right) \subset B(x, \varepsilon).$$

故由 $B_{x_i} \in \mathcal{B}_0$ 及 x, ε 的任意性知 $\mathcal{B}_0$ 是 X 的基. □

推论 4.1.1　紧度量空间必有可数基.

为了给出紧度量空间的等价条件, 我们引入下面的概念.

定义 4.1.3　设 X 是集合, $\mathcal{F}$ 是 X 的一个子集族, 若对任意有限的 $F_1, F_2, \cdots, F_n \in \mathcal{F}$, 有 $F_1 \bigcap F_2 \bigcap \cdots \bigcap F_n \neq \varnothing$, 则称 $\mathcal{F}$ 有**有限交性质**.

下面的定理是非常重要的, 它给出了紧度量空间的 7 条等价刻画.

定理 4.1.3　设 (X, d) 是度量空间, 则下列条件等价:

(a) X 是紧度量空间;

(b) X 中每一个有有限交性质的闭集族的交非空;

(c) 设 $\{F_1, F_2, \cdots\}$ 是 X 中一列非空闭集且 $F_1 \supset F_2 \supset \cdots$, 则 $\bigcap\limits_{n=1}^{\infty} F_n \neq \varnothing$;

(d) 对于 X 的每一个无限子集 A, 有 $\mathrm{der}\, A \neq \varnothing$;

(e) X 中每一个序列都存在收敛子序列;

(f) 存在 X 的一个基 $\mathcal{B}$ 使得由 $\mathcal{B}$ 中的成员组成的 X 的任意开覆盖都有有限子覆盖;

(g) 存在 X 的一个可数子基 $\mathcal{S}$ 使得由 $\mathcal{S}$ 中的成员组成的 X 的任意开覆盖都有有限子覆盖;

(h) X 的任意由可数个元组成的开覆盖有有限子覆盖.

证明 我们证明的路线如下:

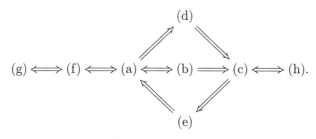

(a) ⇔ (b), (c) ⇔ (h) 和 (f) ⇒ (a) 请读者自证. (b) ⇒ (c) 和 (a) ⇒(f) 是显然的. 由定理 4.1.2 知 (f) ⇒(g). 下面我们证明上表中其他的蕴含关系.

(c) ⇒ (e). 设 $(x_n)_n$ 是 X 中一个序列. 对任意的 n, 令 $F_n = \mathrm{cl}\{x_n, x_{n+1}, \cdots\}$. 则 $F_1 \supset F_2 \supset \cdots$ 且 $F_n \neq \varnothing$. 因此由 (c) 知 $\bigcap\limits_{n=1}^{\infty} F_n \neq \varnothing$. 选择 $a \in \bigcap\limits_{n=1}^{\infty} F_n$, 我们证明存在 $(x_n)_n$ 的子列 $(x_{n_i})_i$ 使其收敛于 a. 事实上, 因为 $a \in \bigcap\limits_{n=1}^{\infty} F_n \subset \mathrm{cl}\{x_1, x_2, \cdots\}$, 故存在 $n_1 \in \mathbb{N}$ 使得 $x_{n_1} \in B(a, 1)$. 由于 $a \in F_{n_1+1}$, 故存在 $n_2 > n_1$ 使得 $x_{n_2} \in B\left(a, \dfrac{1}{2}\right)$. 依此类推, 我们可以定义 $n_1 < n_2 < \cdots < n_i < \cdots$ 使得 $x_{n_i} \in B\left(a, \dfrac{1}{i}\right)$. 显然, 此时 $x_{n_i} \to a\ (i \to \infty)$.

(e) ⇒(a). 首先证明对任意的 $n \in \mathbb{N}$, 覆盖 $\mathcal{E}_n = \left\{ B\left(x, \dfrac{1}{n}\right) : x \in X \right\}$ 存在有限子覆盖. 假设对某一 n, $\mathcal{E}_n$ 不存在有限子覆盖. 选择 $x_1 \in X$, 则 $\left\{ B\left(x_1, \dfrac{1}{n}\right) \right\}$ 不是 X 的开覆盖, 故存在 $x_2 \in X$ 使得 $d(x_1, x_2) \geqslant \dfrac{1}{n}$. 同样 $\left\{ B\left(x_1, \dfrac{1}{n}\right), B\left(x_2, \dfrac{1}{n}\right) \right\}$ 不是 X 的开覆盖, 从而存在 $x_3 \in X$ 使得 $d(x_1, x_3), d(x_2, x_3) \geqslant \dfrac{1}{n}$. 依此类推我们可以定义 X 中序列 $(x_i)_i$ 使得对任意的 $i \neq j, d(x_i, x_j) \geqslant \dfrac{1}{n}$. 显然, 这样的序列不存在收敛子序列.

其次, 我们证明, 对 X 的任意开覆盖 $\mathcal{E}$, 存在 $n \in \mathbb{N}$ 使得对任意的 $x \in X$, 存在 $C \in \mathcal{E}$ 使得 $B\left(x, \dfrac{1}{n}\right) \subset C$. 否则, 对任意的 n, 选择 $x_n \in X$ 使得对任意的 $C \in \mathcal{E}$, 有 $B\left(x_n, \dfrac{1}{n}\right) \not\subset C$. 对于 X 中序列 $(x_n)_n$ 应用条件 (e) 知存在收敛的子序列 $x_{n_i} \to x \in X\ (i \to \infty)$. 由于 $\mathcal{E}$ 是 X 的开覆盖, 存在 $C \in \mathcal{E}$ 使得 $x \in C$. 因此存在 $\varepsilon > 0$ 使得 $B(x, \varepsilon) \subset C$, 由 $x_{n_i} \to x$, 选择 i 使得 $d(x, x_{n_i}) < \dfrac{\varepsilon}{2}$ 且 $\dfrac{1}{n_i} < \dfrac{\varepsilon}{2}$, 则 $B\left(x_{n_i}, \dfrac{1}{n_i}\right) \subset B(x, \varepsilon) \subset C$. 矛盾于 x_{n_i} 的选择.

以上两事实显然可以推出 X 的任意开覆盖都存在有限子覆盖, 从而 (a) 成立.

(a) $\Rightarrow$(d). 设 (d) 不成立, 则存在无限子集 $A \subset X$ 使得 $\mathrm{der}\, A = \varnothing$, 故对任意的 $x \in X$, 存在 $\varepsilon_x > 0$ 使得 $B(x, \varepsilon_x) \bigcap (A \setminus \{x\}) = \varnothing$, 即 $B(x, \varepsilon_x) \bigcap A \subset \{x\}$, 则 $\{B(x, \varepsilon_x) : x \in X\}$ 是 X 的开覆盖. 因此由 (a) 知存在有限子覆盖 $\{B(x_1, \varepsilon_{x_1}),$ $B(x_2, \varepsilon_{x_2}), \cdots, B(x_n, \varepsilon_{x_n})\}$, 所以

$$A = A \bigcap X = A \bigcap \left(\bigcup_{i=1}^{n} B(x_n, \varepsilon_{x_n}) \right) \subset \{x_1, x_2, \cdots, x_n\}.$$

矛盾于 A 是无限子集.

(d) $\Rightarrow$(c). 设 $(F_n)_n$ 是 X 的非空闭集列且 $F_1 \supset F_2 \supset \cdots$. 假设 $\bigcap\limits_{n=1}^{\infty} F_n = \varnothing$. 选择 $x_1 \in F_1$, 则 $x_1 \notin \bigcap\limits_{n=1}^{\infty} F_n$, 从而存在 $n_2 > 1$ 使得 $x_1 \notin F_{n_2}$. 由于 $F_{n_2} \neq \varnothing$, 选择 $x_2 \in F_{n_2}$, 则 $x_1 \neq x_2$. 再选择 $n_3 > n_2$ 使得 $x_2 \notin F_{n_3}$. 显然, $x_1 \notin F_{n_3}$. 取 $x_3 \in F_{n_3}$. 依此类推, 我们可以定义 $1 = n_1 < n_2 < \cdots$ 和 x_i 使得 $x_1, x_2, \cdots, x_{i-1} \notin F_{n_i}$, $x_i \in F_{n_i}$, 则

$$A = \{x_1, x_2, \cdots, x_i, \cdots\}$$

是 X 中的无限子集. 故由条件 (d) 知 $\mathrm{der}\, A \neq \varnothing$. 选择 $x \in \mathrm{der}\, A$. 我们证明 $x \in \bigcap\limits_{n=1}^{\infty} F_n$. 设 $n \in \mathbb{N}$. 对任意的 $\varepsilon > 0$,

$$U = (B(x, \varepsilon) \setminus \{x_1, x_2, \cdots, x_n\}) \bigcup \{x\}$$

是 x 的邻域. 因此,

$$B(x, \varepsilon) \bigcap (A \setminus \{x_1, x_2, \cdots, x_n\}) = (U \setminus \{x\}) \bigcap A \neq \varnothing.$$

故存在 i 使得 $n_i > n$ 且 $x_{n_i} \in A \bigcap B(x, \varepsilon)$, 从而

$$F_n \bigcap B(x, \varepsilon) \supset F_{n_i} \bigcap B(x, \varepsilon) \ni x_{n_i}.$$

由此知 $x \in \mathrm{cl}\, F_n = F_n$, 所以 $x \in \bigcap\limits_{n=1}^{\infty} F_n$. 矛盾于 $\bigcap\limits_{n=1}^{\infty} F_n = \varnothing$.

(g) $\Rightarrow$(f).[1] 设 $\mathcal{S}$ 是 X 的可数子基且由 $\mathcal{S}$ 中成员组成的 X 的覆盖都有有限子覆盖. 令

$$\mathcal{B} = \{S_1 \bigcap S_2 \bigcap \cdots \bigcap S_n : \forall i \leqslant n, S_i \in \mathcal{S}, n = 1, 2, \cdots\}.$$

则 $\mathcal{B}$ 为 X 的基. 现在我们证明由 $\mathcal{B}$ 中成员组成的 X 覆盖有有限子覆盖, 从而 (f) 成立. 设 $\mathcal{B}_0 \subset \mathcal{B}$ 是 X 的开覆盖, 由于 $\mathcal{B}$ 是可数的, 所以我们假定

$$\mathcal{B}_0 = \{B^1, B^2, \cdots, B^n, \cdots\}.$$

---

①即使 (g) 中没有 $\mathcal{S}$ 是可数的假定, 这个结论仍然成立, 此时这个结论称为 Alexander 子基引理, 见定理 7.3.1, 这里的证明和定理 7.3.1 的证明是由作者给出的一个简单证明, 见 [18].

如果 $\mathcal{B}_0$ 不存在有限子覆盖, 我们将定义出 $\mathcal{S}$ 的一个子族 $\mathcal{S}_0$ 使其为 X 的覆盖但不含有限子覆盖. 对任意的 k, 设 $B^k = S_1^k \bigcap S_2^k \bigcap \cdots \bigcap S_{n_k}^k$. 则对任意 $i \leqslant n_1$,

$$\mathcal{B}_{1,i} = \{S_i^1, B^2, \cdots, B^n, \cdots\}$$

是 X 的覆盖. 假设对每一个 $i \leqslant n_1$, $\mathcal{B}_{1,i}$ 都存在有限子覆盖, 则存在 N 使得对任意的 $i \leqslant n_1$, $S_i^1 \bigcup B^2 \bigcup \cdots \bigcup B^N = X$. 故 $\bigcap\limits_{i=1}^{n_1}(S_i^1 \bigcup B^2 \bigcup \cdots \bigcup B^N) = X$, 即 $B^1 \bigcup B^2 \bigcup \cdots \bigcup B^N = X$. 矛盾于 $\mathcal{B}_0$ 不存在有限子覆盖. 因此存在 $i_1 \leqslant n_1$ 使得 X 的覆盖

$$\mathcal{B}_1 = \{S_{i_1}^1, B^2, \cdots, B^n, \cdots\}$$

不存在有限子覆盖. 用 $\mathcal{B}_1$ 代替 $\mathcal{B}_0$, 用同样的方法可以证明存在 $i_2 \leqslant n_2$ 使得

$$\mathcal{B}_2 = \{S_{i_1}^1, S_{i_2}^2, B^3, \cdots, B^n, \cdots\}$$

不存在有限子覆盖. 利用数学归纳法我们可以定义 $\mathcal{S}$ 的成员 $S^n = S_{i_n}^n \supset B^n$, 使得

对任意 $m \in \mathbb{N}$, 覆盖 $\{S^1, S^2, \cdots, S^m, B^{m+1}, \cdots\}$ 不存在有限子覆盖. $\qquad$ (4-1)

令

$$\mathcal{S}_0 = \{S^1, S^2, \cdots, S^m, \cdots\}.$$

那么, 由于 $\mathcal{B}_0$ 是 X 的覆盖且对任意的 m, $S^m \supset B^m$, 所以 $\mathcal{S}_0$ 也是 X 的开覆盖. 又, 由 (4-1) 知 $\mathcal{S}_0$ 也不存在有限子覆盖. $\mathcal{S}_0$ 正是我们所需要的 $\mathcal{S}$ 的子族. $\qquad\square$

练　习　4.1

4.1.A. 设 X 是紧度量空间, $\{A_s : s \in S\}$ 是一族闭集, U 是开集. 如果 $\bigcap\limits_{s \in S} A_s \subset U$, 那么, 存在有限集 $S_0 \subset S$ 使得 $\bigcap\limits_{s \in S_0} A_s \subset U$. 证明之.

4.1.B. 证明每一个无限的紧度量空间都存在非闭的可数集合和闭的无限可数集合.

4.1.C. 设 X 是紧度量空间, $x \in X$. 证明 $C(x) = Q(x)$. (提示: 利用练习 3.1.E 和 4.1.A 的结果.)

4.1.D. 如果 X 是度量空间, Y 是紧度量空间, $f : X \to Y$. 证明: f 连续当且仅当 f 的**图像**

$$G(f) = \{(x, f(x)) \in X \times Y : x \in X\}$$

是 $X \times Y$ 的闭子集. 举例说明 Y 的紧性不可缺少.

4.1.E. 证明紧离散子集是有限的.

4.2　紧度量空间的运算 I

本节将讨论紧性对于我们已经定义的子空间运算、和空间及乘积运算的保持情况, 并利用此给出紧度量空间的例子, 特别是 $\mathbb{R}^n$ 的子空间是紧的充分必要条件.

定理 4.2.1　设 X, Y 是度量空间, $f : X \to Y$ 是连续映射. 若 X 是紧的, 则 $f(X)$ 也是紧的.

证明　设 $\mathcal{C}$ 是 $f(X)$ 的由 Y 中开集组成的开覆盖, 则

$$f^{-1}(\mathcal{C}) = \{f^{-1}(C) : C \in \mathcal{C}\}$$

是 X 的开覆盖, 从而存在 $C_1, C_2, \cdots, C_n \in \mathcal{C}$ 使得 $\bigcup\limits_{i=1}^{n} f^{-1}(C_i) = X$. 故 $f(X) = \bigcup\limits_{i=1}^{n} f(f^{-1}(C_i)) \subset \bigcup\limits_{i=1}^{n} C_i$, 即 $\{C_1, C_2, \cdots, C_n\}$ 是 $\mathcal{C}$ 的对于 $f(X)$ 的子覆盖. □

推论 4.2.1　紧空间的连续像是紧的.

定理 4.2.2　设 X 是度量空间, Y 是 X 的子空间, 则

(1) 如果 Y 是 X 的紧子集, 则 Y 是 X 的闭子集;

(2) 如果 X 是紧空间且 Y 是 X 的闭子集, 则 Y 是 X 的紧子集.

证明　(1) 设 Y 是 X 的一个紧子集, 则对任意的 Y 中的序列 (y_n), 若 $y_n \to x \in X$, 则由定理 4.1.3 中 (a) ⇔ (e) 知存在 (y_n) 的子列 (y_{n_i}) 使得 $y_{n_i} \to y \in Y$, 那么子列 $y_{n_i} \to x$. 由序列极限的唯一性 (定理 2.2.10) 知 $y = x$. 所以 $x \in Y$, 即 Y 中每一个收敛序列的极限都在 Y 中, 从而 Y 是闭的.

(2) 设 X 是紧空间且 Y 是 X 的闭子集. 为了证明 Y 是 X 的一个紧子集, 设 $\mathcal{C}$ 是由 X 的开集构成的 Y 的覆盖, 则 $\mathcal{C} \bigcup \{X \setminus Y\}$ 是 X 的开覆盖. 由于 X 是紧的, 故其存在有限子覆盖 $\{C_1, C_2, \cdots, C_n\} \bigcup \{X \setminus Y\} \subset \mathcal{C} \bigcup \{X \setminus Y\}$. 那么 $\{C_1, C_2, \cdots, C_n\}$ 是对于 Y 的 $\mathcal{C}$ 的子覆盖, 由定理 4.1.1 知 Y 是 X 的紧子集. □

推论 4.2.2　紧度量空间是绝对 $\mathcal{F}_0$ 度量空间.

推论 4.2.3　设 X 是紧度量空间, Y 是度量空间, 若 $f : X \to Y$ 连续, 则 f 是闭映射.

证明　由定理 4.2.1 和定理 4.2.2 立即可得. □

推论 4.2.4　设 X 是紧度量空间, Y 是度量空间, 若 $f : X \to Y$ 是一一对应且连续, 则 $f : X \to Y$ 是同胚映射.

推论 4.2.5　设 X 是非空集合, d, ρ 分别是 X 上的两个度量, 若 (X, d) 是紧的且 $\mathcal{T}_\rho \subset \mathcal{T}_d$, 则 $\mathcal{T}_d = \mathcal{T}_\rho$

证明　否则, 设 $\mathcal{T}_\rho \subsetneqq \mathcal{T}_d$, 则 $\mathrm{id}_X : (X, d) \to (X, \rho)$ 是一一对应且连续但不是同胚, 矛盾于推论 4.2.4. □

定理 4.2.3 (Tychonoff 乘积定理) 设 $(X_n)_n$ 是一列 (有限或无限) 度量空间, X 是其乘积, 则 X 是紧的充分必要条件是每一个 X_n 都是紧的.

证明 ⇒. 对任意的 n, 设 $p_n : X \to X_n$ 是向 X_n 的投影, 则 p_n 是连续满射, 故由 X 的紧性可推出每一个 X_n 的紧性.

⇐. 我们利用定理 4.1.3 中 (a) ⇔ (g) 证明它. 我们仅仅考虑无限乘积, 有限的乘积读者可以仿照这个证明自己写出, 有限的乘积也有另一个证明 (见练习 4.2.C). 设每一个 X_n 都是紧的. 由推论 4.1.1 知 X_n 存在可数基 $\mathcal{B}_n$. 对任意的 n, 令

$$\mathcal{S}_n = \{X_1 \times \cdots \times X_{n-1} \times B_n \times X_{n+1} \times \cdots : B_n \in \mathcal{B}_n\} = \{p_n^{-1}(B_n) : B_n \in \mathcal{B}_n\},$$

$$\mathcal{S} = \bigcup_{n=1}^{\infty} \mathcal{S}_n.$$

则 $\mathcal{S}$ 是 X 的一个可数子基. 现在我们只要证明由 $\mathcal{S}$ 的成员组成的 X 的覆盖都有有限子覆盖, 即可完成充分性的证明. 设

$$\mathcal{S}^0 = \mathcal{S}_1^0 \bigcup \mathcal{S}_2^0 \bigcup \cdots \bigcup \mathcal{S}_n^0 \bigcup \cdots$$

是由 $\mathcal{S}$ 中成员组成的 X 的开覆盖, 其中, 对每一个 n, $\mathcal{S}_n^0 \subset \mathcal{S}_n$.

那么, 存在 n 使得 $\mathcal{S}_n^0$ 是 X 的覆盖. 事实上, 否则, 对每一个 n, 选择 $x^n = (x_1^n, x_2^n, \cdots, x_n^n, x_{n+1}^n, \cdots) \in X$ 使得 $x^n \notin \bigcup \mathcal{S}_n^0 = \bigcup_{B_n \in \mathcal{B}_n^0} p_n^{-1}(B_n)$, 这里, $\mathcal{B}_n^0 \subset \mathcal{B}_n$. 故对任意 $y \in X$, 如果 $p_n(y) = x_n^n$, 则 $y \notin \bigcup \mathcal{S}_n^0$. 令 $x = (x_1^1, x_2^2, \cdots, x_n^n, x_{n+1}^{n+1}, \cdots) \in X$. 则 $x \notin \bigcup_{n=1}^{\infty} \bigcup \mathcal{S}_n^0 = \bigcup \mathcal{S}^0$, 故 $\mathcal{S}^0$ 不是 X 的开覆盖, 矛盾于我们的假定.

现在不妨设 $\mathcal{S}_1^0$ 是 X 的开覆盖, 则 $\mathcal{B}_0 = \{B \in \mathcal{B}_1 : B \times X_2 \times \cdots \in \mathcal{S}_1^0\}$ 是 X_1 的开覆盖. 由假设, 其存在有限子覆盖 $\mathcal{B}_0^* = \{B_1, B_2, \cdots, B_s\}$. 则

$$\{B_i \times X_2 \times X_3 \times \cdots : i = 1, 2, \cdots, s\}$$

是 $\mathcal{S}_0$ 的有限子覆盖.   □

定理 4.2.4 度量空间中任意有限个紧集的并是紧的; 紧集和闭集的交是紧的. 另外, 设 $(C_n)_n$ 是 X 中一列单调下降的紧连通子集, 则 $\bigcap_{n=1}^{\infty} C_n$ 也是紧连通集.

证明 前两个结论的证明留给读者, 我们证明最后一个结论. 由第二个结论, $C = \bigcap_{n=1}^{\infty} C_n$ 是紧的. 假设 C 不连通, 则 C 可以写成 C 中两个不相交的非空闭集 E, F 的并, 注意到 E, F 也是 X 中的闭集. 因此由推论 2.7.2 知存在 X 中不相交的非空开集 U, V 使得 $E \subset U$ 且 $F \subset V$. 因此, $\bigcap_{n=1}^{\infty} C_n = C \subset U \bigcup V$. 对每一个 $n \geqslant 2$, 令

$$F_n = C_n \bigcap (C_1 \setminus (U \bigcup V)).$$

则 $(F_n)_{n\geqslant 2}$ 是紧空间 $C_1 \setminus (U\bigcup V) = C_1\bigcap(X \setminus (U\bigcup V))$ 的单调下降的闭集列且其交是空集. 从而由定理 4.1.3 中的 (a) $\Leftrightarrow$(c) 知存在 $n \geqslant 2$ 使得 $F_n = \varnothing$, 即 $C_n \subset U\bigcup V$. 因为 C_n 是连通的, 故 $C \subset C_n \subset U$ 或者 $C \subset C_n \subset V$. 从而 $C\bigcap F = \varnothing$ 或者 $C\bigcap E = \varnothing$, 矛盾于 E, F 的取法. $\square$

注 4.2.1　在定理 4.2.4 的第三个结论中, 紧性的假定不能去掉. 例如, 令

$$C_n = \mathbf{I} \times \left\{ \frac{1}{n}, \frac{1}{n+1}, \cdots \right\}\bigcup\{0,1\} \times \mathbf{I}.$$

那么, $(C_n)_n$ 是 $\mathbb{R}^2$ 中一列单调下降的连通子集, 但 $\bigcap\limits_{n=1}^{\infty} C_n = \{0,1\} \times \mathbf{I}$ 不是连通集. 见图 3-4.

下面我们给出紧空间的一些例子.

例 4.2.1　$\mathbf{I} = [0,1]$ 是紧的, 从而 $\mathbb{R}$ 中任何闭区间都是紧的.

证明　令 $\mathcal{S} = \{[0,b) : b \in (0,1)\bigcap\mathbb{Q}\}\bigcup\{(a,1] : a \in (0,1)\bigcap\mathbb{Q}\}$, 则 $\mathcal{S}$ 是 X 的可数子基. 为了证明 $\mathbf{I}$ 是紧的, 我们只须证明由 $\mathcal{S}$ 中成员组成的 $\mathbf{I}$ 的开覆盖有有限子覆盖, 设 $\mathcal{S}_0 = \mathcal{S}_l\bigcup\mathcal{S}_r$ 是 $\mathbf{I}$ 的开覆盖, 其中 $\mathcal{S}_l$ 的成员具有 $[0,b)$ 的形式, $\mathcal{S}_r$ 中的成员具有 $(a,1]$ 的形式, 令

$$b_0 = \sup\{b \in (0,1) : \ [0,b) \in \mathcal{S}_l\},$$

$$a_0 = \inf\{a \in (0,1) : (a,1] \in \mathcal{S}_r\}.$$

则 $a_0 < b_0$, 否则, $b_0 \notin \bigcup(\mathcal{S}_l\bigcup\mathcal{S}_r)$. 因此存在 $a \in (0,1), b \in (0,1)$ 使得 $[0,b) \in \mathcal{S}_l, (a,1] \in \mathcal{S}_r$ 且 $a < b$, 则 $[0,b)\bigcup(a,1] = \mathbf{I}$, 从而 $\{[0,b),(a,1]\}$ 是 $\mathcal{S}_0$ 中由两个元组成的 $\mathbf{I}$ 的子覆盖. $\square$

定理 4.2.5　度量空间中的紧集必为有界集.

证明　证明留给读者. $\square$

定理 4.2.6　n-维 Euclidean $(\mathbb{R}^n, d)$ 中的子集 A 是紧的充分必要条件是 A 是 $(\mathbb{R}^n, d)$ 中的有界闭集.

证明　由定理 4.2.5 知, 紧集必是 $(\mathbb{R}^n, d)$ 中的有界集. 定理 4.2.2(1) 说明其也必为闭集, 故必要性得证.

反之, 若 A 是有界闭集, 则存在 $a,b \in \mathbb{R}$ 使得 $A \subset [a,b]^n$, 由于 $[a,b]^n$ 是 $\mathbb{R}^n$ 的紧子集, 且 A 是 $[a,b]^n$ 的闭子集, 从而由定理 4.2.2(2) 知 A 是紧的. $\square$

推论 4.2.6　$\mathbf{B}^n, \mathbf{I}^n, \mathbf{J}^n, \mathbb{S}^n, Q = \mathbf{J}^{\mathbb{N}}$ 均为紧空间.

练　习　4.2

4.2.A. 举例说明, 存在 $\mathbb{R}^n$ 上度量 ρ 使得 $(\mathbb{R}^n, \rho)$ 的拓扑和 Euclidean 空间 $\mathbb{R}^n$ 相同, 但是定理 4.2.6 对 $(\mathbb{R}^n, \rho)$ 不成立

4.2.B. 设 (X, d) 是紧度量空间, (Y, ρ) 是度量空间, $f : X \to Y$ 连续. 证明: 对任意的 $A \subset X$, $f(\operatorname{cl} A) = \operatorname{cl} f(A)$.

4.2.C. 不用定理 4.2.3 证明有限个紧度量空间的乘积是紧的.

4.2.D. 设 X 是度量空间. 证明 X 是紧的充分必要条件是对任意的度量空间 Y, 投影映射 $p : X \times Y \to Y$ 是闭映射.

4.3 紧度量空间的性质

本节我们首先给出 Lebesgue 数引理, 然后利用它把在分析学中大家熟悉的关于闭区间上连续函数的三条性质推广到紧度量空间上. 通过此说明, Lebesgue 数引理是这些性质成立的核心理由, 可以帮助我们重新认识这些结论. 我们还将证明 Wallace 定理, 其说明紧集和一般的闭集相比更像一个点.

定理 4.3.1 (Lebesgue 数引理) 设 $\mathcal{U}$ 是度量空间 (X, d) 的开集族, C 是 X 的紧集且 $\bigcup \mathcal{U} \supset C$, 则存在 $\delta > 0$ (这样的数称为 $\mathcal{U}$ 的一个 **Lebesgue 数**) 使得对任意的 $A \subset X$, 若 $\operatorname{diam} A < \delta$ 且 $A \bigcap C \neq \varnothing$, 则存在 $U \in \mathcal{U}$ 使得 $A \subset U$.

证明 我们利用反证法. 设对任意的 $n \in \mathbb{N}, \dfrac{1}{n}$ 都不是 $\mathcal{U}$ 的 Lebesgue 数, 则存在 $A_n \subset X$ 使得 $\operatorname{diam} A_n < \dfrac{1}{n}$ 且 $A_n \bigcap C \neq \varnothing$, 但对于任意的 $U \in \mathcal{U}$, 有 $A_n \not\subset U$. 选择 $a_n \in A_n \bigcap C$. 由于 C 是紧的, 序列 (a_n) 存在收敛子列 $(a_{n_i})_i$, 令 $a = \lim_{i \to \infty} a_{n_i} \in C$. 选择 $U \in \mathcal{U}$ 及 $\varepsilon > 0$ 使得 $B_d(a, \varepsilon) \subset U$. 对此 ε 选择 i 充分大, 使得 $\dfrac{1}{n_i} < \dfrac{\varepsilon}{2}$ 且 $a_{n_i} \in B\left(a, \dfrac{\varepsilon}{2}\right)$. 则对任意的 $x \in A_{n_i}$, 由于 $a_{n_i} \in A_{n_i}$ 有

$$d(x, a) \leqslant d(x, a_{n_i}) + d(a_{n_i}, a) < \operatorname{diam} A_{n_i} + \frac{\varepsilon}{2} < \frac{1}{n_i} + \frac{\varepsilon}{2} < \varepsilon.$$

所以 $x \in B(a, \varepsilon) \subset U$. 由 x 的任意性知 $A_{n_i} \subset U \in \mathcal{U}$. 此矛盾于 A_{n_i} 的选择. $\square$

上述结果是非常有用的, 后面我们将多次利用它. 下面我们首先给出它的几个直接应用. Lebesgue 数的大小不是拓扑性质, 甚至于它的存在性也不是拓扑性质. 见练习 4.3.E.

定理 4.3.2 (一致连续性定理) 设 $f : (X, d) \to (Y, \rho)$ 是紧度量空间 (X, d) 到度量空间 (Y, ρ) 的连续映射, 则 f 是一致连续的.

证明 对任意的 $\varepsilon > 0$, 考虑 (Y, ρ) 的开覆盖 $\mathcal{V} = \left\{ B_\rho\left(y, \dfrac{\varepsilon}{2}\right) : y \in Y \right\}$. 则 $\mathcal{U} = \left\{ f^{-1}\left(B_\rho\left(y, \dfrac{\varepsilon}{2}\right)\right) : y \in Y \right\}$ 构成 (X, d) 的开覆盖, 由 Lebesgue (定理 4.3.1) 知 $\mathcal{U}$ 存在一个 Lebesgue 数 $\delta > 0$. 从而对任意的 $A \subset X$, 若 $\operatorname{diam}_d A < \delta$, 则存在 $y \in Y$ 使得 $A \subset f^{-1}\left(B_\rho\left(y, \dfrac{\varepsilon}{2}\right)\right)$, 即 $f(A) \subset B_\rho\left(y, \dfrac{\varepsilon}{2}\right)$. 从而

$$\operatorname{diam}_\rho f(A) \leqslant \operatorname{diam}_\rho B_\rho\left(y, \frac{\varepsilon}{2}\right) \leqslant \varepsilon.$$

特别地, 对任意的 $x_1, x_2 \in X$, 若 $d(x_1, x_2) < \delta$, 则 $\mathrm{diam}_d\{x_1, x_2\} < \delta$. 于是

$$\rho(f(x_1), f(x_2)) = \mathrm{diam}_\rho f(\{x_1, x_2\}) \leqslant \varepsilon.$$

我们证明了 $f : (X, d) \to (Y, \rho)$ 是一致连续的. □

定理 4.3.3 (有界性定理) 设 $f : (X, d) \to (Y, \rho)$ 连续, $A \subset X$ 是 X 的紧子集, 则 $f(A)$ 在 (Y, ρ) 中有界.

证明 留给读者. □

推论 4.3.1 设 $f : (X, d) \to \mathbb{R}$ 连续, $A \subset X$ 是 X 的紧子集, 则 $f(A)$ 在 $\mathbb{R}$ 中有界.

定理 4.3.4 设 $f : (X, d) \to \mathbb{R}$ 连续, 若 $A \subset X$ 是 X 的紧子集, 则

(1) (最大最小值定理) $f(A)$ 在 $\mathbb{R}$ 中有最大值和最小值.

(2) (介值定理) 若 A 是紧连通子集, 则 $f(A)$ 是 $\mathbb{R}$ 中的闭区间.

证明 (1) 其证明与数学分析中相应定理类似, 略去.

(2) 是 (1) 和推论 3.1.2 和定理 3.1.7 的结合. □

定理 4.3.5 (Wallace 定理) 设 $(X_n)_{n<N}$ 是一列 (有限或无限, 即 $N \in \mathbb{N} \bigcup \{\infty\}$) 度量空间, 对任意的 $n < N$, A_n 是 X_n 的紧集, W 是 $X = \prod_{n<N} X_n$ 的开集且 $\prod_{n<N} A_n \subset W$. 则对任意的 $n < N$, 存在 X_n 的开集 U_n 使得

$$\prod_{n<N} A_n \subset \prod_{n<N} U_n \subset W$$

且除有限个外 $U_n = X_n$.

证明 我们首先证明两个乘积的情况. 对任意的 $(a_1, a_2) \in A_1 \times A_2$, 分别存在 X_1 和 X_2 的开集 $U_1(a_1, a_2)$ 和 $U_2(a_1, a_2)$ 使得

$$(a_1, a_2) \in U_1(a_1, a_2) \times U_2(a_1, a_2) \subset W.$$

现在我们固定 a_1, 由于 $\{a_1\} \times A_2$ 同胚于 A_2, 于是也是紧的. 因此, 存在有限个 $\{U_1(a_1, a_2^i) : i = 1, 2 \cdots, n\}$ 和 $\{U_2(a_1, a_2^i) : i = 1, 2, \cdots, n\}$ 使得

$$\{a_1\} \times A_2 \subset \bigcup\{U_1(a_1, a_2^i) \times U_2(a_1, a_2^i) : i = 1, 2 \cdots, n\}.$$

令

$$U_1(a_1) = \bigcap\{U_1(a_1, a_2^i) : i = 1, 2 \cdots, n\},$$

$$U_2(a_1) = \bigcup\{U_2(a_1, a_2^i) : i = 1, 2 \cdots, n\}.$$

则 $U_1(a_1)$, $U_2(a_1)$ 分别是 X_1, X_2 的开集且

$$\{a_1\} \times A_2 \subset U_1(a_1) \times U_2(a_1) \subset W.$$

进一步, $\{U_1(a_1) : a_1 \in A_1\}$ 是 A_1 的开覆盖, 从而存在有限子覆盖 $\{U_1(a_1^j) : j = 1, 2 \cdots m\}$. 令

$$U_1 = \bigcup\{U_1(a_1^j) : j = 1, 2, \cdots, m\},$$

$$U_2 = \bigcap\{U_2(a_1^j) : j = 1, 2, \cdots, m\}.$$

则 U_1, U_2 满足要求, 见图 4-1.

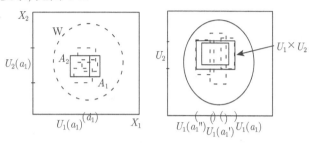

图 4-1 $U_1(a_1), U_2(a_1), U_1, U_2$ 的定义

其次, 利用数学归纳法很容易证明定理对有限乘积也是正确的.

最后, 我们使用有限乘积的结论证明结论对于无限乘积时也成立. 对任意 $a \in A = \prod_{n=1}^{\infty} A_n$, 存在 $n(a)$ 及 X_i 中开集 $U_{(i,a)}$ 使得对任意的 $i > n(a)$ 有 $U_{(i,a)} = X_i$ 且 $a \in U(a) = \prod_{i=1}^{\infty} U_{(i,a)} \subset W$. 那么 $\{U(a) : a \in A\}$ 是 A 的开覆盖. 由 Tychonoff 乘积定理 (定理 4.2.3), A 是紧的, 因此这个开覆盖存在有限子覆盖 $\{U(a_i) : i = 1, 2, \cdots, m\}$. 令

$$n = \max\{n(a_i) : i = 1, 2, \cdots, m\}, \ W^n = \bigcup_{i=1}^{m} \prod_{j=1}^{n} U_{(j,a_i)}.$$

则 W^n 是 $\prod_{i=1}^{n} X_i$ 中的开集且

$$A \subset W^n \times \prod_{i=n+1}^{\infty} X_i \subset W.$$

由于对有限乘积结论成立, 所以对于空间 $\prod_{i=1}^{n} X_i$ 中的紧子集 $\prod_{i=1}^{n} A_i$ 及开集 W^n, 对 $i \leqslant n$ 存在 X_i 中开集 U_i 使得

$$\prod_{i=1}^{n} A_i \subset \prod_{i=1}^{n} U_i \subset W^n.$$

结合以上两式有

$$A = \prod_{i=1}^{\infty} A_i \subset \prod_{i=1}^{\infty} U_i \subset W,$$

这里对于 $i > n, U_i = X_i$. □

注 4.3.1　令 $X_1 = X_2 = \mathbb{R}$, $A_1 = \{0\}$, $A_2 = \mathbb{R}$ 且 $W = \{(x, y) \in \mathbb{R}^2 : xy < 1\}$. 则 $A_1 \times A_2 \subset W$, 但是, 不存在 $\mathbb{R}$ 中开集 U_1, U_2 使得 $A_1 \times A_2 \subset U_1 \times U_2 \subset W$. 由此说明, 对于非紧的子集 A_n, 上述定理中的结论不成立.

练　习　4.3

4.3.A. 如果 X 是紧连通度量空间 (一般称紧连通度量空间为**连续统**), A 是 X 非空真闭子空间. 证明对空间 A 的每一个连通分支 C, 我们有 $C \bigcap \operatorname{bd} A \neq \varnothing$. (提示: 利用练习 4.1.C 和练习 4.1.A.)

4.3.B. 如果连续统 X 被表示为两两不相交的可数个闭集之并 $X = \bigcup X_{n \in \mathbb{N}}$ 且至少有两个是非空的, 那么, 对任意的 $i \in \mathbb{N}$, 存在连续统 $C \subset X$ 使得 $C \bigcap X_i = \varnothing$ 而且 $\{C \bigcap X_n : n \in \mathbb{N}\}$ 中至少有两个是非空的. (提示: 利用练习 4.3.A.)

4.3.C. 证明 Sierpiński 定理: 连续统不能表示为可数个两两不相交的闭子集之并, 除非仅有一个非空. (提示: 利用练习 4.3.B.)

4.3.D. 比较练习 4.3.C 和练习 3.2.E 说明了什么?

4.3.E. 给出自然数集 $\mathbb{N}$ 上两个度量 d, ρ 满足以下条件:

(1) $\mathcal{T}_d = \mathcal{T}_\rho = P(\mathbb{N})$;

(2) $(\mathbb{N}, d)$ 的每一个开覆盖都存在 Lebesgue 数;

(3) $(\mathbb{N}, \rho)$ 有一个开覆盖不存在 Lebesgue 数.

4.4　局部紧度量空间

紧度量空间有良好的性质, 但 $\mathbb{R}^n$ 不是紧度量空间, 因此本节研究一类比紧度量空间更广的空间类——局部紧度量空间, 特别地, 证明了其在连续的开或者闭映射下保持. 本节中的所有概念都是拓扑性质.

定义 4.4.1　设 (X, d) 是度量空间, 若对于任意的 $x \in X$, 存在 $U \in \mathcal{N}(x)$, 使得 $\operatorname{cl} U$ 是 X 的紧子集, 则称 (X, d) 是**局部紧度量空间**.

显然, 每一个度量空间都是局部紧度量空间, 无限离散度量空间和 $\mathbb{R}^n$ 是非紧的局部紧度量空间, 显然 $\mathbb{Q}$ 和 $\mathbb{P}$ 都不是局部紧的. 下面我们将证明 $\mathbb{R}^{\mathbb{N}}$ 也不是局部紧度量空间.

容易证明下面的定理.

定理 4.4.1　设 (X, d) 是度量空间, 则下列结论等价:

(a) (X, d) 是局部紧;

(b) 对任意的 $x \in X$, 对任意的 $U \in \mathcal{N}(x)$, 存在 $V \in \mathcal{N}(x)$, 使得 $\operatorname{cl} V \subset U$ 且 $\operatorname{cl} V$ 是紧的;

(c) 对任意的 $x \in X$, 存在 $\varepsilon > 0$, 使得 $\operatorname{cl} B(x, \varepsilon)$ 是紧的.

定理 4.4.2 设 $f: (X, d) \to (Y, \rho)$ 是局部紧度量空间 (X, d) 到度量空间 (Y, ρ) 的连续开满映射, 则 (Y, ρ) 也是局部紧的.

证明 设 $y \in Y$, 则存在 $x \in X$ 使得 $f(x) = y$. 由于 (X, d) 是局部紧的, 故存在 x 点的在 X 中的邻域 U 使得 $\operatorname{cl} U$ 是紧的. 进一步, 由于 f 是开映射, 从而 $f(U)$ 是 y 点在 Y 中的邻域, 又由于 $\operatorname{cl} U$ 是紧的, 所以 $f(\operatorname{cl} U)$ 是 Y 中紧的, 因此是闭集. 故由

$$\operatorname{cl} f(U) \subset \operatorname{cl} f(\operatorname{cl} U) = f(\operatorname{cl} U) \subset \operatorname{cl} f(U)$$

知 $\operatorname{cl} f(U) = f(\operatorname{cl} U)$ 也是紧的. 由此知 Y 中每一个点存在一个邻域使其闭包是紧的. $\qquad\square$

局部紧度量空间的闭连续像也是局部紧, 为此我们先证明一个引理.

引理 4.4.1 (Vainstein 引理) 设 $f: (X, d) \to (Y, \rho)$ 是闭连续映射, 则对任意 $y \in Y$, 有 $\operatorname{bd} f^{-1}(y)$ 是 X 中的紧集.

证明 令 $F = \operatorname{bd} f^{-1}(y)$. 由于 $f^{-1}(y)$ 是 X 中闭集, 故 $F \subset f^{-1}(y)$. 利用定理 4.1.3 中 (a) 与 (e) 的等价性, 为了证明 F 是紧集, 我们证明 F 中的元构成的序列有收敛于 F 中点的子列. 设 $(x_n)_n$ 是 F 中由互不相同的元构成的无限序列 (为什么可以这样假定?), 则对任意的 n,

$$U_n = f^{-1}\left(B_\rho\left(y, \frac{1}{n}\right)\right) \bigcap B_d\left(x_n, \frac{1}{n}\right)$$

是 x_n 点的邻域. 故由 $x_n \in \operatorname{bd} f^{-1}(y)$ 知存在 $x_n' \in U_n \setminus f^{-1}(y)$. 令

$$B = \{x_1', x_2', \cdots, x_n', \cdots\}.$$

则 $y \in \operatorname{cl} f(B) \setminus f(B)$. 事实上, $\rho(f(x_n'), y) < \frac{1}{n}$, 所以 $y \in \operatorname{cl} f(B)$. 又由于 $x_n' \notin f^{-1}(y)$, 所以 $y \notin f(\{x_1', x_2', \cdots\}) = f(B)$. 由于 $\operatorname{cl} f(B) \setminus f(B) \neq \varnothing$ 和 f 是闭映射知 B 不是 X 中闭集, 所以 $\operatorname{der} B \neq \varnothing$. 选择 $x \in \operatorname{der} B$. 则存在 $\{x_1', x_2', \cdots, x_n', \cdots\}$ 的子列 x_{n_i}' 使得 $x_{n_i}' \to x$. 又, 因为 $d(x_{n_i}', x_{n_i}) < \frac{1}{n_i}$, 所以 $x_{n_i} \to x$. 由于 F 是闭集, 故 $x \in F$, 由此说明了 $F = \operatorname{bd} f^{-1}(y)$ 是 X 的紧集. $\qquad\square$

定理 4.4.3 设 $f: (X, d) \to (Y, \rho)$ 是局部紧度量空间 (X, d) 到 (Y, ρ) 的连续闭满映射, 则 (Y, ρ) 也是局部紧的.

证明 对任意的 $y \in Y$, 令 $F = \operatorname{bd} f^{-1}(y)$. 由于 X 是局部紧的, 所以对任意的 $x \in F$, 存在 $U_x \in \mathcal{N}(x)$, 使得 $\operatorname{cl} U_x$ 是紧集. 又由 Vainstein 引理 (引理 4.4.1), F 是 X 中紧集, 故存在有限个点 $x_1, x_2, \cdots, x_n \in F$, 使得 $F \subset \bigcup_{i=1}^{n} U_{x_i}$. 令

$$V = Y \setminus f\left(X \setminus \left(\operatorname{int} f^{-1}(y) \bigcup \bigcup_{i=1}^{n} U_{x_i}\right)\right).$$

则 $V \ni y$. 由 f 是闭映射知 V 是 Y 中开集. 现在我们只要证明了 $\operatorname{cl} V$ 是 Y 的紧集, 则由 y 的任意性就完成了定理的证明. 显然, 由 $f : X \to Y$ 是满射可以推出

$$V \subset f\left(\operatorname{int} f^{-1}(y) \bigcup \bigcup_{i=1}^{n} U_{x_i}\right) \subset f\left(\bigcup_{i=1}^{n} U_{x_i}\right) \bigcup \{y\},$$

所以

$$\operatorname{cl} V \subset \operatorname{cl} f\left(\bigcup_{i=1}^{n} U_{x_i}\right) \bigcup \{y\} \subset f\left(\bigcup_{i=1}^{n} \operatorname{cl} U_{x_i}\right) \bigcup \{y\}.$$

由有限个紧集的并是紧的以及紧集的连续像和闭子集是紧的知 $\operatorname{cl} V$ 是 Y 中紧集. □

注 4.4.1　由于任意度量空间都是离散度量空间的连续像 (为什么?) , 所以以上两定理条件中"开"或"闭"不能去掉.

为了给出局部紧性关于子空间的遗传性质, 我们首先给出下面引理, 请读者自己证明.

引理 4.4.2　设 D 是度量空间 X 中的稠密集合, U 是 X 中的开集. 则 $\operatorname{cl}(U \bigcap D) = \operatorname{cl} U$.

定理 4.4.4　设 (X, d) 是局部紧度量空间, Y 是 X 的子空间, 则 Y 是局部紧的充分必要条件是存在 X 中的开集 U 和闭集 F 使得 $Y = F \bigcap U$.

证明　充分性. 为此, 我们仅需要证明局部紧度量空间的开子空间和闭子空间都是局部紧的. 首先设 U 是局部紧度量空间 (X, d) 中的开集, $x \in U$. 由定理 4.4.1, 存在 $V \in \mathcal{N}(x)$, 使得 $\operatorname{cl}_X V \subset U$ 且 $\operatorname{cl}_X V$ 是紧的. 这时, $\operatorname{cl}_U V = \operatorname{cl}_X V$. 因此 x 点存在在 U 中的邻域 V 使得 $\operatorname{cl}_U V$ 是紧的. 从而 U 中每一点都存在邻域使其闭包是紧的, 故 U 是局部紧的. 其次, 设 F 是 X 的闭子空间且 $x \in F$, 则存在 x 在 X 中的邻域 V 使得 $\operatorname{cl}_X V$ 是紧的, 则 $V \bigcap F$ 是 x 点在 F 中的邻域且

$$\operatorname{cl}_F(V \bigcap F) = \operatorname{cl}_X(V \bigcap F) \bigcap F \subset \operatorname{cl}_X V \bigcap F \subset \operatorname{cl}_X V.$$

由此说明 $\operatorname{cl}_F(V \bigcap F)$ 是 $\operatorname{cl}_X V$ 的闭子集 (因为 F 和 $\operatorname{cl}_X(V \bigcap F)$ 都是 X 的闭子集), 从而是紧集. 所以 F 是局部紧度量空间.

必要性. 设 Y 是 X 的局部紧子空间, 令 $F = \operatorname{cl}_X Y$, 则 F 是 X 中闭集. 为了完成必要性的证明, 我们只要证明 Y 是 F 中的开集即可. 事实上, 设 $y \in Y$, 由于 Y 是局部紧的, 存在 Y 中开集 U 使得 $y \in U$ 且 $\operatorname{cl}_Y U$ 是紧的. 由紧集的绝对闭性, $\operatorname{cl}_Y U$ 是 F 中的闭集, 因此, $\operatorname{cl}_F U = \operatorname{cl}_Y U$. 因为 U 是 Y 中开集, 所以存在 F 中开集 V 使得 $U = V \bigcap Y$. 注意 Y, V 分别是空间 F 的稠密集和开集, 由引理 4.4.2 知

$$Y \supset \operatorname{cl}_Y U = \operatorname{cl}_F U = \operatorname{cl}_F(V \bigcap Y) = \operatorname{cl}_F(V) \supset V.$$

于是, $U = V \bigcap Y = V$. 我们证明了 U 也是 F 中的开集. 所以 Y 是 F 中的开集. □

推论 4.4.1 $\mathbb{P}, \mathbb{Q}$ 都不可能写为 $\mathbb{R}$ 中一个开集与一个闭集之交.

定理 4.4.5 设 $(X_n)_n$ 是一列 (有限或无限) 度量空间, X 是其乘积, 则 X 是局部紧的当且仅当每一个 X_n 都是局部紧的且除有限个外, X_n 是紧的.

证明 必要性. 设 X 是局部紧, 由定理 4.4.4 知此时每一个 X_n 都是局部紧的. 任意选择 $x \in X$ 及 x 点的一个开邻域 U 使其满足 $\mathrm{cl}\, U$ 是紧的, 则存在 N 及 $X_1, X_2, \cdots, X_N$ 的开集 $U_1, U_2, \cdots, U_N$ 使得

$$x \in U_1 \times U_2 \times \cdots \times U_N \times X_{N+1} \times \cdots \subset U.$$

那么

$$\mathrm{cl}(U_1 \times U_2 \times \cdots \times U_N \times X_{N+1} \times \cdots)$$
$$= \mathrm{cl}\, U_1 \times \mathrm{cl}\, U_2 \times \cdots \times \mathrm{cl}\, U_N \times X_{N+1} \times \cdots$$
$$\subset \mathrm{cl}\, U.$$

由紧性对闭子空间遗传及 Tychonoff 乘积定理 (定理 4.2.3) 知 $X_{N+1}, X_{N+2}, \cdots$ 是紧的, 也即最多有有限个 X_n 是非紧的.

充分性. 证明是显然的, 留给读者. □

推论 4.4.2 $\mathbb{R}^{\mathbb{N}}$ 及 $\mathbb{N}^{\mathbb{N}}$ 不是局部紧的.

注 4.4.2 事实上, $\mathbb{N}^{\mathbb{N}}$ 同胚于 $\mathbb{P}$, $\mathbb{R}^{\mathbb{N}}$ 同胚于 ℓ^2. 前者的证明见练习 4.4.D, 我们将在第 10 章证明后者.

练 习 4.4

4.4.A. 作为 $\mathbb{R}^2$ 的子空间, $B(O, 1)$, $B(O, 1) \bigcup \{(1, 1)\}$, $\mathbf{B}^2$ 哪个是局部紧的? 哪个不是?

4.4.B. 证明 Hilbert 空间 ℓ^2 不是局部紧的.

4.4.C. 设 (X, d) 是局部紧度量空间, A 是 X 的紧子集. 证明存在开集 U 使得 $U \supset A$ 且 $\mathrm{cl}\, U$ 是紧的.

4.4.D. 证明 $\mathbb{N}^{\mathbb{N}}$ 同胚于 $\mathbb{P}$.(提示: 对 $\mathbb{N}$ 中任意有限序列 $(n_1, n_2, \cdots, n_k)$, 令

$$\psi(n_1, n_2, \cdots, n_k) = \cfrac{1}{n_1 + \cfrac{1}{n_2 + \cfrac{1}{\cdots + \frac{1}{n_k}}}}.$$

建立映射 $h : \mathbb{N}^{\mathbb{N}} \to (0, 1)$ 为

$$h(x) = \lim_{k \to \infty} \psi(x|\{1, 2, \cdots, k\}).$$

证明这个映射是 $\mathbb{N}^{\mathbb{N}}$ 到 $\mathbb{P} \bigcap (0, 1)$ 上的同胚.)

4.5   紧度量空间的运算 II

本节将定义两种新的度量空间的运算并讨论它们的性质. 我们之所以在本章讨论这两种运算, 是因为这两种运算在附加紧性要求时讨论更有意义.

4.5.1   超空间

设 (X, d) 度量空间, 我们定义 X 的子集族:

X 的所有非空闭子集的全体: $\mathrm{Cld}(X) = \mathrm{Cld}(X, d)$;

X 的所有有界非空闭子集的全体: $\mathrm{Bound}(X) = \mathrm{Bound}(X, d)$;

X 的所有非空紧子集的全体: $\mathrm{Comp}(X) = \mathrm{Comp}(X, d)$;

X 的所有非空有限子集的全体: $\mathrm{Fin}(X) = \mathrm{Fin}(X, d)$.

则

$$\mathrm{Fin}(X) \subset \mathrm{Comp}(X) \subset \mathrm{Bound}(X) \subset \mathrm{Cld}(X).$$

当 (X, d) 是紧度量空间时, 后面三项相等. 另外, 我们注意到 $\mathrm{Fin}(X, d)$, $\mathrm{Cld}(X, d)$ 与 $\mathrm{Comp}(X, d)$ 仅与 $\mathcal{T}_d$ 有关, 而 $\mathrm{Bound}(X, d)$ 不能由 $\mathcal{T}_d$ 确定.

下面我们在 $\mathrm{Bound}(X, d)$ 上定义一个度量 d_H, 称之为 **Hausdorff 度量**. 对任意 $A, B \in \mathrm{Bound}(X, d)$,

$$d_H(A, B) = \inf\{r : B(A, r) \supset B \text{ 且 } B(B, r) \supset A\}.$$

这里, 回忆一下, $B(A, r) = \bigcup\{B(x, r) : x \in A\}$.

引理 4.5.1 d_H 是 $\mathrm{Bound}(X, d)$ 上的一个度量.

证明   显然, 当 $A, B \in \mathrm{Bound}(X, d)$ 时, $d_H(A, B) < \infty$. (这个条件在 A, B 之一不属于 $\mathrm{Bound}(X, d)$ 或者为空集时不能满足.) 现在设 A, B 为 $\mathrm{Bound}(X, d)$ 中不同的点. 不妨设 $x \in A \setminus B$. 由于 B 是闭集, 故存在 $\varepsilon > 0$ 使得 $B(x, \varepsilon) \bigcap B = \varnothing$. 即 $x \notin B(B, \varepsilon)$. 因此 $d_H(A, B) \geqslant \varepsilon$. 这样我们证明了 d_H 是正定的. 对称性是显然的. 最后我们验证三角不等式. 设 $A, B, C \in \mathrm{Bound}(X, d)$. 则对任意的 $\varepsilon > 0$ 和任意的 $a \in A$, 存在 $b \in B$ 使得

$$d(a, b) < d_H(A, B) + \frac{\varepsilon}{2}.$$

同样, 存在 $c \in C$ 使得

$$d(b, c) < d_H(B, C) + \frac{\varepsilon}{2}.$$

故 $d(a, c) < d_H(A, B) + d_H(B, C) + \varepsilon$. 所以 $a \in B(C, d_H(A, B) + d_H(B, C) + \varepsilon)$. 由 a 的任意性知

$$A \subset B(C, d_H(A, B) + d_H(B, C) + \varepsilon).$$

同理

$$C \subset B(A, d_H(A,B) + d_H(B,C) + \varepsilon).$$

即 $d_H(A,C) \leqslant d_H(A,B) + d_H(B,C) + \varepsilon$. 由 ε 的任意性知

$$d_H(A,C) \leqslant d_H(A,B) + d_H(B,C).$$

$\square$

称 $(\mathrm{Bound}(X,d), d_H)$ 为带有 Hausdorff 度量的 (X,d) 的**有界闭子集超空间**; 称 $(\mathrm{Comp}(X,d), d_H)$ 为带有 Hausdorff 度量的 (X,d) 的**紧子集超空间**; 称$(\mathrm{Fin}(X,d), d_H)$ 为带有 Hausdorff 度量的 (X,d) 的**有限子集超空间**. 以上统称为**超空间**. 如前所述, 对于一般的闭集 A, B, $d_H(A,B) = +\infty$ 是有可能的, 因此我们不能认为 d_H 是 $\mathrm{Cld}(X,d)$ 上的度量.

设 $\mathcal{U} = \{U_1, U_2, \cdots, U_n\}$ 是度量空间 (X,d) 的一个有限开集族. 令

$$\langle \mathcal{U} \rangle = \left\{ F \in \mathrm{Cld}(X) : F \subset \bigcup_{i=1}^n U_i \text{且} \forall i \leqslant n, U_i \bigcap F \neq \varnothing \right\}.$$

定理 4.5.1 对任意的度量空间 (X,d), 令 $\mathcal{B}$ 为 X 的一个基, 则

$$\{\langle \mathcal{U} \rangle \bigcap \mathrm{Comp}(X) : \mathcal{U} \text{ 是 } \mathcal{B} \text{ 的有限子族}\}$$

是 $(\mathrm{Comp}(X), d_H)$ 的一个基.

证明 设 $\mathcal{U} = \{U_1, U_2, \cdots, U_n\}$ 是 $\mathcal{B}$ 的有限子族. 我们证明 $\langle \mathcal{U} \rangle \bigcap \mathrm{Comp}(X)$ 是 $(\mathrm{Comp}(X), d_H)$ 的开集. 为此, 设 $F \in \langle \mathcal{U} \rangle \bigcap \mathrm{Comp}(X)$. 由于 F 是紧的且 $F \subset \bigcup_{i=1}^n U_i$, 故存在 $\varepsilon > 0$ 使得

$$B(F, \varepsilon) \subset \bigcup_{i=1}^n U_i.$$

又对任意的 $i \leqslant n$, 选择 $x_i \in F \bigcap U_i$ 及 $\varepsilon_i > 0$ 使得 $B(x_i, \varepsilon_i) \subset U_i$. 令

$$\delta = \frac{1}{2} \min\{\varepsilon, \varepsilon_1, \varepsilon_2, \cdots, \varepsilon_n\} > 0.$$

则

$$F \in B_{d_H}(F, \delta) \bigcap \mathrm{Comp}(X) \subset \langle \mathcal{U} \rangle \bigcap \mathrm{Comp}(X).$$

事实上, 设 $E \in B_{d_H}(F, \delta) \bigcap \mathrm{Comp}(X)$. 则

$$E \subset B(F, \delta) \subset B(F, \varepsilon) \subset \bigcup_{i=1}^n U_i.$$

又对任意的 $i \leqslant n$, 因为 $x_i \in F$, 故存在 $y_i \in E$ 使得 $d(x_i, y_i) \leqslant \delta < \varepsilon_i$. 故 $y_i \in B(x_i, \varepsilon_i) \subset U_i$, 所以 $y_i \in E \bigcap U_i$. 因此, $E \in \langle \mathcal{U} \rangle$.

现在, 设 $F \in \mathrm{Comp}(X), \varepsilon > 0$. 考虑 F 的开覆盖 $\{B_x : x \in F\}$, 这里 $B_x \in \mathcal{B}$ 满足 $x \in B_x \subset B\left(x, \dfrac{\varepsilon}{2}\right)$. 由于 F 是 (X, d) 的紧子集, 存在其有限子覆盖 $\mathcal{U} = \{B_{x_i} : i = 1, 2, \cdots, n\}$. 则

$$F \in \langle \mathcal{U} \rangle \bigcap \mathrm{Comp}(X) \subset B_{d_H}(F, \varepsilon) \bigcap \mathrm{Comp}(X).$$

事实上, 前者是显然的, 我们证明后者. 设 $E \in \langle \mathcal{U} \rangle \bigcap \mathrm{Comp}(X)$. 则

$$E \subset \bigcup_{i=1}^{n} B_{x_i} \subset \bigcup_{i=1}^{n} B\left(x_i, \frac{\varepsilon}{2}\right) \subset \bigcup_{x \in F} B(x, \varepsilon) = B(F, \varepsilon).$$

反之, 对任意的 $x \in F$, 存在 $i \leqslant n$ 使得 $x \in B_{x_i} \subset B\left(x_i, \dfrac{\varepsilon}{2}\right)$. 由于 $B\left(x_i, \dfrac{\varepsilon}{2}\right) \bigcap E \neq \varnothing$, 存在 $y \in B\left(x_i, \dfrac{\varepsilon}{2}\right) \bigcap E$. 则 $d(x, y) < \varepsilon$. 故 $x \in B(E, \varepsilon)$. 由 $x \in F$ 的任意性知 $F \subset B(E, \varepsilon)$, 所以 $d_H(E, F) < \varepsilon$. □

利用此定理我们可以得到下面的结果.

定理 4.5.2　(1) 设 d, ρ 是 X 上的两个度量且 $\mathcal{T}_d = \mathcal{T}_\rho$, 则 d_H 和 ρ_H 在 $\mathrm{Comp}(X, d) = \mathrm{Comp}(X, \rho)$ 和 $\mathrm{Fin}(X)$ 上导出相同的开集族, 即 $\mathcal{T}_{(\mathrm{Comp}(X), d_H)} = \mathcal{T}_{(\mathrm{Comp}(X), \rho_H)}$, $\mathcal{T}_{(\mathrm{Fin}(X), d_H)} = \mathcal{T}_{(\mathrm{Fin}(X), \rho_H)}$.

(2) 若 (X, d) 是紧度量空间,$\mathcal{B}$ 是 X 的基, 则 $\{\langle \mathcal{U} \rangle : \mathcal{U}$ 是 $\mathcal{B}$ 的有限子族$\}$ 构成 $\mathrm{Cld}(X)$ 上 Hausdorff 度量拓扑的基.

注 4.5.1　与上面的定理 4.5.2(1) 不同的是, 若 d, ρ 是 X 上两个度量且 $\mathcal{T}_d = \mathcal{T}_\rho$, 但 $\mathrm{Bound}(X, d)$ 和 $\mathrm{Bound}(X, \rho)$ 有可能不相同. 进一步, 即使 $\mathrm{Bound}(X, d) = \mathrm{Bound}(X, \rho) = \mathrm{Cld}(X, d) = \mathrm{Cld}(X, \rho)$, d_H 和 ρ_H 在其上导出的拓扑也未必相同.

例 4.5.1　令 $X = \mathbb{N}.d$ 为 X 上的离散度量, $\rho(m, n) = \left| \dfrac{1}{m} - \dfrac{1}{n} \right|$. 则 d 与 ρ 都为 X 上的有界度量且二者导出相同的拓扑 (所有子集都是开的), 即

$$\mathrm{Bound}(X, d) = \mathrm{Bound}(X, \rho) = \mathrm{Cld}(X, d) = \mathrm{Cld}(X, \rho) = \{E \subset X : E \neq \varnothing\}.$$

令 $F_n = \{1, 2, \cdots, n\}$. 则容易验证

$$d_H(F_n, X) = 1 \text{ 但 } \rho_H(F_n, X) = \frac{1}{n}.$$

故 $d_H(F_n, X) \nrightarrow 0$, 但 $\rho_H(F_n, X) \to 0 (n \to \infty)$.

最后, 我们给出超空间的性质.

定理 4.5.3　设 (X, d) 是度量空间, 则

(1) $(\mathrm{Comp}(X), d_H)$ 是紧的当且仅当 (X, d) 是紧的;

(2) $(\mathrm{Comp}(X), d_H)$ 是局部紧的当且仅当 (X, d) 是局部紧的;

(3) $\mathrm{Fin}(X)$ 是 $(\mathrm{Comp}(X), d_H)$ 的稠密子集.

证明   首先注意到 $x \mapsto \{x\}$ 定义了一个从 X 到 $\mathrm{Comp}(X)$ 的等距闭嵌入. 因此, X 同胚于 $\mathrm{Comp}(X)$ 的一个闭子空间. 从而, 若 $(\mathrm{Comp}(X), d_H)$ 是紧的 (局部紧的), 则 X 也是紧的 (局部紧的). 因此, 对 (1) 和 (2), 我们仅需要证明它们的另一个方向成立.

(1) 设 (X, d) 是紧度量空间, 我们利用定理 4.5.1 和定理 4.1.3 中 (a) 与 (g) 的等价性证明 $\mathrm{Cld}(X)$ 是紧的. 为此, 对 X 中的任意开集 U, 令

$$U^- = \{F \in \mathrm{Cld}(X) : F \bigcap U \neq \varnothing\},$$

$$U^+ = \{F \in \mathrm{Cld}(X) : F \subset U\}.$$

则对任意的有限开集族 $\mathcal{U} = \{U_1, U_2, \cdots, U_n\}$,

$$\langle \mathcal{U} \rangle = U_1^- \bigcap U_2^- \bigcap \cdots \bigcap U_n^- \bigcap \left(\bigcup_{i=1}^{n} U_i\right)^+.$$

由于 (X, d) 是紧空间, 从而存在可数基 $\mathcal{B}$. 进一步, 不妨设 $\mathcal{B}$ 对有限并封闭 (为什么?) 由定理 4.5.2 知

$$\mathcal{S} = \{U^-, U^+ : U \in \mathcal{B}\}$$

构成 $(\mathrm{Cld}(X), d_H)$ 的一个可数子基. 现在我们说明这个子基满足定理 4.1.3(g) 的要求, 从而 $(\mathrm{Cld}(X), d_H)$ 是紧的. 设 $\mathcal{S}_0 \subset \mathcal{S}$ 且 $\bigcup \mathcal{S}_0 = \mathrm{Cld}(X)$. 令

$$\mathcal{S}_0^- = \{U^- : U^- \in \mathcal{S}_0\},$$
$$\mathcal{S}_0^+ = \{U^+ : U^+ \in \mathcal{S}_0\}.$$

则 $\mathcal{S}_0 = \mathcal{S}_0^- \bigcup \mathcal{S}_0^+$. 令 $W = \bigcup \{U : U^- \in \mathcal{S}_0^-\}$. 则 W 是 X 中开集.

若 $W = X$, 则由 X 是紧的知, 存在有限个 $\{U_i^- : i = 1, 2, \cdots, n\} \subset \mathcal{S}_0^-$ 使得 $X = \bigcup_{i=1}^{n} U_i$. 容易验证 $\bigcup_{i=1}^{n} U_i^- = \mathrm{Cld}(X)$.

若 $W \neq X$, 令 $F = X \setminus W \in \mathrm{Cld}(X)$, 则对任意的 $U^- \in \mathcal{S}_0^-$, $F \notin U^-$. 故存在 $U_0^+ \in \mathcal{S}_0^+$ 使得 $F \in U_0^+$, 即 $F \subset U_0$. 注意到

$$X \setminus U_0 \subset X \setminus F = W = \bigcup \{V : V^- \in \mathcal{S}_0^-\}.$$

由于 $X \setminus U_0$ 是紧的, 故存在有限子覆盖 $\{V_i : V_i^- \in \mathcal{S}_0^-\}_{i=1}^{n}$. 即

$$\bigcup_{i=1}^{n} V_i \supset X \setminus U_0.$$

则

$$\{U_0^+, V_1^-, \cdots, V_n^-\} \subset \mathcal{S}_0$$

且构成 $\text{Cld}(X)$ 的覆盖. 事实上, 设 $E \in \text{Cld}(X)$, 若存在 $i \leqslant n$ 使得 $E \bigcap V_i \neq \varnothing$, 则 $E \in V_i^-$. 否则,

$$E \subset X \setminus \bigcup_{i=1}^n V_i \subset U_0.$$

即 $E \in U_0^+$.

(2) 设 X 是局部紧的, $E \in \text{Comp}(X)$. 由习题 4.4.C, 存在 X 中的开集 $U \supset E$ 使得 $\text{cl}\,U$ 是 X 中的紧集.

首先证明对任意的 $F \in \text{Comp}(X), F \subset \text{cl}\,U$ 当且仅当 $F \in \text{cl}\,U^+$. 事实上, 设 $F \not\subset \text{cl}\,U$, 则存在 $x \in F \setminus \text{cl}\,U$. 选择 x 的开邻域 W 使得 $W \bigcap U = \varnothing$. 则 $F \in W^-$ 且 $W^- \bigcap U^+ = \varnothing$. 从而 $F \notin \text{cl}\,U^+$. 反之, 若 $F \subset \text{cl}\,U$, 则对 F 在 $\text{Comp}(X)$ 中的任意邻域 $\text{Comp}(X) \bigcap \langle U_1, U_2, \cdots, U_n \rangle \ni F$, 显然, 对任意的 $i \leqslant n$, $U \bigcap U_i \neq \varnothing$. 选择 $x_i \in U \bigcap U_i$, 则

$$\{x_1, x_2, \cdots, x_n\} \in \text{Comp}(X) \bigcap \langle U_1, U_2, \cdots, U_n \rangle \bigcap U^+.$$

故 $F \in \text{cl}\,U^+$.

其次, 对任意的 $A \in \text{Comp}(\text{cl}\,U)$, 定义 $j(A) = A \in \text{Comp}(X)$. 则 $j : \text{Comp}(\text{cl}\,U) \to \text{Comp}(X)$ 定义了一个闭嵌入. 所以, 由上面的结论知, $\text{cl}\,U^+ = j(\text{Comp}(\text{cl}\,U))$. 因此, 由 (1) 知 $\text{cl}\,U^+$ 是 $\text{Comp}(X)$ 中的一个紧集. 又, 由 U 的选择知 U^+ 是 E 在 $\text{Comp}(X)$ 中的邻域. 因此, $\text{Comp}(\text{X})$ 是局部紧的.

(3) 对任意的 $\varepsilon > 0$ 和任意的 $C \in \text{Comp}(X)$, $\{B_X(c, \varepsilon) : c \in C\}$ 构成 C 的一个开覆盖. 其存在有限的子覆盖 $\{B_X(c_i, \varepsilon) : i = 1, 2, \cdots, n\}$. 那么, $A = \{c_i : i = 1, 2, \cdots, n\} \in \text{Fin}(X)$ 且 $d_H(C, A) < \varepsilon$. 所以, $\text{Fin}(X)$ 是 $(\text{Comp}(X), d_H)$ 的稠密子集. $\qquad \square$

定理 4.5.4 若 (X, d) 是紧度量空间, 则 X 是连通的当且仅当 $(\text{Cld}(X), d_H)$ 是连通的.

证明 若 X 不连通, 则 X 中有非空的既开又闭的真子集 U, 利用 $\text{cl}_{\text{Cld}(X)}\,U^+ = (\text{cl}_X\,U)^+ = U^+$ 知 U^+ 是 $\text{Cld}(X)$ 中非空的既开又闭的真子集. 从而, $(\text{Cld}(X), d_H)$ 不连通. 反之, 首先, 对任意的 n, 定义 $f : X^n \to \text{Cld}(X)$ 为

$$f(x_1, x_2, \cdots, x_n) = \{x_1, x_2, \cdots, x_n\}.$$

则容易验证 f 是连续, 从而 f 的连续像

$$\text{Fin}_n(X) = \{F \in \text{Cld}(X) : |F| \leqslant n\}$$

是 $\text{Cld}(X)$ 中的连通子集. 因此

$$\text{Fin}(X) = \bigcup_{n=1}^{\infty} \text{Fin}_n(X)$$

也是 $\mathrm{Cld}(X)$ 中的连通子集. 利用定理3.1.6和定理4.5.3(3)知$\mathrm{Cld}(X)$也是连通的. □

最后, 我们给出下面的定理, 其证明留给读者.

定理 4.5.5 设 (X,d) 是度量空间, 则

$$\bigcup : \mathrm{Bound}(X,d) \times \mathrm{Bound}(X,d) \to \mathrm{Bound}(X,d)$$

连续.

注意, 我们并不能定义 $\bigcap : \mathrm{Bound}(X,d) \times \mathrm{Bound}(X,d) \to \mathrm{Bound}(X,d)$, 因为非空有界闭集的交可以是空的. 而且一般来讲, 若 $(A_n)_n$ 是 $\mathrm{Comp}(X)$ 中的序列, $A, B \in \mathrm{Comp}(X)$, 即使假定对任意的 $n, A_n \bigcap B \neq \varnothing$ 且 $A \bigcap B \neq \varnothing$. 由 $A_n \to A$ 也不能推出 $A_n \bigcap B \to A \bigcap B$.

例 4.5.2 令 $X = \mathbf{I}$ 为赋予通常度量的紧度量空间. $A = \{0, 1\}$, $A_n = \left\{\dfrac{1}{n}, 1\right\}$, $B = \{0, 1\}$. 则 $A_n \to A$, 但 $A_n \bigcap B = \{1\} \to \{1\} \neq \{0, 1\} = A \bigcap B$.

连通的局部连通的紧度量空间称为 **Peano 连续统**. 1939 年, M. Wojdysławski 猜想非单点的 Peano 连续统的超空间同胚于 Hilbert 方体 Q. 经过许多学者 40 年的努力, 1978 年, Curtis 和 Schori 在 [6] 中获得下面的结果:

定理 4.5.6 (Curtis-Schori-West 超空间定理) 非单点的 Peano 连续统 X 的超空间 $\mathrm{Cld}(X)$ 同胚于 Hilbert 方体 $Q = \mathbf{J}^{\mathbb{N}}$.

这个结论的证明是非常困难的, 见 [11].

4.5.2 函数空间

设 $(X,d), (Y,\rho)$ 是度量空间. 用 $C(X,Y)$ 表示由 X 到 Y 的所有连续函数全体, 用 $C(X)$ 表示 $C(X,\mathbb{R})$, 用 $C^B(X,Y,\rho)$ 表示由 X 到 Y 的所有有界连续函数全体. 这里所谓 $f : X \to Y$ 是一个**有界函数**是指 $f(X)$ 在 (Y,ρ) 中是有界的. 当然, 集合 $C^B(X,Y,\rho)$ 与 Y 上的度量 ρ 有关, 不能由 $\mathcal{T}_\rho$ 确定. 当 (Y,ρ) 为有界度量空间或者 X 是紧度量空间时, $C^B(X,Y,\rho) = C(X,Y)$. 当 $Y = \mathbb{R}$ 且赋予通常度量时, 我们用 $C^B(X)$ 记 $C^B(X,\mathbb{R})$. 现在我们定义 $C^B(X,Y,\rho)$ 上一个度量 $\widehat{\rho}$ 为: 对任意的 $f, g \in C^B(X,Y,\rho)$, 令

$$\widehat{\rho}(f,g) = \sup\{\rho(f(x), g(x)) : x \in X\}.$$

容易验证 $\widehat{\rho}$ 确实为 $C^B(X,Y,\rho)$ 上一个度量, 称之为 $C^B(X,Y,\rho)$ 上的**上确界度量的函数空间**. 有时, 为了简化记号, 我们经常用 ρ 代替 $\widehat{\rho}$. 对于这个函数空间, 在这儿我们仅讨论其下面简单的命题. 关于它们的进一步的性质及应用, 我们将在后面两章讨论.

定理 4.5.7 若 X 是紧度量空间,ρ_1, ρ_2 是 Y 上两个度量且 $\mathcal{T}_{\rho_1} = \mathcal{T}_{\rho_2}$. 则 $C^B(X,Y,\rho_1) = C^B(X,Y,\rho_2) = C(X,Y)$, $\mathcal{T}_{\widehat{\rho_1}} = \mathcal{T}_{\widehat{\rho_2}}$.

证明   前者是显然的. 我们证明后者. 我们仅需证明对于 $C(X, Y)$ 中任意序列 (f_n) 和成员 f, $\hat{\rho}_2(f_n, f) \to 0$ 当且仅当 $\hat{\rho}_1(f_n, f) \to 0$.

设 $\hat{\rho}_1(f_n, f) \to 0$. 对任意的 $\varepsilon > 0$, 考虑 (Y, ρ_1) 中由 $\{B_{\rho_2}(y, \varepsilon) : y \in f(X)\}$ 构成集族. 由假定 $\mathcal{T}_{\rho_1} = \mathcal{T}_{\rho_2}$ 知, 这个集族中的成员也是空间 (Y, ρ_1) 中的开集且其并包含了紧集 $f(X)$. 故由 Lebesgue 数引理 (定理 4.3.1) 知, 存在这个集族在空间 (Y, ρ_1) 中的 Lebesgue 数 $\delta > 0$. 对此 δ, 选择 $N \in \mathbb{N}$ 使得 $n > N$ 时, $\hat{\rho}_1(f_n, f) < \delta$, 即对任意的 $x \in X$, $\rho_1(f_n(x), f(x)) < \delta$. 故集合 $\{f(x)\} \bigcup \{f_n(x) : n > N\}$ 在 (Y, ρ_1) 中的直径小于或等于 δ 且与 $f(X)$ 相交. 因此, 存在 $y \in f(X)$ 使得

$$\{f(x)\} \bigcup \{f_n(x) : n > N\} \subset B_{\rho_2}(y, \varepsilon).$$

所以, 当 $n > N$ 时, $\rho_2(f_n(x), f(x)) < 2\varepsilon$. 由 $x \in X$ 的任意性知, 当 $n > N$ 时, $\hat{\rho}_2(f_n, f) \leqslant 2\varepsilon$. 故 $\hat{\rho}_2(f_n, f) \to 0$. 对称地, 可以证明其逆也对. 因此, 我们完成了证明. $\qquad\square$

定理 4.5.8   设 (X, d) 是紧度量空间. 则加法 $+ : C^B(X) \times C^B(X) \to C^B(X)$, 数乘 $\cdot : \mathbb{R} \times C^B(X) \to C^B(X)$ 及 $\times : C^B(X) \times C^B(X) \to C^B(X)$ 是连续的.

证明   请读者自证. $\qquad\square$

定理 4.5.9   设 $(X, d), (Y, \rho)$ 是度量空间. 则在度量空间 $(C^B(X, Y, \rho), \hat{\rho})$ 中序列的收敛等价于一致收敛.

证明   请读者自证. $\qquad\square$

练 习   4.5

4.5.A. 举例说明 $\mathrm{cl}_{(\mathrm{Bound}(X,d),d_H)}(\mathrm{Fin}(X)) = \mathrm{Bound}(X)$ 可以成立, 也可以不成立.

4.5.B. 设 X 是度量空间, 证明映射 $f : X^2 \to \mathrm{Fin}(X)$ 是连续的, 这里, $f(x, y) = \{x, y\}$.

4.5.C. 设 $(X, d), (Y, \rho)$ 是度量空间, 定义 $ev : X \times (C^B(X, (Y, \rho), \hat{\rho}) \to Y$ 为

$$ev(x, f) = f(x).$$

证明 ev 是连续的.

4.5.D. 设 X, Y, Z 是度量空间, 其中, Y 是紧的. 证明映射 $\theta : C(X \times Y, Z) \to C(X, C(Y, Z))$ 是一一对应,

$$\theta(f)(x)(y) = f(x, y).$$

4.6　Cantor 集的拓扑特征

本节我们将给出 Cantor 集的拓扑特征——度量空间和 Cantor 集同胚当且仅当其是紧的 0-维的不含孤立点的空间.

我们首先定义 Cantor 集. Cantor 集是 $\mathbf{I}$ 与可数多个开区间的并集的差. 令

$$E_1 = \mathbf{I} \setminus \left(\frac{1}{3}, \frac{2}{3} \right) = \left[0, \frac{1}{3} \right] \cup \left[\frac{2}{3}, 1 \right].$$

也就是说, E_1 是单位区间去掉中间的 $\frac{1}{3}$ 长的开区间后的余集. 再去掉 E_1 中两个闭区间的中间的 $\left(\frac{1}{3} \right)^2$ 长的开区间后得到 E_2, 即

$$E_2 = E_1 \setminus \left(\left(\frac{1}{3^2}, \frac{2}{3^2} \right) \cup \left(\frac{7}{3^2}, \frac{8}{3^2} \right) \right) = \left[0, \frac{1}{3^2} \right] \cup \left[\frac{2}{3^2}, \frac{1}{3} \right] \cup \left[\frac{2}{3}, \frac{7}{3^2} \right] \cup \left[\frac{8}{3^2}, 1 \right].$$

同样, 去掉 E_2 中 4 个闭区间的中间的 $\left(\frac{1}{3} \right)^3$ 长的开区间后得到 E_3. 依此类推, 可以定义 E_n. 令

$$C = \bigcap_{n=1}^{\infty} E_n.$$

称 C 为 **Cantor 集**. 上面去掉的区间称为 Cantor 集的**余区间**.

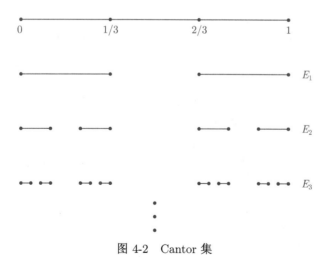

图 4-2　Cantor 集

Cantor 集有多种表示方法, 例如,

$$C = \mathbf{I} \setminus \bigcup_{n=1}^{\infty} \bigcup \left\{ \left(\frac{k}{3^n}, \frac{k+1}{3^n} \right) : k \text{ 为奇数且 } k \leqslant 3^n - 2 \right\}.$$

再例如,

$$C = \left\{ \sum_{n=1}^{\infty} \frac{a_n}{3^n} : \forall n,\ a_n \in \{0, 2\} \right\}.$$

后一种表示法说明 C 是由 $\mathbf{I}$ 中所有 3 进位小数中可以不用 1 表示的实数全体. 例如, 用 3 进位小数表示 $\frac{1}{3}$ 有两种方法:

$$0.100000\cdots \quad \text{和} \quad 0.02222\cdots.$$

所以, $\frac{1}{3}$ 在 3 进位小数中可以不用 1 表示, 因此, $\frac{1}{3} \in C$. 再例如, $0 = 0.000000\cdots \in C$, $1 = 0.22222\cdots \in C$. 但是

$$\frac{4}{9} = 0.110000\cdots = 0.1022222\cdots$$

不属于 C. 不难看到, 所有余区间的左右端点属于 C. 但是, 集 C 不仅包含了这些点. 事实上, 所有余区间的左右端点之集是可数的, 但利用 C 的最后一种表示办法不难验证 C 是不可数集. Cantor 集是集合论的创始人 Cantor 作为一个 "奇怪" 的集合定义的. 但是, 后来发现 Cantor 集在数学的很多分支中非常重要, 我们在本节和 5.3 节将说明其在拓扑学中的简单应用. 在分形几何中, Cantor 集起着最基本的作用, 例如, 见 [7].

其次, 作为 $\mathbb{R}$ 的子空间, C 是度量空间. 由定义知 C 是 $\mathbf{I}$ 中闭集, 从而是紧集, 即

推论 4.6.1　Cantor 集 C 是紧的.

回忆一下定义 2.2.3, 若 $\{x\}$ 为度量空间 X 中的开集, 则称 x 为 X 的孤立点. 我们还需要下面的定义.

定义 4.6.1　设 (X, d) 是度量空间, 若对任意的 $x \in X$ 及 x 点的开邻域 U, 存在既开又闭的集合 B 使得 $x \in B \subset U$, 则称 (X, d) 是0-**维度量空间**.

由定理 2.2.7 知, 度量空间 (X, d) 是 0-维的当且仅当 (X, d) 的所有既开又闭的集合构成 (X, d) 的基. 利用此, 容易证明, 0-维度量空间的子空间和乘积都是 0-维度量空间. 0-维度量空间的概念是拓扑性质. 关于度量空间的维数的一般理论, 我们将在第 9 章讨论.

例 4.6.1　任意离散空间都是 0-维的. $\mathbb{R}^n$ 不是 0-维的.

本节的主要定理如下.

定理 4.6.1　度量空间 (X, d) 同胚于 Cantor 集 C 当且仅当 X 是紧的 0-维度量空间且不含孤立点.

证明　必要性. 注意到定理的条件均为拓扑性质, 故只要证明 Cantor 集 $C = \left\{ \sum_{n=1}^{\infty} \frac{x_n}{3^n} : x_n \in \{0, 2\} \right\}$ 有这些性质即可. 推论 4.6.1 已经指出 C 是紧的. 设 $x \in C$

且 U 是 x 的一个开邻域. 不妨设 $x = \sum_{n=1}^{\infty} \frac{x_n}{3^n} \notin \{0,1\}$ 且 $U = (x-\varepsilon, x+\varepsilon) \subset (0,1)$. 分三种情况证明下面论断.

论断: 存在 $a, b \in (x-\varepsilon, x+\varepsilon) \setminus C$ 使得 $a < x < b$.

如果这个论断被证明, 那么, $(a,b) \bigcap C = [a,b] \bigcap C$ 是 x 的既开又闭的包含于 U 的邻域. 所以, C 是 0-维的.

情况 A: $\{x_n : n = 1, 2, \cdots\}$ 中有无限多个 0, 同时又有无限多个 2. 选择 k 充分大使得

$$x - \varepsilon < \sum_{n=1}^{k} \frac{x_n}{3^n} \leqslant x \leqslant \sum_{n=1}^{k} \frac{x_n}{3^n} + \sum_{n=k+1}^{\infty} \frac{2}{3^n} < x + \varepsilon.$$

取 $l > m > k$ 使得 $x_l = 0$, $x_m = 2$. 令

$$a = \sum_{n=1}^{m-1} \frac{x_n}{3^n} + \frac{1}{3^m} + \frac{1}{3^{m+1}}, \quad b = \sum_{n=1}^{l-1} \frac{x_n}{3^n} + \frac{1}{3^l} + \frac{1}{3^{l+1}}.$$

则 $a, b \notin C$ 且 $x - \varepsilon < a < x < b < x + \varepsilon$, 即论断成立.

情况 B: $\{x_n : n = 1, 2, \cdots\}$ 中仅有有限多个 0. 设 $x_m = 0, x_{m+1} = x_{m+2} = \cdots = 2$. 显然可以选择充分大的 k 使得

$$a = \sum_{n=1}^{m} \frac{x_n}{3^n} + \frac{1}{3^{m+1}} + \frac{1}{3^k} \in (x-\varepsilon, x), \quad b = \sum_{n=1}^{m-1} \frac{x_n}{3^n} + \frac{1}{3^m} + \frac{1}{3^k} \in (x, x+\varepsilon).$$

则论断成立.

情况 C: $\{x_n : n = 1, 2, \cdots\}$ 中仅有有限多个 2. 同情况 B.

为了证明 C 不含孤立点, 设 $x = \sum_{n=1}^{\infty} \frac{x_n}{3^n} \in C$, 这里 $x_n \in \{0,2\}$. 如果 $x = 0$, 则 $x = \lim_{k \to \infty} y(k)$, 这里 $y(k) = \sum_{n=k}^{\infty} \frac{2}{3^n} \in C \setminus \{0\}$. 如果存在 N 使得 $x_N = 2$ 且对任意的 $n > N$ 有 $x_n = 0$, 对于 $k > N$, 令

$$y(k) = \sum_{n=1}^{N} \frac{x_n}{3^n} + \sum_{n=k}^{\infty} \frac{2}{3^n} \in C \setminus \{x\},$$

则 $x = \lim_{k \to \infty} y(k)$. 如果不是上述情况, 令 $y(k) = \sum_{n=1}^{k} \frac{x_n}{3^n} \in C \setminus \{x\}$, 则 $x = \lim_{k \to \infty} y(k)$.

充分性. 为此, 只须证明对任意的两个度量空间 X, Y, 若它们都满足定理中的条件, 则它们同胚.

首先, 我们证明下述论断.

论断: 若 X 满足定理的条件, 则对任意的 $\varepsilon > 0$, 存在 $N \in \mathbb{N}$ 使得对任意的 $n \geqslant N$, X 可表示 n 个互不相交的直径小于 ε 的既开又闭的非空集合之并.

事实上, 由于 X 是 0-维的, 故对任意的 $x \in X$, 存在既开又闭集 B_x 使得 $x \in B_x$ 且 $\mathrm{diam}B_x < \varepsilon$. 则 $\{B_x : x \in X\}$ 构成 X 的开覆盖, 由 X 的紧性, 存在有限子覆盖 $\{B_{x_1}, B_{x_2}, \cdots, B_{x_k}\}$. 令

$$C_1 = B_{x_1},$$

$$C_2 = B_{x_2} \setminus B_{x_1},$$

$$\cdots$$

$$C_k = B_{x_k} \setminus (B_{x_1} \bigcup \cdots \bigcup B_{x_{k-1}}).$$

则 $\{C_1, C_2, \cdots, C_k\}$ 是 X 的由互不相交的既开又闭集构成的直径小于 ε 的有限开覆盖. 而且, 如果必要, 去掉其中的空集, 经过重排, 可以认为 $\{C_1, C_2, \cdots, C_N\}$ 是 X 的直径小于 ε 的两两不相交的既开又闭的非空集合构成的覆盖. 由于 X 中不含孤立点, 所以 C_1 为无限集. 故可选择不同的两点 $x, y \in C_1$. 由于 X 是 0-维的, 存在既开又闭的集合 E, 使得 $x \in E$ 但 $y \notin E$. 则

$$\{E \bigcap C_1, C_1 \setminus E, C_2, \cdots, C_k\}$$

是由 $N+1$ 个互不相交的直径小于 ε 的既开又闭的非空集合构成的 X 的开覆盖. 依此类推, 知论断成立.

注意到 X 和 Y 的每一个既开又闭的非空子集也满足定理的条件, 故利用数学归纳法可以得到, 对任意的 n, 存在自然数 $k(n)$ 以及 X, Y 的分别由两两不相交的既开又闭的非空集合构成的覆盖

$$\mathcal{C}_n = \{X^{(n)}_{k(n) \times i+j} : i = 0, 1, \cdots, k(1) \cdot k(2) \cdots k(n-1) - 1; j = 1, 2, \cdots, k(n)\},$$

$$\mathcal{D}_n = \{Y^{(n)}_{k(n) \times i+j} : i = 0, 1, \cdots, k(1) \cdot k(2) \cdots k(n-1) - 1; j = 1, 2, \cdots, k(n)\},$$

满足

(i) $\mathcal{C}_n, \mathcal{D}_n$ 分别由 $k(1) \times k(2) \times \cdots \times k(n)$ 个两两不相交的 X, Y 中的既开又闭的非空子集构成;

(ii) $\mathcal{C}_n, \mathcal{D}_n$ 中成员的直径小于 $\dfrac{1}{n}$;

(iii) 对任意的 $i = 0, 1, \cdots, k(1) \times k(2) \times \cdots \times k(n-1) - 1$,

$$\bigcup_{j=1}^{k(n)} X^{(n)}_{k(n) \times i+j} = X^{(n-1)}_{i+1}, \quad \bigcup_{j=1}^{k(n)} Y^{(n)}_{k(n) \times i+j} = Y^{(n-1)}_{i+1},$$

这里 $X^{(0)}_1 = X, Y^{(0)}_1 = Y$ 且 $k(0) = 1$.

由 (i), (iii) 知对任意的 n 及 $k = 1, 2, \cdots, k(1) \times k(2) \times \cdots \times k(n)$, $k' = 1, 2, \cdots, k(1) \times k(2) \times \cdots k(n-1)$, $X^{(n)}_k \subset X^{(n-1)}_{k'}$ 当且仅当 $Y^{(n)}_k \subset Y^{(n-1)}_{k'}$.

现在我们定义由 X 到 Y 的同胚 f. 对任意的 $x \in X$ 及任意的 n, 由 $\mathcal{C}_n$ 的条件, 存在唯一的 $f(x,n) \leqslant k(1) \times \cdots \times k(n)$ 使得 $x \in X^{(n)}_{f(n)}$, 由条件 (i), (iii) 知, $X^{(n)}_{f(x,n)} \subset X^{(n-1)}_{f(x,n-1)}$. 故 $Y^{(n)}_{f(x,n)} \subset Y^{(n-1)}_{f(x,n-1)}$. 由 Y 的紧性可知集合 $\bigcap_{n=1}^{\infty} Y^{(n)}_{f(x,n)}$ 非空. 又由条件 (ii) 知, 这个集合的直径为 0, 因此, 存在唯一的 $f(x) \in Y$ 使得 $\bigcap_{n=1}^{\infty} Y^{(n)}_{f(x,n)} = \{f(x)\}$. 如此我们定义了映射 $f : X \to Y$. 用同样的方法可以定义映射 $g : Y \to X$ 并且容易验证 $f \circ g = \mathrm{id}_Y$ 且 $g \circ f = \mathrm{id}_X$, 故 f, g 是一一对应, 又, 由于对任意的 n 和 $i \leqslant k(1) \times \cdots \times k(n-1) - 1$, $f^{-1}(Y^n_i) = X^n_i$, 故 f 是连续的. 所以, 应用推论 4.2.3 知 f 是同胚的.

我们完成了定理的证明. □

定义 4.6.2 同胚于 Cantor 集的空间称为 **Cantor 空间**.

推论 4.6.2 (1) $C^n (n \leqslant \infty)$ 为 Cantor 空间;

(2) 对任意多于一点的有限离散空间 D, $D^{\mathbb{N}}$ 是 Cantor 空间, 特别地, $\{0,1\}^{\mathbb{N}}$ 是 Cantor 空间;

(3) 对任意的紧 0-维度量空间 X, $C \times X$ 是 Cantor 空间;

(4) 如果 X 是 Cantor 空间, 则 $\mathrm{Cld}(X)$ 也是 Cantor 空间.

证明 容易验证上述 (1)—(3) 中的空间均满足定理 4.6.1 中的条件, 因此都是 Cantor 空间. 下面我们证明 (4) 成立. 由定理 4.5.3(1), 我们知道 $\mathrm{Cld}(X) = \mathrm{Comp}(X)$ 是紧的. 又, 对于 X 中任意的既开又闭集合 U, 我们证明 U^+, U^- 是 $\mathrm{Cld}(X)$ 中的既开又闭集合. 前者在定理 4.5.4 的证明中已经证明, 这里我们证明后者. 为此, 设 $F \notin U^-$. 则 $F \bigcap U = \varnothing$, 从而 $(X \setminus U)^+$ 是 F 的一个开邻域且与 U^- 不相交. 故 $F \notin \mathrm{cl}\, U^-$. 因此, U^- 是 $\mathrm{Cld}(X)$ 中的既开又闭集合. 由定理 4.5.2, $\mathrm{Cld}(X)$ 是 0-维的. 最后, 我们证明 $\mathrm{Cld}(X)$ 不含孤立点. 假设 $\mathrm{Cld}(X)$ 含孤立点. 由定理 4.5.4 (2) 存在 X 中有限开集族 $\mathcal{U}$ 使得 $\langle \mathcal{U} \rangle$ 是单点集. 对任意的 $U \in \mathcal{U}$, 选择 $x_U \in U$. 则 $A = \{x_U : U \in \mathcal{U}\}$ 是有限集. 但因为每一个 $U \in \mathcal{U}$ 都是无限集合, 我们可以选择 $U_0 \in \mathcal{U}$ 和 $y \in U_0 \setminus A$. 则 $A, A \bigcup \{y\} \in \langle \mathcal{U} \rangle$. 因此, $\langle \mathcal{U} \rangle$ 不是单点集. 矛盾! □

练 习 4.6

4.6.A. 证明 $\mathbb{Q}, \mathbb{P}$ 是 0-维空间.

4.6.B. 证明所有非单点的连通空间都不是 0-维空间. 如果 X 是局部连通的 0-维空间, 那么, $\mathcal{T}_X$ 是什么?

4.6.C. 直接建立一个同胚 $h : C \to \{0,1\}^{\mathbb{N}}$.

4.6.D. 如果 X 是 Cantor 空间, 则 $\mathrm{Fin}_n(X)$ 是 Cantor 空间, 这里 $\mathrm{Fin}_n(X) = \{F \in \mathrm{Fin}(X) : |F| \leqslant n\}$. $\mathrm{Fin}(X)$ 是 Cantor 空间吗?

第5章 可分度量空间

本章将讨论可分度量空间. 本章中定义的概念都是拓扑性质.

本章中前两节的内容是基本的, 后一节的内容是有趣的.

5.1 可分度量空间的定义及等价条件

本节我们将定义可分度量空间并给出其等价条件和性质. 回忆一下, 对于度量空间 X 的子集 A, 若 $\mathrm{cl}\, A = X$, 则称 A 为 X 的稠密子集. 现在我们引入可分度量空间的定义.

定义 5.1.1 若度量空间 (X,d) 存在可数的稠密子集, 则称 (X,d) 为**可分度量空间**, 简称**可分空间**.

显然, 可分性是拓扑性质.

例 5.1.1 离散度量空间是可分的当且仅当其为可数的. 对任意的 $n \in \mathbb{N}$, $\mathbb{R}^n$ 是可分的. 事实上, 所有坐标为有理数的点的全体构成 $\mathbb{R}^n$ 的可数稠密子集, 后面的推论 5.1.2 显示了 $\mathbb{R}^{\mathbb{N}}$ 也是可分的.

例 5.1.2 例 2.1.6 中定义的河流空间不是可分的. 事实上, 对于任意的稠密集 $A \subset X = \mathbb{R}^2$, 对任意的 $x \in \mathbb{R}$, 集合 $\{x\} \times (1,2)$ 是 X 中的非空开集, 故 $A \bigcap (\{x\} \times (1,2)) \neq \varnothing$. 选择 $a_x \in A \bigcap (\{x\} \times (1,2))$, 则由于对任意的 $x \neq x'$, 由于 $(\{x\} \times (1,2)) \bigcap (\{x'\} \times (1,2)) = \varnothing$, 因此 $x \mapsto a_x$ 建立了 $\mathbb{R}$ 到 A 的一个单射, 故 $|A| \geqslant |\mathbb{R}| = c$. 由此说明 X 中不存在可数稠密子集.

例 5.1.3 下面我们再定义一类度量空间, 进一步判断它们何时是可分的. 设 S 是一个集合, 令 $X = \{0\} \bigcup (S \times (0,1])$. 在 X 上定义度量 $d : X \times X \to \mathbb{R}^+$ 如下, 对任意的 $x, y \in X$,

$$d(x,y) = \begin{cases} 0, & \text{当 } x = y \text{ 时;} \\ |t - t'|, & \text{当 } x = (s,t), y = (s,t'); \\ |t| + |t'|, & \text{当 } x = (s,t), y = (s',t') \text{ 且 } s \neq s' \\ & \text{或者 } x, y \text{ 之一等于 } 0. \end{cases}$$

这里, 我们认为对任意的 $s \in S$, $(s,0) = 0$.

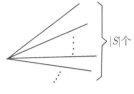

图 5-1 刺猬空间

容易验证 (X, d) 是度量空间, 形象地称为有 $|S|$ 个刺的**刺猬空间**. 我们有如下结论: (X, d) 为可分的当且仅当 S 为可数集. 请读者证之.

下面的定理非常重要.

定理 5.1.1 设 (X, d) 是度量空间, 则下列条件等价:

(a) (X, d) 是可分的;

(b) (X, d) 存在可数的基;

(c) 对于 (X, d) 的任意开覆盖都有可数子覆盖.

证明 (a)$\Rightarrow$(b). 由 (a), 假设 A 是 (X, d) 的可数稠密子集, 现在令

$$\mathcal{B} = \left\{ B\left(a, \frac{1}{n}\right) : a \in A, n \in \mathbb{N} \right\}.$$

则 $\mathcal{B}$ 由 (X, d) 的可数多个开集组成. 下面我们只要证明 $\mathcal{B}$ 是 (X, d) 的基, 则 (b) 成立, 从而完成了 (a)$\Rightarrow$(b) 的证明.

为了证明 $\mathcal{B}$ 是 (X, d) 的基, 设 $x \in X$, $U \ni x$ 是开集, 则存在 $\varepsilon > 0$ 使得 $B(x, \varepsilon) \subset U$. 选择 $n \in \mathbb{N}$ 使得 $\dfrac{1}{n} < \dfrac{\varepsilon}{2}$. 由于 A 是 (X, d) 的稠密子集, 可选择 $a \in A \bigcap B\left(x, \dfrac{1}{n}\right)$. 则

$$x \in B\left(a, \frac{1}{n}\right) \subset B\left(x, \frac{2}{n}\right) \subset B(x, \varepsilon) \subset U.$$

注意到 $B\left(a, \dfrac{1}{n}\right) \in \mathcal{B}$, 我们证明了 $\mathcal{B}$ 是 (X, d) 的基.

(b)$\Rightarrow$(c). 由 (b), 令 $\mathcal{B}$ 是 (X, d) 的可数基. 设 $\mathcal{C}$ 是 X 的任意开覆盖, 则对于任意的 $x \in X$, 存在 $C(x) \in \mathcal{C}$ 使得 $x \in C(x)$. 由于 $\mathcal{B}$ 是 X 的基, 存在 $B_x \in \mathcal{B}$ 使得 $x \in B_x \subset C(x)$. 那么 $\mathcal{B}_0 = \{B_x : x \in X\}$ 是 $\mathcal{B}$ 的子族, 故 $\mathcal{B}_0$ 为可数. 对任意的 $B \in \mathcal{B}_0$, 选择 $x_B \in X$ 使得 $B = B_{x_B}$(注意这样的 x 可能不止一个, 但必然存在一个) , 则 $B \subset C(x_B)$. 那么 $\mathcal{C}_0 = \{C(x_B) : B \in \mathcal{B}_0\} \subset \mathcal{C}$ 且

$$\bigcup_{B \in \mathcal{B}_0} C(x_B) \supset \bigcup_{B \in \mathcal{B}_0} B = \bigcup_{x \in X} B_x = X$$

故 $\mathcal{C}_0$ 是 $\mathcal{C}$ 的对于 X 的子覆盖. 由于 $\mathcal{B}_0$ 是可数的, 故 $\mathcal{C}_0$ 也是可数的.

(c)⇒(a). 对任意的自然数 n, 由 (c), 可从 X 的开覆盖 $\left\{ B\left(x, \dfrac{1}{n} \right) : x \in X \right\}$ 中选出可数子覆盖

$$\mathcal{C}_n = \left\{ B\left(x_m^n, \frac{1}{n} \right) : m \in \mathbb{N} \right\}.$$

令 $A = \{ x_m^n : n \in \mathbb{N}, m \in \mathbb{N} \}$, 则 A 是 X 的可数集. 下面我们证明 $\operatorname{cl} A = X$, 也即 (a) 成立.

对任意的 $x \in X$ 和任意的 $n \in \mathbb{N}$, 存在 m 使得 $x \in B\left(x_m^n, \dfrac{1}{n} \right)$. 故 $x_m^n \in B\left(x, \dfrac{1}{n} \right)$. 从而 $B\left(x, \dfrac{1}{n} \right) \bigcap A \neq \varnothing$. 由此说明 A 是 X 的稠密集. $\qquad \square$

推论 5.1.1　紧度量空间必是可分的.

注 5.1.1　上面的例 5.1.1 说明了此推论的逆不成立.

下面的定理是有用的.

定理 5.1.2　设 $\mathcal{B}$ 是可分度量空间 X 的基, 则存在 $\mathcal{B}$ 的可数子族 $\mathcal{B}_0$ 使得 $\mathcal{B}_0$ 也是 X 的基.

证明　由定理 5.1.1, 令 $\mathcal{C}$ 是 X 的可数基. 考虑

$$\mathcal{A} = \{ (C_1, C_2) \in \mathcal{C} \times \mathcal{C} : 存在 B \in \mathcal{B} 使得 C_1 \subset B \subset C_2 \}.$$

那么 $\mathcal{A}$ 是可数的且由其定义我们可以定义映射 $f : \mathcal{A} \to \mathcal{B}$, 使得对任意的 $(C_1, C_2) \in \mathcal{A}$, 有 $C_1 \subset f(C_1, C_2) \subset C_2$. 令 $\mathcal{B}_0 = f(\mathcal{A})$. 则 $\mathcal{B}_0 \subset \mathcal{B}$ 且是可数的, 最后我们仅需证明 $\mathcal{B}_0$ 是 X 的基即可. 设 $x \in X, U \ni x$ 是 X 中的开集. 因为 $\mathcal{C}$ 是 X 的基, 所以存在 $C_2 \in \mathcal{C}$ 使得 $x \in C_2 \subset U$. 又, $\mathcal{B}$ 也是 X 的基, 所以存在 $B \in \mathcal{B}$ 使得 $x \in B \subset C_2$. 再次因为 $\mathcal{C}$ 是 X 的基, 所以存在 $C_1 \in \mathcal{C}$ 使得 $x \in C_1 \subset B$. 那么 $(C_1, C_2) \in \mathcal{A}$. 因此 $B_0 = f(C_1, C_2) \in \mathcal{B}_0$(注意 B_0 未必等于 B) 且显然 $x \in B_0 \subset U$. $\qquad \square$

下面我们讨论可分空间的运算情况.

定理 5.1.3　设 $f : X \to Y$ 是可分度量空间 X 到度量空间 Y 的连续满射, 则 Y 也是可分的.

证明　利用定理 5.1.1 中 (a)⇔(c), 仿照定理 4.2.1 可证. $\qquad \square$

定理 5.1.4　设 Y 是可分度量空间的子空间, 则 Y 也是可分的.

证明　它是定理 5.1.1 中 (a)⇔(b) 和定理 2.6.3(1) 的直接推论. $\qquad \square$

定理 5.1.5　设 $(X_n)_n$ 是一列 (有限或无限) 度量空间, X 是其乘积, 则 X 是可分的当且仅当每一个 X_n 是可分的.

证明　必要性由定理 5.1.3 可得, 充分性由定理 5.1.1 中 (a)⇔(b) 和定理 2.6.10 可得. $\qquad \square$

推论 5.1.2　$\mathbb{R}^{\mathbb{N}}$ 是可分的度量空间.

定理 5.1.6 设 (X,d) 是可分度量空间, 那么 $(\mathrm{Comp}(X),d_H)$ 也是可分的, 但是, $(\mathrm{Bound}(X,d),d_H)$ 未必是可分的.

证明 前者由定理 4.5.1 和推论 1.3.6 (3) 立即可得. 为证明后者, 令 (X,d) 为无限可数离散空间, 那么 $\mathrm{Bound}(X,d)=\mathrm{Cld}(X,d)$. 很容易验证 $(\mathrm{Cld}(X,d),d_H)$ 是基数为 c 的离散空间, 因此, 不是可分的. 一个更有意义的例子见练习 5.1.D □

函数空间的可分性问题是一个重要而复杂的问题, 这里我们给出下面的特例.

定理 5.1.7 设 (X,d) 是紧度量空间, 那么 $\mathrm{C}(X)$ 是可分的.

证明 设 $\mathcal{B}$ 是 X 的可数基. 令

$$\mathcal{C} = \{(B_1,B_2) \in \mathcal{B} \times \mathcal{B} : \mathrm{cl}\, B_2 \subset B_1\}.$$

那么 $\mathcal{C}$ 也是可数的. 注意到集合

$$A = \{(r_1,r_2) \in \mathbb{Q} \times \mathbb{Q} : r_1 < r_2\}$$

也是可数的. 对任意的 $(B_1,B_2) \in \mathcal{C}$ 和任意的 $(r_1,r_2) \in A$, 由 Urysohn 引理 (定理 2.7.1), 存在 $f_{(B_1,B_2,r_1,r_2)} \in \mathrm{C}(X,[r_1,r_2])$ 使得

$$X \setminus B_1 \subset f^{-1}_{(B_1,B_2,r_1,r_2)}(r_1), \quad \mathrm{cl}\, B_2 \subset f^{-1}_{(B_1,B_2,r_1,r_2)}(r_2).$$

令

$$D = \{\max\{f_{(B_1,B_2,r_1,r_2)} : (B_1,B_2) \in \mathcal{C}_0, (r_1,r_2) \in F\} :$$
$$\mathcal{C}_0 \text{ 是 } \mathcal{C} \text{ 的有限集}, F \text{ 是 } A \text{ 的有限集}\}.$$

那么 D 是 $\mathrm{C}(X)$ 的可数集, 下面仅仅需要证明 D 是 $(\mathrm{C}(X),\widehat{d})$ 的稠密集即可.

设 $f \in \mathrm{C}(X)$, $\varepsilon > 0$. 存在 $\mathbb{Q}$ 的有限集

$$\{r_0 < r_1 < r_2 < \cdots < r_n < r_{n+1}\}$$

使得对任意的 $i = 1,2,\cdots,n+1$, 有 $r_i - r_{i-1} < \dfrac{\varepsilon}{2}$ 且 $f(X) \subset [r_1,r_n]$. 因为对任意的 $i = 1,2,\cdots,n-1$,

$$f^{-1}([r_i,r_{i+1}]) \subset f^{-1}((r_{i-1},r_{i+2}))$$

且它们分别是 X 中的紧集和开集. 因此, 存在 $\mathcal{B}$ 的有限集 $\mathcal{B}_1$ 使得

$$f^{-1}([r_i,r_{i+1}]) \subset \bigcup \mathcal{B}_1 \subset f^{-1}((r_{i-1},r_{i+2})).$$

同理, 存在 $\mathcal{B}$ 的有限集 $\mathcal{B}_2$ 使得 $\mathcal{B}_2$ 中每一个元的闭包包含在 $\mathcal{B}_1$ 的某一个元中且

$$f^{-1}([r_i,r_{i+1}]) \subset \bigcup \mathcal{B}_2 \subset \bigcup \mathcal{B}_1.$$

定义 $\mathcal{C}$ 的有限集

$$\mathcal{C}_i = \{(B_1, B_2) \in \mathcal{B}_1 \times \mathcal{B}_2 : \operatorname{cl} B_2 \subset B_1\}.$$

利用它和前面定义的 $\{r_0, r_1, \cdots, r_{n+1}\}$, 定义

$$g = \max\{f_{(B_1, B_2, r_0, r_i)} : (B_1, B_2) \in \mathcal{C}_i, i = 1, 2, \cdots, n-1\}.$$

那么 $g \in D$. 我们进一步证明 $\widehat{d}(f, g) < \varepsilon$.

为此, 设 $x \in X$, 存在 $i \in \{1, 2, \cdots, n-1\}$ 使得 $f(x) \in [r_i, r_{i+1}]$. 故存在 $(B_1, B_2) \in \mathcal{C}_i$ 使得

$$x \in B_2 \subset \operatorname{cl} B_2 \subset B_1.$$

因此,

$$g(x) - f(x) \geqslant f_{(B_1, B_2, r_0, r_i)}(x) - f(x) \geqslant r_i - r_{i+1} > -\varepsilon. \tag{5-1}$$

又, 对任意的 $j \in \{1, 2, \cdots, n-1\}$ 和任意的 $(C_1, C_2) \in \mathcal{C}_j$, 有

$$f_{(C_1, C_2, r_0, r_j)}(x) - f(x) < \varepsilon. \tag{5-2}$$

事实上, 如果 $C_1 \ni x$, 因为 $C_1 \subset f^{-1}((r_{j-1}, r_{j+2}))$, 所以 $|i - j| \leqslant 1$. 由此知,

$$f_{(C_1, C_2, r_0, r_j)}(x) \leqslant r_j < f(x) + \varepsilon.$$

如果 $C_1 \not\ni x$, 那么

$$f_{(C_1, C_2, r_0, r_j)}(x) = r_0 \leqslant f(x).$$

因此, 公式 (5-2) 成立. 所以

$$g(x) - f(x) < \varepsilon.$$

结合公式 (5-1), 我们知道 $d(f(x), g(x)) < \varepsilon$. 所以, $\widehat{d}(f, g) < \varepsilon$. □

练 习 5.1

5.1.A. 证明度量空间 (X, d) 是可分的充分必要条件是 (X, d) 有可数的子基.

5.1.B. 设 (X, d) 是度量空间, 证明下面条件等价:

(a) (X, d) 是可分的;

(b) (X, d) 中任意两两不相交的开集族都是可数的;

(c) (X, d) 中任意离散子集都是可数的;

(d) (X, d) 中任意离散闭子集都是可数的.

5.1.C. 如果 (X, d) 是可分度量空间, 那么, $|X| \leqslant c$. 举例说明反之不真.

5.1.D. 令 $\overline{d}$ 为 $\mathbb{R}^n$ 上标准度量 d 的标准有界化度量, 即对任意的 $x, y \in \mathbb{R}^n$,

$$d(x, y) = \|x - y\|$$

$$\overline{d}(x, y) = \min\{1, \|x - y\|\}.$$

证明超空间 $(\text{Bound}(\mathbb{R}^n, d), d_H)$ 是可分的而超空间 $(\text{Cld}(\mathbb{R}^n, \overline{d}), \overline{d}_H) = (\text{Bound}(\mathbb{R}^n, \overline{d}), \overline{d}_H)$ 不是可分的.

5.2 嵌 入 定 理

本节我们将证明所有可分度量空间都可以嵌入到 $\mathbb{R}^{\mathbb{N}}$ 或者 $\mathbf{I}^{\mathbb{N}} \approx \mathbf{J}^{\mathbb{N}}$ 中并由此得到其紧化.

定理 5.2.1　设 (X, d) 是度量空间, 则下列条件等价:

(a) X 是可分的;

(b) X 同胚于 $\mathbb{R}^{\mathbb{N}}$ 的一个子空间;

(c) X 同胚于 $Q = \mathbf{J}^{\mathbb{N}}$ 的一个子空间.

证明　由于 $\mathbb{R}^{\mathbb{N}}$ 同胚于 $(0,1)^{\mathbb{N}}$, 故 $\mathbb{R}^{\mathbb{N}}$ 同胚于 Q 的一个子空间, 从而同胚于 $\mathbb{R}^{\mathbb{N}}$ 的一个子空间的空间一定同胚于 Q 的一个子空间, 故 (b)⇒(c). 同理 (c)⇒(b). 由推论 5.1.2 及定理 5.1.4 知 (b)⇒(a), 所以下面我们仅需证明 (a)⇒(c).

(a)⇒(c).　由定理 5.1.1, 设 $\mathcal{B}$ 是 X 的可数基, 令

$$\mathcal{C} = \{(F, E) \in \mathcal{B} \times \mathcal{B} : \text{cl} \, E \subset F\}.$$

则 $\mathcal{C}$ 也是可数集, 故令 $\mathcal{C} = \{(F_n, E_n) : n = 1, 2, \cdots\}$. 对每一个 n, 由推论 2.7.1, 存在连续映射 $f_n : X \to \mathbf{J}$ 使得

$$f_n(\text{cl} \, E_n) \subset \{-1\} \text{ 且 } f_n(X \setminus F_n) \subset \{1\}.$$

现在, 令 $f : X \to Q$ 为

$$f(x) = (f_1(x), f_2(x), \cdots)$$

我们验证 $f : X \to f(X) \subset Q$ 是一个同胚映射, 从而 (c) 成立.

首先, 由定理 2.6.12, 知 $f : X \to f(X)$ 是连续的.

其次, 我们证明 f 是单射. 设 $x, y \in X$ 且 $x \neq y$, 则存在 $F \in \mathcal{B}$ 使得 $x \in F$ 且 $y \notin F$(为什么?). 进一步存在 $E \in \mathcal{B}$ 使得 $x \in E \subset \text{cl} \, E \subset F$. 因此,$(F, E) \in \mathcal{C}$. 设 $(F, E) = (F_n, E_n)$ 则 $f_n(x) = -1, f_n(y) = 1$. 所以 $f(x) \neq f(y)$.

最后, 我们证明 $f : X \to f(X)$ 是开映射. 设 $U \subset X$ 是开集, 我们证明 $f(U)$ 在 $f(X)$ 中是开集. 为此, 设 $x \in U$, $(x^m)_m$ 是 $X \setminus U$ 中一个序列, 则存在 $n \in \mathbb{N}$ 使得

$$x \in E_n \subset \operatorname{cl} E_n \subset F_n \subset U.$$

故 $f_n(x) = -1$ 且对任意的 m, $f_n(x^m) = 1$. 因此 $\lim_{m \to \infty} f_n(x^m) \neq f_n(x)$, 所以 $\lim_{m \to \infty} f(x^m) \neq f(x)$ (注意 $\lim_{m \to \infty} f(x^m)$ 也可能不存在). 这说明了 $f(X) \setminus f(U)$ 中每一个序列都不可能收敛于 $f(x)$. 所以 $f(x)$ 是 $f(U)$ 在 $f(X)$ 中的内点. 由 x 的任意性知 $f(U)$ 是 $f(X)$ 的开集.

由以上三点说明 $f : X \to f(X)$ 是同胚映射.   □

推论 5.2.1 度量空间 X 是紧的当且仅当 X 同胚于 Q 的一个闭集.

证明 充分性. 由定理 4.2.3 和定理 4.2.2 得到.

必要性. 由推论 5.1.1 和定理 5.2.1 知紧空间必同胚于 Q 的一个子空间, 进一步, 由定理 4.2.2 知这个子空间必是闭的.   □

定义 5.2.1 设 (X, d) 是度量空间, (Y, ρ) 是紧度量空间, $j : X \to Y$ 是同胚嵌入 (即 $j : X \to j(X) \subset Y$ 是同胚) 且满足 $\operatorname{cl}_Y j(X) = Y$, 则称对 (Y, j) 为 (X, d) 的一个**可度量化紧化**.

推论 5.2.2 度量空间 X 是可分的当且仅当它存在一个可度量化紧化.

证明 必要性. 若 X 是可分的, 则由定理 5.2.1 存在同胚嵌入 $j : X \to Q$. 令 $Y = \operatorname{cl}_Q j(X)$, 则 Y 作为 Q 的闭子空间是紧的. 显然 $j : X \to Y$ 也是同胚嵌入且 $\operatorname{cl}_Y j(X) = Y$. 故 (Y, j) 是 (X, d) 的一个可度量化紧化.

充分性. 设 (Y, j) 是 (X, d) 的一个可度量化紧化, 则 $j : X \to Y$ 是同胚嵌入且 Y 是紧空间. 由于 $j(X)$ 是紧空间 Y 的子空间, 故由推论 5.1.1 和定理 5.1.4 知 $j(X)$ 是可分的. 进一步, 由于 X 同胚于 $j(X)$, 所以 X 也是可分的.   □

推论 5.2.3 设 (X, d) 是可分度量空间, 则下列条件等价:

(a) (X, d) 是局部紧的;

(b) 对于 (X, d) 的任意可度量化紧化 (Y, j), $j(X)$ 是 Y 的开子空间;

(c) 存在 (X, d) 的一个可度量化紧化 (Y, j) 使得 $j(X)$ 是 Y 的开子空间;

(d) 存在 (X, d) 的一个可度量化紧化 (Y, j) 使得 $Y \setminus j(X)$ 是空集或者单点集. 事实上, 当 (X, d) 紧时, $Y \setminus j(X)$ 为空集, 否则为单点集.

证明 (a)⇒(b). 设 (Y, j) 是 (X, d) 的一个可度量化紧化, 则 $j(X)$ 同胚于 X 且是 Y 的子空间. 从而由定理 4.4.4 知 $j(X) = F \bigcap U$, 这里 F, U 分别是 Y 的闭集和开集. 又由于 $\operatorname{cl} j(X) = Y$. 故 $F \supset \operatorname{cl} j(X) = Y$, 即 $F = Y$. 所以 $j(X) = U$ 是 Y 中开集.

(d)⇒(c) 是显然的.

(b)⇒(c). 由推论 5.2.2 知.

(c)⇒(a). 由定理 4.4.4 立即可得.

(c)⇒(d). 设 (Y, j) 是 (X, d) 的可度量化紧化且 $j(X)$ 在 Y 中是开集. 若 X 是紧空间, 则 $j(X)$ 是 Y 的紧集, 从而是闭集, 因此,$Y \setminus j(Y) = \varnothing$. 下面设 X 是非紧的, 则 $Y \setminus j(X)$ 是 Y 的非空非开的闭集.

令 $Y^* = j(X) \bigcup \{\infty\}$, 这里我们认为 $\infty \notin j(X)$. 现在我们给 Y^* 上定义度量 ρ^* 如下:

$$\rho^*(y_1, y_2) = \begin{cases} \inf\{\rho(y_1, y) : y \in Y \setminus j(X)\} & \text{若 } y_2 = \infty, y_1 \in j(X), \\ \inf\{\rho(y, y_2) : y \in Y \setminus j(X)\} & \text{若 } y_1 = \infty, y_2 \in j(X), \\ \min\{\rho(y_1, y_2), \rho^*(y_1, \infty) + \rho^*(y_2, \infty)\} & \text{若 } y_1, y_2 \in j(X), \\ 0 & \text{若 } y_1 = y_2 = \infty. \end{cases}$$

下面我们首先证明 ρ^* 确实为 Y^* 上的一个度量. 正定性由 $Y \setminus j(Y)$ 是 Y 中闭集得到. 对称性是显然的. 三角不等式的证明是一个繁冗的工作, 我们分几种情况证明对任意的 $y_1, y_2, y_3 \in Y^*$,

$$\rho^*(y_1, y_3) \leqslant \rho^*(y_1, y_2) + \rho^*(y_2, y_3) \tag{5-3}$$

情况 A. $\{y_1, y_2, y_3\}$ 是两点集或者单点集时. 这时, 公式 (5-3) 显然成立, 下面我们假设 $\{y_1, y_2, y_3\}$ 两两不同.

情况 B. $y_1 = \infty$. 若 $\rho^*(y_2, y_3) = \rho^*(\infty, y_2) + \rho^*(\infty, y_3)$, 则公式 (5-3) 显然成立. 若 $\rho^*(y_2, y_3) = \rho(y_2, y_3)$, 则由 $\rho^*(\infty, y_2)$ 的定义知, 对任意的 $\varepsilon > 0$, 存在 $y_4 \in Y \setminus j(X)$ 使得 $\rho(y_4, y_2) \leqslant \rho^*(\infty, y_2) + \varepsilon$, 所以

$$\rho^*(y_1, y_3) = \rho^*(\infty, y_3) \leqslant \rho(y_4, y_3) \leqslant \rho(y_4, y_2) + \rho(y_2, y_3) \leqslant \rho^*(\infty, y_2) + \varepsilon + \rho^*(y_2, y_3).$$

由 ε 的任意性知, 此时公式 (5-3) 成立.

情况 C. $y_3 = \infty$. 此时和情况 B 是对称的.

情况 D. $y_2 = \infty$ 则 $y_1, y_3 \in j(X)$, 从而由定义

$$\rho^*(y_1, y_3) \leqslant \rho^*(y_1, \infty) + \rho^*(\infty, y_3).$$

情况 E. $y_1, y_2, y_3 \in j(X)$. 此时, 我们再分六种情况考虑

情况 E1. 对任意 $i, j \in \{1, 2, 3\}$, 有 $\rho^*(y_i, y_j) = \rho(y_i, y_j)$. 则由 ρ 满足三角不等式知公式 (5-3) 成立.

情况 E2. 情况 E1 的假定不成立, 再设 $\rho^*(y_1, y_3) = \rho(y_1, y_3)$, 则由前面已经证明的情况知

$$\rho(y_1, y_3) \leqslant \rho^*(y_1, \infty) + \rho^*(y_3, \infty) \tag{5-4}$$

且存在 $i \in \{1,3\}$ 使得

$$\rho^*(y_i, y_2) = \rho^*(y_i, \infty) + \rho^*(y_2, \infty). \tag{5-5}$$

不妨设 $i = 1$ 从而由公式 (5-4), (5-5) 和已证明的情况知

$$\rho^*(y_1, y_3) \leqslant \rho^*(y_1, \infty) + \rho^*(y_3, \infty)$$
$$= \rho^*(y_1, y_2) - \rho^*(y_2, \infty) + \rho^*(y_3, \infty)$$
$$\leqslant \rho^*(y_1, y_2) + \rho^*(y_2, y_3).$$

情况 E3. $\rho^*(y_1, y_3) = \rho^*(y_1, \infty) + \rho^*(y_3, \infty)$ 且 $\rho^*(y_1, y_2) = \rho(y_1, y_2)$, $\rho^*(y_2, y_3) = \rho(y_2, y_3)$. 此时

$$\rho^*(y_1, y_3) < \rho(y_1, y_3) \leqslant \rho(y_1, y_2) + \rho(y_2, y_3) = \rho^*(y_1, y_2) + \rho^*(y_2, y_3).$$

所以公式 (5-3) 成立.

情况 E4. $\rho^*(y_1, y_3) = \rho^*(y_1, \infty) + \rho^*(y_3, \infty)$ 且 $\rho^*(y_1, y_2) = \rho^*(y_1, \infty) + \rho^*(y_2, \infty)$, $\rho^*(y_2, y_3) = \rho(y_2, y_3)$. 此时, 因为 $\rho^*(y_3, \infty) \leqslant \rho^*(y_3, y_2) + \rho^*(y_2, \infty)$, 所以容易验证公式 (5-3) 成立.

情况 E5. $\rho^*(y_1, y_3) = \rho^*(y_1, \infty) + \rho^*(y_3, \infty)$ 且 $\rho^*(y_3, y_2) = \rho^*(y_3, \infty) + \rho^*(y_2, \infty)$, $\rho^*(y_2, y_1) = \rho(y_2, y_1)$. 和情况 E4 对称.

情况 E6. 对任意的 $i, j \in \{1,2,3\}$ 有 $\rho^*(y_i, y_j) = \rho^*(y_i, \infty) + \rho^*(y_j, \infty)$. 此时, 公式 (5-3) 成立是显然的.

至此我们证明了 (Y^*, ρ^*) 是一个度量空间, 我们还需要证明如下几点:

第一, $\mathcal{T}_{\rho^*|j(X)} = \mathcal{T}_{\rho|j(X)}$, 即作为 (Y^*, ρ^*) 和 (Y, ρ) 的子空间, $j(X)$ 有相同的拓扑. 事实上, 对任意的 $y \in j(X)$ 存在 $\varepsilon > 0$ 使得 $B_\rho(y, \varepsilon) \bigcap (Y \setminus j(X)) = \varnothing$. 从而由 ρ^* 的定义知, 对任意的 $\delta \in (0, \varepsilon)$, 有 $B_\rho(y, \delta) = B_{\rho^*}(y, \delta)$. 故 $\mathcal{T}_{\rho^*|j(X)} = \mathcal{T}_{\rho|j(X)}$.

第二, (Y^*, ρ^*) 是紧的. 设 (y_n) 是 Y^* 一个序列. 如果 (y_n) 中有子列 (y_{n_i}) 使得 $y_{n_i} = \infty$, 那么这个子列是收敛的. 否则, 由于 (Y, ρ) 是紧的, 故 (y_n) 在 (Y, ρ) 中存在收敛子列 (y_{n_i}), 即存在 $y \in Y$ 使得 $\lim_{i \to \infty} \rho(y_{n_i}, y) = 0$. 若 $y \in j(X)$, 则由第一个结论的证明知, 此时 $\lim_{i \to \infty} \rho^*(y_{n_i}, y) = 0$, 故在 (Y^*, ρ^*) 中 $(y_{n_i})_i$ 也收敛于 $y \in Y^*$. 若 $y \in Y \setminus j(X)$, 则由 ρ^* 的定义知, 对任意的 i, $\rho^*(y_{n_i}, \infty) \leqslant \rho(y_{n_i}, y)$. 故 $\lim_{i \to \infty} \rho^*(y_{n_i}, \infty) = 0$. 从而 (y_{n_i}) 在 (Y^*, ∞) 中收敛于 ∞.

第三, $j(X)$ 是 (Y^*, ρ^*) 的稠密子集. 因为 $j(X)$ 不是紧的, $\mathrm{cl}_{Y^*}(j(X))$ 是 Y^* 的紧集, 故 $j(X) \neq c_{Y^*}(j(X))$. 由于 Y^* 比 $j(X)$ 仅多一个点, 故 $c_{Y^*}(j(X)) = Y^*$. □

注 5.2.1　(1) 对于可分的局部紧非紧空间, 满足上述推论 (d) 的紧度量空间 Y 在拓扑上是唯一的, 也即若 (Y_1, j_1) 和 (Y_2, j_2) 都满足 (d) 中条件, 则存在同胚

$h: Y_1 \to Y_2$ 使得 $h \circ j_1 = j_2 : X \to Y_2$, 请读者证之. 这个紧化称为 X 的**单点紧化**或者 **Alexander 紧化**, 用 αX 记之. 注意到在上面定理的证明中, $j(X)$ 和 X 是同胚的, 因此, 当讨论拓扑性质时, 我们一般用 X 代替 $j(X)$. 这样, 对于非紧的局部紧空间 X, 一般我们用 $\alpha X = X \bigcup \{\infty\}$ 记 X 的单点紧化.

(2) 上述推论的证明中 (c)$\Rightarrow$(d) 的证明是非常冗长的, 如果使用后面的定理 7.3.8 和定理 7.4.4, 我们将能给出这个结论一个非常简单的证明.

例 5.2.1 $\mathbb{R}$ 的单点紧化是 $\mathbb{S}^1$; 更一般地, $\mathbb{R}^n$ 的单点紧化是 $\mathbb{S}^n$. $\mathbf{I}$ 是 $\mathbb{R}$ 的一个非单点紧化.

下面的推论也是有用的, 读者可以把它和定理 4.2.6 相比较. 先建立一个引理.

引理 5.2.1 设 $(X, d), (X, d')$ 是两个度量空间. 如果 $d : (X, d') \times (X, d') \to \mathbb{R}$ 是连续的或者对任意的 $x, y \in X, d(x, y) \leqslant d'(x, y)$, 则 $\mathcal{T}_d \subset \mathcal{T}_{d'}$.

证明 以 d, d' 满足前一个条件为例证明. 设 $U \in \mathcal{T}_d$. 对任意的 $x \in U$, 存在 $\varepsilon > 0$ 使得 $B_d(x, \varepsilon) \subset U$. 因为 $d(x, x) = 0$ 且 $d : (X, d') \times (X, d') \to \mathbb{R}$ 是连续的, 存在 $V \in \mathcal{T}_{d'}$ 使得 $V \ni x$ 且对于任意的 $(y, z) \in V \times V, d(y, z) < \varepsilon$. 由此知, $x \in V \subset B_d(x, \varepsilon) \subset U$. 所以 $U \in \mathcal{T}_{d'}$. 故, $\mathcal{T}_d \subset \mathcal{T}_{d'}$. $\square$

推论 5.2.4 设 (X, d) 是度量空间, 则 (X, d) 是局部紧可分度量空间的充分必要条件是存在 X 上的度量 d' 使得 $\mathcal{T}_{d'} = \mathcal{T}_d$ 且对 X 的任意子集 C, C 是 (X, d) 的紧集当且仅当 C 是 (X, d') 的紧集当且仅当 C 是 (X, d') 的有界闭集.

证明 必要性. 不妨设 (X, d) 是非紧的. 设 $\alpha X = (X \bigcup \{\infty\}, \rho)$ 是 (X, d) 的单点紧化, 显然, 我们可以假设 $d = \rho | X \times X$. 定义 $d' : X \times X \to \mathbb{R}$ 如下:

$$d'(x, y) = \rho(x, y) + \left| \frac{1}{\rho(x, \infty)} - \frac{1}{\rho(y, \infty)} \right|.$$

容易验证 d' 是 X 上一个度量. 下面我们证明 d' 满足我们的要求. 由于对任意的 $x, y \in X, d'(x, y) \geqslant \rho(x, y) = d(x, y)$ 而且 $d' : (X, d) \times (X, d) \to \mathbb{R}$ 是连续的, 由引理 5.2.1 知 $\mathcal{T}_{d'} = \mathcal{T}_d$. 因此, 对 X 的任意子集 C, C 是 (X, d) 的紧集当且仅当 C 是 (X, d') 的紧集. 进一步, 设 C 是 (X, d') 的有界闭集, 则 C 也是 αX 的闭集. 否则, 存在 C 中序列 $(x_n)_n$ 使得 $x_n \to \infty$, 即 $\rho(x_n, \infty) \to 0$. 由 d' 的定义知, $d'(x_1, x_n) \to +\infty$, 矛盾于 C 是 (X, d') 的有界集. 因此 C 是 αX 的闭集, 进而是 αX 的紧集, 也是 (X, d) 的紧集. 由于反之是显然的, 故结论成立.

充分性. 设 d' 是 X 上的一个度量使得 $\mathcal{T}_{d'} = \mathcal{T}_d$ 且对 X 的任意子集 C, C 是 (X, d) 的紧集当且仅当 C 是 (X, d') 的紧集当且仅当 C 是 (X, d') 的有界闭集. 固定 $x_0 \in X$. 那么

$$X = \bigcup_{n=1}^{\infty} \operatorname{cl} B_{d'}(x_0, n).$$

由假设对任意的 n, $\operatorname{cl} B_{d'}(x_0, n)$ 是紧集, 选择可数集合 $D_n \subset \operatorname{cl} B_{d'}(x_0, n)$ 使得其在 $\operatorname{cl} B_{d'}(x_0, n)$ 中稠密, 则 $\bigcup\limits_{n=1}^{\infty} D_n$ 是 (X, d') 中的可数稠密子集, 因此 (X, d') 是可分的. 又, 对任意 $x \in X$, $B_{d'}(x, 1)$ 是 x 的邻域且其闭包是紧的. 因此, (X, d') 是局部紧的. 从而 (X, d) 也是局部紧的和可分的. $\qquad\qquad\square$

本节的最后, 对于紧度量空间, 我们给出一个加强版的定理 5.2.1.

定理 5.2.2　设 X 是紧度量空间, (Y, d) 同胚于 $\mathbb{R}^{\mathbb{N}}$ 或者 $Q = \mathbf{J}^{\mathbb{N}}$, $f : X \to Y$ 连续. 那么, 对任意的 $\varepsilon > 0$, 存在同胚嵌入 $g : X \to Y$ 使得

$$d(f, g) < \varepsilon.$$

证明　我们认为, $\mathbb{R}^{\mathbb{N}} = (-1, 1)^{\mathbb{N}}$. 在 Q 上, 对任意的 $x = (x_n), y = (y_n)$, 令

$$\rho(x, y) = \sum_{n=1}^{\infty} \frac{1}{2^n} |x_n - y_n|.$$

ρ 定义了 Q 上一个度量且 $\mathcal{T}_\rho = \mathcal{T}_d$. 显然, 对于 $(-1, 1)^{\mathbb{N}}$ 而言, 上面的结论也成立. 考虑紧集 $f(X)$ 在度量空间 (Y, ρ) 中的开覆盖

$$\mathcal{U} = \left\{ B_d \left(f(x), \frac{\varepsilon}{2} \right) : x \in X \right\}.$$

由 Lebesgue 数引理 (定理 4.3.1), 存在 $\delta > 0$ 使得对任意的 $A \subset Y$, 如果 $\operatorname{diam}_\rho A < \delta$ 且 $A \cap f(X) \neq \varnothing$, 那么, 存在 $x \in X$ 使得

$$A \subset B_d \left(f(x), \frac{\varepsilon}{2} \right),$$

这里 $\operatorname{diam}_\rho A$ 表示 A 在 (Y, ρ) 中的直径. 选择 $N \in \mathbb{N}$ 使得

$$\sum_{n=N+1}^{\infty} \frac{1}{2^n} < \frac{\delta}{2}. \tag{5-6}$$

现在, 写 $Y = Y_1 \times Y_2$, 这里, Y_1 表示 Y 的前 N 个因子的乘积, Y_2 表示其余因子的乘积. 那么, $Y_2 \approx Y$. 因此, 由定理 5.2.1 知, 存在同胚嵌入 $g_2 : X \to Y_2$. 令 $g : X \to Y$ 为

$$g(x) = (p_1(f(x)), p_2(f(x)), \cdots, p_N(f(x)), g_2(x)),$$

这里, 对任意的 $i \leqslant N$, p_i 是向第 i 个因子的投影映射. 则 g 满足我们的要求. 事实上, 由定理 2.6.8 和定理 2.6.9 知 $g : X \to Y$ 是连续的; 由 g_2 是单射知 g 也是单射; 由推论 4.2.3 和 X 是紧的知 g 是同胚嵌入. 最后, 我们验证, 对任意的 $x \in X$,

$$d(f(x), g(x)) < \varepsilon.$$

设 $x \in X$, 由于 $f(x)$ 和 $g(x)$ 的前 N 个坐标相同, 由公式 (5-6) 知

$$\rho(f(x), g(x)) < \delta.$$

令 $A = \{f(x), g(x)\}$. 那么, $\mathrm{diam}_\rho A < \delta$ 且显然 $A \bigcap f(X) \neq \varnothing$. 所以, 由 δ 的选择知, 存在 $x' \in X$ 使得

$$A \subset B_d \left(f(x'), \frac{\varepsilon}{2} \right).$$

因此, $d(f(x), g(x)) < \varepsilon$. □

练 习 5.2

设 M 是集合, $\mathbb{R}^M$ 表示从 M 到 $\mathbb{R}$ 的映射的全体. 对 $x \in \mathbb{R}^M$, 令

$$M(x) = \{m \in M : x(m) \neq 0\},$$

$$\ell^2(M) = \{x \in \mathbb{R}^M : \text{集合 } M(x) \text{ 是可数的且 } \sum_{m \in M(x)} x^2(m) < \infty\},$$

$$\ell^2_f(M) = \{x \in M : \text{集合 } M(x) \text{ 是有限的}\}.$$

对任意的 $x, y \in \ell^2(M)$, 定义

$$d(x, y) = \left(\sum \{(x(m) - y(m))^2 : m \in M(x) \bigcup M(y)\} \right)^{\frac{1}{2}}.$$

5.2.A. 证明 $(\ell^2(M), d)$ 是度量空间.

5.1.B. 证明 $\ell^2_f(M)$ 是 $(\ell^2(M), d)$ 的稠密集.

5.1.C. 证明 $(\ell^2(M), d)$ 是可分的充分必要条件是 M 是可数的.

5.1.D. 如果 M 是可数无限集, 则 $(\ell^2(M), d)$ 与 ℓ^2 等距同构.

5.3　Cantor 空间的万有性质

本节我们将证明可分 0-维度量空间都可以嵌入到 Cantor 空间中, 每一个紧度量空间都是 Cantor 空间的连续像, 此说明了 Cantor 空间的用处.

在上一节, 我们证明了每一个可分度量空间都可以嵌入到 $\mathbb{R}^\mathbb{N}$ 和 Q 中. 一般来说, 对某类空间 $\mathcal{S}$, 如果存在空间 U 使得 $\mathcal{S}$ 中每一个空间都同胚于 U 的一个子空间 (有时也要求 $U \in \mathcal{S}$), 则称 U 是 $\mathcal{S}$ 的**万有空间**. 利用这个术语, 我们可以说, $\mathbb{R}^\mathbb{N}$ 和 Q 都是可分度量空间类的万有空间. 回忆一下, 度量空间如果存在由既开又闭的集合组成的基, 则称这个空间是 0-维的. 因此, 度量空间是可分 0-维的充分必要条件是其存在由既开又闭的集合组成的可数基. 我们有下面的结论.

定理 5.3.1　　度量空间 (X, d) 是可分 0-维空间的充分必要条件是它同胚于 Cantor 空间 $\{0, 1\}^{\mathbb{N}}$ 的子空间. 度量空间 (X, d) 是紧 0-维空间的充分必要条件是它同胚于 Cantor 空间 $\{0, 1\}^{\mathbb{N}}$ 的闭子空间.

证明　　因为 0-维性是遗传的拓扑性质, 因此两个结论的充分性是显然的. 第二个结论的必要性可以由第一个结论的必要性和推论 4.2.2 得到. 因此, 我们仅仅证明第一个结论的必要性. 这个结论的证明和定理 5.2.1 的 (a)$\Rightarrow$(c) 类似 (事实上更简单), 我们仅给出证明的概要. 由定理 5.1.2 可以设 $\{B_1, B_2, \cdots, B_n \cdots\}$ 是 X 的由既开又闭的集合组成的可数基. 对每一个 n, 定义映射 $f_n : X \to \{0, 1\}$ 为

$$f(x) = \begin{cases} 1 & \text{若 } x \in B_n, \\ 0 & \text{若 } x \in X \setminus B_n. \end{cases}$$

则 $f_n : X \to \{0, 1\}$ 连续且可以验证 $f(x) = (f_1(x), f_2(x), \cdots, f_n(x), \cdots)$ 定义了由 X 到 $\{0, 1\}^{\mathbb{N}}$ 的嵌入. □

推论 5.3.1　　上面定理中 Cantor 空间 $\{0, 1\}^{\mathbb{N}}$ 可以用 Cantor 集 C 代替.

上面的定理说明了 Cantor 集是可分 0-维空间类的万有空间. 下面我们说明 Cantor 集在另一种意义下是所有紧度量空间的万有空间. 对于空间类 $\mathcal{S}$ 和一个度量空间 P, 如果 $\mathcal{S}$ 中每一个空间都是空间 P 的连续像, 则称空间 P 是空间类 $\mathcal{S}$ 在**连续像意义下的万有空间**. 本节的另一个结果是 Cantor 集 C 是所有的紧度量空间类在连续像意义下的万有空间. 为此, 我们先证明下面的引理.

引理 5.3.1　　减法运算 $- : C \times C \to \mathbf{J} = [-1, 1]$ 是连续的满射.

证明　　我们仅需要证明这个映射是满的. 对任意的 m, 令

$$C_m = \mathbf{I} \setminus \bigcup_{n=1}^{m} \left\{ \bigcup \left(\frac{k}{3^n}, \frac{k+1}{3^n} \right) : k \text{ 为奇数且 } k \leqslant 3^n - 2 \right\}.$$

那么容易验证

$$C_m = \frac{1}{3} C_{m-1} \bigcup \left(\frac{2}{3} + \frac{1}{3} C_{m-1} \right),$$

这里, $C_0 = \mathbf{I}$ 且对于 $r \in \mathbb{R}$ 和 $A \subset \mathbb{R}$,

$$rA = \{ra : a \in A\}, \quad r + A = \{r + a : a \in A\}.$$

首先归纳地证明, 对任意的 m, $- : C_m \times C_m \to [-1, 1]$ 是满射. 当 $m = 0$ 时, 结论显然成立. 设结论对 m 成立. 我们证明结论对 $m + 1$ 也成立, 即

论断: 对任意的 $r \in [-1, 1]$, 存在 $x, y \in C_{m+1}$ 使得 $r = x - y$.

情况 A: $|r| \in \left[0, \frac{1}{3} \right]$. 这时, $3r \in [-1, 1]$. 因此, 由归纳假定存在 $x, y \in C_m$ 使得 $x - y = 3r$. 故, $\frac{1}{3}x, \frac{1}{3}y \in C_{m+1}$ 且 $\frac{1}{3}x - \frac{1}{3}y = r$.

情况 B: $r \in \left[\frac{1}{3}, 1\right]$. 则 $3\left(r - \frac{2}{3}\right) \in [-1, 1]$. 因此, 存在 $x, y \in C_m$ 使得 $x - y = 3\left(r - \frac{2}{3}\right)$. 那么, $\frac{2}{3} + \frac{1}{3}x, \frac{1}{3}y \in C_{m+1}$ 且 $\frac{2}{3} + \frac{1}{3}x - \frac{1}{3}y = r$.

情况 C: $r \in \left[-1, -\frac{1}{3}\right]$. 与情况 B 相似. 因此, 论断成立.

注意到对任意的 m 和任意的 $x \in C_m$, 存在 $x_m \in C$ 使得 $|x - x_m| \leqslant \frac{1}{3^m}$. 另外, $\bigcap_{m=1}^{\infty} C_m = C$. 利用这两个事实和上面的结论容易证明 $- : C \times C \to \mathbf{J} = [-1, 1]$ 的像在 $\mathbf{J}$ 中稠密. 进一步, 这个映射的像是 $\mathbf{J}$ 中的紧集, 因此它是满射. □

引理 5.3.2　Hilbert 方体 Q 是 Cantor 集 C 的连续像.

证明　定义 $f : (C \times C)^{\mathbb{N}} \to \mathbf{J}^{\mathbb{N}} = Q$ 为

$$f((x_1, y_1), (x_2, y_2), \cdots) = (x_1 - y_1, x_2 - y_2, \cdots).$$

那么由引理 5.3.1 知 $f : (C \times C)^{\mathbb{N}} \to \mathbf{J}^{\mathbb{N}} = Q$ 为连续满射. 由推论 4.6.2(1) 知存在同胚 $h : C \to (C \times C)^{\mathbb{N}}$. 那么 $f \circ h : C \to Q$ 是连续满射. □

现在我们可以证明下面的 Alexandorff-Ursohn 定理.

定理 5.3.2 (Alexandorff-Ursohn 定理)　度量空间 (X, d) 是紧的充分必要条件是 X 是 Cantor 集 C 的连续像.

证明　充分性由定理 4.2.1 和推论 4.6.1 得到. 下面我们证明必要性. 设 X 是紧度量空间, 由推论 5.2.1, 我们可以认为 X 是 Hilbert 方体 Q 的闭子空间. 由上面的引理, 存在连续满射 $f : C \to Q$. 令 $C' = f^{-1}(X)$. 则 C', 作为 C 的闭子空间, 是紧的 0-维空间且 $f|C' : C' \to X$ 是连续满射. 由推论 4.6.2(3) 知 $C \times C'$ 同胚于 C. 令 $h : C \to C \times C'$ 是一个同胚, $p : C \times C' \to C'$ 是投影映射, 则 $p \circ h : C \to C'$ 是连续满射, 从而 $(f|C') \circ p \circ h : C \to X$ 是连续满射. □

在拓扑学中可以讨论一种和图论中不同的一笔画问题, 即什么样的度量空间是 $\mathbf{I}$ 的连续像, 利用上面的定理我们可以证明下面的 Hahn-Mazurkiewicz 定理.

定理 5.3.3 (Hahn-Mazurkiewicz 定理)　度量空间 (X, d) 是 $\mathbf{I}$ 的连续像的充分必要条件是 X 是紧的连通的局部道路连通的.

为完成这个定理的证明, 我们先给出证明一个引理.

引理 5.3.3　设 (X, d) 是紧的局部道路连通的度量空间, 那么对任意的 $\varepsilon > 0$, 存在 $\delta > 0$ 使得对任意的 $x, y \in X$, 如果 $d(x, y) < \delta$, 则存在 X 中连接 x, y 的道路 $f : \mathbf{I} \to X$ 使得 $\mathrm{diam}\, f(\mathbf{I}) < \varepsilon$.

证明　对任意的 $\varepsilon > 0$, 因为 X 是局部道路连通的, 存在道路连通的子集 $U_x \in \mathcal{N}(x)$ 使得 $U_x \subset B\left(x, \frac{\varepsilon}{2}\right)$. 那么 $\{U_x : x \in X\}$ 是 X 的开覆盖, 由 Lebesgue 数引理 (定理 4.3.1), 令 $\delta > 0$ 是这个覆盖的一个 Lebesgue 数, 那么不难验证这个 δ 满足引理的要求. □

定理 5.3.3 的证明　　充分性. 设 (X, d) 是紧的连通的局部道路连通的度量空间且不妨设 $\operatorname{diam}(X) < 1$. 对 $\varepsilon = \dfrac{1}{n}$, 设 $\delta_n \in \left(0, \dfrac{1}{n}\right)$ 是满足引理 5.3.3 中要求的 δ. 注意到, 由定理 3.3.5 知 X 是道路连通的, 因此, 由 $\operatorname{diam}(X) < 1$, 我们可以取 $\delta_1 = 1$.

由 Alexandorff-Ursohn 定理 (定理 5.3.2), 存在连续的满射 $f : C \to X$. 现在我们将利用 δ_n 把 f 连续扩张到 $\mathbf{I}$ 上. 为此, 令 (a_k, b_k) 是 C 在 $\mathbf{I}$ 中一个余区间, 如果 $f(a_k) = f(b_k)$, 那么 $f_k : [a_k, b_k] \to X$ 定义为常值 $f(a_k) = f(b_k)$. 如果 $f(a_k) \neq f(b_k)$, 那么存在最大的 n 使得 $d(f(a_k), f(b_k)) < \delta_n$. 由 δ_n 的选择, 存在连续映射 $f_k : [a_k, b_k] \to X$ 使得 $f_k(a_k) = f(a_k), f_k(b_k) = f(b_k)$ 且 $\operatorname{diam} f_k([a_k, b_k]) < \dfrac{1}{n}$. 令

$$F(x) = \begin{cases} f(x) & \text{若 } x \in C; \\ f_k(x) & \text{若 } x \in (a_k, b_k). \end{cases}$$

显然 $F : \mathbf{I} \to X$ 是满射且在 $\mathbf{I} \setminus C$ 上连续, 下面我们证明 F 在 C 中的每一点连续. 设 $x \in C \setminus \{1\}$, 我们证明 F 在 x 点右连续. 如果 $x = a_k$ 是某一个余区间的左端点, 那么 F 显然在 x 点是右连续的. 如果 x 不是任何余区间的左端点, 因为 $f : C \to X$ 是连续的, 所以, 对任意的 n, 存在 $\delta > 0$ 使得 $x + \delta \in C$ 且对任意的 $y \in C \bigcap (x, x + \delta]$ 有 $d(f(y), f(x)) < \dfrac{\delta_n}{2}$. 那么, 对任意的 $z \in (x, x + \delta) \setminus C$, 存在 k 使得 $z \in (a_k, b_k) \subset (x, x + \delta)$. 因此, $d(f(a_k), f(b_k)) < \delta_n$, 故, $\operatorname{diam} f_k([a_k, b_k]) < \dfrac{1}{n}$. 所以,

$$\begin{aligned}
d(F(x), F(z)) &\leqslant d(F(x), F(a_k)) + d(F(a_k), F(z)) \\
&= d(f(x), f(a_k)) + d(f_k(a_k). f_k(z)) \\
&< \delta_n + \frac{1}{n} < \frac{2}{n}.
\end{aligned}$$

由此知 F 在 x 点右连续, 同理, F 在每一个 $x \in C \setminus \{0\}$ 点左连续. 我们完成了充分性的证明.

必要性. 设 $f : \mathbf{I} \to X$ 是连续的满射, 由于 $\mathbf{I}$ 是紧的连通的, 利用定理 3.1.7 和定理 4.2.1 可知 X 是紧的、连通的. 下面我们利用定理 3.3.6 证明 X 是局部道路连通的. 为此, 设 $x \in X$, $U \in \mathcal{N}(x)$. 注意到, $f^{-1}(x) \subset f^{-1}(U)$ 而且 $f^{-1}(U)$ 是 $\mathbf{I}$ 中开集, 因此, $f^{-1}(U)$ 可以表示为 $\mathbf{I}$ 中可数个两两不相交的开区间的并, 不妨设, $f^{-1}(U) = \bigcup\limits_{k=1}^{\infty} (a_k, b_k)$. 令

$$\begin{aligned}
V &= X \setminus f(\mathbf{I} \setminus \bigcup \{(a_k, a_k) : (a_k, b_k) \bigcap f^{-1}(x) \neq \varnothing\}), \\
A &= f(\bigcup \{(a_k, a_k) : (a_k, b_k) \bigcap f^{-1}(x) \neq \varnothing\}) \\
&= \bigcup \{f(a_k, b_k) : (a_k, b_k) \bigcap f^{-1}(x) \neq \varnothing\}.
\end{aligned}$$

注意到, V 是 $\mathbf{I}$ 中紧集的连续像的余集, 因此, V 是 X 中的开集, 显然 $V \ni x$. 又, 由 f 是满射知 $V \subset A \subset U$. 最后, A 是一列有公共点 x 的道路连通子集的并, 因此, A 也是道路连通的. 于是, X 满足定理 3.3.6 的条件. $\qquad\qquad$ □

注 5.3.1 (1) 一般来说, Hahn-Mazurkiewicz 定理 (定理 5.3.3) 被叙述为: 度量空间 (X, d) 是 $\mathbf{I}$ 的连续像的充分必要条件是 X 是紧的连通的局部连通的 (即 Peano 连续统). 如果这样叙述, 其充分性的证明的难度将加大, 我们难以完成. 所以, 我们进行了改写.

(2) Peano 第一个给出了一个连续的满射 $f : \mathbf{I} \to \mathbf{I}^2$. 然后, 人们开始关心什么空间是 $\mathbf{I}$ 的连续像, 最后得到了 Hahn-Mazurkiewicz 定理. 因此, 紧的连通的局部连通的度量空间被称为 Peano 连续统.

练 习 5.3

5.3.A. 证明任意可分 0-维度量空间都可以嵌入到 $\mathbb{R}$ 中.

5.3.B. 直接构造连续满射 $\mathbf{I} \to \mathbf{I}^2$.

5.3.C. 证明 Hahn-Mazurkiewicz 定理中的 $\mathbf{I}$ 可以被 $\mathbf{I}^2$ 代替.

5.3.D. 证明拓扑学家的正弦曲线

$$X = (\{0\} \times [-1, 1]) \bigcup \left\{ \left(x, \sin \frac{1}{x} \right) : x \in (0, 1] \right\}$$

是紧的连通空间, 但不是 $\mathbf{I}$ 的连续像.

第6章 完备度量空间与可完备度量空间

本章我们将要讨论一个典型的非拓扑性质——度量的完备性, 我们还讨论与之相关的拓扑性质.

本章中, 前三节的内容传统上认为是基本的, 第四节给出拓扑学在分析中的一些应用.

6.1 完备度量空间

本节我们将定义完备度量空间并给出了一些例子, 特别是 Hilbert 空间 ℓ^2 是完备的. 我们还将给出完备性的运算性质.

定义 6.1.1 设 (X,d) 是度量空间, $(x_n)_n$ 是 X 中的一个序列. 若对任意的 $\varepsilon > 0$, 存在 $N \in \mathbb{N}$ 使得当 $n, m > N$ 时, $d(x_n, x_m) < \varepsilon$, 则称 $(x_n)_n$ 是 (X,d) 中一个 **Cauchy 列**. 如果 (X,d) 中所有的 Cauchy 列均收敛, 则称 (X,d) 为**完备度量空间**.

例 6.1.1 在数学分析中, Cauchy 收敛定理说明了 $(\mathbb{R}^n, d)$ 是完备度量空间, 这也是 Cauchy 列名称的来源. 但 $((0,1), d)$ 不是完备度量空间. 事实上, $\left(\dfrac{1}{n}\right)_n$ 是 $((0,1), d)$ 中的 Cauchy 列, 但它在 $((0,1), d)$ 中不收敛, 由于 $\mathbb{R}$ 同胚于 $(0,1)$, 故此例说明了完备性不是拓扑性质, 它是一个典型的非拓扑性质.

例 6.1.2 Hilbert 空间 ℓ^2 是完备度量空间.

证明 设 $(x(m))_m$ 是 ℓ^2 中的 Cauchy 列, 那么对任意的 n, 令 $x_n(m)$ 表示 $x(m)$ 的第 n 个坐标, 则 $(x_n(m))_m$ 是 $\mathbb{R}$ 中的 Cauchy 列. 因此, 设 $x_n(m) \to x_n \ (m \to \infty)$. 下面我们证明在 ℓ^2 中, $(x(m)) \to x = (x_n)_n \ (m \to \infty)$. 为此, 首先证明, $x \in \ell^2$. 对任意的 $\varepsilon > 0$, 存在 $M \in \mathbb{N}$ 使得对任意的 $m_1, m_2 \geqslant M$,

$$\sum_{n=1}^{\infty} (x_n(m_1) - x_n(m_2))^2 < \frac{\varepsilon}{6}. \tag{6-1}$$

又, $x(M) \in \ell^2$, 存在 N 使得

$$\sum_{n=N+1}^{\infty} (x_n(M))^2 < \frac{\varepsilon}{6}.$$

对此 N 和任意 $m > M$, 有

$$\sum_{n=N+1}^{\infty} (x_n(m))^2 \leqslant 2 \sum_{n=N+1}^{\infty} (x_n(M))^2 + (x_n(m) - x_n(M))^2 \leqslant \frac{2\varepsilon}{3}.$$

因此, 对任意的 $N_1 > N$,

$$\sum_{n=N+1}^{N_1} (x_n(m))^2 \leqslant \frac{2\varepsilon}{3}.$$

令 $m \to \infty$, 有

$$\sum_{n=N+1}^{N_1} x_n^2 \leqslant \frac{2\varepsilon}{3}.$$

于是

$$\sum_{n=N+1}^{\infty} x_n^2 \leqslant \frac{2\varepsilon}{3},$$

即 $x = (x_n) \in \ell^2$. 最后, 在 (6-1) 中令 $m_2 \to \infty$, 则在 ℓ^2 中, $x(m) \to x$. □

下面我们给出完备度量空间的特征, 读者可以和定理 4.1.3 比较.

定理 6.1.1 设 (X, d) 是度量空间, 那么下列条件等价:

(a) (X, d) 是完备的;

(b) 对 (X, d) 中任意有有限交性质的闭集族 $\mathcal{F}$, 如果 $\mathcal{F}$ 中包含直径任意小的集合 (即对任意的 $\varepsilon > 0$, 存在 $F \in \mathcal{F}$ 使得 $\operatorname{diam} F < \varepsilon$), 那么 $\bigcap \mathcal{F} \neq \varnothing$;

(c) 对 (X, d) 中任意单调下降的非空闭集列 $(F_n)_n$, 如果 $\lim_{n \to \infty} \operatorname{diam} F_n = 0$, 则 $\bigcap_{n=1}^{\infty} F_n \neq \varnothing$.

证明 (a)$\Rightarrow$(b). 由假设, 对任意 $n \in \mathbb{N}$, 可以选择 $F_n \in \mathcal{F}$ 使得 $\operatorname{diam} F_n < \frac{1}{n}$. 进一步, 选择 $x_n \in F_n$, 那么 $(x_n)_n$ 是 Cauchy 列. 事实上, 因为对任意的 $n, m \in \mathbb{N}$, $F_n \bigcap F_m \neq \varnothing$ 和 $\operatorname{diam} F_n < \frac{1}{n}$, $\operatorname{diam} F_m < \frac{1}{m}$ 能够推出 $d(x_n, x_m) < \frac{1}{m} + \frac{1}{n}$. 由 (a), $\lim_{n \to \infty} x_n = a$ 存在. 下面我们证明对任意的 $F \in \mathcal{F}$, 有 $a \in F$. 对任意的 n, 因为 $F \bigcap F_n \neq \varnothing$, 有

$$\begin{aligned}
d(a, F) &\leqslant d(a, x_n) + d(x_n, F) \\
&\leqslant d(a, x_n) + \operatorname{diam} F_n \\
&\leqslant d(a, x_n) + \frac{1}{n} \\
&\to 0 \ (n \to \infty).
\end{aligned}$$

由于 $d(a, F)$ 与 n 无关, 因此, $d(a, F) = 0$. 由 F 的闭性知 $a \in F$.

(b)$\Rightarrow$(c). 这是显然的.

(c)$\Rightarrow$(a). 设 $(x_n)_n$ 是 (X, d) 中的 Cauchy 列, 对任意的 n, 令

$$F_n = \operatorname{cl}\{x_m : m \geqslant n\}.$$

那么 $(F_n)_n$ 是单调下降的非空闭集列且由假定知 $\lim_{n \to \infty} \operatorname{diam} F_n = 0$. 故 $\bigcap_{n=1}^{\infty} F_n \neq \varnothing$. 选择 $x \in \bigcap_{n=1}^{\infty} F_n$. 则很容易证明 $\lim_{n \to \infty} x_n = x$. □

　　下面给出紧度量空间和完备度量空间的关系.

　　定理 6.1.2　任意紧度量空间都是完备的度量空间.

　　证明　由定理 6.1.1 和定理 4.1.3 立即可得.　　　　　　　　　　　　　　□

　　但上面的例子 $(\mathbb{R}^n, d)$ 和 Hilbert 空间 ℓ^2 表明其逆不真. 下面我们讨论什么样的完备度量空间一定是紧的.

　　定义 6.1.2　设 (X, d) 是度量空间, $\varepsilon > 0$, $A \subset X$ 是有限集. 若

$$\bigcup_{a \in A} B(a, \varepsilon) = X,$$

则称 A 为 (X, d) 的一个 ε-网. 若对任意的 $\varepsilon > 0$, (X, d) 都有 ε-网, 则称 (X, d) 是**完全有界的**.

　　显然, 完全有界的空间必有界, 但下面的例子 6.1.3 表明其逆不真. 另外, $\mathbb{Q} \bigcap (0, 1)$ 和 $\mathbb{P} \bigcap (0, 1)$ 都是完全有界的.

　　定理 6.1.3　度量空间 (X, d) 为紧的充分必要条件是其为完全有界的完备空间.

　　证明　必要性的证明留给读者.

　　充分性. 设 (X, d) 是完全有界的完备空间, $(x_n)_n$ 是 X 中的一个序列.

　　令 $A_1 = \{a_1, a_2, \cdots, a_{k_1}\}$ 是 (X, d) 的一个 2^{-1}-网. 由于 $\{B(a_i, 2^{-1}) : i = 1, 2, \cdots, k_1\}$ 是 X 的有限开覆盖, 故存在 i 和 $(x_n)_n$ 的一个子列 (x_{n_k}) 使得 $x_{n_k} \in B(a_i, 2^{-1})$, 从而 $d(x_{n_k}, x_{n_{k'}}) < 1$. 现在对于 (X, d) 的一个 2^{-2}-网 A_2 和序列 (x_{n_k}), 利用和上述相同的方法, 存在 (x_{n_k}) 的子列 $(x_{n_{k_j}})$ 使得对任意的 j, j',

$$d(x_{n_{k_j}}, x_{n_{k_{j'}}}) < \frac{1}{2}.$$

依此类推我们可以定义由 (x_n) 的子列构成的序列 $(\alpha^m)_m$ 使得

　　(i) 对任意的 m, α^m 是 α^{m-1} 的一个子列;

　　(ii) 对任意的 m 及 α^m 中任意两项 x_k^m 和 x_l^m 有 $d(x_k^m, x_l^m) < \dfrac{1}{2^{m-1}}$.

　　现在我们定义 $(x_n)_n$ 的一个子列 $(y_m)_m$, 这里 y_m 为 α^m 的第 m 项, 则 $(y_m)_m$ 是 $(x_n)_n$ 的一个子列且为 Cauchy 列. 事实上, 对任意的 $\varepsilon > 0$, 选择 M 充分大使得 $\dfrac{1}{2^{M-1}} < \varepsilon$, 则对任意的 $m, m' > M$, 由于 y_m 为 α^m 的第 m 项, $y_{m'}$ 为 $\alpha^{m'}$ 的第 m' 项, 进一步由 (i) 知 α^m 和 $\alpha^{m'}$ 均为 α^M 的子列, 从而 y_m 与 $y_{m'}$ 均为 α^M 的项, 故由条件 (ii) 知

$$d(y_m, y_{m'}) < \frac{1}{2^{M-1}} < \varepsilon.$$

由于 (X, d) 是完备的, 故 $(y_m)_m$ 收敛, 从而 $(x_n)_n$ 存在收敛子列.

　　应用定理 4.1.3(a)⇔(e) 知 X 是紧的.　　　　　　　　　　　　　　　　□

　　注 6.1.1　上述定理中完全有界不能被有界代替, 即有界的完备空间可以不是紧的.

例 6.1.3 考虑 ℓ^2 中闭单位球体

$$B = \left\{ x \in \ell^2 : \sum_{i=1}^{\infty} x_i^2 \leqslant 1 \right\}.$$

则 B 是有界的, 又由于其为完备度量空间 ℓ^2 的闭子空间, 故它也是完备的(见下面定理 6.1.5). 但是, B 不是紧的. 事实上, 令 x^i 为除第 i 个坐标为 1, 其余坐标均为 0 的点, 则 $x^i \in B$ 且 $d(x^i, x^j) = \sqrt{2}\ (i \neq j)$, 故 $(x^i)_i$ 不存在收敛子列. 此例也说明了有界集可以不是完全有界的. 为什么?

我们给出一个在很多数学分支中都有用的定理, 称为压缩映像不动点定理. 先介绍下面的概念. 设 X 是一个集合, $f : X \to X$ 是 X 到自身的映射, 如果存在 $x_0 \in X$ 使得 $f(x_0) = x_0$, 那么, 我们称 f **有不动点性质**, 点 x_0 称为 f 的**不动点**. 如果进一步假定 (X, d) 是度量空间而且存在 $r \in (0, 1)$ 使得对任意的 $x, y \in X$, 有

$$d(f(x), f(y)) \leqslant rd(x, y),$$

那么, 我们称 $f : (X, d) \to (X, d)$ 是一个**压缩映像**. 显然, 压缩映像必然是连续映射.

定理 6.1.4(压缩映像不动点定理) 设 (X, d) 是完备度量空间, $f : (X, d) \to (X, d)$ 是一个压缩映像, 则 f 有唯一的不动点.

证明 任意选择 $x \in X$, 令

$$x_0 = x,\ x_1 = f(x_0),\ x_2 = f(x_1),\ \cdots, x_{n+1} = f(x_n),\ \cdots.$$

得到 (X, d) 中的序列 (x_n).

我们首先证明这个序列的像是有界的. 因为 $r \in (0, 1)$, 所以, 对任意的 $n > 0$,

$$\begin{aligned}
d(x_n, x_0) &\leqslant d(x_n, x_{n-1}) + d(x_{n-1}, x_{n-2}) + \cdots + d(x_1, x_0) \\
&\leqslant rd(x_{n-1}, x_{n-2}) + rd(x_{n-2}, x_{n-3}) \cdots + d(x_1, d_0) \\
&\leqslant (r^{n-1} + r^{n-2} + \cdots + r + 1)d(x_1, x_0) \\
&\leqslant \frac{1}{1-r}d(x_1, x_0).
\end{aligned}$$

故 $M = \dfrac{2}{1-r}d(x_1, x_0)$ 是这个序列的一个上界.

其次, 我们证明序列 (x_n) 是 Cauchy-列. 对任意的 $n > m > 0$,

$$d(x_n, x_m) \leqslant rd(x_{n-1}, x_{m-1}) \leqslant \cdots \leqslant r^m d(x_{n-m}, x_0) \leqslant r^m M.$$

由此说明了 (x_n) 是 Cauchy-列.

再次, 我们证明 f 有不动点. 事实上, 因为 (X, d) 是完备的, 所以序列 (x_n) 有极限 x_∞ 而且

$$f(x_\infty) = f(\lim_{n \to \infty} x_n) = \lim_{n \to \infty} f(x_n) = \lim_{n \to \infty} x_{n+1} = x_\infty.$$

故, x_∞ 是 f 的不动点.

最后, 我们证明 f 仅有一个不动点. 事实上, 设 x, y 是 f 的不动点. 则

$$d(x, y) = d(f(x), f(y)) \leqslant rd(x, y).$$

因为 $r \in (0, 1)$, 所以 $d(x, y) = 0$. 从而 $x = y$.　　　　　　　　　　□

注 6.1.2　　上面的证明同时也给出了寻找压缩映像 $f: (X, d) \to (X, d)$ 不动点的方法. 即对任意的 $x \in X$, $\lim_{n \to \infty} f^n(x)$ 是 f 的唯一的不动点. 这一点对于这个结论的应用是非常重要的.

本节最后一部分讨论完备度量空间的运算性质. 下面两个定理的证明留给读者.

定理 6.1.5　　设 (X, d) 是完备度量空间, Y 是 X 的子空间, 则 Y 是闭的充分必要条件是 $(Y, d | Y \times Y)$ 是完备度量空间.

定理 6.1.6　　设 (X_1, d_1) 与 (X_2, d_2) 是完备度量空间, 则 $(X_1 \times X_2, d)$ 也是完备度量空间, 这里

$$d((x_1, x_2), (y_1, y_2)) = \sqrt{(x_1 - y_1)^2 + (x_2 - y_2)^2}$$

或者

$$d((x_1, x_2), (y_1, y_2)) = \max\{d_1(x_1, y_1), d_2(x_2, y_2)\}.$$

定理 6.1.6 显然可以推广到任意有限个乘积的情况. 为了讨论无限乘积的情况, 我们需要做一些准备.

回忆一下, 若 d 是 X 上的一个度量, 则我们可以定义 (X, d) 的标准有界化度量 $\overline{d}: X \times X \to \mathbb{R}^+$ 如下

$$\overline{d}(x, y) = \min\{d(x, y), 1\}$$

引理 6.1.1　　设 (X, d) 是度量空间, 则 (X, d) 是完备的充分必要条件是 $(X, \overline{d})$ 是完备的.

证明　　注意到 (X, d) 与 $(X, \overline{d})$ 中有相同的 Cauchy 列. 由定理 2.2.5 知对 X 中的任意序列 $(x_n)_n$, $(x_n)_n$ 在 (X, d) 收敛与其在 $(X, \overline{d})$ 中收敛等价, 故引理成立.

　　　　　　　　　　□

下面的定理说明了, 按照 2.6 节定义的无限乘积度量, 完备度量的无限乘积也是完备的.

定理 6.1.7　　设 $((X_n, d_n))_n$ 是一列完备度量空间, 在 $X = X_1 \times X_2 \times \cdots$ 上定义如下度量 $d: X \times X \to \mathbb{R}^+$:

$$d((x_1, x_2, \cdots), (y_1, y_2, \cdots)) = \sum_{n=1}^{\infty} \frac{1}{2^n} \overline{d_n}(x_n, y_n)$$

则 (X, d) 也是完备度量空间.

证明 由引理 6.1.1 , 不访设对任意的 $n, \bar{d}_n = d_n$. 设 $x^m = (x_1^m, x_2^m, \cdots)$ 且 $(x^m)_m$ 是 (X, d) 一个 Cauchy 列. 则对任意的 n,

$$d_n(x_n^{m_1}, x_n^{m_2}) \leqslant 2^n \, d\,(x^{m_1}, x^{m_2}).$$

故 $(x_n^m)_m$ 是 (X_n, d_n) 中的 Cauchy 列, 所以 $\lim_{m \to \infty} x_n^m = x_n$ 存在, 因此, $\lim_{m \to \infty} x^m = x$ 在 X 中成立, 这里 $x = (x_1, x_2, \cdots)$, 故 (X, d) 是完备的. □

定理 6.1.8 设 (X, d) 是度量空间, 则下列条件等价:

(a) (X, d) 是完备的;

(b) $(\mathrm{Bound}(X, d), d_H)$ 是完备的;

(c) $(\mathrm{Comp}(X, d), d_H)$ 是完备的.

证明 注意到 $x \mapsto \{x\}$ 建立了一个 (X, d) 到 $(\mathrm{Bound}(X, d), d_H)$ 和 $(\mathrm{Comp}(X, d), d_H)$ 的闭等距嵌入, 因此, 由定理 6.1.5 知, (b)$\Rightarrow$(a) 和 (c)$\Rightarrow$(a) 成立.

(a)$\Rightarrow$(b). 设 (X, d) 是完备的, 我们证明 $(\mathrm{Bound}(X, d), d_H)$ 也是完备的. 为此, 设 (F_n) 是 $(\mathrm{Bound}(X, d), d_H)$ 中一个 Cauchy 列, 令

$$F = \{x \in X : \exists \text{ 严格递增的自然数列 } (n_k) \text{ 和 } x_{n_k} \in F_{n_k} \text{ 使得 } \lim_{k \to \infty} x_{n_k} = x\}.$$

我们证明以下论断.

第一, $F \neq \varnothing$. 由于 (F_n) 是 $(\mathrm{Bound}(X, d), d_H)$ 中一个 Cauchy 列, 我们能够选择严格递增的自然数列 (n_k) 使得对任意的 k,

$$d_H(F_{n_k}, F_{n_{k+1}}) < \frac{1}{2^{k+1}}. \tag{6-2}$$

现在, 对任意的 k, 可以归纳地选择 $x_{n_k} \in F_{n_k}$ 使得 $d(x_{n_k}, x_{n_{k+1}}) < \dfrac{1}{2^k}$. 那么显然 (x_{n_k}) 是 X 中的 Cauchy 列, 因此 $x = \lim_{k \to \infty} x_{n_k}$ 存在. 由定义 $x \in F$.

第二, F 是闭的. 设 (x^k) 是 F 中一个序列且 $x = \lim_{k \to \infty} x^k$. 我们证明 $x \in F$. 为此, 我们归纳地定义严格递增的自然数列 (n_k) 和 $x_{n_k} \in F_{n_k}$ 使得对任意的 k, 有 $d(x^k, x_{n_k}) < \dfrac{1}{k}$. 事实上, 由于 $x^1 \in F$, 存在 $n_1 \in \mathbb{N}$ 和 $x_{n_1} \in F_{n_1}$ 使得 $d(x^1, x_{n_1}) < 1$. 假设 n_k 和 $x_{n_k} \in F_{n_k}$ 已经定义, 由于 $x^{k+1} \in F$, 存在 $n_{k+1} \in \mathbb{N}$ 和 $x_{n_{k+1}} \in F_{n_{k+1}}$ 使得 $n_{k+1} > n_k$ 且 $d(x^{k+1}, x_{n_{k+1}}) < \dfrac{1}{k+1}$. 归纳定义完成. 最后,

$$d(x, x_{n_k}) \leqslant d(x, x^k) + d(x^k, x_{n_k}) \leqslant d(x, x^k) + \frac{1}{k} \to 0.$$

由 F 的定义知 $x \in F$.

第三, F 有界. 由于 (F_n) 是 $(\mathrm{Bound}(X,d),d_H)$ 中一个 Cauchy 列, 所以, 存在 $N \in \mathbb{N}$ 使得对任意的 $n > N$, 有 $d_H(F_N,F_n) < 1$. 这时, $F_n \subset B(F_N,1)$. 因此 $\mathrm{cl}\bigcup\limits_{n=N}^{\infty} F_n \subset B(F_N,2)$ 有界. 显然, $F \subset \mathrm{cl}\bigcup\limits_{n=N}^{\infty} F_n$. 又, 因为 F_N 有界, 所以, $F \subset B(F_N,2)$ 有界.

以上说明了 $F \in \mathrm{Bound}(X,d)$. 我们证明下面的第四, 说明 $(\mathrm{Bound}(X,d),d_H)$ 是完备的.

第四, $d_H(F_n,F) \to 0$. 对任意的 $\varepsilon > 0$, 由于 (F_n) 是 Cauchy 列, 存在 $N \in \mathbb{N}$ 使得对任意的 $m,n \geqslant N$, 有

$$d_H(F_n,F_m) < \frac{\varepsilon}{4}.$$

对上面第三的证明稍加修改可以证明 $F \subset B\left(F_N,\frac{\varepsilon}{2}\right)$. 那么, 对任意的 $n \geqslant N$,

$$F \subset B(F_n,\varepsilon).$$

反之, 设 $n > N, x_n \in F_n$. 我们能够定义单调递增的自然数列 (n_k) 和 $x_{n_k} \in F_{n_k}$ 使得 $n_1 = n, x_{n_1} = x_n$ 且 $d(x_{n_k},x_{n_{k+1}}) < \frac{\varepsilon}{2^{k+1}}$. 那么, 由于 X 是完备的和 F 的定义知 $x = \lim_{k\to\infty} x_{n_k} \in F$. 显然 $d(x,x_n) \leqslant \frac{\varepsilon}{2}$. 因此,

$$F_n \subset B(F,\varepsilon).$$

从而当 $n > N$ 时, $d_H(F_n,F) \leqslant \varepsilon$.

(a)+(b) $\Rightarrow$ (c). 为此, 由定理 6.1.5, 我们仅仅需要证明在 (a) 的假定下, $\mathrm{Comp}(X,d)$ 是 $((\mathrm{Bound}(X,d),d_H)$ 的闭集即可. 设 (F_n) 是 $\mathrm{Comp}(X,d)$ 中一个序列且其在 $((\mathrm{Bound}(X,d),d_H)$ 中收敛于 $F \in \mathrm{Bound}(X,d)$. 那么, 由于 (X,d) 是完备的知 (F,d) 也是完备的. 下面我们验证 (F,d) 也是完全有界的. 设 $\varepsilon > 0$, 那么, 由 $F_n \to F$ 知, 存在 $N \in \mathbb{N}$ 使得 $d_H(F_N,F) < \frac{\varepsilon}{3}$. 从而,

$$F \subset \bigcup_{a \in F_N} B\left(a,\frac{\varepsilon}{3}\right) = B\left(F_N,\frac{\varepsilon}{3}\right).$$

又, 由于 F_N 是紧的, 从而是完全有界的, 存在有限集 $A_N \subset F_N$ 使得

$$F_N \subset \bigcup_{a \in A_N} B\left(a,\frac{\varepsilon}{3}\right) = B\left(A_N,\frac{\varepsilon}{3}\right).$$

再次应用 $d_H(F_N,F) < \frac{\varepsilon}{3}$, 存在有限集 $A \subset F$ 使得

$$A_N \subset B\left(A,\frac{\varepsilon}{3}\right).$$

从以上 3 个单列的公式可以发现, 有限集 $A \subset F$ 满足

$$F \subset B(A, \varepsilon).$$

因此, (F, d) 是完全有界的. 所以, $F \in \text{Comp}(X, d)$. 这样, 我们证明了 $\text{Comp}(X, d)$ 是 $((\text{Bound}(X, d), d_H)$ 的闭集.

我们完成了定理的证明. □

关于函数空间的完备性, 我们有下面的定理.

定理 6.1.9 设 (X, d) 是度量空间, (Y, ρ) 是完备度量空间. 那么 $(C^B(X, Y, \rho), \widehat{\rho})$ 也是完备的. 特别地, $C^B(\mathbb{R})$ 是完备的.

证明 设 $(f_n)_n$ 是 $(C^B(X, Y, \rho), \widehat{\rho})$ 中的 Cauchy 列, 则对任意的 $x \in X$, $(f_n(x))_n$ 是 (Y, ρ) 中的 Cauchy 列. 故 $\lim_{n\to\infty} f_n(x) = f(x)$ 存在. 这样, 我们定义了函数 $f : X \to Y$. 又, 对任意的 $\varepsilon > 0$, 存在 $N \in \mathbb{N}$ 使得当 $n, m > N$ 时,

$$\widehat{\rho}(f_n, f_m) = \sup\{\rho(f_n(x), f_m(x))\} : x \in X\} < \varepsilon.$$

在上式中令 $m \to \infty$, 则对任意的 $n > N$ 和任意的 $x \in X$,

$$\rho(f_n(x), f(x)) \leqslant \varepsilon, \tag{6-3}$$

所以 $(f_n)_n$ 一致收敛于 f. 因此, 由定理 2.7.2 知 f 是连续的. 又, 对任意的 $x \in X$, $f(x) \in B(f_{N+1}(x), \varepsilon + 1)$. 因此, 由 $(f_n)_n$ 是 X 上的有界函数连续列, 有 f 也是 X 上有界连续函数, 即 $f \in C^B(X, Y, \rho)$. 进一步, 由定理 4.5.9 知, 在 $(C^B(X, Y, \rho), \widehat{\rho})$ 中 $\lim_{n\to\infty} f_n = f$. 所以 $(C^B(X, Y, \rho), \widehat{\rho})$ 是完备度量空间. □

注 6.1.3 由于同胚映射不能保证完备性, 故连续开映射、闭映射也不能保持完备性, 这是自然的结论. 我们要提醒读者注意的是一致连续映射也不能保持完备性.

例 6.1.4 $\arctan : (\mathbb{R}, d) \to \left(\left(-\frac{\pi}{2}, \frac{\pi}{2}\right), d\right)$ 是一致连续的满射, 前者是完备的, 但后者不是.

练 习 6.1

6.1.A. 设 d, ρ 是集合 X 上两个等价的度量. 证明 (X, d) 是完备的充分必要条件是 (X, ρ) 是完备的.

6.1.B. 定义 $d(x, y) = |x - y|$, 验证 $(\mathbb{R}, d)$ 是完备但不是完全有界的度量空间, $((0, 1), d)$ 是完全有界但不是完备的度量空间, $((0, +\infty), d)$ 既不是完备的又不是完全有界的. 这个说明什么? 注意到, 这 3 个空间是同胚的. 是否存在一个和它们同胚的度量空间既是完备的又是完全有界的?

6.1.C. 证明完全有界空间的任意子空间是完全有界的; 证明完全有界空间的乘积空间 (按 2.6 节确定的有限乘积的两种度量以及无限乘积度量) 是完全有界的.

6.1.D. 设 $(X,d),(Y,\rho)$ 是度量空间, $f: X \to Y$. 如果存在 $L > 0$, 使得对任意的 $x_1, x_2 \in X$, 有

$$\rho(f(x_1), f(x_2)) \leqslant Ld(x_1, x_2),$$

则称 f 是 **Lipschitz 映射**. 证明 Lipschitz 映射是一致连续的. 完备 (一致有界) 度量空间的 Lipschitz 映射下的像是否是完备的 (一致有界的)？证明你的结论.

6.1.E. 证明在例 2.1.6 中定义的河流空间, 例 5.1.3 中定义的刺猬空间是完备的.

6.1.F. 证明度量空间 $\ell^2(M)$ 是完备的.

6.1.G. 设 X 是地球上一个区域, Y 是 X 的一个比例尺小于 1 的地图. 我们把 Y 完全放在 X 内, 证明在一些合理的假定下, 存在唯一 $y \in Y \subset X$ 使得 y 在实际中和在地图中表示同一个点.

6.2　度量空间的完备化

本节的目的是证明任意的度量空间都是一个完备度量空间的稠密度量子空间, 而且在忽略等距同构的意义下, 这个完备度量空间是唯一的, 我们称之为原空间的**完备化**. 即下面的定理.

定理 6.2.1　设 (X,d) 是度量空间, 则存在完备度量空间 $(\overline{X},\overline{d})$ 使得 $X \subset \overline{X}$, $\overline{d}|X \times X = d$ 且 $\mathrm{cl}_{\overline{X}} X = \overline{X}$. 若完备度量空间 (X',d') 也满足上述对 $(\overline{X},\overline{d})$ 的要求, 则存在等距同构 $h: (X',d') \to (\overline{X},\overline{d})$ 使得 $h|X = \mathrm{id}_X$.

证明　用 ρ 表示 $C^B(X)$ 上的度量, 即对任意的 $f,g \in C^B(X)$,

$$\rho(f,g) = \sup\{|f(x) - g(x)| : x \in X\}.$$

由定理 6.1.9 知 $(C^B(X),\rho)$ 是完备的度量空间. 现在我们定义一个等距嵌入 $j: (X,d) \to (C^B(X),\rho)$. 固定 $a \in X$, 对任意的 $x \in X$, 定义 $j(x): X \to C^B(X)$ 如下: 对任意的 $y \in X$, 令

$$j(x)(y) = d(y,x) - d(y,a).$$

我们有下面的结论:

第一, $j(x) \in C^B(X)$. 显然, $j(x)$ 是连续的. 又, 由于 $|j(x)(y)| \leqslant d(x,a)$, 我们有 $j(x)$ 是有界的. 因此, $j(x) \in C^B(X)$.

第二, 对任意的 $x_1, x_2 \in X$, $d(x_1, x_2) = \rho(j(x_1), j(x_2))$. 事实上, 由定义

$$
\begin{aligned}
\rho(j(x_1), j(x_2)) &= \sup\{|j(x_1)(y) - j(x_2)(y)| : y \in X\} \\
&= \sup\{|d(y, x_1) - d(y, a) - (d(y, x_2) - d(y, a))| : y \in X\} \\
&= \sup\{|d(y, x_1) - d(y, x_2)| : y \in X\}.
\end{aligned}
$$

由此, 令 $y = x_2$, 有

$$
\rho(j(x_1), j(x_2)) \geqslant d(x_1, x_2).
$$

又, 由三角不等式, 对任意的 $y \in X$,

$$
|d(y, x_1) - d(y, x_2)| \leqslant d(x_1, x_2).
$$

故, $\rho(j(x_1), j(x_2)) = d(x_1, x_2)$.

由以上两事实知, $j : (X, d) \to (j(X), \rho|j(X) \times j(X))$ 是等距同构, 因此我们可以认为 $(j(X), \rho|j(X) \times j(X))$ 就是 (X, d). 现在, 令

$$
(\overline{X}, \overline{d}) = (\mathrm{cl}_{C^B(X)}(j(X)), \rho|\,\mathrm{cl}_{C^B(X)}(j(X)) \times \mathrm{cl}_{C^B(X)}(j(X))).
$$

则 $(\overline{X}, \overline{d})$ 是完备空间 $(C^B(X), \rho)$ 的闭子度量空间, 于是, $(\overline{X}, \overline{d})$ 也是完备的. 进一步, $(j(X), \rho|j(X) \times j(X))$ 是其稠密集. 因此, $(\overline{X}, \overline{d})$ 是 $(j(X), \rho|j(X) \times j(X))$ 的完备化. 所以, 也可以认为 $(\overline{X}, \overline{d})$ 是 (X, d) 的完备化.

最后, 我们证明完备化在忽略等距同构的意义下是唯一的. 设 (X', d') 也是 (X, d) 的一个完备化. 对任意的 $x' \in X'$, 选择 X 中的序列 $(x_n)_n$ 使得 $\lim_{n \to \infty} x_n = x'$, 若 $x' \in X$, 我们要求对任意的 n, $x_n = x'$. 那么, 序列 $(x_n)_n$ 是 X 中的 Cauchy 列. 因此, 在 $(\overline{X}, \overline{d})$ 中 $\lim_{n \to \infty} x_n = \overline{x}$ 也存在. 令

$$
h(x') = \overline{x}.
$$

那么, 对任意的 $x', y' \in X'$, 有 $\overline{d}(h(x'), h(y')) = d'(x', y')$, 如果这个事实成立, 也说明了 $h(x')$ 与收敛于 x' 的 X 中序列的选择无关. 现在我们证明这个事实. 设 $(x_n)_n$ 和 $(y_n)_n$ 是 X 中的序列且分别满足 $\lim_{n \to \infty} x_n = x_1'$ 和 $\lim_{n \to \infty} x_n = y'$. 则由 $d', \overline{d}$ 的连续性, 有

$$
d'(x', y') = \lim_{n \to \infty} d(x_n, y_n);
$$

$$
\overline{d}(h(x'), h(y')) = \lim_{n \to \infty} d(x_n, y_n).
$$

所以,

$$
\overline{d}(h(x'), h(y')) = d'(x', y'). \tag{6-4}
$$

由此, $h:(X',d')\to(\overline{X},\overline{d})$ 是连续的且显然 $h|X=\mathrm{id}_X$. 利用同样的方法可以定义 $k:(\overline{X},\overline{d})\to(X',d')$ 是连续的且使得 $k|X=\mathrm{id}_X$. 那么, $k\circ h:(X',d')\to(X',d')$ 是连续的且 $k\circ h|X=\mathrm{id}_X$. 由于这两个函数都是连续的且在一个稠密子集上的值相等, 由习题 2.4.F 知 $k\circ h=\mathrm{id}_{X'}$. 同理 $h\circ k=\mathrm{id}_{\overline{X}}$. 所以 $h:X'\to\overline{X}$ 是一一对应. 由式 (6-4), $h:(X',d')\to(\overline{X},\overline{d})$ 是等距同构且 $h|X=\mathrm{id}_X$. □

注 6.2.1　$(\mathbb{R},d)$ 是 $(\mathbb{Q},d)$ 和 $(\mathbb{P},d)$ 的完备化. 由唯一性知, 由数系 $\mathbb{Q}$ 扩展到 $\mathbb{R}$ 在一定意义上讲是唯一的.

练　习　6.2

6.2.A. 求出练习 6.1.B 中 3 个空间的完备化.

6.2.B. 设 Y 是度量空间 (X,d) 的稠密子空间, 证明 (X,d) 是完全有界的充分必要条件是 (Y,d) 是完全有界的.

6.1.C. 证明度量空间 (X,d) 的完备化是紧的充分必要条件是 (X,d) 是完全有界的.

6.3　可完备度量空间

本节将讨论与完备度量空间有关的度量空间的一个拓扑性质——可完备度量性. 最主要的结论是给出这个性质的拓扑特征.

定义 6.3.1　设 (X,d) 是度量空间, 若存在 X 上的完备度量 ρ 使得 $\mathcal{T}_d=\mathcal{T}_\rho$, 则称 (X,d) 是**可完备度量空间**. 可完备度量空间也被称为**拓扑完备的度量空间**.

显然, 度量空间是可完备度量的当且仅当它同胚于一个完备度量空间. 因此, 所有完备度量空间都是可完备度量的且可完备度量性是拓扑性质. 容易证明可完备度量空间的闭子空间也是可完备度量的, 利用这个事实我们将证明下面更一般的事实, 为我们的主要结论做准备.

引理 6.3.1　设 (X,d) 是完备度量空间, G 是 X 的 G_δ-集, 则 G 作为 X 的子空间是可完备度量的.

证明　设 $G=\bigcap_{k=1}^\infty U_k$, 这里 $(U_k)_k$ 是 X 的开集列. 对任意 $k\in\mathbb{N}$, 作映射 $f_k:U_k\to\mathbb{R}$ 为

$$f_k(x)=\frac{1}{d(x,X\setminus U_k)}.$$

由 U_k 是开集可知 $f_k(x)$ 是有定义的且是连续的. 因此我们可以定义 $F:G\to X\times\mathbb{R}^{\mathbb{N}}$ 如下:

$$F(x)=(x,f_1(x),f_2(x),\cdots).$$

则

(1) F 是连续的单射. 这是显然的.

(2) $F: G \to X \times \mathbb{R}^{\mathbb{N}}$ 是闭映射, 即对于 G 的任意闭子集 C, $F(C)$ 是 $X \times \mathbb{R}^{\mathbb{N}}$ 的闭集. 事实上, 设 $(F(x_n))_n$ 是 $F(C)$ 中一个收敛于 $(x, r_1, r_2, \cdots) \in X \times \mathbb{R}^{\mathbb{N}}$ 的序列且 $x_n \in C$, 则 $x_n \to x$. 下面我们证明 $x \in C$. 否则, 由 $x_n \in C \subset G$ 且 C 为 G 中的闭子集知 $x \notin G = \bigcap\limits_{k=1}^{\infty} U_k$. 故存在 k 使得 $x \notin U_k$. 由此知

$$\lim_{n \to \infty} d(x_n, X \setminus U_k) = d(x, X \setminus U_k) = 0.$$

所以 $\lim_{n \to \infty} f_k(x_n)$ 不存在. 但另一方面, 由假设

$$(x, r_1, r_2, \cdots, r_k, \cdots) = \lim_{n \to \infty} F(x_n) = \lim_{n \to \infty} (x_n, f_1(x_n), f_2(x_n), \cdots, f_k(x_n), \cdots)$$

知 $\lim_{n \to \infty} f_k(x_n) = r_k$ 存在. 矛盾! 由此说明 $x \in C$. 所以

$$(x, r_1, r_2, \cdots) = \lim_{n \to \infty} F(x_n) = F(x) \in F(C).$$

故 $F(C)$ 为 $X \times \mathbb{R}^{\mathbb{N}}$ 的闭集.

由事实 (1) 和 (2) 可知 $F(G)$ 与 G 同胚且 $F(G)$ 为 $X \times \mathbb{R}^{\mathbb{N}}$ 的闭子空间. 由于 $X \times \mathbb{R}^{\mathbb{N}}$ 是可完备度量的, 所以 G 为可完备度量空间. $\qquad\square$

下面是本节的主要结果.

定理 6.3.1 设 (X, d) 是度量空间, 则下列条件等价:

(a) (X, d) 是可完备度量空间;

(b) (X, d) 同胚于一个完备度量空间的 G_δ-子空间;

(c) 若 (X, d) 同胚于一个度量空间 (Y, ρ) 的子空间 Z, 则 Z 是 Y 的 G_δ-集.

证明 (a)$\Rightarrow$(c). 不妨设 (X, d) 是完备度量空间. 设 (Y, ρ) 是度量空间, Z 是 Y 的一个子空间且 $h: X \to Z$ 是同胚. 我们证明 Z 是 Y 的 G_δ-集. 对任意的 $n \in \mathbb{N}$ 和对任意的 $z \in Z$, 由于 $h^{-1}: Z \to X$ 是连续的知, 存在 $\delta(z, n) \in \left(0, \dfrac{1}{n}\right)$ 使得

$$h^{-1}(B_\rho(z, \delta(z, n)) \bigcap Z) \subset B_d\left(h^{-1}(z), \frac{1}{n}\right).$$

令 $U_n = \bigcup\limits_{z \in Z} B_\rho\left(z, \dfrac{1}{2}\delta(z, n)\right)$. 则 U_n 是 Y 的开集. 故 $G = \bigcap\limits_{n=1}^{\infty} U_n$ 是 Y 中 G_δ-集. 下面我们仅需证明 $G = Z$ 即可.

显然, $G \supset Z$. 现在, 设 $y \in G$, 则对任意的 $n \in \mathbb{N}$, 存在 $z_n \in Z$ 使得

$$\rho(y, z_n) < \frac{1}{2}\delta(z_n, n) < \frac{1}{2n}.$$

故 $\lim_{n \to \infty} z_n = y$. 又, 对任意的 $n, m \in \mathbb{N}$,

$$\rho(z_n, z_m) \leqslant \rho(z_n, z) + \rho(z, z_m)$$

$$< \frac{1}{2}\delta(z_n, n) + \frac{1}{2}\delta(z_m, m)$$
$$\leqslant \max\{\delta(z_n, n),\ \delta(z_m, m)\}.$$

所以由 $\delta(z_n, n)$ 的定义知

$$d(h^{-1}(z_n), h^{-1}(z_m)) < \max\left\{\frac{1}{n}, \frac{1}{m}\right\}.$$

故 $(h^{-1}(z_n))_n$ 是 (X, d) 的 Cauchy-列. 由于 (X, d) 是完备的, 故 $\lim_{n\to\infty} h^{-1}(z_n) = x$ 存在且显然

$$h(x) = \lim_{n\to\infty} h(h^{-1}(z_n)) = \lim_{n\to\infty} z_n = y.$$

因此, $y = h(x) \in Z$.

　　(c)$\Rightarrow$(b). 由定理 6.2.1 知 (X, d) 可等距嵌入到完备度量空间 $(\overline{X}, \overline{d})$ 中. 由 (c), X 是 $\overline{X}$ 的 G_δ-集. 因此 (b) 成立.

　　(b)$\Rightarrow$(a). 由引理 6.3.1 得知.　　　　　　　　　　　　　　　　　　　$\Box$

　　推论 6.3.1　　(X, d) 是可完备度量空间当且仅当其为绝对 G_δ-空间.

　　推论 6.3.2　　无理数空间 $\mathbb{P}$ 是可完备度量空间.

练　习　6.3

6.3.A. 直接证明无理数空间 $\mathbb{P}$ 是可完备度量空间.

6.3.B. 令

$$V^n = \{(x_1, x_2, \cdots, x_{2n+1}) \in \mathbb{R}^{2n+1} :$$

$$(x_1, x_2, \cdots, x_{2n+1}) \text{ 中最多有 } n \text{ 个坐标是有理数}\}.$$

称其为 n-维 **Nöbeling 空间**. 关于这个度量空间的名称和用途见注记 9.4.3. 证明 V^n 是可完备度量空间.

6.3.C. 设 (X, d) 是度量空间, 那么, (X, d) 同胚于一个全有界的度量空间的充分必要条件是 (X, d) 是可分的.

6.4　Baire 性质及其应用

　　本节将定义 Baire 性质并证明可完备度量空间有此性质. 给出这个结论在分析中的三个应用, 第一, 证明存在充分多的处处连续处处不可导的函数; 第二, 函数的连续点之集的性质; 第三, 连续函数列的点态收敛的极限函数的连续点之集是稠密的.

　　度量空间的 Baire 性质是一个不十分自然, 但却十分有用的拓扑性质.

定义 6.4.1 若度量空间 (X,d) 中任意可数多个稠密开集的交都是稠密的, 则称 (X,d) 有 **Baire 性质**或者是 **Baire 度量空间**.

显然, Baire 性质是拓扑性质. 下面的事实给出了不具有 Baire 性质的度量空间的例子.

定理 6.4.1 任何不含孤立点的可数度量空间都不具有 Baire 性质.

证明 设 $X = \{x_1, x_2, \cdots\}$ 为可数度量空间且不含孤立点. 则对任意的 $n \in \mathbb{N}$, $U_n = X \setminus \{x_n\}$ 是 X 的稠密开集. 由 $\bigcap\limits_{n=1}^{\infty} U_n = \varnothing$ 知 X 不具有 Baire 性质. $\qquad\square$

因此, 有理数空间 $\mathbb{Q}$ 不具有 Baire 性质. 下面的定理说明了 Baire 性质的遗传性.

定理 6.4.2 设 (X,d) 有 Baire 性质,G 是 X 的稠密 G_δ-集, $G \subset A \subset X$. 则子空间 A 具有 Baire 性质.

证明 设 $G = \bigcap\limits_{n=1}^{\infty} U_m$, 这里, 每一个 U_m 都是 X 中的稠密开集合. 考虑 A 的稠密开集列 $(V_n)_n$. 存在 X 中开集列 $(W_n)_n$ 使得 $W_n \bigcap A = V_n$. 则容易证明 $(W_n)_n$ 是 X 的稠密开集列, 进而 $(W_n \bigcap U_m)_{m,n}$ 是 X 的由稠密开集组成的可数集族 (为什么?). 故由 X 有 Baire 性质, 有

$$\mathrm{cl}_X \bigcap_{n=1}^{\infty} \bigcap_{m=1}^{\infty} (W_n \bigcap U_m) = X. \tag{6-5}$$

又,

$$\bigcap_{n=1}^{\infty} \bigcap_{m=1}^{\infty} (W_n \bigcap U_m) = \bigcap_{n=1}^{\infty} W_n \bigcap \bigcap_{m=1}^{\infty} U_m = \bigcap_{n=1}^{\infty} (W_n \bigcap G)$$
$$\subset \bigcap_{n=1}^{\infty} (W_n \bigcap A) = \bigcap_{n=1}^{\infty} V_n \subset A.$$

由此和式 (6-5) 知

$$\mathrm{cl}_A \bigcap_{n=1}^{\infty} V_n = A \bigcap \mathrm{cl}_X \bigcap_{n=1}^{\infty} A_n \subset A \bigcap \mathrm{cl}_X \bigcap_{n=1}^{\infty} \bigcap_{m=1}^{\infty} (W_n \bigcap U)_m = A \bigcap X = A.$$

故 $\bigcap\limits_{n=1}^{\infty} V_n$ 是 A 的稠密集. 我们证明了 A 有 Baire 性质. $\qquad\square$

下面的定理是本节的主要结果.

定理 6.4.3 可完备度量空间有 Baire 性质, 但反之不真.

证明 为证第一个结论, 由于 Baire 性质是拓扑性质, 故我们仅需证明每一个完备度量空间 (X,d) 有 Baire 性质.

设 $(U_n)_n$ 是完备度量空间 (X,d) 的稠密开集列. 设 $G = \bigcap\limits_{n=1}^{\infty} U_n, U$ 是 X 中任意非空开集. 我们证明 $G \bigcap U \neq \varnothing$. 因为 U_1 是 X 中的稠密开集, U 是 X 中的非空开集, 故存在 $x_1 \in X$ 及 $\varepsilon_1 \in \left(0, \dfrac{1}{2}\right)$ 使得

$$\mathrm{cl}\, B(x_1, \varepsilon_1) \subset U \bigcap U_1.$$

用 U_2 代替 U_1, 用 $B(x_1,\varepsilon_1)$ 代替 U, 重复上述过程, 存在 $x_2 \in X$ 及 $\varepsilon_2 \in \left(0, \dfrac{1}{2^2}\right)$ 使得

$$\operatorname{cl} B(x_2,\varepsilon_2) \subset B(x_1,\varepsilon_1)\bigcap U_2 \subset U\bigcap U_1.$$

依此类推, 可以定义 X 中的一个序列 $(x_n)_n$ 及一个正数序列 $(\varepsilon_n)_n$ 使得对任意的 n 有

(i) $\operatorname{cl} B(x_{n+1},\varepsilon_{n+1}) \subset B(x_n,\varepsilon_n)\bigcap U_{n+1} \subset U\bigcap U_n$;

(ii) $\varepsilon_n \in \left(0, \dfrac{1}{2^n}\right)$.

那么, $(x_n)_n$ 是 (X,d) 的一个 Cauchy-列且对任意的 $n > m$,

$$x_n \in \operatorname{cl} B(x_m,\varepsilon_m) \subset U\bigcap U_m.$$

由于 (X,d) 是完备的, 故 $\lim_{n\to\infty} x_n = x$ 存在且由上面公式知, 对任意的 m,

$$x \in \operatorname{cl} B(x_m,\varepsilon_m) \subset U\bigcap U_m.$$

由 m 的任意性知 $x \in U\bigcap G$. 因此, $U\bigcap G \neq \varnothing$.

　　为证第二个结论, 我们给出实数空间 $\mathbb{R}$ 的一个子空间 X, 使得 X 有 Baire 性质但 X 包含一个闭子空间不具有 Baire 性质, 由此说明 X 不是可完备度量的 (为什么?).

　　事实上, 设 C 为通常的 Cantor 集, 令

$$X = (\mathbb{R} \setminus C)\bigcup D,$$

这里 D 为 C 的所有余区间的端点且包含 $0,1$ 两点. 由于 $\mathbb{R} \setminus C$ 是 $\mathbb{R}$ 中的稠密开集, 故由定理 6.4.2 知 X 有 Baire 性质. 又由 $\mathbb{R} \setminus C \subset X$ 且 $\mathbb{R} \setminus C$ 为 $\mathbb{R}$ 中开集知 $\mathbb{R} \setminus C$ 为 X 中开集. 故 $D = X \setminus (\mathbb{R} \setminus C)$ 为 X 的闭集. 又, 显然, D 为不含孤立点的可数空间, 故由定理 6.4.1 知 D 不具有 Baire 性质. □

　　推论 6.4.1　有理数空间 $\mathbb{Q}$ 不是可完备度量的, 也不是 $\mathbb{R}$ 中的 G_δ-集.

　　证明　留给读者. □

读者不难证明下面的结论 (参考定理 6.4.3 的证明).

　　定理 6.4.4　Baire 性质对开子空间遗传但对闭子空间不遗传.

为了给出定理 6.4.3 的应用, 我们首先给出两个技术性引理.

　　引理 6.4.1　设 (X,d) 是度量空间, $\alpha > 0$, A,B 是 X 的子集且满足如下条件:

(i) $\operatorname{int} B = \varnothing$;

(ii) 对任意的不同的点 a_1, $a_2 \in A$, 有 $d(a_1,a_2) > \alpha$;

(iii) $A\bigcap B = \varnothing$.

则*存在 X 的子集 C 满足条件*:

(iv) $A \subset C \subset X \setminus B$;

(v) *对任意不同的点 $c_1, c_2 \in C$, 有 $d(c_1, c_2) > \alpha$*;

(vi) $\bigcup\limits_{c \in C} B(c, 2\alpha) = X$.

证明   令

$$\mathcal{A} = \{C \subset X : C \text{ 满足条件 (iv)(v)}\}.$$

则 $A \in \mathcal{A}$. 故 $\mathcal{A}$ 非空. 按照包含关系, $\mathcal{A}$ 构成一个偏序集. 又, 若 $\mathcal{C} \subset \mathcal{A}$ 是 $\mathcal{A}$ 中一个全序子集, 则 $\bigcup \mathcal{C} \in \mathcal{A}$. 故由 Zorn 引理 (定理 1.4.2) 知 $\mathcal{A}$ 存在极大元 C. 下面我们仅需证明 C 也满足条件 (vi).

否则, 存在 $x \in X$ 使得对任意的 $c \in C$ 有

$$d(x, c) \geqslant 2\alpha.$$

由于 $\operatorname{int} B = \varnothing$. 故存在 $y \in B(x, \alpha) \setminus B$. 那么 $A \subset C \bigcup \{y\} \subset X \setminus B$. 又, 对任意的 $c \in C$,

$$d(y, c) \geqslant d(x, c) - d(x, y) > 2\alpha - \alpha = \alpha.$$

故 $C \bigcup \{y\}$ 满足 (iv) 和 (v), 这与 C 的极大性矛盾!   □

引理 6.4.2   *不含孤立点的度量空间一定存在两个不相交的稠密子集.*

证明   设 (X, d) 是不含孤立点的度量空间. 对于 $\alpha = 1$, $A = B = \varnothing$, 由引理 6.4.1 知存在 C_1 满足引理 6.4.1 中的条件 (iv),(v),(vi). 又, 对 $\alpha = 1$, $A = \varnothing$, $B = C_1$, 存在集合 D_1 满足条件 (iv),(v),(vi). 进一步, 令 $A = C_1$, $B = D_1$, $\alpha = \frac{1}{2}$. 因为 X 无孤立点, 所以 A, B, α 满足引理 6.4.1 中的条件 (i),(ii),(iii). 故存在 C_2 满足条件 (iv),(v),(vi). 依此类推, 我们可定义集合列 $(C_n)_n$ 和 $(D_n)_n$ 满足如下条件:

(vii) $C_1 \subset C_2 \subset \cdots \subset C_n \subset X \setminus D_{n-1}$;

(viii) $D_1 \subset D_2 \subset \cdots \subset D_n \subset X \setminus C_n$;

(ix) $\bigcup\limits_{c \in C_n} B\left(c, \dfrac{2}{n}\right) = X$, $\bigcup\limits_{d \in D_n} B\left(d, \dfrac{2}{n}\right) = X$.

由此知 $C = \bigcup\limits_{n=1}^{\infty} C_n$ 和 $D = \bigcup\limits_{n=1}^{\infty} D_n$ 在 X 中都稠密且 $C \bigcap D = \varnothing$.   □

下面我们给出定理 6.4.3 的应用, 首先证明下面的定理.

定理 6.4.5 [①]   *设 (X, d) 是度量空间, $A \subset X$, 则下列条件等价:*

(a) *存在函数 $f : X \to \mathbb{R}$ 使得 A 恰好为 f 的不连续点的全体*;

(b) *A 是 F_σ-集且不含 X 中的孤立点.*

---

① 一些教材中包含了本定理的一种特殊情况: $(X, d) = \mathbb{R}$, 例如, [13, 231 页], 但作者没有在其他文献中发现这个一般情况的定理, 为此, 我们不得不需要前面的两个引理.

证明　(b)⇒(a). A 是 F_σ-集且不含 X 中的孤立点. 设 $A = \bigcup\limits_{n=0}^{\infty} F_n$, 其中 F_n 是 X 中的闭集且

$$\varnothing = F_0 \subset F_1 \subset F_2 \subset \cdots.$$

则对任意的 $n \geqslant 1$, 作为 X 的子空间, $\mathrm{int}_X(F_n \setminus F_{n-1})$ 是不含孤立点的度量空间. 故由引理 6.4.2 知, 存在它的两个不相交的稠密子集 C_n 和 D_n (注意, $\mathrm{int}_X(F_n \setminus F_{n-1})$ 可能为空, 这时 $C_n = D_n = \varnothing$). 构造 $f : X \to \mathbb{R}$ 为

$$f(x) = \begin{cases} \dfrac{1}{2n} & x \in C_n, \\ \dfrac{1}{2n+1} & x \in F_n \setminus (C_n \bigcup F_{n-1}), \\ 0 & x \in X \setminus A. \end{cases}$$

则 f 满足条件 (a). 事实上, 对任意的 $x \in X \setminus A$, 对任意的 $n \geqslant 1$, $X \setminus F_n$ 是 x 点的一个邻域且对任意的 $y \in X \setminus F_n$, 有

$$|f(x) - f(y)| < \frac{1}{2n+1}.$$

故 f 在 x 点连续. 又, 对任意的 $x \in F_n$, 若 $x \in C_n$, 选择 $\varepsilon_0 < \dfrac{1}{2n} - \dfrac{1}{2n+1}$, 则 $\left(\dfrac{1}{2n} - \varepsilon_0, \dfrac{1}{2n} + \varepsilon_0 \right)$ 是 $\dfrac{1}{2n} = f(x)$ 的一个邻域, 但

$$f^{-1}\left(\left(\frac{1}{2n} - \varepsilon_0, \frac{1}{2n} + \varepsilon_0 \right) \right) = C_n,$$

它的内部等于空集, 故不是 x 点的一个邻域. 从而 f 在 x 点不连续. 同理, f 在 $F_n \setminus (C_n \bigcup F_{n-1})$ 的每一点不连续. 故 f 在 A 的每一点都不连续.

(a)⇒(b).　由于任意的函数都在 X 的孤立点连续, 故 (a) 可以推出 A 不含 X 的孤立点. 现在, 我们证明 A 是 F_σ-集. 对任意的 $x \in X$, 令

$$\omega_f(x) = \inf_{k \in \mathbb{N}} \sup \left\{ |f(y_1) - f(y_2)| : y_1, y_2 \in B\left(x, \frac{1}{k} \right) \right\}.$$

则 $0 \leqslant \omega_f(x) \leqslant +\infty$. 一般称 $\omega_f(x)$ 为 f 在 x 点的 **振幅**. 利用 f 在一点连续的定义很容易证明 f 在 x 点连续当且仅当 $\omega_f(x) = 0$. 对任意的自然数 n, 令

$$U_n = \left\{ x \in X : \omega_f(x) < \frac{1}{n} \right\}.$$

则由上面的论断知 f 在 x 点连续当且仅当 $x \in \bigcap\limits_{n=1}^{\infty} U_n$. 故 f 的连续点之集为 $\bigcap\limits_{n=1}^{\infty} U_n$. 为了完成定理的证明, 我们仅需验证每一个 U_n 是 X 中的开集即可.

设 $x \in U_n$, 则存在自然数 k 使得

$$\sup\left\{|f(y_1) - f(y_2)| : y_1, y_2 \in B\left(x, \frac{1}{k}\right)\right\} < \frac{1}{n}.$$

故对任意 $y \in B\left(x, \frac{1}{k}\right)$, 有 $\omega_f(y) < \frac{1}{n}$. 这说明 $B\left(x, \frac{1}{k}\right) \subset U_n$. 由 $x \in U_n$ 的任意性知 U_n 是 X 的开集.   □

推论 6.4.2   设 (X, d) 是可完备度量空间, $f : X \to \mathbb{R}$ 为一个映射, 则 f 的连续点之集必是可完备度量空间.

推论 6.4.3   不存在函数 $f : \mathbb{R} \to \mathbb{R}$ 使得 f 的连续点之集恰好为有理数全体.

定理 6.4.3 在分析学中的另一个应用是证明存在充分多的处处连续、处处不可微的由单位区间 $\mathbf{I}$ 到实数 $\mathbb{R}$ 的函数. 具体而言, 我们证明下面的定理.

定理 6.4.6   对任意的连续函数 $f : \mathbf{I} \to \mathbb{R}$ 和任意的 $\varepsilon > 0$, 存在连续函数 $g : \mathbf{I} \to \mathbb{R}$ 使得 g 处处不可微且

$$\sup\{|f(x) - g(x)| : x \in \mathbf{I}\} < \varepsilon.$$

证明   回忆一下, $\mathrm{C}(\mathbf{I})$ 表示由单位区间 $\mathbf{I}$ 到实数 $\mathbb{R}$ 的连续函数全体, 在 $\mathrm{C}(\mathbf{I})$ 上定义了如下度量: 对任意的 $f, g \in \mathrm{C}(\mathbf{I})$,

$$d(f, g) = \sup\{|f(x) - g(x)| : x \in \mathbf{I}\}.$$

则由定理 6.1.9 知 $(\mathrm{C}(\mathbf{I}), d)$ 是完备度量空间, 从而由定理 6.4.3 可知, $(\mathrm{C}(\mathbf{I}), d)$ 具有 Baire 性质. 令 N 表示 $\mathrm{C}(\mathbf{I})$ 中处处不可微的函数全体. 为了证明本定理, 我们只要证明 N 在 $(\mathrm{C}(\mathbf{I}), d)$ 中稠密即可. 为此, 我们构造 $\mathrm{C}(\mathbf{I})$ 中一列稠密开集列 $(U_n)_n$ 使得 $N \supset \bigcap\limits_{n=2}^{\infty} U_n$, 从而由 Baire 性质知 N 是 $\mathrm{C}(\mathbf{I})$ 中的稠密子集. 对每个 $n \geqslant 2$, 我们构造 U_n 如下: 首先对于 $h \in \left(0, \frac{1}{2}\right)$ 和 $M > 0$, 令

$$A(h, M) = \left\{f \in \mathrm{C}(\mathbf{I}) : \text{对任意的} x \in \mathbf{I}, \left|\frac{f(x+h) - f(x)}{h}\right| \geqslant M \text{ 或}\right.$$
$$\left.\left|\frac{f(x-h) - f(x)}{-h}\right| \geqslant M\right\}.$$

注意到对任意的 $x \in \mathbf{I}, x + h, x - h$, 可能有一个, 但最多有一个不在 $\mathbf{I}$ 中, 所以上述表达式中总有一个有定义. 现在, 令

$$U_n = \bigcup\left\{A(h, M) : h \in \left(0, \frac{1}{n}\right), M > n\right\}.$$

则 U_n 有下列性质:

(1) U_n 是 C(**I**) 中的开集. 事实上, 设 $f \in U_n$, 则存在 $h \in \left(0, \dfrac{1}{n}\right)$, $M > n$ 使得 $f \in A(h, M)$. 取 $\varepsilon > 0$ 使得 $M' = M - \dfrac{2\varepsilon}{h} > n$. 则 $B_d(f, \varepsilon) \subset A(h, M')$. 事实上, 对任意的 $x \in \mathbf{I}$, 有 $|f(x + h) - f(x)| \geqslant Mh$ 或者 $|f(x - h) - f(x)| \geqslant Mh$. 不妨设前者成立, 则对任意的 $g \in B_d(f, \varepsilon)$, 有

$$|g(x + h) - g(x)| \geqslant |f(x + h) - f(x)| - 2\varepsilon \geqslant Mh - 2\varepsilon = hM'.$$

故 $\left|\dfrac{g(x + h) - g(x)}{h}\right| \geqslant M'$. 从而, $g \in A(h, M') \subset U_n$.

(2) U_n 在 C(**I**) 中稠密. 设 $f \in C(\mathbf{I}), \varepsilon > 0$. 我们证明 $B_d(f, \varepsilon) \bigcap U_n \neq \varnothing$. 事实上, 容易选择 $g \in B_d\left(f, \dfrac{\varepsilon}{2}\right)$ 使得 g 的图像是 $\mathbf{I} \times \mathbb{R}$ 中的一条水平线段或者一条斜率的绝对值大于 n 的线段. 进一步, 选择 $h \in B_d\left(g, \dfrac{\varepsilon}{2}\right)$ 使得 h 的图像由有限条斜率的绝对值大于 n 的线段组成, 见图 6-1. 则 $h \in B_d(f, \varepsilon) \bigcap U_n$.

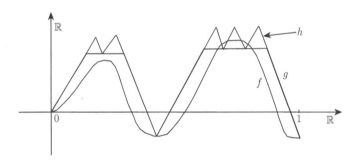

图 6-1　g, h 的定义

最后, 我们证明 $N \supset \bigcap\limits_{n=1}^{\infty} U_n$, 即 $\bigcap\limits_{n=1}^{\infty} U_n$ 所有函数都是处处不可微的. 事实上, 设 $f \in \bigcap\limits_{n=1}^{\infty} U_n$. 若 f 在 $x_0 \in \mathbf{I}$ 处可微, 则 $\lim_{h \to 0}\left|\dfrac{f(x + h) - f(x)}{h}\right|$ 存在. 但由 $f \in U_n$ 知存在 $0 < |h_n| < \dfrac{1}{n}$ 使得

$$\left|\frac{f(x + h_n) - f(x)}{h_n}\right| > n.$$

故 $\lim_{n \to \infty}\left|\dfrac{f(x + h_n) - f(x)}{h_n}\right|$ 不存在. 矛盾! $\qquad\square$

我们的第三个应用也服务于数学分析. 设 (f_k) 是由 $\mathbb{R}$ 到 $\mathbb{R}$ 的连续函数列且 $f_k(x) \to f(x)$, 我们知道 $f : \mathbb{R} \to \mathbb{R}$ 未必连续, 问题是: f 是否可处处不连续? 我们的答案是下面的定理:

定理 6.4.7 设 (X, d) 是 Baire 度量空间, (Y, ρ) 是度量空间, $(f_k)_k$ 是 $C(X, Y)$ 中的一个序列, $f : X \to Y$ 是一个映射且对任意的 $x \in X$, $f_k(x) \to f(x)$. 那么, f 的连续点之集在 X 中稠密.

证明 对于映射 $f : X \to Y$, $x \in X$ 和 $n \in \mathbb{N}$, 我们可以像在证明定理 6.4.5 中的 (a)$\Rightarrow$(b) 时一样定义 $\omega_f(x)$ 和 U_n 如下:

$$\omega_f(x) = \inf_{l \in \mathbb{N}} \left\{ \operatorname{diam} f \left(B_d \left(x, \frac{1}{l} \right) \right) \right\}, \quad U_n = \left\{ x \in X : \ \omega_f(x) < \frac{1}{n} \right\}.$$

同样, 我们能够证明:

(1) U_n 是 X 的开集;

(2) $\bigcap_{n \in \mathbb{N}} U_n$ 是 f 的连续点之集.

下面我们进一步证明, 对于满足本定理条件的 $f : X \to Y$ 而言,

(3) U_n 是 X 的稠密集.

如果我们完成了 (3) 的证明, 那么, 由于 X 是 Baire 度量空间, 由 (1)—(3) 知道, f 的连续点之集在 X 中稠密, 完成了证明.

为证明 (3), 对任意的 $N \in \mathbb{N}$, 令

$$A_N = \left\{ x \in X : \ 对任意的 \ k, l \geqslant N, \rho(f_k(x), f_l(x)) \leqslant \frac{1}{4n} \right\}.$$

那么, (3) 能够由下面的两个事实推出:

(4) $U_n \supset \bigcup\limits_{N=1}^{\infty} \operatorname{int}_X A_N$;

(5) $\bigcup\limits_{N=1}^{\infty} \operatorname{int}_X A_N$ 是 X 的稠密集.

对任意的 $N \in \mathbb{N}$ 和任意的 $x \in \operatorname{int}_X A_N$, 因为 $f_N : X \to Y$ 是连续的, 我们能够选择 l 使得 $B_d \left(x, \frac{1}{l} \right) \subset A_N$ 且

$$\operatorname{diam} f_N \left(B_d \left(x, \frac{1}{l} \right) \right) < \frac{1}{4n}.$$

那么, 对任意的 $x_1, x_2 \in B_d \left(x, \frac{1}{l} \right)$, 有

$$\begin{aligned} \rho(f(x_1), f(x_2)) &\leqslant \rho(f(x_1), f_N(x_1)) + \rho(f_N(x_1), f_N(x_2)) + \rho(f_N(x_2), f(x_2)) \\ &< \frac{1}{4n} + \frac{1}{4n} + \frac{1}{4n} = \frac{3}{4n}. \end{aligned}$$

所以,

$$\omega_f(x) \leqslant \operatorname{diam} f \left(B_d \left(x, \frac{1}{l} \right) \right) < \frac{1}{n}.$$

于是, $x \in U_n$. 我们证明了 (4) 成立.

注意到, 对任意的 $l, m \in \mathbb{N}$, 集合 $A_{l,m} = \left\{ x \in X : \rho(f_k(x), f_l(x)) \leqslant \dfrac{1}{4n} \right\}$ 是 X 的闭集. 所以,

$$A_N = \bigcap_{l,m \geqslant N} A_{l,m}$$

也是闭集. 进一步, 由于对任意的 $x \in X$, $\lim_{k \to \infty} f_k(x) = f(x)$, 我们有

$$X = \bigcup_{N \in \mathbb{N}} A_N.$$

利用它们, 我们能够证明 (5) 成立. 为此, 设 V 是 X 的非空开集, 那么, 由定理 6.4.4, V 也是 Baire 空间且

$$V = \bigcup_{N \in \mathbb{N}} A_N \bigcap V. \tag{6-6}$$

如果所有 $A_N \bigcap V$ 在 V 中的内部都是空集, 那么, $V \setminus A_N \bigcap V$ 在 V 中是稠密开集, 从而, 其交在 V 中稠密, 但是, 由式 (6-6) 知, 其交等于空集. 矛盾! 因此, 某一个 $A_N \bigcap V$ 在 V 的内部是非空集. 即存在 V 中, 也是 X 中的非空开集 W 使得 $W \subset A_N \bigcap V$, 所以 $\text{int}_X A_N \bigcap V \neq \varnothing$. (5) 成立. $\square$

推论 6.4.4   设 J 是一个区间, 那么, $C(J)$ 中函数列的点态收敛的极限函数的连续点在 J 中稠密.

练 习   6.4

6.4.A. 证明度量空间 (X, d) 有 Baire 性质的充分必要条件是 (X, d) 中任意一列无处稠密的闭集列的并的内部是空集.

设 $(X, d), (Y, \rho)$ 是度量空间, D 是 X 的稠密子集, $f : D \to Y$ 连续. 对任意的 $x \in X$, 令

$$\omega_f(x) = \inf_{k \in \mathbb{N}} \text{diam} \, f\left(B\left(x, \frac{1}{k} \right) \bigcap D \right).$$

称其为 f 限制在 D 上在 x 点的振幅(注意此处的定义和定理 6.4.5 中的异同.) 令

$$X_0(f) = \{ x \in X : \omega_f(x) = 0 \}.$$

6.4.B. 证明 $X_0(f)$ 是 X 的 G_δ-集.

6.4.C. 证明: 如果 (Y, ρ) 是完备的, 那么, f 可以连续扩张到 $X_0(f)$ 上.

6.4.D. 证明: 如果 (Y, ρ) 是完备的, 那么, f 可以连续扩张到 X 上的充分必要条件是 $X_0(f) = X$.

6.4.E. 证明 Lavrentieff 定理: 设 $(X,d),(Y,\rho)$ 是完备度量空间，$A \subset X, B \subset Y$ 分别是 X,Y 的子空间，$f: A \to B$ 是同胚. 那么，存在 X,Y 的 G_δ-集子空间 C,D 和同胚 $F: C \to D$ 使得

$$A \subset C \subset X, \quad B \subset D \subset Y, \quad F|A = f.$$

6.4.F. 证明在 $C(\mathbf{I})$ 中存在连续函数列 $(f_n)_n$ 使得

$$\lim_{n \to \infty} f_n(x) = R(x),$$

这里，

$$R(x) = \begin{cases} 1 & \text{如果 } x \in \{0,1\}, \\ \dfrac{1}{p} & \text{如果 } x = \dfrac{q}{p} \text{ 是既约分数}, \\ 0 & \text{如果 } x \in [0,1] \bigcap \mathbb{P}, \end{cases}$$

是 **Riemann 函数**.

6.4.G. 证明在 $C(\mathbb{R})$ 中不存在连续函数列 $(f_n)_n$ 使得

$$\lim_{n \to \infty} f_n(x) = D(x),$$

但存在连续函数族 $\{f_n^m\} \subset C(\mathbb{R})$ 使得

$$\lim_{n \to \infty} \lim_{m \to \infty} f_n^m(x) = D(x),$$

这里, $D: \mathbb{R} \to \mathbb{R}$ 是 Dirichlet 函数.

第 7 章　拓扑空间与可度量化定理

在前面五章, 我们讨论了度量空间的一些基本性质, 这些性质使得我们可以在更一般的情况下讨论我们熟悉的收敛理论, 但仍有一些我们常见的收敛理论没有办法通过度量来描述. 例如, 函数列的点态收敛一般不可以等价于某个度量空间上的收敛; 另一方面, 即使我们仅想讨论度量空间的拓扑性质 (这是本书的主要目的), 在一般的框架下讨论有时反而更加方便. 本章我们将定义比度量空间更广的拓扑空间, 研究它的基本性质, 特别是它何时是可度量化空间.

本章中的内容都是基本的.

7.1　拓扑空间的定义及例子

本节我们将定义拓扑空间并给出一些例子, 特别是说明了每一个度量空间都可以自然地看作一个拓扑空间.

在经过前面五章的讨论后, 下面的定义是非常自然的.

定义 7.1.1　设 X 是集合, $\mathcal{T}$ 是 X 的子集所构成的集族, 若 $\mathcal{T}$ 满足如下条件:

(T1)　$\varnothing, X \in \mathcal{T}$;

(T2)　对任意的 $U, V \in \mathcal{T}$, 我们有 $U \bigcap V \in \mathcal{T}$;

(T3)　若 $\mathcal{T}_0 \subset \mathcal{T}$, 则 $\bigcup \mathcal{T}_0 \in \mathcal{T}$.

则称 $(X, \mathcal{T})$ 为一个**拓扑空间**, $\mathcal{T}$ 称为这个**拓扑空间的拓扑**, $\mathcal{T}$ 中成员称为这个拓扑空间中的**开集**.

拓扑空间也简称为**空间**, $(X, \mathcal{T})$ 也经常被记为 X.

显然, 条件 (T2) 和下述 (T2′) 是等价的:

(T2′)　若 $U_1, U_2, \cdots, U_n \in \mathcal{T}$, 则 $\bigcap\limits_{i=1}^{n} U_i \in \mathcal{T}$.

像在度量空间中一样, 我们约定在一个固定的拓扑空间 X 中, 空集族之交等于 X.

例 7.1.1　设 X 是任意集合, 令 $\mathcal{T}$ 为 X 的所有子集, 则 $\mathcal{T}$ 满足定义 7.1.1 的 (T1)—(T3), 因此 $(X, \mathcal{T})$ 为一个拓扑空间, 称这个拓扑空间为**离散拓扑空间**, $\mathcal{T}$ 称为 X 上的**离散拓扑**. 再令 $\mathcal{T} = \{\varnothing, X\}$, 则 $\mathcal{T}$ 也满足定义 7.1.1 的 (T1)—(T3), 因此 $(X, \mathcal{T})$ 也是一个拓扑空间, 称这个拓扑空间为**平庸拓扑空间**, $\mathcal{T}$ 称为集合 X 上的**平庸拓扑**.

离散拓扑空间和平庸拓扑空间本身没有太大的研究价值, 但离散拓扑空间往往作为构造其他拓扑空间的工具.

例 7.1.2 设 $X = \{1,2,3\}$, 令

$$\mathcal{T}_1 = \{\{1,2,3\},\{1,2\},\{1\},\varnothing\},$$
$$\mathcal{T}_2 = \{\{1,2,3\},\{1,2\},\varnothing\},$$
$$\mathcal{T}_3 = \{\{1,2,3\},\{1,2\},\{1\},\{2\},\varnothing\}.$$

则 $\mathcal{T}_1, \mathcal{T}_2, \mathcal{T}_3$ 都是 X 上的拓扑, 但

$$\mathcal{T} = \{\{1,2,3\},\{1\},\{2\},\varnothing\}$$

不是 X 上的拓扑.

下面的例子对我们来说是最重要的.

例 7.1.3 设 (X,d) 是度量空间, 我们回忆一下, $\mathcal{T}_d$ 表示 (X,d) 中的开集的全体, 则由定理 2.2.1 知, $\mathcal{T}_d$ 满足定义 7.1.1 中的三个条件, 故 $(X,\mathcal{T}_d)$ 是拓扑空间, 称 $\mathcal{T}_d$ 为**由度量 d 导出的 X 上的拓扑**. 例如当 d 为 X 上离散度量时, $\mathcal{T}_d$ 为 X 上的离散拓扑. 但 X 上的非离散度量也可以导出 X 上的离散拓扑. 例如, 令

$$X = \left\{1, \frac{1}{2}, \frac{1}{3}, \cdots\right\}, \quad d(x,y) = |x-y|.$$

则 d 为 X 上的非离散度量但导出 X 上的离散拓扑.

定义 7.1.2 设 X 是一个集合, $\mathcal{T}_1, \mathcal{T}_2$ 是 X 上两个拓扑. 如果 $\mathcal{T}_1 \subset \mathcal{T}_2$, 则称 $\mathcal{T}_1$ 比 $\mathcal{T}_2$ **弱 (或, 粗)** 或者 $\mathcal{T}_2$ 比 $\mathcal{T}_1$ **强 (或, 细)**.

显然, $\subset$ 确定了集合 X 上所有拓扑构成的集合上的一个偏序关系, 在这个偏序关系下, 离散拓扑是最大元, 平庸拓扑是最小元. 对于集合 X 上的任意一族拓扑 $\{\mathcal{T}_s : s \in S\}$, $\bigcap\limits_{s\in S} \mathcal{T}_s$ 也是 X 上一个拓扑, 这个拓扑是 $\{\mathcal{T}_s : s \in S\}$ 在我们定义的偏序关系下的下确界. 但我们应该注意, 甚至对于有限集合 S, $\bigcup\limits_{s\in S} \mathcal{T}_s$ 也不一定是 X 上一个拓扑.

由例 7.1.3 我们导出下面定义.

定义 7.1.3 设 $(X,\mathcal{T})$ 是拓扑空间, 若存在 X 的度量 d 使得 $\mathcal{T} = \mathcal{T}_d$, 则称 $(X,\mathcal{T})$ 是**可度量化拓扑空间**或者**可度量化空间**; 称 $\mathcal{T}$ 是 X 上的**可度量化拓扑**; 称 d 是拓扑空间 $(X,\mathcal{T})$ 的一个**(相容) 度量**.

注 7.1.1 我们应该注意, d 是集合 X 上一个度量和 d 是拓扑空间 $(X,,\mathcal{T})$ 上一个度量是不同的! 前者意味着 (X,d) 是一个度量空间, 后者意味着 (X,d) 是一个度量空间且 $\mathcal{T}_d = \mathcal{T}$.

例 7.1.4　离散拓扑空间一定是可度量化拓扑空间, 非单点的平庸拓扑空间一定不是可度量化的. 例 7.1.2 中的三个拓扑 T_1, T_2, T_3 都不是可度量化的.

给出一个拓扑空间何时是可度量化是一个十分重要而自然的问题, 我们将在 7.4 节和 7.6 节讨论. 由以上定义知道, 可度量化拓扑空间是一种特殊的拓扑空间, 拓扑空间是可度量化拓扑空间的推广. 有时, 我们也不太严格地说, 拓扑空间是度量空间的推广, 但要注意, 此仅在讨论拓扑性质时可以这样讲.

我们已经在度量空间中定义了一些拓扑概念, 这些概念中有些在定义时仅仅用了开集的概念, 进一步, 使用它们我们又定义了一些其他的概念, 依此类推. 对于这些概念, 我们可以在拓扑空间中同样定义它们. 这些概念主要包括: **闭集、基、点的邻域、点的邻域基、序列及序列的收敛、集合的聚点、集合的内点、集合的边界点、集合的导集、集合的闭包、集合的内部及边界、G_δ-集、F_σ-集、空间的连通性、局部连通性、集合的稠密性、空间的可分性、可完备度量性、Baire 性质、离散子集**等. 我们仍然使用 $\mathcal{N}(x)$ 或者 $\mathcal{N}_T(x)$ 表示点 x 在拓扑空间 (X, T) 中的邻域全体.

还有一些拓扑概念在定义时用了度量等非拓扑性质, 但我们在度量空间中给出其仅用开集给出的若干等价刻画, 但这些等价刻画未必在一般拓扑空间继续等价, 所以我们必须明确给出它们在拓扑空间中的定义.

定义 7.1.4　设 (X, T) 和 (Y, S) 是两个拓扑空间, $f : X \to Y$ 是从 X 到 Y 的映射, $x \in X$. 如果对 $f(x)$ 的任意邻域 $V \subset Y$, 都存在 x 的一个邻域 U 使得 $f(U) \subset V$, 则称 f **在点 x 连续**. 若 f 在 X 的每一点连续, 则称 f 是一个**连续映射**. 我们使用 $C(X)$ 表示从拓扑空间 X 到实数空间 $\mathbb{R}$ 的连续函数全体.

如果对任意的 $U \in T$, $f(U) \in S$, 也即开集的像是开的, 那么, 我们称 f 是**开映射**. 同理, 可以定义**闭映射**.

由定理 2.4.2 知, 这里的定义对于度量空间之间的映射和定义 2.4.1 是等价的. 下面给出拓扑空间版的连续的充分必要条件, 证明类似, 故留给读者.

定理 7.1.1　设 $f : (X, T) \to (Y, S)$ 是拓扑空间 (X, T) 到拓扑空间 (Y, S) 的映射, 则下列条件等价:

(a) f 在 X 上连续;

(b) 对任意的 $V \in S$, $f^{-1}(V) \in T$;

(c) 对 Y 中任意闭集 F, $f^{-1}(F)$ 在 X 中是闭集;

(d) 设 $\mathcal{B}$ 是 Y 的一个基, 对任意的 $B \in \mathcal{B}$, $f^{-1}(B) \in T$;

(e) 设 S_0 是 Y 的一个子基, 对任意的 $S \in S_0$, $f^{-1}(S) \in T$;

(f) 对 X 的任意集合 A, 有 $f(\mathrm{cl}\, A) \subset \mathrm{cl}\, f(A)$;

(g) 对 Y 的任意集合 B, 有 $f^{-1}(\mathrm{cl}\, B) \supset \mathrm{cl}\, f^{-1}(B)$.

另外, 上面的条件可以推出

(h) 对 X 中任意收敛序列 $x_n \to x$, 有 $\lim_{n\to\infty} f(x_n) = f(x)$.

利用函数的连续性, 我们可以像定义 3.3.1 一样定义拓扑空间中的**道路**和拓扑空间的**道路连通性**等概念, 进一步, 像在定义 3.3.2 和定义 3.3.3 中一样, 利用其定义拓扑空间的**道路连通分支**和**局部道路连通性**.

对于拓扑空间 X, Y, 如果映射 $f : X \to Y$ 是连续的一一对应且其逆也是连续的, 那么, 我们称 f 是 X 到 Y 的**同胚**, 这时, 我们称 X 与 Y **同胚**, 记为 $X \approx Y$. 同样, 我们可以定义**同胚嵌入**. 显然, 两个离散空间 X, Y 同胚的充分必要条件是 $|X| = |Y|$ (练习 7.1.B). 因此, 对一个基数 m, 我们使用 $D(m)$ 表示基数为 m 的离散空间.

在前面的几章中, 我们给出了关于这些概念在度量空间中的很多论断, 这些论断可以翻译为关于这些概念在拓扑空间中的命题, 我们称之为某论断的拓扑版. 例如, 定理 2.2.7 的拓扑版, 推论 3.1.3 的拓扑版等. 当然, 这些命题中有一些依然成立, 有些不再成立, 有一些附加一定的条件后成立. 我们将在本章中逐一说明. 其中, 第 2 章的论断中需要较大变形才能成立的命题, 我们在本节、7.2 节和 7.4 节给出. 第 3 章的论断中除推论 3.1.3 的拓扑版外, 其余论断的拓扑版皆成立而且证明不需要改变. 第 4 章的论断中需要较大变形才能成立的命题, 我们在 7.3 节给出. 第 5 章的论断中需要较大变形才能成立的命题, 我们在 7.4 节给出. 第 6 章仅有 6.4 节的部分结果有拓扑版, 肯定和否定的命题的证明都不困难, 有一些也出现在本章各节的练习中. 第 2 章到第 6 章的论断的所有拓扑版命题是否成立或者是否存在都将在 7.7 节给出说明.

由定理 2.2.11 知, 在度量空间中, 序列的收敛事实上刻画了度量空间上的拓扑, 但这个结论对于拓扑空间我们必须用比序列更一般的网代替, 考虑到本书的主要目的, 我们不引入这个概念, 有兴趣的读者请参考文献 [9] 的第二章. 这里, 我们特别提醒读者: **在一般的拓扑空间中, 前几章中在度量空间成立的涉及序列的有关结论几乎全部不再成立.** 一些极端的例子见 7.3 节. 例如, 定理 7.1.1 中条件 (h) 不再是 f 连续的充分条件. 又例如, 如果 X 是拓扑空间, A 是 X 的子集, $x \in X$. 如果存在 A 中的序列 (a_n) 使得 $a_n \to x$, 那么, $x \in \mathrm{cl}\, A$. 但是, 反之不再成立, 即如果 $x \in \mathrm{cl}\, A$, 那么, 我们未必能找到 A 中的序列 (a_n) 使得 $a_n \to x$. 我们将在 7.6 节给出详细说明.

拓扑空间虽然是用开集来定义的, 但有时未必是最方便的, 下面我们将介绍用基确定拓扑的方法.

定理 7.1.2 设 X 是集合, $\mathcal{B}$ 是 X 的一个子集族, 则 $\mathcal{B}$ 构成 X 上的一个拓扑的基当且仅当

(B1) $\bigcup \mathcal{B} = X$;

(B2) 对任意的 $B_1, B_2 \in \mathcal{B}$, 对任意的 $x \in B_1 \bigcap B_2$, 存在 $B \in \mathcal{B}$ 使得 $x \in B \subset B_1 \bigcap B_2$.

或者等价地,

(B2′) 对任意的 $B_1, B_2 \in \mathcal{B}$, 存在 $\mathcal{B}_0 \subset \mathcal{B}$, 使得 $B_1 \bigcap B_2 = \bigcup \mathcal{B}_0$.

进一步, 若 $\mathcal{B}$ 满足上述条件, 则以 $\mathcal{B}$ 为基的拓扑 $\mathcal{T}$ 是唯一的.

$$\mathcal{T} = \{\bigcup \mathcal{B}_0 : \mathcal{B}_0 \subset \mathcal{B}\} \tag{7-1}$$

证明　必要性. 设 $\mathcal{T}$ 是 X 上一个拓扑, $\mathcal{B}$ 为 $(X, \mathcal{T})$ 的基. 由 $X \in \mathcal{T}$ 知, X 可表示为 $\mathcal{B}$ 中若干元之并, 故 $X = \bigcup \mathcal{B}$. 即 (B1) 成立. 又, 若 $B_1, B_2 \in \mathcal{B} \subset \mathcal{T}$, 由定义 7.1.1 知 $B_1 \bigcap B_2 \in \mathcal{T}$. 因此, 由基的定义知, $B_1 \bigcap B_2$ 可以表示为 $\mathcal{B}$ 中若干元之并, 也即 (B2)′ 成立, 等价地, (B2) 成立.

充分性. 设 X 的子集族 $\mathcal{B}$ 满足 (B1),(B2), 令

$$\mathcal{T} = \{\bigcup \mathcal{B}_0 : \mathcal{B}_0 \subset \mathcal{B}\}.$$

我们证明 $\mathcal{T}$ 满足定义 7.1.1 中的条件 $(1) - (3)$. 由 (B1) 知 $X \in \mathcal{T}$. 又, 令 $\mathcal{B}_0 = \varnothing$, 则 $\varnothing = \bigcup \mathcal{B}_0 \in \mathcal{T}$. 所以 (1) 成立, 设 $\mathcal{B}_1, \mathcal{B}_2 \subset \mathcal{B}$, $T_1 = \bigcup \mathcal{B}_1$, $T_2 = \bigcup \mathcal{B}_2$. 因此,

$$T_1 \bigcap T_2 = \bigcup \{B_1 \bigcap B_2 : B_1 \in \mathcal{B}_1, B_2 \in \mathcal{B}_2\}.$$

又由 (B2)′ 知, 存在 $\mathcal{B}_{B_1 \bigcap B_2} \subset \mathcal{B}$ 使得

$$B_1 \bigcap B_2 = \bigcup \mathcal{B}_{B_1 \bigcap B_2}.$$

令 $\mathcal{B}_0 = \bigcup \{\mathcal{B}_{B_1 \bigcap B_2} : B_1 \in \mathcal{B}_1, B_2 \in \mathcal{B}_2\}$. 则

$$\begin{aligned} T_1 \bigcap T_2 &= \bigcup \{\bigcup \mathcal{B}_{B_1 \bigcap B_2} : B_1 \in \mathcal{B}_1, B_2 \in \mathcal{B}_2\} \\ &= \bigcup \{B : B \in \bigcup \{\mathcal{B}_{B_1 \bigcap B_2} : B_1 \in \mathcal{B}_1, B_2 \in \mathcal{B}_2\}\} \\ &= \bigcup \mathcal{B}_0 \in \mathcal{T}. \end{aligned}$$

由 $\mathcal{T}$ 的定义知, $\mathcal{T}$ 显然满足定义 7.1.1 中的 (3). 故 $\mathcal{T}$ 为 X 上的一个拓扑. 最后, 由 $\mathcal{T}$ 的定义知 $\mathcal{B}$ 为 $(X, \mathcal{T})$ 的一个基, 充分性得证.

显然, $\mathcal{B}$ 只能是 X 上一个拓扑的基且这个拓扑只能由式 (7-1) 定义.　　□

我们把上述定理中的拓扑 $\mathcal{T}$ 称为**以 $\mathcal{B}$ 为基所生成的拓扑**.

注 7.1.2　我们已经在拓扑空间中定义了基 (也可以认为是基的充分必要条件), 同时, 容易验证定理 2.2.7 的拓扑版也成立. 但是, 我们应该注意到这些结果与定理 7.1.2 的区别. 前者给出了对于一个给定的拓扑空间 $(X, \mathcal{T})$, $\mathcal{B} \subset P(X)$ 是拓扑空间 $(X, \mathcal{T})$ 的基的充分必要条件; 后者给出了对于一个集合 X 和 $\mathcal{B} \subset P(X)$, 存在 X 上某个拓扑 $\mathcal{T}$ 使得 $\mathcal{B}$ 是拓扑空间 $(X, \mathcal{T})$ 的基的充分必要条件. 在下面的例

子中, 因为 $\mathcal{B}$ 满足定理 7.1.2 的条件, 所以, 它是实数集上某个拓扑的基, 但因为 $\mathcal{B}$ 中成员并不都是 (事实上全部不是) Euclidean 空间 $\mathbb{R}$ 中的开集, 所以, 由基的定义或者定理 2.2.7 的拓扑版知 $\mathcal{B}$ 不是 Euclidean 空间 $\mathbb{R}$ 的基.

例 7.1.5 令 R_l 表示实数全体, 令

$$\mathcal{B} = \{[a,b) : a,b \in \mathbb{R}\}.$$

则 $\mathcal{B}$ 满足 (B1),(B2). 事实上, $\mathcal{B}$ 满足 (B1) 是显然的, $\mathcal{B}$ 对有限交封闭, 故 (B2) 也成立. 从而在 R_l 上可以生成唯一的拓扑 $\mathcal{T}$ 以 $\mathcal{B}$ 为基, 称为 **Sorgenfrey 线**, 一般用 R_l 记 $(R_l, \mathcal{T})$.

R_l 是我们后面需要的重要例子之一. 本节的最后部分是给出拓扑空间的运算.

定义 7.1.5 设 $(X, \mathcal{T})$ 是拓扑空间, $A \subset X$, 令 $\mathcal{T}|A = \{U \bigcap A : U \in \mathcal{T}\}$. 则容易验证 $\mathcal{T}|A$ 作为 A 的子集族满足定义 7.1.1 中的三个条件, 称拓扑空间 $(A, \mathcal{T}|A)$ 为 $(X, \mathcal{T})$ 的**子空间**. 同度量空间一样, 我们可以定义拓扑空间的**开子空间**、**闭子空间**等概念.

定义 7.1.6 设对任意的 $s \in S, (X_s, \mathcal{T}_s)$ 是拓扑空间, 令 $X = \prod_{s \in S} X_s$. 定义 X 的子集族

$$\mathcal{B} = \left\{ \prod_{s \in S_0} U_s \times \prod_{s \in S \setminus S_0} X_s : S_0 \text{ 是 } S \text{ 的有限集, 对任意的 } s \in S_0, U_s \in \mathcal{T}_s \right\}.$$

则 $\mathcal{B}$ 满足定理 7.1.2 中的 (B1),(B2), 称 X 上以 $\mathcal{B}$ 为基的拓扑空间 $(X, \mathcal{T})$ 为拓扑空间族 $\{(X_s, \mathcal{T}_s) : s \in S\}$ 的**乘积拓扑空间**或者**乘积**. 称这个拓扑为**乘积拓扑**. 称每一个 $(X_s, \mathcal{T}_s)$ 为乘积拓扑空间 $(X, \mathcal{T})$ 的**因子空间**. 称 $\mathcal{B}$ 为乘积空间的**标准基**. 同 2.7 节一样, 容易验证每一个投影映射 p_s 都是连续的开满映射 (为了保证是满映射, 需要假定每一个 X_s 是非空的). 当所有 X_s 都等于一个空间 Y 时, 我们用 Y^S 表示乘积空间.

由定理 2.6.1, 若 (X, d) 是度量空间, $A \subset X$, 则度量空间 $(A, d|A \times A)$ 上的拓扑就是 $\mathcal{T}_d|A$. 所以, 在讨论拓扑性质时, 我们可以说度量空间的子空间拓扑与它作为拓扑空间的子空间的拓扑是一致的. 对于乘积空间, 若 S 是可数集, 则由定理 2.6.10 知相应的结论也成立. 这些结论说明了可度量化空间的子空间是可度量化的, 可度量化空间的可数乘积是可度量化的. 从后面的定理 7.4.1(2) 可以看出, 不可数个非单点空间的乘积一定不是可度量化的, 所以, 从本质上讲, 我们在度量空间中仅仅能定义可数乘积.

容易证明定理 2.6.3、定理 2.6.6、定理 2.6.10—定理 2.6.12、推论 2.6.4 和推论 2.6.6 的拓扑版都成立, 而且定理 2.6.10—定理 2.6.12 对不可数的乘积也成立. 但是,

定理 2.6.5 的拓扑版不再成立. 例如, 令 X 是多于 3 个点的集合, $x_0 \in X$, 定义 X 上的拓扑

$$\mathcal{T} = \{A \subset X : A = \varnothing \text{ 或者 } x_0 \in A\}.$$

考虑 X 的子空间 $Y = X \setminus \{x_0\}$. 那么, 不难证明不存在满足定理 2.6.5 (1) 中条件的映射 $\varphi : \mathcal{T}|Y = \{U \bigcap Y : U \in \mathcal{T}\} \to \mathcal{T}$.

我们也可以在一般拓扑空间中定义超空间和函数空间, 但因为它们并不是十分常用, 我们在此不讨论它们, 后面的第 10 章中有很多关于度量空间中函数空间的应用. 在此, 我们引入一种新的拓扑空间的运算——商空间. 在度量空间中定义商空间是非常困难的, 但是, 在拓扑空间中则要容易地多, 这是我们现在才引入商空间的原因.

设 X 是一个非空集合, $\sim$ 是 X 上一个等价关系. 回忆一下, 对于 $x \in X$, 我们用 $[x]_\sim$ 或者 $[x]$ 表示 x 所在的等价类. 用 $[X]_\sim$ 或者 $[X]$ 表示等价类的集合. 我们定义了一个自然的满射 $q : X \to [X]$ 为

$$q(x) = [x].$$

定义 7.1.7   设 $(X, \mathcal{T})$ 是拓扑空间, $\sim$ 是 X 上一个等价关系. 定义

$$[\mathcal{T}] = \{V \subset [X] : q^{-1}(V) \in \mathcal{T}\}.$$

那么 $[\mathcal{T}]$ 满足定义 7.1.1 中的三个条件, 称拓扑空间 $([X], [\mathcal{T}])$ 为 $(X, \mathcal{T})$ 在等价关系 $\sim$ 下的**商拓扑空间**, 简称为**商空间**, $[\mathcal{T}]$ 称为**商拓扑**.

商空间有下面的性质.

定理 7.1.3   设 $(X, \mathcal{T})$ 是拓扑空间, $\sim$ 是 X 上一个等价关系. 则

(1) $q : X \to [X]$ 是连续的满射;

(2) $V \subset [X]$ 是 $([X], [\mathcal{T}])$ 的开集 (闭集) 当且仅当 $q^{-1}(V)$ 是 $(X, \mathcal{T})$ 中的开集 (闭集);

(3) 对任意的空间 Y, 映射 $f : [X] \to Y$ 连续的充分必要条件是 $f \circ q : X \to Y$ 连续.

证明   (2) 由定义和 q^{-1} 保持余集运算得到. 为得到 (1), 仅需注意到 q 是满射, 其连续性由 (2) 得到. (3) 由 (1) (2) 得到. □

我们将在 7.4 节的推论 7.4.1 给出可分度量空间的商空间是可度量化的条件.

下面我们引入商映射的概念.

定义 7.1.8   设 X, Y 是拓扑空间, $q : X \to Y$ 是满射. 若对 Y 中任意的子集 V, V 在 Y 开当且仅当 $q^{-1}(V)$ 在 X 中开, 则称 $q : X \to Y$ 是商映射.

显然, 商映射是连续的满映射. 容易证明连续的开满映射和连续的闭满映射都是商映射. 同时, 由定理 7.1.3 知若 $([X], [\mathcal{T}])$ 是 $(X, \mathcal{T})$ 的商拓扑空间, 则自然映射 $q : X \rightarrow [X]$ 是商映射. 在这个意义上讲, 我们可以说商映射是商拓扑空间的推广. 事实上, 也可以说它们是等价的. 具体而言, 反过来, 对任意的商映射 $q : X \rightarrow Y$, 我们都可以在 X 上定义与之对应的等价关系:

$$x_1 \sim x_2 \text{ 当且仅当 } q(x_1) = q(x_2).$$

那么, 容易证明映射 $[x] \mapsto q(x)$ 建立了商空间 $[X]$ 到 Y 的同胚. 下面我们举例说明商映射 $q : X \rightarrow [X]$ 未必是开或者闭映射.

例 7.1.6 (1) 令 $X = \{0\} \bigcup \left\{ i + \dfrac{1}{n} : i = 0, 1, n = 1, 2, \cdots \right\}$. 作为 $\mathbb{R}$ 的子空间, X 是度量空间. 在 X 上定义等价关系为

$$x \sim y \text{ 当且仅当 } x = y \text{ 或者 } |x - y| = 1.$$

则对任意的 $x \in X$, $|[x]| \leqslant 2$, 故 $[x]$ 是紧的. 令 $F = \left\{ 1 + \dfrac{1}{n} : n = 1, 2, \cdots \right\}$. 则 F 在 X 中闭, 但 $q(F) = \left\{ \left[1 + \dfrac{1}{n} \right] : n = 1, 2, \cdots \right\} = \left\{ \left[\dfrac{1}{n} \right] : n = 1, 2, \cdots \right\}$ 在 $[X]$ 中有聚点 $[0]$ 不属于 $q(F)$. 故 $q(F)$ 不是闭的.

(2) 在后面的例 7.4.3(1) 中, 令 $U = \{(x_1, x_2, \cdots, x_n) \in \mathbf{B}^n : x_n > 0\}$. 则 U 是 $\mathbf{B}^n$ 的开集. 但 $q^{-1}(q(U)) = \{(x_1, x_2, \cdots, x_n) \in \mathbf{B}^n : x_n > 0 \text{ 或者 } x_1^2 + x_2^2 + \cdots + x_n^2 = 1\}$ 不是 $\mathbf{B}^n$ 中的开集. 因此, $q(U)$ 不是 $[\mathbf{B}^n]$ 的开集.

(3) 利用 (1)(2) 不难构造一个商度量空间使其自然映射既不是开的也不是闭的.

对于拓扑空间的一个性质 P, 如果 $(X, \mathcal{T})$ 是一个具有性质 P 的空间, 我们也说 $\mathcal{T}$ 是 X 上一个**具有性质 P 的拓扑**. 例如, Euclidean 拓扑是实数集合上的道路连通拓扑.

练 习 7.1

7.1.A. 证明离散度量空间必导出离散拓扑空间, 但是, 非离散度量空间也可以导出离散拓扑空间.

7.1.B. 两个离散空间 X, Y 同胚当且仅当 $|X| = |Y|$.

7.1.C. 设 X 是无限集合, $x_0 \in X$. 定义

$$\mathcal{T} = \{U \subset X : \text{如果 } x_0 \in U, \text{那么 } X \setminus U \text{ 是有限的}\}.$$

证明 $(X, \mathcal{T})$ 是拓扑空间; x_0 是这个空间唯一的非孤立点. 证明对于集合 $X, Y, x_0 \in X, y_0 \in Y$ 和上面定义的拓扑, $X \approx Y$ 当且仅当 $|X| = |Y|$. 此时, 对任意的由 X

到 Y 的一一对应 h, h 是同胚当且仅当 $h(x_0) = y_0$. 因此, 我们用 $A(|X|)$ 记这个空间, x_0 称为这个空间的聚点. 设 m 是一个无限基数, 证明 $A(m)$ 中的聚点是 $A(m)$ 的 G_δ-集当且仅当 m 是可数的.

7.1.D. 设 X 是拓扑空间, S 是一个集合. 证明对 X^S 中的任意序列 (f_n) 和任意的 $f \in X^S$, 在乘积空间 X^S 中 $f_n \to f$ 当且仅当对任意的 $s \in S$, 有 $f_n(s) \to f(s)$. 特别地, 当 $X = S = \mathbb{R}$ 时, 数学分析中熟悉的点态收敛和乘积空间 $\mathbb{R}^{\mathbb{R}}$ 中的序列收敛一致. 证明在这个拓扑下, $C(\mathbb{R})$ 是 $\mathbb{R}^{\mathbb{R}}$ 中的稠密集. **注:** 这个结论似乎和练习 6.4.G 的第一个论断有矛盾! 你认为如何?

7.1.E. 证明连通空间 (道路连通空间) 的连续像是连通 (道路连通) 的; 证明连通空间 (道路连通空间) 的乘积是连通 (道路连通) 的.

7.1.F. 证明任何空间都是局部连通空间的连续像.

7.1.G. 设 α 是一个序数且 $\alpha > 0$, 按照我们在第 1 章的约定, α 等于比它小的所有序数之集. 证明 $\mathcal{B} = \{[\xi, \eta) : 0 \leqslant \xi < \eta < \alpha\}$ 是集合 α 上一个拓扑的基. 用 α 记这个拓扑空间, 证明 $\xi \in \alpha$ 是 α 的孤立点的充分必要条件是 ξ 是后继序数, 进而, α 中的孤立点之集在 α 中稠密. 我们在练习 7.2.J, 7.2.K, 7.3.J, 7.3.M, 7.3.N, 7.3.O, 7.4.I, 7.6.B, 7.6.G 中将给出这个拓扑空间更多的性质.

7.2 分离性公理

本节我们将定义分离性公理, 证明拓扑版的 Urysohn 引理和 Tietze 扩张定理.

定义 7.2.1 设 $(X, \mathcal{T})$ 是拓扑空间.

(1) 若 X 中任意的单点集都是这个空间的闭集, 则称 $(X, \mathcal{T})$ 为 **T_1 拓扑空间**;

(2) 若对 X 中任意不同的点 x, y, 存在 $U, V \in \mathcal{T}$ 使得 $x \in U, y \in V$ 且 $U \bigcap V = \varnothing$, 则称 $(X, \mathcal{T})$ 是 **Hausdorff 拓扑空间**或者 **T_2 拓扑空间**.

例 7.2.1 非单点的平庸空间是非 T_1 的; 任意可度量化空间都是 T_2 的; 每一个 T_2 空间一定是 T_1 的; 非 T_2 的 T_1 空间的一个典型例子是所谓**有限余拓扑空间**, 即给定无限集合 X, 令

$$\mathcal{T} = \{A \subset X : X \setminus A \text{有限}\}.$$

则 $\mathcal{T}$ 为 X 上一个拓扑, 且容易验证 $(X, \mathcal{T})$ 是 T_1 的非 T_2 空间.

我们更关心下面的空间类.

定义 7.2.2 设 $(X, \mathcal{T})$ 是 T_1 空间.

(1) 若对 X 中任意点 x 以及不包含 x 的闭集 F, 存在不相交的开集 U, V 使得 $x \in U, F \subset V$, 则称 X 为**正则拓扑空间**或 **T_3 拓扑空间**;

(2) 若对 X 中任意点 x 以及不包含 x 的闭集 F, 存在连续函数 $f: X \to \mathbf{I}$ 使得 $f(x) = 0$ 且 $f(F) \subset \{1\}$, 则称 X 是**完全正则拓扑空间**或 **Tychonoff 拓扑空间**或 $\mathbf{T}_{3\frac{1}{2}}$ **拓扑空间**;

(3) 若对 X 中任意不相交的两个闭集 E, F, 存在不相交的两个开集 U, V, 使得 $E \subset U, F \subset V$, 则称 X 为**正规拓扑空间**或 $\mathbf{T}_4$ **拓扑空间**.

注 7.2.1 (1) 显然, 上面定义中的三类空间都是 Hausdorff 的. 不难验证完全正则空间是正则的 (参考定理 7.2.5 充分性的证明). 又, 由下面的推论 7.2.2 知正规空间是完全正则的. 以上结论的逆命题均不成立. 下面的例子 7.2.2 说明 Hausdorff 空间可以不是正则的. 给出一个正则的而非完全正则的空间是十分困难的, 见 [4] 的 1.5.8 Example. 事实上, 有人甚至给出一个非单点的正则空间 X 使得 $C(X)$ 仅仅包含常值函数. 后面我们将给出 $\mathbf{T}_{3\frac{1}{2}}$ 而非 $\mathbf{T}_4$ 的例子 (见例子 7.4.2).

(2) 对于 $i \in \{1, 2\}$, 如果 $(X, \mathcal{T})$ 是 $\mathbf{T}_i$ 空间, 则比 $\mathcal{T}$ 强的 X 上的拓扑都是 $\mathbf{T}_i$ 的. 但是, 对于 $i \in \{3, 3\frac{1}{2}, 4\}$, 相应的结论不成立, 反例如下.

例 7.2.2 令 X 是实数全体, $Z = \left\{1, \frac{1}{2}, \frac{1}{3}, \cdots\right\}$, 在 X 上定义拓扑为

$$\mathcal{T} = \{U \setminus A : U \text{ 是 Euclidean 空间 } \mathbb{R} \text{ 中的开集}, A \subset Z\}.$$

则 $(X, \mathcal{T})$ 是拓扑空间. 事实上, $\varnothing = \varnothing \setminus \varnothing, X = X \setminus \varnothing$, 故 $\varnothing, X \in \mathcal{T}$. 又若 U_1, U_2 是 Euclidean 空间 $\mathbb{R}$ 中的开集, $A_1, A_2 \subset Z$, 则

$$(U_1 \setminus A_1) \bigcap (U_2 \setminus A_2) = (U_1 \bigcap U_2) \setminus (A_1 \bigcup A_2).$$

故 $\mathcal{T}$ 对有限交封闭. 设对任意的 $s \in S, U_s$ 是 Euclidean 空间 $\mathbb{R}$ 中的开集, $A_s \subset Z$, 则

$$\bigcup_{s \in S} (U_s \setminus A_s) = \left(\bigcup_{s \in S} U_s\right) \setminus A,$$

这里 $A \subset \bigcup_{s \in S} A_s \subset Z$. 故 $\mathcal{T}$ 对任意并封闭. 显然, $\mathcal{T}$ 比 Euclidean 空间 $\mathbb{R}$ 上的拓扑强. 因此 $(X, \mathcal{T})$ 是 Hausdorff 的. 下面我们说明 $(X, \mathcal{T})$ 不是正则的. 注意到 $Z = X \setminus (X \setminus Z)$. 故 Z 为 $(X, \mathcal{T})$ 中的闭集且 0 不属于 Z. 设 $\mathcal{T} \ni U \supset Z$, 则对任意的 $n \in \mathbb{N}$, 存在 $a_n \in U \setminus Z$ 使得 $\left|a_n - \frac{1}{n}\right| < \frac{1}{2n}$. 故在 $(X, \mathcal{T})$ 中, $\lim_{n \to \infty} a_n = 0$, 即对 0 的任意开邻域 V, 存在 $N \in \mathbb{N}$ 使得当 $n > N$ 时, $a_n \in V$. 故 $U \bigcap V \neq \varnothing$. 此说明了 $(X, \mathcal{T})$ 不是正则的.

现在我们给出上述几类空间的一些基本性质.

定理 7.2.1 对于 $i \in \left\{1, 2, 3, 3\frac{1}{2}\right\}$, 设 X 是 $\mathbf{T}_i$ 空间, Y 是 X 的子空间, 则 Y 也是 $\mathbf{T}_i$ 空间. 若 X 是正规空间, Y 是 X 的闭子空间, 则 Y 也是正规空间. 上述结论中 Y 的闭性条件不能去掉.

证明 对于第一个结论, 我们以 T_3 空间为例证明. 设 X 是 T_3 的, Y 是 X 的子空间. 为了证明 Y 是 T_3 的, 设 $y_0 \in Y$, F 是 Y 的闭子集且 y_0 不属于 F, 则存在 X 中的闭集 E 使得 $F = Y \bigcap E$. 显然, $y_0 \notin F$, 故由 X 是 T_3 的可知存在 X 中不相交的开集 U, V 使得 $y_0 \in U, E \subset V$. 则 $U \bigcap Y$ 和 $V \bigcap Y$ 是 Y 中不相交的开集, 且 $y_0 \in U \bigcap Y, F = E \bigcap Y \subset U \bigcap Y$. 故 Y 是 T_3 的.

现在我们证明第二个结论. 设 X 是正规的, Y 是 X 的闭子空间. 则 Y 中任意两个不相交的闭集 E, F 也是 X 中不相交的闭集. 由 X 是正规的可知存在 X 中不相交的开集 U, V 使得 $E \subset U$ 且 $F \subset V$. 则 $U \bigcap Y$ 和 $V \bigcap Y$ 是 Y 中不相交的开集且 $E \subset U \bigcap Y, F \subset V \bigcap Y$. 故 Y 是正规的.

后面的例 7.3.1 说明了正规空间的子空间未必是正规的, 所以, 第二个结论中 Y 的闭性条件不能去掉. □

定理 7.2.2 设 $i \in \left\{1, 2, 3, 3\frac{1}{2}\right\}$, 若对任意的 $s \in S$, X_s 是 T_i 空间, 则 $\prod_{s \in S} X_s$ 也是 T_i 空间. 但对于 $i = 4$, 上述结论不真, 甚至两个相同的 T_4 空间的乘积也未必是 T_4 的.

证明 我们以 $i = 3\frac{1}{2}$ 为例证明第一个结论. 设对任意的 $s \in S$, X_s 都是 $T_{3\frac{1}{2}}$ 空间, $x = (x_s) \in \prod_{s \in S} X_s$, F 是 $\prod_{s \in S} X_s$ 中的一个闭集且 x 不属于 F. 则存在有限集 $S_0 \subset S$ 和 $X_s (s \in S_0)$ 中的开集 U_s, 使得

$$x = (x_s) \in \prod_{s \in S_0} U_s \times \prod_{s \in S \setminus S_0} X_s \subset \prod_{s \in S} X_s \setminus F.$$

由于 X_s 是 $T_{3\frac{1}{2}}$, 对任意的 $s \in S_0$, 存在连续函数 $f_s : X_s \to \mathbf{I}$ 使得

$$f_s(x_s) = 0, \quad f_s(X_s \setminus U_s) \subset \{1\}.$$

作函数 $f : \prod_{s \in S} X_s \to \mathbf{I}$ 为

$$f((y_s)) = \max\{f_s(y_s) : s \in S_0\}.$$

则 f 是连续的,

$$f(x) = \max\{f_s(x_s) : s \in S_0\} = 0$$

且对任意的

$$y \in \prod_{s \in S} X_s \setminus \left(\prod_{s \in S_0} U_s \times \prod_{s \in S \setminus S_0} X_s \right) \supset F$$

有 $f(y) = 1$. 故 $\prod_{s \in S} X_s$ 是 $T_{3\frac{1}{2}}$ 空间.

我们将在后面的例 7.4.2 中证明 Sorgenfrey 线 R_l 是一个正规空间, 但是乘积空间 $R_l \times R_l$ 不是正规的. □

定理 7.2.3 T_1 空间的闭连续像是 T_1 的, 正规空间的闭连续像是正规的.

证明 因为, 每一个点都是一个点的像, 所以, 由 T_1 空间的定义知, T_1 空间的闭连续像是 T_1 的. 为证明后一个结论, 设 X 是正规空间, Y 是拓扑空间, $f: X \to Y$ 为闭连续满射. 首先, 由前一个结论知, Y 是 T_1 的. 其次, 设 E, F 是 Y 的不相交的闭集, 那么 $f^{-1}(E), f^{-1}(F)$ 是 X 的不相交的闭集. 由 X 是正规的知, 存在 X 中不相交的开集 U, V 使得

$$f^{-1}(E) \subset U, \ f^{-1}(F) \subset V. \tag{7-2}$$

那么, $X \setminus U, X \setminus V$ 是 X 的闭集且它们的并等于 X. 从而, 由 f 是闭满射知 $f(X \setminus U)$, $f(X \setminus V)$ 是 Y 的闭集且它们的并等于 Y. 所以, $Y \setminus f(X \setminus U), Y \setminus f(X \setminus V)$ 是 Y 的不相交的开集. 又, 利用式 (7-2) 容易验证,

$$E \subset Y \setminus f(X \setminus U), \ F \subset Y \setminus f(X \setminus V).$$

所以, Y 是正规的. □

我们给出拓扑版的嵌入定理, 它是定理 5.2.1 的推广.

定理 7.2.4 拓扑空间 X 是完全正则的充分必要条件是存在基数 m 使得 X 同胚于 $\mathbf{I}^m$ 的一个子空间.

证明 充分性. 由定理 7.2.2 和定理 7.2.1 立即可得.

必要性. 设 X 是完全正则的拓扑空间. 我们不考虑 X 是有限集时的情况. 令 $\mathcal{B}$ 是 X 的基,

$$\mathcal{A} = \{(B_1, B_2) \in \mathcal{B} : 存在 f \in C(X, \mathbf{I}) 使得$$
$$f(\mathrm{cl}\, B_2) \subset \{0\}, f(X \setminus B_1) \subset \{1\}\}.$$

注意到 $m = |\mathcal{A}| \leqslant |\mathcal{B}|$. 对任意的 $(B_1, B_2) \in \mathcal{A}$, 选择 $f_{(B_1, B_2)} \in C(X, \mathbf{I})$ 满足 $\mathcal{A}$ 的定义中的要求. 现在, 定义 $F: X \to \mathbf{I}^{\mathcal{A}}$ 为

$$F(x)(B_1, B_2) = f_{(B_1, B_2)}(x).$$

那么, 有下面的事实.

事实 1. $F: X \to \mathbf{I}^{\mathcal{A}}$ 是连续的.

这个可以由定理 2.6.12 的拓扑版得到.

事实 2. F 是单射.

设 $x, y \in X$ 且 $x \neq y$. 那么, 存在 $B_1 \in \mathcal{B}$ 使得 $x \in B_1 \subset X \setminus \{y\}$. 由于 X 是完全正则的, 存在连续映射 $f: X \to \mathbf{I}$ 使得 $f(x) = 0, f(X \setminus B_1) \subset \{1\}$. 那么,

$x \in f^{-1}\left(\left[0, \dfrac{1}{2}\right)\right) \subset B_1$. 因为每一个完全正则空间都是正则的, 所以, 存在 $B_2 \in \mathcal{B}$ 使得

$$x \in B_2 \subset \operatorname{cl} B_2 \subset f^{-1}\left(\left[0, \dfrac{1}{2}\right)\right).$$

那么 $(B_1, B_2) \in \mathcal{A}$. 事实上, 定义连续函数 $\phi : \mathbf{I} \to \mathbf{I}$ 使得 $\phi\left(\left[0, \dfrac{1}{2}\right]\right) \subset \{0\}$ 且 $\phi(1) = 1$. 那么, 映射 $\phi \circ f : X \to \mathbf{I}$ 连续且

$$(\phi \circ f)(\operatorname{cl} B_2) \subset \{0\}, \ (\phi \circ f)(X \setminus B_1) \subset \{1\}.$$

于是, $f_{(B_1, B_2)} \in \mathrm{C}(X, \mathbf{I})$ 存在 (注意, $f_{(B_1, B_2)}$ 未必等于 $\phi \circ f$.) 且

$$\begin{aligned} F(x)(B_1, B_2) &= f_{(B_1, B_2)}(x) = 0, \\ F(y)(B_1, B_2) &= f_{(B_1, B_2)}(y) = 1. \end{aligned}$$

因此, $F(x) \neq F(y)$.

事实 3. $F : X \to F(X)$ 是闭映射.

为此, 我们证明对 X 中任意的闭集 E 和任意的点 $x \notin E$, 有 $F(x) \notin \operatorname{cl} F(E)$. 利用和证明事实 2 相同的方法可以证明存在 $(B_1, B_2) \in \mathcal{A}$ 使得

$$x \in B_2 \subset \operatorname{cl} B_2 \subset B_1 \subset X \setminus E.$$

那么, $F(x)(B_1, B_2) = 0$, $F(E)(B_1, B_2)) \subset \{1\}$. 于是,

$$F(x)(B_1, B_2) \notin \operatorname{cl} F(E)(B_1, B_2).$$

所以, $F(x) \notin \operatorname{cl} F(E)$.

利用以上 3 个事实, 我们立即得 $F : X \to \mathbf{I}^{\mathcal{A}}$ 为同胚嵌入. $\qquad\square$

注 7.2.2　在上面定理中, 我们当然希望 m 尽可能地小. 由定理的证明过程我们知道, 对于无限的完全正则的空间 X, 我们可以取 m 为 X 的基的最小基数. 事实上, 这样的基数 m 是最小的.

下面我们证明拓扑空间的 Urysohn 引理. 它的证明比度量空间的 Urysohn 引理的证明要困难的多.

定理 7.2.5 (Urysohn 引理)　设 $(X, \mathcal{T})$ 是 T_1 拓扑空间, 则 X 是正规的充分必要条件是对 X 中任意两个不相交的闭集 A, B, 存在连续函数 $f : X \to \mathbf{I}$, 使得 $f(A) \subset \{0\}$ 且 $f(B) \subset \{1\}$.

证明　充分性. 设 A, B 是 X 中两个不相交的闭集. 由假设, 存在连续函数 $f : X \to \mathbf{I}$, 使得 $f(A) \subset \{0\}$ 且 $f(B) \subset \{1\}$. 现在, 令

$$U = f^{-1}\left(\left[0, \dfrac{1}{2}\right)\right), \ V = f^{-1}\left(\left(\dfrac{1}{2}, 1\right]\right).$$

那么, U, V 是 X 的不相交的开集且 $A \subset U$, $B \subset V$. 由此, X 是正规的.

必要性. 设 $C = \{r_1, r_2, \cdots\}$ 表示开区间 $(0, 1)$ 中所有有理数的集合. 我们归纳地定义映射 $\varphi : C \to \mathcal{T}$ 使得

(i) 对任意的 $r_n \in C$, $A \subset \varphi(r_n) \subset \mathrm{cl}\, \varphi(r_n) \subset X \setminus B$;

(ii) 对任意的 $r_n, r_m \in C$, 若 $r_n < r_m$, 则 $\mathrm{cl}\, \varphi(r_n) \subset \varphi(r_m)$.

事实上, 因为 X 是正规的, A, B 是 X 中不相交的闭集. 故存在 $\varphi(r_1) \in \mathcal{T}$ 使得 $A \subset \varphi(r_1) \subset \mathrm{cl}\, \varphi(r_1) \subset X \setminus B$.

设 $\{\varphi(r_1), \cdots, \varphi(r_n)\}$ 已经定义且满足 (i) 和 (ii). 我们定义 $\varphi(r_{n+1})$. 在集合 $\{0, 1, r_1, \cdots, r_n\}$ 中选择最接近 r_{n+1} 左边的数 a 及最接近 r_{n+1} 右边的数 b, 则 $0 \leqslant a < r_{n+1} < b \leqslant 1$. 令

$$A(a) = \begin{cases} A & \text{如果 } a = 0, \\ \mathrm{cl}\, \varphi(a) & \text{如果 } a \in \{r_1, \cdots, r_n\}; \end{cases}$$

$$U(b) = \begin{cases} X \setminus B & \text{如果 } b = 1, \\ \varphi(b) & \text{如果 } b \in \{r_1, \cdots, r_n\}. \end{cases}$$

则 $A(a)$ 是闭集, $U(b)$ 是开集且由归纳假定 (i),(ii) 知 $A(a) \subset U(b)$. 由 X 是正规的, 存在 $\varphi(r_{n+1}) \in \mathcal{T}$ 使得 $A(a) \subset \varphi(r_{n+1}) \subset \mathrm{cl}\, \varphi(r_{n+1}) \subset U(b)$. 则显然 $\{\varphi(r_1), \cdots, \varphi(r_n), \varphi(r_{n+1})\}$ 也满足 (i),(ii). 所以归纳定义完成. 见图 7-1.

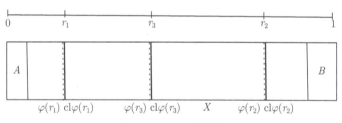

图 7-1　$\varphi(r_i)$ 的定义

现在我们定义 $f : X \to \mathbf{I}$ 如下:

$$f(x) = \begin{cases} 1 & \text{如果 } x \in X \setminus \bigcup\limits_{n=1}^{\infty} \varphi(r_n), \\ \inf\{r_n : x \in \varphi(r_n)\} & \text{如果 } x \in \bigcup\limits_{n=1}^{\infty} \varphi(r_n). \end{cases}$$

显然, 当 $x \in A$ 时, 则对任意的 n 有 $x \in \varphi(r_n)$, 故 $f(x) = 0$. 当 $x \in B$ 时, $x \in X \setminus \bigcup\limits_{n=1}^{\infty} \varphi(r_n)$, 故 $f(x) = 1$. 因此, 我们仅需验证 f 的连续性.

设 $a \in \mathbf{I}$ 且 $x \in f^{-1}([0, a))$, 则存在 $r_n \in C$ 使得 $x \in \varphi(r_n)$ 且 $r_n < a$. 此时, 对任意的 $y \in \varphi(r_n)$, 有 $f(y) \leqslant r_n < a$, 故 $x \in \varphi(r_n) \subset f^{-1}([0, a))$, 由于 $\varphi(r_n)$ 是开集, 因此, $x \in \mathrm{int}\, f^{-1}([0, a))$, 由此知 $f^{-1}([0, a))$ 是 X 中的开集.

设 $a \in \mathbf{I}$ 且 $x \in f^{-1}((a,1])$. 那么, 存在 $r_m, r_n \in C$ 使得 $f(x) > r_n > r_m > a$. 从而 $x \notin \varphi(r_n)$. 故, 由 (ii) 知, $x \notin \operatorname{cl}\varphi(r_m)$. 进一步, 对任意的 $y \notin \operatorname{cl}\varphi(r_m)$ 和任意的 $r \in C$, 若 $y \in \varphi(r)$, 则 $r > r_m$. 故 $f(y) \geqslant r_m > a$, 由此知 $x \in X \setminus \operatorname{cl}\varphi(r_m) \subset f^{-1}((a,1])$. 因此, $f^{-1}((a,1])$ 也是 X 中开集.

由于 $\{(a,1], [0,a) : a \in \mathbf{I}\}$ 是 $\mathbf{I}$ 的子基. 故由定理 7.1.1 知 f 是连续的. □

推论 7.2.1　任意可度量化空间都是正规的.

推论 7.2.2　每一个正规空间都是完全正则空间.

进一步, 我们有下面的 Tietze 扩张定理.

定理 7.2.6 (Tietze 扩张定理)　设 X 是 T_1 空间, 则 X 是正规的充分必要条件是对于 X 的任意闭集 A 和任意连续映射 $f : A \to \mathbf{I}$ (或者 $f : A \to \mathbb{R}$), 存在连续映射 $F : X \to \mathbf{I}$ (或者 $F : X \to \mathbb{R}$) 使得 $F|A = f$.

证明　注意到对拓扑空间 X 中任意的不相交的闭集对 A, B, 下面的映射 f 是 $A \bigcup B$ 到 $\mathbf{I}$ 或者 $\mathbb{R}$ 的连续映射:

$$f(x) = \begin{cases} 1 & \text{如果 } x \in A, \\ 0 & \text{如果 } x \in B. \end{cases}$$

所以, Tietze 扩张定理的充分性由 Urysohn 引理 (定理 7.2.5) 立即得到. 其必要性的证明与定理 2.7.3 相同, 略去. □

练　习　7.2

7.2.A. 设 D 是空间 X 的稠密集, Y 是 Hausdorff 空间, $f, g : X \to Y$ 连续且 $f|D = g|D$, 那么, $f = g$.

7.2.B. 证明拓扑空间 X 是 Hausdorff 的充分必要条件是对角线

$$\triangle = \{(x,x) \in X^2 : x \in X\}$$

是 X^2 的闭集.

7.2.C. 若 X 是正规的, A 是 X 的闭集, $\varepsilon > 0$, $f : A \to \mathbf{I}$ (或者 $f : A \to \mathbb{R}$) 连续, $G : X \to \mathbf{I}$ (或者 $f : A \to \mathbb{R}$) 连续且对任意的 $a \in A$, 有 $|f(a) - G(a)| < \varepsilon$. 则存在连续映射 $F : X \to \mathbf{I}$ (或者 $F : X \to \mathbb{R}$) 使得 $F|A = f$ 且对任意的 $x \in X$, 有 $|F(x) - G(x)| < \varepsilon$.

7.2.D. 证明对任意的基数 m, $A(m)$ (定义见练习 7.1.C) 是 Hausdorff 的.

7.2.E.. 如果正规空间 X 的每一个闭集都是 G_δ-集, 那么, 我们称 X 是**完全正规的拓扑空间** 或者 $\mathbf{T}_6$ **空间**. 证明: (1) $A(m)$ 是正规的; (2) $A(m)$ 是完全正规的的充分必要条件是 m 是可数的.

7.2.F. 如果空间 X 的每一个子空间都是正规的, 那么, 我们称 X 是**遗传正规的拓扑空间** 或者 **T_5 空间**. 证明 X 是**遗传正规的拓扑空间**的充分必要条件是 X 的每一个开子空间是正规的.

7.2.G. 任意可度量化空间都是完全正规的拓扑空间.

7.2.H. T_6 空间都是 T_5 的, 见练习 7.4.A. 验证当 m 不是可数基数时, $A(m)$ 是 T_5 的非 T_6 空间.

7.2.I. 证明对正则空间, 练习 2.3.F 的结论成立.

7.2.J. 对任意的序数 α, 证明空间 α 是 T_3 的.

7.2.K. 设 $f : \omega_1 \to \mathbb{R}$ 连续, 证明存在 $\alpha < \omega_1$ 使得对任意的 $\eta \in [\alpha, \omega_1)$, 有 $f(\eta) = f(\alpha)$. 即 ω_1 上的实值连续函数是最终常值的. (提示: 先证明对任意的 $n \in \mathbb{N}$, 存在 $\alpha_n < \omega_1$ 使得 $\alpha_n < \alpha_{n+1}$ 且 $\operatorname{diam} f([\alpha_n, \omega_1)) < \dfrac{1}{n}$. 然后, 令 $\alpha = \sup \alpha_n = \lim \alpha_n$.)

7.3 紧性与紧化

本节我们将定义并研究紧拓扑空间和局部紧拓扑空间, 同时, 我们将给出紧化的定义, 研究紧化的基本性质, 特别是最大紧化性质和最小紧化存在的条件.

定义 7.3.1 设 $(X, \mathcal{T})$ 是 Hausdorff 空间, 若 X 的任意开覆盖都存在有限子覆盖, 则称 $(X, \mathcal{T})$ 是**紧拓扑空间**[①]. 如果 X 的子集作为 X 的子空间是紧的, 那么, 我们称这个子集是 X 的**紧子集**.

同紧度量空间相同, 紧拓扑空间也具有良好的性质. 我们首先给出紧拓扑空间的等价刻画.

定理 7.3.1 设 $(X, \mathcal{T})$ 是 Hausdosff 空间, 则下列条件等价

(a) X 是紧拓扑空间;

(b) X 中每一个有有限交性质的闭集族的交非空;

(c) 存在 X 的一个基 $\mathcal{B}$ 使得由 $\mathcal{B}$ 中的成员组成的 X 的任意开覆盖都有有限子覆盖;

(d) 设 $\mathcal{S}$ 是拓扑空间 X 的子基, 对于任何由 $\mathcal{S}$ 的成员组成的 X 的覆盖都有有限的子覆盖.

证明 我们仅证明 (d)$\Rightarrow$(c), 其他的证明和定理 4.1.3 相同. 对 (d)$\Rightarrow$(c) 的证明也和定理 4.1.3 基本相同, 我们仅需把数学归纳法改为超限归纳法. 设 $\mathcal{S}$ 是满足 (d) 中要求的 X 的子基, 设

$$\mathcal{B} = \{S_1 {\textstyle\bigcap} S_2 {\textstyle\bigcap} \cdots {\textstyle\bigcap} S_n : S_i \in \mathcal{S}, i = 1, 2, \cdots, n, \ n = 1, 2, \cdots\}.$$

①有的教科书中并不要求紧空间是 Hausdorff 的.

则 $\mathcal{B}$ 是 X 的基, 为了证明 X 满足 (c), 仅需证明 $\mathcal{B}$ 满足 (c) 中的要求. 否则, 设 $\mathcal{B}_0 \subset \mathcal{B}$ 是 X 的覆盖但没有有限子覆盖. 由良序定理, 设 $\mathcal{B}_0 = \{B_\xi : \xi \leqslant \alpha\}$, 这里 α 是一个序数. 对任意的 $\xi \leqslant \alpha$, 令 $B_\xi = S_1^\xi \bigcap \cdots \bigcap S_{n(\xi)}^\xi$, 这里 $S_i^\xi \in \mathcal{S}$. 同定理 4.1.3 的证明相同, 我们可以归纳地定义 $i(\xi) \leqslant n(\xi)$ 使得

$$\mathcal{B}_\xi = \{S_{i(\eta)}^\eta : \eta \leqslant \xi\} \bigcup \{B_\eta : \xi < \eta \leqslant \alpha\}$$

没有有限子覆盖. 设 $\xi \leqslant \alpha$. 假定对任意的 $\eta < \xi$, $i(\eta) \leqslant n(\eta)$ 已经定义且 $\mathcal{B}_\eta$ 没有有限子覆盖. 则一定存在 $i(\xi) \leqslant n(\xi)$, 使得 $\mathcal{B}_\xi$ 没有有限子覆盖. 否则, 对任意的 $i \leqslant n(\xi)$, 存在有限集 $\mathcal{A}_i \subset \mathcal{B}_\xi \setminus \{B_\xi\}$, 使得 $\bigcup \mathcal{A}_i \bigcup S_i^\xi = X$. 令 $\mathcal{A} = \bigcup_{i=1}^{n(\xi)} \mathcal{A}_i$, 则 $\mathcal{A} \subset \mathcal{B}_\xi \setminus \{B_\xi\}$ 是有限子集族. 且

$$\bigcup \mathcal{A} \bigcup B_\xi = \bigcup \mathcal{A} \bigcup \bigcap_{i=1}^{n(\xi)} S_i^\xi = X.$$

因为 $\mathcal{A} \subset \mathcal{B}_\xi \setminus \{B_\xi\}$ 是有限的, 故存在 $\eta < \xi$ 使得 $\mathcal{A} \subset \mathcal{B}_\eta \setminus \{B_\xi\}$. 因此, $\mathcal{A} \bigcup \{B_\xi\} \subset \mathcal{B}_\eta$. 矛盾于归纳假设对 $\mathcal{B}_\eta$ 的要求, 因此, 存在 $i(\xi) \leqslant n(\xi)$ 使得 $\mathcal{B}_\xi$ 没有有限子族覆盖 X. 我们完成了归纳构造. 注意到 $\mathcal{B}_\alpha$ 是一个由 $\mathcal{S}$ 中成员构成的 X 的覆盖但没有有限子覆盖, 矛盾于 (d) 的假定. □

注 7.3.1　定理 4.1.3 中所有的条件都有拓扑空间中相应的形式, 上面定理证明了其中 (a), (b), (f) 以及 (g) 是等价的, 也即它们是拓扑空间中紧性的等价形式. 但在一般的 Hausdorff 拓扑空间中, 其他的条件不再与紧性等价, 其中 (c), (d), (h) 比紧性弱, (e) 与紧性不可比较. 详细讨论见 [4] 或 [17], 本节最后将给出一个紧空间不满足 (e).

利用和 4.2 节相应定理以及定理 6.4.3 相同的方法我们能证明下面的定理.

定理 7.3.2　(1) 紧空间的 Hausdorff 连续像是紧的;

(2) 紧空间的闭子空间是紧的;

(3) Hausdorff 空间的紧子集一定是闭的;

(4) 紧空间到 Hausdorff 空间之间的连续映射是闭映射;

(5) (**Tychnoff 乘积定理**) 任意一族紧空间的乘积是紧的;

(6) (**Wallace 定理**) 设 $X = \prod_{s \in S} X_s$. 对任意的 $s \in S$, A_s 是 X_s 的紧子集,U 是 X 中开集且 $\prod_{s \in S} A_s \subset U$, 则存在有限子集 $S_0 \subset S$ 且对任意的 $s \in S_0$, 存在开集 U_s, 使得 $\prod_{s \in S} A_s \subset \prod_{s \in S} U_s \subset U$, 这里对任意的 $s \in S \setminus S_0$, $U_s = X$.

(7) 紧空间是 Baire 空间.

和一般的闭集相比, 紧子集更像一个点, 上面的 Wallace 定理和下面的定理说明了这一点.

定理 7.3.3 紧拓扑空间是正规的.

证明 设 X 是紧拓扑空间. 对任意 $x \in X$ 及不包含 x 的闭集 F. 由于 X 是 Hausdorff 的, 故对任意 $y \in F$, 存在开集 $x \in U_y, y \in V_y$, 使得 $U_y \bigcap V_y = \varnothing$. 则 $\{V_y : y \in F\}$ 构成 F 的开覆盖, 从而存在有限子覆盖 $\{V_{y_i} : i = 1, 2, \cdots, n\}$. 令 $U = \bigcap_{i=1}^{n} U_{y_i}, V = \bigcup_{i=1}^{n} V_{y_i}$. 则 U, V 是开集, $x \in U, F \subset V$ 且 $U \bigcap V = \varnothing$. 由此说明 X 是正则的. 利用这个事实, 仿照上面的过程可以进一步证明 X 是正规的. □

例 7.3.1 存在正规空间使得其存在非正规的子空间. 事实上, 取非正规的正则空间 X(例如, $X = R_\ell^2$, 其不是正规的原因见例子 7.4.2), 那么, 由定理 7.2.4, X 同胚于 $\mathbf{I}^m$ 的子空间. 由定理 7.3.2(5) 和定理 7.3.3 知, $\mathbf{I}^m$ 是正规的. 我们得到需要的例子.

与 4.4 节相同, 我们可以定义局部紧的拓扑空间.

定义 7.3.2 设 X 是 Haudorff 拓扑空间, 如果对任意的 $x \in X$, 存在 x 点的邻域 U 使得 $\mathrm{cl}U$ 是紧的, 那么, 我们称 X 是**局部紧的拓扑空间**.

可以类似证明定理 4.4.1 中 (a) 与 (b) 的等价性, 定理 4.4.2(在像空间是 Hausdorff 的前提下), 定理 4.4.4 和定理 4.4.5 成立. 但定理 4.4.3 不再成立, 即局部紧的拓扑空间的闭连续像可以不是局部紧的. 见下例.

例 7.3.2 我们给出一个的实数空间 $\mathbb{R}$ 的一个闭连续像使其不是局部紧. 事实上, 在 $\mathbb{R}$ 上定义等价关系 $\sim$ 为

$$x \sim y \text{ 当且仅当 } x = y \text{ 或者 } x, y \in \mathbb{N}.$$

得到商空间 $Y = \mathbb{R}/ \sim$. 我们证明以下事实.

事实 1. 商映射 $q : \mathbb{R} \to Y$ 是闭映射. 设 $F \subset \mathbb{R}$ 是闭的, 那么,

$$q^{-1}(q(F)) = \begin{cases} F & \text{如果 } F \bigcap \mathbb{N} = \varnothing, \\ F \bigcup \mathbb{N} & \text{如果 } F \bigcap \mathbb{N} \neq \varnothing. \end{cases}$$

所以, $q^{-1}(q(F))$ 是 $\mathbb{R}$ 中的闭集. 由定理 7.1.3(2) 知 $q(F)$ 是 Y 的闭集.

事实 2. Y 不是局部紧的. 我们证明在 Y 中, $[1]$ 不存在邻域使其闭包是紧的. 对于 Y 中的任意开集 U, 如果 $[1] \in U$, 对任意的 $n \in \mathbb{N}$, 选择 $a_n \in \left(n - \dfrac{1}{2}, n + \dfrac{1}{2} \right) \bigcap q^{-1}(U) \setminus \{n\}$. 我们构造 $\mathrm{cl}U$ 的开覆盖

$$\mathcal{U} = \{q(U_n) : n \in \mathbb{N}\} \bigcup \{Y \setminus \{a_n : n \in \mathbb{N}\}\},$$

这里, U_n 是 a_n 在 $\mathbb{R}$ 中的邻域且 $U_n \subset \left(n - \dfrac{1}{2}, n + \dfrac{1}{2} \right) \bigcap (\mathbb{R} \setminus \mathbb{N})$. 因为每一个 a_n 仅仅属于 $\mathcal{U}$ 中一个成员 $q(U_n)$, 所以, 这个覆盖不存在有限子覆盖. 由此说明 $\mathrm{cl}U$ 不是紧的.

上面的事实说明了局部紧空间 $\mathbb{R}$ 的闭连续像 Y 不是局部紧的.

另外, 我们给出下面的定理, 证明留给读者.

定理 7.3.4　*局部紧拓扑空间是完全正则空间.*

在 5.2 节, 我们定义和研究了度量空间的可度量化紧化, 本节的第二部分是定义并研究一般拓扑空间的紧化.

定义 7.3.3　设 X 是一个拓扑空间, Y 是一个紧拓扑空间, $c: X \to Y$ 是一个嵌入且 $\mathrm{cl}\, c(X) = Y$, 那么, 我们称对 (Y, c) 为 X 的一个**紧化**. 我们使用 cX 表示上面的紧空间 Y, c 表示上面的嵌入.

我们有下面的定理.

定理 7.3.5　*拓扑空间 X 存在紧化的充分必要条件是 X 是完全正则的.*

证明　由定义, 如果 X 存在紧化, 则 X 同胚于一个紧空间的子空间. 由于紧空间是正规的 (定理 7.3.3) , 从而是完全正则的 (推论 7.2.2) , 而且完全正则的空间的子空间也是完全正则的 (定理 7.2.1) , 所以 X 是完全正则的. 反之, 设 X 是完全正则的. 由定理 7.1.3 知, 存在基数 m 和拓扑嵌入 $j: X \to \mathbf{I}^m$. 令 $cX = \mathrm{cl}_{\mathbf{I}^m}(j(X))$, $c = j: X \to cX$, 那么, 由定理 7.3.2(5)(2) 和例 4.2.1 知 cX 是紧的. 从而 (cX, c) 是 X 的紧化.　　　　　　　　　　　　　　　　　　　　　　　□

和度量空间的完备化不同, 紧化一般并不是唯一的.

例 7.3.3　$(\mathbf{I}, c_1)$ 和 $(\mathbb{S}^1, c_2)$ 都是 $(0,1)$ 的紧化, 这里

$$c_1(x) = x, \quad c_2(x) = (\cos 2\pi x, \sin 2\pi x).$$

注意到 $\mathbf{I} \not\approx \mathbb{S}^1$.

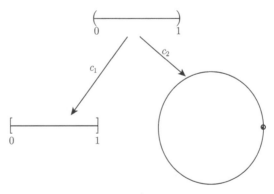

图 7-2　$(0, 1)$ 的两个紧化

定义 7.3.4　设 $c_1 X, c_2 X$ 是空间 X 的两个紧化,

(1) 如果存在连续满射 $f: c_1 X \to c_2 X$ 使得对任意的 $x \in X$, 有 $f(c_1(x)) = $

$c_2(x)$, 即下图可换, 则称紧化 c_1X 比紧化 c_2X **大**, 记作 $c_1X \geqslant c_2X$ 或者 $c_2X \leqslant c_1X$;

$$
\begin{array}{ccc}
X & \xrightarrow{\mathrm{id}_X} & X \\
c_1 \downarrow & & c_2 \downarrow \\
c_1X & \xrightarrow{f} & c_2X
\end{array}
$$

(2) 如果要求 (1) 中的 f 是同胚, 则称紧化 c_1X 和 c_2X **等价**.

关于上面的定义, 我们有下面的结果.

定理 7.3.6 设 c_iX $(i=1,2,3)$ 是 X 的紧化,

(1) c_1X 和 c_2X 等价当且仅当 $c_1X \leqslant c_2X$ 且 $c_1X \geqslant c_2X$;

(2) 如果 $c_1X \leqslant c_2X$ 且 $c_2X \leqslant c_3X$, 则 $c_1X \leqslant c_3X$;

(3) 紧化的等价是等价关系.

证明 (1) 如果 $c_1X \leqslant c_2X$ 且 $c_1X \geqslant c_2X$, 那么存在连续满射 $f_1 : c_1X \to c_2X$ 和连续满射 $f_2 : c_2X \to c_1X$ 使得下图可换:

$$
\begin{array}{ccccc}
X & \xrightarrow{\mathrm{id}_X} & X & \xrightarrow{\mathrm{id}_X} & X \\
c_1 \downarrow & & c_2 \downarrow & & c_1 \downarrow \\
c_1X & \xrightarrow{f_1} & c_2X & \xrightarrow{f_2} & c_1X
\end{array}
$$

由此说明, $f_2 \circ f_1|c_1(X) = \mathrm{id}_{c_1(X)}$. 因为 $c_1(X)$ 在 c_1X 中稠密, 所以 $f_2 \circ f_1 = \mathrm{id}_{c_1X}$ (见练习 7.2.A). 同理, $f_1 \circ f_2 = \mathrm{id}_{c_2X}$. 所以, f_1, f_2 是同胚的. 另一个方向是显然的.

(2) 留给读者.

(3) 由 (1), (2) 得到. □

对于完全正则空间 X, 我们在 X 的每一个紧化等价类选择一个成员, 所有被选的紧化构成一个集合, 这个集合用 $\mathcal{C}(X)$ 表示. 定理 7.3.6 表明定义 7.3.4 中定义的关系 $\leqslant$ 使得 $\mathcal{C}$ 成为一个偏序集. 下面我们讨论这个偏序集的一些性质. 对 $cX \in \mathcal{C}(X)$, 我们称 $cX \setminus c(X)$ 为**紧化 cX 的剩余**.

定理 7.3.7 设 X 是完全正则空间, $\varnothing \neq \mathcal{C}_0 \subset \mathcal{C}(X)$. 那么, $\mathcal{C}_0$ 在 $\mathcal{C}(X)$ 中存在上确界.

证明 设 $\mathcal{C}_0 = \{c_sX : s \in S\}$. 那么, $Y = \prod_{s \in S} c_sX$ 是紧的且容易证明下面定义的 $c_S : X \to Y$ 是嵌入:

$$
c_S(x)(s) = c_s(x). \tag{7-3}
$$

现在, 令 $cX = \mathrm{cl}_Y(c_S(X))$, $c : X \to cX$ 为 $c_S : X \to cX$. 显然 cX 是 X 的一个紧化. 不失一般性, 可以假定 $cX \in \mathcal{C}(X)$. 现在, 我们证明 cX 是 $\mathcal{C}_0$ 在 $\mathcal{C}(X)$ 的上确界. 首先, 对任意的 $s \in S$, 利用投影映射的限制 $p_s|cX : cX \to c_sX$, 我们可以验证

$c_sX \leqslant cX$. 其次, 设 $dX \in \mathcal{C}(X)$ 且对任意的 $s \in S, c_sX \leqslant dX$. 那么, 按定义, 对任意的 $s \in S$, 存在连续满射 $f_s : dX \to c_sX$ 满足

$$f_s \circ d = c_s.$$

定义连续映射 $f : dX \to Y = \prod_{s \in S} c_sX$ 为

$$f(x)(s) = f_s(x).$$

那么, 对任意的 $x \in X$ 和对任意的 $s \in S$, 有

$$f(d(x))(s) = f_s(d(x)) = c_s(x). \tag{7-4}$$

因此, $f(d(X)) \subset c_S(X)$. 所以,

$$f(dX) = f(\mathrm{cl}_{dX}\, d(X)) = \mathrm{cl}_Y\, f(d(X)) = \mathrm{cl}_Y\, c_S(X) = cX.$$

这样, 我们有 $f : dX \to cX$ 是连续的. 最后, 由式 (7-3) 和式 (7-4) 知 $f \circ d = c$. 因此, $dX \geqslant cX$. $\qquad\qquad\qquad\qquad\qquad\qquad\qquad\qquad\qquad\qquad\qquad\qquad\square$

推论 7.3.1   对每一个完全正则空间 $X, \mathcal{C}(X)$ 中都有最大元.

我们称 $\mathcal{C}(X)$ 中的最大元为 X 的**最大紧化**或者 **Čech-Stone 紧化**, 记为 βX. 关于 βX 的性质, 我们将在本节最后讨论. 现在, 我们给出 $\mathcal{C}(X)$ 中有最小元的充分必要条件. 显然, 我们不需要考虑紧空间的情况.

定理 7.3.8   对于非紧的完全正则空间 X, 下列的论断等价:

(a) X 是局部紧的;

(b) $\mathcal{C}(X)$ 中有最小元;

(c) X 有紧化的剩余为单点集;

(d) X 有紧化的剩余为紧化的闭集;

(e) X 所有紧化的剩余为紧化的闭集.

证明   (a)$\Rightarrow$(c). 设 $(X, \mathcal{T})$ 是非紧的局部紧空间且 $\infty \notin X$. 令

$$\alpha X = X \bigcup \{\infty\},$$

$$\mathcal{T}' = \mathcal{T} \bigcup \{U \subset \alpha X : U \ni \infty \text{ 且 } X \setminus U \text{ 是 } X \text{ 的紧集}\}.$$

容易验证 $(\alpha X, \mathcal{T}')$ 是拓扑空间且 $(X, \mathcal{T})$ 是 $(\alpha X, \mathcal{T}')$ 的开稠密子空间. 进一步, 我们证明下面的事实:

事实 1. αX 是 Huasdorff 的. 设 $x, y \in \alpha X$ 且 $x \neq y$, 我们证明存在不相交的 $U, V \in \mathcal{T}'$ 使得 $x \in U, y \in V$. 如果 $x, y \in X$, 此结论显然成立. 如果 $x \in X, y = \infty$,

那么, 因为 X 是局部紧的, 存在 $U \in \mathcal{T}$ 使得 $x \in U$ 且 $\mathrm{cl}_X(U)$ 是 X 的紧集. 令 $V = \alpha X \setminus \mathrm{cl}_X(U)$. 则 U, V 满足要求.

事实 2. αX 是紧的. 设 $\mathcal{U} \subset \mathcal{T}'$ 使得 $\bigcup \mathcal{U} = \alpha X$. 那么, 存在 $U_0 \in \mathcal{U}$ 使得 $\infty \in U_0$. 于是, $X \setminus U_0$ 是 X 的紧集. 所以, 存在有限子族 $\{U_1, U_2, \cdots, U_n\} \subset \mathcal{U}$ 使得

$$\bigcup_{i=1}^{n} U_i \supset X \setminus U_0.$$

于是, $\bigcup_{i=0}^{n} U_i = \alpha X$. 结合事实 1 知 αX 是紧的.

所以, $(\alpha X, \alpha)$ 是 X 的一个紧化且其剩余是单点集, 这里, 对任意的 $x \in X$, $\alpha(x) = x$.

(a)$\Rightarrow$(e). 见练习 7.3.C.

(e)$\Rightarrow$(d) 和 (c)$\Rightarrow$(d) 是显然的.

(d)$\Rightarrow$(a). 假设紧化 cX 的剩余为闭集, 从而 $c(X)$ 是紧空间 cX 的开集, 因此, $c(X)$ 是局部紧的. 所以, $X \approx c(X)$ 也是局部紧的.

于是, 我们证明了 (a), (c), (d), (e) 是等价的.

(c)$\Rightarrow$(b). 设 $cX, \alpha X \in \mathcal{C}(X)$ 且 αX 的剩余为单点集 $\{\infty\}$. 因为 (c)$\Rightarrow$(e) 已经证明, 所以, $c(X)$ 是 cX 的开子空间. 定义 $f : cX \to \alpha X$ 为

$$f(x) = \begin{cases} \alpha(c^{-1}(x)) & \text{如果 } x \in c(X); \\ \infty & \text{如果 } x \in cX \setminus c(X). \end{cases}$$

那么, αX 中任意的闭集 F 都是紧集. 如果 $F \not\ni \infty$, 则 $f^{-1}(F) \approx F$ 也是紧集, 于是是 cX 中的闭集. 如果 $F \ni \infty$, 则 $\alpha X \setminus F \subset \alpha(X)$ 是子空间 $\alpha(X)$ 的开集. 因此, $f^{-1}(\alpha X \setminus F)$ 是 $c(X)$ 中的开集, 同时, 也是 cX 中的开集. 由此知, $f^{-1}(F) = cX \setminus f^{-1}(\alpha X \setminus F)$ 是 cX 中的闭集. 我们证明了 f 的连续性. 显然, $f \circ c = \alpha$. 所以, $cX \geqslant \alpha X$, 即 αX 是 $\mathcal{C}(X)$ 的最小元.

(b)$\Rightarrow$(c). 设 cX 是 $\mathcal{C}(X)$ 的最小元. 我们证明 cX 的剩余是单点集. 否则, 设 x_1, x_2 是 $cX \setminus c(X)$ 中两个不同的点, 作 cX 的商空间 dX, 使得对任意的 $x, y \in cX$,

$$x \sim y \quad \text{当且仅当} \quad x = y \text{ 或者 } x = x_1, y = x_2.$$

用 $q : cX \to dX$ 表示商映射. 容易验证 $dX = (dX, d)$ 是 X 的紧化, 这里 $d = q \circ c$. 由此知, $dX \leqslant cX$. 由假设 $cX \leqslant dX$. 由定理 7.3.6(1) 的证明过程知 q 是同胚. 但, 另一方面, 由定义 q 不是单射. 矛盾! $\qquad \square$

注 7.3.2 比较定理 7.3.8 和推论 5.2.3 的证明, 我们发现拓扑版的证明反而比较容易! 原因是, 在证明推论 5.2.3 时, 我们需要构造度量, 而在证明定理 7.3.8 时, 我们仅仅需要构造拓扑.

注 7.3.3   对于非紧的局部紧空间 X, 由定理 7.3.6 (1) 和定理 7.3.8 的证明中 (c)$\Rightarrow$ (b) 知在 $\mathcal{C}(X)$ 中剩余为单点集的紧化是唯一的. 也许你认为这个事实是当然的, 但情况并非如此, 见练习 7.3.P. 对于非紧的局部紧空间 X, 我们把 X 的剩余为单点集的紧化称为 X 的**单点紧化**或者**Alexander 紧化**, 记为 αX.

例 7.3.4   对任意的 $n \in \mathbb{N}$, $\mathbb{S}^n$ 是 $\mathbb{R}^n$ 的单点紧化. 为此, 我们仅仅需要构造一个同胚 $h : \mathbb{S}^n \setminus \{N\} \to \mathbb{R}^n$. 这里 $N = (0, \cdots, 0, 1) \in \mathbb{S}^n \subset \mathbb{R}^{n+1}$. 我们认为 $\mathbb{R}^n = \mathbb{R}^n \times \{0\} \subset \mathbb{R}^{n+1}$. 可以这样构造 h, 对任意的 $x \in \mathbb{S}^n \setminus \{N\}$, 令 $l(x)$ 表示 $\mathbb{R}^{n+1}$ 中连接点 N 和 x 的直线. 则 $l(x)$ 和 $\mathbb{R}^x$ 有唯一的交点 $h(x)$. 见图 7-3. 那么, $x \mapsto h(x)$ 是我们需要的同胚. 这个映射被称为**球极投影**.

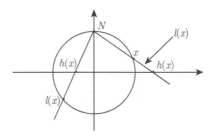

图 7-3   球极投影

最大紧化, 特别是实数空间 $\mathbb{R}$ 和自然数空间 $\mathbb{N}$ 的最大紧化, 是现代一般拓扑学研究的主要对象之一, 和数论、动力系统、代数、逻辑学等有密切的关系. 本节的最后, 我们给出最大紧化的一些基本性质. 为了叙述方便, 我们下面假定对 X 的任意紧化 cX, $c(X) = X$ 且对任意的 $x \in X$, $c(x) = x$.

定理 7.3.9   对于完全正则空间 X 的紧化 cX, 下列的论断等价:

(a) cX 是 X 的最大紧化 βX;

(b) 对任意的紧空间 Y 以及任意的连续映射 $f : X \to Y$, 存在连续映射 $F : cX \to Y$ 使得 $F|X = f$, 即任意从 X 到紧空间的连续映射都可以连续地扩张到 cX 上;

(c) 对任意的连续映射 $f : X \to \mathbf{I}$, 存在连续映射 $F : cX \to \mathbf{I}$ 使得 $F|X = f$, 即任意从 X 到 $\mathbf{I}$ 的连续映射都可以连续的扩张到 cX 上.

如果 X 是正规的, 那么, 上面论断等价于

(d) 对 X 中任意不相交的闭集对 A, B, 有 $\mathrm{cl}_{cX} A \bigcap \mathrm{cl}_{cX} B = \varnothing$.

证明   (a)$\Rightarrow$(b). 设 Y 是紧空间, $f : X \to Y$ 连续. 那么, $\beta X \times Y$ 是紧空间且下面定义的 $g : X \to \beta X \times Y$ 是嵌入:

$$g(x) = (x, f(x)).$$

因此, $dX = \mathrm{cl}_{\beta X \times Y}(g(X))$ 是 X 的一个紧化. 因为 βX 是 X 的最大紧化, 所以

存在 $h : \beta X \rightarrow dX$ 使得对任意的 $x \in X$, $h(x) = g(x)$. 令 $F = p_Y \circ h$, 这里 $p_Y : \beta X \times Y \rightarrow Y$ 是投影映射. 那么, $F : \beta X \rightarrow Y$ 是 f 的连续扩张. (b) 成立.

(b)$\Rightarrow$(c) 是显然的.

(c)$\Rightarrow$(a). 设 $cX, dX \in \mathcal{C}(X)$ 且 cX 满足 (c) 的要求. 那么, 由定理 7.2.4, 我们不失一般性地假定 $X \subset dX \subset \mathbf{I}^M$ 都是 $\mathbf{I}^M$ 的子空间. 对任意的 $m \in M$, 令 $p_m : \mathbf{I}^M \rightarrow \mathbf{I}$ 是向第 m 个因子的投影映射. 那么, $p_m | X : X \rightarrow \mathbf{I}$ 连续, 因此, 由假设, 存在连续扩张 $P_m : cX \rightarrow \mathbf{I}$. 现在, 定义 $f : cX \rightarrow \mathbf{I}^M$ 为: 对任意的 $x \in cX$,

$$f(x)(m) = P_m(x).$$

那么,

$$f(cX) = f(\mathrm{cl}\, X) \subset \mathrm{cl}\, f(X) \subset \mathrm{cl}\, X = dX.$$

所以, $f : cX \rightarrow dX$ 连续且 $f | X = \mathrm{id}_X$. 因此, $dX \leqslant cX$. (a) 成立.

我们证明了 (a),(b),(c) 的等价性. 下面假定 X 是正规的, 我们证明:

(c)$\Rightarrow$(d). 设 A, B 是 X 的不相交的闭集对, 那么, 由 Urysohn 引理 (定理 7.2.5), 存在连续映射 $f : X \rightarrow \mathbf{I}$ 使得 $A \subset f^{-1}(0), B \subset f^{-1}(1)$. 由假定, 存在连续扩张 $F : cX \rightarrow \mathbf{I}$. 那么 $\mathrm{cl}_{cX} A \subset F^{-1}(0), \mathrm{cl}_{cX} B \subset F^{-1}(1)$. 于是, $\mathrm{cl}_{cX} A \bigcap \mathrm{cl}_{cX} B = \varnothing$. (d) 成立.

最后, 我们证明 (d)$\Rightarrow$(c). 设 $cX \in \mathcal{C}(X)$ 满足 (d), $f : X \rightarrow \mathbf{I}$ 连续. 我们证明 f 存在到 cX 的连续扩张. 为此, 对任意的 $x \in cX$, 考虑

$$\mathcal{F}(x) = \{\mathrm{cl}_{\mathbf{I}}\, f(X \bigcap U) : U \in \mathcal{N}_{cX}(x)\},$$

这里, $\mathcal{N}_{cX}(x)$ 表示 x 在 cX 中的全体邻域. 因为 X 是 cX 的稠密集, 所以 $\mathcal{F}(x)$ 是 $\mathbf{I}$ 的非空闭集族. 又, 对任意的 $U_1, U_2, \cdots, U_n \in \mathcal{N}_{cX}(x)$, $U = U_1 \bigcap U_2 \bigcap \cdots \bigcap U_n \in \mathcal{N}_{cX}(x)$ 且

$$\varnothing \neq \mathrm{cl}_{\mathbf{I}}\, f(U \bigcap X) \subset \mathrm{cl}_{\mathbf{I}}\, f(U_1 \bigcap X) \bigcap \mathrm{cl}_{\mathbf{I}}\, f(U_2 \bigcap X) \bigcap \cdots \bigcap \mathrm{cl}_{\mathbf{I}}\, f(U_n \bigcap X).$$

因此, $\mathcal{F}(x)$ 是 $\mathbf{I}$ 的具有有限交性质的闭集族. 由于 $\mathbf{I}$ 是紧的, 定理 7.3.1 能推出 $\bigcap \mathcal{F}(x)$ $\neq \varnothing$.

下面, 我们进一步证明 $\bigcap \mathcal{F}(x)$ 是单点集. 否则, 假设, t_1, t_2 是其中不同的两个点. 选择 t_1, t_2 的两个邻域 V_1, V_2 使得它们的闭包不相交. 那么 $f^{-1}(\mathrm{cl}_{\mathbf{I}}(V_1)), f^{-1}(\mathrm{cl}_{\mathbf{I}}(V_2))$ 是 X 中两个不相交的闭集. 从而由假设知

$$\mathrm{cl}_{cX}\, f^{-1}(\mathrm{cl}_{\mathbf{I}}(V_1)) \bigcap \mathrm{cl}_{cX}\, f^{-1}(\mathrm{cl}_{\mathbf{I}}(V_2)) = \varnothing.$$

但是, 另一方面, 对任意的 $U \in \mathcal{N}_{cX}(x)$, 由 t_1 的选择知, $t_1 \in \mathrm{cl}_{\mathbf{I}}(f(U \bigcap X))$. 因此, $V_1 \bigcap f(U \bigcap X) \neq \varnothing$, 即 $f^{-1}(V_1) \bigcap U \neq \varnothing$. 所以, $x \in \mathrm{cl}_{cX} f^{-1}(V_1)$. 同理, $x \in \mathrm{cl}_{cX} f^{-1}(V_2)$. 我们证明了

$$x \in \mathrm{cl}_{cX} f^{-1}(V_1) \bigcap \mathrm{cl}_{cX} f^{-1}(V_2) \subset \mathrm{cl}_{cX} f^{-1}(\mathrm{cl}_{\mathbf{I}}(V_1)) \bigcap \mathrm{cl}_{cX} f^{-1}(\mathrm{cl}_{\mathbf{I}}(V_2)).$$

矛盾!

这样, 我们能定义函数 $F : cX \to \mathbf{I}$ 使得

$$\{F(x)\} = \bigcap \mathcal{F}(x).$$

为了完成证明, 我们仅仅需要再验证下面的事实:

事实 1.　$F|X = f$. 如果 $x \in X$, 那么, 对任意的 $U \in \mathcal{N}_{cX}(x)$, 有 $f(x) \in f(U \bigcap X) \subset \mathrm{cl}_{\mathbf{I}} f(U \bigcap X)$. 所以, $F(x) = f(x)$.

事实 2.　$F : cX \to \mathbf{I}$ 是连续的. 设 $x \in cX$, V 是一个 $F(x)$ 的一个邻域. 那么, 由定义得

$$\bigcap \{\mathrm{cl}_{\mathbf{I}} f(X \bigcap U) : U \in \mathcal{N}_{cX}(x)\} \subset V.$$

因为, $\mathbf{I}$ 是紧的, 存在有限个 $U_1, U_2, \cdots, U_n \in \mathcal{N}_{cX}(x)$ 使得

$$\mathrm{cl}_{\mathbf{I}} f(U_1 \bigcap X) \bigcap \mathrm{cl}_{\mathbf{I}} f(U_2 \bigcap X) \bigcap \cdots \bigcap \mathrm{cl}_{\mathbf{I}} f(U_n \bigcap X) \subset V.$$

令 $U = U_1 \bigcap U_2 \bigcap \cdots \bigcap U_n$. 那么, 由定义知 $F(U) \subset V$. 这样, 我们证明了 F 在 x 点连续. 由 x 的任意性知 $F : cX \to \mathbf{I}$ 是连续的. $\qquad \square$

推论 7.3.2　设 $X \subset Y \subset \beta X$, 那么, $\beta Y = \beta X$.

证明　显然 βX 是 Y 的一个紧化. 我们用定理 7.3.9 中的 (c) 验证 βX 是 Y 的最大紧化. 为此, 设 $f : Y \to \mathbf{I}$ 连续, 那么, $f|X : X \to \mathbf{I}$ 也连续, 因此, 存在到 βX 的连续扩张 $F : \beta X \to \mathbf{I}$. 因为 X 在 Y 中稠密, $\mathbf{I}$ 是 Hausdorff 空间, 所以, $F|Y = f$ (见练习 7.2.A). 因此, F 也是 $f : Y \to \mathbf{I}$ 的连续扩张. $\qquad \square$

推论 7.3.3　设 X 是正规空间, $x \in \beta X \setminus X$. 那么, X 中不存在收敛于 x 的序列.

证明　反设这样的序列存在. 不妨假定 (x_n) 中的项各不相同. 令 $E = \{x_{2n} : n \in \mathbb{N}\}$, $F = \{x_{2n+1} : n \in \mathbb{N}\}$. 那么, E, F 是 X 中不相交的闭集对. 因此, $\mathrm{cl}_{\beta X}(E) \bigcap \mathrm{cl}_{\beta X}(F) = \varnothing$. 但, 另一方面, 显然, $x \in \mathrm{cl}_{\beta X}(E) \bigcap \mathrm{cl}_{\beta X}(F)$. 矛盾. $\qquad \square$

推论 7.3.4　$\beta \mathbb{N}$ 中不存在非平凡的收敛序列, 即在 $\beta \mathbb{N}$ 中, 如果序列 (x_n) 收敛, 那么, 存在 $N \in \mathbb{N}$ 使得当 $n > N$ 时, $x_n = x_N$.

证明　假定 $x_n \to x$. 如果 $x \in \mathbb{N}$, 由练习 7.3.F 知 x 是 $\beta \mathbb{N}$ 中的孤立点, 因此, 存在 $N \in \mathbb{N}$ 使得当 $n > N$ 时, $x_n = x_N = x$. 如果 $x \in \beta \mathbb{N} \setminus \mathbb{N}$, 考虑空间

$Y = \beta \mathbb{N} \setminus \{x\}$. 那么, $\mathbb{N} \subset Y \subset \beta \mathbb{N}$. 由推论 7.3.2 知 $\beta Y = \beta \mathbb{N}$. 再由推论 7.3.3 知 (x_n) 不能有包含于 Y 中的子列. 因此, 也存在 $N \in \mathbb{N}$ 使得当 $n > N$ 时, $x_n = x_N = x$. $\qquad \square$

注 7.3.4 以上的推论说明在一般拓扑空间中, 序列的收敛没有在度量空间中的性质. 在最大紧化中, 更是大相径庭.

推论 7.3.5 对任何非紧的完全正则空间 X, βX 都不是可度量化的.

证明 如果 X 是正规的, 由推论 7.3.3 和定理 2.3.2 立即可得. 如果 X 不是正规的, 那么 X 也不是可度量化的, 从而, βX 不是可度量化的. $\qquad \square$

练 习 7.3

7.3.A. 证明紧空间中任意无限集的导集非空; 证明练习 4.1.A 对紧拓扑空间成立.

7.3.B. 证明对于给定的集合 X, X 上的紧拓扑是 Huasdorff 拓扑中的极小拓扑, 即如果 $\mathcal{T}_1, \mathcal{T}_2$ 是 X 上两个 Huasdorff 拓扑且 $(X, \mathcal{T}_1)$ 是紧空间, $\mathcal{T}_2 \subset \mathcal{T}_1$, 那么, $\mathcal{T}_2 = \mathcal{T}_1$.

7.3.C. 设 Y 是 Hausdorff 空间, X 是 Y 的稠密子空间且为局部紧的. 证明 X 是 Y 的开集.

7.3.D. 设 Hausdorff 空间 Y 是局部紧空间 X 的商空间. 证明对任意的 $A \subset Y$, A 是 Y 的闭集当且仅当对 Y 中任意紧集 C, $C \bigcap A$ 是闭集.

7.3.E. 证明对任意的无限基数 $m, A(m)$ 是 $D(m)$ 的单点紧化.

7.3.F. 证明对正规空间 X 中的任意既开又闭集合 A, $\mathrm{cl}_{\beta X}(A)$ 是 βX 中的既开又闭集合.

7.3.G. 对任意的正规空间 X, X 连通当且仅当 βX 连通.

7.3.H. 证明 $\beta \mathbb{R} \setminus \mathbb{R}$ 刚好有两个连通分支.

7.3.I. 证明例 7.3.3 中给出的 $(0,1)$ 空间的紧化是它仅有的有有限剩余的紧化.

7.3.J. 举例说明局部紧空间未必是正规的. (提示: **方法一:** 选择一个完全正则的非正规空间 Y, 其存在性见例 7.4.1. 令 cY 是 Y 的一个紧化, 那么由练习 7.2.F 知 cY 存在开子空间 X 不是正规空间. **方法二:** 证明空间 $(\omega_0 + 1) \times (\omega_1 + 1) \setminus \{(\omega_0, \omega_1)\}$ 满足要求, 其中证明其不是正规空间的方法为验证不相交的闭集对 $A = \{\omega_0\} \times [0, \omega_1), B = [0, \omega_0) \times \{\omega_1\}$ 不存在不相交的开集分离.)

7.3.K. 设 X 是 Tychonoff 空间. 证明 X 是紧的充分必要条件是对任意的 Tychonoff Y, 投影映射 $p_Y : X \times Y \to Y$ 是闭映射. (提示: 为证明条件是充分的, 假设 X 是非紧的 Tychonoff 空间. 令 $Y = \beta X$. 考虑 $X \times Y$ 中的闭子集 $A = \{(x, x) : x \in X\}$. 那么, $p_Y(A) = X$ 不是 Y 的闭集.)

7.3.L. 证明对任意的紧度量空间 Y, 存在 $\mathbb{N}$ 的紧化 $\gamma \mathbb{N}$ 使得 $\gamma \mathbb{N} \setminus \mathbb{N} \approx Y$. (提示: 设 D 是 Y 的可数稠密子集. 令 $\{y_1, y_2, \cdots, y_n, \cdots\}$ 是 D 的一个排列且使得

每一个 D 中元素都在这个排列中出现无限多次. 考虑乘积空间 $Y \times [0,1]$. 证明
$A = \left\{ \left(y_n, \dfrac{1}{n} \right) : n = 1, 2, \cdots \right\} \approx \mathbb{N}$ 且 $\operatorname{cl} A \setminus A = Y \times \{0\} \approx Y$.)

7.3.M. 对任意的序数 α, 证明空间 α 是紧的充分必要条件是 α 是后继序数.

7.3.N. 对任意的极限序数 α, 证明空间 $\alpha + 1$ 是空间 α 的单点紧化.

7.3.O. 对极限序数 ω_1, 证明空间 $\omega_1 + 1$ 是空间 ω_1 的极大紧化. 从而, 非紧空间 ω_1 仅仅有一个紧化. (提示: 利用定理 7.3.9 和练习 7.2.K.)

7.3.P 设 $x \in \beta\mathbb{N} \setminus \mathbb{N}$. 证明 $\mathbb{N} \cup \{x\} \subset \beta\mathbb{N}$ 和 $\alpha\mathbb{N}$ 不同胚.

7.4   可数性公理与可分可度量化定理

在第 5 章, 我们定义并研究了可分度量空间, 特别是在定理 5.1.1 中给出了其充分必要条件. 但这些条件的等价在一般的拓扑空间不再成立. 因此在本节中, 我们将定义并讨论可分拓扑空间, 第二可数拓扑空间和 Lindelöf 拓扑空间, 它们分别对应于定理 5.1.1 中的 (a), (b), (c). 我们还定义第一可数拓扑空间. 最后给出一个拓扑空间是可分可度量化的充分必要条件. 先引入下面的定义.

定义 7.4.1   设 X 是拓扑空间,

(1) 若 X 存在一个可数稠密集, 则称 X 是**可分的拓扑空间**;

(2) 若 X 存在一个可数的基, 则称 X 为**第二可数的拓扑空间**;

(3) 若 X 的任意开覆盖都存在可数子覆盖, 则称 X 为 **Lindelöf 拓扑空间**;

(4) 若 X 的每一个点都存在一个可数的邻域基, 则称 X 为**第一可数的拓扑空间**.

显然, 前三个定义分别对应于定理 5.1.1 的 (a), (b), (c). 注意到每一个度量空间都是第一可数的, 因此在度量空间的讨论中, 没有第一可数的定义.

容易看出, 第二可数的拓扑空间必然是第一可数的、可分的和 Lindelöf 的. 可以举例说明除此以外, 这几类空间没有任何其他的蕴含关系. 甚至不含第二可数性的两个或三个性质都不能推出第三个成立或者第四个成立, 更不能推出第二可数性成立. 下面的例子 7.4.1 说明 R_l 是可分的, Lindelöf 的第一可数空间而不是第二可数的. 其余反例留给读者给出. 显然, 紧空间必是 Lindelöf 的, 但紧空间未必是第一可数的或者可分的, 更不必是第二可数的. 例如, 由 Tychonoff 乘积定理 (定理 7.3.2(3)), 对任意的基数 m, 乘积空间 $\mathbf{I}^m$ 总是紧的, 但是, 当 m 不可数时, 这个空间不是第一可数的, 当 $m > c$ 时, 它不是可分的, 见定理 7.4.1. 另外, 由练习 7.4.G, 可数的空间未必是第一可数的.

例 7.4.1   考虑 R_l. 所有有理数集在 R_l 中稠密; 对任意的 $a \in R_l$, $\left\{ \left[a, a + \dfrac{1}{n} \right) \right.$

$: n = 1, 2, \cdots \Big\}$ 是 a 点的可数邻域基. 所以, R_l 是可分的和第一可数的. 下面我们进一步证明 R_l 是 Lindelöf 的.

设 $\{[a_s, b_s) : s \in S\}$ 是 R_l 的一个开覆盖, 同紧性类似, 我们可以仅仅考虑由基中成员组成的开覆盖. 令 $X = \bigcup\limits_{s \in S}(a_s, b_s)$. 则 $\{(a_s, b_s) : s \in S\}$ 是 $\mathbb{R}$ 中的开集族且构成 $\mathbb{R}$ 的子集 X 的开覆盖. 注意到 X 作为 $\mathbb{R}$ 的子空间是 Lindelöf 的, 故这个覆盖存在可数子覆盖 $\{(a_{s_n}, b_{s_n}) : n = 1, 2, \cdots\}$, 即 $\bigcup\limits_{n=1}^{\infty}(a_{s_n}, b_{s_n}) = X$.

下面我们证明 $\mathbb{R} \setminus X$ 是可数集. 事实上, 对任意的 $x \in \mathbb{R} \setminus X$, 存在 $s(x) \in S$, 使得 $a_{s(x)} = x$, 则 $\{[x, b_{s(x)}) : x \in \mathbb{R} \setminus X\}$ 两两不相交. 否则 $\mathbb{R} \setminus X$ 中不相同的两点 x, x' 使得 $[x, b_{s(x)}) \bigcap [x', b_{s(x')}) \neq \varnothing$. 则 $x \in (x', b_{s(x')})$ 或 $x' \in (x, b_{s(x)})$, 矛盾于 $x, x' \notin X$. 由于 $\mathbb{R}$ 中两两不相交的半开半闭区间族最多是可数的, 故 $\mathbb{R} \setminus X$ 可数. 从而, 我们可以选择可数集 $S_0 \subset S$, 使得 $\bigcup_{s \in S_0}[a_s, b_s) \supset \mathbb{R} \setminus X$. 那么,

$$\{[a_s, b_s) : s \in S_0\} \bigcup \{[a_{s_n}, b_{s_n}) : n = 1, 2, \cdots\}$$

是 $\{[a_s, b_s) : s \in S\}$ 的一个可数子覆盖. 所以 R_l 是 Lindelöf 的.

最后, 我们证明 R_l 不是第二可数的. 否则, 在基 $\{[a, b) : a < b\}$ 中存在可数的族 $\mathcal{B}_0$ 构成 R_l 的基, 则存在 $x \in R_l$, 使得对任意的 $b > x$, $[x, b) \notin \mathcal{B}_0$. 显然, 对任意的 $[a, b) \in \mathcal{B}_0, x \in [a, b) \subset [x, x+1)$ 都不成立. 故 $\mathcal{B}_0$ 不是 R_l 的基. 矛盾!

关于这四个性质的运算性质我们给出下面的定理,

定理 7.4.1 (1) 第一 (二) 可数空间的子空间是第一 (二) 可数的; 可分空间的开子空间是可分的; Lindelöf 空间的闭子空间是 Lindelöf 的;

(2) 乘积空间是第一 (二) 可数当且仅当每一个因子空间都是第一 (二) 可数的且除可数个外其余因子空间都是平庸空间;

(3) 可分空间的可数乘积是可分的[①];

(4) Lindelöf 空间 (可分空间) 的连续像是 Lindelöf (可分) 的; 第一 (二) 可数空间的开连续像是第一 (二) 可数的.

证明 我们证明 (2) 的 "仅当" 部分, 读者可以参考第 4 章中相应结论给出其余结论的证明.

设 $\{X_s\}$ 是一族拓扑空间使得 $X = \prod_{s \in S} X_s$ 是第一可数的. 那么, 由 (4) 知每一个 X_s 都是第一可数的. 我们进一步证明除可数个外, 其余因子空间都是平庸空间. 否则, 存在不可数的子集 $S_0 \subset S$, 使得对任意的 $s \in S_0$, X_s 中含非空真开子集 U_s. 定义 $x \in X$, 使得对任意的 $s \in S_0, x_s \in U_s$. 因为 X 是第一可数的, x 点有可

[①]可以证明因子数不超过 c 的可分空间的乘积也是可分的, 这个结果称为 Hewitt-Marczewski-Pondiczery 定理, 但证明更困难. 见文献 [4].

数邻域基 $\{V^n\}$. 由乘积空间的定义, 假定

$$V^n = \prod_{s \in S_n} U_s^n \times \prod_{s \in S \setminus S_n} X_s,$$

这里, $S_n \subset S$ 是有限集, U_s^n 是 X_s 中的开集且 $x_s \in U_s^n$. 因为 $\bigcup_{n \in \mathbb{N}} S_n$ 是可数的, 所以 $S_0 \not\subset \bigcup_{n \in \mathbb{N}} S_n$. 选择 $s_0 \in S_0 \setminus \bigcup_{n \in \mathbb{N}} S_n$, 那么, 对任意的 n,

$$V_n \not\subset U_{s_0} \times \prod_{s \in S \setminus \{s_0\}} X_s.$$

注意到, 后者是 x 点的邻域, 所以, $\{V^n\}$ 不是 x 点的邻域基. 矛盾!

同理, 可以证明第二可数的情况成立.　　　　　　　　　　　　　　　　　　□

定理 7.4.2　正则的 Lindelöf 空间是正规的. 但 Hausdorff 的 Lindelöf 空间未必是正则的.

证明　设 X 是正则的 Lindelöf 空间. 对 X 中任意的不相交的闭集 E, F, 由于 X 是正则的, 故对任意的 $x \in E$, 存在开集 U_x 使得 $x \in U_x \subset \mathrm{cl}\, U_x \subset X \setminus F$. 则 $\{U_x : x \in E\}$ 构成 E 的开覆盖, 由定理 7.4.1(1) 知 E 也是 Lindlöf 的. 从而上面的覆盖存在可数子覆盖, 设为 $\{G_n : n = 1, 2, \cdots\}$. 则这个族是 X 的开集族且满足

(i) $\bigcup_{n=1}^{\infty} G_n \supset E$;

(ii) $\bigcup_{n=1}^{\infty} \mathrm{cl}\, G_n \bigcap F = \varnothing$.

同理存在 X 的可数开集族 $\{H_n : n = 1, 2, \cdots\}$ 使得

(iii) $\bigcup_{n=1}^{\infty} H_n \supset F$;

(iv) $\bigcup_{n=1}^{\infty} \mathrm{cl}\, H_n \bigcap E = \varnothing$.

现在, 对任意的 $n \in N$, 令

$$U_n = G_n \setminus \bigcup_{i \leqslant n} \mathrm{cl}\, H_i, \quad V_n = H_n \setminus \bigcup_{i \leqslant n} \mathrm{cl}\, G_n,$$

$$U = \bigcup_{n=1}^{\infty} U_n, \quad V = \bigcup_{n=1}^{\infty} V_n.$$

则 U, V 是 X 中的开集且 $E \subset U, F \subset V, U \bigcap V = \varnothing$. 由此证明了 X 是正规的.

为了说明 Hausdorff 的 Lindelöf 空间未必是正则的, 取 X 为全体有理数, 其拓扑作为例 7.2.2 中的子空间. 则 X 为 Hausdorff 的, 又由于 X 是可数集, 故 X 为 Lindelöf 的. 但利用和例 7.2.2 中相同的方法可以证明 X 不是正则的.　　　□

我们需要下面的引理给出一些例子.

引理 7.4.1 不存在拓扑空间 X 同时满足下面三个条件:

(i) X 是正规的;

(ii) X 是可分的;

(iii) 存在一个离散闭子集 $C \subset X$ 使得 $|C| \geqslant c$.

证明 设这样的空间 X 存在. 我们用两种方法计算 $|\mathrm{C}(X)|$.

第一种方法: 由 (ii), 设 $D \subset X$ 是可数的稠密子集, 则容易证明映射 $f \mapsto f|D$ 建立了由 $\mathrm{C}(X)$ 到 $\mathrm{C}(D)$ 的单射 (见练习 7.2.A) . 故

$$|\mathrm{C}(X)| \leqslant |\mathrm{C}(D)| \leqslant |\{f : D \to \mathbb{R}\}| = c.$$

第二种方法: 由 (i) 和 (iii), 因为 C 是 X 的闭子集, 由 Tietze 扩张定理 (定理 7.2.6), 我们可以建立一个映射 $\phi : \mathrm{C}(C) \to \mathrm{C}(X)$ 使得对于任意的 $f \in \mathrm{C}(C)$ 有 $\phi(f)|C = f$. 这样的映射显然是单射, 由此知

$$|\mathrm{C}(X)| \geqslant |\mathrm{C}(C)| = |\{f : C \to \mathbb{R}\}| \geqslant 2^c.$$

由定理 1.3.5, 这是一对矛盾. □

利用此引理我们可以给出一个正则的 Lindelöf 空间使之与自己的乘积不是正规的. 结合定理 7.4.2, 此说明了 Lindelöf 性质和正规性都不是有限可乘的.

例 7.4.2 考虑空间 R_l, 由例 7.4.1 知 R_l 是可分的 Lindelöf 空间, 又显然其为正则的. 故 R_l^2 是可分的和正则的. 令 $C = \{(x, -x) : x \in R_l\}$. 则由 $\{(x, -x)\} = C \bigcap ([x, x+1) \times [-x, -x+1))$ 知 $(x, -x)$ 是 C 的孤立点. 由已知 C 是 R_l^2 中基数为 c 的离散闭子空间. 由此知 R_l^2 满足引理 7.4.1 中的 (ii) 和 (iii). 故不能满足 (i), 即 R_l^2 不是正规的.

对于上一节和本节的前面定义的拓扑性质, 我们很少讨论商空间对这些性质的保持情况 (定理 7.3.2(1) 和定理 7.4.1(4) 是仅有的两个). 事实上, 一般来说, 商空间很少保持拓扑性质. 例如, $\mathbb{R}$ 是可分可度量化空间, 如果我们在 $\mathbb{R}$ 上定义等价关系: $x \sim y$ 当且仅当 x, y 同时为有理数或者同时为无理数. 那么商空间 $[\mathbb{R}]_\sim$ 是平庸空间, 因此, $[\mathbb{R}]_\sim$ 不是 T_1 的. 如果我们再在 $\mathbb{R}$ 上定义等价关系: $x \sim y$ 当且仅当 $x = y$ 或者 x, y 同时为自然数. 那么商空间 $[\mathbb{R}]_\sim$ 不是第一可数的 (练习 7.4.C). 但是, 在一定的假设下, 我们有下面的结论.

定理 7.4.3 设 X 是拓扑空间, $\sim$ 是 X 上一个等价关系, 假设每一个 $[x]$ 都是 X 的紧子集且自然映射 $q : X \to [X]$ 是闭映射. 那么, 我们有下面结论:

(1) 如果 X 是 T_i ($i \in \{1, 2, 3, 4\}$) 的, 那么, $[X]$ 也是 T_i 的;

(2) 如果 X 是局部紧的, 那么, $[X]$ 也是局部紧的;

(3) 如果 X 是第二可数的, 那么, $[X]$ 也是第二可数的.

证明　(1) 定理 7.2.3 已经证明了结论对 $i = 1, 4$ 成立, 对于 $i = 2, 3$ 的情况, 请读者参考定理 7.3.3 的证明自己验证.

(2) 设 X 是局部紧的, 对任意的 $[x] \in [X]$ 和任意的 $y \in [x]$, 存在 y 在 X 中的邻域 U_y 使得 $\mathrm{cl}_X U_y$ 是紧的. 注意到 $\{U_y : y \in [x]\}$ 是紧集 $[x]$ 的开覆盖, 因此, 存在有限集 $\{y_1, \cdots, y_n\} \subset [x]$ 使得

$$U = \bigcup_{i=1}^{n} U_{y_i} \supset [x].$$

那么,

$$\mathrm{cl}_{[X]} q(U) \subset q(\mathrm{cl}_X U) = q\left(\bigcup_{i=1}^{n} \mathrm{cl}\, U_{y_i}\right).$$

由于, 上式中最后一项是紧的, 因此, $\mathrm{cl}_{[X]} q(U)$ 也是紧的. 又, 因为自然映射 $q : X \to [X]$ 是闭映射, 所以, $q(X \setminus U)$ 是 $[X]$ 的闭集且显然 $q(x) \notin q(X \setminus U)$. 所以, $V = [X] \setminus q(X \setminus U)$ 是 $[x]$ 的一个邻域. 因为,

$$\mathrm{cl}_{[X]} V \subset \mathrm{cl}_{[X]} q(U).$$

所以 $\mathrm{cl}_{[X]} V$ 是紧的.

(3) 设 X 是第二可数的, $\mathcal{B}_0$ 是 X 的可数基. 令 $\mathcal{B} = \{B_n : n \in \mathbb{N}\}$ 是 $\mathcal{B}_0$ 中成员的有限并组成的集合 (也是可数基). 对任意的 $n \in \mathbb{N}$, 令

$$C_n = [X] \setminus q(X \setminus B_n).$$

因为 q 是闭映射, 所以, 每一个 C_n 都是 $[X]$ 的开集. 下面我们仅仅需要证明 $\mathcal{C} = \{C_n : n \in \mathbb{N}\}$ 是 $[X]$ 的基. 为此, 设 $[x] \in [X]$, V 是 $[x]$ 的邻域. 那么 $[x] = q^{-1}([x]) \subset q^{-1}(V)$. 由于 $q^{-1}(V)$ 是 X 的开集, 对任意 $y \in [x]$, 存在 $B_y \in \mathcal{B}_0$ 使得

$$y \in B_y \subset q^{-1}(V).$$

由假定, $[x]$ 是 X 的紧集, 所以, 存在有限集 $\{y_i : i = 1, \cdots, m\} \subset [x]$ 使得

$$[x] \subset \bigcup_{i=1}^{m} B_{y_i} \subset q^{-1}(V).$$

由 $\mathcal{B}$ 的定义知, 存在 $n \in \mathbb{N}$ 使得 $B_n = \bigcup_{i=1}^{m} B_{y_i}$. 这时, 容易验证,

$$[x] \in C_n \subset V.$$

所以, $[X]$ 是第二可数的.　　　　　　　　　　　　　　　　　　　　　　　□

下面我们给出可分可度量化定理.

定理 7.4.4 设 $(X, \mathcal{T})$ 是拓扑空间, 则下列条件等价:

(a) X 是正则的第二可数空间;

(b) X 是可分可度量化的;

(c) X 同胚于 $Q = \mathbf{J}^{\mathbb{N}}$ 的子空间;

(d) X 同胚于 $\mathbb{R}^{\mathbb{N}}$ 的子空间.

证明 (b), (c), (d) 的等价性在定理 5.2.1 中已经证明, (b)$\Rightarrow$(a) 是显然的. 若 (a) 成立, 注意到由定理 7.4.2 知 X 是正规的. 因此由定理 7.2.4 和注 7.2.2 知 (c) 成立. 所以, (a)$\Rightarrow$(c) 成立. □

推论 7.4.1 设 X 是可分可度量化空间, $\sim$ 是 X 上一个等价关系使得每一个 $[x]$ 是 X 的紧集且使得 $q : X \to [X]$ 是闭映射, 那么 $[X]$ 是可分可度量化的.

证明 由定理 7.4.3(1)(3) 和定理 7.4.4 中 (a) 和 (b) 的等价性立即可得. □

推论 7.4.2 设 X 是紧的可度量化空间, $\sim$ 是 X 上一个等价关系使得 $[X]$ 是 Hausdorff 空间, 那么 $[X]$ 是紧的可度量化空间.

证明 由定理 7.3.2(4) 知, 在我们的假定下可以推出推论 7.4.1 的条件成立, 因此 $[X]$ 是可度量化的. 又, 由定理 7.3.2(5) 知 $[X]$ 是紧的. □

推论 7.4.3 设 X 是紧的可度量化空间, $A_1, A_2, \cdots, A_n$ 是 X 的两两不相交 的闭集. 在 X 上定义等价关系 $\sim$ 为:

$$x \sim y \text{ 当且仅当 } x = y \text{ 或者存在 } i \leqslant n \text{ 使得 } x, y \in A_i.$$

那么, $[X]$ 是紧的可度量化的. 特别地, 当 $n = 1$, $A_1 = A$ 时, 我们称 $[X]$ 是 X 把 A **捏为一个点的商空间**.

证明 留给读者. □

推论 7.4.4 设 X 是局部紧拓扑空间, 则 X 的单点紧化 αX 是可度量化的充 分必要条件是 X 是可分可度量化的. 这时, 按照注 5.2.1 定义的 αX 和按照注 7.3.3 定义的 αX 作为拓扑空间是相同的.

证明 设 αX 是可度量化的, 那么, αX 是可分可度量化的. 从而, 作为它的 子空间, X 也是可分可度量化的. 反之, 设 X 是可分可度量化的. 由于 X 是局部 紧拓扑空间, 所以, 我们能够假设 X 是 $Q = \mathbf{J}^{\mathbb{N}}$ 的开子空间. 那么, Q 把 $Q \setminus X$ 捏 为一个点的商空间是 X 的单点紧化 αX. 由推论 7.4.3 知 αX 是可度量化的. □

下面给出推论 7.4.2 的几个重要的例子.

例 7.4.3 (1) 在 $\mathbf{B}^n$ 上定义等价关系 $\sim$ 为:

$$x \sim y \text{ 当且仅当 } x = y \text{ 或者 } x, y \in \mathbb{S}^{n-1}.$$

即 $[\mathbf{B}^n]$ 是 $\mathbf{B}^n$ 把 $\mathbb{S}^{n-1}$ 捏为一个点的商空间, 因此, $[\mathbf{B}^n]$ 是紧的可度量化空间. 下 面证明 $[\mathbf{B}^n]$ 同胚于 $\mathbb{S}^n$.

首先建立 $[\mathbf{B}^n]$ 到 $\mathbb{S}^n$ 的映射 $h : [\mathbf{B}^n] \to \mathbb{S}^n$. 对任意 $t \in \mathbf{I}$, $x = (x_1, x_2, \cdots, x_n) \in \mathbb{S}^{n-1}$,

$$h([tx]) = (x_1 \sin \pi t, x_2 \sin \pi t, \cdots, x_n \sin \pi t, \cos \pi t).$$

则显然 $h([tx]) \in \mathbb{S}^n$, 且

$$h([0 \cdot x]) = (0, 0, \cdots, 0, 1), \ h([1 \cdot x]) = (0, 0, \cdots, 0, -1) \tag{7-5}$$

对于 $x \neq x'$, $[tx] = [t'x']$ 当且仅当 $t = t' = 0$ 或者 $t = t' = 1$. 故 $h : [\mathbf{B}^n] \to \mathbb{S}^n$ 确实定义了一个映射. 由于 $h \circ q : \mathbf{B}^n \to \mathbb{S}^n$ 显然是连续的, 所以, 由定理 7.1.3 (3) 知, h 是连续的. 由推论 4.2.4, 为了说明 h 是同胚, 我们仅需说明 h 是一一对应. 设 $[tx], [t'x'] \in [\mathbf{B}^n]$ 使得 $h([tx]) = h([t'x'])$. 当 $t = 0$ 或者 $t = 1$ 时, 显然也有 $t' = 0$ 或者 $t' = 1$. 现在我们设 t, t' 都不等于 $0, 1$. 这时, $\sin \pi t$ 与 $\sin \pi t'$ 都不等于 0. 由假设 $\cos \pi t = \cos \pi t'$, 则由于 $t \to \cos \pi t$ 是单射, 故 $t = t'$. 因此, 由 $\sin \pi t = \sin \pi t'$ 知 $x = x'$. 因此, $[tx] = [t'x']$. 最后, 证明 h 是满射. 设 $y = (y_1, y_2, \cdots, y_n, y_{n+1}) \in \mathbb{S}^n$. 则存在 $t \in \mathbf{I}$ 使得 $\cos \pi t = y_{n+1}$. 由公式 (7-5), 我们假设 $t \in (0, 1)$, 则 $\sin \pi t \neq 0$. 故对 $i \leqslant n$, 令

$$x_i = \frac{y_i}{\sin \pi t},$$

则

$$\sum_{i=1}^n x_i^2 = \frac{\sum_{i=1}^n y_i^2}{\sin^2 \pi t} = \frac{1 - y_{n+1}^2}{\sin^2 \pi t} = 1.$$

所以, $x = (x_1, x_2, \cdots, x_n) \in \mathbb{S}^{n-1}$ 且 $h([tx]) = y$.

(2) 在 $(\mathbb{S}^n, d)$ 上定义等价关系 $\sim$ 为

$$x \sim y \text{ 当且仅当 } x = y \text{ 或者 } x = -y.$$

在这个等价关系下, $[\mathbb{S}^n]$ 是 Hausdorff 的, 因此, $[\mathbb{S}^n]$ 是可度量化的. $[\mathbb{S}^n]$ 称为 n-维**射影空间**, 记作 $P\mathbb{R}^n$. 下面我们证明 $[\mathbb{S}^1]$ 同胚于 $\mathbb{S}^1$. 为此, 定义映射 $\varphi : \mathbb{S}^1 \to \mathbb{S}^1$ 为 $\varphi(z) = z^2$. 这里 z 理解为模为 1 的复数, z^2 为 z 的平方. 则由此可以定义 $[\varphi] : [\mathbb{S}^1] \to \mathbb{S}^1$ 为

$$[\varphi]([z]) = \varphi(z).$$

这个定义是确切的, 也就是说与代表元的选取无关. 由于 $[\varphi] \circ q = \varphi$, 故 $[\varphi]$ 是连续的. 显然, $[\varphi]$ 是一一对应. 故 $[\varphi] : [\mathbb{S}^1] \to \mathbb{S}^1$ 是同胚. 我们告知读者, 对于任意的 $n \geqslant 2$, $P\mathbb{R}^n$ 与 $\mathbb{S}^n$ 不同胚. 但这个事实的证明比较困难, 读者可参阅 [14].

(3) 在 $\mathbf{J}^2 = [-1, 1]^2$ 上定义等价关系 $\sim$ 为

$$(x_1, x_2) \sim (y_1, y_2) \text{ 当且仅当}$$

$$或者 (x_1, x_2) = (y_1, y_2) \quad 或者 x_1 = y_1 \ 且 \ |x_2| = |y_2| = 1$$
$$或者 x_2 = y_2 \ 且 \ |x_1| = |y_1| = 1.$$

见图 7-4(a). 则读者可以证明 $[\mathbf{J}^2]$ 同胚于 $\mathbb{S}^1 \times \mathbb{S}^1$.

(4) 把上面的例子中的等价关系 $\sim$ 作一点改变, 在 $\mathbf{J}^2 = [-1, 1]^2$ 上定义等价关系 $\sim'$ 为

$$(x_1, x_2) \sim' (y_1.y_2) \ 当且仅当$$

$$或者 (x_1, x_2) = (y_1, y_2) \quad 或者 x_1 = y_1 \ 且 \ |x_2| = |y_2| = 1$$
$$或者 x_2 = -y_2 \ 且 \ |x_1| = |y_1| = 1 \ 且 \ x_1 \cdot y_1 = -1$$
$$或者 |x_1| = |y_1| = |x_2| = |y_2| = 1.$$

见图 7-4(b). 那么, 对任意的 $(x, y) \in \mathbf{J}^2$, $|[(x, y)]| \leqslant 4$, 又, $\mathbf{J}^2 = [-1, 1]^2$ 是紧的, 所以, 这个等价关系满足推论 7.4.1 的假设, 因此, $K = [\mathbf{J}^2]_{\sim'}$ 是可分可度量化的, 称为 **Klein 瓶**, K 和 $\mathbb{S}^1 \times \mathbb{S}^1$ 不是同胚的, 证明见 [13].

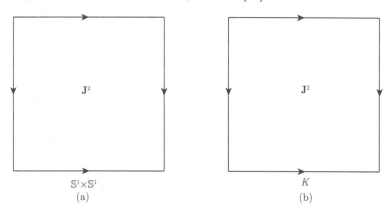

图 7-4

练 习 7.4

7.4.A. 利用定理 7.3.1 的方法证明正规空间的 F_σ 子空间是正规的.

7.4.B. 如果 X 是第一可数的, 那么, 下面的结论成立:

(1) 对任意的子集 A 和任意的点 x, $x \in \mathrm{cl} A$ 的充分必要条件是存在 A 中的序列收敛于 x;

(2) 对任意的空间 Y 及映射 $f : X \to Y$, f 连续的充分必要条件是, 对 X 中任意的收敛序列 $x_n \to x$, 有 $f(x_n) \to f(x)$.

7.4.C. 在 $\mathbb{R}$ 上定义等价关系: $x \sim y$ 当且仅当 $x = y$ 或者 x, y 同时为自然数. 证明商空间 $[\mathbb{R}]_\sim$ 不是第一可数的. 此例说明了定理 7.4.3 (3) 中哪个假定是不可少的?

7.4.D. 举例说明推论 7.4.2 中假定 $[X]$ 为 Huasdorff 的条件不可缺少.

7.4.E. 证明紧空间和 Lindelöf 空间的乘积是 Lindelöf 空间.

7.4.F. 证明空间 R_l^2 存在一个子基 $\mathcal{S}$ 使得由 $\mathcal{S}$ 中成员组成的对 R_l^2 的覆盖有可数的子覆盖, 但是, 我们在例 7.4.2 中已经证明 R_l^2 不是 Lindelöf 的. 这个说明了什么?

7.4.G. 验证可分的紧空间 $\beta\mathbb{N}$ 不是第一可数的; 设 $x \in \beta\mathbb{N}\backslash\mathbb{N}$, 证明可数空间 $\mathbb{N}\bigcup\{x\}$ 也不是第一可数的; 当 m 不可数时, 紧空间 $\beta D(m)$ 不是可分的.

7.4.H. 令 $X = \mathbb{N} \times \mathbb{I}$. $[X]$ 表示把 $\mathbb{N} \times \{1\}$ 捏成一个点的商空间, 证明 $[X]$ 不是第一可数的.

7.4.I. 证明序数空间 α 是第一 (二) 可数的充分必要条件是 $\alpha \leqslant \omega_1(\alpha < \omega_1)$.

7.5 仿紧空间

可度量化空间和紧拓扑空间是两类性质非常好的拓扑空间, 本节将给出一类包含了这两类空间的拓扑空间——仿紧空间, 同时仿紧空间也具有良好的性质, 在其他学科中有广泛的应用. 仿紧性是 20 世纪 50 年代才被正式定义的.

设 $(X, \mathcal{T})$ 是拓扑空间, $\mathcal{A}$ 是 X 的一个子集族, 若对任意的 $x \in X$, 存在 $U \in \mathcal{N}(x)$ 使得集合 $\{A \in \mathcal{A} : A\bigcap U \neq \varnothing\}$ 是有限的 (最多含有一个元素) , 则称 $\mathcal{A}$ 是**局部有限的 (离散的)**. 如果 X 的一个子集族 $\mathcal{B}$ 可以写成可数多个局部有限 (离散) 族的并, 则称集族 $\mathcal{B}$ 为 **σ-局部有限的 (σ-离散的)**. 设 $\mathcal{A}, \mathcal{B}$ 是 X 的两个子集族, 若对任意的 $A \in \mathcal{A}$, 都存在 $B \in \mathcal{B}$ 使得 $A \subset B$, 则称 $\mathcal{A}$ 是 $\mathcal{B}$ 的一个**加细**. 特别地, 当 $\mathcal{A}$ 中成员是开集时, 则称 $\mathcal{A}$ 是 $\mathcal{B}$ 的**开加细**; 当 $\mathcal{A}$ 是局部有限的 (离散的,σ-局部有限的, σ-离散的) 时, 则称 $\mathcal{A}$ 是 $\mathcal{B}$ 的**局部有限的 (离散的, σ-局部有限的,σ-离散的) 开加细**. 一般情况下, 如果没有另外的声明, 当我们谈论 $\mathcal{A}$ 是 $\mathcal{B}$ 的加细时, 都另外假定 $\mathcal{A}, \mathcal{B}$ 均为 X 的覆盖.

定义 7.5.1 设 $(X, \mathcal{T})$ 是 Hausdorff 拓扑空间, 若 X 的任意开覆盖都存在局部有限的开加细覆盖 X, 则称 X 是**仿紧的拓扑空间**.

显然紧拓扑空间都是仿紧的, 事实上, 我们有下面更一般的结果.

定理 7.5.1 设 X 是正则的 Lindelöf 空间, 则 X 是仿紧的.

证明 设 $\mathcal{V}$ 是 X 的开覆盖, 对任意的 $x \in X$, 选择开集 U_x, V_x 使得

$$x \in U_x \subset \mathrm{cl}\,U_x \subset V_x \in \mathcal{V}.$$

则 $\{U_x : x \in X\}$ 存在可数子覆盖 $\mathcal{U}_0 = \{U_{x_1}, U_{x_2}, \cdots\}$. 现在, 对任意的 n, 令

$$W_1 = V_{x_1},\ W_n = V_{x_n} \Big\backslash \bigcup_{i<n} \mathrm{cl}\,U_{x_i}.$$

则 W_n 是 X 的开集且 $\{W_n : n = 1, 2, \cdots\}$ 是 X 的开覆盖. 事实上, 对任意的 $x \in X$, 选择最小的 n 使得 $x \in \mathrm{cl}\, U_{x_n}$, 则 $x \in W_n$. 又对任意的 $m > n$, $U_{x_n} \bigcap W_m = \varnothing$, 故由 $\mathcal{U}_0$ 是 X 的开覆盖知 $\{W_n : n = 1, 2, \cdots\}$ 是 X 的局部有限的开覆盖. 显然, $W_n \subset V_{x_n}$. 故 $\{W_n : n = 1, 2, \cdots\}$ 是 $\{V_{x_n} : n = 1, 2, \cdots\}$ 的开加细, 进而是 $\mathcal{V}$ 的开加细. 这样我们验证了 X 是仿紧的. $\qquad\square$

现在我们证明下面著名的 Stone 定理, 此说明了所有可度量化空间都是仿紧的.

定理 7.5.2 (Stone 定理) 设 (X, d) 是度量空间, 则 X 的任意开覆盖存在既局部有限又 σ-离散的开加细覆盖 X.

证明 设 $\mathcal{U}$ 是 X 的开覆盖, 由良序公理 (定理 1.4.1) 我们对 $\mathcal{U}$ 良序化后令

$$\mathcal{U} = \{U_\lambda : \lambda < \alpha\},$$

这里 α 是一个序数. 现在我们用如下的方法归纳地定义开集族列 $\mathcal{V}_n = \{V_{\lambda,n} : \lambda < \alpha\}$ 和子集族列 $\mathcal{C}_n = \{C_{\lambda,n} : \lambda < \alpha\}$. 首先, 设

$$C_{0,1} = \{x \in X : d(x, X \setminus U_0) > 2^{-1} \cdot 3\};$$
$$C_{\lambda,1} = \{x \in X : d(x, X \setminus U_\lambda) > 2^{-1} \cdot 3\} \setminus (\bigcup_{\mu < \lambda} U_\mu);$$
$$V_{\lambda,1} = \{x \in X : d(x, C_{\lambda,1}) < 2^{-1}\}.$$

这样我们定义子集族 $\mathcal{C}_1 = \{C_{\lambda,1} : \lambda < \alpha\}$ 和开集族 $\mathcal{V}_1 = \{V_{\lambda,1} : \lambda < \alpha\}$. 现在设 $\{\mathcal{C}_m : m < n\}$ 和 $\{\mathcal{V}_m : m < n\}$ 已经定义, 我们定义

$$C_{0,n} = \{x \in X : d(x, X \setminus U_0) > 2^{-n} \cdot 3\} \setminus (\bigcup\{V_{\mu,m} : m < n, \mu < \alpha\});$$
$$C_{\lambda,n} = \{x \in X : d(x, X \setminus U_\lambda) > 2^{-n} \cdot 3\}$$
$$\setminus (\bigcup_{\mu < \lambda} U_\mu \bigcup \bigcup\{V_{\mu,m} : m < n, \mu < \alpha\});$$
$$V_{\lambda,n} = \{x \in X : d(x, C_{\lambda,n}) < 2^{-n}\}.$$

则我们可以定义子集族 $\mathcal{C}_n = \{C_{\lambda,n} : \lambda < \alpha\}$ 和开集族 $\mathcal{V}_n = \{V_{\lambda,n} : \lambda < \alpha\}$.

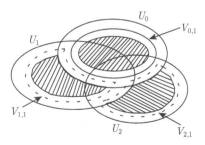

图 7-5 $V_{\lambda,j}$ 的定义

现在我们讨论开集族列 $\mathcal{V}_n$ 的性质.

性质 1. 设 $\mu < \lambda < \alpha$, 则对任意的 $x \in V_{\mu,n}$, $y \in V_{\lambda,n}$, 有 $d(x,y) \geqslant 2^{-n}$.

事实上, 由定义, 存在 $x' \in C_{\mu,n}, y' \in C_{\lambda,n}$, 使得

$$d(x, x') < 2^{-n}, \quad d(y, y') < 2^{-n}.$$

则 $y' \notin U_\mu$ 且 $d(x', X \setminus U_\mu) > 2^{-n} \cdot 3$, 所以 $d(x', y') > 2^{-n} \cdot 3$, 故 $d(x,y) \geqslant 2^{-n}$.

性质 2. 若 $B(x, 2^{-k}) \subset V_{\mu,m}$, 则对任意的 $\lambda < \alpha$ 和 $n > \max\{k, m\}$, 有 $B(x, 2^{-k-1}) \bigcap V_{\lambda,n} = \varnothing$.

事实上, 对任意的 $y \in V_{\lambda,n}$, 选择 $y' \in C_{\lambda,n}$, 使得 $d(y, y') < 2^{-n}$, 则 $y' \notin V_{\mu,m}$. 因此, 由假设 $B(x, 2^{-k}) \subset V_{\mu,m}$ 知 $d(x, y') \geqslant 2^{-k}$, 从而

$$d(x, y) \geqslant d(x, y') - d(y, y') > 2^{-k} - 2^{-n} \geqslant 2^{-k-1}.$$

性质 3. $\mathcal{V} = \bigcup\limits_{n=1}^{\infty} \mathcal{V}_n$ 是 X 的开覆盖.

设 $x \in X$, 选择最小的 $\lambda < \alpha$, 使得 $x \in U_\lambda$. 再选择充分大的 n 使得 $B(x, 2^{-n} \cdot 3) \subset U_\lambda$. 所以, 由 $C_{\lambda,n}$ 的定义知或者 $x \in C_{\lambda,n} \subset V_{\lambda,n}$ 或存在 $m < n$ 和 $\mu < \alpha$ 使得 $x \in V_{\mu,m}$.

由性质 1 知 $\mathcal{V}_n$ 是离散的. 由此和性质 2, 性质 3 能够推出 $\mathcal{V}$ 是 X 的既局部有限又 σ-离散的开覆盖. 最后, 显然 $\mathcal{V}$ 是 $\mathcal{U}$ 的加细. 我们完成了证明. □

推论 7.5.1　每一个可度量化空间都存在 σ-离散的基.

证明　对任意的 n, 令 $\mathcal{B}_n = \left\{ B\left(x, \dfrac{1}{n}\right) : x \in X \right\}$. 则 $\mathcal{B}_n$ 是 X 的开覆盖, 从而由上面的定理知其存在 σ-离散的开加细 $\mathcal{A}_n$. 容易证明 $\mathcal{A} = \bigcup\limits_{n=1}^{\infty} \mathcal{A}_n$ 是 X 的 σ-离散的基. □

我们需要下面的引理, 请读者自证.

引理 7.5.1　设 $\mathcal{A}$ 是拓扑空间的局部有限的集族, 对任意的 $\mathcal{B} \subset \mathcal{A}$, 有

(1) $\mathrm{cl} \bigcup \mathcal{B} = \bigcup \{ \mathrm{cl}\, B : B \in \mathcal{B} \}$;

(2) $\{ \mathrm{cl}\, B : B \in \mathcal{B} \}$ 也是局部有限的.

定理 7.5.1 和定理 7.5.2 表明, 下面的定理推广了定理 7.4.2 和推论 7.2.1:

定理 7.5.3　每一个仿紧拓扑空间都是正规的.

证明　设 X 是仿紧的, $x \in X$, F 是闭集且 $x \notin F$, 则对任意的 $y \in F$, 存在不相交的开集 U_y, V_y 使得 $x \in U_y, y \in V_y$, 从而 $x \notin \mathrm{cl}\, V_y$. 考虑 X 的开覆盖

$$\{X \setminus F\} \bigcup \{ V_y : y \in F \}.$$

由于 X 是仿紧的, 其存在局部有限的开加细 $\mathcal{V}$. 令

$$\mathcal{V}_0 = \{ V \in \mathcal{V} : V \bigcap F \neq \varnothing \}.$$

则对任意的 $V \in \mathcal{V}_0$, 存在 $y \in F$, 使得 $V \subset V_y$. 于是 $x \notin \mathrm{cl}\, V \subset \mathrm{cl}\, V_y$. 因此, 由引理 7.5.1(1) 知

$$x \notin \bigcup \{\mathrm{cl}\, V : V \in \mathcal{V}_0\} = \mathrm{cl} \bigcup \mathcal{V}_0.$$

又显然, $\bigcup \mathcal{V}_0 \supset F$. 由此说明 X 是正则的. 用同样的方法可以进一步证明 X 是正规的. □

本节的后半部分是给出仿紧性的三类充分必要条件, 第一类是用所谓的单位分解, 这类充分必要条件是拓扑学与分析学、微分几何等学科联系的桥梁之一; 第二类是用由任意集构成的局部有限的加细和由闭集构成的局部有限的加细代替局部有限的开加细; 第三类是用所谓的重心开加细和星开加细代替局部有限的开加细.

首先定义单位分解, 它是一个比较重要的定义.

定义 7.5.2 设 X 是拓扑空间, $\{f_s : X \to \mathbf{I}\}_{s \in S}$ 为一族连续函数. 如果这个族满足下面的条件, 则称其为 X 的一个**单位分解**: 对任意的 $x \in X$, 集合 $S(x) = \{s \in S : f_s(x) \neq 0\}$ 是可数的且 $\sum_{s \in S(x)} f_s(x) = 1$, 注意到级数 $\sum_{s \in S(x)} f_s(x)$ 是一个正项级数, 故其和与排列的顺序无关. 若上述的 $\{f_s : s \in S\}$ 还满足 $\{f_s^{-1}((0,1]) : s \in S\}$ 是局部有限的, 则称 $\{f_s : s \in S\}$ 为 X 的**局部有限的单位分解**. 设 $\mathcal{A}$ 是 X 的一个覆盖, $\{f_s : X \to \mathbf{I}\}_{s \in S}$ 为 X 的一个单位分解. 若 $\{f_s^{-1}((0,1]) : s \in S\}$ 加细 $\mathcal{A}$, 则称 $\{f_s : s \in S\}$ 是 X 的**从属于覆盖 $\mathcal{A}$ 的单位分解**. 设 $\mathcal{A} = \{A_s : s \in S\}$, $\mathcal{B} = \{B_s : s \in S\}$ 是集合 X 的两个覆盖. 若对任意的 $s \in S$, 有 $B_s \subset A_s$, 则称 $\mathcal{B}$ 是 $\mathcal{A}$ 的一个**收缩**.

请读者注意收缩和加细的区别. 为证明特征定理, 我们先给出下面的引理.

引理 7.5.2 若 X 是正则的且任意开覆盖都存在局部有限的加细 (这个加细中成员由任意集组成), 则 X 的任意开覆盖都存在局部有限的闭收缩.

证明 设 $\mathcal{U} = \{U_s : s \in S\}$ 是 X 的一个开覆盖, 由于 X 是正则的, 存在开覆盖 $\mathcal{W}$ 使得 $\{\mathrm{cl}\, W : W \in \mathcal{W}\}$ 加细 $\mathcal{U}$. 现在对开覆盖 $\mathcal{W}$ 应用定理中的假定, 存在局部有限的加细 $\mathcal{A} = \{A_t : t \in T\}$. 则对任意的 $t \in T$, 存在 $s(t) \in S$, 使得 $\mathrm{cl}\, A_t \subset U_{s(t)}$. 现在, 令

$$F_s = \bigcup_{s(t)=s} \mathrm{cl}\, A_t.$$

则由引理 7.5.1 知 F_s 是 X 中的闭集且 $F_s \subset U_s$. 又, 由于对任意 $t \in T$, $A_t \subset F_{s(t)}$, 所以, $\mathcal{F} = \{F_s : s \in S\}$ 是 X 的闭覆盖. 故 $\mathcal{F} = \{F_s : s \in S\}$ 是 $\mathcal{U}$ 的一个闭收缩. 最后, 验证 $\mathcal{F}$ 是局部有限的. 对任意的 $x \in X$, 选择 x 的开邻域 U 使得

$$T_0 = \{t \in T : U \bigcap A_t \neq \varnothing\} = \{t \in T : U \bigcap \mathrm{cl}\, A_t \neq \varnothing\}$$

是有限个的. 那么, 对任意的 $s \in S \setminus \{s(t) : t \in T_0\}$,

$$U \bigcap F_s \subset U \bigcap \left(\bigcup \{\mathrm{cl}\, A_t : t \in T \setminus T_0\} \right) = \bigcup \{U \bigcap \mathrm{cl}\, A_t : t \in T \setminus T_0\} = \varnothing.$$

由此说明, U 仅仅可能与 $\{F_{s(t)} : t \in T_0\}$ 中的成员相交, 故, $\mathcal{F}$ 是局部有限的.　　□

推论 7.5.2　若 X 是仿紧的, 则对任意的开覆盖 $\mathcal{U} = \{U_s : s \in S\}$ 存在局部有限的开覆盖 $\mathcal{V} = \{V_s : s \in S\}$, 使得对任意的 $s \in S$, $\mathrm{cl}\, V_s \subset U_s$.

证明　我们只需在引理 7.5.2 的证明中把 $\mathcal{A}$ 加强为开集族即可.

下面我们给出仿紧空间的第一类特征定理.

定理 7.5.4　设 X 是 Hausdorff 空间, 则下列条件等价:

(a) X 是仿紧的;

(b) X 的每一个开覆盖都存在一个局部有限的单位分解从属于它;

(c) X 的每一个开覆盖都存在一个单位分解从属于它.

证明　(a)$\Rightarrow$(b). 设 $\mathcal{A}$ 是 X 的一个开覆盖, 由 (a), 它存在局部有限的开加细 $\mathcal{U} = \{U_s : s \in S\}$, 由上面的推论, 存在 X 的局部有限的开覆盖 $\mathcal{V} = \{V_s : s \in S\}$, 使得对任意的 $s \in S$, 有 $\mathrm{cl}\, V_s \subset U_s$. 又由定理 7.5.3 知, X 是正规的, 故由 Urysohn 引理 (定理 7.2.5) 知, 存在连续函数 $g_s : X \to \mathbf{I}$, 使得

$$g_s(\mathrm{cl}\, V_s) \subset \{1\}, \ g_s(X \setminus U_s) \subset \{0\}.$$

则对任意的 $s \in S$,

$$V_s \subset \mathrm{cl}\, V_s \subset g_s^{-1}((0,1]) \subset U_s.$$

由 $\mathcal{U}$ 是局部有限的知, $\{g_s^{-1}((0,1]) : s \in S\}$ 是局部有限的. 又由于 $\mathcal{V}$ 也是局部有限的, 从而对任意的 $x \in X$, 存在邻域 $W(x)$ 和有限集 $S(x) \subset S$, 使得对任意的 $y \in W(x)$, 和任意的 $s \in S \setminus S(x)$, 有 $g_s(y) = 0$. 由 $\mathcal{V}$ 也是 X 的开覆盖知,

$$\sum_{s \in S(x)} g_s(x) \geqslant 1.$$

故令

$$f_s(x) = \frac{g_s(x)}{\sum_{s \in S(x)} g_s(x)}.$$

则 $f_s : X \to \mathbf{I}$ 在 X 上有定义且连续, 显然, $\{f_s : s \in S\}$ 是从属于 $\mathcal{U}$ 的局部有限的单位分解.

(b)$\Rightarrow$(c) 是显然的.

(c)$\Rightarrow$(a). 设 $\mathcal{U}$ 是 X 的一个开覆盖, 由 (c), 假定 $\{f_s : s \in S\}$ 是从属于 $\mathcal{U}$ 的单位分解. 我们首先证明对任意的连续函数 $h : X \to \mathbf{I}$, 若 $x_0 \in X$ 满足 $h(x_0) > 0$, 则存在 x_0 点的邻域 U_0 和 S 的有限集 S_0, 使得对任意的 $x \in U_0$ 和任意的 $s \in S \setminus S_0$, 有

$$f_s(x) < h(x).$$

事实上, 由 $\sum_{s \in S} f_s(x_0) = 1$ 知存在有限集 S_0, 使得

$$1 - \sum_{s \in S_0} f_s(x_0) < h(x_0).$$

由于 $\sum_{s \in S_0} f_s(x)$ 及 $h(x)$ 在 x_0 点连续, 故存在 x_0 的邻域 U_0, 使得对任意的 $x \in U_0$, 有

$$1 - \sum_{s \in S_0} f_s(x) < h(x).$$

因此, 对任意的 $s \in S \setminus S_0$ 和任意的 $x \in U_0$, 有

$$f_s(x) < h(x).$$

现在, 定义 $f : X \to (0, 1]$ 为

$$f(x) = \sup\{f_s(x) : s \in S\}.$$

则对任意的 $x_0 \in X$, 存在 $s(x_0) \in S$, 使得 $f_{s(x_0)}(x_0) > 0$. 对连续函数 $f_{s(x_0)}$ 和 x_0 点应用上面事实知存在 x_0 的邻域 U_0 及有限集 S_0, 使得对任意的 $x \in U_0$ 及 $s \in S \setminus S_0$, 有

$$f_s(x) < f_{s(x_0)}(x).$$

因此对任意的 $x \in U_0$, 有

$$f(x) = \sup\{f_s(x) : s \in S_0\}.$$

由此说明 f 在 x_0 点连续. 从而 f 在 X 上是连续映射. 进一步, 令

$$V_s = \{x \in X : f_s(x) > \frac{1}{2} f(x)\}.$$

则 $\{V_s : s \in S\}$ 是 $\mathcal{U}$ 的开加细且对 $h(x) = \frac{1}{2} f(x)$ 应用前面事实知 $\{V_s : s \in S\}$ 是局部有限的. 因此 (a) 成立. □

在证明 Michael 选择定理 (定理 8.2.2) 时, 我们需要上面的定理.

下面是仿紧空间的第二类特征定理.

定理 7.5.5 对于正则空间 X, 下面条件等价:

(a) X 是仿紧的;

(b) X 的每一个开覆盖有 σ-局部有限的开加细;

(c) X 的每一个开覆盖有局部有限的加细;

(d) X 的每一个开覆盖有局部有限的闭加细.

证明　我们的证明路线是: (a)⇒(b)⇒(c)⇒(d)⇒(a).

(a)⇒ (b) 是显然的. (c)⇒ (d) 由引理 7.5.2 得知.

(b)⇒ (c). 为此, 我们仅需证明 X 的每一个 σ-局部有限的开覆盖都有局部有限的加细. 设 $\mathcal{U} = \bigcup\limits_{n=1}^{\infty} \mathcal{U}_n$ 是 X 的开覆盖, 对任意的 n, $\mathcal{U}_n = \{U_s : s \in S_n\}$ 是局部有限的且对任意的 $n \neq m$, 有 $S_n \bigcap S_m = \varnothing$. 现在对任意的 $s \in S_n$, 令

$$A_s = U_s \setminus \bigcup_{m=1}^{n-1} \bigcup_{t \in S_m} U_t.$$

则 $\mathcal{A} = \{A_s : s \in S\}$ 是 X 的一个覆盖且加细 $\mathcal{U}$. 下面我们进一步验证 $\mathcal{A}$ 是局部有限的. 事实上, 对任意的 $x \in X$, 存在最小的 n 及 $s \in S_n$, 使得 $x \in U_s$. 则对任意的 $t \in \bigcup\limits_{m>n} S_m$, 有 $U_s \bigcap A_t = \varnothing$. 又由于 $\bigcup\limits_{m<n} \mathcal{U}_m$ 是局部有限的, 故 $\mathcal{A}_n = \{A_s : s \in \bigcup\limits_{m\leqslant n} S_m\}$ 也是局部有限的. 因此存在 $V \in \mathcal{N}(x)$ 使得 V 仅与 $\mathcal{A}_n$ 中有限个成员相交. 则 $V \bigcap U_s \in \mathcal{N}(x)$ 且 $V \bigcap U$ 仅与 $\mathcal{A}$ 中有限个成员相交.

(d)⇒(a). 设 $\mathcal{U}$ 是 X 的开覆盖, 选择 $\mathcal{U}$ 的局部有限的加细 $\mathcal{A} = \{A_s : s \in S\}$. 从而对任意的 $x \in X$, 存在 $V(x) \in \mathcal{N}(x)$, 使得 $V(x)$ 仅与 $\mathcal{A}$ 中有限个成员相交. 现在我们选择 X 的开覆盖 $\mathcal{V} = \{V(x) : x \in X\}$ 的一个局部有限的闭加细 $\mathcal{F}$. 则 $\mathcal{F}$ 中每个成员仅与 $\mathcal{A}$ 中有限个成员相交. 现在我们利用 $\mathcal{A}$ 和 $\mathcal{F}$ 来定义 $\mathcal{U}$ 的一个局部有限的开加细. 事实上, 对任意的 $s \in S$, 令

$$V_s = X \setminus \bigcup\{F \in \mathcal{F} : F \bigcap A_s = \varnothing\}.$$

由引理 7.5.1(1) 知 V_s 是 X 的开集. 又, $V_s \supset A_s$ 且对任意的 $F \in \mathcal{F}$, $F \bigcap V_s = \varnothing$ 当且仅当 $F \bigcap A_s = \varnothing$. 因此, $\mathcal{V} = \{V_s : s \in S\}$ 是 X 的开覆盖. 进一步, 由 $\mathcal{F}$ 是 X 的局部有限的闭集族知 $\mathcal{V}$ 也是局部有限的. 事实上, 对任意的 $x \in X$, 选择 $W(x) \in \mathcal{N}(x)$, 使得

$$\{F \in \mathcal{F} : F \bigcap W(x) \neq \varnothing\} = \{F_1, F_2, \cdots, F_n\}$$

是有限集. 则 $W(x) \subset \bigcup\limits_{i=1}^{n} F_i$. 又由前述, 对任意的 i,

$$S_i = \{s \in S : V_s \bigcap F_i \neq \varnothing\} = \{s \in S : A_s \bigcap F_i \neq \varnothing\}$$

是有限集. 故

$$\{s \in S : V_s \bigcap W(x) \neq \varnothing\} \subset \bigcup\limits_{i=1}^{n} S_i$$

是有限集. 最后, 对任意的 $s \in S$, 存在 $U_s \in \mathcal{U}$ 使得 $U_s \supset A_s$, 则容易验证

$$\{V_s \bigcap U_s : s \in S\}$$

是 $\mathcal{U}$ 的局部有限的开加细. □

最后, 我们给出仿紧空间的第三类特征定理. 我们需要先给出两个定义.

定义 7.5.3 设 $\mathcal{A}$ 是 X 的一个子集族, 对集合 $M \subset X$, 令

$$\mathrm{st}(M, \mathcal{A}) = \bigcup \{A \in \mathcal{A} : A \cap M \neq \varnothing\}.$$

称 $\mathrm{st}(M, \mathcal{A})$ 为集合 M 关于集族 $\mathcal{A}$ 的**星集**. 对于 $x \in X$, 令

$$\mathrm{st}(x, \mathcal{A}) = \mathrm{st}(\{x\}, \mathcal{A}) = \bigcup \{A \in \mathcal{A} : x \in A\}.$$

称 $\mathrm{st}(x, \mathcal{A})$ 为点 x 关于集族 $\mathcal{A}$ 的**星集**.

对于 X 的两个覆盖 $\mathcal{A}, \mathcal{B}$, 如果对任意的 $A \in \mathcal{A}$, 存在 $B \in \mathcal{B}$, 使得 $\mathrm{st}(A, \mathcal{A}) \subset B$, 则称 $\mathcal{A}$ 为 $\mathcal{B}$ 的**星加细**, 记作 $\mathcal{A} \prec^* \mathcal{B}$. 如果对任意 $x \in X$, 存在 $B \in \mathcal{B}$, 使得 $\mathrm{st}(x, \mathcal{A}) \subset B$, 则称 $\mathcal{A}$ 是 $\mathcal{B}$ 的**重心加细**, 记作 $\mathcal{A} \prec \mathcal{B}$. 若 X 是拓扑空间, 则可定义**开重心加细**和**开星加细**.

我们有下面的定理.

定理 7.5.6 设 X 是正则空间, 则下面条件等价:

(a) X 是仿紧的;

(b) X 的每一个开覆盖都存在开重心加细;

(c) X 的每一个开覆盖都存在开星加细;

(d) X 的每一个开覆盖都存在开 σ-离散的加细.

证明 (a)$\Rightarrow$(b). 设 $\mathcal{U}$ 是 X 的开覆盖, 则由定理 7.5.5 知 $\mathcal{U}$ 存在局部有限的闭加细 $\mathcal{F}$. 现在定义映射 $\varphi : \mathcal{F} \to \mathcal{U}$ 使得对任意的 $F \in \mathcal{F}$, 有 $\varphi(F) \supset F$. 对任意的 $x \in X$, 令

$$V_x = \bigcap_{F \ni x} \varphi(F) \setminus \bigcup \{F \in \mathcal{F} : F \not\ni x\}.$$

由于 $\mathcal{F}$ 是局部有限的, 故上式的等号右边中的前面一项是有限个开集之交, 后面一项是局部有限的闭集族之并, 因此 V_x 是开集且显然 $x \in V_x$. 故 $\mathcal{V} = \{V_x : x \in X\}$ 是 X 的开覆盖. 又, 对任意的 $y \in X$, 选择 $F_y \in \mathcal{F}$ 使得 $y \in F_y$. 则对任意的 $x \in X$, 若 $y \in V_x$, 则 $x \in F_y$, 故 $V_x \subset \varphi(F_y)$. 因此

$$\mathrm{st}(y, \mathcal{V}) = \bigcup \{V_x : y \in V_x\} \subset \varphi(F_y) \in \mathcal{U}.$$

由此知 $\mathcal{V}$ 是 $\mathcal{U}$ 的重心加细.

(b)$\Rightarrow$(c). 这个结论是下面纯集合论结论的推论.

(*) 若 $\mathcal{A}, \mathcal{B}, \mathcal{C}$ 是集合 X 的覆盖且 $\mathcal{A} \prec \mathcal{B} \prec \mathcal{C}$. 则 $\mathcal{A} \prec^* \mathcal{C}$.

下面我们证明这个结论. 为此, 我们需要证明, 对任意的 $A_0 \in \mathcal{A}$, 存在 $C \in \mathcal{C}$ 使得

$$\mathrm{st}(A_0, \mathcal{A}) \subset C. \tag{7-6}$$

显然, 我们可以假定 $A_0 \neq \varnothing$. 首先

$$
\begin{aligned}
\mathrm{st}(A_0, \mathcal{A}) &= \bigcup\{A \in \mathcal{A} : A \textstyle\bigcap A_0 \neq \varnothing\} \\
&= \bigcup_{x \in A_0} \bigcup\{A \in \mathcal{A} : x \in A\} \\
&= \bigcup_{x \in A_0} \mathrm{st}(x, \mathcal{A})
\end{aligned}
$$

选择 $x_0 \in A_0$. 由于 $\mathcal{A} \prec \mathcal{B}$, 故对任意的 $x \in A_0$, 存在 $B_x \in \mathcal{B}$, 使得 $\mathrm{st}(x, \mathcal{A}) \subset B_x$. 特别地, $B_x \supset A_0 \ni x_0$. 故由上式知

$$
\mathrm{st}(A_0, \mathcal{A}) \subset \bigcup_{x \in A_0} B_x \subset \mathrm{st}(x_0, \mathcal{B}).
$$

又, 由于 $\mathcal{B} \prec \mathcal{C}$, 所以存在 $C \in \mathcal{C}$ 使得 $\mathrm{st}(x_0, \mathcal{B}) \subset C$. 由此知 C 满足式 (7-6).

(c)$\Rightarrow$ (d). 设 $\mathcal{U}$ 是 X 的开覆盖, 由良序公理 (定理 1.4.1), 我们可以假设 $\mathcal{U} = \{U_\xi : \xi < \alpha\}$. 由 (c), 存在 X 的开覆盖列 $\{\mathcal{U}_i : i = 1, 2, \cdots\}$, 使得

$$
\cdots \prec^* \mathcal{U}_{i+1} \prec^* \mathcal{U}_i \prec^* \cdots \prec^* \mathcal{U}_1 \prec^* \mathcal{U}.
$$

现在对任意的 $\xi < \alpha$ 及 $i = 1, 2, \cdots$, 令

$$
U_{\xi,i} = \{x \in X : \text{存在 } V \in \mathcal{N}(x) \text{ 使得 } \mathrm{st}(V, \mathcal{U}_i) \subset U_\xi\}.
$$

则对任意的 $i \geq 1$, $\{U_{\xi,i} : \xi < \alpha\}$ 是 X 的开覆盖. 进一步, 令

$$
V_{\xi,i} = U_{\xi,i} \setminus \mathrm{cl} \bigcup_{\eta < \xi} U_{\eta,i+1}.
$$

显然 $V_{\xi,i}$ 是开集, 进一步, 我们有下面的事实.

事实 1. 对任意的 $x \in U_{\xi,i}, y \notin U_{\xi,i+1}$, 不存在 $U \in \mathcal{U}_{i+1}$, 使得 $x, y \in U$.

否则, 设存在这样的 $U \in \mathcal{U}_{i+1}$. 则存在 $W \in \mathcal{U}_i$, 使得 $\mathrm{st}(U, \mathcal{U}_{i+1}) \subset W$. 那么, 由 $x \in U_{\xi,i}$ 知, $W \subset \mathrm{st}(x, \mathcal{U}_i) \subset U_\xi$. 于是 $\mathrm{st}(U, \mathcal{U}_{i+1}) \subset U_\xi$. 由 $U_{\xi,i+1}$ 的定义知 $U \subset U_{\xi,i+1}$. 这与 $y \in U$ 但 $y \notin U_{\xi,i+1}$ 矛盾.

事实 2. 对任意的 $i \geq 1$, $\mathcal{V}_i = \{V_{\xi,i} : \xi < \alpha\}$ 是 X 的离散集族.

设 $\eta < \xi < \alpha$. 对任意的 $x \in V_{\eta,i}, y \in V_{\xi,i}$. 由定义知, $x \in U_{\eta,i}, y \notin U_{\eta,i+1}$. 所以由事实 1 知不存在 $\mathcal{U}_{i+1}$ 中成员同时包含 x, y. 由 x, y 的任意性知 $\mathcal{U}_{i+1}$ 中每个成员最多与 $\mathcal{V}_i$ 中的一个成员相交. 由于 $\mathcal{U}_{i+1}$ 是 X 的开覆盖. 故事实 2 成立.

事实 3. $\{V_{\xi,i} : \xi < \alpha, i = 1, 2, \cdots\}$ 是 X 的开覆盖.

设 $x \in X$, 令

$$
\xi(x) = \min\left\{\xi < \alpha : x \in \bigcup_{i=1}^{\infty} U_{\xi,i}\right\}.
$$

选择 $i(x) \geqslant 1$ 使得 $x \in U_{\xi(x),i(x)}$. 我们证明这时必有 $x \in V_{\xi(x),i(x)}$. 由于对任意的 $\eta < \xi(x), x \notin U_{\eta,i(x)+2}$, 故由事实 1 不难证明

$$\mathrm{st}(x,\mathcal{U}_{i(x)+2})\bigcap \bigcup_{\eta<\xi(x)} U_{\eta,i(x)+1} = \varnothing.$$

故 $x \notin \mathrm{cl} \bigcup_{\eta<\xi(x)} U_{\eta,i(x)+1}$. 由定义 $x \in V_{\xi(x),i(x)}$.

综合事实 2, 事实 3 知 (d) 成立.

(d)$\Rightarrow$ (a) 由定理 7.5.5 得到. $\qquad\square$

关于仿紧性的运算性质见本节的练习.

练 习 7.5

7.5.A. 证明仿紧空间的 F_σ-子空间是仿紧空间. 紧空间的开子空间可以不是仿紧的, 见练习 7.6.B.

7.5.B. 证明 Sorgenfrey 线 R_l 是仿紧的, 但是, R_l^2 不是仿紧的.

7.5.C. 举例说明可度量化空间的连续像可以不是仿紧的, 甚至可度量化空间的开连续像也可以不是仿紧的, 利用练习 7.6.B 证明之. 但是, 仿紧的闭连续像一定是仿紧的, 此结论称为 **Michael 定理**, 证明比较困难 (见 [4] 中的 5.1.33 Theorem).

7.5.D. 如果空间 X 的所有子空间都是仿紧的, 那么, 我们称 X 是**遗传仿紧空间**. 证明可度量化空间是遗传仿紧空间. 证明空间 X 是遗传仿紧空间当且仅当 X 的所有开子空间都是仿紧的.

7.6 度量化定理

给出可度量化拓扑空间的刻画是一般拓扑学最重要的研究课题之一, 这一类的定理一般被称为度量化定理. 直到现在仍有学者探讨这个问题, 给出新的度量化定理. 定理 7.4.4 建立了可分可度量化定理, 本节将给出几个经典的一般度量化定理.

定理 7.6.1 (Nagata-Smirnov-Bing 度量化定理) 设 X 是正则空间, 则下列条件等价:

(a) X 是可度量化的;

(b) X 有 σ-局部有限的基;

(c) X 有 σ-离散的基.

证明 (a)$\Rightarrow$(c) 由推论 7.5.1 得到. (c)$\Rightarrow$(b) 是显然的, 下面我们证明 (b)$\Rightarrow$(a).

设 $\mathcal{B} = \bigcup\limits_{n=1}^{\infty} \mathcal{B}_n$ 是 X 的基, 其中 $\mathcal{B}_n$ 是局部有限的. 为证明 (a) 成立, 先证明以下事实:

事实 1. X 的每一个开集都是 F_σ-集.

设 U 是 X 的开集. 对任意的 $x \in U$, 则由 X 是正则的及 $\mathcal{B}$ 是 X 的基知存在 $i(x) \in \mathbb{N}$ 和 $U(x) \in \mathcal{B}_{i(x)}$ 使得 $x \in U(x) \subset \mathrm{cl}\, U(x) \subset U$. 令

$$U_n = \bigcup \{ U(x) : i(x) = n \}.$$

则 $\bigcup\limits_{n=1}^{\infty} U_n = U$. 由于 $\mathcal{B}_n$ 是局部有限的, 由引理 7.5.1(1) 知

$$\mathrm{cl}\, U_n = \bigcup_{n=1}^{\infty} \{ \mathrm{cl}\, U(x) : i(x) = n \} \subset U.$$

于是

$$U = \bigcup_{n=1}^{\infty} U_n = \bigcup_{n=1}^{\infty} \mathrm{cl}\, U_n$$

是 F_σ-集.

事实 2. X 是正规空间.

设 E, F 是 X 中两个不相交的闭集. 由事实 1 及其证明知, 存在开集列 $(U_n)_n$ 及 $(V_n)_n$, 使得

$$F \subset X \setminus E = \bigcup_{n=1}^{\infty} U_n = \bigcup_{n=1}^{\infty} \mathrm{cl}\, U_n,$$

$$E \subset X \setminus F = \bigcup_{n=1}^{\infty} V_n = \bigcup_{n=1}^{\infty} \mathrm{cl}\, V_n.$$

现在对任意的 n, 令

$$G_n = U_n \setminus \bigcup_{i \leqslant n} \mathrm{cl}\, V_n, \quad H_n = V_n \setminus \bigcup_{i \leqslant n} \mathrm{cl}\, U_n,$$

则 G_n, H_n 是 X 中的开集且

$$F \subset \bigcup_{n=1}^{\infty} G_n, \quad E \subset \bigcup_{n=1}^{\infty} H_n, \quad \bigcup_{n=1}^{\infty} G_n \bigcap \bigcup_{n=1}^{\infty} G_n = \varnothing.$$

故 X 是正规的.

事实 3. 对 X 中的每一个开集 U, 存在连续映射 $f \colon X \to \mathbf{I}$, 使得 $f^{-1}((0,1]) = U$.

利用上述事实 2 和 Urysohn 引理 (定理 7.2.5), 仿照推论 2.7.3 可得之, 细节留给读者. 这个就是我们当时为什么对推论 2.7.3 给出了一个不太自然的复杂证明的原因.

现在我们利用上述三个事实构造 X 上的度量 d 使得 $\mathcal{T}_d = \mathcal{T}$, 这里 $\mathcal{T}$ 是 X 上的拓扑. 对任意固定的 n 和任意的 $B \in \mathcal{B}_n$, 利用事实 3, 存在连续映射 $f_B : X \to \mathbf{I}$, 使得

$$f_B^{-1}((0,1]) = B.$$

则对任意的 $x \in X$, 存在 x 的开邻域 $N(x)$ 使得

$$K(x) = \{B \in \mathcal{B}_n : \ 存在 \ z \in N(x) \ 使得 \ f_B(z) \neq 0\}$$

是有限集. 故可定义下面的函数 $f_n : X \times X \to \mathbb{R}^+$ 且它是连续的:

$$f_n(x,y) = \sum_{B \in \mathcal{B}_n} |f_B(x) - f_B(y)|.$$

进一步, 定义 $d : X \times X \to \mathbb{R}^+$ 为

$$d(x,y) = \sum_{n=1}^{\infty} \frac{1}{2^n} \min\{1, f_n(x,y)\}.$$

则 $d : (X,\mathcal{T}) \times (X,\mathcal{T}) \to \mathbb{R}$ 有定义且是连续的. 现在证明 d 是 X 上的一个度量且 $\mathcal{T}_d = \mathcal{T}$.

由定义知 d 是对称的且满足三角不等式. 现在设 $x \neq y$, 则因为 $\mathcal{B}$ 为 X 的基, 存在 n 及 $B \in \mathcal{B}_n$ 使得 $x \in B$ 而 $y \notin B$. 故 $f_B(x) > 0, f_B(y) = 0$. 由此知

$$d(x,y) \geqslant \frac{1}{2^n} f_B(x) > 0.$$

因此, d 是正定的. 故 d 是 X 上的度量.

由于 $d : (X,\mathcal{T}) \times (X,\mathcal{T}) \to \mathbb{R}$ 是连续的, 由引理 5.2.1 的拓扑版知 $\mathcal{T}_d \subset \mathcal{T}$. 现在设 $U \in \mathcal{T}, x \in U$, 则存在 n 及 $B \in \mathcal{B}_n$ 使得 $x \in B \subset U$. 那么 $f_B(x) > 0$ 且对于任意的 $y \notin B, f_B(y) = 0$. 从而

$$d(x,y) \geqslant \frac{1}{2^n} f_B(x) > 0.$$

因此, 当 $d(x,z) < \frac{1}{2^n} f_B(x)$ 时, 有

$$z \in B \subset U.$$

即

$$B_d\left(x, \frac{1}{2^n} f_B(x)\right) \subset B \subset U.$$

由此证明了 $U \in \mathcal{T}_d$. 所以 $\mathcal{T}_d = \mathcal{T}$. □

为了给出更多的度量化定理, 我们先介绍三个概念.

定义 7.6.1   设 X 是拓扑空间, $(\mathcal{W}_i)_i$ 是 X 的开覆盖列. 若对任意的 $x \in X$ 及任意的 $U \in \mathcal{N}(x)$, 存在 i 使得 $\mathrm{st}(x, \mathcal{W}_i) \subset U$, 则称 $(\mathcal{W}_i)_i$ 是 X 的一个**展开**; 若对任意的 $x \in X$ 及任意的 $U \in \mathcal{N}(x)$, 存在 $V \in \mathcal{N}(x)$ 及 i 使得 $\mathrm{st}(V, \mathcal{W}_i) \subset U$, 则称 $(\mathcal{W}_i)_i$ 是 X 的一个**强展开**.

显然, 强展开开覆盖列一定是展开开覆盖列. 进一步, 开覆盖列 $(\mathcal{W}_i)_i$ 是 X 的一个展开当且仅当对任意 $x \in X$, $\{\mathrm{st}(x, \mathcal{W}_i) : i = 1, 2, \cdots\}$ 是 X 在点 x 的邻域基.

定义 7.6.2   设 X 是 Hausdorff 空间, 若对于 X 中任意离散的闭集族 $\{F_s : s \in S\}$ 存在离散的开集族 $\{U_s : s \in S\}$ 使得 $F_s \subset U_s$, 则称 X 是**族正规的拓扑空间**.

族正规空间一定是正规的, 但反之不真. 例子比较困难, 读者可参见文献 [4] 中的 5.1.23 Bing's Example.

定理 7.6.2   设 X 是 Hausdorff 空间, 则 X 是族正规的当且仅当对于 X 的任意离散闭集族 $\{F_s : s \in S\}$ 存在两两不相交的开集族 $\{U_s : s \in S\}$, 使得对任意的 $s \in S$ 有 $F_s \subset U_s$.

证明   我们仅需证明充分性. 首先由定理中的条件可以证明 X 是正规的. 现在设 $\{F_s : s \in S\}$ 是 X 的离散闭集族, 则由假定存在两两不相交的开集族 $\{U_s : s \in S\}$ 满足对任意的 $s \in S$, 有 $F_s \subset U_s$. 令

$$A = \bigcup_{s \in S} F_s, \ B = X \setminus \bigcup_{s \in S} U_s.$$

则 A, B 是 X 中不相交的闭集, 故存在不相交的开集 U, V 使得 $A \subset U, B \subset V$. 现在对任意的 $s \in S$, 令 $V_s = U_s \bigcap U$. 则对任意的 $s \in S$ 有 $F_s \subset V_s$ 且 $\{V_s : s \in S\}$ 是离散的. $\qquad \square$

定理 7.6.3   度量空间是族正规的.

证明   设 (X, d) 是度量空间, $\mathcal{F} = \{F_s : s \in S\}$ 是 X 的离散闭集族. 则对任意的 $x \in X$, 存在 $\varepsilon(x) > 0$, 使得 $B(x, \varepsilon(x))$ 最多与 $\mathcal{F}$ 中一个成员相交. 对 $s \in S$, 令

$$U_s = \bigcup \left\{ B\left(x, \frac{1}{2}\varepsilon(x)\right) : x \in F_s \right\}.$$

则 U_s 是 X 中的开集且 $U_s \supset F_s$. 显然, $\{U_s : s \in S\}$ 是两两不相交的开集族. 故由定理 7.6.2 知 X 是族正规的. $\qquad \square$

注 7.6.1   事实上, 仿紧空间也是族正规的, 证明比上述定理稍微困难一点, 请读者一试.

我们有下面的 Bing-Moore 度量化定理.

定理 7.6.4 (Bing-Moore 度量化定理)   设 X 是 Hausdorff 空间. 则下列条件等价:

(a) X 是可度量化的;

(b) X 是族正规的且有一个展开;

(c) X 有一个强展开.

证明 (a)$\Rightarrow$(c). 若 d 为空间 X 上一个度量, 对 $i = 1, 2, \cdots$, 令

$$\mathcal{W}_i = \left\{ B\left(x, \frac{1}{i}\right) : x \in X \right\}.$$

则容易验证 $(\mathcal{W}_i)_i$ 是 X 的一个强展开.

(c)$\Rightarrow$(b). 设 X 为满足 (c) 的 Hausdorff 空间, 为了证明 X 也满足 (b), 我们仅需验证 X 是族正规的.

设 $\{F_s : s \in S\}$ 是 X 的离散闭集族, 我们需要定义两两不相交的开集族 $\{U_s : s \in S\}$ 使得对任意的 $s \in S$, $F_s \subset U_s$.

设 $(\mathcal{W}_i)_i$ 是 X 的一个强展开, 则对任意的 $s \in S$ 及 $x \in F_s$, 存在 $V_x \in \mathcal{N}(x)$ 及 $i(x) \in \mathbb{N}$, 使得

$$\mathrm{st}(V_x, \mathcal{W}_{i(x)}) \subset X \setminus \bigcup_{s' \neq s} F_{s'},$$

即

$$\mathrm{st}\left(\bigcup_{s' \neq s} F_{s'}, \mathcal{W}_{i(x)} \right) \bigcap V_x = \varnothing.$$

对 $i \in \mathbb{N}$, 令

$$W_{s,i} = \bigcup \{V_x : x \in F_s, i(x) = i\}.$$

则

$$W_{s,i} \bigcap \mathrm{st}(\bigcup_{s' \neq s} F_{s'}, \mathcal{W}_i) = \varnothing.$$

于是

$$\mathrm{st}(F_s, \mathcal{W}_i) \bigcap (\bigcup_{s' \neq s} W_{s',i}) = \varnothing.$$

从而, 对任意的 $i \in \mathbb{N}$, 有

$$F_s \bigcap \mathrm{cl} \bigcup_{s' \neq s} W_{s',i} = \varnothing.$$

现在对任意的 $s \in S$ 及 $i \in \mathbb{N}$, 令

$$G_{s,i} = W_{s,i} \setminus \bigcup_{j \leqslant i} \mathrm{cl} \bigcup_{s' \neq s} W_{s',j}, \ U_s = \bigcup_{i=1}^{\infty} G_{s,i}.$$

则容易验证 $\{U_s : s \in S\}$ 满足我们的要求.

(b)$\Rightarrow$ (a). 设 $(\mathcal{W}_i)_i$ 是 X 的展开. 首先, 注意到 $\bigcup \mathcal{W}_i$ 是 X 的一个基. 又, 由于 X 是族正规的, 所以 X 是正规的. 其次, 我们将证明 X 是仿紧的. 为此, 设 $\mathcal{U}$

是 X 的开覆盖, 我们构造 $\mathcal{U}$ 的 σ-离散的开加细, 从而由定理 7.5.5 知 X 是仿紧的. 由良序公理 (定理 1.4.1), 设 $\mathcal{U} = \{U_\xi : \xi < \alpha\}$. 对 $\xi < \alpha$ 及 $i \in \mathbb{N}$, 令

$$F_{\xi,i} = X \setminus \left(\mathrm{st}(X \setminus U_\xi, \mathcal{W}_i) \bigcup \bigcup_{\eta < \xi} U_\eta \right).$$

显然, $F_{\xi,i}$ 是闭集且 $F_{\xi,i} \subset U_\xi$. 下面我们证明

$$\{F_{\xi,i} : \xi < \alpha, i \in \mathbb{N}\}$$

构成 X 的覆盖. 对 $x \in X$, 选择最小的 $\xi(x) < \alpha$ 使得 $x \in U_{\xi(x)}$, 再选择 $i(x) \in \mathbb{N}$ 使得 $\mathrm{st}(x, \mathcal{W}_{i(x)}) \subset U_\xi$. 则显然有 $x \in F_{\xi(x),i(x)}$. 进一步, $\mathcal{F}_i = \{F_{\xi,i} : \xi < \alpha\}$ 是 X 的离散集族, 这是因为对任意的 $x \in X$, x 的开邻域 $U_{\xi(x)} \bigcap \mathrm{st}(x, \mathcal{W}_i)$ 与 $\mathcal{F}_i \setminus \{F_{\xi(x),i}\}$ 中每一个元素都不相交. 对 $\mathcal{F}_i$ 应用 X 的族正规性, 存在 X 的离散开集族 $\mathcal{U}_i = \{U_{\xi,i} : \xi < \alpha\}$ 使得对任意的 $\xi < \alpha$, 有 $U_\xi \supset U_{\xi,i} \supset F_{\xi,i}$. 则 $\{U_{\xi,i} : \xi < \alpha, i \in \mathbb{N}\}$ 是 $\mathcal{U}$ 的 σ-离散的开加细. 由定理 7.5.5 知, 我们证明了 X 是仿紧的. 最后, 对每个 $\mathcal{W}_i$ 选择局部有限的开加细 $\mathcal{B}_i$, 令 $\mathcal{B} = \bigcup_{i=1}^{\infty} \mathcal{B}_i$, 则 $\mathcal{B}$ 是 X 的基. 事实上, 对任意的 $x \in X$ 及 $U \in \mathcal{N}(x)$, 存在 i 使得 $\mathrm{st}(x, \mathcal{W}_i) \subset U$. 由于 $\mathcal{B}_i$ 是 X 的覆盖, 因此可知存在 $B \in \mathcal{B}_i$ 使得 $x \in B$. 选择 $W \in \mathcal{W}_i$ 使得 $B \subset W$, 则

$$x \in B \subset W \subset \mathrm{st}(x, \mathcal{W}_i) \subset U.$$

由此证明 $\mathcal{B}$ 是 X 的基.

综上所述, X 是正则空间且有 σ-局部有限的基. 由 Nagata-Smirnov-Bing 度量化定理 (定理 7.6.1) 知, X 是可度量化的, 即 (a) 成立. □

我们给出一个最早的度量化定理.

定理 7.6.5　Hausdorff 空间 X 是可度量化的当且仅当 X 存在一个展开 $(\mathcal{W}_i)_i$, 使得对任意的 i,

$$\mathcal{W}_{i+1} \text{中任意相交的两个元素之并包含在 } \mathcal{W}_i \text{ 的一个元素中.} \tag{7-7}$$

证明　设 (X, d) 是度量空间, 令

$$\mathcal{W}_i = \left\{ B\left(x, \frac{1}{2^i}\right) : x \in X \right\}.$$

则 $(\mathcal{W}_i)_i$ 是 X 的一个展开且显然满足 (7-7).

反之, 设 $(\mathcal{W}_i)_i$ 是 X 的一个展开且满足 (7-7). 则 $(\mathcal{W}_i)_i$ 是 X 的强展开. 事实上, 对任意的 $x \in X$ 和任意的 $U \in \mathcal{N}(x)$, 由假设存在 i 使得 $\mathrm{st}(x, \mathcal{W}_i) \subset U$. 现在我们证明

$$x \in \mathrm{st}(\mathrm{st}(x, \mathcal{W}_{i+1}), \mathcal{W}_{i+1}) \subset U.$$

事实上,

$$
\begin{aligned}
&\operatorname{st}(\operatorname{st}(x, \mathcal{W}_{i+1}), \mathcal{W}_{i+1})\\
&= \bigcup\{W \in \mathcal{W}_{i+1} : W \bigcap \operatorname{st}(x, \mathcal{W}_{i+1}) \neq \varnothing\}\\
&= \bigcup\{W \in \mathcal{W}_{i+1} : 存在 W' \in \mathcal{W}_{i+1} 使得 x \in W' 且 W \bigcap W' \neq \varnothing\}.
\end{aligned}
$$

由假设和上式, 有

$$
\operatorname{st}(\operatorname{st}(x, \mathcal{W}_{i+1}) \subset \bigcup\{W'' \in \mathcal{W}_i : x \in W''\} = \operatorname{st}(x, \mathcal{W}_i) \subset U.
$$

故应用定理 7.6.4 知 X 是可度量化的. □

为了第 9 章的应用, 我们还需要下面的定义及定理.

设 X 是 Hausdorff 空间, 若对任意的 $x \in X$, 存在 $U \in \mathcal{N}(x)$, 使得 U 是可度量化的, 则称 X 是**局部可度量化的拓扑空间**. 可度量化空间必是局部可度量化的, 但反之不真, 见练习 7.6.B. 但我们有下面的定理.

定理 7.6.6 若 X 是局部可度量化的仿紧空间, 则 X 是可度量化的.

证明 显然 X 是正则的. 由于 X 是局部可度量化的, 故 X 存在一个开覆盖 $\mathcal{U}$, 使得 $\mathcal{U}$ 中成员是可度量化的. 因为 X 是仿紧的, 令 $\mathcal{V}$ 是 X 的局部有限的开加细. 则对任意的 $V \in \mathcal{V}$, V 也是可度量化的. 令 d_V 是 V 上相容的度量. 现在对任意的 $n \in \mathbb{N}$, 考虑 X 的开覆盖

$$
\mathcal{U}_n = \left\{ B_{d_V}\left(x, \frac{1}{n}\right) : x \in V \in \mathcal{V} \right\},
$$

这里, 对任意的 $t > 0$,

$$
B_{d_V}(x, t) = \{y \in V : d_V(x, y) < t\}.
$$

则 $\mathcal{U}_n$ 是 X 的开覆盖, 从而存在局部有限的开加细 $\mathcal{B}_n$. 令 $\mathcal{B} = \bigcup \mathcal{B}_n$, 则 $\mathcal{B}$ 是 X 的 σ-局部有限的开集族, 由 Nagata-Smirnov-Bing 度量化定理 (定理 7.6.1), 我们仅需证明 $\mathcal{B}$ 是 X 的基. 设 $x \in X, U \in \mathcal{N}(x)$, 由于 $\mathcal{V}$ 是局部有限的, 设 x 仅属于 $\mathcal{V}$ 中成员 $V_1, V_2, \cdots, V_k$. 对任意的 $i \leqslant k$, 选择 $\varepsilon_i > 0$ 使得 $B_{d_{V_i}}(x, \varepsilon_i) \subset V_i \bigcap U$. 再选择 n 充分大使得

$$
\frac{2}{n} \leqslant \min\{\varepsilon_1, \varepsilon_2, \cdots, \varepsilon_k\}.
$$

由于 $\mathcal{B}_n$ 是 $\mathcal{U}_n$ 的开加细, 故存在 $B \in \mathcal{U}_n, V \in \mathcal{V}$ 及 $x' \in V$ 使得

$$
x \in B \subset B_{d_V}\left(x', \frac{1}{n}\right) \subset V.
$$

由此知存在 $i \leqslant k$ 使得 $V = V_i$. 因此, 对任意的 $y \in B_{d_V}\left(x', \dfrac{1}{n}\right)$, 有

$$d_{V_i}(x, y) = d_V(x, y) \leqslant d_V(x, x') + d_V(x', y) < \frac{1}{n} + \frac{1}{n} = \frac{2}{n} \leqslant \varepsilon_i.$$

从而

$$B_{d_V}\left(x', \frac{1}{n}\right) \subset B_{d_{V_i}}(x, \varepsilon_i) \subset U.$$

综上所述知, 对任意的 $x \in X$ 及 $U \in \mathcal{N}(x)$, 存在 $B \in \mathcal{B}_n$, 使得 $x \in B \subset U$. 从而 $\mathcal{B} = \bigcup\limits_{n=1}^{\infty} \mathcal{B}_n$ 是 X 的基. □

我们给出以上度量化定理的一个直接应用.

定理 7.6.7　可度量化空间 X 是紧的充分必要条件是 X 的所有相容度量都是完备的.

证明　必要性由定理 6.1.2 立即得到. 下面我们证明条件是充分的. 为此, 我们仅需要证明每一个非紧的度量空间 X 上都存在非完备的相容度量即可.

由定理 4.1.3, 设 $A = \{a_n\}$ 是非紧度量空间 (X, d) 的无限离散闭集. 取 $p \notin X$, 令 $X^* = X \bigcup \{p\}$. 进一步, 对任意的 $N \in \mathbb{N}$, 令

$$U_N = \{p\} \bigcup \bigcup_{n=N+1}^{\infty} B_d\left(a_n, \frac{1}{N}\right).$$

我们在 X^* 上按照下面方法定义拓扑 $\mathcal{T}$:

$$U \in \mathcal{T} \text{ 当且仅当}$$

要么 U 是 X 的开集

要么 $U \bigcap X$ 是 X 的开集且存在 $N \in \mathbb{N}$ 使得 $U \supset U_N$.

容易验证, $\mathcal{T}$ 是 X^* 上的拓扑, X 是 X^* 的开子空间且 $\{U_N\}$ 是 p 点的邻域基. 又, 由 A 是 X 的离散闭集知, 对任意的 $x \in X$, 存在 $\varepsilon > 0$ 使得 $B_d(x, \varepsilon) \bigcap A \subset \{x\}$. 因此, 存在充分大的 N 使得

$$B_d(x, \varepsilon) \bigcap U_N = \varnothing.$$

利用此和 $\mathcal{T}$ 的定义知 X^* 是 Hausdorff 的. 又, 容易验证

$$\mathrm{cl}_{\mathcal{T}} U_{2N} \subset U_N.$$

所以, $(X^*, \mathcal{T})$ 是正则的. 由定理 7.6.1, 设

$$\mathcal{B} = \bigcup_{n=1}^{\infty} \mathcal{B}_n$$

是 X 的 σ-局部有限的基, 则

$$\mathcal{B}^* = \bigcup_{n=1}^{\infty} \mathcal{B}_n \bigcup \{U_n\}$$

是 $(X^*, \mathcal{T})$ 的 σ-局部有限的基. 所以, 由定理 7.6.1 知 $(X^*, \mathcal{T})$ 是可度量化的.

令 ρ 是 $(X^*, \mathcal{T})$ 的相容度量, 那么 $\rho|X \times X$ 是 X 的非完备的相容度量. 事实上, 因为在 $(X^*, \mathcal{T})$, 序列 (a_n) 收敛于 p, 因此, 它是 $(X, \rho|X \times X)$ 中的 Cauchy 列. 但是它在 $(X, \rho|X \times X)$ 中不收敛.　　　　　　　　　　　　　　　□

推论 7.6.1　度量空间 X 是紧的充分必要条件是 X 是绝对 $\mathcal{F}_0$ 的.

证明　必要性由定理 4.2.2(1) 立即得到. 为证明充分性, 设 X 是非紧的度量空间. 由定理 7.6.7, 存在 X 的非完备的相容度量 ρ. 那么, X 在 (X, ρ) 的完备化空间中不是闭集.　　　　　　　　　　　　　　　　　　　　　　□

练　习　　7.6

7.6.A. 证明仿紧空间是族正规的.

7.6.B. 证明 ω_1 是局部可度量化的但不是可度量化的. 利用此例说明紧空间的开子空间可以不是仿紧的.

7.6.C. 设 X 是可度量化空间, Y 是拓扑空间, $f: X \to Y$ 是连续的开满映射且存在 $k \in \mathbb{N}$, 使得对任意的 $y \in Y$, 有 $|f^{-1}(y)| = k$. 证明 Y 是可度量化空间.

7.6.D. 设 X 是可度量化空间, A 是 X 的紧子集, 证明把 A 捏成一个点的商空间 $[X]$ 是可度量化的. 比较这个结论和练习 7.4.H 你会得到什么结论?

7.6.E. 证明 Hausdorff 空间 X 是可度量化空间的充分必要条件是存在开覆盖列 $(\mathcal{W}_n)$ 使得对任意的紧集 Z 和开集 $U \supset Z$, 存在 n 使得 $\mathrm{st}(Z, \mathcal{W}_n) \subset U$. (提示: 为证明充分性, 首先证明 $(\mathcal{W}_n)$ 是一个展开, 再进一步证明它是强展开, 最后利用定理 7.6.4.)

7.6.F. 设 X 是 Hausdorff 拓扑空间. 如果存在 X 的可数的紧子集族 $\{C_n\}$ 使得 $X = \bigcup_{n=1}^{\infty} C_n$, 则称 X 是 σ-**紧**的. 证明可分度量空间是 σ-紧的当且仅当它是绝对 $\mathcal{F}_1$ 空间.

7.6.G. 设 X 是非紧的可度量化空间. 证明存在无界的连续函数 $f: X \to \mathbb{R}$. (提示: 利用定理 7.6.7.) 证明非紧空间 ω_1 上的每一个连续函数都有界. (提示: 利用练习 7.2.K 和练习 7.3.M 的结果.)

7.7　说　　明

本节我们将逐一说明第 2 章—第 6 章的定义和结论在一般拓扑空间中的表现.

和度量空间区别较大的内容在本章前几节已经说明, 这里新给出的都比较简单, 因此没有提供证明.

成立的结论有: 定理 2.2.2、定理 2.2.7、定理 2.3.2、定理 2.3.5—定理 2.3.8、推论 2.3.1、定理 2.4.5—定理 2.4.7、定理 2.6.1、定理 2.6.3、定理 2.6.4、定理 2.6.7、推论 2.6.1、推论 2.6.3、定理 2.6.8—推论 2.6.4、定理 2.6.11、定理 2.6.12、推论 2.6.6、引理 2.7.2、引理 2.7.3、定理 2.7.4、推论 2.7.8、定理 3.1.1、定理 3.1.2、定理 3.1.4—定理 3.1.9、定理 3.2.1、定理 3.2.2、推论 3.2.1、定理 3.2.3—定理 3.2.6、定理 3.3.1—定理 3.3.3、定理 3.3.5、定理 4.2.2、定理 4.1.1、定理 4.2.4、定理 4.3.3—定理 4.3.5、定理 4.4.2、引理 4.4.2、定理 4.4.4、定理 6.4.2、定理 6.4.4. 定理 4.4.5, 定理 4.4.1 中 (a),(b) 的等价性, 引理 5.2.1 中度量空间 (X, d') 可以改为的拓扑空间 $(X, \mathcal{T})$.

需要附加一定条件才成立的结论: 定理 2.2.4 成立当且仅当 X 是 T_1 空间. 当 X 是 T_1 空间时, 定理 2.3.1 和定理 6.4.1 成立. 当 X 是 Hausdorff 空间时, 定理 2.2.10 成立. 当 Y 是 Hausdorff 空间时, 定理 2.4.3、定理 4.2.1、推论 4.2.3、推论 4.2.4 成立. 当 X 是正规空间时, 定理 2.4.2、定理 2.7.1、定理 2.7.3、推论 2.7.4、推论 2.7.6、推论 2.7.7、推论 3.1.2 成立. 当 X 是第一可数空间时, 定理 2.2.11、定理 2.2.12、定理 2.3.3 成立. 假定 X 为 T_1 空间, 则定理 6.4.1 成立. 假定 X 为 Baire 拓扑空间, Y 为度量空间, 则定理 6.4.7 成立.

需要变形才成立的结论: 定理 2.4.2 的变形见定理 7.1.2, 定理 2.7.1 的变形见定理 7.2.5, 定理 2.7.3 的变形见定理 7.2.6, 定理 4.1.3 的变形见定理 7.3.1, 定理 4.2.3 的变形见定理 7.3.2(6), 定理 5.1.2~ 定理 5.1.5 等结论的变形见定理 7.4.1, 定理 5.2.1 的变形见定理 7.4.4, 推论 5.2.3 的变形见定理 7.3.8.

不再成立的结论: 定理 2.6.5、引理 2.7.1、推论 2.7.3、定理 4.1.2、推论 4.1.1、引理 4.4.1、定理 4.4.3、定理 4.6.1、定理 5.1.1—定理 5.1.4、推论 5.1.1、推论 5.2.1、定理 5.3.2、定理 5.3.3、引理 6.4.1、引理 6.4.2、定理 6.4.5.

其余的结论是一些特定的例子或者度量空间特有的结论, 拓扑空间中没有对应的论断.

练　习　7.7

7.7.A. 检查第 2 章—第 6 章练习中哪些结论在一般拓扑空间中成立, 哪些结论在一般拓扑空间中不成立.

第8章 Michael 选择定理与 Brouwer 不动点定理

拓扑空间 X 到拓扑空间 Y 的集值映射 $F : X \Rightarrow Y$ 事实上是由 X 到 $P(Y) \backslash \{\varnothing\}$ 的映射 $F : X \to P(Y) \backslash \{\varnothing\}$. Michael 选择定理给出了一个集值映射存在连续选择的条件, 即在什么条件下, 存在连续映射 $f : X \to Y$ 使得对任意的 $x \in X$ 有 $f(x) \in F(x)$ 成立. Dugundji 扩张定理断言 Banach 空间中的凸集有绝对扩张性质. 这两个定理除了在拓扑学中的价值外, 在分析学和集值分析学中也非常重要, 也体现了仿紧性的应用. Brouwer 不动点定理肯定了对任意的 $n \in \mathbb{N}$, 空间 $\mathbf{I}^n$ 有不动点性质, 即任意由 $\mathbf{I}^n$ 到自身的连续映射都有不动点. 这个定理是拓扑学中的最重要定理之一. 本章将给出以上 3 个重要结论的证明和应用.

8.1 线 性 空 间

本节将介绍线性空间的一些基本概念和结果, 特别是证明 Banach 空间的开映射定理. 我们选择的材料仅仅是考虑到我们自己在几个地方的应用, 关于线性空间、Banach 空间、Hilbert 空间的系统讨论, 读者请参考相应的标准教科书, 例如, [15], [19].

回忆下面的定义.

定义 8.1.1 实数域 $\mathbb{R}$ 上的**向量空间**V 是指给定集合 V 及 V 的一个二元运算**加法**+ 及 $\mathbb{R} \times V$ 到 V 的运算**数乘**. 满足以下性质:

性质 1.$(V, +)$ 构成一个 **Abel 群**, 即对任意的 $a, b, c \in V$, 下面的性质成立:

(i) **结合律**: $(a + b) + c = a + (b + c)$;

(ii) 0 **元的存在性**: 存在元素 $0 \in V$ 满足对任意的 $a \in V$, $a + 0 = 0 + a = a$;

(iii) **负元存在性**: 对任意的 $a \in V$, 存在**负元**$-a$ 使得 $a + (-a) = (-a) + a = 0$;

(iv) **交换律**: $a + b = b + a$.

性质 2. 数乘 · 满足如下性质:

(v) 对任意的 $a \in V$, $1 \cdot a = a$;

(vi) 对任意的 $s, t \in \mathbb{R}$ 和任意的 $a \in V$, $s \cdot (t \cdot a) = (s \cdot t) \cdot a$.

性质 3. 加法 + 和数乘 · 满足分配律, 即

(vii) 对任意的 $a, b \in V$, 对任意的 $s \in \mathbb{R}$, $s \cdot (a + b) = s \cdot a + s \cdot b$;

(viii) 对任意的 $s, t \in \mathbb{R}$, 对任意的 $a \in V$, $(s+t) \cdot a = s \cdot a + t \cdot a$.

我们仅考虑实数域上的向量空间. 像通常一样, 数乘运算符号 $\cdot$ 经常被省略.

设 V 是向量空间, $L \subset V$, 若 $(L, +, \cdot)$ 也是向量空间 (即 L 对 $+$ 和 $\cdot$ 封闭), 则称 L 是 V 的**向量子空间**, 记作 $L \lhd V$.

容易证明, 对任意的集合 $A \subset V$,

$$L(A) = \left\{ \sum_{i=1}^{n} s_i \cdot a_i : a_i \in A, s_i \in \mathbb{R}, n = 1, 2, \cdots \right\}$$

构成 V 的向量子空间, 且 $L(A)$ 是包含 A 的 V 的最小向量子空间, 称之为**由 A 生成的向量子空间**. 若 A 是 V 的子集且对任意的 $a, b \in A$, 对任意的 $s \in \mathbf{I}$, 有 $(1-s)a + sb \in A$, 则称 A 为 V 的**凸子集**. 容易验证, 任意多个凸子集的交还是凸集. 从而, 对 V 中任意子集 A, 都存在包含 A 的最小凸集 $\langle A \rangle$, 称之为 A 的**凸包**, 不难证明

$$\langle A \rangle = \left\{ \sum_{i=1}^{n} s_i \cdot a_i : a_i \in A, s_i \in \mathbf{I}, \sum_{i=1}^{n} s_i = 1 \text{ 且 } n = 1, 2, \cdots \right\}.$$

在一个向量空间中, 我们一般用 $a - b$ 表示 $a + (-b)$. 设 $A \subset V$, 若对任意的 $a \in A$, 有 $-a \in A$, 则称 A 为 V 中的**对称集**. 对于 $A, B \subset V, r \in \mathbb{R}$, 令

$$A + B = \{a + b : a \in A, b \in B\}, \quad rA = \{r \cdot a : a \in A\}.$$

当 $A = \{a\}$ 时, $A + B$ 被记为 $a + B$.

定义 8.1.2　设 V 是向量空间, $F = \{x_1, x_2, \cdots, x_n\} \subset V$. 若对任意的 $x \in V$, 都存在实数 $\lambda_1, \lambda_2, \cdots, \lambda_n$ 使得 $x = \sum_{i=1}^{n} \lambda_i x_i$, 则称 F 可以**线性表示** V, 满足这样条件的 F 的最少个数称为向量空间 V 的**维数**. 我们用 $\dim V$ 表示向量空间 V 的维数. 如果这样的 F 不存在, 则称向量空间 V 是**无限维向量空间**.

定义 8.1.3　设 E, F 是向量空间, $f : E \to F$, 若对任意的 $x, y \in E, a, b \in \mathbb{R}$ 有

$$f(ax + by) = af(x) + bf(y),$$

则称 f 是**线性映射**. 进一步, 如果 f 还是一一对应, 则称 f 是**向量空间 E 到向量空间 F 的同构**; 如果存在这样的 f, 则称**向量空间 E, F 同构**.

按照通常的加法 $+$ 和数乘 $\cdot$, $\mathbb{R}^n$ 是向量空间而且有下面的结论.

定理 8.1.1　对于向量空间 V, $\dim V = n$ 当且仅当 V 与 $\mathbb{R}^n$ 同构.

证明　请参考一般的高等代数或线性代数教科书, 例如, [2].　　　　□

定义 8.1.4　设 L 是向量空间, $\mathcal{T}$ 是 L 上的一个 T_3 拓扑且使得 $+ : L \times L \to L$ 及数乘 $\cdot : \mathbb{R} \times L \to L$ 是连续的, 这里 $\mathbb{R}$ 上赋予通常拓扑, 则称对 $(L, \mathcal{T})$ 是**线性空**

间. 当 $(X,\mathcal{T})$ 是可度量化的时, 则称线性空间 $(L,\mathcal{T})$ 是**可度量化线性空间**. $(L,\mathcal{T})$ 经常被简记为 L.

大多数线性代数的教科书往往把"线性空间"和"向量空间"视为相同的概念. 但是, 在本书中二者是不同的.

我们有下面线性空间的简单性质, 证明留给读者:

定理 8.1.2 令 L 是线性空间, U 是 0 点的邻域, 则存在 0 点的对称邻域 V 使得

$$V + V = \{x + y : x, y \in V\} \subset U.$$

相对于一般拓扑空间的度量化定理, 线性空间的度量化定理有下面非常简单的一个陈述, 但其证明需要一般拓扑空间的度量化定理.

定理 8.1.3 令 L 是线性空间, 则 L 可度量化的充分必要条件为 L 是第一可数的, 或者等价地, L 在 0 点有可数的邻域基.

证明 因为度量空间一定是第一可数的, 特别地, L 在 0 点有可数的邻域基, 所以, 必要性得证. 反之, 设 L 在 0 点有可数的邻域基, 那么由定理 8.1.2, 用数学归纳法容易构造 0 点的可数邻域基 $\{U_n : n \in \mathbb{N}\}$, 使得对任意的 $n \in \mathbb{N}$, U_n 是对称的且

$$U_{n+1} + U_{n+1} + U_{n+1} \subset U_n.$$

对任意的 $x_0 \in L$, 平移映射 $x_0 + \cdot : L \to L$ 是 L 到 L 的同胚, 因此,

$$\{x_0 + U_n : n \in \mathbb{N}\}$$

是 L 在 x_0 点的可数邻域基. 所以, L 是第一可数的. 令

$$\mathcal{W}_n = \{x + U_n : x \in L\}.$$

那么 $\{\mathcal{W}_n, n \in \mathbb{N}\}$ 是 L 的开覆盖列, 下面我们证明它是 L 的强展开, 从而由定理 7.6.4 知 L 是可度量化的. 设 $x_0 \in L$, U 是 x_0 点的开邻域, 则存在 n 使得 $x_0 + U_n \subset U$. 下面我们仅需证明

$$\mathrm{st}(x_0 + U_{n+1}, \mathcal{W}_{n+1}) \subset x_0 + U_n.$$

设 $(x + U_{n+1}) \bigcap (x_0 + U_{n+1}) \neq \varnothing$. 那么存在 $a, b \in U_{n+1}$ 使得 $x + a = x_0 + b$. 因此,

$$\begin{aligned}
&x + U_{n+1}\\
&= x_0 + b - a + U_{n+1}\\
&\subset x_0 + U_{n+1} + U_{n+1} + U_{n+1}\\
&\subset x_0 + U_n.
\end{aligned}$$

所以

$$\mathrm{st}(x_0 + U_{n+1}, \mathcal{W}_{n+1})$$
$$= \bigcup \{x + U_{n+1} : (x + U_{n+1}) \bigcap (x_0 + U_{n+1}) \neq \varnothing\}$$
$$\subset x_0 + U_n.$$

□

定义 8.1.5　向量空间 V 上的一个**范数** $\|\cdot\|$ 是指满足下面条件的一个映射 $\|\cdot\| : V \to \mathbb{R}^+ = [0, +\infty)$，对任意的 $x, y \in V$，对任意的 $t \in \mathbb{R}$:

(i) **正定性:** $\|x\| = 0$ 当且仅当 $x = 0$;

(ii) **数乘性质:** $\|t \cdot x\| = |t| \cdot \|x\|$;

(iii) **三角不等式:** $\|x + y\| \leqslant \|x\| + \|y\|$.

容易验证当 $\|\cdot\|$ 是向量空间 V 上一个范数时，下面定义的 $d : V \times V \to \mathbb{R}^+$ 是 V 上的度量，

$$d(x, y) = \|x - y\|,$$

称之为由**范数** $\|\cdot\|$ **导出的度量**. 由范数的性质可以看出，在这个度量下，加法 + 和数乘 · 是连续的. 也就是说，如果 $\mathcal{T}_d$ 是这个度量导出的拓扑，则 $(V, \mathcal{T}_d)$ 是线性空间，因此，我们称 $(V, \|\cdot\|)$ 为**赋范线性空间**. 当 $\|\cdot\|$ 导出的度量是完备的时，我们称 $(V, \|\cdot\|)$ 为 **Banach 空间**.

对于线性空间 $(V, \mathcal{T})$，若存在 V 上的一个范数 $\|\cdot\|$，使得由 $\|\cdot\|$ 在 V 上导出的拓扑 (即 $\|\cdot\|$ 导出的度量导出的拓扑) 恰好为 $\mathcal{T}$，则称 $(V, \mathcal{T})$ 是**可赋范线性空间**. 下面分别给出一个 Banach 空间和一个不可赋范的线性空间的例子.

例 8.1.1　令 X 是 Tychonoff 空间，$C^B(X)$ 表示 X 到 $\mathbb{R}$ 的实值有界连续函数全体，在通常的加法和数乘下是向量空间. 进一步，对任意的 $f \in C^B(X)$，令

$$\|f\| = \sup\{|f(x)| : x \in X\}.$$

则由定理 6.1.9 知 $(C^B(X), \|\cdot\|)$ 是 Banach 空间. 一般，我们称 $C^B(X)$ 上的这个范数为**上确界范数**. 作为度量空间，我们已经多次用过这个空间.

例 8.1.2　$\mathbb{R}^{\mathbb{N}}$ 在通常的点态加法和数乘下为向量空间且赋予乘积拓扑是可分可度量化线性空间，但 $\mathbb{R}^{\mathbb{N}}$ 不是可赋范线性空间. 事实上，若 $\|\cdot\|$ 是 $\mathbb{R}^{\mathbb{N}} = \prod_{i \in \mathbb{N}} \mathbb{R}_i$ 上一个范数且导出乘积拓扑，则存在有限集 $A \subset \mathbb{N}$ 及 $\varepsilon > 0$，使得

$$0 \in \prod_{i \in A} (-\varepsilon, \varepsilon)_i \times \prod_{i \in \mathbb{N} \setminus A} \mathbb{R}_i \subset B(0, 1), \tag{8-1}$$

这里 $B(0, 1)$ 表示 $\|\cdot\|$ 导出度量下以 0 点为中心以 1 为半径的球. 定义 $a \in R^{\mathbb{N}}$ 为

$$a(i) = \begin{cases} 0 & \text{如果 } i \in A, \\ 1 & \text{如果 } i \in \mathbb{N} \setminus A. \end{cases}$$

则对任意的 $M \in \mathbb{R}$, 有

$$M \cdot a \in \prod_{i \in A}(-\varepsilon, \varepsilon)_i \times \prod_{i \in \mathbb{N} \backslash A} \mathbb{R}_i.$$

但 $\|M \cdot a\| = |M| \cdot |a|$. 故存在充分大的 M 使得 $\|M \cdot a\| > 1$. 因此, $M \cdot a \notin B(0, 1)$. 矛盾于式 (8-1).

下面我们定义内积空间和 Hilbert 空间.

定义 8.1.6 设 V 是向量空间, $\langle \cdot, \cdot \rangle : V \times V \to \mathbb{R}$ 是一个映射且满足如下条件:

(i) **交换律:** 对任意的 $x, y \in V$, $\langle x, y \rangle = \langle y, x \rangle$;

(ii) **数乘性质:** 对任意的 $s \in \mathbb{R}$ 和任意的 $x, y \in V$, $\langle sx, y \rangle = s \langle x, y \rangle$;

(iii) **可加性:** 对任意的 $x, y, z \in V$, $\langle x + y, z \rangle = \langle x, z \rangle + \langle y, z \rangle$;

(iv) **正定性:** 若 $x \in V$, 则 $\langle x, x \rangle \geqslant 0$ 且 $\langle x, x \rangle = 0$ 当且仅当 $x = 0$.

则称 $(V, \langle \cdot, \cdot \rangle)$ 为**内积空间**, $\langle \cdot, \cdot \rangle$ 称为向量空间 V 上的一个**内积**. 显然, 若 $(V, \langle \cdot, \cdot \rangle)$ 为内积空间, 则 $(V, \|\cdot\|)$ 为赋范空间, 这里, 对任意的 $x \in V$,

$$\|x\| = \langle x, x \rangle.$$

进一步, 若由内积 $\langle \cdot, \cdot \rangle$ 导出的范数 $\|\cdot\|$ 使得 V 为 Banach 空间, 则称 $(V, \langle \cdot, \cdot \rangle)$ 为 **Hilbert 空间**.

容易证明, 内积导出的范数 $\|\cdot\|$ 有下面的性质:

Schwarz 不等式: 对任意的 $x, y \in V$, $\langle x, y \rangle^2 \leqslant \langle x, x \rangle \cdot \langle y, y \rangle$.

平行四边形法则: 对任意的 $x, y \in V$,

$$\|x + y\|^2 + \|x - y\|^2 = 2\|x\|^2 + 2\|y\|^2.$$

下面我们给出几个 Hilbert 空间的例子并证明我们前面定义的 Banach 空间 $C^B(X)$ 一般不能由内积导出.

例 8.1.3 对任意的自然数 n, 考虑向量空间 $\mathbb{R}^n$. 我们知道通常定义的内积 $\langle \cdot, \cdot \rangle$ 满足定义 8.1.6 中的 (i)—(iv). 这里对任意的 $x = (x_1, x_2, \cdots, x_n), y = (y_1, y_2, \cdots, y_n) \in \mathbb{R}^n$,

$$\langle x, y \rangle = \sum_{i=1}^{n} x_i y_i.$$

这个内积导出我们通常 $\mathbb{R}^n$ 上的度量, 因此是 Hilbert 空间.

例 8.1.4 考虑在 ℓ^2 上定义的点态加法和数乘, 现在我们定义, 对任意的 $x = (x_1, x_2, \cdots), y = (y_1, y_2, \cdots) \in \ell^2$, 令

$$\langle x, y \rangle = \sum_{i=1}^{\infty} x_i y_i.$$

则由 $x_i y_i \leqslant \dfrac{1}{2}(x_i^2 + y_i^2)$ 可知上述级数是收敛的. 故 $\langle \cdot, \cdot \rangle : \ell^2 \times \ell^2 \to \mathbb{R}$ 是一个映射, 容易验证此映射满足定义 8.1.6 中的 (i)—(iv). 因此, $(\ell^2, \langle \cdot, \cdot \rangle)$ 是内积空间, 按此内积导出的度量就是我们在第 2 章 2.1 节例 2.1.3 中的度量, 因此是完备的, 故 $(\ell^2, \langle \cdot, \cdot \rangle)$ 是 Hilbert 空间.

关于例子 8.1.1 中定义的 $(\mathrm{C}^B(X), \|\cdot\|)$, 我们有下面的结论, 其说明这个赋范空间基本上不是由内积导出的.

定理 8.1.4 设 X 是 Tychonoff 空间, 则 $\mathrm{C}^B(X)$ 上的上确界范数可由某内积导出的充分必要条件是 $|X| = 1$.

证明 充分性是显然的. 现在设 $|X| \geqslant 2$. 选择不同点 $x, y \in X$. 作连续映射 $f : X \to \mathbf{I}$ 使得 $f(x) = 1$, $f(y) = 0$ 并令 $g = 1 - f$. 容易验证

$$\|f\| = \|g\| = \|f + g\| = \|f - g\| = 1.$$

故平行四边形法则不成立. 因此, $(\mathrm{C}^B(X), \|\cdot\|)$ 不能由内积导出. □

显然线性映射保持凸集和对称集. 进一步, 如果 E, F 是线性空间, 则凸集(对称集)的闭包也是凸集(对称集). 下面是著名的开映射定理:

定理 8.1.5(开映射定理) 设 E, F 是 Banach 空间, $T : E \to F$ 是线性连续满射, 则 T 是开映射.

证明 对任意的 $r > 0$, 令

$$B(r) = \{x \in E : \|x\| \leqslant r\}.$$

我们把证明分为以下三个步骤:

事实 1. 对任意的 $r > 0$, $0 \in \operatorname{int} \operatorname{cl} T(B(r))$.

由 T 是满射知

$$F = \bigcup_{n=1}^{\infty} \operatorname{cl} T(B(n)).$$

由于 F 是完备的, 故有 Baire 性质. 因此, 存在 n 使得 $\operatorname{int} \operatorname{cl} T(B(n)) \neq \varnothing$. 由于 $B(n)$ 是凸的、对称的及 $T : E \to F$ 是线性的, 我们有 $T(B(n))$ 也是凸的和对称的. 进一步, 由此可得出 $\operatorname{cl} T(B(n))$ 也是凸的和对称的. 设

$$B(y, \varepsilon) \subset \operatorname{cl} T(B(n)).$$

则 $-B(y, \varepsilon) \subset \operatorname{cl} T(B(n))$. 因此, $\dfrac{1}{2}B(y, \varepsilon) - \dfrac{1}{2}B(y, \varepsilon) \subset \operatorname{cl} T(B)$. 又, 显然, $B(0, \varepsilon) \subset \dfrac{1}{2}B(y, \varepsilon) - \dfrac{1}{2}B(y, \varepsilon)$, 所以 $B(0, \varepsilon) \subset \operatorname{int}(\operatorname{cl} T(B(n)))$. 利用 T 是线性的知, 对任意的 $r > 0$,

$$0 \in \operatorname{int} \operatorname{cl} T(B(r)).$$

事实 2. 对任意的 $r > 0$, $\mathrm{cl}\, T(B(r)) \subset T(B(2r))$.

由事实 1, 存在 $\varepsilon > 0$ 使得

$$B(0, \varepsilon) \subset \mathrm{cl}\, T(B(r)).$$

不妨设 $\varepsilon = 1$. 设 $y \in \mathrm{cl}\, T(B(r))$. 则存在 $x_1 \in B(r)$ 使得 $\|y - T(x_1)\| < \dfrac{1}{2}$. 因为

$$2(y - T(x_1)) \in B(0, 1) \subset \mathrm{cl}\, T(B(r)),$$

存在 $x_2 \in B(r)$ 使得

$$\|2(y - T(x_1)) - T(x_2)\| < \frac{1}{2}.$$

即 $\left\| y - \left(T(x_1) + \dfrac{1}{2} T(x_2) \right) \right\| < \dfrac{1}{2^2}$. 从而, $2^2 \left(y - \left(T(x) + \dfrac{1}{2} T(x_2) \right) \right) \in B(0, 1) \subset$ $\mathrm{cl}\, T(B(r))$. 依此类推, 存在 $x_n \in B(r)$ 使得

$$\left\| y - \left(T(x_1) + \frac{1}{2} T(x_2) + \frac{1}{2^2} T(x_3) + \cdots + \frac{1}{2^{n-1}} T(x_n) \right) \right\| \leqslant \frac{1}{2^n}.$$

所以

$$y = \lim_{n \to \infty} \left(T(x_1) + \frac{1}{2} T(x_2) + \frac{1}{2^2} T(x_3) + \cdots + \frac{1}{2^{n-1}} T(x_n) \right)$$

$$= \lim_{n \to \infty} T \left(x_1 + \frac{1}{2} x_2 + \frac{1}{2^2} x_3 + \cdots + \frac{1}{2^{n-1}} x_n \right).$$

注意到 $x_n \in B(r)$, $\left(x_1 + \dfrac{1}{2} x_2 + \dfrac{1}{2^2} x_3 + \cdots + \dfrac{1}{2^{n-1}} x_n \right)_n$ 是 $B(2r)$ 中的 Cauchy 列. 因为 E 是完备的, 从而 $B(2r)$ 也是完备的. 因此

$$x_1 + \frac{1}{2} x_2 + \cdots + \frac{1}{2^{n-1}} x_n \to x \in B(2r).$$

又由于 T 是连续的, 故

$$y = T(x) \in T(B(2r)).$$

事实 3. $T : E \to F$ 是开映射.

设 $U \subset E$ 是开集, 则对任意 $x \in U$, 存在 $\varepsilon > 0$ 使得 $B(x, \varepsilon) \subset U$. 从而

$$T(x) \in T(B(x, \varepsilon)) \subset T(U).$$

注意到

$$T(B(x, \varepsilon)) = T(x) + T(B(0, \varepsilon)).$$

由事实 1 和事实 2, 我们有 $0 \in \mathrm{int}\, T(B(0, \varepsilon))$. 于是可知 $T(x) \in \mathrm{int}\, T(B(x, \varepsilon)) \subset$ $\mathrm{int}\, T(U)$. 由 x 的任意性知 $T(U)$ 是 F 中的开集. $\qquad\square$

练　习　8.1

8.1.A. 设 V 是向量空间, $A \subset V$, $a, b \in \mathbb{R}$. 证明 $(a+b)A \subset aA + bA$. 举例说明反之不真.

8.1.B. 证明内积空间满足 Schwarz 不等式和平行四边形法则.

8.1.C. 证明在线性空间 $\mathrm{C}([a,b])$ 上由下式定义内积使得它成为内积空间, 但不是 Hilbert 空间: 对任意的 $f, g \in \mathrm{C}([a,b])$,

$$\langle f, g \rangle = \int_a^b f(x)g(x)\,dx.$$

8.1.D. 对任意的 $p > 1$, 定义

$$\ell^p = \left\{ (x_n) \in \mathbb{R}^{\mathbb{N}} : \sum_{n=1}^{\infty} x_n^p < \infty \right\}.$$

在 ℓ^p 上定义范数为, 对任意的 $x = (x_n) \in \ell^p$,

$$\|x\| = \left(\sum_{n=1}^{\infty} x_n^p \right)^{\frac{1}{p}}.$$

证明 ℓ^p 是 Banach 空间.

8.2　Michael 选择定理及其应用

本节将建立并证明 Michael 选择定理并利用它证明 Dugundji 扩张定理.

定义 8.2.1　设 X, Y 是拓扑空间, $P(Y) \setminus \{\varnothing\}$ 是 Y 的所有非空子集的全体. 一个由 X 到 $P(Y) \setminus \{\varnothing\}$ 的映射 F 称为由 X 到 Y 的**集值映射**. 记作 $F : X \Rightarrow Y$. 设 $F : X \Rightarrow Y$ 是集值映射, 对 Y 中的集合 V, 定义

$$F^{\Leftarrow}(V) = \{x \in X : F(x) \bigcap V \neq \varnothing\}.$$

如果对 Y 中任意的开集 V, $F^{\Leftarrow}(V)$ 都是 X 中的开集, 则称 F 是**下半连续的集值映射**. 若存在连续映射 $f : X \to Y$, 使得对任意的 $x \in X$, 有 $f(x) \in F(x)$, 则称 f 是 F 的一个**连续选择**.

什么样的集值映射存在连续选择是我们关心的一个问题. 下面的结果说明对连续选择稍加强后, 下半连续的条件是必要的.

定理 8.2.1　设 X, Y 是拓扑空间, $F : X \Rightarrow Y$ 是集值映射, 若 F 满足条件: 对任意的 $x_0 \in X$ 及任意的 $y_0 \in F(x_0)$, 存在连续选择 $f : X \to Y$ 使得 $f(x_0) = y_0$, 则 F 是下半连续的.

证明 设 V 是 Y 的开集, 对任意的 $x_0 \in F^{\Leftarrow}(V)$, 则 $F(x_0)\bigcap V \neq \varnothing$. 选择 $y_0 \in F(x_0)\bigcap V$. 由已知条件, 存在连续选择 $f : X \to Y$ 使得 $f(x_0) = y_0$, 则 $f^{-1}(V)$ 是 x_0 的开邻域. 又, 由 $f : X \to Y$ 是 $F : X \Rightarrow Y$ 的连续选择知 $f^{-1}(V) \subset F^{\Leftarrow}(V)$. 由 $x_0 \in F^{\Leftarrow}(V)$ 的任意性知, $F^{\Leftarrow}(V)$ 是开集. 因此 F 是下半连续的.   □

我们可以很容易地给出例子说明下半连续的集值映射可以不存在连续选择.

例 8.2.1 设 $X = Y = \mathbf{I}$. 定义 $F : X \Rightarrow Y$ 为:

$$
F(x) = \begin{cases}
\{0\} & \text{如果 } x \in \left[0, \dfrac{1}{3}\right], \\[2mm]
\{0,1\} & \text{如果 } x \in \left(\dfrac{1}{3}, \dfrac{2}{3}\right), \\[2mm]
\{1\} & \text{如果 } x \in \left[\dfrac{2}{3}, 1\right].
\end{cases}
$$

由介值定理很容易验证 F 不存在连续选择, 下面我们说明 $F : \mathbf{I} \Rightarrow \mathbf{I}$ 是下半连续的. 事实上,

$$
F^{\Leftarrow}(U) = \begin{cases}
\varnothing & \text{如果 } U\bigcap\{0,1\} = \varnothing, \\[2mm]
\left[0, \dfrac{2}{3}\right) & \text{如果 } 0 \in U \text{ 但 } 1 \notin U, \\[2mm]
\left(\dfrac{1}{3}, 1\right] & \text{如果 } 1 \in U \text{ 但 } 0 \notin U, \\[2mm]
\mathbf{I} & 0, 1 \in U.
\end{cases}
$$

下面的 Michael 选择定理给出了一个集值映射存在连续选择的一个充分条件.

定理 8.2.2(Michael 选择定理) 设 X 是仿紧空间, $(L, \|\cdot\|)$ 是 Banach 空间, $F : X \Rightarrow L$ 是下半连续的集值映射且对任意的 $x \in X$, $F(x)$ 是 L 的凸闭子集. 则对任意的闭集 $A \subset X$ 以及 $F|A : A \Rightarrow L$ 的任意连续选择 $f : A \to L$ 存在 $F : X \Rightarrow L$ 的连续选择 $\widetilde{f} : X \to L$ 使得 $\widetilde{f}|A = f$.

为了证明这个定理, 我们首先证明三个引理. 第一个引理是证明 Michael 选择定理的基础.

引理 8.2.1 设 X 是拓扑空间, (Y, d) 是度量空间, $F : X \Rightarrow Y$ 是下半连续的. 则

(1) 若定义 $F_c : X \Rightarrow Y$ 为 $F_c(x) = \mathrm{cl}\, F(x)$, 则 F_c 也是下半连续的;

(2) 若 $r > 0$, $f : X \to Y$ 连续且满足对任意的 $x \in X$, $d(f(x), F(x)) < r$. 定义 $G : X \Rightarrow Y$ 为 $G(x) = \mathrm{cl}(F(x)\bigcap B(f(x), r))$, 则 G 也是下半连续的.

证明 (1) 对 Y 中任意的开集 V, $V\bigcap F(x) \neq \varnothing$ 当且仅当 $V\bigcap F_c(x) \neq \varnothing$, 故 $F_c^{\Leftarrow}(V) = F^{\Leftarrow}(V)$ 是 X 的开集.

(2) 由假设可以定义 $\overline{G}: X \Rightarrow Y$ 为

$$\overline{G}(x) = F(x) \bigcap B(f(x), r).$$

由 (1) 仅需证明 $\overline{G}$ 是下半连续的. 设 V 是 Y 中开集, $x \in \overline{G}^{\Leftarrow}(V)$, 即

$$F(x) \bigcap B(f(x), r) \bigcap V \neq \varnothing.$$

选择 $y \in F(x) \bigcap B(f(x), r) \bigcap V$. 令 $\varepsilon = r - d(f(x), y)$, 选择 $\delta \in (0, \varepsilon)$, 使得

$$B(y, \delta) \subset B(f(x), r) \bigcap V.$$

注意到 $B\left(y, \dfrac{\delta}{2}\right) \bigcap F(x) \neq \varnothing$ 且 F 是下半连续的, 故

$$U_0 = F^{\Leftarrow}(B(y, \frac{\delta}{2})) \in \mathcal{N}(x).$$

因此, $U = U_0 \bigcap f^{-1}\left(B\left(f(x), \dfrac{\varepsilon}{2}\right)\right) \in \mathcal{N}(x)$. 下面我们仅需证明 $U \subset \overline{G}^{\Leftarrow}(V)$.

为此, 设 $x' \in U$. 则 $d(f(x'), f(x)) < \dfrac{\varepsilon}{2}$ 且 $F(x') \bigcap B\left(y, \dfrac{\delta}{2}\right) \neq \varnothing$. 选择

$$y' \in F(x') \bigcap B\left(y, \frac{\delta}{2}\right),$$

则

$$d(y', f(x')) \leqslant d(y', y) + d(y, f(x)) + d(f(x), f(x'))$$

$$< \frac{\delta}{2} + r - \varepsilon + \frac{\varepsilon}{2} < r.$$

因此, $y' \in F(x') \bigcap B(f(x'), r) \bigcap V$, 即 $x' \in \overline{G}^{\Leftarrow}(V)$. 因此 $U \subset \overline{G}^{\Leftarrow}(V)$. □

　　下面的引理是证明定理 8.2.2 的关键. 它很好地说明为什么我们需要假定 X 是仿紧空间, L 是赋范线性空间, F 是下半连续的以及 $F(x)$ 是凸集.

　　引理 8.2.2　设 X 是仿紧空间, L 是赋范线性空间, $F: X \Rightarrow L$ 是下半连续的集值映射且对任意的 $x \in X$, $F(x)$ 是 L 中的凸集. 则对任意的 $r > 0$, 存在连续映射 $f: X \to L$, 使得对任意的 $x \in X$, 有

$$B(f(x), r) \bigcap F(x) \neq \varnothing.$$

　　证明　令 $\mathcal{B} = \{B(y, r) : y \in L\}$, 则 $\mathcal{B}$ 是 L 的开覆盖, 由于 $F: X \Rightarrow Y$ 是下半连续的, 故

$$\mathcal{A} = \{F^{\Leftarrow}(B(y, r)) : y \in L\}$$

是 X 的开覆盖. 从而由定理 7.4.4 知存在 X 的一个从属于 $\mathcal{A}$ 的局部有限的单位分解 $\{\alpha_s : s \in S\}$. 对任意的 $s \in S$, 选择 $y_s \in L$ 使得 $\alpha_s^{-1}((0,1]) \subset F^{\Leftarrow}(B(y_s, r))$. 现在我们定义 $f : X \to L$ 为

$$f(x) = \sum_{s \in S} \alpha_s(x) \cdot y_s.$$

注意对任意的 $x \in X$, $f(x)$ 都是 L 中有限个元素的凸组合. 故 $f(x) \in L$, 且由 $\{\alpha_s : s \in S\}$ 是局部有限的知 f 是连续的. 最后, 我们证明 $B(f(x), r) \bigcap F(x) \neq \varnothing$. 事实上, 若 $\alpha_s(x) \neq 0$, 则 $x \in \alpha_s^{-1}((0,1]) \subset F^{\Leftarrow}(B(y_s, r))$. 故 $F(x) \bigcap B(y_s, r) \neq \varnothing$. 选择 $y_s' \in F(x) \bigcap B(y_s, r)$. 因为 $F(x)$ 是凸的, 有 $\sum_{s \in S} \alpha_s(x) \cdot y_s' \in F(x)$ 且

$$\begin{aligned}
\left\| \sum_{s \in S} \alpha(x) \cdot y_s' - f(x) \right\| &= \left\| \sum_{s \in S} \alpha(x) \cdot y_s' - \sum_{s \in S} \alpha(x) \cdot y_s \right\| \\
&\leqslant \sum_{s \in S} \alpha(x) \| y_s' - y_s \| \\
&< \sum_{s \in S} \alpha(x) \cdot r = r
\end{aligned}$$

从而 $\sum_{s \in S} \alpha(x) \cdot y_s' \in B(f(x), r)$. 因此, $\sum_{s \in S} \alpha(x) \cdot y_s' \in B(f(x), r) \bigcap F(x)$. □

最后, 我们给出一个技术性引理.

引理 8.2.3 设 X, Y 是拓扑空间, $F : X \rightrightarrows Y$ 下半连续, $A \subset X$ 是闭的, $f : A \to Y$ 是 $F|A : A \rightrightarrows Y$ 的连续选择, 则下面定义的 $G : X \rightrightarrows Y$ 也是下半连续的:

$$G(x) = \begin{cases} F(x) & x \in X \setminus A, \\ \{f(x)\} & x \in A. \end{cases}$$

证明 首先对任意的 Y 中开集 V, 有

$$f^{-1}(V) \subset F|A^{\Leftarrow}(V) \subset F^{\Leftarrow}(V).$$

由于 $f^{-1}(V)$ 是 A 的开集且 $F^{\Leftarrow}(V)$ 是 X 中开集, 故存在 X 中开集 U, 使得 $U \bigcap A = f^{-1}(V)$ 且 $U \subset F^{\Leftarrow}(V)$. 其次, 我们验证

$$G^{\Leftarrow}(V) = U \bigcup (F^{\Leftarrow}(V) \setminus A).$$

事实上, $x \in G^{\Leftarrow}(V)$ 当且仅当或者 $x \in A$ 且 $f(x) \in V$ 或者 $x \in X \setminus A$ 且 $F(x) \bigcap V \neq \varnothing$ 当且仅当

$$x \in (f^{-1}(V)) \bigcup (F^{\Leftarrow}(V) \setminus A) = U \bigcup (F^{\Leftarrow}(V) \setminus A).$$

故 $G^{\Leftarrow}(V)$ 是 X 中开集. □

定理 8.2.2 的证明 由最后一个引理知我们仅需考虑 $A = \varnothing$ 的情况. 我们归纳地定义连续映射列 $\{f_n : X \to L\}$ 满足

(i) $\sup\{\|f_n(x) - f_{n+1}(x)\| : x \in X\} < \dfrac{1}{2^{n-1}}$;

(ii) 对任意的 $x \in X, B\left(f_n(x), \dfrac{1}{2^n}\right) \bigcap F(x) \neq \varnothing$.

事实上, 对 $r = \dfrac{1}{2}$, 应用引理 8.2.2 知存在连续映射 $f_1 : X \to L$ 使得上述 (ii) 对 $n = 1$ 成立. 现在设 $\{f_k : X \to L\}_{k \leqslant n}$ 已经定义且满足 (i) 和 (ii). 令 $G_{n+1} : X \Rightarrow L$ 为

$$G_{n+1}(x) = \mathrm{cl}\left(B_n\left(f_n(x), \frac{1}{2^n}\right)\bigcap F(x)\right).$$

则由 (ii) 和引理 8.2.1 知 $G_{n+1} : X \Rightarrow L$ 是下半连续的. 故应用引理 8.2.2 知满足 (i),(ii) 的连续映射 $f_{n+1} : X \to L$ 存在.

现在对任意固定的 $x \in X$, $(f_n(x))_n$ 是 L 中的 Cauchy 列, 故 $\lim_{n\to\infty} f_n(x) = f(x)$ 存在. 由于 $f_n(x) \rightrightarrows f(x)$, 故 $f(x)$ 连续. 又由 (ii) 选择 $y_n \in B\left(f_n(x), \dfrac{1}{2^n}\right)\bigcap F(x)$. 则

$$\|y_n - f(x)\| \leqslant \|y_n - f_n(x)\| + \|f_n(x) - f(x)\| \leqslant \frac{1}{2^n} + \|f_n(x) - f(x)\|.$$

由此知 $y_n \to f(x)$. 由于 $y_n \in F(x)$ 且 $F(x)$ 是 L 中的闭集得 $f(x) \in F(x)$. 即 $f : X \to L$ 是 $F : X \Rightarrow L$ 的一个连续选择. $\qquad\square$

为了给出 Michael 选择定理的一个应用, 首先证明下述引理, 这个引理也有其独立的意义.

引理 8.2.4 设 (X, d) 是度量空间, A 是 X 中的闭集, 则存在 $X \setminus A$ 的局部有限开覆盖 $\mathcal{U}$ 及映射 $\varphi : \mathcal{U} \to A$ 满足如下条件:

(i) 任意的 $U \in \mathcal{U}$, 对任意的 $x \in U$, 有 $d(\varphi(U), x) \leqslant 2d(x, A)$;

(ii) 若 $(U_n)_n$ 是 $\mathcal{U}$ 中序列且 $\lim_{n\to\infty} \inf\{d(x, A) : x \in U_n\} = 0$, 则 $\lim_{n\to\infty} \mathrm{diam}(U_n) = 0$.

证明 令 $\mathcal{V} = \left\{B\left(x, \dfrac{1}{4}d(x, A)\right) : x \in X \setminus A\right\}$. 则 $\mathcal{V}$ 是 $X \setminus A$ 的开覆盖. 由 Stone 定理 (定理 7.5.2), 存在由 $X \setminus A$ 中开集组成的局部有限的开加细 $\mathcal{U}$. 注意到 $\mathcal{U}$ 中元素也是 X 的开集. 对任意的 $U \in \mathcal{U}$, 存在 $x_U \in X \setminus A$ 使得 $U \subset B\left(x_U, \dfrac{1}{4}d(x_U, A)\right)$. 显然, 存在 $\varphi(U) \in A$ 使得 $d(x_U, \varphi(U)) \leqslant \dfrac{5}{4}d(x_U, A)$. 请读者验证 $\mathcal{U}$ 和 $\varphi : \mathcal{U} \to A$ 满足引理的要求. 见图 8-1.

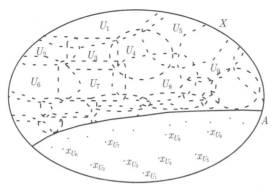

图 8-1 U_i, x_{U_i} 的定义

下面著名的 Dugundji 扩张定理是 Michael 选择定理的重要应用.

定理 8.2.3 (Dugundji 扩张定理)   设 X 是度量空间,L 是 Banach 空间,A 是 X 的闭集,$C \subset L$ 是凸集, 则任意的连续映射 $f : A \to C$ 都存在连续扩张 $\overline{f} : X \to C$. 即 Banach 空间中的任意凸集是绝对可扩张的.

证明   由引理 8.2.4, 存在 $X \setminus A$ 的局部有限的开覆盖 $\mathcal{U}$ 及映射 $\varphi : \mathcal{U} \to A$ 满足引理 8.2.4 中的 (i), (ii). 对任意的 $x \in X \setminus A$, 令 $\mathcal{E}(x) = \{U \in \mathcal{U} : U \ni x\}$. 那么, 由 $\mathcal{U}$ 是 $X \setminus A$ 的局部有限的开覆盖知 $\mathcal{E}(x)$ 是有限的且 $V(x) = \bigcap \mathcal{E}(x)$ 是 x 的开邻域. 定义集值映射 $F : X \rightrightarrows C$ 如下:

$$F(x) = \begin{cases} \{f(x)\} & x \in A, \\ \langle \{f(\varphi(U)) : U \in \mathcal{E}(x)\} \rangle & x \in X \setminus A. \end{cases}$$

那么, 对任意 $x \in X$, $F(x)$ 是 C 中的紧凸集. 下面证明 $F : X \rightrightarrows C$ 是下半连续的.

事实上, 设 W 是 C 中开集且 $x \in F^{\Leftarrow}(W)$. 我们分两种情况证明 x 是 $F^{\Leftarrow}(W)$ 的内点.

情况 A: $x \in X \setminus A$. 这时 $V(x)$ 是 $X \setminus A$ 中的开集, 从而也是 X 的开集. 又, 对任意的 $x' \in V(x)$, 有 $\mathcal{E}(x) \subset \mathcal{E}(x')$. 故 $F(x) \subset F(x')$. 从而, 由 $F(x) \bigcap W \neq \varnothing$ 能推出 $F(x') \bigcap W \neq \varnothing$. 故 $x' \in F^{\Leftarrow}(W)$. 这样我们证明了 $V(x) \subset F^{\Leftarrow}(W)$. 所以 x 是 $F^{\Leftarrow}(W)$ 的内点.

情况 B: $x \in A$. 由 $f : A \to C$ 是连续的知, 存在 $\varepsilon > 0$, 使得 $A \bigcap B(x, \varepsilon) \subset f^{-1}(W) = F^{\Leftarrow}(W) \bigcap A$. 现在我们证明 $B\left(x, \dfrac{\varepsilon}{3}\right) \subset F^{\Leftarrow}(W)$. 为此, 设 $x' \in B\left(x, \dfrac{\varepsilon}{3}\right) \setminus A$. 选择 $U \in \mathcal{E}(x')$. 则

$$d(x', \varphi(U)) \leqslant 2d(x', A) \leqslant 2d(x', x) < \frac{2}{3}\varepsilon.$$

于是

$$d(x, \varphi(U)) \leqslant d(x, x') + d(x', \varphi(U)) < \frac{1}{3}\varepsilon + \frac{2}{3}\varepsilon = \varepsilon.$$

故 $\varphi(U) \in B(x, \varepsilon) \bigcap A$, 从而 $f(\varphi(U)) \in W$. 由于 $U \in \mathcal{E}(x')$, 故 $f(\varphi(U)) \in W \bigcap F(x')$, 从而 $x' \in F^{\Leftarrow}(W)$. 我们证明了 $B\left(x, \dfrac{\varepsilon}{3}\right) \subset F^{\Leftarrow}(W)$. 由此说明 x 是 $F^{\Leftarrow}(W)$ 的内点.

最后, 应用 Michael 选择定理 (定理 8.2.2) 存在 $F : X \Rightarrow C$ 的连续选择 $\overline{f} :$ $X \to C$. 则 $\overline{f}$ 是 $f : A \to C$ 的连续扩张.　　　　　　　　　　　　□

注 8.2.1　　如果线性空间的每一点都存在由凸开集构成的邻域基, 则这个空间称为**局部凸的**, 任意的 Banach 空间都是局部凸的. Dugundji 扩张定理说明 Banach 空间的任意凸子集有绝对可扩张性质. 事实上, 这个结果可以进一步推广到任意局部凸线性空间中的任意凸子集也有绝对扩张性质. 这个结论是 20 世纪 50 年代证明的. 本节的练习题 B,C,D 中给出了这个证明的框架以及扩张, 请读者补充完整. 长期以来, 人们一直关心上述结果中 "局部凸" 的条件是否可以去掉 (其他的条件显然不可以去掉), 直到 1994 年法国数学家 R. Cauty 举例说明了 "局部凸" 的条件不可去掉 (见 [3]). 但这个例子太复杂, 我们不能在此给出. 有兴趣的读者可以看 [3] 或者 [16].

<h2 style="text-align:center">练 习 8.2</h2>

8.2.A. 设 X 是拓扑空间, $f : X \to \mathbb{R}$ 是一个映射, 如果对任意的 $a \in \mathbb{R}$, $f^{-1}(-\infty, a)$ $(f^{-1}(a, +\infty))$ 是 X 中的开集, 则称 $f : X \to \mathbb{R}$ 是**上（下）半连续的**. 利用 Michael 选择定理证明: 对任意的度量空间 X 和任意的上半连续函数 $f : X \to \mathbb{R}$ 和下半连续函数 $g : X \to \mathbb{R}$, 如果对任意的 $x \in X$, 有 $f(x) \leqslant g(x)$, 则存在连续函数 $h : X \to \mathbb{R}$ 使得对任意的 $x \in X$, 有 $f(x) \leqslant h(x) \leqslant g(x)$.

8.2.B. 设 $\mathcal{U}$ 是度量空间 X 的局部有限的开覆盖, 证明存在 X 的局部有限的单位分解 $\{\alpha_U : U \in \mathcal{U}\}$ 使得对任意的 $U \in \mathcal{U}$, 有

$$\alpha_U^{-1}((0, 1]) \subset U.$$

设 X 是度量空间, A 是 X 的闭子空间. 设 $\mathcal{U}$ 及映射 $\varphi : \mathcal{U} \to A$ 满足引理 8.2.4 中的条件, 由练习 8.2.B 的结论, 存在 $X \setminus A$ 的单位分解 $\{\alpha_U : U \in \mathcal{U}\}$ 使得对任意的 $U \in \mathcal{U}$, 有 $\alpha_U^{-1}((0, 1]) \subset U$. 对局部凸线性空间 L 和连续映射 $f : A \to L$, 定义 $L(f) : X \to L$ 如下:

$$L(f)(x) = \begin{cases} f(x) & \text{如果 } x \in A, \\ \displaystyle\sum_{U \in \mathcal{U}} \alpha_U(x) f(\varphi(U)) & \text{如果 } x \in X \setminus A. \end{cases}$$

8.2.C. (Dugundji 扩张定理) 设 X 是度量空间, A 是 X 的闭子空间, L 是局部凸

线性空间, $f : A \to L$ 连续. 证明映射 $L(f) : X \to L$ 是连续的, $L(f)|A = f$ 且 $L(f)(X) \subset \langle f(A) \rangle$.

8.2.D. 设 X 是紧度量空间, A 是 X 的闭子空间, 证明上面定义的 $L : \mathrm{C}(A) \to \mathrm{C}(X)$ 是线性嵌入 (即 L 是线性空间 $\mathrm{C}(A)$ 到线性空间 $\mathrm{C}(X)$ 的线性映射且 $L : \mathrm{C}(A) \to L(\mathrm{C}(A))$ 是同胚).

8.3 Euclidean 空间 $\mathbb{R}^n$

本节将讨论 Euclidean 空间 $\mathbb{R}^n$ 的一些组合性质, 为证明 Brouwer 不动点定理作准备, 我们还证明线性空间 $\mathbb{R}^n$ 上的拓扑是唯一的; $\mathbb{R}^n$ 是仅有的局部紧线性空间等.

定义 8.3.1 设 $F = \{x_1, x_2, \cdots, x_m\} \subset \mathbb{R}^n$. $A \subset \mathbb{R}^n$,

(1) 若对任意实数 $\lambda_1, \lambda_2, \cdots, \lambda_m$, 由 $\sum_{i=1}^m \lambda_i x_i = 0$ 可推出 $\lambda_1 = \lambda_2 = \cdots = \lambda_m = 0$, 则称 F 为**线性无关的向量组**.

(2) F 中包含的线性无关的向量组的最大个数称为 F 的**秩**.

(3) 若对任意实数 $\lambda_1, \lambda_2, \cdots, \lambda_m$, 由

$$\sum_{i=1}^m \lambda_i x_i = 0 \ \text{且} \ \sum_{i=1}^m \lambda_i = 0,$$

可推出 $\lambda_1 = \lambda_2 = \cdots = \lambda_m = 0$, 则称 F 为**几何无关的向量组**.

(4) 若 A 中任何不超过 $n+1$ 个不同元素组成的有限集都是几何无关的, 则称 A**处于一般位置**.

定理 8.3.1 我们有下面的事实:

性质 1. 若 F 在 $\mathbb{R}^n$ 中线性 (几何) 无关, 则其任何子集都在 $\mathbb{R}^n$ 中是线性 (几何) 无关的.

性质 2. F 在 $\mathbb{R}^n$ 中是几何无关的当且仅当对任意的 $x_0 \in F$, 集合 $\{x - x_0 : x \in F \setminus \{x_0\}\}$ 是线性无关的.

性质 3. $\mathbb{R}^n$ 中线性无关集最多含 n 个元素; $\mathbb{R}^n$ 中几何无关的集最多含 $n+1$ 个元素; $\mathbb{R}^n$ 中含基数为 c 的处于一般位置的集合. 例如, $\mathbb{S}^{n-1}$ 是 $\mathbb{R}^n$ 中处于一般位置集合.

性质 4. 设 $E, F \subset \mathbb{R}^n$ 是有限集, 如果 E 的每个向量都可以用 F 中成员线性表示, 则 E 的秩不大于 F 的秩.

性质 5. 设 $C = \{c_1, c_2, \cdots\}$ 是 $\mathbb{R}^n$ 中的可数集合, 则对任意的 $\varepsilon > 0$, 存在处于一般位置的集合 $D = \{d_1, d_2, \cdots\} \subset \mathbb{R}^n$ 使得对任意的 k, $\|c_k - d_k\| < \varepsilon$ 成立.

证明   我们仅证明性质 5, 前 4 条性质是显然的. 我们归纳地定义 $d_k \in \mathbb{R}^n$. 令 $d_1 = c_1$. 设 $\{d_1, d_2, \cdots, d_k\}$ 已经定义且满足条件:

(1) 对任意的 $i \leqslant k$, $\|d_i - c_i\| < \varepsilon$;

(2) $\{d_1, d_2, \cdots, d_k\}$ 处于一般位置.

现在我们构造 $d_{k+1} \in \mathbb{R}^n$. 对任意的 $A \subset \{d_1, d_2, \cdots, d_k\}$, 若 $|A| \leqslant n$, 令

$$l(A) = \left\{ \sum_{a \in A} \lambda(a) \cdot a \in \mathbb{R}^n : \lambda(a) \in \mathbb{R} \text{ 且 } \sum_{a \in A} \lambda(a) = 1 \right\}.$$

则 $l(A)$ 是 $\mathbb{R}^n$ 中的闭集且 $\operatorname{int} l(A) = \varnothing$. 前者是显然的, 我们验证后者. 不妨设 $0 \in \operatorname{int} l(A)$. 则存在 $\delta > 0$ 使得 $B(0, \delta) \subset l(A)$. 因此, 存在 $\{\lambda(a) \in \mathbb{R} : a \in A\}$ 使得

$$\sum_{a \in A} \lambda(a) \cdot a = 0 \text{ 且 } \sum_{a \in A} \lambda(a) = 1. \tag{8-2}$$

由此, 我们知道 A 中至少有一个向量可以用其他向量线性表示, 从而由 $|A| \leqslant n$ 和性质 4 得到 A 的秩小于 n. 另一方面, 对任意实数 $t \in \mathbb{R}$, 令 $\lambda_t(a) = \lambda(a) + t, x_t = \sum_{a \in A} \lambda_t(a) \cdot a$. 由

$$\|x_t\| = \|x_t - 0\| = \left\| \sum_{a \in A} ta \right\| \leqslant \sum_{a \in A} |t| \|a\|$$

知当 $|t| < \dfrac{\delta}{n \max\{\|a\| : a \in A\}} = \gamma$ 时, $x_t \in B(0, \delta) \subset l(A)$. 特别地, 令

$$x(i) = \left(0, \cdots, 0, \frac{\gamma}{2}, 0, \cdots, 0 \right)$$

表示 $\mathbb{R}^n$ 中第 i 个坐标为 $\dfrac{\gamma}{2}$, 其余坐标为 0 的向量. 则 $x(i) \in l(A)$. 注意到 $\{x(1), x(2), \cdots, x(n)\}$ 的秩为 n 且可以用 A 线性表示, 再次应用性质 4 知 A 的秩不小于 n. 矛盾.

由此我们知道 $\operatorname{int} l(A) = \varnothing$. 故

$$\operatorname{int} \bigcup \{ l(A) : A \subset \{d_1, d_2, \cdots, d_k\} \text{ 且 } |A| \leqslant n \} = \varnothing.$$

因此, 可选择

$$d_{k+1} \in B(c_{k+1}, \varepsilon) \setminus \bigcup \{ l(A) : A \subset \{d_1, d_2, \cdots, d_k\} \text{ 且 } |A| \leqslant n \}.$$

则 d_{k+1} 满足条件. 事实上, 否则, 集合 $\{d_1, d_2, \cdots, d_{k+1}\}$ 不处于一般位置, 即存在 $A \subset \{d_1, d_2, \cdots, d_k\}$ 使得 $|A| \leqslant n - 1$ 且 $A \bigcup \{d_{k+1}\}$ 不是几何无关的. 即存在 $\{\lambda_a : a \in A\}$ 及 λ_{k+1} 使得

$$\lambda_{k+1} \cdot d_{k+1} + \sum_{a \in A} \lambda(a) \cdot a = 0 \text{ 且 } \lambda_{k+1} + \sum_{a \in A} \lambda(a) = 0.$$

则 $\lambda_{k+1} \neq 0$. 否则, 矛盾于归纳假定. 故

$$d_{k+1} = \sum_{a \in A} \frac{-\lambda_a}{\lambda_{k+1}} \cdot a.$$

注意到

$$\sum_{a \in A} \frac{-\lambda_a}{\lambda_{k+1}} = \frac{-1}{\lambda_{k+1}} \sum_{a \in A} \lambda(a) = \frac{-1}{\lambda_{k+1}} \cdot (-\lambda_{k+1}) = 1.$$

所以, $d_{k+1} \in l(A)$. 矛盾于 d_{k+1} 的取法. □

我们已经非常熟悉 Euclidean 空间 $\mathbb{R}^n$, 其上由内积导出的拓扑和向量空间构成完美的和谐结构, 我们的问题是是否存在向量空间 $\mathbb{R}^n$ 上的其他拓扑也能达到某种和谐, 例如, 是否存在 $\mathbb{R}^n$ 上 T_3 拓扑 $\mathcal{T}$ 使得 $(\mathbb{R}^n, \mathcal{T})$ 是线性空间? 下面的定理否定地回答了这个问题.

定理 8.3.2　对于实数域 $\mathbb{R}$ 上向量空间 $\mathbb{R}^n$, 如果其上的 T_3 拓扑 $\mathcal{T}$ 使得 $(\mathbb{R}^n, \mathcal{T})$ 是线性空间, 则 $\mathcal{T}$ 就是 $\mathbb{R}^n$ 上的通常度量导出的拓扑.

证明　令 e_i 表示 $\mathbb{R}^n$ 中第 i 个坐标为 1, 其余坐标为 0 的向量, $\mathcal{E}$ 表示 $\mathbb{R}^n$ 上的通常度量导出的拓扑. 那么恒等映射 $\mathrm{id} : (\mathbb{R}^n, \mathcal{E}) \to (\mathbb{R}^n, \mathcal{T})$ 可以视为, 对任意的 $x = (x_1, x_2, \cdots, x_n) \in \mathbb{R}^n$,

$$\mathrm{id}(x) = x_1 \cdot e_1 + x_2 \cdot e_2 + \cdots + x_n \cdot e_n.$$

因此, 它是连续的. 由此说明 $\mathcal{E} \supset \mathcal{T}$. 为了证明相反的包含关系, 我们首先验证下面的事实:

对任意的 $\varepsilon > 0$, 0 是集合 $B(0, \varepsilon) = \{x \in \mathbb{R}^n : \|x\| < \varepsilon\}$ 在空间 $(\mathbb{R}^n, \mathcal{T})$ 中的内点.

注意到集合 $F = \{x \in \mathbb{R}^n : \|x\| = \varepsilon\}$ 是 $(\mathbb{R}^n, \mathcal{E})$ 中的紧集, 因此, 也是 $(\mathbb{R}^n, \mathcal{T})$ 中的紧集 (因为 $\mathcal{E} \supset \mathcal{T}$). 由于 $(\mathbb{R}^n, \mathcal{T})$ 是 T_3 的, 因此 F 是 $(\mathbb{R}^n, \mathcal{T})$ 中的闭集. 定义连续映射 $f : \mathbf{I} \times (\mathbb{R}^n, \mathcal{T}) \to (\mathbb{R}^n, \mathcal{T})$ 为

$$f(t, x) = t \cdot x.$$

则 $f^{-1}(\mathbb{R}^n \setminus F)$ 是 $\mathbf{I} \times (\mathbb{R}^n, \mathcal{T})$ 中的开集且包含 $\mathbf{I} \times \{0\}$. 使用 Wallace 定理 (定理 7.2.2(6)), 存在 $V \in \mathcal{T}$ 使得

$$\mathbf{I} \times \{0\} \subset \mathbf{I} \times V \subset f^{-1}(\mathbb{R}^n \setminus F).$$

下面我们只要验证 $V \subset B(0, \varepsilon)$, 即可完成事实的证明. 反设存在 $x_0 \in V \setminus B(0, \varepsilon)$. 那么, 由于 $f(1, x_0) \notin F$, 所以

$$\begin{cases} f(1, x_0) = x_0 \in \{x \in \mathbb{R}^n : \|x\| > \varepsilon\}, \\ f(0, x_0) = 0 \in B(0, \varepsilon), \\ f(\mathbf{I} \times \{x_0\}) \subset \mathbb{R}^n \setminus F. \end{cases} \tag{8-3}$$

注意到对于上述同样的映射 f, $f : \mathbf{I} \times (\mathbb{R}^n, \mathcal{E}) \to (\mathbb{R}^n, \mathcal{E})$ 也是连续的而且式 (8-3) 作为纯集合论的结论同样成立. 但这个结论矛盾在 $(\mathbb{R}^n, \mathcal{E})$ 中 $f(\mathbf{I} \times \{x_0\})$ 是连通集, 集合对 $\{x \in \mathbb{R}^n : \|x\| > \varepsilon\}$, $B(0, \varepsilon)$ 是隔离的.

对任意的 $x_0 \in \mathbb{R}^n$, 平移 $\cdot + x_0 : \mathbb{R}^n \to \mathbb{R}^n$ 在两种拓扑 $\mathcal{T}, \mathcal{E}$ 下都是同胚, 因此, 利用上面的事实, 我们有: 对任意的 $\varepsilon > 0$, x_0 是集合

$$B(x_0, \varepsilon) = \{x \in \mathbb{R}^n : \|x - x_0\| < \varepsilon\}$$

在空间 $(\mathbb{R}^n, \mathcal{T})$ 中的内点. 由此, $\mathcal{E} \subset \mathcal{T}$. 　　　□

注 8.3.1　(1) 上面定理的结论对于无限维向量空间并不成立, 例如, 像我们在定理 2.6.13 下面的注中所言, ℓ^2 上有两个不同的度量拓扑, 一个由内积导出, 一个是 $\mathbb{R}^{\mathbb{N}}$ 的子空间拓扑, 都能使得 ℓ^2 成为线性空间.

(2) 上面的定理说明了有限维线性空间上的拓扑事实上是由其线性运算确定的, 而无限维线性空间上的拓扑不能由其线性运算确定. 这就解释了为什么在以研究有限维线性空间为主的线性代数等课程中从来不提拓扑问题, 而在以研究无限维线性空间为主的泛函分析等课程中拓扑非常重要的原因.

(3) 虽然 $\mathbb{R}^n$ 上的拓扑是唯一的, 但是, 我们很容易在 $\mathbb{R}^n$ 上定义不同的范数使得其成为 Banach 空间; 也可以在 $\mathbb{R}^n$ 上定义不同的内积使得其成为 Hilbert 空间. 见练习 8.3.A.

推论 8.3.1　设 V 是线性空间, L 是其有限维子空间, 则 L 是 V 的闭子集.

证明　设 L 由 $\{v_1, v_2, \cdots, v_n\}$ 生成且 $\dim L = n$. 对任意的 $v \in V \setminus L$. 设 L_1 是由 $\{v_1, v_2, \cdots, v_n, v\}$ 生成的 V 的子空间. 则 $\dim L_1 = n + 1$. 那么, 存在同构映射 $f : \mathbb{R}^{n+1} \to L_1$ 使得 $f(\mathbb{R}^n \times \{0\}) = L$ 且 $f(0, 0, \cdots, 0, 1) = v$. 显然

$$\mathcal{T} = \{f(U) \subset L_1 : U \text{ 在 } \mathbb{R}^{n+1} \text{ 中开}\}.$$

定义了 L_1 上一个拓扑且 $(L_1, \mathcal{T})$ 是线性空间. 由于 $\dim L_1 = n + 1$, 由上面的定理我们知, $\mathcal{T}$ 是 L_1 作为 V 的子空间拓扑. 由此说明 $f : \mathbb{R}^{n+1} \to V$ 是同胚嵌入. 由于在 $\mathbb{R}^{n+1}$ 中 $(0, 0, \cdots, 0, 1) \notin \mathrm{cl}(\mathbb{R}^n \times \{0\})$, 所以有 $v = f(0, 0, \cdots, 0, 1) \notin \mathrm{cl}\, L$. 由 $v \in V \setminus L$ 的任意性, 可知有 L 是 V 的闭子集. 　　　□

下面的定理表明在线性空间类中仅有 $\mathbb{R}^n$ 是局部紧的.

定理 8.3.3　设 L 是线性空间, 则 L 局部紧的当且仅当 L 作为向量空间同构于某 $\mathbb{R}^n$, 这时这个同构也是同胚.

证明　如果 L 作为向量空间同构于某 $\mathbb{R}^n$, 由定理 8.3.2 知这个同构也是同胚, 从而 L 是局部紧的.

反之, 设 L 是局部紧的, U 是 0 点的邻域使得 $\mathrm{cl}\, U$ 是紧的. 由定理 8.1.2, 存在 0 点的对称邻域 V 使得 $V + V \subset U$. 为完成我们的证明, 首先, 我们证明下面的事实.

对任意的 $F \lhd L$, 如果 F 是 L 的闭的真子集, 则存在 $x \in U$ 使得 $(x + V) \bigcap F = \varnothing$.

假定这个事实不对, 则对任意的 $x \in U$, 存在 $v \in V$ 使得 $x + v \in F$. 因此, $x = (x + v) - v \in F + (-1)V = F + V$. 由此说明 $V + V \subset U \subset F + V$. 假设 $n \in \mathbb{N}$ 且 $nV \subset F + V$, 则

$$(n + 1)V \subset nV + V \subset F + V + V \subset F + F + V = F + V.^{①}$$

由归纳原理, 对任意的 $n \in \mathbb{N}$, $nV \subset F + V$, 由此, 我们有 $V \subset F + \dfrac{1}{n}V$.

因为 F 是 L 的闭的真子集, 存在 $z \in L \setminus F$ 和 0 点的开对称邻域 W 使得

$$(z + W) \bigcap F = \varnothing.$$

定义连续映射 $f : \mathbf{I} \times \mathrm{cl}\, U \to L$ 为 $f(t, x) = t \cdot x$, 则 $f^{-1}(W) \supset \{0\} \times \mathrm{cl}\, U$. 由于 $\mathrm{cl}\, U$ 是紧的, 使用 Wallace 定理 (定理 7.3.2(6)), 存在 $m \in \mathbb{N}$,

$$f^{-1}(W) \supset \left[0, \frac{1}{m}\right] \times \mathrm{cl}\, U \supset \left[0, \frac{1}{m}\right] \times V.$$

从而, $W \supset \dfrac{1}{m}V$. 又, 选择 $k \in \mathbb{N}$ 使得 $\dfrac{1}{k}z \in V$. 则

$$\frac{1}{k}z \in F + \frac{1}{mk}V.$$

因此, $z \in F + \dfrac{1}{m}V \subset F + W$. 由于 W 是对称的, 此式矛盾于 $(z + W) \bigcap F = \varnothing$. 我们完成了对事实的证明.

现在假设 L 是无限维的, 选择 $v_1 \in U \setminus \{0\}$ 并令 F_1 为由 $\{v_1\}$ 生成的线性子空间, 则由推论 8.3.1 知 F_1 是 L 的闭的真子空间. 因此, 由事实, 存在 $v_2 \in U$ 使得 $(v_2 + V) \bigcap F_1 = \varnothing$. 那么 $v_2 \notin v_1 + V$. 令 F_2 为由 $\{v_1, v_2\}$ 生成的线性子空间, 则, $\dim F_2 \leqslant 2$. 因此同样由推论 8.3.1 和事实知 F_2 是 L 的闭的真子空间且存在 $v_3 \in U$ 使得 $(v_3 + V) \bigcap F_2 = \varnothing$. 同样, 对任意的 $i \in \{1, 2\}$, $v_3 \notin v_i + V$. 利用归纳法可以定义 $\{v_n : n \in \mathbb{N}\} \subset U$ 使得对任意的 $i, n \in \mathbb{N}$, 如果 $i < n$, 则 $v_n \notin v_i + V$.

---

① $(a + b)V \subset aV + bV$. 但是, 一般来说等号未必成立, 见练习 8.1.A.

选择 0 点的对称邻域 G 使得 $G + G \subset V$. 由于 $\mathrm{cl}\, U$ 是紧的, 存在有限集 $\{x_1, x_2, \cdots, x_n\}$ 使得 $\bigcup\limits_{i=1}^{n} (x_i + G) \supset \mathrm{cl}\, U$. 因此, 存在 $i \leqslant n$ 使得 $x_i + G$ 中包含无限多个 v_j. 设 $j < k$ 使得 $v_j, v_k \in x_i + G$, 那么, $v_k \in v_j + G + G \subset v_j + V$. 矛盾于 v_j 的选择. □

在本节的最后, 我们将证明 $\mathbb{R}^n$ 中任意的有非空内部的紧凸集都是同胚的. 虽然这个结果在下一节的几处被使用, 但是, 读者不难看出每一处都可以不使用这个结果而直接简单验证.

定理 8.3.4　设 C, D 是 $\mathbb{R}^n$ 中的紧凸集且有非空的内部, 则 C 同胚于 D.

证明　由于同胚关系是传递的且平移映射是同胚, 我们可以不失一般性地假定 $D = \mathbf{B}^n = \{x \in \mathbb{R}^n : \|x\| \leqslant 1\}$ 且 $\mathrm{int}\, C \ni 0$. 首先我们定义 $r : \mathbb{S}^{n-1} \to (0, +\infty)$ 为

$$r(x) = \sup\{t \in (0, +\infty) : tx \in C\}.$$

由我们的假定知 $r(x)$ 不会等于 0 和 $+\infty$. 进一步, 由于 C 是 $\mathbb{R}^n$ 中的紧凸集, 不难验证对任意的 $x \in \mathbb{S}^{n-1}$, 有 $[0, r(x)]x = \{tx : t \in [0, r(x)]\} \subset C$. 我们的主要工作是验证 $r : \mathbb{S}^{n-1} \to (0, +\infty)$ 是连续的. 为此, 我们分别证明对任意的 $a, b \in (0, +\infty)$, $r^{-1}(0, b)$ 和 $r^{-1}(a, +\infty)$ 是 $\mathbb{S}^{n-1}$ 中的开集.

设 $x_0 \in r^{-1}(0, b)$, 如果 x_0 不是集合 $r^{-1}(0, b)$ 的内点, 则存在 $\mathbb{S}^{n-1}$ 中的序列 $\{x_n, x \in \mathbb{N}\}$ 使得 $x_n \to x_0$ 且对任意的 n, $x_n \notin r^{-1}(0, b)$, 从而 $bx_n \in C$ 且 $bx_n \to bx_0 \notin C$. 矛盾于 C 的闭性. 我们证明了 $r^{-1}(0, b)$ 是 $\mathbb{S}^{n-1}$ 中的开集.

现在设 $x_0 \in r^{-1}(a, +\infty)$, 选择 c 使得 $a < c < r(x_0)$. 那么, $r(x_0)x_0 \in C$. 又, 由 $\mathrm{int}\, C \ni 0$, 选择 $\varepsilon > 0$ 使得 $\varepsilon \mathbf{B}^n \subset C$. 对于 $n = 2$, 见图 8-2. 令 $\delta = \dfrac{r(x_0) - c}{r(x_0)} \varepsilon$. 那么对任意的 $x \in \mathbf{B}^n$,

$$\delta x + c x_0 = \frac{r(x_0) - c}{r(x_0)} \varepsilon x + \frac{c}{r(x_0)} r(x_0) x_0,$$

注意到 $\dfrac{r(x_0) - c}{r(x_0)}, \dfrac{c}{r(x_0)} \in \mathbf{I}$, $\dfrac{r(x_0) - c}{r(x_0)} + \dfrac{c}{r(x_0)} = 1$ 且 $\varepsilon x, r(x_0)x_0 \in C$, 有 $\delta x + c x_0 \in C$. 由此说明,

$$\delta \mathbf{B}^n + c x_0 \subset C.$$

现在考虑 x_0 在 $\mathbb{S}^{n-1}$ 中的开邻域 $\mathbb{S}^{n-1} \bigcap \left(\dfrac{\delta}{c} \mathbf{B}_0^n + x_0 \right)$, 这里, $\mathbf{B}_0^n = \mathbf{B}^n \setminus \mathbb{S}^{n-1}$. 对任意的 $z \in \mathbf{B}_0^n$, 如果 $\dfrac{\delta}{c} z + x_0 \in \mathbb{S}^{n-1}$, 则

$$c \left(\frac{\delta}{c} z + x_0 \right) = \delta z + c x_0 \in C.$$

所以, $r\left(\dfrac{\delta}{c}z+x_0\right) \geqslant c > a$. 故, $r^{-1}(a,+\infty) \supset \mathbb{S}^{n-1}\bigcap\left(\dfrac{\delta}{c}\mathbf{B}_0^n+x_0\right)$. 因此, x_0 是 $r^{-1}(a,+\infty)$ 的内点. 我们完成了 $r^{-1}(a,+\infty)$ 是开集的证明.

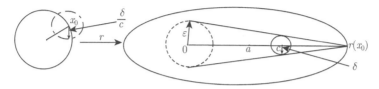

图 8-2　r,δ 的定义

其次, 我们定义 $h:\mathbf{B}^n \to C$ 为

$$h(x) = \begin{cases} r\left(\dfrac{x}{\|x\|}\right) x & \text{如果 } x \neq 0, \\ 0 & \text{如果 } x = 0. \end{cases}$$

因为, 对任意的 $x \in \mathbf{B}^n \setminus \{0\}$, $r\left(\dfrac{x}{\|x\|}\right)\dfrac{x}{\|x\|} \in C$ 且 $\|x\| \leqslant 1$, 所以, $h(x) \in C$. 于是, 上式定义了由 $\mathbf{B}^n$ 到 C 的映射. 又, 由于 r 的连续性, 故 $r(\mathbb{S}^{n-1})$ 是有界的, 由此我们知道, h 在非 0 点和 0 点都是连续的. 进一步, 对任意的 $y \in C \setminus \{0\}$, 有 $r\left(\dfrac{y}{\|y\|}\right) \geqslant \|y\|$, 所以, $\dfrac{y}{r\left(\dfrac{y}{\|y\|}\right)} \in \mathbf{B}^n$ 且

$$h\left(\dfrac{y}{r\left(\dfrac{y}{\|y\|}\right)}\right) = y.$$

因此, h 是满射. 最后, 我们验证 h 是单射. 设 $x,y \in \mathbf{B}^n$ 是不同的点. 如果其中一个为 0, 显然, $h(x) \neq h(y)$. 如果两个都不为 0, 当 $\dfrac{x}{\|x\|} \neq \dfrac{y}{\|y\|}$ 时, 显然也有 $h(x) \neq h(y)$. 当 $\dfrac{x}{\|x\|} = \dfrac{y}{\|y\|}$ 时, 则 $r\left(\dfrac{x}{\|x\|}\right) = r\left(\dfrac{y}{\|y\|}\right)$, 因此, 由 $x \neq y$ 我们有 $h(x) \neq h(y)$. 综上所述, $h:\mathbf{B}^n \to C$ 为连续的一一对应. 因为, $\mathbf{B}^n$ 是紧的, 所以 $h:\mathbf{B}^n \to C$ 为同胚. □

练　习　8.3

8.3.A. 设 $r_1,r_2,\cdots,r_n > 0$. 对任意的 $x = (x_1,x_2,\cdots,x_n), y = (y_1,y_2,\cdots,y_n) \in$

$\mathbb{R}^n$, 定义

$$\langle x, y \rangle = \sum_{i=1}^{n} r_i x_i y_i.$$

证明 $(\mathbb{R}^n, \langle, \rangle)$ 是 Hilbert 空间.

8.3.B. 令

$$\ell_f^2 = \{(x_1, x_2, \cdots, x_n, 0, 0, \cdots) \in \ell^2 : n = 1, 2, \cdots\}.$$

证明 ℓ_f^2 是 ℓ^2 的真稠线性子空间.

8.3.C. 证明线性空间的非空线性开子空间只能是它本身.

8.3.D. 证明任何线性空间都不能写成它的有限个非空真线性子空间的并. 定义在练习 8.3.B 中的 ℓ_f^2 可以写为可数个真闭线性子空间的并. 但任意 Banach 空间不可以写为可数个真闭线性子空间的并.

8.3.E. 设 D, E 是 Euclidean 空间 $\mathbb{R}^n$ 的可数稠密子空间. 证明存在同胚 $h : \mathbb{R}^n \to \mathbb{R}^n$ 使得 $h(D) = E$. (提示: 设 A 是 $\mathbb{R}^n$ 的子集, 如果对任意的 $(x_i), (y_i) \in A$, 对任意的 $i \leqslant n$, $x_i - y_i \neq 0$, 那么我们称 A **按坐标处于一般位置**. 首先证明每一个可数稠密子空间 D 都能通过 $\mathbb{R}^n$ 的同胚映射到一个按坐标处于一般位置的集合, 其次证明任意两个按坐标处于一般位置的可数稠密子空间 D 和 E, 都可以排列为 $\{x^k\}$ 和 $\{y^k\}$ 使得对任意的 $k \neq j$, 及任意的 $i \leqslant n$, $x_i^k - x_i^j$ 和 $y_i^k - y_i^j$ 有相同的符号.)

8.4　Brouwer 不动点定理

本节, 我们给出 Brouwer 不动点定理及其一个标准的组合证明, 最后, 给出其两个直接应用.

我们说一个拓扑空间 X 有**不动点性质**是指对任意的连续映射 $f : X \to X$, f 有不动点, 即存在 $x_0 \in X$ 使得 $f(x_0) = x_0$. Brouwer 不动点定理断言: 对任意的自然数 n, $\mathbf{I}^n$ 有不动点性质. 读者应该注意到 Brouwer 不动点定理和压缩映像不动点定理 (定理 6.1.4) 的异同. 本节我们将证明 Brouwer 不动点定理, 为此, 需要一个很长的准备. 于是, 我们分成几个小节.

本节中的大部分结论在几何上都有其显然性, 甚至包括 Brouwer 不动点定理本身, 因为, 不可收缩定理 (定理 8.4.5) 在几何上是显然的, 再利用练习 8.4.B 知 Brouwer 不动点定理在几何上也是显然的. 但是, 拓扑学的一个重要方面是对这些几何上 "显然" 的结论给出严格的不依赖几何显然性的证明. 因此, 在本节我们不画任何图形.

8.4.1 单形和单纯复形

定义 8.4.1 设 $N \in \mathbb{N}, 0 \leqslant n \leqslant N$, 若 $\{v_0, v_1, \cdots, v_n\}$ 是 $\mathbb{R}^N$ 中的几何无关的集合, 则称

$$\sigma = \langle v_0, v_1, \cdots, v_n \rangle = \left\{ \sum_{i=0}^n t_i v_i \in \mathbb{R}^N : t_i \in \mathbf{I}, \sum_{i=0}^n t_i = 1 \right\}$$

为 $\mathbb{R}^N$ 中一个 n-维**单形**.

下面我们给出单形的基本性质和一些有关定义.

引理 8.4.1 设 $\{v_0, v_1, \cdots, v_n\}$ 是 $\mathbb{R}^N$ 中几何无关的集合, $\sigma = \langle v_0, v_1, \cdots, v_n \rangle$, 则

(1) σ 是 $\{v_0, v_1, \cdots, v_n\}$ 的凸包, 因此是紧凸集;

(2) 若 $x = \sum_{i=0}^n t_i v_i = \sum_{i=0}^n t_i' v_i$ 且 $\sum_{i=0}^n t_i = \sum_{i=0}^n t_i' = 1$, 则对任意的 $i = 0, 1, \cdots, n$, 有 $t_i = t_i'$, 因此, 单形 σ 中每一点用 $v_0, v_1, \cdots, v_n$ 几何表示是唯一的, 我们用 $v_i(x)$ 记表示式中的 t_i, 称 $(v_0(x), v_1(x), \cdots, v_n(x))$ 为点 x 在单形 σ 中的**重心坐标**.

(3) $\langle v_0, v_1, \cdots, v_n \rangle = \langle v_0', v_1', \cdots, v_m' \rangle$ 当且仅当 $n = m$ 且存在 $\{0, 1, \cdots, n\}$ 的一个排列 $\{i_0, i_1, \cdots, i_n\}$ 使得对任意的 j, $v_j = v_{i_j}'$. 这样. 对于几何无关的集合 $\{v_0, v_1, \cdots, v_n\}$, $\{v_0, v_1, \cdots, v_n\}$ 与 $\langle v_0, v_1, \cdots, v_n \rangle$ 互相唯一确定. 因此, 我们称每一个 v_i 为 σ 的**顶点**, $\{v_0, v_1, \cdots, v_n\}$ 为 σ 的顶点集, 用 $\sigma^{(0)}$ 表示 σ 的**顶点集**;

(4) 对任意的 $i = 0, 1, \cdots, n$, $x \mapsto v_i(x)$ 是 σ 到 $\mathbf{I}$ 的连续映射;

(5) 设 $0 \leqslant j_0 < j_1 < \cdots < j_m \leqslant n$, 则 $\{v_{j_0}, v_{j_1}, \cdots, v_{j_m}\}$ 也是几何无关的, 称 $\tau = \langle v_{j_0}, v_{j_1}, \cdots, v_{j_m} \rangle$ 为 σ 的一个 m-维面, 用 $\tau \leqslant \sigma$ 表示, σ 唯一的 n-维面是它自己, σ 的其他面称为 σ 的**真面**, 用 $\tau < \sigma$ 表示 τ 是 σ 的真面. 令

$$\partial \sigma = \bigcup \{\tau : \tau < \sigma\}, \quad \mathrm{rint}\, \sigma = \sigma \setminus \partial \sigma.$$

分别称为单形 σ 的**经向边界**和**经向内部**. 对任意的 $x \in \sigma$ 及 $\tau \leqslant \sigma$, $x \in \mathrm{rint}\, \tau$ 当且仅当 $\tau^{(0)} = \{v_i \in \sigma^{(0)} : v_i(x) > 0\}$. 因此, σ 中每一个点属于唯一的 σ 的面的经向内部. 特别地, $x \in \partial \sigma$ 当且仅当 x 的重心坐标中至少包含一个 0;

(6) 任意两个 n-维单形是同胚的;

(7) 若 m-维单形是 σ 的子集, 则 $m \leqslant n$;

(8) $\mathrm{diam}\, \sigma = \mathrm{diam}\{v_0, v_1, \cdots, v_n\}$.

证明 (1) 和 (5) 是显然的.

(2) 由 $\{v_0, v_1, \cdots, v_n\}$ 的几何无关性立即可得.

(3) 设 $\langle v_0, v_1, \cdots, v_n \rangle = \langle v_0', v_1', \cdots, v_m' \rangle$. 则存在由 **I** 中元素组成的 $(n+1) \times (m+1)$ 矩阵 A 和 $(m+1) \times (n+1)$ 矩阵 B 使得 A, B 的每一行元素的和等于 1 且

$$(v_0, v_1, \cdots, v_n)^{\mathrm{T}} = A (v_0', v_1', \cdots, v_m')^{\mathrm{T}},$$

$$(v_0', v_1', \cdots, v_m')^{\mathrm{T}} = B (v_0, v_1, \cdots, v_n)^{\mathrm{T}},$$

这里 C^{T} 表示矩阵 C 的转置. 故

$$(v_0, v_1, \cdots, v_n)^{\mathrm{T}} = AB (v_0, v_1, \cdots, v_n)^{\mathrm{T}},$$

$$(v_0', v_1', \cdots, v_m')^{\mathrm{T}} = BA (v_0', v_1', \cdots, v_m')^{\mathrm{T}},$$

由 (2) 知, AB 和 BA 分别是 $(n+1) \times (n+1)$ 和 $(m+1) \times (m+1)$ 阶单位矩阵, 进一步, A, B 是由 **I** 中元素组成的且每一行元素的和等于 1, 容易验证 $m = n$ 且 A, B 的每一行恰好含一个 1, 其余都是 0. 由此不难得到, 存在 $\{0, 1, \cdots, n\}$ 的一个排列 $\{i_0, i_1, \cdots, i_n\}$, 使得对任意的 j, $v_j = v_{i_j}'$. 反之是显然的.

(4) 由 (2), 这个定义是好的定义, 连续性是显然的.

(6) 在 $\mathbb{R}^{n+1}$ 中, 对 $i = 0, 1, \cdots, n$, 令 e_i 表示第 $i+1$ 个坐标是 1, 其余都是 0 的点, 则 $\{e_0, e_1, \cdots, e_n\}$ 是几何无关的, 因此,

$$\triangle = \langle e_0, e_1, \cdots, e_n \rangle = \left\{ (t_0, t_1, \cdots, t_n) \in \mathbf{I}^{n+1} : \sum_{i=0}^{n} t_i = 1 \right\}$$

是 n-维单形, 称之为标准 n-维单形. 由 (2),(4), $x \mapsto (v_0(x), v_1(x), \cdots, v_n(x))$ 建立了由 σ 到 $\triangle$ 的连续的一一对应, 又, 由 (1), 这个对应是同胚. 因此, $\sigma \approx \triangle$, (6) 得证.

(7) 令 $\langle u_0, u_1, \cdots, u_m \rangle$ 是 m-维单形且包含于 σ 中, 则对任意的 $j = 0, 1, \cdots, m$, 存在 **I** 中元素 t_{ij} 使得 $u_j = \sum_{i=0}^{n} t_{ij} v_i$ 且 $\sum_{i=0}^{n} t_{ij} = 1$. 于是, 对任意的 $j = 1, 2, \cdots. m$,

$$\begin{aligned}
u_j - u_0 &= \sum_{i=0}^{n} (t_{ij} - t_{i0}) v_i \\
&= \sum_{i=0}^{n} (t_{ij} - t_{i0}) v_i - \sum_{i=0}^{n} (t_{ij} - t_{i0}) v_0 \\
&= \sum_{i=0}^{n} (t_{ij} - t_{i0})(v_i - v_0) \\
&= \sum_{i=1}^{n} (t_{ij} - t_{i0})(v_i - v_0).
\end{aligned}$$

因此, $m = \{u_1 - u_0, \cdots, u_m - u_0\}$ 的秩 $\leqslant n$.

(8) 设 $x, y \in \sigma$, 则存在 $t_i \in \mathbf{I}$ 使得 $x = \sum_{i=0}^{n} t_i v_i$ 且 $\sum_{i=0}^{n} t_i = 1$. 因此,

$$
\begin{aligned}
\|x - y\| &= \left\| \sum_{i=0}^{n} t_i v_i - \sum_{i=0}^{n} t_i y \right\| \\
&= \left\| \sum_{i=0}^{n} t_i (v_i - y) \right\| \\
&\leqslant \sum_{i=0}^{n} t_i \|v_i - y\| \\
&\leqslant \max\{\|v_i - y\| : i = 0, 1, \cdots, n\}.
\end{aligned}
$$

因此, 对任意的 i, $\|v_i - y\| \leqslant \max\{\|v_i - v_j\| : j = 0, 1, \cdots, n\}$. 于是,

$$
\|x - y\| \leqslant \max\{\|v_i - v_j\| : 0 \leqslant i < j \leqslant n\} = \operatorname{diam}\{v_0, v_1, \cdots, v_n\}.
$$

所以, $\operatorname{diam} \sigma \leqslant \operatorname{diam}\{v_0, v_1, \cdots, v_n\}$. 相反的不等式是显然的, (8) 得证. □

定义 8.4.2 $\mathbb{R}^N$ 中一个**单纯复形**(简称**复形**) K 是一个由 $\mathbb{R}^N$ 中有限个单形组成的集合且满足下面条件:

(C1) 如果 $\sigma \in K$ 且 $\tau \leqslant \sigma$, 则 $\tau \in K$;

(C2) 如果 $\sigma, \tau \in K$ 且 $\sigma \bigcap \tau \neq \varnothing$, 那么, $\sigma \bigcap \tau$ 是 σ, τ 的公共面, 即 $\sigma \bigcap \tau = \langle \{\sigma^{(0)} \bigcap \tau^{(0)}\} \rangle$.

注意到对任意的单形 σ, τ, $\sigma \bigcap \tau \supset \langle \{\sigma^{(0)} \bigcap \tau^{(0)}\} \rangle$ 总是成立的, 因此, 为了验证 K 满足 (C2), 我们仅仅需要证明

(C2′) 如果 $\sigma, \tau \in K$, 那么, 对任意的 $x \in \sigma \bigcap \tau$, 存在 $\{u_0, u_1, \cdots, u_k\} \subset \sigma^{(0)} \bigcap \tau^{(0)}$ 使得 $x \in \langle u_0, u_1, \cdots, u_k \rangle$.

对于单纯复形 K, 令

$$
\operatorname{mesh} K = \max\{\operatorname{diam} \sigma : \sigma \in K\},
$$

称之为 K 的**网格直径**. 令

$$
|K| = \bigcup \{\sigma : \sigma \in K\},
$$

称之为 K 的**多面体**. 反过来, 对于 $\mathbb{R}^N$ 中子集 A, 如果存在单纯复形 K 使得 $A = |K|$, 则称 A 是**可三角剖分的空间**, K 称为 A 的一个**三角剖分**. 显然三角剖分不是唯一的. 令

$$
K^{(0)} = \bigcup \{\sigma^{(0)} : \sigma \in K\},
$$

称为 K 的**顶点集**. 对 $x \in |K|$, 由条件 (C1)(C2) 可以看出

$$
\sigma(x) = \bigcap \{\sigma \in K : x \in \sigma\} \in K.
$$

它是 K 中含 x 的最小的单形, 称为 x 在 K 中的**承载子**. 显然, 对任意的 $v \in (\sigma(x))^{(0)}, v(x) > 0$. 我们可以自然地定义映射 $\kappa : |K| \to \mathbf{I}^{K^{(0)}}$ 如下

$$\kappa(x)(v) = \begin{cases} v(x) & \text{如果 } v \in \sigma(x)^{(0)}, \\ 0 & \text{如果 } v \in K^{(0)} \setminus \sigma(x)^{(0)}. \end{cases}$$

称 $\kappa(x)$ 为 x 在 K 的**重心坐标**. 我们说这个定义是自然的, 是因为对任意的 $x \in |K|, \sigma \in K, v \in \sigma^{(0)}$, 如果 $x \in \sigma$, 则 $v(x) = \kappa(x)(v)$. 这样, 对于 $|K|$ 的 x, x 可能属于 K 中几个单形, 这些单形也可能有公共的顶点 v, 但 $v(x)$ 不论按哪个单形理解其值都是相同的. 进一步, $\kappa : |K| \to \mathbf{I}^{K^{(0)}}$ 是连续的, 这里, $|K|$ 赋予 $\mathbb{R}^N$ 的子空间拓扑, $\mathbf{I}^{K^{(0)}}$ 赋予乘积拓扑. 由粘结引理 (推论 2.7.8) 的拓扑版, 我们有下面的结果:

引理 8.4.2　对任意的空间 Y, 映射 $f : |K| \to Y$ 是连续的当且仅当对任意的 $\sigma \in K, f|\sigma : \sigma \to Y$ 是连续的.

注 8.4.1　有的书不要求单纯复形是有限的而仅要求是所谓**局部有限的**, 即每一个点最多是有限个单形的顶点. 进一步, Sakai 的书[16] 中也研究了非局部有限的单纯复形. 对于无限的单纯复形 K, 特别是非局部有限的单纯复形, 如何定义其多面体 $|K|$ 上的拓扑是一个问题, 其中被使用最多, 也认为最自然的是所谓 **Whitehead 拓扑**: $F \subset |K|$ 在 Whitehead 拓扑下是闭的充分必要条件是 $F \bigcap \sigma$ 在 σ 中是闭的. 在这个拓扑下, 上面的引理仍然成立. 但这个拓扑的缺点是, 对非局部有限的单纯复形, 它不是可度量化的.

多面体, 特别是有限单纯复形的多面体, 是拓扑学, 特别是代数拓扑学研究的主要对象. 利用对它的三角剖分, 可以对多面体定义相应的代数结构, 例如同调群. 关于这个内容请读者参考一般的代数拓扑书, 例如 [14]. 为了我们自己的目的, 我们仅关心所谓的重 (zhòng) 心重 (chóng) 分.

8.4.2　单形的重心重分

设 $\sigma = \langle v_0, v_1, \cdots, v_n \rangle$ 是 n-维单形, 令

$$\text{bary}\,\sigma = \sum_{i=0}^{n} \frac{1}{n+1} v_i.$$

那么, $\text{bary}\,\sigma \in \text{rint}\,\sigma$, 称之为 σ 的**重心**. 我们有下面的事实:

引理 8.4.3　设 $\sigma = \langle v_0, v_1, \cdots, v_n \rangle$ 是单形, $\sigma_0 < \sigma_1 < \cdots < \sigma_m \leqslant \sigma$. 那么 $\{\text{bary}\,\sigma_j : j = 0, 1, \cdots, m\}$ 是几何无关的.

证明　不妨设

$$\sigma_0 = \langle v_0, v_1, \cdots, v_{i_0} \rangle,$$
$$\sigma_1 = \langle v_0, v_1, \cdots, v_{i_1} \rangle,$$

$$\cdots$$

$$\sigma_m = \langle v_0, v_1, \cdots, v_{i_m} \rangle,$$

其中 $0 \leqslant i_0 < i_1 < \cdots < i_m \leqslant n$. 如果

$$\sum_{j=0}^{m} t_j \operatorname{bary} \sigma_j = 0, \quad \text{且} \quad \sum_{j=0}^{m} t_j = 0,$$

那么,

$$
\begin{aligned}
0 &= \sum_{j=0}^{m} \frac{t_j}{i_j + 1} (v_0 + v_1 + \cdots + v_{i_j}) \\
&= \sum_{j=0}^{m} \left(\frac{t_j}{i_j + 1} + \frac{t_{j+1}}{i_{j+1} + 1} + \cdots + \frac{t_k}{i_k + 1} \right) (v_{i_{j-1}+1} + v_{i_{j-1}+2} + \cdots + v_{i_j}),
\end{aligned}
\tag{8-4}
$$

这里, $i_{-1} = -1$. 进一步,

$$
\begin{aligned}
& \sum_{j=0}^{m} \left(\frac{t_j}{i_j + 1} + \frac{t_{j+1}}{i_{j+1} + 1} + \cdots + \frac{t_k}{i_k + 1} \right) \cdot (i_j - i_{j-1}) \\
&= \sum_{j=0}^{m} \frac{t_j}{i_j + 1} \cdot (i_j + 1) \\
&= \sum_{j=0}^{m} t_j \\
&= 0.
\end{aligned}
$$

故由 $\{v_0, v_1, \cdots, v_n\}$ 是几何无关的知

$$
\begin{cases}
\dfrac{t_0}{i_0 + 1} + \dfrac{t_1}{i_1 + 1} + \cdots + \dfrac{t_k}{i_k + 1} = 0 \\
\dfrac{t_1}{i_1 + 1} + \cdots + \dfrac{t_k}{i_k + 1} = 0 \\
\cdots \\
\dfrac{t_k}{i_k + 1} = 0.
\end{cases}
$$

因此, $t_0 = t_1 = \cdots = t_k = 0$, 完成了引理的证明. $\qquad\square$

现在, 对于单形 σ, 令

$$Sd(\sigma) = \{\langle \operatorname{bary} \sigma_0, \operatorname{bary} \sigma_1, \cdots, \operatorname{bary} \sigma_m \rangle : \sigma_0 < \sigma_1 < \cdots < \sigma_m \leqslant \sigma, \ m = 0, 1, \cdots, n\}.$$

我们称 $Sd(\sigma)$ 为 σ 的**重心重分**. 我们在这个小节的第一个目标是证明 $Sd(\sigma)$ 是单纯复形并给出我们后面需要的这个单纯复形的一些性质. 为此, 我们先证明下面的引理.

引理 8.4.4　设 $\sigma = \langle v_0, v_1, \cdots, v_n \rangle$ 是 n-维单形，$0 \leqslant i_0 < i_1 < \cdots < i_m \leqslant n$. 对 $k = 0, 1, \cdots, m$，令 $\sigma_k = \langle v_0, v_1, \cdots, v_{i_k} \rangle$. 那么，对任意 $x \in \sigma$，$x \in \langle \operatorname{bary}\sigma_0, \operatorname{bary}\sigma_1, \cdots, \operatorname{bary}\sigma_m \rangle$ 当且仅当

$$\left. \begin{aligned} &v_0(x) = v_1(x) = \cdots = v_{i_0}(x) \\ &\geqslant v_{i_0+1}(x) = v_{i_0+2}(x) = \cdots = v_{i_1}(x) \\ &\geqslant \cdots \\ &\geqslant v_{i_{m-1}+1}(x) = v_{i_{m-1}+2}(x) = \cdots = v_{i_m}(x) \\ &\geqslant v_{i_m+1}(x) = v_{i_m+2}(x) = \cdots = v_n(x) = 0. \end{aligned} \right\} \tag{8-5}$$

进一步，$x \in \operatorname{rint}\langle \operatorname{bary}\sigma_0, \operatorname{bary}\sigma_1, \cdots, \operatorname{bary}\sigma_m \rangle$ 当且仅当式 (8-5′) 成立，这里式 (8-5′) 表示把式 (8-5) 中的 $\geqslant$ 全部加强为 $>$. 因此，σ 中每一点刚好属于 $Sd(\sigma)$ 中一个单形的径向内部.

证明　设 $x \in \langle \operatorname{bary}\sigma_0, \operatorname{bary}\sigma_1, \cdots, \operatorname{bary}\sigma_m \rangle$，则存在 $\{t_0, t_1, \cdots, t_m\} \subset \mathbf{I}$ 使得

$$x = \sum_{j=0}^{m} t_j \operatorname{bary}\sigma_j \quad \text{且} \quad \sum_{j=0}^{m} t_j = 1.$$

从而 (参见式 (8-4))

$$x = \sum_{j=0}^{m} \left(\frac{t_j}{i_j+1} + \frac{t_{j+1}}{i_{j+1}+1} + \cdots + \frac{t_m}{i_m+1} \right) (v_{i_{j-1}+1} + v_{i_{j-1}+2} + \cdots + v_{i_j}).$$

显然，由此证明了引理的"仅当"部分. 反过来，假设 $x \in \sigma$ 满足式 (8-5)，那么，对 $k = 0, 1, \cdots, m$，令 $t_k = (v_{i_k}(x) - v_{i_{k+1}}(x)) \cdot (i_k + 1)$，这里，$v_{i_{m+1}}(x) = 0$. 则容易验证

$$t_k \in \mathbf{I}, \quad x = \sum_{k=0}^{m} t_k \operatorname{bary}\sigma_k, \quad \text{且} \quad \sum_{k=0}^{m} t_k = 1.$$

因此，$x \in \langle \operatorname{bary}\sigma_0, \operatorname{bary}\sigma_1, \cdots, \operatorname{bary}\sigma_m \rangle$，"当"的部分得证. 进一步，

$$x \in \operatorname{rint}\langle \operatorname{bary}\sigma_0, \operatorname{bary}\sigma_1, \cdots, \operatorname{bary}\sigma_m \rangle$$

当且仅当全部 $t_k > 0$ 当且仅当式 (8-5′) 成立. 最后的结论成立是因为对 σ 中的每一点 x，刚好有一种 $\sigma^{(0)}$ 的重新排列 $\{v_0, \cdots, v_{i_0}, \cdots, v_{i_1}, \cdots, v_{i_m}, \cdots, v_n\}$ 使得式 (8-5′) 成立.　　　　　□

现在我们有

引理 8.4.5　设 σ 是 n-维单形，则

(1) $Sd(\sigma)$ 是单纯复形；

(2) $Sd(\sigma)$ 是 σ 的一个三角剖分;

(3) 对于 $Sd(\sigma)$ 中任何 $(n-1)$-维单形 τ, bary $\tau \in \partial\sigma$ 当且仅当存在 $\sigma_1 < \sigma$ 使得 $\tau \subset \sigma_1$ 当且仅当 τ 恰好是 $Sd(\sigma)$ 中一个 n-维单形的面; 否则, τ 恰好是 $Sd(\sigma)$ 中两个 n-维单形的面;

(4) $\mathrm{mesh}(Sd(\sigma)) \leqslant \dfrac{n}{n+1} \mathrm{diam}\,\sigma$;

(5) 如果 $\sigma_1 \leqslant \sigma$, 那么对任意的 $\tau \in Sd(\sigma)$, 如果 $\tau \bigcap \sigma_1 \neq \varnothing$, 则 $\tau \bigcap \sigma_1 \leqslant \tau$ 且 $\tau \bigcap \sigma_1 \in Sd(\sigma_1)$.

证明 (1) 由引理 8.4.4 知, $Sd(\sigma)$ 是有限个单形的集合且显然满足 (C1), 下面我们证明它满足 (C2′). 设 $\tau_1, \tau_2 \in Sd(\sigma)$, $x \in \tau_1 \bigcap \tau_2$. x 在 τ_1, τ_2 中的承载子分别记为 $\tau_1(x)$ 和 $\tau_2(x)$. 则 $\tau_1(x), \tau_2(x) \in Sd(\sigma)$ 且 $x \in \mathrm{rint}\,\tau_1(x) \bigcap \mathrm{rint}\,\tau_2(x)$. 由引理 8.4.4 的最后一个结论我们知 $\tau_1(x) = \tau_2(x)$. 因此, 它是 τ_1 和 τ_2 的公共面且包含 x. 我们证明了 $Sd(\sigma)$ 满足 (C2′).

(2) 由引理 8.4.4 的最后一个结论我们也可以得到 $\sigma = |Sd(\sigma)|$. 所以, $Sd(\sigma)$ 为 σ 的一个三角剖分.

(3) 设 $\sigma = \langle v_0, v_1, \cdots, v_n \rangle$ 且 $\tau = \langle \mathrm{bary}\,\sigma_0, \mathrm{bary}\,\sigma_1, \cdots, \mathrm{bary}\,\sigma_{n-1} \rangle$ 是 $Sd(\sigma)$ 中的 $(n-1)$-维单形, 这里, $\sigma_0 < \sigma_1 < \cdots < \sigma_{n-1} \leqslant \sigma$. 那么, $\sigma_{n-1} < \sigma$ 或者 $\sigma_{n-1} = \sigma$ 且仅有一个成立. 当前者成立时, $\mathrm{bary}\,\tau \in \tau \subset \sigma_{n-1} < \sigma$ 且 τ 仅是 $Sd(\sigma)$ 中一个 n-维单形 $\langle \mathrm{bary}\,\sigma_0, \mathrm{bary}\,\sigma_1, \cdots, \mathrm{bary}\,\sigma_{n-1}, \mathrm{bary}\,\sigma \rangle$ 的面. 当后者成立时, 直接计算可知对任意的 $v \in \sigma^{(0)}$, $v(\mathrm{bary}\,\tau) \geqslant \dfrac{1}{n} \cdot v(\mathrm{bary}\,\sigma) = \dfrac{1}{n} \cdot \dfrac{1}{n+1} > 0$. 因此, $\mathrm{bary}\,\tau \notin \partial\sigma$. 进一步, 存在唯一的 $i_0 \in \{0, 1, \cdots, n-1\}$ 使得 $\sigma_{i_0}^{(0)} \setminus \sigma_{i_0-1}^{(0)} = \{v, u\}$ 为两点集, 其余 $\sigma_i^{(0)} \setminus \sigma_{i-1}^{(0)}$ 都是单点集, 这里, $\sigma_{-1}^{(0)} = \varnothing$. 令 γ_1, γ_2 分别为 σ_{i_0} 的两个真面, 它们的顶点集分别仅比 σ_{i_0} 的顶点集少 u 或者 v. 因此, τ 恰好是 $Sd(\sigma)$ 中两个 n-维单形

$$\langle \mathrm{bary}\,\sigma_0, \mathrm{bary}\,\sigma_1, \cdots, \mathrm{bary}\,\sigma_{i_0-1}, \mathrm{bary}\,\gamma_1, \mathrm{bary}\,\sigma_{i_0}, \cdots, \mathrm{bary}\,\sigma_{n-1} \rangle,$$

$$\langle \mathrm{bary}\,\sigma_0, \mathrm{bary}\,\sigma_1, \cdots, \mathrm{bary}\,\sigma_{i_0-1}, \mathrm{bary}\,\gamma_2, \mathrm{bary}\,\sigma_{i_0}, \cdots, \mathrm{bary}\,\sigma_{n-1} \rangle$$

的面.

(4) 设 $\sigma_1 < \sigma_2 \leqslant \sigma$ 且不妨设 $\sigma_1 = \langle v_0, v_1, \cdots, v_i \rangle$, $\sigma_2 = \langle v_0, v_1, \cdots, v_j \rangle$, 这里, $0 \leqslant i < j \leqslant n$. 那么

$$\begin{aligned}
&\| \mathrm{bary}\,\sigma_1 - \mathrm{bary}\,\sigma_2 \| \\
&= \left\| \frac{1}{i+1}(v_0 + v_1 + \cdots + v_i) - \frac{1}{j+1}(v_0 + v_1 + \cdots + v_i + \cdots + v_j) \right\| \\
&= \frac{j-i}{j+1} \left\| \frac{1}{i+1}(v_0 + v_1 + \cdots + v_i) - \frac{1}{j-i}(v_{i+1} + \cdots + v_j) \right\|.
\end{aligned}$$

注意到 $\dfrac{j-i}{j+1} \leqslant \dfrac{n}{n+1}$, $\dfrac{1}{i+1}(v_0 + v_1 + \cdots + v_i) \in \sigma$, $\dfrac{1}{j-i}(v_{i+1} + \cdots + v_j) \in \sigma$. 我们有

$$\| \operatorname{bary} \sigma_1 - \operatorname{bary} \sigma_2 \| \leqslant \frac{n}{n+1} \operatorname{diam} \sigma.$$

应用引理 8.4.1(8) 和 mesh 及 $Sd(\sigma)$ 的定义, 我们有 (4) 成立.

(5) 设 $\tau \in Sd(\sigma)$ 且 $\tau \bigcap \sigma_1 \neq \varnothing$. 选择 $x \in \tau \bigcap \sigma_1$ 使得 x 在 σ (注意不是在 τ) 中的承载子的维数最大. 设 $\tau = \langle \operatorname{bary} \gamma_0, \operatorname{bary} \gamma_1 \cdots, \operatorname{bary} \gamma_m \rangle$, 这里, $\gamma_0 < \gamma_1 < \cdots < \gamma_m \leqslant \sigma$. 由引理 8.4.4 知, 存在 $m_0 \leqslant m$ 使得 x 在 σ 中的承载子是 γ_{m_0}. 所以, 由 $x \in \sigma_1$ 我们可以得到 $\sigma_1^{(0)} \supset \gamma_{m_0}^{(0)}$. 因此, $\tau \bigcap \sigma_1 \supset \langle \operatorname{bary} \gamma_0, \operatorname{bary} \gamma_1 \cdots, \operatorname{bary} \gamma_{m_0} \rangle$. 反过来, 若存在 $y \in \tau \bigcap \sigma_1 \setminus \langle \operatorname{bary} \gamma_0, \operatorname{bary} \gamma_1 \cdots, \operatorname{bary} \gamma_{m_0} \rangle$, 由引理 8.4.4 知, y 在 σ 中的承载子的维数比 x 在 σ 中的承载子的维数更大, 矛盾于 x 的选择. 于是

$$\tau \bigcap \sigma_1 = \langle \operatorname{bary} \gamma_0, \operatorname{bary} \gamma_1 \cdots, \operatorname{bary} \gamma_{m_0} \rangle.$$

这样 (5) 的结论成立. □

我们的第一个目标已经达到, 现在对单形 σ 归纳地定义

$$Sd^1(\sigma) = Sd(\sigma), \quad Sd^{k+1}(\sigma) = \bigcup \{ Sd(\tau) : \tau \in Sd^k(\sigma) \}.$$

$Sd^k(\sigma)$ 称为 σ 的 k 次重心重分. 我们的第二个目标是把上面的引理推广到 σ 的 k 次重心重分上, 即我们证明下面的引理.

引理 8.4.6 设 $\sigma = \langle v_0, v_1, \cdots, v_n \rangle$ 是 n-维单形, $k \in \mathbb{N}$, 则

(1) $Sd^k(\sigma)$ 是单纯复形;

(2) $Sd^k(\sigma)$ 是 σ 的一个三角剖分;

(3) 对于 $Sd^k(\sigma)$ 中任何 $(n-1)$-维单形 τ, $\operatorname{bary} \tau \in \partial \sigma$ 当且仅当存在 $\sigma_1 < \sigma$ 使得 $\tau \subset \sigma_1$ 当且仅当 τ 恰好是 $Sd^k(\sigma)$ 中一个 n-维单形的面; 否则, τ 恰好是 $Sd^k(\sigma)$ 中两个 n-维单形的面;

(4) $\operatorname{mesh}(Sd^k(\sigma)) \leqslant \left(\dfrac{n}{n+1} \right)^k \operatorname{diam} \sigma$.

证明 (2) 和 (4) 由归纳法立即可得.

(1) 我们对 k 进行归纳. 当 $k=1$ 时已经证明. 现在假设结论对 k 成立, 我们证明 $Sd^{k+1}(\sigma)$ 是单纯复形. 由归纳假定和重心重分的定义, 为此, 我们仅需要验证 $Sd^{k+1}(\sigma)$ 满足 (C2). 设 $\tau_1, \tau_2 \in Sd^{k+1}(\sigma)$ 且 $\tau_1 \bigcap \tau_2 \neq \varnothing$. 则存在 $\gamma_1, \gamma_2 \in Sd^k(\sigma)$ 使得 $\tau_i \in Sd(\gamma_i)$, $i = 1, 2$. 由归纳假定 $\gamma = \gamma_1 \bigcap \gamma_2 \in Sd^k(\sigma)$ 且为 γ_1, γ_2 的公共面. 由引理 8.4.5(5) 知 $\gamma \bigcap \tau_i \in Sd(\gamma)$ 且为 τ_i 的面. 故由引理 8.4.5(1) 知 $\tau_1 \bigcap \tau_2 = (\gamma \bigcap \tau_1) \bigcap (\gamma \bigcap \tau_2)$ 是 $\gamma \bigcap \tau_1$, $\gamma \bigcap \tau_2$ 的公共面, 因此也是 τ_1, τ_2 的公共面.

(3) 同样我们对 k 施行数学归纳法. 当 $k=1$ 时已经证明, 现在假设结论对 k 成立, 我们证明其对 $k+1$ 也成立. 我们将其分解为以下几点证明:

第一, 设 $\tau \in Sd^{k+1}(\sigma)$ 是 $(n-1)$-维单形. 如果 bary $\tau \in \partial\sigma$, 则存在 $\sigma_1 < \sigma$ 使得 bary $\tau \in \sigma_1$. $\tau \subset \sigma_1$. 由此, 我们知道 (3) 中第一个 "当且仅当" 对 $k+1$ 成立.

选择 $x \in \text{rint}\,\tau \bigcap \partial\sigma$, 不妨设 $x = \sum_{i=1}^{n} t_i v_i$, 这里 $t_i \in \mathbf{I}$ 且 $\sum_{i=1}^{n} t_i = 1$. 再设 $\tau = \langle u_0, u_1, \cdots, u_{n-1} \rangle$, 那么 $x = \sum_{i=0}^{n-1} s_i u_i$, 这里, $s_i \in (0, 1]$ 且 $\sum_{i=0}^{n-1} s_i = 1$. 又, 存在由 $\mathbf{I}$ 中元素组成的 $n \times (n+1)$ 矩阵 A 使得

$$(u_0, u_1, \cdots, u_{n-1})^{\mathrm{T}} = A (v_0, v_1, \cdots, v_n)^{\mathrm{T}}$$

且 A 的每一行元素的和等于 1. 故

$$\begin{aligned} x &= (s_0, s_1, \cdots, s_{n-1})(u_0, u_1, \cdots, u_{n-1})^{\mathrm{T}} \\ &= (s_0, s_1, \cdots, s_{n-1})A(v_0, v_1, \cdots, v_n)^{\mathrm{T}}. \end{aligned}$$

由假设 A 的第一列每 i 个元素的 s_i 倍等于 0. 由于 $s_i \neq 0$, 所以 A 的第一列的全部元素为 0, 因此,

$$(u_0, u_1, \cdots, u_{n-1})^{\mathrm{T}} = A^* (v_1, \cdots, v_n)^{\mathrm{T}},$$

其中, A^* 由去掉 A 的全为 0 的第一列后得到的 $n \times n$ 矩阵. 因此, A^* 的每一行元素的和仍为 1. 故

$$\tau = \langle u_0, u_1, \cdots, u_{n-1} \rangle \subset \langle v_1, v_2, \cdots, v_n \rangle < \sigma.$$

第二, 对任意的 $(n-1)$-维单形 $\tau \in Sd^{k+1}(\sigma)$, τ 不能是 $Sd^{k+1}(\sigma)$ 中 3 个 n-维单形的面.

假设 τ 是 $Sd^{k+1}(\sigma)$ 中 3 个 n-维单形 $\sigma_1, \sigma_2, \sigma_3$ 的面. 那么存在 $\gamma_i \in Sd^k(\sigma)$, $i = 1, 2, 3$ 使得对任意的 i, $\sigma_i \in Sd(\gamma_i)$. 我们分 3 种情况证明我们的结论.

情况 A. $\gamma_1 = \gamma_2 = \gamma_3 = \gamma$. 这时, $\tau, \sigma_1, \sigma_2, \sigma_3 \in Sd(\gamma)$. 从而, 由引理 8.4.5(5), 这种情况不可能出现.

情况 B. $\gamma_1, \gamma_2, \gamma_3$ 恰好有两个相同. 不妨设 $\gamma_1 = \gamma_2 = \gamma \neq \gamma_3$. 这时, $\tau, \sigma_1, \sigma_2 \in Sd(\gamma)$. 从而, 由引理 8.4.5(5), bary $\tau \notin \partial\gamma$. 但, 另一方面, bary $\tau \in \gamma \bigcap \gamma_3 \subset \partial\gamma$. 矛盾!

情况 C. $\gamma_1, \gamma_2, \gamma_3$ 互不相同. 则 $\tau \subset \gamma_1 \bigcap \gamma_2 \bigcap \gamma_3$. 因此, 由引理 8.4.1(7) 知 $\gamma_1 \bigcap \gamma_2 \bigcap \gamma_3$ 的维数至少为 $n-1$. 于是, 在情况 C 的假定下, 这个单形的维数等于 $n-1$ 而且是 3 个 n-维单形的面. 注意到, $\gamma_1, \gamma_2, \gamma_3 \in Sd^k(\sigma)$. 矛盾于归纳假定.

第三, 对任意的 $(n-1)$-维单形 $\tau \in Sd^{k+1}(\sigma)$, 如果 bary $\tau \in \partial\sigma$, 则 τ 不能是 $Sd^{k+1}(\sigma)$ 中 2 个 n-维单形的面.

由假设存在 $\gamma \in Sd^k(\sigma)$ 使得 $\tau \in Sd(\gamma)$. 设 $\tau = \langle \text{bary}\,\gamma_0, \text{bary}\,\gamma_1, \cdots, \text{bary}\,\gamma_{n-1} \rangle$, 这里, $\gamma_0 < \gamma_1 < \cdots < \gamma_{n-1} \leqslant \gamma$. 由假设和第一点, $b(\gamma_{n-1}) \in \tau \subset \partial\sigma$, 因此,

$\gamma_{n-1} \subset \partial\sigma$. 所以 γ_{n-1} 的维数为 $n-1$. 因此, 由归纳假定, γ_{n-1} 不能是 $Sd^k(\sigma)$ 中 2 个 n-维单形的面. 现在我们假设 τ 是 $Sd^{k+1}(\sigma)$ 中 2 个不同的 n-维单形 σ_1, σ_2 的面. 则存在 $\delta_1, \delta_2 \in Sd^k(\sigma)$ 使得 $\sigma_i \in Sd(\delta_i), i = 1, 2$. 从而 δ_i 是 n-维单形且 $b(\gamma_{n-1}) \in \tau \subset \sigma_1 \bigcap \sigma_2 \subset \delta_1 \bigcap \delta_2$. 由此不难证明 γ_{n-1} 是 δ_1, δ_2 的公共面. 所以, $\delta_1 = \delta_2 = \delta$. 这样, 我们有 $\tau, \sigma_1, \sigma_2 \in Sd(\delta)$, 由引理 8.4.5(5), bary $\tau \in \text{rint } \sigma$. 由于 bary $\tau \in \partial\sigma$, 所以 $\text{rint } \sigma \bigcap \partial\sigma \neq \varnothing$. 由第一点, 存在 $\sigma_1 < \sigma$ 使得 $\tau \subset \sigma_1$. 矛盾于 δ 是 n-维的.

第四, 对任意的 $(n-1)$-维单形 $\tau \in Sd^{k+1}(\sigma)$, 如果 τ 仅是 $Sd^{k+1}(\sigma)$ 中一个 n-维单形的面, 则 bary $\tau \in \partial\sigma$.

选择 $\sigma_n \in Sd^k(\sigma)$ 使得 $\tau \in Sd(\sigma_n)$. 则存在 $Sd(\sigma_n)$ 中单形 $\sigma_0 < \sigma_1 < \cdots < \sigma_{n-1} \leqslant \sigma_n$ 使得 $\tau = \langle \text{bary } \sigma_0, \text{bary } \sigma_1, \cdots, \text{bary } \sigma_{n-1} \rangle$. 在我们的假定下, τ 仅是 $Sd(\sigma_n)$ 中一个 n-维单形的面, 所以 σ_{n-1} 是 $(n-1)$-维的 (参见引理 8.4.5(3) 的证明). 如果 σ_{n-1} 是 $Sd^k(\sigma)$ 中两个 n-维单形 γ_1, γ_2 的面, 那么,

$$\tau_1 = \langle \text{bary } \sigma_0, \text{bary } \sigma_1, \cdots, \text{bary } \sigma_{n-1}, \text{bary } \gamma_1 \rangle \in Sd^{k+1}(\sigma),$$
$$\tau_2 = \langle \text{bary } \sigma_0, \text{bary } \sigma_1, \cdots, \text{bary } \sigma_{n-1}, \text{bary } \gamma_2 \rangle \in Sd^{k+1}(\sigma)$$

是两个不同的 n-维单形且 τ 是它们的面, 矛盾于假定. 因此, σ_{n-1} 仅是 $Sd^k(\sigma)$ 中一个 n-维单形的面. 由归纳假定, bary $\tau \in \tau \subset \sigma_{n-1} \subset \partial\sigma$. □

推论 8.4.1　对任意的单形 σ,

$$\lim_{k \to \infty} \text{mesh } Sd^k(\sigma) = 0.$$

这个推论是我们对单形进行多次重心重分的目的, 也是证明 Brouwer 不动点定理的工具之一, 我们的另一个工具是 Spermer 定理, 我们将在下一小节利用引理 8.4.6 证明 Spermer 定理.

8.4.3 Spermer 定理

Spermer 定理说明了单形的重心重分的一种组合性质, 是我们证明 Brouwer 不动点定理的关键之一. 因此, 把 Brouwer 不动点定理的这种证明称为组合证明.

我们首先需要一个概念. 设 $\sigma = \langle v_0, v_1, \cdots, v_n \rangle$ 是 n-维单形. $Sd^k(\sigma)$ 是它的 k 次重心重分, $h : (Sd^k(\sigma))^{(0)} \to \{v_0, v_1, \cdots, v_n\}$ 是一个映射. 如果 h 满足下面条件, 则称 h 为 **k-Spermer 映射**:

对任意的 $\sigma_1 \leqslant \sigma$, 任意的 $v \in \sigma_1 \bigcap (Sd^k(\sigma))^{(0)}$, $h(v) \in \sigma_1^{(0)}$.

设 $\tau \in Sd^k(\sigma)$, 如果 $h(\tau^{(0)}) = \sigma^{(0)} = \{v_0, v_1, \cdots, v_n\}$, 则称 τ 是 h 的满单形. 显然, 只有 $Sd^k(\sigma)$ 中的 n-维单形才可能是满的. 为了证明 Brouwer 不动点定理, 我们需要结论: 对任意的 k, 每一个 k-Spermer 映射都有满单形. Spermer 定理保证了这个结论成立.

定理 8.4.1(Spermer 定理) 设 $\sigma = \langle v_0, v_1, \cdots, v_n \rangle$ 是 n-维单形. $Sd^k(\sigma)$ 是它的 k 次重心重分, $h : (Sd^k(\sigma))^{(0)} \to \{v_0, v_1, \cdots, v_n\}$ 是 k-Spermer 映射. 那么, h 的满单形个数为奇数, 从而非零.

证明 我们将对单形的维数 n 作数学归纳法. 当 $n = 0$ 时, 对任意的 $k \in \mathbb{N}$, $Sd^k(\sigma) = \{v_0\}$, 因此, 任意的 k-Spermer 映射下, 满单形个数等于 1, 为奇数. 现在假设 $n \geqslant 1$ 且定理对 $n - 1$ 成立. 我们证明定理对 n 也成立. 为此, 令

$$\sigma_1 = \langle v_0, v_1, \cdots, v_{n-1} \rangle,$$

$$\mathcal{P}_1 = \{\tau \in Sd^k(\sigma) : \tau \text{ 是 } (n-1)\text{-维单形且 } h(\tau^{(0)}) = \{v_0, v_1, \cdots, v_{n-1}\}\},$$

$$\mathcal{P}_2 = \{\gamma \in Sd^k(\sigma) : \gamma \text{ 是 } n\text{-维单形且 } h(\gamma^{(0)}) \supset \{v_0, v_1, \cdots, v_{n-1}\}\},$$

$$\mathcal{P}_1(0) = \{\tau \in \mathcal{P}_1 : \tau \subset \sigma_1\},$$

$$\mathcal{P}_1(1) = \mathcal{P}_1 \setminus \mathcal{P}_1(0),$$

$$\mathcal{P}_2(0) = \{\gamma \in \mathcal{P}_2 : h(\gamma^{(0)}) = \{v_0, v_1, \cdots, v_n\}\},$$

$$\mathcal{P}_2(1) = \mathcal{P}_2 \setminus \mathcal{P}_2(0)$$

$$\mathcal{R} = \{(\tau, \gamma) \in \mathcal{P}_1 \times \mathcal{P}_2 : \tau \text{ 是 } \gamma \text{ 的面}\}.$$

回忆一下, $|A|$ 表示集合 A 的基数, 特别地, 当 A 是有限集合时, $|A|$ 表示集合 A 包含的元素个数. 注意到 $(Sd^k(\sigma_1))^{(0)} \subset (Sd^k(\sigma))^{(0)}$ 而且 $h|(Sd^k(\sigma_1))^{(0)}$ 是 $(n-1)$-维单形 σ_1 上一个 k-Spermer 映射. 由定义可以看出 $|\mathcal{P}_1(0)|$ 是 Spermer 映射 $h|(Sd^k(\sigma_1))^{(0)}$ 的满单形的个数, $|\mathcal{P}_2(0)|$ 是 h 映射的满单形的个数. 由归纳假定 $|\mathcal{P}_1(0)|$ 是奇数, 我们将利用此证明 $|\mathcal{P}_2(0)|$ 也是奇数. 为达到这个目的, 我们用两种方法计算 $|\mathcal{R}|$ 以得到一个连接 $|\mathcal{P}_1(0)|$ 和 $|\mathcal{P}_2(0)|$ 的等式.

方法一: 令

$$\mathcal{R}_1(0) = \{(\tau, \gamma) \in \mathcal{R} : \tau \in \mathcal{P}_1(0)\},$$

$$\mathcal{R}_1(1) = \{(\tau, \gamma) \in \mathcal{R} : \tau \in \mathcal{P}_1(1)\}.$$

那么 $\mathcal{R}_1(0) \bigcap \mathcal{R}_1(1) = \varnothing$ 且 $\mathcal{R}_1(0) \bigcup \mathcal{R}_1(1) = \mathcal{R}$, 所以 $|\mathcal{R}| = |\mathcal{R}_1(0)| + |\mathcal{R}_1(1)|$. 对任意的 $\tau \in \mathcal{P}_1(0)$, 因为 τ 是 $Sd^k(\sigma)$ 中的 $(n-1)$-维单形且 bary $\tau \in \partial\sigma$, 所以由引理 8.4.5(4) 知 τ 仅是 $Sd^k(\sigma)$ 中一个 n-维单形的面. 显然这个 n-维单形属于 $\mathcal{P}_2$. 于是, $|\mathcal{R}_1(0)| = |\mathcal{P}_1(0)|$. 对任意的 $\tau \in \mathcal{P}_1(1)$, 因为 $h(\tau^{(0)}) = \{v_0, v_1, \cdots, v_{n-1}\}$, 所以由 Spermer 映射的定义知 $\tau \not\subset \partial\sigma$. 由引理 8.4.5(4) 知 τ 是 $Sd^k(\sigma)$ 中两个 n-维单形的面. 显然, 这两个 n-维单形都属于 $\mathcal{P}_2$. 于是, $|\mathcal{R}_1(1)| = 2|\mathcal{P}_1(1)|$. 这样, 我们得到

$$|\mathcal{R}| = |\mathcal{P}_1| + 2|\mathcal{P}_1(1)|.$$

方法二: 令

$$\mathcal{R}_2(0) = \{(\tau, \gamma) \in \mathcal{R} : \gamma \in \mathcal{P}_2(0)\},$$

$$\mathcal{R}_2(1) = \{(\tau, \gamma) \in \mathcal{R} : \gamma \in \mathcal{P}_2(1)\}.$$

那么 $\mathcal{R}_2(0) \bigcap \mathcal{R}_2(1) = \varnothing$ 且 $\mathcal{R}_2(0) \bigcup \mathcal{R}_2(1) = \mathcal{R}$, 所以 $|\mathcal{R}| = |\mathcal{R}_2(0)| + |\mathcal{R}_2(1)|$. 对任意的 $\gamma \in \mathcal{P}_2(0)$, 因为 $h(\gamma^{(0)}) = \{v_0, v_1, \cdots, v_n\}$, 所以 γ 恰好有一个 $(n-1)$-维面 τ 使得 $h(\tau^{(0)}) = \{v_0, v_1, \cdots, v_{n-1}\}$, 即恰好存在一个 $\tau \in \mathcal{P}_1$ 使得 $(\tau, \gamma) \in \mathcal{R}$. 因此, $|\mathcal{R}_2(0)| = |\mathcal{P}_2(0)|$. 对任意的 $\gamma \in \mathcal{P}_2(1)$, 显然, $h(\gamma^{(0)}) = \{v_0, v_1, \cdots, v_{n-1}\}$. 由此知, $\gamma^{(0)}$ 恰好存在一对元素 u_1, u_2 使得 $u_1 \neq u_2$ 但是 $h(u_1) = h(u_2)$. 令 τ_1, τ_2 是 γ 的两个 $(n-1)$-维面且它们分别不含顶点 u_1, u_2. 则容易看出 $\{\tau_1, \tau_2\}$ 恰好是满足条件 $(\tau, \gamma) \in \mathcal{R}$ 的全部 τ. 因此, $|\mathcal{R}_2(1)| = 2|\mathcal{P}_2(1)|$. 这样, 我们又得到

$$|\mathcal{R}| = |\mathcal{P}_2(0)| + 2|\mathcal{P}_2(1)|.$$

比较上面两种方法计算的 $|\mathcal{R}|$, 我们知道 $|\mathcal{P}_2(0)|$ 和 $|\mathcal{P}_1(0)|$ 有相同的奇偶性, 因此, 由于 $|\mathcal{P}_1(0)|$ 是奇数, 所以 $|\mathcal{P}_2(0)|$ 也是奇数, 正是我们所需要的. $\qquad\square$

8.4.4　Brouwer 不动点定理

现在我们可以证明本节的主要结论 Brouwer 不动点定理了.

定理 8.4.2 (Brouwer 不动点定理)　对任意的 $n \in \mathbb{N}$, 任意的连续映射 $f : \mathbf{I}^n \to \mathbf{I}^n$, f 都存在一个不动点, 即存在 $x_0 \in \mathbf{I}^n$ 使得 $f(x_0) = x_0$.

证明　因为 $\mathbf{I}^n$ 同胚于 n-维单形 $\sigma = \langle v_0, v_1, \cdots, v_n \rangle$. 所以我们可以用 σ 代替 $\mathbf{I}^n$. 设 $f : \sigma \to \sigma$ 连续. 假设 f 不存在不动点. 对任意的 $i = 0, 1, \cdots, n$, 令

$$U_i = \{x \in \sigma : v_i(x) < v_i(f(x))\}, \quad V_i = \{x \in \sigma : v_1(x) > v_i(f(x))\}.$$

由引理 8.4.1(4) 和定理 2.4.3(1) 知 U_i, V_i 是 σ 的不相交的开集对. 进一步, 由于 f 不存在不动点且各点的重心坐标的和等于 1, 有

$$\bigcup_{i=0}^{n} U_i = \bigcup_{i=1}^{n} V_i = \sigma.$$

由于 σ 是紧的, 开覆盖 $\{U_i : i = 0, 1, \cdots, n\}$ 存在 Lebesgue 数 $\delta > 0$. 由推论 8.4.1, 存在 $k \in \mathbb{N}$ 使得 $\mathrm{mesh}\, Sd^k(\sigma) < \delta$. 那么, 对任意的 $\tau \in Sd^k(\sigma)$, 都存在 $i_\tau \in \{0, 1, \cdots, n\}$ 使得 $\tau \subset U_{i_\tau}$. 现在定义一个 k-Spermer 映射 $h : (Sd^k(\sigma))^{(0)} \to \{v_0, v_1, \cdots, v_n\}$ 如下: 对任意的 $u \in (Sd^k(\sigma))^{(0)}$, 选择 i 使得 $u \in V_i$, 定义 $h(u) = v_i$. 注意到对任意的 $\sigma_1 \leqslant \sigma$ 及任意的 $v_i \in \sigma^{(0)} \setminus \sigma_1^{(0)}$, 如果 $u \in \sigma_1$, 那么, $v_i(u) = 0$, 因此, $v_i(u) > v_i(f(x))$ 不可能成立, 于是 $h(u) \neq v_i$. 这个说明了 $h(u) \in \sigma_1^{(0)}$, 即 h 确实是一个 k-Spermer 映射. 由 Spermer 定理, 存在 $\tau \in Sd^k(\sigma)$ 使得 $h(\tau^{(0)}) =$

$\{v_0, v_1, \cdots, v_n\}$. 特别地, 存在 $u \in \tau^{(0)}$ 使得 $h(u) = v_{i_\tau}$. 但, 这是一个矛盾! 事实上, 一方面, $h(u) = v_{i_\tau}$ 表明 $u \in V_{i_\tau}$; 另一方面, $u \in \tau \subset U_{i_\tau}$. 矛盾于 $U_{i_\tau} \bigcap V_{i_\tau} = \varnothing$. □

利用 Brouwer 不动点定理我们可以证明下面的重要结论.

定理 8.4.3 (Hilbert 方体的不动点定理) Hilbert *方体* $Q = [-1, 1]^\infty$ *有不动点性质*.

证明 设 $f : Q \to Q$ 连续. 对任意的 $n \in \mathbb{N}$, 定义 $f_n : [-1, 1]^n \to [-1, 1]^n$ 为

$$f_n(x_1, x_2, \cdots, x_n) = p_n \circ f(x_1, x_2, \cdots, x_n, 0, \cdots),$$

这里, $p_n : Q \to [-1, 1]^n$ 为 $p_n(x_1, x_2, \cdots) = (x_1, x_2, \cdots, x_n)$. 那么 f_n 是连续的, 故由 Brouwer 不动点定理 (注意 $\mathbf{I}^n \approx [-1, 1]^n$), f_n 存在不动点. 令

$$F_n = \{x \in Q : p_n(f(x)) = p_n(x)\}.$$

注意到对 f_n 的任何不动点 $(x_1, x_2, \cdots, x_n)$, 有 $(x_1, x_2, \cdots, x_n, 0, \cdots) \in F_n$, 因此 F_n 是非空的. 又, 显然, 利用 f 和 p_n 的连续性知 F_n 是 Q 中的闭集. 进一步, 利用定义知 $F_1 \supset F_2 \supset F_3 \supset \cdots$. 由于 Q 是紧空间, $F = \bigcap\limits_{n=1}^{\infty} F_n$ 是非空的. 显然, F 中每一个元素都是 f 的不动点. □

对于拓扑空间 X 及其子空间 A, 如果存在连续映射 $r : X \to A$ 使得 $r|A = \mathrm{id}_A$, 则称 A 是 X 的**收缩核**, $r : X \to A$ 称为由 X 到 A 的**收缩映射**. 如果 X 是 Hausdorff 的, 则收缩核必然是闭集, 见练习 2.4.A. 即使对于紧度量空间, 判断其一个闭子集是否为这个空间的收缩核有时也是很困难的, 例如,

$$\mathbb{S}^n = \left\{ (x_1, x_2, \cdots, x_{n+1}) \in \mathbb{R}^{n+1} : \sum_{i=1}^{n+1} x_i^2 = 1 \right\}$$

是否是

$$\mathbf{B}^{n+1} = \left\{ (x_1, x_2, \cdots, x_{n+1}) \in \mathbb{R}^{n+1} : \sum_{i=1}^{n+1} x_i^2 \leqslant 1 \right\}$$

的收缩核? 我们将使用 Brouwer 不动点定理给出这个问题一个否定的回答. 首先, 我们证明一个一般性事实.

定理 8.4.4 设 X 是拓扑空间, A 是 X 的收缩核. 如果 X 有不动点性质, 则 A 也有不动点性质.

证明 设 $r : X \to A$ 是由 X 到 A 的收缩映射, $j : A \to X$ 是嵌入映射. 对任意的连续映射 $f : A \to A$, 考虑连续映射 $j \circ f \circ r : X \to X$. 由于 X 有不动点性质, 存在 $x_0 \in X$ 使得 $j(f(r(x_0))) = x_0$. 那么, $x_0 = f(r(x_0)) \in A$. 于是, $r(x_0) = x_0$. 因此, $f(x_0) = x_0$. 所以, A 有不动点性质. □

因为对任意的 $n \in \omega$, $\mathbb{S}^n$ 都不具有不动点性质 ($x \mapsto -x$ 没有不动点) 并注意到 $\mathbf{I}^{n+1} \approx \mathbf{B}^{n+1}$, 由 Brouwer 不动点定理, 我们有下面的重要结论.

定理 8.4.5 (不可收缩定理)　　对任意的 $n \in \omega$, $\mathbb{S}^n$ 不是 $\mathbf{B}^{n+1}$ 的收缩核.

练　习　8.4

8.4.A. 设 (X, d) 是度量空间, $f : X \to X$ 连续且满足下面的条件: (1) $\mathrm{cl}\, f(X)$ 是紧的; (2) 对任意的 $\varepsilon > 0$, 存在 $x \in X$ 使得 $d(f(x), x) < \varepsilon$. 证明 $f : X \to X$ 存在不动点.

8.4.B. 试利用不可收缩定理证明 Brouwer 不动点定理. (提示: 设 $f : \mathbf{B}^{n+1} \to \mathbf{B}^{n+1}$ 连续且对任意的 $x \in \mathbf{B}^{n+1}$, 有 $f(x) \neq x$. 定义 $r : \mathbf{B}^{n+1} \to \mathbb{S}^n$ 为, 对任意的 $x \in \mathbf{B}^{n+1}$, $r(x)$ 为以 $f(x)$ 为起点经过 x 的射线与 $\mathbb{S}^n$ 的交点. 验证 $r : \mathbf{B}^{n+1} \to \mathbb{S}^n$ 是一个收缩映射.)

8.4.C. 证明赋范线性空间中的每一个紧凸子空间都有不动点性质.(提示: 参考定理 8.4.3 的证明.)

8.4.D. 证明紧的有绝对扩张性质的度量空间有不动点性质.

第9章 维 数 论

所谓拓扑空间的维数是希望给每一个拓扑空间 X (实际上, 大多数情况下仅限于比较好的拓扑空间) 指定一个非负整数 $d(X)$, 使得

(i) $d(X)$ 是拓扑性质, 即若 X 与 Y 同胚, 则 $d(X) = d(Y)$;

(ii) $d(\mathbb{R}^n) = n$.

当然, 我们似乎也可以要求 d 满足下面进一步的条件:

(iii) $d(X \times Y) = d(X) + d(Y)$;

(iv) 若 X 是 Y 的子空间, 则 $d(X) \leqslant d(Y)$.

本章将给出三种常用的维数定义, 即小归纳维数 ind, 大归纳维数 Ind 和覆盖维数 dim. 证明它们的一些基本性质, 特别是对于可分可度量化空间类, 以上三种维数相等. 我们还将证明三种维数都满足上面的 (i) 和 (ii). 进一步, 对于度量空间类, 三种维数也满足 (iv) 和 (iii) 的一个弱化形式:

$$d(X \times Y) \leqslant d(X) + d(Y).$$

另外, 本章的一些结论虽然对更广的空间类也成立, 但从本书的立场出发, 我们有时仅在度量空间类中考虑.

为了方便, 本章中所有拓扑空间均假定是正则空间且允许拓扑空间是空集.

9.1 三种维数的定义

本节中, 我们将定义这三种维数并证明它们的基本性质.

定义 9.1.1 设 X 是正则空间, 定义

ind (1) ind $\varnothing = -1$;

ind (2) 假定对任意的正则空间 Y, ind $Y \leqslant n-1$ 已经有定义. 若对任意的 $x \in X$ 及开集 $U \ni x$, 存在开集 V 使得 $x \in V \subset \mathrm{cl}\, V \subset U$ 且 ind bd $V \leqslant n-1$, 则定义 ind $X \leqslant n$;

ind (3) 若 ind $X \leqslant n$ 但 ind $X \nleqslant n-1$, 则定义 ind $X = n$;

ind (4) 若对一切自然数 n, ind $X \nleqslant n$, 则定义 ind $X = \infty$.

我们称 ind X 为空间 X 的**小归纳维数**.

进一步, 对上述定义做一点修改就可以定义正规空间 X 的**大归纳维数** Ind X. 事实上, 我们用 Ind X 代替上述定义中的 ind X, 用下面的 Ind (2) 替换 ind (2):

Ind (2) 假定对任意的正规空间 Y, $\operatorname{Ind} Y \leqslant n-1$ 已经有定义. 若对任意的闭集 A 及开集 $U \supset A$, 存在开集 V 使得 $A \subset V \subset \operatorname{cl} V \subset U$ 且 $\operatorname{Ind} \operatorname{bd} V \leqslant n-1$, 则可以定义 $\operatorname{Ind} X \leqslant n$.

为了定义覆盖维数, 我们首先给出开覆盖秩的概念. 设 $\mathcal{U}$ 是 X 的开覆盖, 若对任意的 $x \in X$, 在 $\mathcal{U}$ 中最多存在 $n+1$ 个元素包含 x, 则称 $\mathcal{U}$ 的**秩**不超过 n, 记作 $\operatorname{ord} \mathcal{U} \leqslant n$. $\operatorname{ord} \mathcal{U}$ 是一个最小的数 n 使得 $\operatorname{ord} \mathcal{U} \leqslant n$. 显然, $\operatorname{ord} \mathcal{U} \leqslant n$ 等价于 $\mathcal{U}$ 中最多有 $n+1$ 个元素相交非空, 即 $\mathcal{U}$ 中任意 $n+2$ 个元素的交都是空的.

定义 9.1.2   设 X 是正规空间, $n \in \omega$. 若对 X 的任意有限开覆盖 $\mathcal{U}$, 存在 $\mathcal{U}$ 的有限开加细 $\mathcal{V}$ 使得 $\operatorname{ord} \mathcal{V} \leqslant n$, 则称 X 的覆盖维数不超过 n, 记作 $\dim X \leqslant n$. 用 $\dim X$ 表示使得 $\dim X \leqslant n$ 成立的 n, 如果这样的 n 存在的话. 否则, 我们认为 $\dim X = \infty$. 同时, 为了方便, 我们规定 $\dim \varnothing = -1$. 我们称 $\dim X$ 为空间 X 的**覆盖维数**.

关于以上三种维数, 我们有以下简单性质.

定理 9.1.1   (1) 设 X 是正则空间, M 为 X 的子空间, 则 $\operatorname{ind} M \leqslant \operatorname{ind} X$;

(2) 若 X 是正规空间, 则 $\operatorname{ind} X \leqslant \operatorname{Ind} X$;

(3) 设 X 是正规空间, M 为 X 的闭子空间, 则 $\operatorname{Ind} M \leqslant \operatorname{Ind} X$;

(4) 设 X 是正规空间, M 为 X 的闭子空间, 则 $\dim M \leqslant \dim X$.

注 9.1.1   上述定理 (3) 和 (4) 中, M 为 X 的闭子空间的条件不能被 M 为 X 的正规子空间代替. (为什么?)

下面我们讨论以上三种维数重合的条件. 首先从维数等于 0 开始.

定理 9.1.2   设 X 是正规空间, 则 $\operatorname{Ind} X = 0$ 当且仅当 $\dim X = 0$.

证明   设 $\operatorname{Ind} X = 0$, 则 $X \neq \varnothing$ 且对任意的闭集 F 及开集 $U \supset F$, 存在既开又闭的集合 V 使得 $U \supset V \supset F$. 现在设 $\mathcal{U} = \{U_1, U_2, \cdots, U_n\}$ 是 X 的开覆盖, 我们利用上述结论, 可以归纳地定义 $\{V_1, V_2, \cdots, V_n\}$ 使得对任意的 $i \leqslant n$,

(i) V_i 是既开又闭的;

(ii) $X \setminus (V_1 \bigcup \cdots \bigcup V_{i-1} \bigcup U_{i+1} \bigcup \cdots \bigcup U_n) \subset V_i \subset U_i$.

从而 $\{V_1, V_2, \cdots, V_n\}$ 是 X 的既开又闭的覆盖且加细 $\mathcal{U}$. 现在, 令

$$W_i = V_i \bigg\backslash \bigcup_{j<i} V_i.$$

则 $\mathcal{W} = \{W_1, W_2, \cdots, W_n\}$ 是由两两不相交的开集组成的 $\mathcal{U}$ 的开加细, 因此, $\operatorname{ord} \mathcal{W} \leqslant 0$. 从而 $\dim X \leqslant 0$. 由于 $X \neq \varnothing$, 所以 $\dim X = 0$.

设 $\dim X = 0$. 则 $X \neq \varnothing$. 现在对任意的闭集 F 及开集 $U \supset F$, 我们有 $\mathcal{U} = \{U, X \setminus F\}$ 是 X 的开覆盖. 由 $\dim X = 0$ 知存在 X 的开覆盖 $\mathcal{V} = \{V_1, V_2, \cdots, V_n\}$ 加细 $\mathcal{U}$ 且使得 $\mathcal{V}$ 中最多存在一个元素的交非空, 即 $\mathcal{V}$ 由两两不相交的开集组成且

为 X 的覆盖. 故 $\mathcal{V}$ 元素必然是既开又闭集的. 令

$$V = \bigcup\{V_i : V_i \bigcap F \neq \varnothing\} = X \setminus \bigcup\{V_i : V_i \bigcap F = \varnothing\}.$$

则 $F \subset V \subset U$ 且 V 是既开又闭的. 从而 $\operatorname{Ind} X = 0$. □

定理 9.1.3 设 X 是正则的 Lindelöf 空间, 则 $\operatorname{ind} X = 0$ 当且仅当 $\operatorname{Ind} X = \dim X = 0$.

证明 我们只须证明若 $\operatorname{ind} X = 0$, 则 $\operatorname{Ind} X = 0$. 显然, $X \neq \varnothing$. 设 A, B 是 X 中的两个不相交的闭集. 由 $\operatorname{ind} X = 0$ 知对任意的 $x \in X$, 存在既开又闭的集 $W_x \ni x$ 使得

$$W_x \bigcap A = \varnothing \text{ 或 } W_x \bigcap B = \varnothing.$$

则 $\mathcal{W} = \{W_x : x \in X\}$ 构成 X 的开覆盖. 利用 X 的 Lindelöf 性知 $\mathcal{W}$ 存在可数子覆盖 $\{W_{x_n} : n = 1, 2, \cdots\}$. 现在, 令

$$V_i = W_{x_i} \setminus \bigcup_{j<i} W_{x_j}.$$

则 $\{V_n : n = 1, 2, \cdots\}$ 是 X 的既开又闭的覆盖且两两不相交. 显然, 对任意的 i, $V_i \bigcap A = \varnothing$ 或 $V_i \bigcap B = \varnothing$. 故

$$V = \bigcup\{V_i : V_i \bigcap A \neq \varnothing\} = X \setminus \bigcup\{V_i : V_i \bigcap A = \varnothing\}$$

满足条件 $A \subset V \subset X \setminus B$ 且 V 是既开又闭的. □

推论 9.1.1 对任意可分度量空间 X, $\operatorname{ind} X = 0$ 当且仅当 $\operatorname{Ind} X = \dim X = 0$.

注 9.1.2 一般说来, $\operatorname{ind} X = 0$ 不能推出 $\operatorname{Ind} X = 0$, 甚至存在度量空间 X 使得 $\operatorname{ind} X = 0$ 但 $\operatorname{Ind} X > 0$. 例子参考 [5]. 因此, 我们有下面的定义, 它推广了 0-维度量空间的定义.

定义 9.1.3 设 X 是正则空间, 若 $\operatorname{ind} X = 0$, 则称 X 为 **0-维的**. 设 X 是正规空间, 若 $\operatorname{Ind} X = 0$, 则称 X 为**强 0-维的**.

显然, X 是 0-维的当且仅当 X 存在由既开又闭集构成的基. 定理 9.1.2 和定理 9.1.3 不能推广到更高维的情况, 事实上存在紧空间 X 使得 $\operatorname{ind} X = \operatorname{Ind} X = 2$ 但 $\dim X = 1$. 例子太复杂, 请参考 [5] 或者 [16]. 但我们将在 9.3 节证明, 对任意度量空间 X, $\operatorname{Ind} X = \dim X$; 对任意可分度量空间 X, $\operatorname{ind} X = \operatorname{Ind} X = \dim X$.

练 习 9.1

9.1.A. 证明每一个可数正则空间是强 0-维的. (提示: 先证明其是正规的, 再利用 Urysohn 引理.)

9.1.B. 证明实数空间的每一个基数小于实数基数的子空间是强 0-维的.

9.1.C. 设 (X,d) 是可分度量空间, A 是 X 的闭子空间且 $X \setminus A$ 是 0-维的. 证明 A 是 X 的收缩核. (提示: 利用引理 8.2.4.)

9.1.D. 设 X 是正则空间, 如果对任意的 $x \in X$, 不存在开集 U 同时满足 $U \ni x$ 且 $\mathrm{cl}\, U$ 是紧的, 那么我们称 X 是**无处局部紧的**. 证明 X 同胚于无理数空间 $\mathbb{P}$ 当且仅当 X 是拓扑完备的, 无处局部紧的, 0-维的可分度量空间. (提示:"当"的部分的证明可以仿照定理 4.6.1 的证明给出.)

9.1.E. 证明 X 同胚于有理数空间 $\mathbb{Q}$ 当且仅当 X 是可数的不含孤立点的度量空间. 举例说明存在可数的不含孤立点的正则的非第一可数空间. (提示: 对于第一个结论的"当"的部分的证明, 首先利用 9.1.A 知 X 是 0-维的, 然后仿照定理 4.6.1 的证明给出, 但是应该注意到这时可数的单调下降的闭集列的交可能是空集. 第二个结论注意利用练习 7.4.G.)

9.2 关于覆盖维数的进一步讨论

本节将给出覆盖维数 $\dim X$ 的进一步结果. 这些结果除了有本身的价值外, 还将用来证明三种维数重合定理以及流形嵌入定理.

回忆一下, 设 $\mathcal{A} = \{A_s : s \in S\}$ 是集合 X 的一个覆盖, $\mathcal{A}$ 的一个收缩是指 X 的满足下面条件的覆盖 $\mathcal{B} = \{B_s : s \in S\}$: 对任意的 $s \in S$, $B_s \subset A_s$.

进一步, 给出下面的定义.

定义 9.2.1 (1) 设 $\mathcal{A} = \{A_s : s \in S\}$ 是集合 X 的一个子集族. $\mathcal{A}$ 的一个**膨胀**是指 X 的一个满足下面条件的子集族 $\mathcal{B} = \{B_s : s \in S\}$:

(i) 对任意的 $s \in S$, $A_s \subset B_s$;

(ii) 对 S 的任意有限子族 S_0, 有 $\bigcap\limits_{s \in S_0} A_s = \varnothing$ 当且仅当 $\bigcap\limits_{s \in S_0} B_s = \varnothing$.

(2) 设 $\mathcal{A}$ 是 X 的子集族, 如果对任意的 $x \in X$, 集合 $\{A \in \mathcal{A} : x \in A\}$ 是有限的, 那么, 我们称 $\mathcal{A}$ 是**点有限的子集族**.

引理 9.2.1 设 X 是正规空间, 则

(1) 对 X 的任意点有限的开覆盖 $\mathcal{U} = \{U_s : s \in S\}$ 存在一个开收缩 $\mathcal{V} = \{V_s : s \in S\}$ 满足条件: 对任意的 $s \in S$, $\mathrm{cl}\, V_s \subset U_s$.

(2) 对 X 的任意有限闭集族 $\mathcal{F} = \{F_i : i = 1, \cdots, k\}$ 及开集族 $\mathcal{U} = \{U_i : i = 1, \cdots, k\}$. 若对任意的 $i \leqslant k$, $F_i \subset U_i$, 则存在一个开集族 $\mathcal{V} = \{V_i : i = 1, \cdots, k\}$ 使得 $F_i \subset V_i \subset \mathrm{cl}\, V_i \subset U_i$ 且 $\{\mathrm{cl}\, V_i : i = 1, \cdots, k\}$ 是 $\mathcal{F}$ 的一个膨胀.

证明 (1) 由良序公理 (定理 1.4.1), 我们假定 $\mathcal{U} = \{U_\xi : \xi \leqslant \alpha\}$. 我们将归纳地定义开集族 $\{V_\xi : \xi \leqslant \alpha\}$ 使得对任意的 $\xi \leqslant \alpha$,

(i) $\mathrm{cl}\, V_\xi \subset U_\xi$;

(ii) $\{V_\eta : \eta \leqslant \xi\} \bigcup \{U_\eta : \xi < \eta \leqslant \alpha\}$ 是 X 的开覆盖.

令

$$F_0 = X \Big\backslash \bigcup_{0 < \eta \leqslant \alpha} U_\eta.$$

那么, F_0 是闭集且 $F_0 \subset U_0$. 因为 X 是正规的, 所以存在开集 V_0 使得

$$F_0 \subset V_0 \subset \operatorname{cl} V_0 \subset U_0.$$

则 V_0 满足 (i),(ii).

现在假设 $\xi \leqslant \alpha$. 设 $\{V_\eta : \eta < \xi\}$ 已经定义且满足 (i),(ii), 那么

$$\mathcal{W} = \{V_\eta : \eta < \xi\} \bigcup \{U_\eta : \xi \leqslant \eta \leqslant \alpha\}$$

是 X 的开覆盖[①]. 事实上, 设 $x \in X$. 因为 $\mathcal{U}$ 是点有限的, 所以, 存在最大的 $\zeta \leqslant \alpha$ 使得 $x \in U_\zeta$. 如果 $\xi \leqslant \zeta$, 那么, 显然 $x \in \bigcup \mathcal{W}$. 如果 $\zeta < \xi$, 由归纳假定 (ii) 对 ζ 成立, 因此,

$$\{V_\eta : \eta \leqslant \zeta\} \bigcup \{U_\eta : \zeta < \eta \leqslant \alpha\}$$

是 X 的开覆盖. 又由我们的假定知 $x \notin \bigcup \{U_\eta : \zeta < \eta \leqslant \alpha\}$. 所以, 存在 $\eta \leqslant \zeta < \xi$ 使得 $x \in V_\eta$. 因此, 也有 $x \in \bigcup \mathcal{W}$. 我们证明了 $\mathcal{W}$ 是 X 的覆盖.

利用 $\mathcal{W}$ 是 X 的覆盖, 像定义 V_0 一样, 我们能够定义 V_ξ 使得 (i),(ii) 成立. 归纳定义完成. 这样定义的 $\{V_\xi : \xi \leqslant \alpha\}$ 显然满足要求.

(2) 设 $\mathcal{F}$ 和 $\mathcal{U}$ 满足假设, 我们利用有限归纳法定义满足要求的开集族 $\mathcal{V}$. 首先定义 V_1. 令

$$K_1 = \bigcup \{F_{i_1} \bigcap F_{i_2} \bigcap \cdots \bigcap F_{i_t} : 1 < i_1 < \cdots < i_t \leqslant k \text{ 且 } F_1 \bigcap F_{i_1} \bigcap F_{i_2} \bigcap \cdots \bigcap F_{i_t} = \varnothing\},$$

则 K_1 是闭集且 $F_1 \bigcap (K_1 \bigcup (X \setminus U_1)) = \varnothing$. 故存在开集 V_1 使得

$$F_1 \subset V_1 \subset \operatorname{cl} V_1 \subset U_1 \bigcap (X \setminus K_1).$$

则 $\mathcal{F}_1 = \{\operatorname{cl} V_1, F_2 \cdots F_k\}$ 是 $\mathcal{F}$ 的一个膨胀. 其次, 用 $\mathcal{F}_1$ 代替 $\mathcal{F}$, 用 F_2 代替 F_1, 和上述过程相同可以定义 V_2, 以此类推, 可以得到开集族 $\{V_1, V_2, \cdots, V_k\}$ 满足要求. □

利用上述引理, 我们能得到覆盖维数的下面等价形式.

---

① 读者需要注意, 这个事实并不能由归纳假定得到. 正是为了保证这个事实成立, 我们需要假定 $\mathcal{U}$ 是点有限的.

定理 9.2.1　设 X 是正规空间, 则下列条件等价:

(a) $\dim X \leqslant n$;

(b) X 的任意有限开覆盖 $\mathcal{U} = \{U_1, U_2, \cdots, U_k\}$ 都存在一个开收缩 $\mathcal{V} = \{V_1, V_2, \cdots, V_k\}$ 使得 $\operatorname{ord}\mathcal{V} \leqslant n$ 且对任意的 $i \leqslant k$, $\operatorname{cl} V_i \subset U_i$;

(c) X 的任意由 $n+2$ 个元组成的开覆盖 $\mathcal{U} = \{U_1, U_2, \cdots, U_{n+2}\}$ 都存在一个开收缩 $\mathcal{V} = \{V_1, V_2, \cdots, V_{n+2}\}$ 使得 $\bigcap\limits_{i=1}^{n+2} V_i = \varnothing$;

(d) X 的任意有限开覆盖都存在一个秩小于等于 n 的闭收缩.

证明　我们分别证明 (a),(c),(d) 和 (b) 等价. (d)$\Rightarrow$(b) 由引理 9.2.1(2) 得到. (b)$\Rightarrow$(a) 和 (b)$\Rightarrow$(c) 是显然的. (b)$\Rightarrow$(d) 由引理 9.2.1(1) 得到. 现在我们证明 (a)$\Rightarrow$(b) 和 (c)$\Rightarrow$(b).

(a)$\Rightarrow$(b). 设 $\mathcal{U} = \{U_1, U_2, \cdots, U_k\}$ 是 X 的一个开覆盖. 利用引理 9.2.1(1), 存在一个开收缩 $\mathcal{W} = \{W_i : i = 1, \cdots, k\}$ 满足条件: 对任意的 $i \leqslant k$, $\operatorname{cl} W_i \subset U_i$. 由 (a) 存在 $\mathcal{W}$ 的有限开加细 $\mathcal{G}$ 使得 $\operatorname{ord}\mathcal{G} \leqslant n$. 现在对任意的 $G \in \mathcal{G}$, 选择 $i(G) \leqslant k$ 使得 $G \subset W_{i(G)}$. 令

$$V_i = \bigcup\{G \in \mathcal{G} : i(G) = i\}.$$

则 $V_i \subset W_i \subset \operatorname{cl} W_i \subset U_i$ 且 $\operatorname{ord}\{V_1, V_2, \cdots, V_k\} \leqslant n$. 即 $\mathcal{V} = \{V_1, V_2, \cdots, V_k\}$ 满足 (b) 中的要求.

(c)$\Rightarrow$(b). 设 $\mathcal{U} = \{U_1, U_2, \cdots, U_k\}$ 是 X 的一个开覆盖, 不妨设 $k > n + 2$. 令

$$\{A \subset \{1, 2, \cdots, k\} : |A| = k - (n+1)\} = \{A_1, A_2, \cdots, A_l\}.$$

那么我们能利用有限归纳法定义 X 的开覆盖列 $\{\mathcal{U}_0, \mathcal{U}_1, \cdots, \mathcal{U}_l\}$, 这里 $\mathcal{U}_i = \{U_{i,j} : j = 1, 2, \cdots, k\}$, 满足如下条件: 对任意的 $i = 1, 2, \cdots, l$,

(1) $U_{0,j} = U_j$;

(2) $\mathcal{U}_i$ 是 $\mathcal{U}_{i-1}$ 的收缩;

(3) 对任意的 $s \in A_i$,

$$\bigcap\{U_{i,j} : j \in \{1, 2, \cdots, k\} \setminus A_i\}\bigcap U_{i,s} = \varnothing.$$

事实上, 考虑 X 的由 $n+2$ 个元组成的开覆盖

$$\{U_{0,j} : j \in \{1, 2, \cdots, k\} \setminus A_1\}\bigcup\left\{\bigcup_{j \in A_1} U_{0,j}\right\}.$$

由 (c) 存在它的开收缩 $\{U_{1,j} : j \in \{1, 2, \cdots, k\} \setminus A_1\}\bigcup\{V_1\}$ 使得其交为空. 对 $j \in A_1$, 令 $U_{1,j} = V_1 \bigcap U_{0,j}$. 那么 $\mathcal{U}_1 = \{U_{1,j} : j = 1, 2, \cdots, k\}$ 是 X 的开覆盖且满足 (2), (3). 同理可以定义 $\mathcal{U}_2, \cdots, \mathcal{U}_l$. 那么, $\mathcal{U}_l$ 是 $\mathcal{U}$ 的开收缩且容易验证 $\operatorname{ord}\mathcal{U}_l \leqslant n$. 最后, 对 X 的开覆盖 $\mathcal{U}_l$ 利用引理 9.2.1(1), 我们可以得到 $\mathcal{U}$ 的满足 (b) 的开收缩 $\mathcal{V}$.　□

定理 9.2.2(可数和定理) 设 X 是正规空间, n 是自然数. 若 $X = \bigcup\limits_{i=1}^{\infty} F_i$, 这里 F_i 是 X 中的闭集且 $\dim F_i \leqslant n$, 则 $\dim X \leqslant n$.

证明 设 $\mathcal{U} = \{U_1, U_2, \cdots, U_k\}$ 为 X 的开覆盖. 首先, 我们归纳地构造 X 的一个开覆盖列 $\mathcal{U}_0, \mathcal{U}_1, \mathcal{U}_2, \cdots$, 这里 $\mathcal{U}_i = \{U_{i,j} : j = 1, 2 \cdots, k\}$, 即每一个开覆盖都由 k 个开集组成, 满足条件: 对任意的 $j \leqslant k$, $i = 0, 1, 2, \cdots$,

(i) $U_j = U_{0,j} \supset \mathrm{cl}\, U_{1,j} \supset U_{1,j} \supset \mathrm{cl}\, U_{2,j} \supset U_{2,j} \supset \cdots$;

(ii) $\mathrm{ord}\{\mathrm{cl}\, U_{i,j} \bigcap F_i\}_{j=1}^{k} \leqslant n$, 这里 $F_0 = \varnothing$.

事实上, 对 $j \leqslant k$, 令 $U_{0,j} = U_j$, 则 $\mathcal{U}_0 = \{U_{0,j} : j \leqslant k\}$ 满足条件. 设 $\mathcal{U}_0, \mathcal{U}_1, \cdots, \mathcal{U}_{m-1}$ 已经定义且满足 (i) 和 (ii), 我们构造 $\mathcal{U}_m$. 考虑 F_m 的开覆盖 $\{F_m \bigcap U_{m-1,j}\}_{j=1}^{k}$. 由 $\dim F_m \leqslant n$ 及定理 9.2.1 中 (a) 与 (b) 的等价性知存在 $\{F_m \bigcap U_{m-1,j}\}_{j=1}^{k}$ 在 F_m 中的开收缩 $\mathcal{V} = \{V_j\}_{j=1}^{k}$ 使得对任意 $j \leqslant k$ 有 $\mathrm{cl}\, V_j \subset F_m \bigcap U_{m-1,j}$ (注意 V_j 在 F_m 中闭包与其在 X 中的闭包相同) 且 $\mathrm{ord}\, \mathcal{V} \leqslant n$. 现在, 令

$$W_j = V_j \bigcup (U_{m-1,j} \setminus F_m).$$

则 $\mathcal{W} = \{W_j\}_{j=1}^{k}$ 是 $\mathcal{U}_{m-1}$ 的开收缩且 $\mathrm{ord}\{W_j \bigcap F_m : j \leqslant k\} \leqslant n$. 为证明上面结论, 我们仅仅需要验证每一个 W_j 是 X 的开集, 其他结论是显然的. 因为 V_j 是 F_m 的开集且 V_j 是 X 中的开集 $U_{m-1,j}$ 的子集, 所以存在 X 中开集 G_j 使得 $V_j = G_j \bigcap F_m$ 且 $G_j \subset U_{m-1,j}$. 那么由 W_j 的定义容易验证

$$W_j = G_j \bigcup (U_{m-1,j} \setminus F_m).$$

因此, W_j 是 X 的开集. 现在应用引理 9.2.1(1) 存在 $\mathcal{W}$ 的开收缩 $\mathcal{U}_m = \{U_{m,j}\}_{j=1}^{k}$ 使得对任意的 $j \leqslant k$, $\mathrm{cl}\, U_{m,j} \subset W_j$. 则 $\mathcal{U}_m$ 满足条件 (i) 和 (ii).

其次, 我们利用上述开覆盖列构造 $\mathcal{U}$ 的一个闭收缩 $\mathcal{F}$ 使得 $\mathrm{ord}\, \mathcal{F} \leqslant n$. 事实上, 对任意的 $x \in X$, 对任意的 i, 存在 $j(x, i) \leqslant k$ 使得 $x \in U_{i, j(x,i)}$. 故存在 $j(x) \leqslant k$ 使得有无限多个 i 使得 $j(x, i) = j(x)$. 由此及 (1) 知 $x \in \bigcap\limits_{i=1}^{\infty} U_{i, j(x)}$. 因此,

$$\mathcal{F} = \left\{ \bigcap_{i=1}^{\infty} \mathrm{cl}\, U_{i,j} : j \leqslant k \right\}$$

构成 X 的闭覆盖且对任意的 $j \leqslant k$, $\bigcap\limits_{i=1}^{\infty} \mathrm{cl}\, U_{i,j} \subset U_j$. 注意到 $\bigcup\limits_{i=1}^{\infty} F_i = X$ 和条件 (ii) 知 $\mathrm{ord}\, \mathcal{F} \leqslant n$. 故由定理 9.2.1 中 (a) 与 (d) 的等价性知 $\dim X \leqslant n$. $\square$

为了在一定的条件下把定理 9.1.2 和定理 9.1.3 推广到高维的情况, 我们首先给出两个引理, 然后利用它可以得到我们需要的结论的一半. 下一节我们将给出另一半成立的条件.

引理 9.2.2　设 X 是正规空间, 若对任意的不相交的闭集对 A, B, 都存在开集 W 使得

$$A \subset W \subset \operatorname{cl} W \subset X \setminus B \text{ 且 } \dim \operatorname{bd} W \leqslant n - 1.$$

则 $\dim X \leqslant n$.

证明　设 $\mathcal{U} = \{U_i\}_{i=1}^k$ 是 X 的有限开覆盖. 应用引理 9.2.1, 存在 $\mathcal{U}$ 的闭收缩 $\mathcal{F} = \{F_i\}_{i=1}^k$. 由假定, 对 $i \leqslant k$, 存在开集 W_i 使得

$$F_i \subset W_i \subset \operatorname{cl} W_i \subset U_i, \ \dim \operatorname{bd} W_i \leqslant n - 1.$$

令 $F = \bigcup_{i=1}^k \operatorname{bd} W_i$. 则由可数和定理 (定理 9.2.2) 知 $\dim F \leqslant n - 1$. 因此, 对 F 的开覆盖 $\mathcal{U}|F = \{U_i \bigcap F : i = 1, 2, \cdots, k\}$ 存在一个秩不超过 $n - 1$ 的闭收缩. 此闭收缩是 X 的有限闭集族, 所以, 对这个闭收缩应用引理 9.2.1(2) 知存在一个秩不超过 $n - 1$ 的开膨胀 $\mathcal{V} = \{V_i\}_{i=1}^k$ 满足: V_i 是 X 的开集且

$$\operatorname{cl} V_i \subset U_i, \ \ F \subset V = \bigcup_{i=1}^k V_i, \ \text{且 } \operatorname{ord}\{\operatorname{cl} V_i : i = 1, 2, \cdots, k\} \leqslant n - 1.$$

现在, 令

$$E_i = \operatorname{cl} W_i \setminus \left(V \bigcup \bigcup_{j < i} W_i \right).$$

则 $\mathcal{C} = \{\operatorname{cl} V_1 \bigcup E_1, \operatorname{cl} V_2 \bigcup E_2, \cdots, \operatorname{cl} V_k \bigcup E_k\}$ 构成 $\mathcal{U}$ 的一个闭收缩. 事实上, 对任意的 $x \in X$, 选择最小的 i 使得 $x \in W_i$, 则或者 $x \in V \subset \bigcup_{i=1}^k \operatorname{cl} V_i$ 或者 $x \in E_i$. 所以 $\mathcal{C}$ 是 X 的闭覆盖. 又, 显然对任意的 $i \leqslant k$, $\operatorname{cl} V_i \bigcup E_i \subset U_i$. 因此, 利用定理 9.2.1, 为完成引理的证明, 我们只须证明 $\operatorname{ord} \mathcal{C} \leqslant n$. 对任意的 $j < i \leqslant k$, 因为 $\operatorname{cl} W_j \setminus W_j \subset V$, 所以 $E_i \bigcap E_j \subset \operatorname{cl} W_j \setminus (W_j \bigcup V) = \varnothing$, 因此, 由 $\operatorname{ord}\{\operatorname{cl} V_i : i = 1, 2, \cdots, k\} \leqslant n - 1$ 知 $\operatorname{ord} \mathcal{C} \leqslant n$. $\qquad \square$

引理 9.2.3　设 X 是正则的 Lindelöf 空间, $\mathcal{B}$ 为 X 的一个基. A 和 B 是 X 中不相交的两个闭集. 则存在开集 W 和 $\mathcal{B}$ 的可数子族 $\{B_i : i = 1, 2, \cdots\}$ 使得 $A \subset W \subset \operatorname{cl} W \subset X \setminus B$ 且 $\bigcup_{i=1}^\infty \operatorname{bd} B_i \supset \operatorname{bd} W$.

证明　对任意的 $x \in X$, 选择其邻域 $U(x) \in \mathcal{B}$ 使得 $\operatorname{cl} U(x) \bigcap A = \varnothing$ 或者 $\operatorname{cl} U(x) \bigcap B = \varnothing$. 则由 X 是 Lindelöf 的知存在 X 的开覆盖 $\{B(x) : x \in X\}$ 的可数子覆盖 $\mathcal{B}_0$. 令

$$\{U_i : i = 1, 2, \cdots\} = \{U \in \mathcal{B}_0 : \operatorname{cl} U \bigcap A \neq \varnothing\}$$

$$\{V_i : i = 1, 2, \cdots\} = \mathcal{B}_0 \setminus \{U_i : i = 1, 2, \cdots\}.$$

则 $A \subset \bigcup\limits_{i=1}^{\infty} U_i, B \subset \bigcup\limits_{i=1}^{\infty} V_i$ 且对任意的 i, 有 $\mathrm{cl}\, U_i \bigcap B = \mathrm{cl}\, V_i \bigcap A = \varnothing$. 故令

$$G_i = U_i \Big\backslash \bigcup_{j < i} \mathrm{cl}\, V_j, \quad H_i = V_i \Big\backslash \bigcup_{j \leqslant i} \mathrm{cl}\, U_j.$$

则有 $A \subset \bigcup\limits_{i=1}^{\infty} G_i = W, B \subset \bigcup\limits_{i=1}^{\infty} H_i = H$ 且 $W \bigcap H = \varnothing$. 因此, $A \subset W \subset \mathrm{cl}\, W \subset X \backslash B$. 现在我们证明 W 满足我们的最后一个要求, 即 $\mathrm{bd}\, W \subset \bigcup\limits_{i=1}^{\infty} \mathrm{bd}\, U_i \bigcup \bigcup\limits_{i=1}^{\infty} \mathrm{bd}\, V_i$. 事实上, 设 $x \in \mathrm{bd}\, W$, 则 $x \in X \backslash (W \bigcup H)$. 选择最小的 i 使得 $x \in \mathrm{cl}\, U_i$ 或者 $x \in \mathrm{cl}\, V_i$. 如果前者成立, 因为 $x \notin G_i = U_i \Big\backslash \bigcup\limits_{j < i} \mathrm{cl}\, V_i$, 故 $x \in \mathrm{bd}\, U_i$. 如果前者不成立而后者成立, 因为 $x \notin H_i = V_i \Big\backslash \bigcup\limits_{j \leqslant i} \mathrm{cl}\, U_i$, 故 $x \in \mathrm{bd}\, V_i$. $\qquad \square$

利用上述两个引理和可数和定理 (定理 9.2.2), 并使用数学归纳法, 我们立即可得下面的两个定理.

定理 9.2.3 设 X 是正规空间, 则 $\dim X \leqslant \mathrm{Ind}\, X$.

定理 9.2.4 设 X 是正则的 Lindelöf 空间, 则 $\dim X \leqslant \mathrm{ind}\, X$.

下面给出覆盖维数 $\dim X$ 的另一种形式的等价刻画. 这种刻画将用来证明 9.4 节的嵌入定理. 首先我们给出一个定义.

定义 9.2.2 设 X 是正规空间, A 和 B 是 X 中不相交的两个闭集. A 和 B 的一个**分割** L 是指 L 是 X 中一个闭集且 $X \backslash L$ 可表示为两个不相交的开集 U 和 V 之并且使得 $A \subset U, B \subset V$.

关于分割, 我们有下面简单的结果, 证明留给读者.

引理 9.2.4 设 X 是正规空间, A 和 B 是 X 中不相交的两个闭集, L 是 A 和 B 的一个分割. 那么存在连续函数 $f : X \to \mathbf{J} = [-1, 1]$ 使得

$$A \subset f^{-1}(-1), \quad L \subset f^{-1}(0), \quad B \subset f^{-1}(1).$$

进一步, 如果 X 是度量空间, 我们能要求上面的 3 个公式中的 $\subset$ 为 $=$.

定理 9.2.5 设 X 是正规空间, 则 $\dim X \leqslant n$ 的充分必要条件是对任意 $n+1$ 个不相交的闭集对 $\{(A_i, B_i) : i = 1, 2, \cdots, n+1\}$, 存在它们的分割 $\{L_i : i = 1, 2, \cdots, n+1\}$ 使得 $\bigcap\limits_{i=1}^{n+1} L_i = \varnothing$.

证明 先证明这个条件是必要的. 设 $\dim X \leqslant n, \{(A_i, B_i); i = 1, 2, \cdots, n+1\}$ 是 X 中 $n+1$ 个不相交的闭集对. 令 $B_{n+2} = \bigcup\limits_{i=1}^{n+1} A_i$. 则 $\bigcap\limits_{i=1}^{n+2} B_i = \varnothing$. 故 $\{X \backslash B_i : i = 1, 2, \cdots, n+2\}$ 是 X 的有限开覆盖. 由 $\dim X \leqslant n$, 存在它的开收缩 $\{U_i : i = 1, 2, \cdots, n+2\}$ 使得 $\bigcap\limits_{i=1}^{n+2} U_i = \varnothing$. 从而, $\bigcup\limits_{i=1}^{n+2} U_i = X$ 且 $U_i \subset X \backslash B_i$. 由引

理 9.2.1(1) 知存在闭集族 $\{F_i : i = 1, 2, \cdots, n+2\}$ 使得

$$\bigcup_{i=1}^{n+2} F_i = X, \quad \bigcap_{i=1}^{n+2} F_i = \varnothing \quad \text{且} \quad F_i \subset U_i, i = 1, 2, \cdots, n+2.$$

令 $V_i = X \setminus F_i, i = 1, 2, \cdots, n+2$. 则

$$\bigcup_{i=1}^{n+2} V_i = X, \quad \bigcap_{i=1}^{n+2} V_i = \varnothing \quad \text{且} \quad B_i \subset V_i, i = 1, 2, \cdots, n+2.$$

不妨设 $A_i \subset X \setminus V_i, i = 1, 2, \cdots, n+1$, 因为必要的话, 可以用 $V_i \setminus A_i$ 代替 V_i, 那么由 $\bigcup_{i=1}^{n+1} A_i = B_{n+2} \subset V_{n+2}$ 知上述条件仍成立. 再选择开覆盖 $\{V_i : i = 1, 2, \cdots, n+2\}$ 的一个闭收缩 $\{E_i : i = 1, 2, \cdots, n+2\}$ 且不妨设 $B_i \subset E_i, i = 1, 2, \cdots, n+1$, 因为必要的话, 我们可以用 $B_i \bigcup E_i$ 代替 E_i. 由于 X 是正规的, 对 $i = 1, 2, \cdots, n+1$, 选择 E_i 与 $X \setminus V_i$ 之间的一个分割 L_i. 则 $\bigcap_{i=1}^{n+1} L_i = \varnothing$. 事实上,

$$\begin{aligned}
\bigcap_{i=1}^{n+1} L_i &\subset \bigcap_{i=1}^{n+1} V_i \bigcap \bigcap_{i=1}^{n+1} (X \setminus E_i) \\
&= \bigcap_{i=1}^{n+1} V_i \bigcap \left(X \setminus \bigcup_{i=1}^{n+1} E_i \right) \\
&\subset \bigcap_{i=1}^{n+1} V_i \bigcap E_{n+2} \\
&\subset \bigcap_{i=1}^{n+1} V_i \bigcap V_{n+2} \\
&= \varnothing.
\end{aligned}$$

又, 由于 $A_i \subset X \setminus V_i, B_i \subset E_i, i = 1, 2, \cdots, n+1$, 所以上述 L_i 也是 A_i 与 B_i 之间的一个分割. 必要性得证.

为证明条件是充分的, 假设定理中的条件满足, 我们验证 X 满足定理 9.2.1(c) 中的要求, 从而说明 $\dim X \leqslant n$. 设 $\{U_i\}_{i=1}^{n+2}$ 是 X 的一个开覆盖. 则由引理 9.2.1 知存在一个闭收缩 $\{B_i\}_{i=1}^{n+2}$. 对于 $i \leqslant n+1$, 令 $A_i = X \setminus U_i$. 则 $\{(A_i, B_i), i = 1, 2, \cdots, n+1\}$ 构成 X 的 $n+1$ 个不相交的闭集对. 由假定存在开集 $V_i, W_i, i = 1, 2, \cdots, n+1$, 使得 $A_i \subset V_i, B_i \subset W_i, V_i \bigcap W_i = \varnothing$ 且 $\bigcap_{i=1}^{n+1} (X \setminus (V_i \bigcup W_i)) = \varnothing$, 即

$$\left(\bigcup_{i=1}^{n+1} V_i \right) \bigcup \left(\bigcup_{i=1}^{n+1} W_i \right) = X.$$

令 $W_{n+2} = U_{n+2} \bigcap \bigcup_{i=1}^{n+1} V_i$, 我们证明 $\{W_1, W_2, \cdots, W_{n+2}\}$ 是 $\{U_i\}_{i=1}^{n+2}$ 的一个开收缩且 $\bigcap_{i=1}^{n+2} W_i = \varnothing$. 对 $i \leqslant n+1$, 因为 $W_i \bigcap A_i = \varnothing$, 所以 $W_i \subset X \setminus A_i = U_i$. 而

$W_{n+2} \subset U_{n+2}$ 由 W_{n+2} 的定义立即得到. 又

$$
\begin{aligned}
\bigcup_{i=1}^{n+2} W_i &= \bigcup_{i=1}^{n+1} W_i \bigcup \left(U_{n+2} \bigcap \bigcup_{i=1}^{m+1} V_i \right) \\
&\supset \left(\bigcup_{i=1}^{n+1} W_i \bigcup B_{n+2} \right) \bigcap \left(\bigcup_{i=1}^{m+1} W_i \bigcup \bigcup_{i=1}^{m+1} V_i \right) \\
&\supset \bigcup_{i=1}^{n+2} B_i \bigcap X = X
\end{aligned}
$$

故 $\{W_i\}_{i=1}^{n+2}$ 是 X 的开覆盖. 进一步,

$$
\begin{aligned}
\bigcap_{i=1}^{n+2} W_i &= \bigcap_{i=1}^{n+1} W_i \bigcap \left(U_{n+2} \bigcap \bigcup_{i=1}^{m+1} V_i \right) \\
&\subset \bigcap_{i=1}^{n+1} W_i \bigcap \left(\bigcup_{i=1}^{m+1} V_i \right) = \varnothing.
\end{aligned}
$$

因此, 定理 9.2.2(c) 成立. $\qquad\square$

本节的最后部分内容是证明局部有限和定理和 Dowker 定理, 前者类似于定理 9.2.2, 后者推广了定理 9.2.1. 为此, 我们先证明一个引理.

引理 9.2.5 设 X 是正规空间, $\mathcal{U} = \{U_s : s \in S\}$ 是 X 的开覆盖, $\mathcal{F}$ 是 X 的一个局部有限的由覆盖维数小于等于 n 的闭集组成的覆盖. 若对任意的 $F \in \mathcal{F}$, F 仅与有限多个 U_s 相交, 则 $\mathcal{U}$ 存在一个开收缩 $\mathcal{V}$ 使得 $\mathrm{ord}\mathcal{V} \leqslant n$.

证明 由良序集公理, 设 $\mathcal{F} = \{F_0 = \varnothing, F_1, \cdots, F_\xi, \cdots, F_\alpha\}$, 这里 α 是一个序数, 也即我们把 $\mathcal{F}$ 良序化为一个后继序数且使得 $F_0 = \varnothing$. 现在我们归纳地定义开覆盖超限序列 $\{\mathcal{U}_\xi : \xi \leqslant \alpha\}$ 使得下列条件成立, 这里 $\mathcal{U}_\xi = \{U_{\xi,s} : s \in S\}$.

(i) 对任意 $\xi < \eta \leqslant \alpha$, 对任意 $s \in S$, 有 $U_{\eta,s} \subset U_{\xi,s}$;

(ii) 对任意的 $\xi \leqslant \alpha$, F_ξ 的开覆盖 $\{F_\xi \bigcap U_{\xi,s} : s \in S\}$ 是有限的且其秩小于等于 n.

(iii) 对任意 $\xi < \eta \leqslant \alpha$ 和任意 $s \in S$, 有

$$
U_{\xi,s} \setminus U_{\eta,s} \subset \bigcup_{\xi \leqslant \zeta \leqslant \eta} F_\zeta.
$$

对 $s \in S$, 令 $U_{0,s} = U_s$. 现在设 $\xi_0 \leqslant \alpha$ 且满足条件 (i)—(iii) 的开覆盖 $\{\mathcal{U}_\xi : \xi < \xi_0\}$ 已经定义. 我们将构造满足条件 (i)—(iii) 的 $\mathcal{U}_{\xi_0}$.

为此, 首先对任意的 $s \in S$, 令

$$
U'_{\xi_0,s} = \bigcap_{\xi < \xi_0} U_{\xi,s}.
$$

则 $\{U'_{\xi_0,s} : s \in S\}$ 是 X 的开覆盖. 为了证明这个事实, 我们仅需证明对任意的 $x \in X$, 存在 $U \in \mathcal{N}(x)$, $s \in S$ 及 $\xi < \xi_0$ 使得对任意的 η, 若 $\xi \leqslant \eta < \xi_0$, 则

$$x \in U_{\eta,s} \bigcap U = U_{\xi,s} \bigcap U.$$

若 $\xi_0 = \xi'_0 + 1$ 是后继序数, 我们只须取 $\xi = \xi'_0$, 取 $s \in S$ 使得 $x \in U_{\xi'_0,s}$, $U = X$ 即可. 若 ξ_0 是极限序数, 由于 $\mathcal{F}$ 是局部有限的, 存在 $U \in \mathcal{N}(x)$ 使得 U 仅与 $\mathcal{F}$ 中有限个成员相交. 故存在 $\xi < \xi_0$ 使得对任意的 $\xi < \eta < \xi_0$ 有 $U \bigcap F_\eta = \varnothing$. 选择 $s \in S$ 使得 $x \in U_{\xi,s}$, 则 $U \in \mathcal{N}(x)$, $s \in S$ 及 $\xi < \xi_0$ 满足我们的要求. 这个由条件 (iii) 立即可得.

其次, 由假设及上述事实知 $\{F_{\xi_0} \bigcap U'_{\xi_0,s} : s \in S\}$ 是由 F_{ξ_0} 中开集构成的 F_{ξ_0} 的有限开覆盖, 故存在有限开收缩 $\{V_s : s \in S\}$ 使得其秩小于等于 n. 现在令

$$U_{\xi_0,s} = (U'_{\xi_0,s} \setminus F_{\xi_0}) \bigcup V_s.$$

则容易验证 $U_{\xi_0,s}$ 是 X 中的开集且 $\mathcal{U}_{\xi_0} = \{U_{\xi_0,s} : s \in S\}$ 满足条件 (i)—(iii) 的开覆盖. 归纳定义完成.

最后, 容易看出 $\mathcal{U}_\alpha$ 是 $\mathcal{U}$ 的收缩, 又由 (i) 和 (ii) 及 $\mathcal{F}$ 是 X 的覆盖知 $\mathrm{ord}\,\mathcal{U}_\alpha \leqslant n$.   □

由这个引理, 我们立即得到下面的局部有限和定理.

定理 9.2.6 (局部有限和定理)　如果正规空间 X 可表示为局部有限的覆盖维数小于等于 n 的闭集族之并, 则 $\dim X \leqslant n$.

进一步利用上面引理, 我们可以证明下面的 Dowker 定理, 它是我们下一节证明维数重合定理的一个基础.

定理 9.2.7 (Dowker 定理)　设 X 是正规空间, 则下面条件等价:

(a) $\dim X \leqslant n$;

(b) X 的每个局部有限的开覆盖都存在秩小于等于 n 的开收缩;

(c) X 的每个局部有限的开覆盖都存在秩小于等于 n 的开加细.

证明　(a)$\Rightarrow$(b). 设 $\dim X \leqslant n$, $\mathcal{U} = \{U_s : s \in S\}$ 是 X 的局部有限的开覆盖. 令 $\mathcal{T}$ 为 S 的所有非空的有限子集之族. 对任意的 $T \in \mathcal{T}$, 令

$$F_T = \bigcap_{s \in T} \mathrm{cl}\, U_s \bigcap \bigcap_{s \notin T} (X \setminus U_s).$$

则 F_T 是 X 的闭集, 且由定理 9.1.1(4) 知 $\dim F_T \leqslant n$. 显然, F_T 仅可能与 $\mathcal{U}$ 中有限个元素相交. 又, 对任意的 $x \in X$, 设 $T(x) = \{s \in S : x \in U_s\}$. 则 $T(x) \in \mathcal{T}$. 容易验证 $x \in F_{T(x)}$, 因此, $\mathcal{F} = \{F_T : T \in \mathcal{T}\}$ 是 X 的闭覆盖. 进一步, 我们证明 $\mathcal{F}$ 是局部有限的. 设 $x \in X$, 则存在 $U \in \mathcal{N}(x)$ 使得

$$T_0 = \{s \in S : U_s \bigcap U \neq \varnothing\}$$

是有限的. 则由 F_T 定义知: 若 $F_T \bigcap U \neq \varnothing$, 则 $T \subset T_0$. 因此

$$\{T \in \mathcal{T} : F_T \bigcap U \neq \varnothing\}$$

是有限的. 这样我们证明了 $\mathcal{F} = \{F_T : T \in \mathcal{T}\}$ 满足引理 9.2.5 中对开覆盖 $\mathcal{U}$ 的所有条件, 故 $\mathcal{U}$ 存在秩小于等于 n 的开收缩.

(b)$\Rightarrow$(c) 是显然的.

(c)$\Rightarrow$(a). 设 $\mathcal{U} = \{U_1, U_2, \cdots, U_k\}$ 是 X 的有限开覆盖, 由 (c) 知存在 $\mathcal{U}$ 的开加细 $\mathcal{V}$ 使得 $\mathrm{ord}\,\mathcal{V} \leqslant n$. 现在对任意的 $V \in \mathcal{V}$, 选择 $i(V) \leqslant k$ 使得 $V \subset U_{i(V)}$. 令

$$V_i = \bigcup\{V \in \mathcal{V} : i(V) = i\}.$$

则 $\mathcal{W} = \{V_1, V_2, \cdots, V_k\}$ 是 $\mathcal{U}$ 的有限开加细且容易验证 $\mathrm{ord}\,\mathcal{W} \leqslant n$. □

练 习 9.2

9.2.A. 证明定理 9.2.4; 证明引理 9.2.4, 举例说明这个引理中的闭集 A, B, L 满足的条件不能被假定它们两两不相交代替.

9.2.B. 举例说明引理 9.2.1(1) 中 $\mathcal{U}$ 是点有限的条件不可缺少.

9.2.C. 设 X, Y 是紧空间且 $\dim Y = 0$. 证明 $\dim(X \times Y) = \dim X$.

9.2.D. 设 X, Y 是紧空间且 $\dim X \leqslant n$, Y 是紧度量空间, $f : X \to Y$ 连续. 证明存在紧度量空间 Z 和连续映射 $g : X \to Z, h : Z \to Y$ 使得 $\dim Z \leqslant n$, $g(X) = Z$ 且 $f = h \circ g$. 这个结论称为 **Mardešić 因子定理.** (提示: 设 $\mathcal{B}$ 是 Y 的可数基, $\{\mathcal{U}_i : i \in \mathbb{N}\}$ 是由 $\mathcal{B}$ 元素组成的 Y 的有限覆盖的全体. $\mathbf{V}_0 = \{f^{-1}(U) : U \in \mathcal{U}_i : i \in \mathbb{N}\}$. 定义一个列 $\mathbf{V}_j$ 使得对任意的 $j = 0, 1, 2, \cdots$,

$$\mathcal{V} \in \mathbf{V}_{j+1} \text{ 的充分必要条件是 } \mathcal{V} \text{ 是 } X \text{ 的有限开覆盖},$$
$$\mathrm{ord}\,\mathcal{V} \leqslant n \text{ 且 } \mathcal{V} \text{ 同时星加细 } \mathbf{V}_j \text{ 中两个成员}.$$

定义 X 上一个等价关系 $\sim$ 使得 $x \sim x'$ 的充分必要条件是

$$x \in \bigcap_{j=1}^{\infty} \bigcap_{\mathcal{V} \in \mathbf{V}_i} \mathrm{st}(x', \mathcal{V}).$$

则 $Z = X/\sim$, 自然映射 $g : X \to Z$, 由 f 导出的连续映射 $h : Z \to Y$ 满足要求.)

9.3 度量空间的维数

本节我们首先给出度量空间中覆盖维数不超过 n 的一个充分必要条件, 利用此结果证明度量空间的覆盖维数和大归纳维数相同, 可分度量空间的三种维数相

同. 其次, 我们考虑给出两个度量空间乘积的维数公式. 最后, 我们证明每一个维数不超过 n 的度量空间都可以作为一个维数不超过 n 的可完备度量空间的稠密子空间, 每一个维数不超过 n 的可分度量空间都可以作为一个维数不超过 n 的紧度量空间的稠密子空间.

设 (X, d) 是度量空间, $\mathcal{U}$ 是 X 的子集族, 令

$$\mathrm{mesh}\,\mathcal{U} = \sup\{\mathrm{diam}\,U : U \in \mathcal{U}\}.$$

称之为 $\mathcal{U}$ 的网格直径.

首先, 我们给出下面的定理.

定理 9.3.1 设 (X, d) 是度量空间, 则下列条件等价:

(a) $\dim X \leqslant n$.

(b) X *存在局部有限的开覆盖列* $(\mathcal{W}_k)_k$ *使得对任意的* k *有*

$$\mathrm{ord}\,\mathcal{W}_k \leqslant n, \quad \mathrm{mesh}\,\mathcal{W}_k \leqslant \frac{1}{k} \quad \text{且} \quad \mathrm{cl}(\mathcal{W}_{k+1}) = \{\mathrm{cl}\,W : W \in \mathcal{W}_{k+1}\} \prec \mathcal{W}_k.$$

(c) X *存在开覆盖列* $(\mathcal{W}_k)_k$ *使得对任意的* k *有*

$$\mathrm{ord}\,\mathcal{W}_k \leqslant n, \quad \mathrm{mesh}\,\mathcal{W}_k \leqslant \frac{1}{k} \quad \text{且} \quad \mathcal{W}_{k+1} \prec \mathcal{W}_k.$$

证明　(a)$\Rightarrow$(b). 设 $\dim X \leqslant n$. 由 Stone 定理 (定理 7.5.2), 对 X 的开覆盖 $\mathcal{U}_1 = \left\{ B\left(x, \dfrac{1}{2}\right) : x \in X \right\}$ 作一个局部有限的开加细 $\mathcal{V}_1$, 再利用 Dowker 定理 (定理 9.2.7) 作 $\mathcal{V}_1$ 的一个开收缩 $\mathcal{W}_1$ 使得 $\mathrm{ord}\,\mathcal{W}_1 \leqslant n$. 则 $\mathcal{W}_1$ 是 X 的局部有限的开覆盖且 $\mathrm{mesh}\,\mathcal{W}_1 \leqslant 1$, $\mathrm{ord}\,\mathcal{W}_1 \leqslant n$. 设满足定理中条件的开覆盖 $\mathcal{W}_k$ 已经作好, 我们如下构造 $\mathcal{W}_{k+1}$. 对任意的 $x \in X$, 选择 $U(x) \in \mathcal{N}(x)$ 及 $W \in \mathcal{W}_k$ 使得 $\mathrm{diam}\,U(x) \leqslant \dfrac{1}{k+1}$, $\mathrm{cl}\,U(x) \subset W$. 则 $\mathcal{U}_{k+1} = \{U(x) : x \in X\}$ 是 X 的开覆盖, 按上面构造 $\mathcal{W}_1$ 的方法可构造出 X 的局部有限的开覆盖 $\mathcal{W}_{k+1}$, 则 $\mathcal{W}_{k+1}$ 满足要求. 因此, (b) 成立.

(b)$\Rightarrow$(c) 是显然的.

(c)$\Rightarrow$(a). 设 $(\mathcal{W}_k)_k$ 是满足 (c) 的开覆盖列. 那么对任意的 k, 我们能够定义一个映射 $f_k^{k+1} : \mathcal{W}_{k+1} \to \mathcal{W}_k$ 使得对任意的 $W \in \mathcal{W}_{k+1}$, 有 $W \subset f_k^{k+1}(W)$. 设 $f_k^k = \mathrm{id}_{\mathcal{W}_k}$, 那么对任意的 $i \leqslant k$, 定义 $f_i^k : \mathcal{W}_k \to \mathcal{W}_i$ 为 $f_i^k = f_{k-1}^k \circ f_{k-2}^{k-1} \circ \cdots \circ f_i^{i+1}$. 则

(1) 对任意的 $W \in \mathcal{W}_k, i \leqslant k$, 有 $f_i^k(W) \supset W$.

现在设 $\{H_j\}_{j=1}^l$ 是 X 的有限开覆盖, 我们将利用 $(\mathcal{W}_k)_k$ 及上述 f_i^k 构造 $\{H_j\}_{j=1}^l$ 的秩小于等于 n 的有限开收缩. 首先, 对任意的 k, 定义开集

$$X_k = \bigcup\{W \in \mathcal{W}_k : \text{存在} \ j \leqslant l \ \text{使得} \ \mathrm{st}(W, \mathcal{W}_k) \subset H_j\}.$$

由 mesh $\mathcal{W}_k \leqslant \dfrac{1}{k}$ 知 $X = \bigcup\limits_{k=1}^{\infty} X_k$. 现在我们定义 $\mathcal{W}_k$ 的两个子族

$$\mathcal{U}_k = \{U \in \mathcal{W}_k : U \bigcap X_k \neq \varnothing\}, \quad \mathcal{V}_k = \left\{V \in \mathcal{U}_k : V \bigcap \left(\bigcup_{j<k} X_k\right) = \varnothing\right\}.$$

这里, 我们认为 $X_0 = \varnothing$. 也即 $\mathcal{U}_k$ 是 $\mathcal{W}_k$ 中与 X_k 相交的成员之族, 而 $\mathcal{V}_k$ 是 $\mathcal{W}_k$ 中与 X_k 相交而与其他 X_j 不交的成员之族, 这里 $j < k$. 对任意的 $U \in \mathcal{U}_k$, 令

$$i(U) = \min\{i \leqslant k : f_i^k(U) \bigcap X_i \neq \varnothing\}.$$

如图 9-1, 假设 $k = 3$, 这时 $i(U) = 2$. 则, 显然

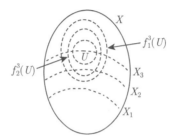

图 9-1 $i(U)$ 的定义

(2) $f_{i(U)}^k(U) \in \mathcal{V}_{i(U)}$.

现在对任意的 $V \in \mathcal{V}_i$, 定义开集

$$V^* = \bigcup_{k=i}^{\infty} \bigcup \{U \bigcap X_k : U \in \mathcal{U}_k, f_i^k(U) = V \text{ 且 } i(U) = i\}.$$

因为 $V \bigcap X_i \neq \varnothing$, 故由 X_i 的定义知存在 $W \in \mathcal{W}_i$ 及 $j(V) \leqslant l$ 使得 $W \bigcap V \neq \varnothing$ 且 $\mathrm{st}(W, \mathcal{W}_i) \subset H_{j(V)}$. 由于 $V \in \mathcal{W}_i$, 故 $V \subset \mathrm{st}(W, \mathcal{W}_i) \subset H_{j(V)}$. 因此, 由 (1) 得知

(3) $V^* \subset H_{j(V)}$.

注意到只要 $i \neq j$ 则 $\mathcal{V}_i \bigcap \mathcal{V}_j = \varnothing$, 故对任意的 $V \in \mathcal{V} = \bigcup\limits_{i=1}^{\infty} \mathcal{V}_i$, 上述方法定义的 $j(V)$ 由 V 确定, 故可对任意的 $j \leqslant l$, 定义

$$G_j = \bigcup \{V^* : V \in \mathcal{V} \text{ 且 } j(V) = j\} \subset H_j.$$

于是我们构造了 X 的开集族 $\mathcal{G} = \{G_1, G_2, \cdots, G_l\}$, 我们验证下列的事实成立, 从而完成了定理的证明:

事实 1. $\mathcal{G}$ 是 X 的覆盖.

设 $x \in X$, 选择 k 使得 $x \in X_k \Big\backslash \bigcup\limits_{j<k} X_j$. 再选择 $W \in \mathcal{W}_k$ 使得 $x \in W$. 则 $W \in \mathcal{U}_k$ 且 $k \geqslant i(W)$. 令 $V = f_{i(W)}^k(W)$. 则由 (2) 知 $V \in \mathcal{V}_{i(W)}$. 由 V^* 的定义和 (3) 知 $x \in W \bigcap X_k \subset V^* \subset G_{j(V)}$.

事实 2. ord $\mathcal{G} \leqslant n$.

设 x 属于 $\mathcal{G}$ 中 s 个不同成员. 则存在 $V_i \in \mathcal{V}_{m_i}$ 使得 $x \in \bigcap\limits_{i=1}^{s} V_i^*$ 且当 $i_1 \neq i_2$ 时, $j(V_{i_1}) \neq j(V_{i_2})$. 选择 k 使得 $x \in X_k \setminus \bigcup\limits_{j<k} X_j$. 对任意的 $i \leqslant s$, 由 $\mathcal{V}_{m_i}$ 的定义及 $x \in V_i \bigcap X_k$ 知 $m_i \leqslant k$. 由 V_i^* 的定义存在 $U_i \in \mathcal{U}_{k_i}$, 使得 $f_{m_i}^{k_i}(U_i) = V_i$, $i(U_i) = m_i$ 且 $x \in U_i \bigcap X_{k_i}$. 从而 $k \leqslant k_i$. 现在令

$$W_i = f_k^{k_i}(U_i) \in \mathcal{W}_k.$$

那么 $x \in \bigcap\limits_{i=1}^{s} W_i$. 由于 ord $\mathcal{W}_k \leqslant n$, 为了完成定理的证明, 我们仅需证明当 $i \neq j$ 时, $W_i \neq W_j$. 首先显然 $i(W_i) = i(U_i) = m_i$. 故当 $m_i \neq m_j$ 时, $W_i \neq W_j$. 现在我们设 $m_i = m_j$, 则

$$f_{m_i}^k(W_i) = f_{m_i}^{k_i}(U_i) = V_i \neq V_j = f_{m_j}^{k_j}(U_j) = f_{m_j}^k(W_j) = f_{m_i}^k(W_j).$$

故仍有 $W_i \neq W_j$. □

其次, 我们给出维数重合定理. 利用上面的结果我们可以证明下面的 Katetov-Morita 定理.

定理 9.3.2 (Katetov-Morita 定理)　对任意的度量空间 X, 有 $\operatorname{Ind} X = \dim X$.

证明　由定理 9.2.4 知仅需证明 $\operatorname{Ind} X \leqslant \dim X$. 当 $\dim X = \infty$ 时, 上式显然成立. 因此, 我们仅考虑 $\dim X < \infty$ 的情况并对 $\dim X$ 进行归纳. 当 $\dim X = 0$ 时, 由定理 9.1.2 知 $\operatorname{Ind} X = 0$. 现在设结论对任意覆盖维数小于 n 的所有度量空间成立. 假设 (X, d) 是度量空间且 $\dim X = n$. 对 X 中任意不相交的闭集对 A, B, 我们需要寻找开集 W, 使得 $A \subset W \subset \operatorname{cl} W \subset X \setminus B$ 且 $\dim \operatorname{bd} W \leqslant n-1$, 则有归纳假定知 $\operatorname{Ind} \operatorname{bd} W \leqslant n-1$. 故由 A, B 的任意性知 $\operatorname{Ind} X \leqslant n$. 为寻找满足我们要求的开集 W, 我们首先改变 X 的度量 d. 由 Urysohn 引理, 存在连续函数 $f : X \to \mathbf{I}$, 使得 $f(A) \subset \{0\}$ 且 $f(B) \subset \{1\}$, 则不难证明下面定义的 $\rho : X \times X \to \mathbb{R}$ 是空间 X 上的一个相容度量:

$$\rho(x, y) = d(x, y) + |f(x) - f(y)|.$$

针对度量空间 (X, ρ), 应用定理 9.3.1 及 $\dim X \leqslant n$ 知, 存在 X 的局部有限的开覆盖列 $(\mathcal{W}_i)_i$ 使得 ord $\mathcal{W}_i \leqslant n$, mesh $\mathcal{W}_i \leqslant \dfrac{1}{i}$ 且每一个 $\mathcal{W}_i$ 中成员的闭包都包含在 $\mathcal{W}_{i-1}$ 的某一个成员中. 我们将利用 $(\mathcal{W}_i)_i$, 由下式归纳地定义两个闭集列 $(A_i)_{i=0}^{\infty}$ 及 $(B_i)_{i=0}^{\infty}$

$$A_0 = A, \quad B_0 = B, \quad A_i = X \setminus H_i, \quad B_i = X \setminus G_i,$$

这里,

$$G_i = \bigcup\{U \in \mathcal{W}_i : \operatorname{cl} U \bigcap B_{i-1} = \varnothing\}, \quad H_i = \bigcup\{U \in \mathcal{W}_i : \operatorname{cl} U \bigcap B_{i-1} \neq \varnothing\}.$$

那么,

(1) $A_0 = A \subset \operatorname{int} A_1 \subset A_1 \subset \operatorname{int} A_2 \subset \cdots$, $B_0 = B \subset \operatorname{int} B_1 \subset B_1 \subset \operatorname{int} B_2 \subset \cdots$;

(2) $A_i \bigcap B_i = \varnothing$;

(3) $\dim \left(X \setminus \left(\bigcup_{i=1}^{\infty} A_i \bigcup \bigcup_{i=1}^{\infty} B_i \right) \right) \leqslant n - 1$.

如果我们证明了上面的结论成立, 由 (1) 和 (2) 知 $A_\infty = \bigcup_{i=1}^{\infty} A_i$, $B_\infty = \bigcup_{i=1}^{\infty} B_i$ 是 X 中不相交的开集且 $A \subset A_\infty, B \subset B_\infty$. 进一步, 由 (3) 和定理 9.1.1(4) 知 $W = A_\infty$ 满足我们的要求, 从而完成了定理的证明. 现在我们验证上面的 (1)—(3). 对任意的 $i \geqslant 1$, 由于 $\mathcal{W}_i$ 是局部有限的, 我们有

$$B_{i-1} \subset X \setminus \bigcup \{\operatorname{cl} U : U \in \mathcal{W}_i \text{ 且 } \operatorname{cl} U \bigcap B_{i-1} = \varnothing\}$$
$$= X \setminus \operatorname{cl} \bigcup \{U \in \mathcal{W}_i : \operatorname{cl} U \bigcap B_{i-1} = \varnothing\}$$
$$= X \setminus \operatorname{cl} G_i$$
$$= \operatorname{int}(X \setminus G_i)$$
$$= \operatorname{int} B_i.$$

由假设对任意的 $U \in \mathcal{W}_i, \operatorname{diam}_\rho \operatorname{cl} U < 1$, 故若 $\operatorname{cl} U \bigcap B_0 \neq \varnothing$, 则 $\operatorname{cl} U \bigcap A_0 = \varnothing$. 从而

$$A_0 \subset X \setminus \bigcup \{\operatorname{cl} U : U \in \mathcal{W}_1 \text{ 且 } \operatorname{cl} U \bigcap B_0 \neq \varnothing\}$$
$$= X \setminus \operatorname{cl} \bigcup \{U \in \mathcal{W}_1 : \operatorname{cl} U \bigcap B_0 \neq \varnothing\}$$
$$= X \setminus \operatorname{cl} H_1$$
$$= \operatorname{int}(X \setminus H_1)$$
$$= \operatorname{int} A_1.$$

进一步, 当 $i > 1$ 时, 对任意的 $U \in \mathcal{W}_i$, 若 $\operatorname{cl} U \bigcap B_{i-1} \neq \varnothing$, 选择 $V \in \mathcal{W}_{i-1}$ 使得 $\operatorname{cl} U \subset V$, 则 $V \bigcap B_{i-1} \neq \varnothing$. 由此, 我们知道, $V \subset G_{i-1}$ 不能成立. 从而, $\operatorname{cl} V \bigcap B_{i-2} \neq \varnothing$. 由 H_{i-1} 的定义知 $\operatorname{cl} U \subset V \subset H_{i-1}$. 因此, $\operatorname{cl} U \bigcap A_{i-1} = \varnothing$. 从而

$$A_{i-1} \subset X \setminus \bigcup \{\operatorname{cl} U : U \in \mathcal{W}_i \text{ 且 } \operatorname{cl} U \bigcap B_{i-1} \neq \varnothing\}$$
$$= X \setminus \operatorname{cl} \bigcup \{U \in \mathcal{W}_i : \operatorname{cl} U \bigcap B_{i-1} \neq \varnothing\}$$
$$= X \setminus \operatorname{cl} H_i$$
$$= \operatorname{int}(X \setminus H_i)$$
$$= \operatorname{int} A_i.$$

故 (1) 对 i 成立. 由于 $G_i \bigcup H_i = X$, 故 $A_i \bigcap B_i = \varnothing$. 即 (2) 成立. 为了证明 (3) 成立, 令 $L = X \setminus \left(\bigcup_{i=1}^{\infty} A_i \bigcup \bigcup_{i=1}^{\infty} B_i \right)$. 我们需要证明 $\dim L \leqslant n - 1$. 我们利用定理

9.3.1 中 (a)⇔(c) 证之. 令

$$\mathcal{U}_i = \{U \bigcap L : U \in \mathcal{W}_i \text{ 且 } \mathrm{cl}\,U \bigcap B_{i-1} \neq \varnothing\}.$$

那么对任意的 $i = 1, 2, \cdots$, $\mathcal{U}_i$ 由 L 中开集组成.

事实 1. $\mathcal{U}_i$ 是 L 的局部有限的开覆盖.

事实上, 设 $x \in L$, 则 $x \notin A_i = X \setminus H_i$. 故 $x \in H_i$. 从而由 H_i 的定义知存在 $U \in \mathcal{W}_i$, 使得 $\mathrm{cl}\,U \bigcap B_{i-1} \neq \varnothing$ 且 $x \in U$. 从而 $x \in U \bigcap L$. $\mathcal{U}_i$ 的局部有限性由 $\mathcal{W}_i$ 的局部有限性推出.

事实 2. $\mathrm{ord}\,\mathcal{U}_i \leqslant n - 1$.

设 $x \in L$, 由于 $\mathrm{ord}\,\mathcal{W}_i \leqslant n$, x 最多在 $n + 1$ 个 $\mathcal{W}_i$ 的成员中, 我们验证这些成员中至少有一个 U 满足 $U \bigcap L \notin \mathcal{U}_i$, 因此 $\mathrm{ord}\,\mathcal{U}_i \leqslant n - 1$. 事实上, 由 $x \in L$ 知 $x \notin B_i = X \setminus G_i$, 即 $x \in G_i$, 故存在 $U \in \mathcal{W}_i$ 使得 $\mathrm{cl}\,U \bigcap B_{i-1} = \varnothing$ 且 $x \in U$. 故 $U \bigcap L \notin \mathcal{U}_i$.

事实 3. 对任意的 $U \bigcap L \in \mathcal{U}_{i+1}$, 存在 $V \bigcap L \in \mathcal{U}_i$ 使得 $\mathrm{cl}(U \bigcap L) \subset V \bigcap L$.

事实上, 由假设, $U \in \mathcal{W}_{i+1}$ 且 $\mathrm{cl}\,U \bigcap B_i \neq \varnothing$. 故存在 $V \in \mathcal{W}_i$, 使得 $\mathrm{cl}\,U \subset V$. 所以 $V \bigcap B_i \neq \varnothing$. 即 $V \not\subset X \setminus B_i = G_i$, 从而 $\mathrm{cl}\,V \bigcap B_{i-1} \neq \varnothing$. 所以

$$V \bigcap L \in \mathcal{U}_i \text{ 且 } \mathrm{cl}(U \bigcap L) \subset \mathrm{cl}\,U \bigcap L \subset V \bigcap L.$$

事实 4. $\mathrm{mesh}\,\mathcal{U}_i \leqslant \dfrac{1}{i}$.

这是显然的.

所以 L 的开覆盖 $\{\mathcal{U}_i\}_i$ 对于 $n - 1$ 满足定理 9.3.1(c) 中的全部条件. 故 $\dim L \leqslant n - 1$. $\square$

作为上述定理和定理 9.2.4 的推论, 我们有

定理 9.3.3　对于可分度量空间 X, $\dim X = \mathrm{Ind}\,X = \mathrm{ind}\,X$.

定理 9.3.4　若 X 是度量空间, Y 是 X 的子空间, 则 $\dim Y = \mathrm{Ind}\,Y \leqslant \dim X = \mathrm{Ind}\,X$.

证明　我们仅仅需要证明 $\dim Y \leqslant \dim X$. 首先, 当 Y 是 X 的闭子空间时, 由定理 9.1.1(4) 知结论成立. 其次, 当 Y 是 X 的开子空间时, 由于度量空间中每一个开集都是 F_σ- 集, 所以, 由可数和定理 (定理 9.2.2) 知, 结论也成立. 最后, 考虑一般的子空间 Y. 设 $\mathcal{U}$ 是 Y 的有限开覆盖, 那么存在 X 的有限开集族 $\mathcal{V}$ 使得 $\{V \bigcap Y : V \in \mathcal{V}\} = \mathcal{U}$. 令

$$H = \bigcup \mathcal{V}.$$

那么, H 是 X 的开子空间, 故, 由前一段证明的结论知 $\dim H \leqslant \dim X$. 现在 $\mathcal{V}$ 是 H 的有限开覆盖. 存在 $\mathcal{V}$ 的有限开加细 $\mathcal{W}$ 使得 $\mathrm{ord}\,\mathcal{W} \leqslant \dim X$. 令

$$\mathcal{G} = \{W \bigcap Y : W \in \mathcal{W}\}.$$

那么 $\mathcal{G}$ 是 Y 的有限开覆盖且加细 $\mathcal{U}$, $\operatorname{ord}\mathcal{G} \leqslant \operatorname{ord}\mathcal{W} \leqslant \dim X$. 因此, $\dim Y \leqslant \dim X$.
$\hfill\square$

进一步, 9.2 节中得出的关于覆盖维数的所有结论在 X 是度量空间的前提下对大归纳维数 Ind 也全部成立, 不再另外陈述.

下面我们再给出度量空间中大归纳维数和覆盖维数的特征定理. 因为这两个维数与小归维数不同, 所以下面的引理是有意义的.

引理 9.3.1 若度量空间 (X,d) 存在由 σ-局部有限的既开又闭集构成的基, 则 $\dim X = \operatorname{Ind}X \leqslant 0$.

证明 设 $\mathcal{B} = \bigcup\limits_{i=1}^{\infty} \mathcal{B}_i$ 是 X 的既开又闭集组成的基且对任意的 $i \in \mathbb{N}$, $\mathcal{B}_i$ 是局部有限的. 现在设 A, B 是 X 中不相交的两个闭集, 对任意的 $i \in \mathbb{N}$, 令

$$U_i = \bigcup\{U \in \mathcal{B}_i : U\bigcap B = \varnothing\}, \ V_i = \bigcup\{U \in \mathcal{B}_i : U\bigcap A = \varnothing\}.$$

则 $\{U_i, V_i : i = 1,2,\cdots\}$ 是由 X 中既开又闭集构成的开覆盖. 进一步, 对任意的 i, 令

$$G_i = U_i \setminus \bigcup_{j\leqslant i} V_i, \ H_i = V_i \setminus \bigcup_{j<i} U_i.$$

则 $\{G_i, H_i : i = 1,2,\cdots\}$ 也是由 X 中既开又闭集构成的开覆盖, 且对任意的 $i,j, G_i\bigcap H_j = \varnothing$. 因此,

$$\bigcup_{i=1}^{\infty} G_i = G, \ \bigcup_{i=1}^{\infty} H_i = H$$

也是既开又闭的. 显然, $A \subset G$, $B \subset H$, $G\bigcup H = X$, $G\bigcap H = \varnothing$. 由此说明了 $\operatorname{Ind}X \leqslant 0$.
$\hfill\square$

我们还需要下面简单的引理.

引理 9.3.2 设 (X,d) 是度量空间, A,B 是 X 中不相交的闭集对, $Z \subset X$ 且 $\operatorname{Ind}Z \leqslant 0$, 则存在 X 中开集 W 使得 $A \subset W \subset \operatorname{cl}W \subset X \setminus B$ 且 $\operatorname{bd}W\bigcap Z = \varnothing$.

证明 首先选择开集 U,V 使得

$$A \subset U \subset \operatorname{cl}U \subset V \subset \operatorname{cl}V \subset X \setminus B.$$

则 $Z\bigcap\operatorname{cl}U \subset Z\bigcap V$ 且它们分别是 Z 中的闭集和开集. 故由 $\operatorname{Ind}Z \leqslant 0$ 知, 存在 Z 中既开又闭集 C, 使得

$$Z\bigcap\operatorname{cl}U \subset C \subset Z\bigcap V.$$

令

$$G = \bigcup\left\{B\left(x, \frac{1}{2}d(x, Z\setminus C)\right)\bigcap V : x \in C\right\}.$$

则 G 是 X 中开集且 $C \subset G$, $\mathrm{cl}\, G \bigcap Z \subset C$. 令 $W = U \bigcup G$. 则 W 满足要求. 事实上, 显然

$$A \subset W \subset \mathrm{cl}\, W \subset X \setminus B.$$

又

$$\begin{aligned} \mathrm{cl}\, W \bigcap Z &= (\mathrm{cl}\, U \bigcup \mathrm{cl}\, G) \bigcap Z \\ &= (\mathrm{cl}\, U \bigcap Z) \bigcup (\mathrm{cl}\, G \bigcap Z) \\ &\subset C \bigcup C = C. \end{aligned}$$

故 $\mathrm{bd}\, W \bigcap Z = (\mathrm{cl}\, W \setminus W) \bigcap Z \subset C \setminus C = \varnothing.$ $\qquad\square$

现在我们有下面的结论.

定理 9.3.5   设 X 是度量空间, 则下列条件等价:

(a) $\mathrm{Ind}\, X = \dim X \leqslant n$;

(b) X 存在一个 σ-局部有限基 $\mathcal{B}$, 使得对任意的 $B \in \mathcal{B}$ 有 $\mathrm{Ind}\, \mathrm{bd}\, B \leqslant n - 1$;

(c) X 可写成不超过 $n + 1$ 个强 0-维子空间之并.

证明   我们对 n 施行数学归纳法, 当 $n = 0$ 时, 利用引理 9.3.1 知道 (a),(b),(c) 等价. 现在设结论对 $n - 1$ 成立. 我们考虑 n 的情况.

(c)$\Rightarrow$(a). 设 $X = Z_1 \bigcup Z_2 \bigcup \cdots \bigcup Z_{n+1}$ 且对任意 $i \leqslant n + 1$ 有 $\mathrm{Ind}\, Z_i \leqslant 0$. 令 $Y = Z_1 \bigcup Z_2 \bigcup \cdots \bigcup Z_n, Z = Z_{n+1}$. 则由归纳假设 $\mathrm{Ind}\, Y \leqslant n - 1$. 我们利用引理 9.3.2 验证 $\mathrm{Ind}\, X \leqslant n$. 事实上, 设 A, B 是 X 中不相交的闭集对. 则由引理 9.3.2 知存在开集 W 使得 $A \subset W \subset \mathrm{cl}\, W \subset X \setminus B$ 且 $\mathrm{bd}\, W \bigcap Z = \varnothing$. 故 $\mathrm{bd}\, W \subset Y$. 由定理 9.3.4 知 $\mathrm{Ind}\, \mathrm{bd}\, W \leqslant \mathrm{Ind}\, Y \leqslant n - 1$. 故由大归纳维数的定义知 $\mathrm{Ind}\, X \leqslant n$.

(a)$\Rightarrow$(b). 设 $\mathrm{Ind}\, X \leqslant n$. 由定理 9.3.1 知对任意的 $i \in \mathbb{N}$, 可选择 X 的局部有限的开覆盖 $\mathcal{V}_i = \{V_{s,i} : s \in S_i\}$ 使得 $\mathrm{mesh}\, \mathcal{V}_i \leqslant \frac{1}{i}$. 每一个 $\mathcal{V}_i$ 存在一个闭收缩 $\mathcal{F}_i = \{F_{s,i} : s \in S_i\}$. 对任意的 $s \in S_i$, 由于 $\mathrm{Ind}\, X \leqslant n$, 存在开集 $U_{s,i}$, 使得 $F_{s,i} \subset U_{s,i} \subset \mathrm{cl}\, U_{s,i} \subset V_{s,i}$ 且 $\mathrm{Ind}\, \mathrm{bd}\, U_{s,i} \leqslant n - 1$. 则

$$\mathcal{U} = \bigcup_{i=1}^{\infty} \{U_{s,i} : s \in S_i\}$$

是 X 的 σ-局部有限的基且对任意的 i 和 $s \in S_i$, $\mathrm{Ind}\, \mathrm{bd}\, U_{s,i} \leqslant n - 1$. 从而 (b) 成立.

(b)$\Rightarrow$(c). 设 $\mathcal{B} = \bigcup \mathcal{B}_i$ 是满足 (b) 的 σ-局部有限的基, 这里 $\mathcal{B}_i = \{U_{s,i} : s \in S_i\}$ 是局部有限的且 $\mathrm{Ind}\, \mathrm{bd}\, U_s \leqslant n - 1$. 令 $Y = \bigcup \{\mathrm{bd}\, U_{s,i} : s \in S_i, i \in \mathbb{N}\}$. 则由 Katetov-Morita 定理 (定理 9.3.2), 局部有限和定理 (定理 9.2.6) , 可数和定理 (定理 9.2.2) 知

$$\dim Y = \mathrm{Ind}\, Y \leqslant n - 1.$$

现在令 $Z = X \setminus Y$, 则对任意的 $i \in \mathbb{N}$ 和任意的 $s \in S_i, U_{s,i} \bigcap Z$ 是 Z 中的既开又闭集, 且族 $\{U_{s,i} \bigcap Z : s \in S_i, i \in \mathbb{N}\}$ 是 Z 中的 σ-局部有限覆盖. 故由引理 9.3.1 知 $\operatorname{Ind} Z \leqslant 0$. 由归纳假定存在 Y 的子空间 $Z_1, Z_2, \cdots, Z_n$, 使得 $Y = Z_1 \bigcup Z_2 \bigcup \cdots \bigcup Z_n$ 且对 $i \leqslant n$ 有 $\operatorname{Ind} Z_i \leqslant 0$. 令 $Z_{n+1} = Z$. 则 $X = Z_1 \bigcup Z_2 \bigcup \cdots \bigcup Z_{n+1}$ 且对 $i \leqslant n+1$ 有 $\operatorname{Ind} Z_i = 0$. 因此, (c) 成立.

我们完成了证明. □

再次, 我们考虑乘积空间的维数.

定理 9.3.6 设 X, Y 是度量空间, 则 $\operatorname{Ind}(X \times Y) \leqslant \operatorname{Ind} X + \operatorname{Ind} Y$, $\operatorname{ind}(X \times Y) \leqslant \operatorname{ind} X + \operatorname{ind} Y$.

证明 我们不考虑空集的情况. 当 $\operatorname{Ind} X = \infty$ 或 $\operatorname{Ind} Y = \infty$ 定理结论是显然的. 所以, 假设 $\operatorname{Ind} X + \operatorname{Ind} Y = k$ 是有限的. 我们对 k 施行数学归纳法. 当 $k = 0$ 时, 则 $\operatorname{Ind} X = \operatorname{Ind} Y = 0$. 故由定理 9.3.5 容易证明

$$\operatorname{Ind}(X \times Y) = \dim(X \times Y) = 0.$$

假设结论对满足条件 $\operatorname{Ind} X + \operatorname{Ind} Y < k$ 的所有度量空间 X, Y 成立. 现在设 $\operatorname{Ind} X + \operatorname{Ind} Y = k$, $\operatorname{Ind} X = n$, $\operatorname{Ind} Y = m$. 则由定理 9.3.5 知存在 X, Y 的 σ-局部有限的基 $\mathcal{B}, \mathcal{C}$ 使得对任意的 $B \in \mathcal{B}$, 任意的 $C \in \mathcal{C}$ 有 $\operatorname{Ind} \operatorname{bd} B \leqslant n-1$, $\operatorname{Ind} \operatorname{bd} C \leqslant n-1$. 现在我们考虑 $X \times Y$ 的基 $\mathcal{A} = \{B \times C : B \in \mathcal{B}, C \in \mathcal{C}\}$. 很容易验证 $\mathcal{A}$ 是 $X \times Y$ 的 σ-局部有限的基, 现在对任意 $B \in \mathcal{B}, C \in \mathcal{C}$, 我们计算 $\operatorname{Ind} \operatorname{bd}(B \times C)$. 首先,

$$\begin{aligned}
\operatorname{bd}(B \times C) &= \operatorname{cl} B \times \operatorname{cl} C \setminus B \times C \\
&\subset (\operatorname{cl} B \setminus B) \times \operatorname{cl} C \bigcup \operatorname{cl} B \times (\operatorname{cl} C \setminus C) \\
&= (\operatorname{bd} B \times \operatorname{cl} C) \bigcup (\operatorname{cl} B \times \operatorname{bd} C)
\end{aligned}$$

注意由 $\operatorname{Ind} \operatorname{bd} B \leqslant n-1$, $\operatorname{Ind} \operatorname{bd} C \leqslant m-1$, $\operatorname{Ind} \operatorname{cl} C \leqslant \operatorname{Ind} Y \leqslant m$, $\operatorname{Ind} \operatorname{cl} B \leqslant \operatorname{Ind} X \leqslant m$ 知乘积空间 $\operatorname{bd} B \times \operatorname{cl} C$ 和 $\operatorname{cl} B \times \operatorname{bd} C$ 满足归纳假定, 故

$$\operatorname{Ind}(\operatorname{bd} B \times \operatorname{cl} C) \leqslant n-1+m,$$

$$\operatorname{Ind}(\operatorname{cl} B \times \operatorname{bd} C) \leqslant n+m-1.$$

所以, $\operatorname{Ind} \operatorname{b}(B \times C) \leqslant n+m-1$. 因此 $X \times Y$ 的基 $\mathcal{A}$ 满足定理 9.3.5 的要求. 故 $\operatorname{Ind}(X \times Y) \leqslant n+m$. 我们完成归纳证明.

不等式 $\operatorname{ind}(X \times Y) \leqslant \operatorname{ind} X + \operatorname{ind} Y$ 有一个相似的更简单的证明, 留给读者, 见练习 9.3.B. □

下面我们给出一个可分度量空间 E 使得 $\operatorname{Ind} E = 1$ 且 $E \times E$ 同胚于 E. 故 $\operatorname{Ind}(E \times E) = \operatorname{Ind} E = 1 < \operatorname{Ind} E + \operatorname{Ind} E$. 从而上述定理中的不等式不能加强为等

号. 由于 E 是可分度量空间, 所以, 我们的这个结论中大归纳维数 Ind 可以被小归纳维数 ind 和覆盖维数 dim 代替.

例 9.3.1 考虑 Hilbert 空间 ℓ^2 的子空间

$$E = \{(x_i) \in \ell^2 : \text{对任意的 } i \in \mathbb{N} \text{ 有 } x_i \in \mathbb{Q}\}.$$

这个空间被称为 **Erdös 空间**. 现在我们证明 E 满足上述要求. $E \times E \approx E$ 是显然的, 留给读者. 我们通过下面的两个事实证明 $\operatorname{Ind} E = 1$.

事实 1. $\operatorname{Ind} E \geqslant 1$. 考虑 $O = (0, 0, \cdots)$ 的开邻域

$$B = \left\{ (x_i) \in E : \sum_{i=1}^{\infty} x_i^2 < 1 \right\}.$$

我们证明不存在 E 中既开又闭集 U 使得 $O \in U \subset B$. 事实上, 反设这样的 U 存在. 我们归纳定义有理数列 (q_i), 使得对任意的 $i \in \mathbb{N}$,

$$x_i = (q_1, q_2, \cdots, q_i, 0, \cdots) \in U \quad \text{且} \quad d(x_i, E \setminus U) \leqslant \frac{1}{i}.$$

事实上, 令 $q_1 = 0$, 则上述条件对 $i = 1$ 成立. 现在设 $q_1, q_2, \cdots, q_{j-1}$ 已经定义且满足上述条件. 则

$$(q_1, q_2, \cdots, q_{j-1}, 0, \cdots) = x_{j-1} \in U.$$

但 $(q_1, q_2, \cdots, q_{j-1}, 1, 0, \cdots) \notin B \supset U$. 故存在最大的 $m \in \{0, 1, \cdots, j-1\}$, 使得

$$x_j = \left(q_1, q_2, \cdots, q_{j-1}, \frac{m}{j}, 0, \cdots \right) \in U.$$

则 $d(x_j, E \setminus U) \leqslant \frac{1}{j}$. 我们完成了归纳定义. 注意到在 ℓ^2 中

$$\lim_{i \to \infty} x_i = x = (q_1, q_2, \cdots) \in E.$$

又由 $d(x_i, E \setminus U) \leqslant \frac{1}{i}$ 知 $x \notin U$. 所以 U 不是 E 中闭集.

事实 2. $\operatorname{Ind} E \leqslant 1$.

因为 E 是可分度量空间, 我们仅需证明 $\operatorname{ind} E \leqslant 1$. 又因为对任意的 $x \in E$, 定义映射 $h : E \to E$ 为 $h(y) = y - x$, 则 h 是同胚且 $h(x) = 0$. 故为证明 $\operatorname{ind} E \leqslant 1$, 仅需证明对 E 中任意的开集 $U \ni O$, 存在 E 中的开集 V 使得 $x \in V \subset \operatorname{cl} V \subset U$ 且 $\operatorname{ind} \operatorname{bd} V \leqslant 0$. 为此, 取充分小的 $\varepsilon > 0$ 使得

$$B(O, \varepsilon) \bigcap E \subset \operatorname{cl}(B(O, \varepsilon) \bigcap E) \subset U.$$

我们证明 $\operatorname{ind} \operatorname{bd}(B(O, \varepsilon) \bigcap E) \leqslant 0$. 首先, 显然

$$\mathrm{bd}(B(O,\varepsilon)\bigcap E) = \{x \in E : d(x,O) = \varepsilon\}.$$

注意到, 集合 $\{x \in E : d(x,O) = \varepsilon\}$ 也是 $\mathbb{Q}^\infty$ 的子集, 而且由定理 2.6.12 知这个集合作为乘积空间 $\mathbb{Q}^\infty$ 的子空间与作为 ℓ^2 的子空间有相同的拓扑. 进一步, 由于乘积空间 $\mathbb{Q}^\infty$ 是 0-维的, 故这个子空间也是 0-维的. 所以

$$\mathrm{ind}\, \mathrm{bd}(B(O,\varepsilon)\bigcap E) \leqslant 0.$$

我们完成了事实 2 的证明.

本节的最后, 我们将证明两个定理: 每一个维数不超过 n 的度量空间都可以作为稠密子集包含于一个维数不超过 n 的可完备度量空间中; 每一维数不超过 n 的可分可度量化空间都可作为稠密集包含于一个维数不超过 n 的紧度量空间中. 后面这个结论也将用于证明 9.4 节的嵌入定理.

定理 9.3.7 设 X 是度量空间且 $\dim X \leqslant n$, 则存在可完备度量空间 $\widetilde{X}$ 使得 X 可作为稠密子集嵌入到 $\widetilde{X}$ 中且 $\dim \widetilde{X} \leqslant n$.

证明 令 $\widehat{X}$ 为 X 的完备化 (见定理 6.2.1). 由定理 2.6.5 知存在映射 $\varphi : \mathcal{T}_X \to \mathcal{T}_{\widehat{X}}$ 满足定理 2.6.5 中的条件. 由定理 9.3.1 知存在 X 的开覆盖列 $(\mathcal{W}_k)_k$ 使得对任意的 k, 有

$$\mathrm{mesh}\, \mathcal{W}_k \leqslant \frac{1}{k}, \quad \mathrm{ord}\, \mathcal{W}_k \leqslant n \ \text{且} \ \mathcal{W}_{k+1} \prec \mathcal{W}_k.$$

对任意的 k 及 $W \in \mathcal{W}_k$, 令

$$\mathcal{U}_k = \{\varphi(W) : W \in \mathcal{W}_k\}.$$

那么, 由 X 在 $\widehat{X}$ 中稠密知 $\mathrm{mesh}\, \mathcal{U}_k = \mathrm{mesh}\, \mathcal{W}_k$ 且 $\mathrm{ord}\, \mathcal{U}_k = \mathrm{ord}\, \mathcal{W}_k$. 但 $\mathcal{U}_k$ 一般并不是 $\widehat{X}$ 的覆盖, 所以令

$$X_k = \bigcup \mathcal{U}_k.$$

则 X_k 是 $\widehat{X}$ 的开集, 故 $\widetilde{X} = \bigcap_{k=1}^{\infty} X_k$ 是 $\widehat{X}$ 的 G_δ-集. 从而由定理 6.3.1 知 $\widetilde{X}$ 是可完备度量化的且 X 是 $\widetilde{X}$ 的稠密子空间. 最后, 令

$$\mathcal{V}_k = \{U \bigcap \widetilde{X} : U \in \mathcal{U}_k\}.$$

则 $\mathcal{V}_k$ 是 $\widetilde{X}$ 的开覆盖且按照 $\widehat{X}$ 中的度量

$$\mathrm{mesh}\, \mathcal{V}_k = \mathrm{mesh}\, \mathcal{U}_k = \mathrm{mesh}\, \mathcal{W}_k \leqslant \frac{1}{k}, \quad \mathrm{ord}\, \mathcal{V}_k = \mathrm{ord}\, \mathcal{U}_k = \mathrm{ord}\, \mathcal{W}_k \leqslant n.$$

由于映射 $\varphi : \mathcal{T}_X \to \mathcal{T}_{\widehat{X}}$ 是单调的, 容易验证对任意的 k 有 $\mathcal{V}_{k+1} \prec \mathcal{V}_k$. 利用定理 9.3.1(c) 知 $\dim \widetilde{X} \leqslant n$. 完成了定理的证明. $\qquad\square$

注 9.3.1   上述定理并不是说每个度量空间的完备化的维数等于这个度量空间的维数. 事实上, 这个结论并不成立. 例如, 有理数空间 $\mathbb{Q}$ 的维数是 0, 但它的完备化实数空间 $\mathbb{R}$ 的维数为 1.

为了证明紧化定理, 我们先证明一个引理.

引理 9.3.3   设 X 是可分可度量化空间, 则 X 存在完全有界的相容度量.

证明   因为 X 是可分可度量化空间, 则 X 同胚于 Hilbert 方体 Q 的一个子空间. 容易验证, Q 的任何相容度量遗传到它的子空间上都是完全有界的相容度量.   □

定理 9.3.8   设 X 可分可度量化空间且 $\dim X \leqslant n$, 则存在 X 的一个可度量化的紧化 γX 使得 $\dim \gamma X \leqslant n$.

证明   由引理 9.3.3, 假定 d 是 X 上完全有界的度量. 我们归纳地定义 X 的有限开覆盖列 $(\mathcal{U}_k)$, 这里对任意的 k, $\mathcal{U}_k = \{U_{k,1}, U_{k,2}, \cdots, U_{k,m_k}\}$, 使得

(i) $\text{mesh } \mathcal{U}_k < \dfrac{1}{2^k}$;

(ii) $\text{ord} \mathcal{U}_k \leqslant n$;

(iii) 对任意的 $k' < k, j' \leqslant m_{k'}$, $\text{mesh } f_{k',j'}(\mathcal{U}_k) < \dfrac{1}{2^k}$,

这里 $f_{k',j'} : X \to \mathbf{I}$ 定义为

$$f_{k',j'}(x) = \frac{d(x, X \setminus U_{k',j'})}{\displaystyle\sum_{i=1}^{m_{k'}} d(x, X \setminus U_{k',i})},$$

且

$$f_{k',j'}(\mathcal{U}_k) = \{f_{k',j'}(U_{k,j}) : j = 1, 2, \cdots, m_k\}.$$

(iii) 意味着, 对于前面已经定义了的有限个连续映射 $\{f_{k',j'} : X \to \mathbf{I} : k' < k, j' < m_{k'}\}$, 我们可以要求开覆盖 $\mathcal{U}_k$ 中的成员充分小使得其每一个成员在这些映射下的像的直径小于 $\dfrac{1}{2^k}$. 这样, 由于 (X, d) 是完全有界的, 我们显然可以找一个有限的开覆盖 $\mathcal{V}_k$ 满足 (i), (iii). 由于 $\dim X \leqslant n$, 利用覆盖维数的定义, 存在开覆盖 $\mathcal{V}_k$ 的满足 (ii) 的有限开加细 $\mathcal{U}_k$, 那么 $\mathcal{U}_k$ 满足 (i)—(iii). 归纳定义完成. 注意到, 这时 $\bigcup_{k=1}^{\infty} \mathcal{U}_k$ 是 X 的基.

对任意的 k, 定义 $f_k : X \to \mathbf{I}^{m_k}$ 为

$$f_k(x) = (f_{k,1}(x), f_{k,2}(x), \cdots, f_{k,m_k}(x)).$$

进一步, 定义 $f : X \to C = \prod_{k=1}^{\infty} \mathbf{I}^{m_k}$ 为

$$f(x) = (f_1(x), f_2(x), \cdots).$$

由于 $\bigcup\limits_{k=1}^{\infty} \mathcal{U}_k$ 是 X 的基, 仿照定理 7.2.4 可以证明, f 为 X 到 C 的一个嵌入. 令 $\gamma X = \operatorname{cl} f(X)$. 则 γX 是 X 的一个紧化. 下面我们利用定理 9.3.1 证明 $\dim \gamma X \leqslant n$. 我们首先在 C 上定义相容度量 ρ. 对任意的 k, 在 $\mathbf{I}^{m_k}$ 上定义

$$\rho_k((x_1, x_2, \cdots, x_{m_k}), (y_1, y_2, \cdots, y_{m_k}))$$
$$= \max\{|x_j - y_j| : j \leqslant m_k\}.$$

定义 $\rho : C \times C \to \mathbb{R}$ 为

$$\rho((x_1, x_2, \cdots), (y_1, y_2, \cdots)) = \sup\left\{\frac{1}{2^k}\rho_k(x_k, y_k) : k = 1, 2, \cdots\right\}.$$

则容易验证 ρ 确实为 C 上的相容度量. 从而可在 γX 上遗传度量 ρ. 其次我们构造 γX 的开覆盖列 $\{\mathcal{W}_k : k = 1, 2, \cdots\}$. 对任意的 k 和对任意的 $j \leqslant m_k$, 令

$$W_{k,j} = \{z \in \gamma X : z(k)(j) > 0\}, \quad \mathcal{W}_k = \{W_{k,j} : j \leqslant m_k\}.$$

注意, 依定义, $z(k)(j)$ 是 $z \in C = \prod_{k=1}^{\infty} \mathbf{I}^{m_k}$ 的第 k 个坐标 $z(k) \in \mathbf{I}^{m_k}$ 的第 j 个坐标. 则 $W_{k,j}$ 是 γX 中的开集. 由 $f_{k,j}$ 及 f 的定义知, 对任意的 $x \in X$,

$$f(x) \in W_{k,j} \text{ 当且仅当 } x \in U_{k,j}. \tag{9-1}$$

首先, 对任意的 k, 我们有 $\operatorname{mesh} \mathcal{W}_k \leqslant \frac{1}{2^k}$. 事实上, 为此, 我们仅仅需要验证对任意的 $j \leqslant m_k$,

$$\operatorname{diam}(f(X)\bigcap W_{k,j}) \leqslant \frac{1}{2^k}.$$

设 $x, y \in X$ 使得 $f(x), f(y) \in W_{k,j}$. 那么, 由式 (9-1) 知, $x, y \in U_{k,j}$. 因此, 由 (iii), 对任意的 $k' < k$ 和任意的 $j' \leqslant m_{k'}$, $|f_{k',j'}(x) - f_{k',j'}(y)| < \frac{1}{2^k}$. 从而

$$\rho_{k'}(f_{k'}(x), f_{k'}(y)) < \frac{1}{2^k}.$$

所以, 由 ρ 的定义知

$$\rho(f(x), f(y)) \leqslant \frac{1}{2^k}.$$

其次, 我们验证每一个 $\mathcal{W}_k$ 都是 γX 的开覆盖. 设 $z \in \gamma X$, 则存在 X 中序列 (x_l), 使得 $f(x_l) \to z$. 对任意的 l, 由于 $\sum_{j=1}^{m_k} f_{k,j}(x_l) = 1$, 故存在 $j_l \leqslant m_k$ 使得 $f_{k,j_l}(x_l) \geqslant \frac{1}{m_k}$. 因此存在 $\mathrm{j}(z) \leqslant m_k$ 使得对无限多个 l 满足 $\mathrm{j}(z) = j_l$. 不妨设对任意的 l 有 $j_l = \mathrm{j}(z)$. 则 $f_{k,\mathrm{j}(z)}(x_l) \geqslant \frac{1}{m_k}$, 即

$$f(x_l)(k)(\mathrm{j}(z)) \geqslant \frac{1}{m_k}.$$

因此, $z(k)(j(z)) \geqslant \dfrac{1}{m_k} > 0$. 所以, $z \in W_{k,j(z)}$.

再次, 由于 f 是单射且 $f(X)$ 在 γX 中稠密, 由式 (9-1) 知 $\operatorname{ord} \mathcal{W}_k = \operatorname{ord} \mathcal{U}_k \leqslant n$.

最后, 因为 γX 是紧的且 $\operatorname{mesh} \mathcal{W}_k \leqslant \dfrac{1}{2^k}$, 应用 Lebesgue 数引理 (定理 4.3.1) 能够构造一个子列 $\{\mathcal{W}_{k_i} : i = 1, 2, \cdots\}$, 使得 $\mathcal{W}_{k_1} \succ \operatorname{cl}(\mathcal{W}_{k_2}) \succ \cdots$.

那么, γX 的开覆盖列 $\{\mathcal{W}_{k_i} : i = 1, 2, \cdots\}$ 满足定理 9.3.1(b) 的条件, 故 $\dim \gamma X \leqslant n$. 完成了定理的证明. $\qquad\square$

练 习 9.3

9.3.A. 设 E 是 Erdös 空间. 证明 $E \times E \approx E$.

9.3.B. 设 X, Y 是正则空间, 证明 $\operatorname{ind}(X \times Y) \leqslant \operatorname{ind} X + \operatorname{ind} Y$.

9.3.C. 证明 $\operatorname{Ind} \beta \mathbb{N} = \operatorname{Ind} \alpha \mathbb{N} = 0$. 但对于任意的 $n \in \omega \bigcup \{\infty\}$, 存在 $\mathbb{N}$ 的可度量化紧化 $\gamma \mathbb{N}$ 使得 $\operatorname{Ind} \gamma \mathbb{N} = n$.

9.3.D. 证明对任意的紧度量空间 X, $\dim X \leqslant n$ 的充分必要条件是, 对任意 X 上的相容度量 d 和对任意的 $\varepsilon > 0$, 存在有限开覆盖 $\mathcal{U}$ 使得 $\operatorname{ord} \mathcal{U} \leqslant n$ 且 $\operatorname{mesh} \mathcal{U} < \varepsilon$, 或者等价地, 存在 X 上的相容度量 d 有这个性质.

9.4 维数与 Euclidean 空间 $\mathbb{R}^n$

本节首先证明 $\mathbb{R}^n$ 及其一些子空间的三种维数均等于 n. 然后再利用 $\mathbb{S}^n$ 给出维数不超过 n 的拓扑特征, 作为其应用, 我们证明 Brouwer 域不变性定理. 最后我们证明每一个 n 维可分度量空间都可嵌入到 $\mathbb{R}^{2n+1}$ 中.

定理 9.4.1 $\dim \mathbb{R}^n = \operatorname{Ind} \mathbb{R}^n = \operatorname{ind} \mathbb{R}^n \leqslant n$; $\dim \mathbb{S}^n = \operatorname{Ind} \mathbb{S}^n = \operatorname{ind} \mathbb{S}^n \leqslant n$.

证明 由于 $\mathbb{R}^n$ 和 $\mathbb{S}^n$ 都是可分度量空间, 我们仅需证明对其中一种维数而言, 上述不等式成立.

方法一: 首先, 显然 $\operatorname{Ind} \mathbb{R} = \operatorname{ind} \mathbb{R} = 1$, 故利用定理 9.3.5 知 $\operatorname{Ind} \mathbb{R}^n = \operatorname{ind} \mathbb{R}^n \leqslant n$. 进一步, 由此知对于 $\mathbb{R}^n$ 的任意子空间 X 有 $\operatorname{ind} X \leqslant n$. 特别地, $\operatorname{ind} \mathbf{I}^n \leqslant n$. 由于 $\mathbb{S}^n$ 可以写成两个同胚于 $\mathbf{I}^n$ 的闭子空间的并, 故 $\operatorname{ind} \mathbb{S}^n \leqslant n$.

方法二: 对任意的 $m \in \{0, 1, \cdots, n\}$. 令

$$Q_m^n = \{x \in \mathbb{R}^n : x \text{ 的坐标中恰好有 } m \text{ 个有理数}\}.$$

又对任意的集合 $A \subset \{1, 2, \cdots, n\}$. 令

$$Q(A) = \{x \in \mathbb{R}^n : x_i \in \mathbb{Q} \text{ 当且仅当 } i \in A\}$$
$$= \prod_{i \in A} \mathbb{Q}_i \times \prod_{i \in \{1, 2, \cdots, n\} \setminus A} \mathbb{P}_i.$$

故 $\mathrm{Ind}\, Q(A) = 0$. 又由于 $Q_m^n = \bigcup_n \{Q(A) : |A| = m\}$. 注意到 $Q(A)$ 是 Q_m^n 的闭子空间, 故 $\mathrm{Ind}\, Q_m^n = 0$. 现在 $\mathbb{R}^n = \bigcup_{m=0}^{\infty} Q_m^n$. 故由定理 9.3.5 知 $\mathrm{Ind}\,\mathbb{R}^n \leqslant n$. $\square$

下面, 我们利用 Brouwer 不动点定理证明下面的结论.

定理 9.4.2   对任意的 $n \in \mathbb{N}$, 我们有

$$\mathrm{ind}\, \mathbf{I}^n = \mathrm{Ind}\, \mathbf{I}^n = \dim \mathbf{I}^n = n;$$

$$\mathrm{ind}\, \mathbb{R}^n = \mathrm{Ind}\, \mathbb{R}^n = \dim \mathbb{R}^n = n;$$

$$\mathrm{ind}\, \mathbb{S}^n = \mathrm{Ind}\, \mathbb{S}^n = \dim \mathbb{S}^n = n.$$

证明   由前面的定理, 我们仅需证明 $\dim \mathbf{J}^n \geqslant n$, 这里 $\mathbf{J} = [-1, 1]$. 也即 $\dim \mathbf{J}^n \leqslant n-1$ 不成立. 利用定理 9.2.5, 为此我们构造 $\mathbf{J}^n$ 的 n 个不相交的闭集对 $\{(A_i, B_i) : i = 1, 2, \cdots, n\}$ 使得对 (A_i, B_i) 的任意分割 L_i, 我们有 $\bigcap_{i=1}^{n} L_i \neq \varnothing$. 事实上, 令 $A_i = p_i^{-1}(-1), B_i = p_i^{-1}(1)$, 这时 $p_i : \mathbf{J}^n \to \mathbf{J}$ 是向第 i 个因子投影的投影映射. 则对任意的 $i \leqslant n$, A_i, B_i 是 $\mathbf{J}^n$ 中不相交的闭集对. 现在设 L_i 是 A_i, B_i 的一个分割, 则

$$p_i(L_i) \bigcap \{-1, 1\} = \varnothing.$$

因此, 由引理 9.2.4 存在连续映射 $\varphi_i : \mathbf{J}^n \to \mathbf{J}$ 使得

$$\varphi_i^{-1}(-1) = A_i, \ \varphi_i^{-1}(0) = L_i, \ \varphi_i^{-1}(1) = B.$$

假设 $\bigcap_{i=1}^{n} L_i = \varnothing$. 定义 $g : \mathbf{J}^n \to \mathbf{J}^n$ 为

$$g(x) = (\varphi_1(x), \varphi_2(x), \cdots, \varphi_n(x)).$$

则 g 连续且 $g(A_i) \subset A_i, g(B_i) \subset B_i$. 同时, g 也满足对任意的 $x \in \mathbf{J}^n$,

$$g(x) \neq (0, 0, \cdots, 0).$$

事实上, 设 $g(x) = (0, 0, \cdots, 0)$. 则对任意的 $i \leqslant n, \varphi_i(x) = 0$. 故 $x \in L_i$. 矛盾于 $\bigcap_{i=1}^{n} L_i = \varnothing$. 现在我们定义映射 $r : \mathbf{J}^n \setminus \{0, 0, \cdots, 0\} \to \partial \mathbf{J}^n = \bigcup_{i=1}^{n} A_i \bigcup \bigcup_{i=1}^{n} B_i$ 为 $r(x)$ 是以 $(0, 0, \cdots, 0)$ 为起点经过 x 的射线与 $\partial \mathbf{J}^n$ 的唯一交点. 则对任意的 $x \in \partial \mathbf{J}, r(x) = x$. 进一步, 定义连续映射 $f : \mathbf{J}^n \to \mathbf{J}^n$ 为

$$f(x) = -r(g(x)).$$

则 f 不存在不动点. 事实上, 设 $f(x) = x$. 则由 f 的定义知 $x \in \partial \mathbf{J}^n$. 于是, 不失一般性, 假定存在 $i_0 \in \{1, 2, \cdots, n\}$ 使得 $x \in A_{i_0}$, 则 $g(x) \in A_{i_0}$. 从而,

$x = f(x) = -r(g(x)) = -g(x) \in B_{i_0}$. 因此, $x \in A_{i_0} \bigcap B_{i_0} = \varnothing$. 矛盾! 故 $f : \mathbf{J}^n \to \mathbf{J}^n$ 是连续的且不存在不动点. 此结论矛盾于 Brouwer 不动点定理 (定理 8.4.2). □

定理 9.4.2 有下面重要应用.

推论 9.4.1　对任意的不同自然数 n, m, $\mathbb{R}^n$ 和 $\mathbb{R}^m$ 不同胚.

到目前为止我们已经证明了我们定义的三种维数满足本章开头所指条件中的 (i),(ii) 及 (iii) 的一半和 (iv) 的部分. (iii) 的另一半在一些特殊情况下也是成立的, 例如, 下面的定理是 (iii) 的特例.

定理 9.4.3　对任意的度量空间 X, 有 $\dim(X \times \mathbf{I}) = \dim X + 1$.

上面的定理貌似简单, 但是其证明非常困难, 见 [16]. (iv) 虽然不能永远成立, 但基本上还比较满意. 我们不准备再继续讨论这个课题.

下面我们利用 $\mathbb{S}^n$ 给出维数不超过 n 的另一个拓扑特征. 首先我们证明下面的三个定理.

定理 9.4.4　设 C 是 $\mathbb{R}^n$ 空间的凸闭子集, X 是正规空间, A 是 X 的闭子空间. 则任意的连续函数 $f : A \to C$ 都可连续扩张到 X 上.

证明　设 $p_i : \mathbb{R}^n \to \mathbb{R}$ 是第 i 个投影映射. 则对任意的 $i \leqslant n$, $p_i \circ f : A \to \mathbb{R}$ 连续. 因此, 由 Tieze 扩张定理 (定理 7.2.6) 知存在连续映射 $g_i : X \to \mathbb{R}$ 使得 $g_i | A = p_i \circ f$. 因此可定义连续映射 $g : X \to \mathbb{R}^n$ 为

$$g(x) = (g_1(x), g_2(x), \cdots, g_n(x)).$$

则 $g | A = f$. 又由 Dugundji 扩张定理 (定理 8.2.3), 存在连续映射 $r : \mathbb{R}^n \to C$ 使得 $r | C = \mathrm{id}_C$. 令 $\overline{f} = r \circ g : X \to C$. 则 $\overline{f}$ 是 f 到 X 上的连续扩张. □

由于 $\mathbb{S}^n$ 并不是 $\mathbb{R}^{n+1}$ 的凸子集, 所以上述结论中的 C 不能被 $\mathbb{S}^n$ 代替. 但我们有下面一个比较弱的结论.

定理 9.4.5　设 X 是正规空间, A 是 X 的闭子空间, $f : A \to \mathbb{S}^n$ 是连续映射, 则 f 可连续扩张到一个包含 A 的开集上.

证明　我们知道 $\mathbb{S}^n \subset \mathbf{B}^{n+1} \subset \mathbb{R}^{n+1}$, 而 $\mathbf{B}^{n+1}$ 是 $\mathbb{R}^{n+1}$ 中的凸集, 因此, 应用上述定理, 存在 $g : X \to \mathbf{B}^{n+1}$ 使得 $g | A = f$. 注意到 $r(x) = \dfrac{x}{\|x\|}$ 建立了 $\mathbf{B}^{n+1} \setminus \{0\}$ 到 $\mathbb{S}^n$ 的连续映射且满足 $r | \mathbb{S}^n = \mathrm{id}_{\mathbb{S}^n}$. 令

$$U = g^{-1}(\mathbf{B}^{n+1} \setminus \{0\}), \quad \overline{f} = r \circ (g | U) : U \to \mathbb{S}^n.$$

则 U 是开集, $\overline{f}$ 是连续的且显然

$$U \supset A, \quad \overline{f} | A = f.$$

□

我们有下面的推论.

推论 9.4.2 (Brouk 同伦扩张定理) 设 X 是正规空间且 $X \times \mathbf{I}$ 也是正规空间[①], A 是 X 的闭集, $n = 1, 2, \cdots$, $H : (A \times \mathbf{I}) \bigcup (X \times \{0\}) \to \mathbb{S}^n$ 连续, 则存在连续扩张 $\overline{H} : X \times \mathbf{I} \to \mathbb{S}^n$.

证明 由定理 9.4.5 知, 在 $X \times \mathbf{I}$ 上存在包含 $(A \times \mathbf{I}) \bigcup (X \times \{0\})$ 的开集 W 使得 H 可以连续扩张为 $G : W \to \mathbb{S}^n$. 由于 $W \supset A \times \mathbf{I}$, $\mathbf{I}$ 是紧的, 应用练习 7.3.K, 存在开集 $U \supset A$ 使得 $W \supset U \times \mathbf{I} \supset A \times \mathbf{I}$. 由 Urysohn 定理 (定理 7.2.5), 存在连续映射 $\alpha : X \to \mathbf{I}$ 使得

$$\alpha(A) \subset \{1\}, \quad \alpha(X \setminus U) \subset \{0\}.$$

定义 $\overline{H} : X \times \mathbf{I} \to \mathbb{S}^n$ 为

$$\overline{H}(x, t) = G(x, \alpha(x) \cdot t).$$

则 $\overline{H}$ 是有意义的且是 H 到 $X \times \mathbf{I}$ 上的连续扩张, 见图 9-2. □

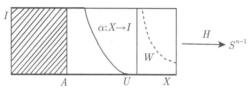

图 9-2 W, U, α 的定义

我们的问题是对于什么样的空间 X, 定理 9.4.4 结论中对于 $C = \mathbb{S}^n$ 仍成立. 答案是下面的定理.

定理 9.4.6 设 $n = 0, 1, 2, \cdots$, X 是度量空间, 则下面条件等价:

(a) $\dim X \leqslant n$;

(b) 对任意的 $k \geqslant n$, 对任意的闭集 $A \subset X$ 及任意的连续映射 $f : A \to \mathbb{S}^k$ 都存在到 X 上的连续扩张;

(c) 对任意的闭集 $A \subset X$, 任意的连续映射 $f : A \to \mathbb{S}^n$ 都存在到 X 上的连续扩张.

证明 (a)$\Rightarrow$(b). 设 $\dim X \leqslant n \leqslant k$, $A \subset X$ 是闭集, $f : A \to \mathbb{S}^k$ 连续. 由于 $\mathbb{S}^k$ 与 $\partial \mathbf{J}^{k+1}$ 同胚, 故我们认为 $\mathbb{S}^k = \partial \mathbf{J}^{k+1}$. 对任意的 $i \leqslant k+1$, 令

$$C_i = \{(x_1, x_2, \cdots, x_{k+1}) \in \partial \mathbf{J}^{k+1} : x_i = -1\},$$

$$D_i = \{(x_1, x_2, \cdots, x_{k+1}) \in \partial \mathbf{J}^{k+1} : x_i = 1\}.$$

则 C_i, D_i 是 $\partial \mathbf{J}^{k+1}$ 中两个不相交的闭集. 故 $f^{-1}(C_i), f^{-1}(D_i)$ 是 A 中, 从而也是 X 中, 两个不相交的闭集. 故由 $\dim X \leqslant k$ 知, 存在 $f^{-1}(C_i), f^{-1}(D_i)$ 的分割 L_i,

---

① 正规空间和单位区间 $\mathbf{I}$ 的乘积可以不是正规的, 但给出这样的例子非常困难.

使得 $\bigcap\limits_{i=1}^{k+1} L_i = \varnothing.$ 又因为 $\bigcup\limits_{i=1}^{k+1} C_i \bigcup \bigcup\limits_{i=1}^{k+1} D_i = \partial \mathbf{J}^{k+1},$ 所以

$$\bigcup\limits_{i=1}^{k+1} f^{-1}(C_i) \bigcup \bigcup\limits_{i=1}^{k+1} f^{-1}(D_i) \supset A. \tag{9-2}$$

现在对任意的 $i \leqslant k+1,$ 由引理 9.2.4 知存在连续映射 $g_i : X \to \mathbf{J}$ 使得

$$g_i^{-1}(-1) = f^{-1}(C_i),\ g_i^{-1}(0) = L_i,\ g_i^{-1}(1) = f^{-1}(D_i).$$

定义 $g : X \to \mathbf{J}^{k+1}$ 为

$$g(x) = (g_1(x), g_2(x), \cdots, g_{k+1}(x)).$$

那么由式 (9-2) 知 $g(A) \subset \partial \mathbf{J}^{k+1}.$ 利用和定理 9.4.2 相同的证明, 由 $\bigcap\limits_{i=1}^{k+1} L_i = \varnothing$ 知 $g(X) \subset \mathbf{J}^{k+1} \setminus \{0\}.$ 进一步, $r \circ g : X \to \partial \mathbf{J}^{k+1}$ 有定义, 这里 $r : \mathbf{J}^{k+1} \setminus \{0\} \to \partial \mathbf{J}^{k+1}$ 为一个连续映射且满足 $r|\partial \mathbf{J}^{k+1} = \mathrm{id}_{\partial \mathbf{J}^{k+1}}.$ 现在我们定义 $H : (A \times \mathbf{I}) \bigcup (X \times \{0\}) \to \partial \mathbf{J}^{k+1}$ 为

$$H(x,t) = \begin{cases} tf(x) + (1-t)(r \circ g)(x) & \text{如果 } (x,t) \in A \times \mathbf{I}, \\ (r \circ g)(x) & \text{如果 } (x,t) \in X \times \{0\}. \end{cases}$$

注意到对任意的 $x \in A,$ 存在 $i \leqslant k+1,$ 使得 $g_i(x) = -1$ 或者 $g_i(x) = 1.$ 这时相应地 $x \in C_i$ 或者 $x \in D_i.$ 因此, 相应地 $f(x)_i = -1$ 或 $f(x)_i = 1.$ 于是, 对任意的 $t \in \mathbf{I}, (tf(x) + (1-t)r \circ g(x))_i = -1$ 或 $1,$ 即 $H(x,t) \in \partial \mathbf{J}^{n+1}.$ 这说明 $H(x,t)$ 是有定义的. 又, 由粘结引理 (推论 2.7.8 的拓扑版), H 也是连续的. 故由上面的推论 9.4.2 知, 存在 H 的连续扩张 $\widetilde{H} : X \times \mathbf{I} \to \partial \mathbf{J}^{k+1}.$ 特别是我们可定义

$$\widetilde{f}(x) = \widetilde{H}(x,1),$$

连续扩张 f 到 X 上.

(b)⇒(c) 是显然的.

(c)⇒(a). 为证 $\dim X \leqslant n,$ 设 $(A_1, B_1), (A_2, B_2), \cdots, (A_{n+1}, B_{n+1})$ 是 X 中 $n+1$ 个不相交的闭集对. 令 $A = \bigcup\limits_{i=1}^{n+1} (A_i \bigcup B_i).$ 对任意的 $i \leqslant n+1,$ 作连续映射 $f_i : X \to \mathbf{J}$ 使得 $f_i(A_i) \subset \{-1\}, f_i(B_i) \subset \{1\}.$ 则 $f(x) = (f_1(x), f_2(x), \cdots, f_{n+1}(x))$ 定义了由 X 到 $\mathbf{J}^{n+1}$ 的连续映射且 $f(A) \subset \partial \mathbf{J}^{n+1}.$ 故 $g = f|A : A \to \partial \mathbf{J}^{n+1}$ 是一个连续映射. 由 (c) 存在连续扩张 $\widetilde{g} : X \to \partial \mathbf{J}^{n+1}.$ 对 $i \leqslant n+1,$ 令

$$L_i = \widetilde{g}^{-1}(\{x \in \partial \mathbf{J}^{n+1} : x_i = 0\}).$$

则 L_i 是 A_i, B_i 的一个分割且由于 $(0,0,\cdots,0) \notin \partial \mathbf{J}^{n+1}$, 故 $\bigcap\limits_{i=1}^{n+1} L_i = \varnothing$. 由定理 9.2.6 知 $\dim X \leqslant n$. $\qquad\square$

作为应用, 我们证明 Brouwer 域不变性定理, 首先给出一个引理.

引理 9.4.1 设 $n \in \mathbb{N}$, X 是 Euclidean 空间 $\mathbb{R}^n$ 中的闭集. 则 $x \in \mathrm{bd}_{\mathbb{R}^n}(X)$ 当且仅当存在 x 点在 X 中的邻域基 $\mathcal{B}_X(x)$, 使得对任意的 $U \in \mathcal{B}_X(x)$, 任意的连续映射 $g : X \setminus U \to \mathbb{S}^{n-1}$ 都可连续地扩张到 X 上.

证明 设 $x \in \mathrm{bd}_{\mathbb{R}^n} X$. 令 $\mathcal{B}_X(x) = \{B_{\mathbb{R}^n}(x,\varepsilon) \bigcap X : \varepsilon > 0\}$. 则 $\mathcal{B}_X(x)$ 是 x 点在 X 中的邻域基, 下面我们验证 $\mathcal{B}_X(x)$ 满足我们的要求, 即对任意的 $\varepsilon > 0$, 任意的连续映射 $g : X \setminus B_{\mathbb{R}^n}(x,\varepsilon) \to \mathbb{S}^{n-1}$ 都可连续的扩张到 X 上. 不妨设 $x = (0,0,\cdots,0), \varepsilon = 1$. 令 $V = B_{\mathbb{R}^n}(x,1)$. 由于 $x \in \mathrm{bd}_{\mathbb{R}^n} X$, 存在 $y \in V \setminus X$, 作连续映射 $r : \mathbf{B}^n \setminus \{y\} \to \mathbb{S}^{n-1}$ 使得 $r|\mathbb{S}^{n-1} = \mathrm{id}_{\mathbb{S}^{n-1}}$. 见图 9-3.

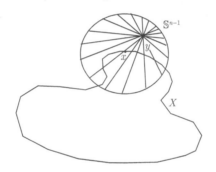

图 9-3 r 的定义

考虑连续映射 $g|(X \setminus V)\bigcap \mathbb{S}^{n-1} : (X \setminus V)\bigcap \mathbb{S}^{n-1} \to \mathbb{S}^{n-1}$. 由于 $(X \setminus V)\bigcap \mathbb{S}^{n-1}$ 是 $\mathbb{S}^{n-1}$ 的闭集且 $\dim \mathbb{S}^{n-1} \leqslant n-1$. 故由定理 9.4.5 知存在 $g|(X \setminus V)\bigcap \mathbb{S}^{n-1}$ 到 $\mathbb{S}^{n-1}$ 的连续扩张 $f : \mathbb{S}^{n-1} \to \mathbb{S}^{n-1}$. 现在我们定义 $\bar{g} : X \to \mathbb{S}^{n-1}$ 为

$$\bar{g}(x) = \begin{cases} g(x) & \text{如果 } x \in X \setminus V, \\ f(r(x)) & \text{如果 } x \in V. \end{cases}$$

则 $\bar{g} : X \to \mathbb{S}^{n-1}$ 是 $g : X \setminus B_{\mathbb{R}^n}(x,\varepsilon) \to \mathbb{S}^{n-1}$ 到 X 的连续扩张.

反之, 设 $x \notin \mathrm{bd}_{\mathbb{R}^n} X$, 则存在 $\varepsilon > 0$, 使得 $B_{\mathbb{R}^n}(x,\varepsilon) \subset X$. 假设存在 x 的邻域基 $\mathcal{B}_X(x)$ 使得对任意 $U \in \mathcal{B}_X(x)$, 任意的连续映射 $g : X \setminus U \to \mathbb{S}^{n-1}$ 都可连续的扩张到 X 上. 选择 $U \in \mathcal{B}_X(x)$ 使得 $U \subset B_{\mathbb{R}^n}(x,\varepsilon)$. 同样不妨设 $x = (0,0,\cdots,0), \varepsilon = 1$. 则 $g(y) = \dfrac{y}{\|y\|}$ 定义了一个由 $X \setminus U$ 到 $\mathbb{S}^{n-1}$ 的连续映射, 显然, $\mathbb{S}^{n-1} \subset X \setminus U$ 且 $g|\mathbb{S}^{n-1} = \mathrm{id}_{\mathbb{S}^{n-1}}$. 从而 g 可连续地扩张到 $\bar{g} : X \to \mathbb{S}^{n-1}$ 上, 特别地, $\bar{g}|\mathbf{B}^n : \mathbf{B}^n \to \mathbb{S}^{n-1}$ 连续且使得 $\bar{g}|\mathbb{S}^{n-1} = g|\mathbb{S}^{n-1} = \mathrm{id}_{\mathbb{S}^{n-1}}$. 矛盾于不可缩定理 (定理 8.4.5). $\qquad\square$

注 9.4.1 本引理的 $x \in \mathrm{bd}_{\mathbb{R}^n} X$ 本来应该与 X 在 $\mathbb{R}^n$ 中的位置有关, 但与它等价的条件仅与 X 本身有关. 因此, 我们有下面简单的推论.

推论 9.4.3 设 X, Y 是 $\mathbb{R}^n$ 的闭子空间, $f: X \to Y$ 是同胚, 则 $f(\mathrm{bd}_{\mathbb{R}^n} X) = \mathrm{bd}_{\mathbb{R}^n} Y$.

设 X 是拓扑空间, 如果对任意的 $x, y \in X$, 存在由 X 到自身的同胚 $h: X \to X$ 使得 $h(x) = y$, 则称 X 是**齐次的拓扑空间**.

推论 9.4.4 $\mathbf{I}^n$ 不是齐次的拓扑空间.

定理 7.3.2 (4) 说明了, 由紧空间 X 到 Hausdorff 空间的连续一一对应是同胚. 但是, 一般来说, 对于局部紧 X 空间, 上述结论未必成立. 在数学分析课程中, 我们证明了对于 $\mathbb{R}$ 中的区间 I 以及严格单调的连续映射 $f: I \to \mathbb{R}$, 逆映射 $f^{-1}: f(I) \to I$ 是连续的, 也即 $f: I \to f(I)$ 是同胚. 这里的严格单调事实上是为了保证 $f: I \to f(I)$ 是一一对应. 下面我们给出 Brouwer 域不变性定理, 它是上述结论在高维的推广, 但是其证明要困难得多.

定理 9.4.7(Brouwer 域不变性定理) 设 $n \in \mathbb{N}$, U 是 $\mathbb{R}^n$ 中的开集. 那么对任意的连续单射 $f: U \to \mathbb{R}^n$, 有

(1) $f(U)$ 是 $\mathbb{R}^n$ 中的开集;

(2) $f: U \to f(U)$ 是同胚.

即 $f: U \to \mathbb{R}^n$ 是开同胚嵌入.

证明 (1) 设 $x \in U$, 则存在 $\varepsilon > 0$ 使得 $X = \mathrm{cl}_{\mathbb{R}^n} B_{\mathbb{R}^n}(x, \varepsilon) \subset U$. 显然 X 是紧集且 $f|X: X \to f(X)$ 是连续的一一对应. 因此 f 是同胚. 由上面推论知 $f|X$ 把 X 在 $\mathbb{R}^n$ 中的内点 x 映射为 $f(X)$ 在 $\mathbb{R}^n$ 中的内点 $f(x)$. 故 $f(x) \in \mathrm{int}_{\mathbb{R}^n} f(X) \subset \mathrm{int}_{\mathbb{R}^n} f(U)$. 由此知 $f(U)$ 是 $\mathbb{R}^n$ 中的开集.

(2) 为此, 我们仅需证明对任意的开集 $V \subset U$, $f(V)$ 是 $f(U)$ 中的开集. 但这仅是上述 (1) 的应用, 因为 U 中的开集也是 $\mathbb{R}^n$ 中的开集. $\square$

注 9.4.2 (1) 对于 Hilbert 空间 ℓ^2, 定义 $f: \ell^2 \to \ell^2$ 为

$$f(x_1, x_2, \cdots, x_n, \cdots) = (0, x_1, x_2, \cdots),$$

则 f 显然是连续的单射, 但 $f(\ell^2)$ 不是 ℓ^2 中的开集, 由此说明上述定理的结论对于 Hilbert 空间 ℓ^2 不真.

(2) 在数学分析中, $\mathbb{R}^n$ 中一个连通的开集称为**开区域**, 开区域的闭包称为**闭区域**, 介于一个开区域和它的闭包之间的集合称为区域. 定理 7.3.2 (4) 和 Brouwer 域不变性定理 (定理 9.4.7) 说明由 $\mathbb{R}^n$ 空间中的有界闭区域或者开区域到 $\mathbb{R}^n$ 之间的连续的一一对应是同胚嵌入.

进一步, 对于一维欧氏空间 $\mathbb{R}$, 这个结论对所有区间都成立. 但是, 对于 $n > 1$ 这个结论对一般区域不成立. 见下面的例子.

例 9.4.1 令

$$D = \{(r,\theta) : 0 < r < 1,\ 0 \leqslant \theta < 2\pi\}.$$

定义 $f : D \to \mathbb{R}^2$ 为

$$f(r,\theta) = (r\cos\theta, r\sin\theta).$$

则 D 是 $\mathbb{R}^2$ 的区域但不是开区域, $f : D \to \mathbb{R}^2$ 为单射, $f(D)$ 是 $\mathbb{R}^2$ 的开区域. 故 $f : D \to \mathbb{R}^2$ 不是同胚嵌入.

下面我们将证明每一个维数不超过 n 的可分度量空间都可嵌入到 $\mathbb{R}^{2n+1}$ 中. 首先证明下面的定理.

定理 9.4.8 设 X 是局部紧可分度量空间且 $\dim X \leqslant n$, 则 X 可闭嵌入到 $\mathbb{R}^{2n+1}$ 中, 即存在映射 $j : X \to \mathbb{R}^{2n+1}$, 使得 $j : X \to j(X)$ 是同胚且 $j(X)$ 是 $\mathbb{R}^{2n+1}$ 的闭子集.

证明 由推论 5.2.4, 我们可以设 d 是 X 上的相容度量, 使得对 X 中任意的子集 C, C 是 X 中紧集当且仅当 C 是 (X,d) 中的有界闭集. 选择 $x_0 \in X$, 令 $C_k = \operatorname{cl} B(x_0, k)$. 则 C_k 是 X 中紧集且 $X = \bigcup\limits_{k=1}^{\infty} C_k$, $C_k \subset \operatorname{int} C_{k+1}$. 令 $N = 2n+1$. 在 $\mathbb{R}^N$ 上定义一个相容的完备有界度量 $\bar{\rho}$ 为, 对任意的 $x, y \in \mathbb{R}^N$,

$$\bar{\rho}(x,y) = \min\{\|x-y\|, 1\}.$$

即 $\bar{\rho}$ 是 $\mathbb{R}^N$ 上通常度量的标准有界化度量, 从而 $\bar{\rho}$ 是完备的. 考虑由 X 到 $\mathbb{R}^N$ 的所有连续函数集合 $\mathrm{C}(X, \mathbb{R}^N)$, 其上确界度量也记为 $\bar{\rho}$. 则由定理 6.1.9 知 $(\mathrm{C}(X, \mathbb{R}^N), \bar{\rho})$ 是完备度量空间, 从而有 Baire 性质. 我们将构造 $\mathrm{C}(X, \mathbb{R}^N)$ 中一列稠密开集 (U_n), 使得 $\bigcap\limits_{n=1}^{\infty} U_n$ 中含由 X 到 $\mathbb{R}^N$ 的闭嵌入. 首先, 对任意的 $f \in \mathrm{C}(X, \mathbb{R}^N), k \in \mathbb{N}$, 设

$$\triangle(f,k) = \sup\{\operatorname{diam}(f^{-1}(z) \textstyle\bigcap C_k) : z \in \mathbb{R}^N\},$$

$$U_k = \left\{ f \in \mathrm{C}(X, \mathbb{R}^N) : \triangle(f,k) < \frac{1}{k} \right\}.$$

那么我们有下面的事实.

事实 1. U_k 是 $\mathrm{C}(X, \mathbb{R}^N)$ 中的开集.

设 $f \in U_k$, 选择 b 使得 $\triangle(f,k) < b < \dfrac{1}{k}$. 令

$$A = \{(x,y) \in C_k \times C_k : d(x,y) \geqslant b\}.$$

则 A 是紧集且函数 $\bar{\rho}(f(x), f(y))$ 在 A 上连续且取正值. 故

$$\delta = \frac{1}{2}\min\{\bar{\rho}(f(x), f(y)) : (x,y) \in A\} > 0.$$

现在我们验证 $B_{\overline{\rho}}(f,\delta) \subset U_k$, 由此说明事实 1 成立. 设 $g \in B_{\overline{\rho}}(f,\delta)$, $x,y \in C_k$ 且 $g(x) = g(y)$. 则

$$
\begin{aligned}
\overline{\rho}(f(x), f(y)) &\leqslant \overline{\rho}(f(x), g(x)) + \overline{\rho}(g(x), g(y)) + \overline{\rho}(g(y), f(y)) \\
&< \delta + 0 + \delta \\
&= \min\{\overline{\rho}(f(x'), f(y')) : (x', y') \in A\}.
\end{aligned}
$$

由此知 $(x,y) \notin A$, 即 $d(x,y) < b$. 所以 $\triangle(g,k) \leqslant b < \dfrac{1}{k}$, 即 $g \in U_k$.

事实 2. U_k 是 $\mathrm{C}(X, \mathbb{R}^N)$ 中的稠密子集.

这是我们的证明中最困难的一部分, 也是唯一需要假定 $\dim X \leqslant n$ 的地方. 设 $f \in \mathrm{C}(X, \mathbb{R}^N), \varepsilon \in (0,1)$. 由于 X 是度量空间且 $\dim X \leqslant n$, 利用定理 9.3.1, 存在局部有限的开覆盖 $\mathcal{W}$ 使得对任意的 $W \in \mathcal{W}$ 有

(1) $\operatorname{diam} W < \dfrac{1}{2k}$;

(2) $\operatorname{diam} f(C_k \bigcap W) < \dfrac{\varepsilon}{2}$;

(3) $\operatorname{ord} \mathcal{W} \leqslant n$.

又由于 C_k 是紧的, 选择 $\{W_1, W_2, \cdots, W_m\} \subset \mathcal{W}$, 使得 $C_k \subset \bigcup\limits_{i=1}^{m} W_i$ 且每一个 W_i 与 C_k 相交. 设 $\{\phi_i : C_k \to \mathbf{I} : i = 1, 2, \cdots, m\}$ 是从属于 $\{W_1 \bigcap C_k, W_2 \bigcap C_k, \cdots, W_m \bigcap C_k\}$ 的一个单位分解 (对于空间 C_k). 对于 $i \leqslant m$, 选择 $x_i \in W_i \bigcap C_k$, 由定理 8.3.1 性质 5, 存在 $z_i \in \mathbb{R}^N$ 使得 $\overline{\rho}(f(x_i), z_i) < \dfrac{\varepsilon}{2}$ 且 $\{z_1, z_2, \cdots, z_m\}$ 在 $\mathbb{R}^N$ 中处于一般位置. 定义函数 $g_0 : C_k \to \mathbb{R}^N$ 为

$$
g_0(x) = \sum_{i=1}^{m} \phi_i(x) z_i.
$$

那么 $\overline{\rho}(f|C_k, g_0) < \varepsilon$. 事实上, 对任意的 $x \in C_k$, 因为 $\sum_{i=1}^{m} \phi_i(x) = 1$, 故

$$
\begin{aligned}
g_0(x) - f(x) &= \sum_{i=1}^{m} \phi_i(x) z_i - \sum_{i=1}^{m} \phi_i(x) f(x) \\
&= \sum_{i=1}^{m} \phi_i(x)(z_i - f(x)) \\
&= \sum_{i=1}^{m} \phi_i(x)(z_i - f(x_i)) + \sum_{i=1}^{m} \phi_i(x)(f(x_i) - f(x)).
\end{aligned}
$$

注意到, 由假定对任意的 $i \leqslant m$, $\|z_i - f(x_i)\| < \dfrac{\varepsilon}{2}$, 而若 $\phi_i(x) \neq 0$, 则 $x \in W_i \bigcap C_k$, 故 $\|f(x_i) - f(x)\| < \dfrac{\varepsilon}{2}$. 因此, 由上式知

$$
\|g_0(x) - f(x)\| < \varepsilon.
$$

由于 $\varepsilon < 1$, 故 $\overline{\rho}(f|C_k, g_0) = \sup_{x \in C_k} \|g_0(x) - f(x)\| < \varepsilon$. 应用 Tietse 扩张定理的推论 2.7.6, 知存在 $g_0 : C_k \to \mathbb{R}^N$ 的连续扩张 $g : X \to \mathbb{R}^N$ 使得

$$\overline{\rho}(f, g) < \varepsilon.$$

现在我们证明 $g \in U_k$. 设 $x, y \in C_k$ 且 $g(x) = g(y)$, 即 $\sum_{i=1}^{m} (\phi_i(x) - \phi_i(y)) z_i = 0$. 由于 $\operatorname{ord} \mathcal{W} \leqslant n$, 故 $\operatorname{ord}\{W_1, W_2, \cdots, W_m\} \leqslant n$. 即最多存在 $n+1$ 个 i 使得 $\phi_i(x) \neq 0$, 最多存在 $n+1$ 个 i 使得 $\phi_i(y) \neq 0$. 故最多存在 $2n+2$ 个 i 使得 $\phi_i(x) - \phi_i(y) \neq 0$. 而由于 $\{z_1, z_2, \cdots, z_m\}$ 在 $\mathbb{R}^N = \mathbb{R}^{2n+1}$ 中处于一般位置, 故由

$$\sum_{i=1}^{m} (\phi_i(x) - \phi_i(y)) z_i = 0 \text{ 和 } \sum_{i=1}^{m} (\phi_i(x) - \phi_i(y)) = 1 - 1 = 0$$

知, 对任意的 $i \leqslant m, \phi_i(x) = \phi_i(y)$. 选择 $i \leqslant m$, 使得 $\phi_i(x) > 0$, 则 $\phi_i(y) > 0$. 故 $x, y \in W_i$. 由 (1) 知, $d(x, y) < \dfrac{1}{k}$. 即对任意的 $z \in \mathbb{R}^N$,

$$\operatorname{diam}(g^{-1}(z) \bigcap C_k) < \frac{1}{k}.$$

从而 $g \in U_k$.

由 Baire 性质知, $D = \bigcap_{k=1}^{\infty} U_k$ 是 $C(X, \mathbb{R}^N)$ 中的稠密集. 下面我们验证 D 中的每一个元素都是由 X 到 $\mathbb{R}^N$ 的单射组成. 事实上, 设 $g \in D$, x, y 是 X 中两个不同的点. 选择 k 使得 $x, y \in C_k$ 且 $d(x, y) > \dfrac{1}{k}$. 则由 $g \in U_k$ 知 $g(x) \neq g(y)$.

进一步, 当 X 是紧的时, D 中成员都是闭映射, 故为 X 到 $\mathbb{R}^N$ 的闭嵌入. 但当 X 非紧时, 并非 D 中每一个成员都是闭映射, 但我们证明 D 中存在一个闭映射 $g : X \to \mathbb{R}^N$. 事实上, 考虑连续函数 $f : X \to \mathbb{R}^N$ 为

$$f(x) = (d(x, x_0), 0, 0, \cdots, 0).$$

则由于 D 是 $C(X, \mathbb{R}^N)$ 中的稠密子集, 故存在 $g \in B_{\overline{\rho}}(f, 1) \bigcap D$. 我们只要证明 $g : X \to \mathbb{R}^N$ 是闭映射, 就完成了定理的证明.

设 $C \subset X$ 是闭集, (x_m) 是 C 中序列且 $g(x_m) \to z \in \mathbb{R}^N$. 从而 $\{g(x_m) : m = 1, 2, \cdots\}$ 是 $(\mathbb{R}^N, \|\cdot\|)$ 中的有界集. 由于 $\overline{\rho}(f, g) < 1$ 且 $\overline{\rho}(f, g) = \sup\{\|f(x) - g(x)\| : x \in X\}$, 故 $\{f(x_m) : m = 1, 2, \cdots\}$ 在 $(\mathbb{R}^N, \|\cdot\|)$ 也是有界的. 从而 $\{d(x_m, x_0) : m = 1, 2, \cdots\}$ 是 $\mathbb{R}$ 中的有界集, 即 $\{x_m : m = 1, 2, \cdots\}$ 是 X 中的有界集. 因此, 存在 k 使得

$$\{x_m : m = 1, 2, \cdots\} \subset C_k.$$

由于 C_k 是紧的, 故序列 (x_m) 存在收敛子列, 不妨设 $x_m \to x$. 由 C 是 X 中闭集知 $x \in C$. 故 $g(x) = \lim_{k \to \infty} g(x_k) = z$. 所以 $z \in g(C)$. 这样我们证明了 $g(C)$ 是 $\mathbb{R}^N$ 中的闭集. $\qquad\square$

利用上述定理和定理 9.3.8 , 我们立即得到

定理 9.4.9 X 是可分可度量化空间, 若 $\dim X \leqslant n$, 则 X 可嵌入到 $\mathbb{R}^{2n+1}$ 中.

注 9.4.3   围绕着定理 9.4.8 及定理 9.4.9, 拓扑学家得到了很多重要结论, 我们简述如下:

(1) $2n+1$ 能否进一步减少? 答案是, 对于这两个定理而言, 对一切 n, $2n+1$ 是最好的可能. 例如, 当 $n = 1$ 时, 构造空间 X 如下: 在 $\mathbb{R}^3$ 中找 5 个点 x_1, x_2, x_3, x_4, x_5 使得连接它们中任意两点的线段最多相交于公共端点. 令 X 为这五个点及连接它们中任意两个点的线段, 称之为**五点完全图**. 显然 X 是 1-维紧度量空间且 $X \subset \mathbb{R}^3$, 但可以证明 X 不能嵌入到 $\mathbb{R}^2$ 中.

(2) 利用的 5.3 节的述语, 我们可以说定理 9.4.6 表明 $\mathbb{R}^{2n+1}$ 是维数不超过 n 的可分可度量化空间类的万有空间, 但令人遗憾的是, $\dim \mathbb{R}^{2n+1} = 2n+1 \neq n$, 也即 $\mathbb{R}^{2n+1}$ 并不在这个类. 能否找一个维数等于 n 的可分可度量化空间, 甚至维数等于 n 的紧度量空间代替 $\mathbb{R}^{2n+1}$ 呢? 答案是肯定的, 例如, 回忆一下, n-维 Nöbeling 空间

$$V^n = \{(x_1, x_2, \cdots, x_{2n+1}) \in \mathbb{R}^{2n+1} :$$

$$(x_1, x_2, \cdots, x_{2n+1}) \text{ 中最多有 } n \text{ 个坐标是有理数}\}.$$

那么, 利用可数和定理 (定理 9.2.2), 容易证明 $\dim V^n = n$. 在练习 6.3.B 中, 我们证明了 V^n 是可完备度量的. 用比定理 9.4.9 更细致的方法能够证明每一个维数不超过 n 的可分可度量化空间都可嵌入到 V^n 中. 进一步, 我们也可以给出一个 n-维紧度量空间代替定理 9.4.9 中的 $\mathbb{R}^{2n+1}$. 这些内容请见 [11] 或者 [16].

定义 9.4.1   设 M 是仿紧空间, $n \in \mathbb{N}$, 如果对任意的 $x \in M$, 存在 x 的邻域 U 使得 U 同胚于 $\mathbb{R}^n$ 或者同胚于 $\mathbb{R}^{n-1} \times [0, +\infty)$, 则称 M 为 n-维**流形**. 有邻域同胚于 $\mathbb{R}^{n-1} \times [0, +\infty)$ 且任意邻域都不同胚于 $\mathbb{R}^n$ 的点称为 M 的**边界点**, 用 ∂M 表示 M 的边界点的集合, 称为 M 的**边界**. 如果 $\partial M = \varnothing$, 则称 M 是**无边界的 n-维流形**; 否则, 称为**带边界的 n-维流形**.

$\mathbb{R}$ 是非紧的无边界的 1-维流形, $[0,1)$ 是非紧的带边界的 1-维流形, $\mathbf{I}$ 是紧的带边界的 1-维流形, $\mathbb{S}^1$ 是紧的无边界的 1-维流形. 在拓扑上讲, 以上 4 个空间事实上是所有连通的 1-维流形. $\mathbb{R}^2, \mathbb{R} \times \mathbb{S}^1$ 是非紧的无边界的 2-维流形; $\mathbb{S}^1 \times [0,1), [0,1)^2$ 是非紧的带边界的 2-维流形; $\mathbf{B}^2, \mathbf{I} \times \mathbb{S}^1$ 是紧的带边界的 2-维流形; 在例 7.4.3 中, 令 $n = 2$, 得到 4 个紧的可度量化空间: 2-维球面 $\mathbb{S}^2$、射影平面 $P\mathbb{R}^2$、环面 $\mathbb{S}^1 \times \mathbb{S}^1$ 和 Klein 瓶 K. 它们都是紧的无边界的 2-维流形. 上面 10 个空间都是连通的 2-维流形. 显然, 不同组的空间是不同胚的. 同一组的空间也是两两不同胚的. 事实上, 因为 $\mathbb{R}^2$ 的单点紧化是 2-维流形 $\mathbb{S}^2$, 而 $\mathbb{R} \times \mathbb{S}^1$ 的单点紧化不是 2-维流形, 所以, 第一组的两个空间是不同胚的. 注意到, $\mathbb{S}^1 \times [0,1) \approx X = \{(x,y) \in \mathbb{R}^2 : x^2 + y^2 \geqslant$

1}, $[0,1)^2 \approx Y = [0, +\infty)^2$. X, Y 是 $\mathbb{R}^2$ 中的闭集, 它们的边界分别同胚于 $\mathbb{S}^1, \mathbb{R}$. 因为 $\mathbb{S}^1 \not\approx \mathbb{R}$, 由 Brouwer 域不变性定理 (定理 9.4.7) 知 $X \not\approx Y$. 所以, 第二组的两个空间是不同胚的. 由 Brouwer 不动点定理 (定理 8.4.2) $\mathbf{B}^2$ 有不动点性质, 而 $\mathbf{I} \times \mathbb{S}^1$ 没有不动点性质, 因此, 第三组的两个空间是不同胚的. 第四组中 $\mathbb{S}^2 \not\approx \mathbb{S}^1 \times \mathbb{S}^1$ 是下面定理的特例, 其余的证明见 [13].

定理 9.4.10 对任意的 $n \in \mathbb{N}$, $\mathbb{S}^n$ 和 $\prod_{i=1}^m \mathbb{S}^{n_i}$ (这里, $m > 1$ 且 $\sum_{i=1}^m n_i = n$) 是紧的无边界的 n-维流形但 $\mathbb{S}^n \not\approx \prod_{i=1}^m \mathbb{S}^{n_i}$.

证明 显然, $\mathbb{S}^n$ 是紧的无边界的 n-维流形. 对任意的 $x = (x_1, x_2, \cdots, x_m) \in \prod_{i=1}^m \mathbb{S}^{n_i}$, 存在邻域 $\prod_{i=1}^m U_i$ 使得对任意的 $i \leqslant m$, $U_i \approx \mathbb{R}^{n_i}$, 这里, $\mathbb{R}^0 = \{0\}$. 因此, 由 $\sum_{i=1}^m n_i = n$ 知 $\prod_{i=1}^m U_i \approx \mathbb{R}^n$. 此说明了 $\prod_{i=1}^m \mathbb{S}^{n_i}$ 也是紧的无边界的 n-维流形.

现在, 我们证明 $\mathbb{S}^n \not\approx \prod_{i=1}^m \mathbb{S}^{n_i}$. 如果存在 $i \leqslant m$ 使得 $n_i = 0$, 那么 $\prod_{i=1}^m \mathbb{S}^{n_i}$ 不是连通的, 因此结论成立. 下面假设所有的 $n_i > 0$. 这时, 因为 $m > 1$, 所以对任意的 i, $n_i < n$ 而且 $\mathbb{S}^{n_i}$ 是 $\prod_{i=1}^m \mathbb{S}^{n_i}$ 的收缩核. 为了完成证明, 我们仅仅需要证明对任意的 $A \subset \mathbb{S}^n$, 如果 $A \approx \mathbb{S}^k$, 这里, $k < n$, 那么 A 不是 $\mathbb{S}^n$ 的收缩核. 由于 $\dim A = \dim \mathbb{S}^k = k < n = \dim \mathbb{S}^n$, 所以 $A \subsetneqq \mathbb{S}^n$. 选择 $x_0 \in \mathbb{S}^n \setminus A$ 和 x_0 的邻域 U 使得 $\mathbf{B}^n \approx \mathbb{S}^n \setminus U \supset A$. 应用 Brouwer 不动点定理 (定理 8.4.2), $\mathbb{S}^n \setminus U$ 有不动点性质而 A 没有不动点性质, 所以由定理 8.4.4 知 A 不是 $\mathbb{S}^n \setminus U$ 的收缩核, 因此, A 也不是 $\mathbb{S}^n$ 的收缩核. $\qquad\square$

给出所有连通的紧的无边界的 2-维流形的拓扑分类是代数拓扑学的重要成果之一. 例如, 见 [13]. 下面是能嵌入到 $\mathbb{R}^3$ 中的所有连通的紧的无边界的 2-维流形: 2-维球面 $\mathbb{S}^2$, 环面 $\mathbb{S}^1 \times \mathbb{S}^1$, 双环面, $\cdots$. 见图 9-4.

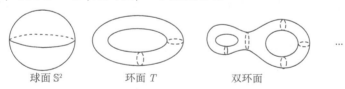

球面 $\mathbb{S}^2$　　　　环面 T　　　　双环面　　　$\cdots$

图 9-4　曲面的例子

另外, 还有一些连通的紧的无边界的 2-维流形不能嵌入到 $\mathbb{R}^3$ 中, 像射影平面 $P\mathbb{R}^2$ 和 Klein 瓶 K 等.

n-维流形是微分几何和代数拓扑学研究的主要对象, 我们在此仅仅给出下面的简单结果.

定理 9.4.11 每一个 n-维流形都是局部紧可度量化空间且三种维数都等于 n.

证明 设 M 是 n-维流形. 由定义知 M 是局部可度量化的. 因为 M 是仿紧的, 所以由定理 7.6.6 知 M 是可度量化的. 由于 $\mathbf{B}^n$ 同胚于 M 的子空间, 因此, $\operatorname{ind} M \geqslant n$. 又, 由定义 M 存在一个由覆盖维数等于 n 的成员组成的开覆盖 $\mathcal{U}$. 因为, M 是仿紧的, 定理 7.5.5 能推出 $\mathcal{U}$ 存在一个局部有限的闭加细 $\mathcal{F}$. 显然, $\mathcal{F}$ 的每一个成员的覆盖维数不超过 n. 由定理 9.2.2 知 $\dim M \leqslant n$. 最后, 由 Katetov-Morita 定理 (定理 9.3.2) 和定理 9.1.1 (2), 我们有 $\operatorname{ind} M = \operatorname{Ind} M = \dim M = n$. □

推论 9.4.5　每一个可分的 n-维流形都可闭嵌入到 $\mathbb{R}^{2n+1}$.

练　习　9.4

9.4.A. 证明对任意的 $x,y \in \mathbf{I}^n$, 存在同胚 $h : \mathbf{I}^n \to \mathbf{I}^n$ 使得 $h(x) = y$ 的成立的充分必要条件是 $x,y \in \partial \mathbf{I}^n$ 或者 $x,y \in \mathbf{I}^n \setminus \partial \mathbf{I}^n$.

9.4.B. 设 K 是单纯复形, 证明 $\operatorname{ind}|K| = \operatorname{Ind}|K| = \dim|K| = n$, 这里 n 是 K 中单形的最大维数.

9.4.C. 设 X 是度量空间且 $\dim X \leqslant n-1$, $f,g : X \to \mathbb{S}^n$ 连续. 证明 f 和 g 同伦, 也即存在连续映射 $F : X \times \mathbf{I} \to \mathbb{S}^n$ 使得 $F_0 = f$ 且 $F_1 = g$. (提示: 认为 $\mathbb{S}^n = \partial \mathbf{I}^{n+1}$. 首先, 存在连接映射 $f,g : X \to \mathbf{I}^{n+1}$ 之间的同伦 $G : X \times \mathbf{I} \to \mathbf{I}^{n+1}$. 考虑空间 $X \times \mathbf{I}^{n+1}$ 中的不相交的闭集对 $\{(G^{-1}p_i^{-1}(-1), G^{-1}p_i^{-1}(1)) : i = 1,2,\cdots,n+1\}$, 这里, $p_i : \mathbf{I}^{n+1} \to \mathbf{I}$ 是投影. 由于 $\dim X \times \mathbf{I} \leqslant n$, 存在分割 $\{L_i : i = 1,2,\cdots,n+1\}$ 使得 $\bigcap L_i = \varnothing$. 定义连续映射 $\varphi_i : X \times \mathbf{I} \to [-1,1]$ 使得

$$\varphi_i(G^{-1}p_i^{-1}(-1)) = \{-1\}, \quad \varphi_i(L_i) = \{0\}, \quad \varphi_i(G^{-1}p_i^{-1}(1)) = \{1\}.$$

由此定义连续映射 $H : X \times \mathbf{I} \to \mathbf{I}^{n+1} \setminus \{O\}$, 这里 O 是原点. 再定义 $r : \mathbf{I}^{n+1} \setminus \{O\} \to \partial \mathbf{I}^{n+1}$ 为收缩映射. 那么, 我们能定义同伦 $F : X \times \mathbf{I} \to \partial \mathbf{I}^{n+1}$ 为: 先按线段连接 $G(x,0)$ 和 $rH(x,0)$, 再用 rH 连接 $rH(x,0)$ 和 $rH(x,1)$, 最后, 按线段连接 $rH(x,1)$ 和 $G(x,1)$.)

9.4.D. 设 X_1, X_2 是度量空间 X 的闭集且 $X = X_1 \bigcup X_2$. 设 $f_1 : X_1 \to \mathbb{S}^n$ 和 $f_2 : X_2 \to \mathbb{S}^n$ 连续, $D = \{x \in X_1 \bigcap X_2 : f_1(x) \neq f_2(x)\}$. 证明: 如果 $\dim D \leqslant n-1$, 那么 f_1 和 f_2 都可以连续扩张到 X 上. (提示: 利用上题和 Brouk 同伦扩张定理.)

9.4.E. 对于 Euclidean 空间 $\mathbb{R}^n$ 的子空间 X, $\operatorname{ind} X = n$ 当且仅当 $\operatorname{int}_{\mathbb{R}^n} X \neq \varnothing$. (提示: 如果 $\operatorname{int}_{\mathbb{R}^n} X = \varnothing$, 那么, 我们可以选择 $\mathbb{R}^n \setminus X$ 可数子集 D 使得 D 在 $\mathbb{R}^n$ 中稠密. 利用习题 8.3.E, 存在同胚 $h : \mathbb{R}^n \to \mathbb{R}^n$ 使得 $h(D) = E$, 这里, E 是所有坐标是有理数的点. 因此, $\operatorname{int} h(X) \neq n$.)

9.5　无限维维数论简述

本章第 1 节中, 虽然我们定义了三种维数下的无限维数, 但在前四节我们并没有给出任何无限维空间的实质性结果. 在下一章, 我们将给出无限维空间的一些拓

扑性质, 特别是 Hilbert 方体的拓扑性质. 在本节, 我们将给出一些无限维空间的维数性质的简单讨论, 所有实质性的结论均没有证明, 有兴趣的读者可参考 [11] 或者 [16].

为了方便, 本节中所有空间均为可分可度量空间, 这样, 三种维数将是相同的. 设 X 是一个空间, 若存在无限多个不相交的闭集对 $\{(A_i, B_i) : i = 1, 2, \cdots\}$, 使得对 (A_i, B_i) 的任何分割 L_i, 都有 $\bigcap\limits_{i=1}^{\infty} L_i \neq \varnothing$, 则称 X 是**强无限维空间**. 由定理 9.2.6 知, 强无限维空间的维数不可能是有限的. 不是强无限维的无限维空间称为**弱无限维空间**. 可以证明 Hilbert 方体 Q, Hilbert 空间 $\ell_2, s = (-1,1)^{\infty}$, 及 $B(Q) = Q \setminus s$ 都是强无限的.

$$Q_f = \{(x_n) \in Q : \text{仅有有限多个 } n \text{ 使得 } x_n \neq 0\}$$

是弱无限维的. 可以表示为可数多个 0-维空间之并的空间称为**可数维空间**, 可以表示为可数多个有限维的闭子空间之并的空间称**强可数维空间**. 由定理 9.3.5 知所有有限维空间都是可数维的, 所有强可数维空间是可数维的. $\bigoplus_{n=1}^{\infty} \mathbf{I}^n$ 是无限维的可数维空间. $\{(x_n) \in Q : \text{除有限多个外 } x_n \text{ 是无理数}\}$ 是可数维非强可数维的空间. 可数维空间必然是有限维的或者弱无限维的, 即可数维空间不可能是强无限维的. 但存在弱无限维的非可数维空间的例子. 显然, 可数维 (强可数维) 空间的子空间是可数维 (弱可数维) 的, 但弱无限维空间的子空间可能是强无限维的. 上面几类空间的关系用下图总结.

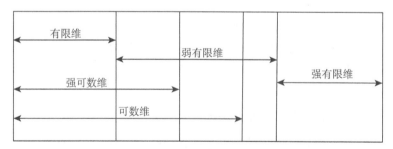

由归纳维数的定义知, 若空间 X 的维数为 n, 则对任意的 $k = 0, 1, 2, \cdots, n$, 存在 X 的闭子空间的维数等于 k. 但这个结论对于无限维空间不成立. 非常令人惊讶的是存在紧度量空间 X 使得 X 的任何子空间或者是 0-维的或者是强无限维的. 这样的例子在 1979 年被 J.J. Walsh 首次发现, 1986 年 R.Pol 找到一个更简单的例子, 见 [5] 或者 [12].

练　习　9.5

9.5.A. 证明 $\mathrm{Cld}(\mathbf{I})$ 和 $\mathrm{C}(\mathbf{I}, \mathbb{R})$ 都是无限维度量空间.

第 10 章　无限维拓扑学引论

本章将给出无限维拓扑学的一些基本知识, 特别是引入 Z-集的概念并证明 Hilbert 方体中的 Z-集有同胚扩张性质. 并利用这些性质证明本章主要结果 Anderson 定理: Hilbert 空间 ℓ^2 同胚于 $\mathbb{R}^{\mathbb{N}}$.

为了方便, 我们总是用 $Q = \prod_{n=1}^{\infty} \mathbf{J}_n$ (这里 $\mathbf{J}_n = \mathbf{J} = [-1,1]$) 表示 Hilbert 方体. 对任意的 $(x_n), (y_n) \in Q$,

$$d((x_n),(y_n)) = \sum_{n=1}^{\infty} \frac{|x_n - y_n|}{2^n}$$

是 Q 上选定的相容度量. 对于 $A \subset \mathbb{N}$, 令 $p_A : Q \to \prod_{n \in A} \mathbf{J}_n$ 为投影映射, 即对任意的 $x \in Q$,

$$p_A(x) = x|A.$$

特别地, 对任意的 n, $p_n(x) = x(n)$.

10.1　构造同胚的三种方法及其应用

如何构造空间之间的同胚是拓扑学的中心工作, 前面八章中事实上已经介绍了很多方法. 本节将介绍三种新方法, 这三种新方法对无限维拓扑学非常重要, 是我们后面构造同胚的基本工具和技巧, 我们在本节给出它们的直接应用说明这些方法的有效性.

10.1.1　方法一: 同胚列的极限是同胚的条件

一般来说, 同胚列点态收敛的极限未必是同胚, 甚至可以不连续. 例如, 我们在分析学中熟悉的例子: 对任意的 $n \in \mathbb{N}$, $f_n(x) = x^n : \mathbf{I} \to \mathbf{I}$ 是 $\mathbf{I}$ 到自己的同胚, 但是其极限不是连续的. 如果是同胚列一致收敛的极限, 情况如何呢? 首先, 按 4.4 节中的有关定义, 设 $(X, \rho), (Y, d)$ 是紧度量空间, $\mathrm{C}(X, Y, d)$ 是所有由 X 到 Y 的连续函数全体 $\mathrm{C}(X, Y)$ 并赋予度量: 对任意的 $f, g \in \mathrm{C}(X, Y)$,

$$d(f, g) = \sup\{d(f(x), g(x)) : x \in X\}.$$

那么, 在这个度量空间中, 序列的收敛等价于一致收敛. 现在令

$$S(X, Y) = \{f \in \mathrm{C}(X, Y) : f(X) = Y\};$$

$$I(X,Y) = \{f \in \mathrm{C}(X,Y) : f \text{ 是单射}\};$$

$$H(X,Y) = S(X,Y) \bigcap I(X,Y);$$

$$H(X) = H(X,X).$$

即 $S(X,Y)$, $I(X,Y)$, $H(X,Y)$ 以及 $H(X)$ 分别表示 X 到 Y 的连续满射、连续单射和同胚映射的全体以及由 X 到自身的同胚映射的全体. 我们有下面简单的引理.

引理 10.1.1 设 (X,ρ), (Y,d) 是紧度量空间, 则 $S(X,Y)$ 是 $\mathrm{C}(X,Y,d)$ 的闭集. 特别的, $\mathrm{cl}\, H(X,Y) \subset S(X,Y)$. 但 $\mathrm{cl}\, H(X,Y) \subset I(X,Y)$ 未必成立.

证明 设 $f \in \mathrm{C}(X,Y) \setminus S(X,Y)$, 那么存在 $y \in Y$ 使得 $y \in Y \setminus f(X)$. 因为 $f(X)$ 是紧的, 存在 $\varepsilon > 0$ 使得 $B(y,\varepsilon) \bigcap f(X) = \varnothing$. 现在考虑 f 在 $\mathrm{C}(X,Y,d)$ 的邻域 $B\left(f, \dfrac{\varepsilon}{2}\right)$. 对任意的 $g \in B\left(f, \dfrac{\varepsilon}{2}\right)$ 和任意的 $x \in X$,

$$d(g(x),y) \geqslant d(f(x),y) - d(f(x),g(x)) > \varepsilon - \frac{\varepsilon}{2} = \frac{\varepsilon}{2}.$$

于是, $y \notin g(X)$. 所以, $g \in \mathrm{C}(X,Y) \setminus S(X,Y)$. 这个说明了 $\mathrm{C}(X,Y) \setminus S(X,Y)$ 是开集.

下面说明 $\mathrm{cl}\, H(X) \subset I(X,X)$ 未必成立. 为此, 令 $X = \mathbf{I}$, 定义 $f : \mathbf{I} \to \mathbf{I}$ 为连接点 $(0,0), (0.5,1), (1,1)$ 的折线, 对任意的 $n \in \mathbb{N}$, $f_n : \mathbf{I} \to \mathbf{I}$ 为连接点 $(0,0), \left(0.5, \dfrac{n}{n+1}\right), (1,1)$ 的折线, 见图 10-1.

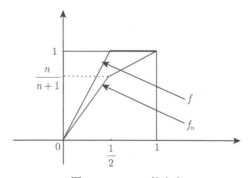

图 10-1 f_n, f 的定义

显然, $d(f,f_n) = \dfrac{1}{n+1}$. 所以, f 是序列 (f_n) 的极限. 注意到对任意的 $n \in \mathbb{N}$, $f_n \in H(X)$ 但 $f \notin I(X,X)$. $\qquad\square$

因此, 紧度量空间之间的同胚列一致收敛的极限一定是连续满射, 但未必是单射. 我们探讨这样的极限是同胚的条件. 为此, 对 $\varepsilon > 0$, 令

$$S_\varepsilon(X,Y) = \{f \in S(X,Y) : \text{对任意的 } y \in Y, \ \mathrm{diam}\, f^{-1}(y) < \varepsilon\}.$$

那么我们有下面简单的结论.

引理 10.1.2　对于紧度量空间 (X, ρ), (Y, d), 有

(1) 对任意的 $\varepsilon > 0$, $S_\varepsilon(X, Y)$ 是 $S(X, Y)$ 的开集;

(2) $\bigcap\limits_{n=1}^\infty S_{1/n}(X, Y) = H(X, Y)$.

证明　(1) 设 (f_n) 是 $S(X, Y) \setminus S_\varepsilon(X, Y)$ 中一个序列且 $f_n \rightrightarrows f \in S(X, Y)$. 则对任意的 n, 存在 $y_n \in Y$ 使得 $\operatorname{diam} f^{-1}(y_n) \geqslant \varepsilon$. 因为 X 是紧的, 存在 $x_n, z_n \in f^{-1}(y_n)$ 使得 $\rho(x_n, z_n) \geqslant \varepsilon$. 再次应用 X 是紧的度量空间, 不妨设 $\lim_{n\to\infty} x_n = x$, $\lim_{n\to\infty} z_n = z$ 存在. 那么

$$f(x) = \lim_{n\to\infty} f_n(x_n) = \lim_{n\to\infty} f_n(z_n) = f(z)$$

而且

$$\rho(x, z) = \lim_{n\to\infty} \rho(x_n, z_n) \geqslant \varepsilon.$$

由此说明 $f \in S(X, Y) \setminus S_\varepsilon(X, Y)$. 所以 $S_\varepsilon(X, Y)$ 是 $S(X, Y)$ 的开集.

(2) 是显然的.　　　　　　　　　　　　　　　　　　　　　　　　　□

引理 10.1.3　设 (X, d) 是完备度量空间, (A_n) 是 X 的一列子集, (x_n) 是 (X, d) 的序列. 如果对任意的 n,

$$d(x_n, x_{n+1}) < 3^{-n} \min\{d(x_i, A_i) : 1 \leqslant i \leqslant n\}, \tag{10-1}$$

那么 (x_n) 是 Cauchy 列且 $\lim_{n\to\infty} x_n \notin \bigcup\limits_{n=1}^\infty A_n$.

证明　显然, (x_n) 是 Cauchy 列. 对任意的 $n > m$, 由假设,

$$\begin{aligned}
d(x_m, x_n) &\leqslant d(x_m, x_{m+1}) + \cdots + d(x_{n-1}, x_n) \\
&\leqslant 3^{-m} d(x_m, A_m) + \cdots + 3^{-n+1} d(x_m, A_m) \\
&\leqslant \frac{2}{3} d(x_m, A_m).
\end{aligned}$$

因此, 令 $n \to \infty$, 得

$$d(x_m, \lim_{n\to\infty} x_n) < d(x_m, A_m).$$

所以, $\lim_{n\to\infty} x_n \notin A_m$. 最后, 由 m 的任意性得到结论.　　　　　□

利用这些引理, 我们得到下面的定理.

定理 10.1.1　设 (X, d) 是紧度量空间, (h_n) 是 $H(X)$ 中一个序列并满足下面的条件:

$$d(h_{n+1}, \operatorname{id}_X) \leqslant 3^{-n} \min\{d(h_i \circ \cdots \circ h_1, S(X, X) \setminus S_{\frac{1}{i}}(X, X)) : i = 1, \cdots, n\}. \tag{10-2}$$

那么, $\lim_{n\to\infty} h_n \circ \cdots \circ h_1$ 存在且属于 $H(X)$.

证明 由引理 10.1.1(1) 和引理 10.1.2, $(S(X,X),d)$ 是完备度量空间且 $(S(X,X) \setminus S_{\frac{1}{n}}(X,X))$ 是这个空间中的闭集列. 对任意的 n, 令 $g_n = h_n \circ \cdots \circ h_1$. 则 (g_n) 是 $H(X) \subset S(X,X)$ 中的序列且由假设知

$$d(g_{n+1}, g_n) \leqslant 3^{-n} \min\{d(g_i, S(X,X) \setminus S_{\frac{1}{i}}(X,X)) : i = 1, \cdots, n\}.$$

因此, 由引理 10.1.3 和引理 10.1.1(2) 知 $\lim_{n\to\infty} h_n \circ \cdots \circ h_1 = \lim_{n\to\infty} g_n$ 存在且

$$\lim_{n\to\infty} g_n \notin \bigcup_{n=1}^{\infty} (S(X,X) \setminus S_{\frac{1}{n}}(X,X)) = S(X,X) \setminus H(X).$$

因此, $\lim_{n\to\infty} h_n \circ \cdots \circ h_1 \in H(X)$. □

注 10.1.1 由上面的定理我们知道, 对于紧度量空间 X, 当我们定义的同胚列 $(h_n : X \to X)$ 中的每一项都和恒等映射接近到一定程度时, $\lim_{n\to\infty} h_n \circ \cdots \circ h_1$ 是同胚. 这个程度取决于前面已经定义的项. 我们可以以称 $\lim_{n\to\infty} h_n \circ \cdots \circ h_1$ 为 $(h_n : X \to X)$ 的无限复合. 所以, 这个定理告诉我们如何用递归的方法定义同胚列使得其无限复合仍然是同胚. 对后面的应用, 我们主要要知道每一项都和恒等映射接近的程度的存在性, 而不是这种程度的具体值. 也就是说, 我们后面很少计算公式 (10.2) 的右边的具体值.

下面给出定理 10.1.1 的一个直接应用. 令

$$s = (-1,1)^{\mathbb{N}}, \quad B(Q) = Q \setminus s$$

分别称为 Q 的**伪内部**和**伪边界**. 下面简单引理的证明留给读者.

引理 10.1.4 对任意的 $x, y \in s$, 存在 $h \in H(Q)$ 使得 $h(x) = y$.

我们的目的是证明上面引理的结论对任意的 $x, y \in Q$ 成立, 为此, 令 $\mathbf{J}_n = [-1,1]$. 那么, $Q = \prod_{n=1}^{\infty} \mathbf{J}_n$. 下面的引理在几何上是显然的, 见图 10-2.

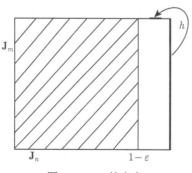

图 10-2 h 的定义

引理 10.1.5　对任意的 $\varepsilon \in (0,1)$ 和 $n \neq m$, 存在 $h \in H(\mathbf{J}_n \times \mathbf{J}_m)$ 使得

(i) $h|([-1, 1-\varepsilon] \times \mathbf{J}_m) = \mathrm{id}_{[-1,1-\varepsilon] \times \mathbf{J}_m}$;

(ii) 对任意 $x \in \mathbf{J}_n$, $p_n(h(1,x)) \in (0,1)$.

利用这个引理和定理 10.1.1, 我们有下面关键引理.

引理 10.1.6　对任意的 $x \in Q$, $x^0 \in s$, 存在 $h \in H(Q)$ 使得 $h(x) \in s$ 且 $h(x^0) = x^0$.

证明　设 $x = (x_1, x_2, \cdots) \in Q$. 我们归纳地定义 $H(Q)$ 的序列 (h_n) 使得

(i) $d(h_n, \mathrm{id}_Q)$ 充分小使得我们可以利用定理 10.1.1 保证 $\lim_{n\to\infty} h_n \circ \cdots \circ h_1 \in H(Q)$;

(ii) $(p_n \circ h_n \circ \cdots \circ h_1)(x) \in (-1,1)$;

(iii) h_n 不改变 Q 中任何点的前 $n-1$ 个坐标, 即对任意的 $(y_1, \cdots, y_{n-1}, y_n, \cdots) \in Q$,

$$h_n(y_1, \cdots, y_{n-1}, y_n, \cdots) = (y_1, \cdots, y_{n-1}, z_n, \cdots).$$

(iv) $h_n(x^0) = x^0$.

事实上, 如果 $x_1 \in (-1,1)$, 令 $h_1 = \mathrm{id}_Q$, 那么 (i)—(iv) 成立. 如果 $x_1 \in \{-1, 1\}$, 不妨假定 $x_1 = 1$, 选择 $\varepsilon > 0$ 充分小使得 $x_1^0 \in (-1, 1-\varepsilon)$. 由引理 10.1.5 知存在 $h_1^0 \in H(\mathbf{J}_1 \times \mathbf{J}_2)$ 满足引理 10.1.5 中的条件 (i) (ii). 那么 $h_1^0(x_1, x_2)$ 的第一个坐标属于 $(-1,1)$. 定义 $h_1 \in H(Q)$ 为

$$h_1(z_1, z_2, z_3, \cdots) = (y_1, y_2, y_3, \cdots),$$

这里, $(y_1, y_2) = h_1^0(z_1, z_2)$. 即 h_1 仅按照 h_1^0 改变 Q 中点的前两个坐标. 那么 h_1 满足 (i)—(iv). 假设 $h_1, h_2, \cdots, h_{n-1} \in H(Q)$ 已经定义并满足 (i)—(iv). 设 $h_{n-1} \circ \cdots \circ h_1(x) = (y_1, \cdots, y_{n-1}, y_n, \cdots)$. 如果 $y_n \in (-1,1)$, 令 $h_n = \mathrm{id}_Q$, 那么 (i)—(iv) 成立. 如果 $x_n \in \{-1, 1\}$, 同上不妨假定 $y_n = 1$. 对任意的 $m > n$ 和 $\varepsilon > 0$, 由引理 10.1.5 知存在 $h^{m,\varepsilon} \in H(\mathbf{J}_n \times \mathbf{J}_m)$ 满足引理 10.1.5 中的条件 (i) (ii). 那么 $h^{m,\varepsilon}(y_n, y_m)$ 的第一个坐标属于 $(-1,1)$. 定义 $h_n \in H(Q)$ 为

$$h_n(z_1, \cdots, z_{n-1}, z_n, \cdots, z_m, z_{m+1}, \cdots)$$

$$= (z_1 \cdots, z_{n-1}, u_n, \cdots, u_m. z_{m+1}, \cdots),$$

这里, $(u_n, u_m) = h^{m,\varepsilon}(z_n, z_m)$, 即 h_n 把 Q 中的每一个点的第 n 个和第 m 个坐标按 $h^{m,\varepsilon}$ 映射, 其余的坐标不变. 那么 $h_n \in H(Q)$ 且满足 (ii)—(iii). 注意到

$$d(h_n, \mathrm{id}_Q) = \frac{|u_n - z_n|}{2^n} + \frac{|u_m - z_m|}{2^m} \leqslant \frac{\varepsilon}{2^n} + \frac{2}{2^m}.$$

因此, 我们能够选择充分大的 m 和充分小的 $\varepsilon > 0$ 使得 h_n 也满足 (i), (iv). 归纳定义完成.

应用定理 10.1.1, $h = \lim_{n \to \infty} h_n \circ \cdots h_1$ 是同胚且由 (ii)—(iv) 知 $h(x) \in s$ 且 $h(x^0) = x^0$. $\qquad\square$

我们得到下面的定理.

定理 10.1.2 Q 是齐次的, 即对任意的 $x, y \in Q$, 存在同胚 $h : Q \to Q$ 使得 $h(x) = y$.

证明 应用引理 10.1.4 和引理 10.1.6 即可. $\qquad\square$

注 10.1.2 由推论 9.4.4, 我们知道 $\mathbf{J}^n$ 不是齐次的. 进一步, 对于 $x, y \in \mathbf{J}^n$, 存在同胚 $h : \mathbf{J}^m \to \mathbf{J}^m$ 使得 $h(x) = y$ 的充分必要条件是 x, y 同时属于 $\mathrm{rint}(\mathbf{J}^m) = (-1, 1)^m$ 或者同时属于 $\partial\mathbf{J}^m = \mathbf{J}^m \setminus \mathrm{rint}(\mathbf{J}^m)$, 见练习 9.4.A. 因此, $\mathrm{rint}(\mathbf{J}^m)$ 中的点和 $\partial\mathbf{J}^m$ 中的点在 $\mathbf{J}^m$ 中的拓扑位置是不同的. 一般我们分别称 $\mathrm{rint}(\mathbf{J}^m)$ 和 $\partial\mathbf{J}^m$ 为 $\mathbf{J}^m$ 的**径向内部**和**径向边界**. 但是, 由上面的定理我们知, $\mathbf{J}^m$ 的 "极限" Q 中任何两点在 Q 中的拓扑位置都是相同的. 所以, 虽然我们在前面相应的定义了 s 和 $B(Q)$, 但我们仅仅称它们为 Q 的伪内部和伪边界.

10.1.2 方法二: Bing 收缩准则

对于紧度量空间 (X, ρ), (Y, d), 引理 10.1.1 说明了在 $\mathrm{C}(X, Y, d)$ 中, $\mathrm{cl}\, H(X, Y) \subset S(X, Y)$ 但是 $\mathrm{cl}\, H(X, Y) \subset I(X, Y)$ 未必成立.

定义 10.1.1 设 (X, ρ), (Y, d) 是紧度量空间, 我们称 $\mathrm{cl}\, H(X, Y)$ 中的成员为由 X 到 Y 的**近似同胚**. 即 $f : X \to Y$ 是近似同胚当且仅当对任意的 $\varepsilon > 0$, 存在同胚 $h : X \to Y$ 使得

$$d(f, h) < \varepsilon.$$

近似同胚一定是连续满射. 如果紧空间 X, Y 之间存在近似同胚, 那么它们是同胚的. 但是, 按定义证明近似同胚的存在性有时是很困难的. Bing 收缩准则给出了满射是近似同胚的一个容易判断的等价条件.

定义 10.1.2 设 $f : X \to Y$ 是紧度量空间 (X, ρ) 到紧度量空间 (Y, d) 的连续满射, 如果对任意的 $\varepsilon > 0$, 存在同胚 $h : X \to X$ 使得

(i) $d(f, f \circ h) < \varepsilon$;

(ii) 对任意的 $y \in Y$, $\mathrm{diam}\, h(f^{-1}(y)) < \varepsilon$, 即 $f \circ h^{-1} \in S_\varepsilon(X, Y)$.

那么我们称 f 是**可收缩的**. 见图 10-3.

我们证明下面的定理.

定理 10.1.3(Bing 收缩准则) 设 (X, ρ) 和 (Y, d) 是紧度量空间, $f : X \to Y$ 是连续满射, 则下面条件等价:

(a) f 是近似同胚;

(b) f 是可收缩的.

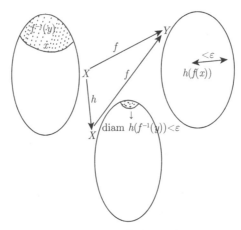

图 10-3 可收缩的定义

证明   (a)⇒(b). 设 $f: X \to Y$ 是近似同胚, $\varepsilon > 0$. 选择 $g \in H(X,Y)$ 使得 $d(f,g) < \dfrac{\varepsilon}{2}$. 由于 Y 是紧的, $g^{-1}: (Y,d) \to (X,\rho)$ 是一致连续的. 存在 $\delta > 0$ 使得对任意的 $y_1, y_2 \in Y$, $d(y_1, y_2) < \delta$ 能推出 $\rho(g^{-1}(y_1), g^{-1}(y_2)) < \varepsilon$. 令 $\gamma = \min\left\{\dfrac{\varepsilon}{2}, \delta\right\}$. 再次由于 $f: X \to Y$ 是近似同胚, 存在 $k \in H(X,Y)$ 使得 $d(f,k) < \gamma$. 令 $h = g^{-1} \circ k$. 显然 $h \in H(X)$. 由于 $d(f,g) < \dfrac{\varepsilon}{2}$ 且 $d(f,k) < \dfrac{\varepsilon}{2}$, 所以对任意的 $x \in X$,

$$
\begin{aligned}
d(f(x), (f \circ h)(x)) &= d(f(x), f(g^{-1}(k(x)))) \\
&\leqslant d(f(x), k(x)) + d(k(x), f(g^{-1}(k(x)))) \\
&= d(f(x), k(x)) + d(g(g^{-1}(k(x))), f(g^{-1}(k(x)))) \\
&< \frac{\varepsilon}{2} + \frac{\varepsilon}{2} \\
&= \varepsilon.
\end{aligned}
$$

因此,

$$
d(f, f \circ h) < \varepsilon.
$$

又, 对任意的 $y \in Y$ 和 $x_1, x_2 \in h(f^{-1}(y)) = g^{-1}(k(f^{-1}(y)))$, 有 $g(x_1), g(x_2) \in k(f^{-1}(y))$. 所以, 存在 $x_1', x_2' \in X$ 使得

$$
g(x_1) = k(x_1'), \ g(x_2) = k(x_2') \ 且 \ f(x_1') = f(x_2') = y.
$$

所以

$$
\begin{aligned}
d(g(x_1), g(x_2)) &= d(k(x_1'), k(x_2')) \\
&\leqslant d(k(x_1'), f(x_1')) + d(f(x_1'), f(x_2')) + d(f(x_2'), k(x_2'))
\end{aligned}
$$

$$< \frac{\delta}{2} + 0 + \frac{\delta}{2}$$
$$= \delta.$$

由 δ 的选择我们有

$$\rho(x_1, x_2) = \rho(g^{-1}(g(x_1)), g^{-1}(g(x_2))) < \varepsilon.$$

因此

$$\operatorname{diam} h(f^{-1}(y)) < \varepsilon.$$

这样我们证明了 f 是可收缩的.

(b) $\Rightarrow$ (a). 设 $f: X \to Y$ 是可收缩的, $\varepsilon > 0$. 我们首先归纳地定义 $H(X)$ 中一个序列 $(h_0 = \operatorname{id}_X, h_1, \cdots)$ 使得每一个 $g_n = f \circ h_n : X \to Y$ 满足下面条件:

(i) $g_n \in S_{\frac{1}{n}}(X, Y)$;

(ii) $d(g_{n+1}, g_n) < \dfrac{\varepsilon}{3^{n+1}}$;

(iii) $d(g_{n+1}, g_n) < \dfrac{\varepsilon}{3^n} \min\{d(g_i, S(X, Y) \setminus S_{\frac{1}{i}}(X, Y)) : 0 \leqslant i \leqslant n\}$.

注意到 $S_{+\infty}(X, Y) = S(X, Y), d(f, \varnothing) = +\infty$, 所以 $h_0 = \operatorname{id}_X$ 满足 (i) 且 (iii) 有定义. 现在, 假设 $h_n \in H(X)$ 已经定义且使得 g_n 满足 (i),(ii),(iii). 我们将定义 $h_{n+1} \in H(X)$. 因为 $h_n^{-1} \in H(X)$ 是一致连续的, 存在 $\delta > 0$ 使得对任意的 $A \subset X$,

$$\operatorname{diam} A < \delta \text{ 能推出 } \operatorname{diam} h_n^{-1}(A) < \frac{1}{n+1}.$$

因为 $f: X \to Y$ 是可收缩的, 存在 $\phi \in H(X)$ 使得

$$f \circ \phi^{-1} \in S_\delta(X, Y) \quad \text{且} \quad d(f, f \circ \phi) < \gamma,$$

这里,

$$\gamma = \min\left\{ \frac{\varepsilon}{3^{n+1}}, \frac{1}{3^n} \min\{d(p_i, S(X, Y) \setminus S_{\frac{1}{i}}(X, Y)) : 0 \leqslant i \leqslant n\} \right\}.$$

令 $h_{n+1} = \phi^{-1} \circ h_n$. 那么, $h_{n+1} \in H(X)$ 且使得 g_{n+1} 满足 (i)—(iii). 事实上, 对任意的 $y \in Y$,

$$\operatorname{diam} g_{n+1}^{-1}(y) = \operatorname{diam} h_{n+1}^{-1}(f^{-1}(y)) = \operatorname{diam} h_n^{-1}(\phi(f^{-1}(y))) < \frac{1}{n+1}.$$

最后一个不等号成立是因为 $\operatorname{diam} \phi(f^{-1}(y)) < \delta$. 因此, (i) 成立. 为证明 (ii),(iii) 成立, 我们仅仅需要注意到

$$d(g_{n+1}, g_n) = d(f \circ \phi^{-1} \circ h_n, f \circ h_n) = d(f, f \circ \phi) < \gamma.$$

归纳定义完成. 由 (ii) 知道 $h = \lim_{n\to\infty} g_n$ 存在且 $d(f,h) < \varepsilon$, 由引理 10.1.1 知 $h \in S(X,Y)$, 由引理 10.1.3 和 (iii) 知 $h \in \bigcap_{n=1}^{\infty} S_{\frac{1}{n}}(X,Y)$, 由引理 10.1.2(2) 知 $h \in H(X,Y)$. 因此, 由 ε 的任意性知 f 是近似同胚.　　　　　　□

推论 10.1.1　如果两个紧度量空间之间存在可收缩的的映射, 那么它们是同胚的.

定义 10.1.3　设 X 是拓扑空间, 令 $\triangle(X) = (X \times [0,1)) \bigcup \{\infty\}$. 在 $\triangle(X)$ 定义拓扑为:

$$\mathcal{T} = \{U \subset \triangle(X) : U \bigcap (X \times [0,1)) \text{ 是乘积空间 } X \times [0,1) \text{ 中的开集}$$

$$\text{且如果 } U \ni \infty \text{ 则存在 } s \in [0,1) \text{ 使得 } X \times (s,1) \subset U\}.$$

我们称赋予这个拓扑的空间 $\triangle(X)$ 为 X 的**锥**. 我们用 $q : X \times \mathbf{I} \to \triangle(X)$ 记自然的映射, 也即

$$h(x,t) = \begin{cases} (x,t) & \text{如果 } t \in [0,1), \\ \infty & \text{如果 } t = 1. \end{cases}$$

关于锥的一般性质, 见本节的练习 10.1.F, 10.1.G. 这里, 作为定理 10.1.3 的直接应用, 我们证明下面定理. 首先我们注意到, 如果 X 是紧的可度量化空间, 那么, $\triangle(X)$ 是把 $X \times \mathbf{I}$ 中的紧子集 $X \times \{1\}$ 捏为一点的商空间而且 $q : X \times \mathbf{I} \to \triangle(X)$ 是商映射. 因此, $\triangle(X)$ 也是紧的可度量化空间.

定理 10.1.4　自然映射 $q : Q \times \mathbf{I} \to \triangle(Q)$ 是可收缩的, 因此 $\triangle(Q) \approx Q \times \mathbf{I} \approx Q$.

我们先给出下面的引理, 其在几何上是显然的, 看图 10-4. 请读者证明它.

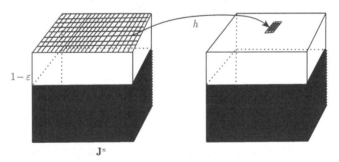

图 10-4　h 的定义

引理 10.1.7　对任意的 $n \in \mathbb{N}$ 和 $\varepsilon \in (0,1)$, 存在 $h \in H(\mathbf{J}^n \times \mathbf{I})$ 使得 $h | \mathbf{J}^n \times [0, 1-\varepsilon] = \mathrm{id}_{\mathbf{J}^n \times [0,1-\varepsilon]}$ 且 $\mathrm{diam}(h(\mathbf{J}^n \times \{1\})) < \varepsilon$.

定理 10.1.4 的证明　对任意的 $\varepsilon \in (0,1)$, 选择 $n \in \mathbb{N}$ 使得 $\frac{1}{2^n} < \frac{\varepsilon}{2}$. 因为 $q(Q \times \{1\}) = \{\infty\}$ 是单点集, 由 Wallace 定理 (定理 4.3.5), 存在 $\delta > 0$ 使得

$$\mathrm{diam}\, q(Q \times [1-\delta, 1]) < \varepsilon.$$

这里, 我们认为空间 $\triangle(Q)$ 上已经定义了相容的度量 d. 令, $\gamma = \min\left\{\delta, \dfrac{\varepsilon}{2}\right\}$. 由上面的引理, 存在 $h_0 \in H(\mathbf{J}^n \times \mathbf{I})$ 使得

$$h_0|\mathbf{J}^n \times [0, 1-\gamma] = \mathrm{id}_{\mathbf{J}^n \times [0,1-\gamma]} \quad \text{且} \quad \mathrm{diam}(h_0(\mathbf{J}^n \times \{1\})) < \gamma.$$

现在定义 $h \in H(Q \times \mathbf{I})$ 为

$$h(x_1, \cdots, x_n, x_{n+1}, \cdots, t) = (y_1, \cdots, y_n, x_{n+1}, \cdots, s),$$

这里, $(y_1, \cdots, y_n, s) = h_0(x_1, \cdots, x_n, t)$. 那么, 对任意 $y \in \triangle(Q)$, 当 $y \neq \infty$ 时, $h(q^{-1}(y))$ 是单点集, 因此, $\mathrm{diam}(h(q^{-1}(y))) = 0 < \varepsilon$; 当 $y = \infty$ 时, $h(q^{-1}(y)) = h(Q \times \{1\}) = h_0(\mathbf{J}^n \times \{1\}) \times \prod_{m=n+1}^{\infty} \mathbf{J}_m$, 因此,

$$\mathrm{diam}(h(q^{-1}(y))) = \mathrm{diam}(h_0(\mathbf{J}^n \times \{1\})) + \sum_{m=n+1}^{\infty} \frac{1}{2^m} < \frac{\varepsilon}{2} + \frac{\varepsilon}{2} = \varepsilon.$$

所以, $q \circ h^{-1} \in S_\varepsilon(Q \times \mathbf{I}, \triangle(Q))$. 又, 对任意 $x \in Q \times \mathbf{I}$, 当 $x \notin Q \times [1-\gamma, 1]$ 时, $h(x) = x$, 所以, $(q \circ h)(x) = q(x)$; 当 $x \in Q \times [1-\gamma, 1]$ 时, $h(x) \in Q \times [1-\gamma, 1]$. 由此,

$$d(q(x), q(h(x))) \leqslant \mathrm{diam}\, q(Q \times [1-\gamma, 1]) \leqslant \mathrm{diam}\, q(Q \times [1-\delta, 1]) < \varepsilon.$$

所以, $d(q, q \circ h) < \varepsilon$. 由 ε 的任意性知, $q : Q \times \mathbf{I} \to \triangle(Q)$ 是可收缩的. 由定理 10.1.3 的推论知 $\triangle(Q) \approx Q \times \mathbf{I} \approx Q$. $\qquad\square$

注 10.1.3 对任意 $n \in \mathbb{N}$, 令

$$U_n = q\left(Q \times \left(1 - \frac{n}{n+1}, 1\right]\right).$$

那么容易验证 $\{U_n : n \in \mathbb{N}\}$ 是 ∞ 在 $\triangle(Q)$ 中的邻域基, 而且 $\mathrm{cl}\, U_n = q\left(Q \times \left[1 - \dfrac{n}{n+1}, 1\right]\right)$, $\mathrm{bd}\, U_n = q\left(Q \times \left\{\dfrac{n}{n+1}\right\}\right)$. 由此容易验证 $\mathrm{cl}\, U_n \approx \mathrm{bd}\, U_n \approx Q$. 因为 $Q \approx \triangle(Q)$ 是齐次的, 所以 Q 中每一点都有邻域基 $\{U_n\}$ 使得对任意的 n,

$$\mathrm{cl}\, U_n \approx \mathrm{bd}\, U_n \approx Q$$

是绝对收缩核. 所以, 代数拓扑学中的同调论方法对于研究 Q-流形的性质是无效的, 这里, 一个度量空间如果存在一个由同胚于 Q 中的开集组成的开覆盖, 我们就称这个空间是 *Q-流形*.

10.1.3　方法三: 同痕

在注 10.1.3 中说过同调论很少在研究 Q-流形中被使用. 但是, 代数拓扑学中另一个重要工具同伦论却是研究 Q-流形的重要手段. 让我们先给出这个定义.

定义 10.1.4　设 X, Y 是空间, K 是紧空间, 我们称连续映射 $H: X \times K \to Y$ 为由 X 到 Y 的 K-**同伦**. 对 $t \in K$, 由下式定义的映射 $H_t: X \to Y$ 被称为 H 的 t 水平:

$$H_t(x) = H(x, t).$$

如果对任意的 $t \in K, H_t: X \to Y$ 是同胚, 我们称 $H: X \times K \to Y$ 为由 X 到 Y 的 K-**同痕**. 如果 $K = \mathbf{I}$, 我们省略上面定义和记号中的 K. 设 $f, g \in \mathrm{C}(X, Y)$, 如果存在同伦 (同痕) $H: X \times \mathbf{I} \to Y$ 使得 $H_0 = f, H_1 = g$, 那么我们称 f 和 g 是**同伦的** (**同痕的**). H 被称为连接 f 和 g 的**同伦** (**同痕**).

例 10.1.1　设 X 是一个空间, Y 是 $\mathbb{R}^n$ 中的凸子集, $f, g \in \mathrm{C}(X, Y)$. 那么 f 和 g 是同伦的. 事实上, 我们可以定义 $H: X \times \mathbf{I} \to Y$ 为:

$$H(x, t) = (1 - t)f(x) + tg(x).$$

称这个同伦为连接 f 和 g 的线性同伦. 显然, 我们可以把 Y 是凸集的要求降低到仅仅要求 Y 满足上面 H 有定义即可, 这个推广有时是有用的.

注 10.1.4　如果 $H: X \times K \to Y$ 为由 X 到 Y 的 K-同痕, 那么我们可以定义映射 $G: Y \times K \to X$ 为: $G(y, t) = (H_t)^{-1}(y)$. 但是, 这样定义的 G 未必是连续的. 看下面的例 10.1.2. 如果上面定义的 $G: Y \times K \to X$ 是连续的, 那么我们称 $H: X \times K \to Y$ 是**可逆的同痕**. 显然, $H: X \times K \to Y$ 是可逆的同痕当且仅当 $(x, t) \mapsto (H(x, t), t)$ 建立了 $X \times K$ 到 $Y \times K$ 的同胚. 因此, 当 X 是紧空间时, 推论 4.2.3 说明所有由 X 到 Y 的同痕都是可逆的. 下面的定理 10.1.5 显示了只要 X (于是 Y 也) 是局部紧空间, 当 $K = \mathbf{I}$ 时, 相应的结论也成立.

例 10.1.2　我们定义 $\mathbb{R}^2$ 的子空间 X 为:

$$X = \mathbf{I} \times \{0\} \cup \bigcup_{n=1}^{\infty} \left\{ \frac{1}{n} \right\} \times \mathbf{I}.$$

我们将定义非可逆的同痕 $H: X \times \mathbf{I} \to X$. 对任意的 $n \in \mathbb{N}$, 令 $p_n = \left(\frac{1}{n}, \frac{1}{3n} \right), q_n = \left(\frac{1}{n}, \frac{2}{3} \right)$. 做折线 $l_n: \left\{ \frac{1}{n} \right\} \times \mathbf{I} \to \left\{ \frac{1}{n} \right\} \times \mathbf{I}$ 使得

$$l_n\left(\frac{1}{n}, 0 \right) = \left(\frac{1}{n}, 0 \right), \quad l_n\left(\frac{1}{n}, q_n \right) = \left(\frac{1}{n}, p_n \right), \quad l_n\left(\frac{1}{n}, 1 \right) = \left(\frac{1}{n}, 1 \right).$$

见图 10-5.

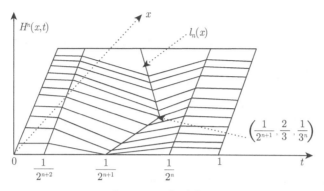

图 10-5 H^n 的定义

定义同伦$H^n : \left\{\dfrac{1}{n}\right\} \times \mathbf{I} \times \mathbf{I} \to \left\{\dfrac{1}{n}\right\} \times \mathbf{I}$ 使得其在 $\left[0, \dfrac{1}{2^{n+2}}\right] \bigcup \left[\dfrac{1}{2^n}, 1\right]$ 每一个水平

上是恒等映射, 在 $\left[\dfrac{1}{2^{n+2}}, \dfrac{1}{2^{n+1}}\right]$ 上用"线性"同伦连接恒等映射和 l_n, 在 $\left[\dfrac{1}{2^{n+1}}, \dfrac{1}{2^n}\right]$

上用"线性"同伦连接 l_n 和恒等映射. 容易验证 $H^n : \left\{\dfrac{1}{n}\right\} \times \mathbf{I} \times \mathbf{I} \to \left\{\dfrac{1}{n}\right\} \times \mathbf{I}$ 是

同痕而且对任意 $(x, t) \in \left(\left\{\dfrac{1}{n}\right\} \times \mathbf{I}\right) \times \mathbf{I}$, 有

$$\|H^n(x, t)\| \leqslant \|x\|. \tag{10-3}$$

利用这些映射定义 $H : X \times \mathbf{I} \to X$ 为:

$$H(x, t) = \begin{cases} H^n(x, t), & \text{若 } x \in \left\{\dfrac{1}{n}\right\} \times \mathbf{I}; \\ x, & \text{若 } x \in \mathbf{I} \times \{0\}. \end{cases}$$

注意到对任意的 n 和 $t \in \mathbf{I}$, 我们有 $H^n\left(\dfrac{1}{n}, 0, t\right) = \left(\dfrac{1}{n}, 0\right)$, 因此, 上面的公式确实

定义了一个映射. 进一步, 我们验证这个映射 H 有下面的性质, 这些性质说明了 H

是同痕但不是可逆的.

(1) H 是连续的. 由公式 (10-3) 知 H 在 $(0, 0, t)$ 连续, 在其他点连续是显然的.

(2) 对任意的 $t \in \mathbf{I}$, $H_t : X \to X$ 是同胚. 显然每一个 H_t 是 X 到自身的一一

对应. 当 $t = 0$ 时, $H_0 = \mathrm{id}_X$ 是同胚; 当 $t \in (0, 1]$ 时, 选择 $n_0 \in \mathbb{N}$ 使得 $\dfrac{1}{2^{n_0}} < t$. 那

么

$$H_t \bigg| \left(\mathbf{I} \times \{0\} \bigcup \bigcup_{n = n_0}^{\infty} \left\{\dfrac{1}{n}\right\} \times \mathbf{I}\right) = \mathrm{id}.$$

又, 由于 $\bigcup\limits_{n=1}^{n_0} \left\{\dfrac{1}{n}\right\} \times \mathbf{I}$ 是紧的, 所以

$$H_t \bigg| \left(\bigcup_{n=1}^{n_0} \left\{\dfrac{1}{n}\right\} \times \mathbf{I}\right)$$

也是同胚, 所以 H_t 是同胚.

(3) 映射 $(x,t) \mapsto (H(x,t),t)$ 不是同胚. 我们仅仅需要注意到序列 $\left(\left(q_n, \dfrac{1}{2^{n+1}} \right) \right)$ $= \left(\left(\dfrac{1}{n}, \dfrac{2}{3}, \dfrac{1}{2^{n+1}} \right) \right)$ 在 $X \times \mathbf{I}$ 中没有极限, 但是

$$\lim_{n\to\infty} \left(H\left(q_n, \frac{1}{2^{n+1}} \right), \frac{1}{2^{n+1}} \right) = \lim_{n\to\infty} \left(p_n, \frac{1}{2^{n+1}} \right) = (0,0,0)$$

在 $X \times \mathbf{I}$ 中有极限.

定理 10.1.5　如果 X, Y 是局部紧空间, $H: X \times \mathbf{I} \to Y$ 是同痕, 那么, H 是可逆的.

证明　定义 $\overline{H}: X \times \mathbf{I} \to Y \times \mathbf{I}$ 为

$$\overline{H}(x,t) = (H_t(x),t).$$

如前所述, 为了证明 $H: X \times \mathbf{I} \to Y$ 是可逆同痕, 我们需要证明 $\overline{H}: X \times \mathbf{I} \to Y \times \mathbf{I}$ 是同胚. 为此, 我们仅仅需要验证 $\overline{H}: X \times \mathbf{I} \to Y \times \mathbf{I}$ 是开映射.

设 G 是 $X \times \mathbf{I}$ 中的开集, $(x,t) \in G$. 我们证明存在 $Y \times \mathbf{I}$ 中的开集 L 使得

$$\overline{H}(x,t) = (H_t(x),t) \in L \subset \overline{H}(G). \tag{10-4}$$

因为 X 是局部紧的, 我们能选择 $U \in \mathcal{N}(x)$ 和区间 S 使得

$$(x,t) \in U \times S \subset G$$

且 $\mathrm{cl}\,U$ 是紧集. 因为 $H_t: X \to Y$ 是同胚, 所以存在 $V \in \mathcal{N}(H_t(x))$ 使得

$$H_t^{-1}(\mathrm{cl}\,V) \subset U.$$

则对任意的 $z \in \mathrm{bd}\,U = \mathrm{cl}\,U \setminus U$, 有

$$H_t(z) \in Y \setminus \mathrm{cl}\,V.$$

因为 $H: X \times \mathbf{I} \to Y$ 是连续的, $\mathrm{bd}\,U$ 是紧的, 所以存在 $W \in \mathcal{N}(x)$ 和 t 的一个连通邻域 J 使得

$$J \subset S, \quad W \subset U, \quad H(W \times J) \subset V \ \text{且} \ H(\mathrm{bd}\,U \times J) \subset Y \setminus \mathrm{cl}\,V. \tag{10-5}$$

由最后一个公式知, 对任意的 $s \in J$,

$$H_s^{-1}(\mathrm{cl}\,V) \subset X \setminus \mathrm{bd}\,U. \tag{10-6}$$

下面我们证明 $L = H_t(W) \times J$ 满足我们的要求.

首先, 因为 H_t 是同胚, 所以 L 是开集. 其次, 显然 $\overline{H}(x,t) = (H_t(x), t) \in L$. 最后, 我们证明公式 (10-4) 的后半部分成立. 设 $z \in W, s \in J$. 因为 $H(\{z\} \times J)$ 是连通的, 所以, $H_s^{-1}(H(\{z\} \times J))$ 也是连通的. 进一步, 应用式 (10-5) 和式 (10-6) 知

$$H_s^{-1}(H(\{z\} \times J)) \subset H_s^{-1}(\mathrm{cl}\,V) \subset X \setminus \mathrm{bd}\,U = U \bigcup (X \setminus \mathrm{cl}\,U)$$

且

$$z \in H_s^{-1}(H(\{z\} \times J)) \bigcap U.$$

由于 U 和 $X \setminus \mathrm{cl}\,U$ 是隔离的, 所以 $H_s^{-1}(H(\{z\} \times J)) \subset U$. 特别地, $H_s^{-1}(H_t(z)) \subset U$, 即

$$H_t(z) \in H_s(U).$$

由 $z \in W, s \in J$ 的任意性知

$$L = H_t(W) \times J \subset \bigcap_{s \in J} H_s(U) \times J \subset \bigcup_{s \in J} H_s(U) \times \{s\} = \overline{H}(U \times J) \subset \overline{H}(G).$$

我们完成了定理的证明. □

下面我们再给出 K-同痕的乘积性质, 证明留给读者.

定理 10.1.6 设对任意的 $n \in \mathbb{N}$, $H^n : X_n \times K_n \to Y_n$ 是 K_n-同痕, 那么下面定义的

$$H : \prod_{n=1}^{\infty} X_n \times \prod_{n=1}^{\infty} K_n \to \prod_{n=1}^{\infty} Y_n$$

是 $\prod_{n=1}^{\infty} K_n$-同痕,

$$H((x_n),(k_n))(n) = H^n(x_n, k_n).$$

下面的定理显示了如何由 K-同痕得到同胚.

定理 10.1.7 设 X, Y 是空间, K 是紧空间, $H : X \times K \to X$ 为由 X 到 X 的 K-同伦, $\alpha : Y \to K$ 连续. 那么下面定义的映射 $f : X \times Y \to X \times Y$ 连续:

$$f(x, y) = (H(x, \alpha(y)), y).$$

此外, 如果假定 X, Y, K 满足下面条件之一且 $H : X \times K \to X$ 为由 X 到 X 的同痕时, 那么 $f : X \times Y \to X \times Y$ 是同胚:

(1) X, Y 是局部紧的且 $K = \mathbf{I}$;

(2) X, Y 是紧的.

证明　f 的连续性是显然的. 现在我们假定 X, Y, K 满足 (1) 或者 (2), $H:$ $X \times K \to X$ 为由 X 到 X 的 K-同痕. 对任意的 $(x, y) \in X \times Y$, 因为 $H_{\alpha(y)} : X \to X$ 是同胚, 存在 $a \in X$ 使得 $H_{\alpha(y)}(a) = x$, 即 $H(a, \alpha(y)) = x$. 因此, $f(a, y) = (x, y)$. 由此说明 f 是满射. 又, 对任意的 $(x_1, y_1) \neq (x_2, y_2)$, 如果 $y_1 \neq y_2$, 那么显然 $f(x_1, y_1) \neq f(x_2, y_2)$; 如果 $y_1 = y_2 = y$, 那么 $x_1 \neq x_2$, 于是由 $H_{\alpha(y)}$ 是同胚我们有 $H(x_1, \alpha(y)) \neq H(x_2, \alpha(y))$. 因此, $f(x_1, y_1) \neq f(x_2, y_2)$. 由此说明 f 是单射. 最后, 我们证明 $f^{-1} : X \times Y \to X \times Y$ 是连续的. 在我们的假定下, 由定理 10.1.5 知 $G : X \times K \to X$ 是连续的, 这里, 对任意的 $(x, k) \in X \times K$,

$$G(x, k) = (H_k)^{-1}(x).$$

容易验证,

$$f^{-1}(x, y) = (G(x, \alpha(y)), y).$$

因此, f^{-1} 是连续的. □

本节的最后, 我们给出上面定理 10.1.7 的一个应用, 虽然这个应用很简单, 但是, 它是后面复杂应用的一个雏形.

定理 10.1.8　令 E, F 是 $(-1, 1)$ 的两个紧集, $f : E \to F$ 是同胚, 那么存在同胚 $g : \mathbf{J}^2 \to \mathbf{J}^2$ 使得对任意的 $x \in E$, 有 $g(x, 0) = (f(x), 0)$ 且 $g|\partial \mathbf{J}^2 = \mathrm{id}_{\partial \mathbf{J}^2}$.

证明　令

$$G(f) = \{(x, f(x)) : x \in E\}$$

为 f 的图像. 选择 $a \in (0, 1)$ 使得 $E, F \subset [-a, a] = K$. 定义 $H : \mathbf{J} \times K \to \mathbf{J}$ 为, 对任意 $(x, t) \in \mathbf{J} \times K$,

$$H(x, t) = \begin{cases} t + (t+1)x, & \text{若 } x \in [-1, 0]; \\ t + (1-t)x, & \text{若 } x \in \mathbf{I}. \end{cases}$$

即对任意的 $t \in K$, H_t 是连接点 $(-1, -1), (0, t), (1, 1)$ 的折线. 因此, H 是 $\mathbf{J}$ 到自身的 K-同痕. 由 Tietze 扩张定理 (定理 2.7.3), 存在连续映射 $\alpha : \mathbf{J} \to K$ 使得 $\alpha|F = f^{-1}, \alpha(\pm 1) = 0$. 则由定理 10.1.7 知下面定义的 $g_1 : \mathbf{J}^2 \to \mathbf{J}^2$ 是同胚:

$$g_1(x, y) = (H(x, \alpha(y)), y).$$

那么对任意的 $y \in F$, 我们有

$$g_1(0, y) = (H(0, \alpha(y)), y) = (\alpha(y), y) = (f^{-1}(y), y) \in G(f) \tag{10-7}$$

且

$$g_1|\partial \mathbf{J}^2 = \mathrm{id}_{\partial \mathbf{J}^2}. \tag{10-8}$$

同理, 存在同胚 $g_2 : \mathbf{J}^2 \to \mathbf{J}^2$ 使得对任意的 $x \in E$,

$$g_2(x, 0) = (x, f(x)) \in G(f) \tag{10-9}$$

且

$$g_2|\partial \mathbf{J}^2 = \mathrm{id}_{\partial \mathbf{J}^2} . \tag{10-10}$$

最后, 显然存在同胚 (见练习 10.1.B) $g_3 : \mathbf{J}^2 \to \mathbf{J}^2$ 使得对任意的 $y \in [-a, a]$,

$$g_3(0, y) = (y, 0) \quad \text{且} \quad g_3|\partial \mathbf{J}^2 = \mathrm{id}_{\partial \mathbf{J}^2} . \tag{10-11}$$

那么 $g = g_3 \circ g_1^{-1} \circ g_2 : \mathbf{J}^2 \to \mathbf{J}^2$ 满足我们的要求. 事实上, 对任意的 $x \in E$, 因为 $f(x) \in [-a, a]$, 所以由式 (10-7), (10-9) 和 (10-11) 知

$$g(x, 0) = g_3(g_1^{-1}(g_2(x, 0))) = g_3(g_1^{-1}(x, f(x)))$$

$$= g_3(g_1^{-1}(f^{-1}(f(x)), f(x))) = g_3(0, f(x)) = (f(x), 0).$$

由公式 (10-8), (10-10) 和 (10-11) 知道

$$g|\partial \mathbf{J}^2 = \mathrm{id}_{\partial \mathbf{J}^2} . \qquad \square$$

注 10.1.5 在上面定理中, 如果我们认为 $(-1, 1) = (-1, 1) \times \{0\} \subset \mathbf{J}^2$, 那么上面的定理说明 $(-1, 1)$ 中任意两个紧集之间的任意同胚都存在到 $\mathbf{J}^2$ 的同胚扩张且这个同胚可以保持在 $\partial \mathbf{J}^2$ 上不动. 大家可以给出非常简单的例子说明我们不可以用 $\mathbf{J}$ 代替 $\mathbf{J}^2$. 在本章第 3 节和第 4 节, 我们将探讨 Hilbert 方体 Q 中哪些紧集之间的同胚也有类似的性质.

练 习 10.1

10.1.A. 设 (X, ρ) 和 (Y, d) 是紧度量空间, $f : X \to Y$ 是近似同胚, $h \in H(X), k \in H(Y)$, 证明 $f \circ h : X \to Y$ 和 $k \circ f : X \to Y$ 也是近似同胚. 由上面结论可以推出近似同胚的概念不依赖空间 X, Y 上度量的选择.

10.1.B. (1) 设

$$\mathbf{B}^2(2) = \{x \in \mathbb{R}^2 : \|x\| \leqslant 2\}, \quad \mathbb{S}^1(2) = \{x \in \mathbb{R}^2 : \|x\| = 2\}.$$

证明存在同胚 $h : \mathbf{B}^2(2) \to \mathbf{B}^2(2)$ 使得 $h|\mathbb{S}^1(2) = \mathrm{id}_{\mathbb{S}^1(2)}$ 且对任意的 $(r\cos\theta, r\sin\theta) \in \mathbf{B}^2$, 有

$$h(r\cos\theta, r\sin\theta) = \left(r\cos\left(\theta + \frac{\pi}{2}\right), r\sin\left(\theta + \frac{\pi}{2}\right) \right).$$

(2) 设 $a \in (0,1)$, 证明存在同胚 $h : \mathbf{J}^2 \to \mathbf{J}^2$ 使得对任意的 $y \in [-a,a]$,

$$h(0,y) = (y,0) \quad \text{且} \quad h|\partial\mathbf{J}^2 = \mathrm{id}_{\partial\mathbf{J}^2}.$$

10.1.C. 一个**群**是指一个非空集合 G 和 G 上的一个二元运算 $\cdot : G \times G \to G$ 满足下面性质:

(i) **结合律成立**: 对任意的 $a,b,c \in G$, 有 $(a \cdot b) \cdot c = a \cdot (b \cdot c)$;

(ii) **存在单位元**: 存在 $e \in G$, 使得对任意的 $a \in G$, 有 $a \cdot e = e \cdot a = a$;

(iii) **存在逆元**: 对任意的 $a \in G$, 存在 a^{-1} 使得 $a \cdot a^{-1} = a^{-1} \cdot a = e$.

我们用 $(G, \cdot)$ 或者 G 记这个群. 容易证明单位元 e 是唯一的, 每一个元 $a \in G$ 也仅有一个逆元 a^{-1}. 因此 $^{-1} : G \to G$ 是一个映射. 一个**拓扑群**是指一个群 $(G, \cdot)$ 和一个 T_3 的拓扑空间 $(G, \mathcal{T})$ 使得映射 $\cdot : G \times G \to G$ 和映射 $^{-1} : G \to G$ 是连续的. 证明

(1) 每一个拓扑群都是一个齐次的拓扑空间.

(2) 不存在二元运算 $\cdot : Q \times Q \to Q$ 使得 $(Q, \cdot)$ 成为拓扑群.

10.1.D. 证明存在 Q 的基 $\mathcal{B}$ 使得对任意的 $B \in \mathcal{B}$ 和任意的 $x,y \in B$, 存在 $h \in H(Q)$ 满足 $h(x) = y$ 且 $h|Q \setminus B = \mathrm{id}|Q \setminus B$.

10.1.E. 证明 Q 是 n-齐次的, 即对 Q 的任意两个 n 个点的集合 $\{x_1, x_2, \cdots, x_n\}$ 和 $\{y_1, y_2, \cdots, y_n\}$ 存在 $h \in H(Q)$ 使得 $h(x_1) = y_1, h(x_2) = y_2, \cdots, h(x_n) = y_n$.

10.1.F. 证明 X 是 (可分) 可度量化的充分必要条件是它的锥 $\triangle(X)$ 是 (可分) 可度量化的.

10.1.G. 设 X 是 Hausdorff 空间. 证明在定义 10.1.3 中定义的映射 $q : X \times \mathbf{I} \to \triangle(X)$ 是连续的. 进一步, 证明其为商映射当且仅当 X 是可数紧的, 参看练习 7.4.H, 这里, Hausdorff 空间 X 称为**可数紧的**如果对 X 的任意可数开覆盖都存在有限子覆盖, 由定理 4.1.3, 度量空间是紧的当且仅当其是可数紧的, 但对于 Hausdorff 空间而言, 二者不等价.

10.2 Z-集

Z-集是无限维拓扑学和几何拓扑学中的重要概念, 本节将给出其定义和基本性质, 特别是 Hilbert 方体 Q 的 Z-集的存在性和基本性质. Hilbert 方体 Q 的 Z-集的深刻性质将在随后的两节给出.

定义 10.2.1 设 X, Y 是拓扑空间, $\mathcal{U}$ 是 X 的开覆盖, $f, g \in \mathrm{C}(Y, X)$. 如果对任意的 $y \in Y$, 存在 $U \in \mathcal{U}$ 使得 $f(y), g(y) \in U$, 那么我们称 f 和 g 是 $\mathcal{U}$-**接近的**. 设 (X, d) 是度量空间, $\varepsilon \in \mathrm{C}(X, (0,1))$. 如果对任意的 $y \in Y$, $d(f(y), g(y)) < \varepsilon(f(y))$, 那么我们称 f 和 g 是 ε-**接近的**.

下面引入我们的重要定义.

定义 10.2.2 设 A 是拓扑空间 X 中的闭集, 如果对任意的连续映射 $f : Q \to X$ 和 X 的任意开覆盖 $\mathcal{U}$ 都存在连续映射 $g : Q \to X$ 使得 f 和 g 是 $\mathcal{U}$- 接近的且 $g(Q) \bigcap A = \varnothing$, 那么我们称 A 是 X 的 **Z-集**. 可以表示为可数多个 X 的 Z-集的并的子集称为 X 的 **Z_σ-集**. 我们用 $\mathcal{Z}(X)$ 和 $\mathcal{Z}_\sigma(X)$ 分别表示空间 X 的所有 Z-集之族和所有 Z_σ-集之族.

我们有下面结果.

定理 10.2.1 设 A 是度量空间 (X, d) 中的闭集, 那么下面条件等价:

(a) $A \in \mathcal{Z}(X)$;

(b) 对任意的常数 $\varepsilon > 0$, 对任意的 $f \in \mathrm{C}(Q, X)$, 存在 $g \in \mathrm{C}(Q, X)$ 使得 $d(f, g) < \varepsilon$ 且 $g(Q) \bigcap A = \varnothing$.

证明 (a) $\Rightarrow$ (b). 对任意的 $\varepsilon > 0$, 考虑 X 的开覆盖 $\mathcal{U} = \left\{ B\left(x, \dfrac{\varepsilon}{2}\right) : x \in X \right\}$. 对任意的 $f \in \mathrm{C}(Q, X)$, 由 (a) 存在 $g \in \mathrm{C}(Q, X)$ 使得 f 和 g 是 $\mathcal{U}$- 接近的且 $g(Q) \bigcap A = \varnothing$. 那么, $d(f, g) < \varepsilon$ 且 $g(Q) \bigcap A = \varnothing$. 所以 (b) 成立.

(b) $\Rightarrow$ (a). 对任意的连续映射 $f : Q \to X$ 和 X 的任意开覆盖 $\mathcal{U}$, $f(Q)$ 是 X 的紧集, 因此由 Lebesgue 数引理 (定理 4.2.1) 存在 $\varepsilon > 0$ 使得对任意的 $B \subset X$, 如果 $\operatorname{diam} B < \varepsilon$ 且 $B \bigcap f(Q) \neq \varnothing$, 则存在 $U \in \mathcal{U}$ 使得 $B \subset U$. 对这个 $\varepsilon > 0$ 使用 (b), 存在 $g \in \mathrm{C}(Q, X)$ 使得 $g(Q) \bigcap A = \varnothing$ 且 $d(f, g) < \varepsilon$. 那么对任意的 $q \in Q$, $\operatorname{diam}\{f(q), g(q)\} < \varepsilon$ 且 $\{f(q), g(q)\} \bigcap f(Q) \neq \varnothing$. 因此存在 $U \in \mathcal{U}$ 使得 $\{f(q), g(q)\} \subset U$, 即 f, g 是 $\mathcal{U}$- 接近的. 这样我们证明了 $A \in \mathcal{Z}(X)$. $\qquad \square$

下面给出 Z-集和 Z_σ-集的基本性质.

定理 10.2.2 令 X 是拓扑空间, 那么

(1) 如果 $A \in \mathcal{Z}(X)$ 且 B 是 A 的闭子集, 则 $B \in \mathcal{Z}(X)$;

(2) 如果 $A \in \mathcal{Z}(X)$, 则 $\operatorname{int} A = \varnothing$;

(3) 如果 (X, d) 是完备的, $A \in \mathcal{Z}_\sigma(X)$, 那么对任意的 $\varepsilon > 0$ 和任意的 $f \in \mathrm{C}(Q, X)$, 存在 $g \in \mathrm{C}(Q, X)$ 使得 $d(f, g) < \varepsilon$ 且 $g(Q) \bigcap A = \varnothing$;

(4) 如果 (X, d) 是完备的, $A \in \mathcal{Z}_\sigma(X)$ 且 A 是闭集, 则 $A \in \mathcal{Z}(X)$;

(5) 如果 $A \in \mathcal{Z}(X)$, Y 是拓扑空间, 则 $A \times Y \in \mathcal{Z}(X \times Y)$;

(6) 如果 $A \in \mathcal{Z}(X)$, $h \in H(X)$, 则 $h(A) \in \mathcal{Z}(X)$.

证明 (1), (2), (5), (6) 是显然的, (4) 是 (3) 的推论, 因此我们仅仅需要证明 (3). 为此, 设 (A_n) 是完备度量空间 (X, d) 的 Z-集列, $A = \bigcup\limits_{n=1}^{\infty} A_n$. 对任意的 $\varepsilon > 0$ 和任意的 $f \in \mathrm{C}(Q, X)$, 显然我们可以归纳地定义 $g_n \in \mathrm{C}(Q, X \setminus A_n, d)$, 使得对任意的 n,

(i) $d(f, g_1) < \dfrac{\varepsilon}{2}$, $d(g_n, g_{n+1}) < \dfrac{\varepsilon}{2 \cdot 3^n}$;

(ii) $d(g_n, g_{n+1}) < \dfrac{1}{3^n} \min\{d(g_i(Q), A_i)\}$.

那么由 (i) 和 (X, d) 是完备的知 $g = \lim_{n \to \infty} g_n$ 存在、连续且 $d(f, g) < \varepsilon$. 又, 对任意的 $q \in Q$, 由 (ii) 知 $d(g_{n+1}(q), g_n(q)) < \dfrac{1}{3^n} \min\{d(g_i(q), A_i)\}$, 因此, 由引理 10.1.1, 有

$$g(q) = \lim_{n \to \infty} g_n(q) \notin \bigcup_{n=1}^{\infty} A_n = A.$$

所以 g 满足 (3) 的要求.　　　　　　　　　　　　　　　　　　　　　□

为了我们的主要目的 —— 证明 Anderson 定理 (定理 10.6.1), 我们主要讨论 Hilbert 方体 Q 中的 Z-集. 首先证明 Q 中存在很多的 Z-集.

定理 10.2.3　设 A 是 Q 的闭集, 那么

(1) $A \in \mathcal{Z}(Q)$ 当且仅当对任意的 $\varepsilon > 0$, 存在 $f \in \mathrm{C}(Q, Q \backslash A)$ 使得 $d(f, \mathrm{id}_Q) < \varepsilon$;

(2) 如果存在无限多个 n 使得 $p_n(A) \neq [-1, 1]$, 那么 $A \in \mathcal{Z}(Q)$;

(3) 如果存在 n 使得 $p_n(A) \subset \{-1, 1\}$, 那么 $A \in \mathcal{Z}(Q)$.

证明　(1) "$\Rightarrow$" 由 Z-集的定义立即得到. 为证明 "$\Leftarrow$", 假设 $g \in \mathrm{C}(Q, Q)$, $\varepsilon > 0$. 那么存在 $f \in \mathrm{C}(Q, Q \backslash A)$ 使得 $d(f, \mathrm{id}_Q) < \varepsilon$. 令 $h = f \circ g$, 则

$$d(h, g) = d(f \circ g, g) \leqslant d(f, \mathrm{id}_X) < \varepsilon \quad \text{且} \quad h(Q) \subset f(Q) \subset Q \backslash A.$$

所以, $A \in \mathcal{Z}(Q)$.

(2) 对任意的 $\varepsilon > 0$, 选择 $N \in \mathbb{N}$ 使得 $\dfrac{2}{2^N} < \varepsilon$ 且 $p_N(A) \neq [-1, 1]$. 因此, 我们可以选择 $x_N^0 \in [-1, 1] \backslash p_N(A)$. 定义 $f \in \mathrm{C}(Q, Q)$ 为

$$f(x)(n) = \begin{cases} x_n, & \text{若 } n \neq N; \\ x_N^0, & \text{若 } n = N. \end{cases}$$

那么, $d(\mathrm{id}_Q, f) < \varepsilon$ 且 $f(Q) \subset Q \backslash A$. 由 (1) 知 $A \in \mathcal{Z}(Q)$.

(3) 可以证明 $\{-1, 1\} \in \mathcal{Z}([-1, 1])$ (见练习 10.2.A). 又, 由假设 $A \subset \{-1, 1\} \times \prod_{m \in \mathbb{N} \backslash \{n\}} \mathbf{J}_m$. 所以由定理 10.2.2(5)(1) 我们有 $A \in \mathcal{Z}(Q)$.　　□

推论 10.2.1　(1) $B(Q) \in \mathcal{Z}_\sigma(Q)$;

(2) 如果 $K \subset s$ 是紧集, 那么 $K \in \mathcal{Z}(Q)$.

练　习　10.2

10.2.A. 对任意的 $n \in \mathbb{N}$, 证明 $A \in \mathcal{Z}(\mathbf{B}^{n+1})$ 的充分必要条件为 A 是闭集且 $A \subset \mathbb{S}^n$.

10.2.B. 给出紧度量空间 X 及其闭子空间 Y 使得 $\mathcal{Z}(Y) \not\subset \mathcal{Z}(X)$ 且 $\mathcal{Z}(X) \bigcap \mathrm{Cld}(Y) \not\subset \mathcal{Z}(Y)$.

10.2.C. 设 A 是 s 的紧集, 证明 $A \in \mathcal{Z}(s)$. 举例说明 s 中存在非紧的 Z-集.

10.3 Z-集的同胚扩张定理 I

本节我们将证明对 s 中任意两个紧集 E, F (因此也是 Q 中的 Z-集) 之间的同胚 $h : E \to F$ 和任意的 $\varepsilon > 0$, 如果 $d(h, \mathrm{id}_Q) < \varepsilon$, 那么存在 $\overline{h} \in H(Q)$ 使得 $d(\overline{h}, \mathrm{id}_Q) < \varepsilon$ 且 $\overline{h}|E = h$. 一般我们称满足条件 $d(\overline{h}, \mathrm{id}_Q) < \varepsilon$ 的同胚为 "小" 同胚. 如果 $h \in H(Q)$ 满足条件 $h(B(Q)) = B(Q)$ 或者等价的 $h(s) = s$, 那么我们称 h 是**边界保持的同胚**.

为了完成主要结论的证明, 我们需要一系列引理, 下面的引理是一个重要的基础.

引理 10.3.1 对于 s 中每一个非空的紧集 K, 存在边界保持的同胚 $h \in H(Q)$ 使得 $p_1(h(K)) = \{0\}$.

证明 不失一般性, 我们可以假定

$$K = \prod_{n \in \mathbb{N}} [a_n, b_n],$$

这里 $-1 < a_n < b_n < 1$. 对任意的 $n > 1$, 我们证明存在 $h_n \in H(\mathbf{J}_1 \times \mathbf{J}_n)$ 使得

(i) h_n 不改变任何点的 $\mathbf{J}_1$ 坐标;

(ii) $h_n([a_1, b_1] \times [a_n, b_n])$ 中每两个有相同 $\mathbf{J}_n$ 坐标的点的 $\mathbf{J}_1$ 坐标的差小于 $\dfrac{1}{n}$;

(iii) $h_n|\partial(\mathbf{J}_1 \times \mathbf{J}_n) = \mathrm{id}_{\partial(\mathbf{J}_1 \times \mathbf{J}_n)}$.

图 10-6 形象地说明了 h_n 的存在性.

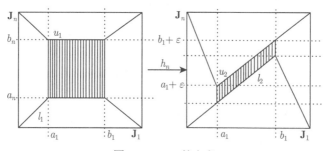

图 10-6 h_n 的定义

严格地说, 选择 $\varepsilon \in \left(0, \dfrac{1}{n}\right)$ 使得对任意的 $x \in [a_1, b_1]$, 有 $\varepsilon + x \in (-1, 1)$. 定义 4 个折线函数分别经过以下几个点:

$u_1 : [-1, 1] \to [-1, 1]$ 经过 $(-1, 1), (a_1, b_n), (b_1, b_n), (1, 1)$;

$l_1 : [-1, 1] \to [-1, 1]$ 经过 $(-1, -1), (a_1, a_n), (b_1, a_n), (1, -1)$;

$u_2 : [-1, 1] \to [-1, 1]$ 经过 $(-1, 1), (a_1, a_1 + \varepsilon), (b_1, b_1 + \varepsilon), (1, 1)$;

$l_2 : [-1, 1] \to [-1, 1]$ 经过 $(-1, -1), (a_1, a_1), (b_1, b_1), (1, -1)$.

显然, 对任意的 $x \in \mathbf{J}_1$, $l_1(x) < u_1(x)$, $l_2(x) < u_2(x)$, 因此可以定义折线 $m_x : \mathbf{J}_n \to \mathbf{J}_n$ 经过 $(-1, -1), (l_1(x), l_2(x)), (u_1(x), u_2(x)), (1, 1)$. 注意到 $m_{-1} = m_1 = \mathrm{id}_{\mathbf{J}_n}$. 那么下面定义的 $h_n : \mathbf{J}_1 \times \mathbf{J}_n \to \mathbf{J}_1 \times \mathbf{J}_n$ 满足我们的要求 (i)—(iii):

$$h_n(x, y) = (x, m_x(y)).$$

利用这些同胚, 我们定义 $f : Q \to Q$ 为:

$$f(x_1, x_2, \cdots, x_n, \cdots) = (x_1, y_2, \cdots, y_n, \cdots),$$

这里, 对任意的 $n \geqslant 2$, $(x_1, y_n) = h_n(x_1, x_n)$. 显然, f 是边界保持的同胚. 下面我们证明 $g = p_{\mathbb{N} \setminus \{1\}} | f(K) : f(K) \to \prod_{n=2}^{\infty} \mathbf{J}_n$ 是单射, 因此是嵌入. 否则, 存在 $x_1 \neq x_2, y_2, \cdots, y_n, \cdots$ 使得 $(x_1, y_2, \cdots, y_n, \cdots), (x_2, y_2, \cdots, y_n, \cdots) \in f(K)$. 选择 $n > 1$ 使得 $\dfrac{1}{n} < |x_1 - x_2|$. 那么 $(x_1, y_n), (x_2, y_n) \in h_n([a_1, b_1] \times [a_n, b_n])$, 矛盾于 (ii). 令

$$B = p_{\mathbb{N} \setminus \{1\}}(f(K)) \subset \prod_{n=2}^{\infty} \mathbf{J}_n, \quad \xi = p_1 \circ (p_{\mathbb{N} \setminus \{1\}} | f(K))^{-1} : B \to [a_1, b_1].$$

再令 $\lambda : \prod_{n=2}^{\infty} \mathbf{J}_n \to [a_1, b_1]$ 是 ξ 的连续扩张, $H : \mathbf{J}_1 \times [a_1, b_1] \to \mathbf{J}_1$ 为, 对任意的 $t \in [a_1, b_1]$, $H_t(x)$ 是经过点 $(-1, -1), (t, 0), (1, 1)$ 的折线. 那么 H 是 $\mathbf{J}_1$ 到自身的 $[a_1, b_1]$-同痕且对任意的 $x \in [a_1, b_1]$ 有 $H(x, x) = 0$, 因此, 由定理 10.1.7, 下面定义的函数是 Q 到自身的同胚, 对任意的 $(x, y) \in \mathbf{J}_1 \times \prod_{n=2}^{\infty} \mathbf{J}_n$:

$$F(x, y) = (H(x, \lambda(y)), y).$$

显然, $F(B(Q)) = B(Q)$. 又, 如果 $(x, y) \in f(K)$, 那么,

$$\lambda(y) = \xi(y) = (p_1 \circ (p_{\mathbb{N} \setminus \{1\}} | f(K))^{-1})(y) = x.$$

所以

$$F(x, y) = (H(x, \lambda(y)), y) = (H(x, x), y) = (0, y).$$

最后 $h = F \circ f$ 满足我们的要求. 见图 10-7.

在上面的定理中, 不像定理 10.1.8, 我们不能要求 h 满足 $h | B(Q) = \mathrm{id}_{B(Q)}$. 事实上, 因为 $B(Q)$ 是 Q 的稠密集合, 所以满足 $h | B(Q) = \mathrm{id}_{B(Q)}$ 的同胚只能是恒等映射.

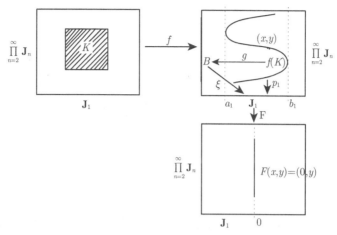

图 10-7　几个映射的定义　　　　　　　　　　　　□

推论 10.3.1　　对任意的非空紧集 $K \subset s$ 和 $\varepsilon > 0$, 存在无限集合 $N \subset \mathbb{N}$ 和边界保持的同胚 $h \in H(Q)$ 使得

(i) $\mathbb{N} \setminus N$ 也是无限的且 $\sum_{n \in N} 2^{-n} < \varepsilon$;

(ii) $d(h, \mathrm{id}_Q) < \varepsilon$;

(iii) 对任意的 $n \in N$, 有 $p_n h(K) = \{0\}$.

证明　　选择 n 使得

$$\sum_{m=n}^{\infty} 2^{-m} < \varepsilon.$$

那么, 存在由无限集合构成的集合列 $(C_i)_{i=1}^{\infty}$ 使得

$$\bigcup_{i=1}^{\infty} C_i = \mathbb{N} \setminus \{1, 2, \cdots, n-1\}, \quad C_i \bigcap C_j = \varnothing \ (i \neq j).$$

对任意的 i, 应用引理 10.3.1 到乘积空间 $\prod_{m \in C_i} \mathbf{J}_m$ 和它的伪内部中的紧集 $p_{C_i}(K)$ 上, 存在边界保持的同胚 $h_i : \prod_{m \in C_i} \mathbf{J}_m \to \prod_{m \in C_i} \mathbf{J}_m$ 使得 $p_{c_i}^0(h_i(p_{C_i}(K))) = \{0\}$, 这里, $c_i = \min C_i$, $p_{c_i}^0 : \prod_{m \in C_i} \mathbf{J}_m \to \mathbf{J}_{c_i}$ 是投影. 现在, 令

$$N = \{c_i : i = 1, 2, \cdots\}, \quad h = \prod_{j=1}^{n} \mathrm{id}_{\mathbf{J}_j} \times \prod_{i=1}^{\infty} h_i : Q \to Q.$$

那么容易验证 N 和 h 满足我们的要求.　　　　　　　　　　□

　　下面给出我们的关键引理, 为了叙述这个引理我们需要引入一些记号并约定一些特殊的集合和正实数, 这些集合和正实数将在定理的证明中具体给出. 主要定理的证明思想是, 利用推论 10.3.1, 通过一个 "小" 的同胚 h 把 E, F 映射到

$$Q_N = \{x \in Q : x(n) = 0, \ \forall n \in N\}$$

中. 写

$$Q = Q_N \times Q_{\mathbb{N}\setminus N}.$$

这样, $Q, h(E), h(F)$ 形式上非常像定理 10.1.8 中的 $\mathbf{J}^2, E, F$, 下面的引理将用类似的但更复杂的方法证明类似于定理 10.1.8 的结论也成立, 也即存在一个 "小" 同胚 $t \in H(Q)$ 使得 $t(h(E)) = h(F)$. 最后, 再利用 h 的逆作用得到我们需要的同胚.

令 A, B 是 $\mathbb{N}$ 的一对互余的无限子集.

$$Q_A = \{(x_n) \in Q : \text{对任意的 } n \notin A, x_n = 0\},$$

$$Q_B = \{(x_n) \in Q : \text{对任意的 } n \notin B, x_n = 0\}.$$

那么, 我们认为 $Q = Q_A \times Q_B$. $\mathbf{0}$ 记 Q_A, Q_B 中的所有坐标为 0 的点, 称为原点. 那么, $\mathbf{0} = (\mathbf{0}, \mathbf{0})$ 是 Q 的原点. 令 $\delta > 0$ 满足

$$\sum_{n \in B} 2^{-n} < \frac{\delta}{2}.$$

X, Y, Z 是 s 中的非空紧集且满足 $X \bigcup Y \subset Q_A, Z \subset Q_B$. $p : X \to Z$ 和 $q : Y \to Z$ 是同胚且满足

$$d(q^{-1}p, \mathrm{id}_X) < \gamma, \tag{10-12}$$

这里, $\gamma > 0$ 是我们将指定的正实数. 同胚 $f \in H(Q)$ 如果满足对任意的 $n \in A$ ($n \in B$),

$$f(x)_n = x_n,$$

则 f 称为 Q_A-同胚 (Q_B-同胚). 因为我们认为 $Q = Q_A \times Q_B$, 所以, 所谓 Q_A-同胚 (Q_B-同胚) 事实上是垂直作用 (水平作用). 在以上的假定下, 我们给出下面的引理:

引理 10.3.2 (1) 存在边界保持的 A-同胚 $h_1 \in H(Q)$ 使得对任意的 $x \in X$, 有 $h_1(x, \mathbf{0}) = (x, p(x))$;

(2) 存在边界保持的 A-同胚 $h_2 \in H(Q)$ 使得对任意的 $y \in Y$, 有 $h_2(y, \mathbf{0}) = (y, q(y))$;

(3) 存在边界保持的 B-同胚 $h_3 \in H(Q)$ 使得对任意的 $x \in X$, 有 $h_3(x, p(x)) = (q^{-1}p(x), p(x))$ 且 $d(h_3, \mathrm{id}_Q) < \gamma$.

证明 因为 X, Y, Z 是 s 中的紧集, 存在 $r_n > 0$ 使得 $X \bigcup Y \bigcup Z \subset \prod_{n=1}^{\infty}[-r_n, r_n]$. 令

$$K_A = Q_A \bigcap \prod_{n=1}^{\infty}[-r_n, r_n], \quad K_B = Q_B \bigcap \prod_{n=1}^{\infty}[-r_n, r_n].$$

那么, $X \bigcup Y \subset K_A \subset Q_A \approx Q, Z \subset K_B \subset Q_B \approx Q.$

(1) 利用推论 2.7.6, 存在 $p: X \to Z \subset K_B$ 的连续扩张 $\bar{p}: Q_A \to K_B$. 对每一个 n, 定义从 $\mathbf{J}$ 到自身的 $[-r_n, r_n]$-同痕 $H^n: \mathbf{J}_n \times [-r_n, r_n] \to \mathbf{J}_n$ 使得 H^n_t 是连接 $(-1, -1), (0, t), (1, 1)$ 的折线. 由定理 10.1.6,

$$H = \prod_{n \in B} H^n: Q_B \times K_B \to Q_B$$

是 K_B-同痕. 利用定理 10.1.7 的一个变形 (交换乘积的顺序), 我们可以定义 $h_1 \in H(Q_A \times Q_B)$ 为

$$h_1(x, y) = (x, H(y, \bar{p}(x))).$$

容易看出, h_1 是保持边界的 A-同胚. 又, 对任意的 $x \in X$, 有

$$h_1(x, \mathbf{0}) = (x, H(\mathbf{0}, \bar{p}(x))) = (x, (H^n_{(p(x))_n}(0))_{n \in B}) = (x, (p(x))_{n \in B}) = (x, p(x)).$$

这样, h_1 满足了我们的全部要求.

(2) 和 (1) 完全相同.

(3) 如果 h_3 没有 "小" 同胚的要求 $d(h_3, \mathrm{id}_Q) < \gamma$, 那么 (3) 是 (1), (2) 的推论 (练习 10.3.A). 另外, 我们不能要求 h_1, h_2 是 "小" 同胚, 这是因为 $d(h_1, \mathrm{id}_Q) \geqslant \sum_{n \in B} \frac{|p(x)_n|}{2^n}$. 虽然如此, 我们下面的证明思想仍然和 (1) 是类似的, 也就是说和定理 10.1.8 是类似的.

由我们的假设式 (10-3), 容易验证 $d(p^{-1}, q^{-1}) < \gamma$. 利用推论 2.7.5 和推论 2.7.6, 存在 p^{-1}, q^{-1} 的连续扩张 $\xi, \eta: Q_B \to K_A$ 使得 $d(\xi, \eta) < \gamma$. 对任意的 $(x, y) \in (-1, 1)^2$, 定义折线函数 $\phi_{(x, y)}: \mathbf{J} \to \mathbf{J}$ 经过 $(-1, -1), (x, y), (1, 1)$. 那么, $d(\phi_{(x, y)}, \mathrm{id}_\mathbf{J}) = |x - y|$. 现在定义 $K_A \times K_A$-同痕 $F: Q_A \times (K_A \times K_A) \to Q_A$ 为

$$F(q, x, y) = (\phi_{(x_n, y_n)}(q_n))_{n \in A}.$$

显然, 当 $x \in X$,

$$F(x, x, y) = y. \tag{10-13}$$

利用定理 10.1.7, 我们定义 B-同胚 $h_3: Q_A \times Q_B \to Q_A \times Q_B$ 为

$$h_3(x, y) = (F(x, \xi(y), \eta(y)), y).$$

见图 10-8.

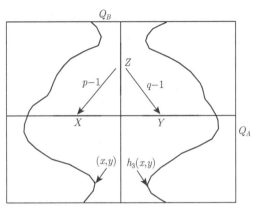

图 10-8　h_3 的定义

我们验证 h_3 满足其他的要求. 对任意的 $x \in X$, 由式 (10-13),

$$
\begin{aligned}
h_3(x, p(x)) &= (F(x, \xi(p(x)), \eta(p(x))), p(x)) \\
&= (F(x, p^{-1}(p(x)), q^{-1}(p(x))), p(x)) \\
&= (F(x, x, q^{-1}(p(x))), p(x)) \\
&= (q^{-1}(p(x)), p(x)).
\end{aligned}
$$

又, 对任意 $(x, y) \in Q_A \times Q_B = Q$,

$$
\begin{aligned}
d(h_3(x, y), (x, y)) &= \sum_{n \in A} \frac{|(F(x, \xi(y), \eta(y)))_n - x_n|}{2^n} = \sum_{n \in A} \frac{|\phi_{(\xi(y_n), \eta(y_n))}(x_n) - x_n|}{2^n} \\
&\leqslant \sum_{n \in A} \frac{d(\phi_{(\xi(y_n), \eta(y_n))}, \mathrm{id}_{J_n})}{2^n} \\
&\leqslant d(\xi, \eta) \\
&< \gamma.
\end{aligned}
$$

所以, $d(h_3 \, \mathrm{id}_Q) < \gamma$.　　　　　　　　　　　　　　　　　　　　　　　□

最后, 我们正式给出本节的主要定理和它的证明.

定理 10.3.1　设 E, F 是 s 中的紧集, 如果存在同胚 $f : E \to F$ 使得 $d(f, \mathrm{id}_E) < \varepsilon$. 那么存在 $\overline{f} \in H(Q)$ 使得 $\overline{f}|E = h$ 且 $d(\overline{f}, \mathrm{id}_Q) < \varepsilon$.

证明　令 $\varepsilon_1 = d(f, \mathrm{id}_Q)$, $\delta = \dfrac{\varepsilon - \varepsilon_1}{6} > 0$. 我们给定了引理 10.3.2 中需要的 δ. 由推论 10.3.1 存在 $\mathbb{N}$ 的无限集 B 和边界保持的同胚 $g \in H(Q)$ 使得

(i) $d(g, \mathrm{id}_Q) < \delta$;

(ii) $p_B g(E \bigcup F) = \{\mathbf{0}\}$;

(iii) $A = \mathbb{N} \setminus B$ 是无限的且 $\sum_{n \in B} 2^{-n} < \dfrac{\delta}{2}$.

我们给出了需要的 A, B. 进一步, 令 $X = g(E), Y = g(F)$, 那么 $X \bigcup Y \subset Q_A$, $h = g \circ f \circ g^{-1} : X \to Y$ 是同胚且

$$d(h, \mathrm{id}_X) < \varepsilon_1 + 2\delta = \gamma.$$

我们给出了需要的 X, Y 和 γ. 因为 $Q_B \bigcap s \approx s$, 我们能够在 $Q_B \bigcap s$ 中找一个子集 Z 使得 $X \approx Z$ 并令 $p : X \to Z$ 是一个同胚. 再令 $q = p \circ h^{-1} : Y \to Z$, 那么 q 也 是一个同胚且 p, q 满足式 (10-12). 这样我们确切地给出引理 10.3.2 所需要的全部 假定, 因此, 存在满足这个引理中的同胚 h_1, h_2, h_3. 注意到由 (iii) 我们知

$$d(h_1, \mathrm{id}_Q) < \delta \quad \text{且} \quad d(h_2, \mathrm{id}_Q) < \delta.$$

令 $t = h_2^{-1} \circ h_3 \circ h_1$, 则 $t \in H(Q)$ 且 t 是 h 的扩张. 进一步,

$$d(t, \mathrm{id}_X) < \delta + \gamma + \delta = 4\delta + \varepsilon_1.$$

最后, 令

$$\overline{f} = g^{-1} \circ t \circ g.$$

那么, $\overline{f}$ 是 f 的同胚扩张且 $d(\overline{f}, \mathrm{id}_Q) < \delta + 4\delta + \varepsilon_1 + \delta = \varepsilon$. □

练　习　10.3

10.3.A. 证明引理 10.3.2(3) 的证明中的第一句的结论.

10.4　Z-集的同胚扩张定理　II

本节的主要目的是证明在上一节主要定理中, 前提 $E, F \subset s$ 可以放宽到仅仅 要求 $E, F \in \mathcal{Z}(Q)$. 为此, 我们仅需要证明对任意的紧集 $E \subset s$ 和任意的 $F \in \mathcal{Z}(Q)$, 都存在一个 "小" 同胚 $h \in H(Q)$ 使得 $h|E = \mathrm{id}_E$ 且 $h(F) \subset s$.

我们首先固定一些记号. 对任意的 $n \in \mathbb{N}$ 和 $\theta \in \{-1, 1\}$, 令

$$W_n(\theta) = \pi^{-1}(\{\theta\}),$$

即 $W_n(\theta)$ 是 Q 的第 n-方向的面. 另外, 我们固定一个紧集 $K \subset s$. 为实现我们的 目标, 第一步是证明在保持 K 不动的前提下, 每一个面都可通过一个 "小" 同胚压 入到 s 中.

引理 10.4.1 对任意的 $n \in \mathbb{N}$, $\theta \in \{-1, 1\}$ 和 $\varepsilon > 0$, 存在同胚 $h \in H(Q)$ 和 $m > n$ 使得

(i) $h(W_n(\theta))\bigcap\bigcup\{W_i(\mu): i < m, \mu \in \{-1,1\}\} = \varnothing$;

(ii) $h(W_n(\theta)) \subset W_m(1)$;

(iii) $d(h, \mathrm{id}_Q) < \varepsilon$;

(iv) $h|K = \mathrm{id}_K$.

证明　选择 $m > n$ 使得 $2^{-(m-3)} < \varepsilon$. 不妨假定 $\theta = 1$. 再选择 $\delta \in \left(0, \dfrac{1}{2^{m-1}}\right)$ 使得 $p_{\{n,m\}}(K) \subset [-1, 1-\delta] \times \mathbf{J}_m$. 由引理 10.1.5 存在 $\psi \in H(\mathbf{J}_n \times \mathbf{J}_m)$ 使得

(1) $\psi|([-1, 1-\delta] \times \mathbf{J}_m) = \mathrm{id}_{[-1,1-\delta]\times\mathbf{J}_m}$;

(2) 对任意 $x \in \mathbf{J}_m, \psi(1, x) \in (1-\delta, 1) \times \{1\}$.

像在引理 10.1.6 的证明中一样定义同胚 $h_1 \in H(Q)$ 使得

$$p_{\{n,m\}} \circ h_1 = p_{\{n,m\}} \circ \psi, \quad p_{\mathbb{N}\setminus\{n,m\}} \circ h_1 = p_{\mathbb{N}\setminus\{n,m\}}.$$

那么, 对任意的 $x \in Q$, 当 $i \in \mathbb{N} \setminus \{n,m\}$ 时, $h_1(x)$ 的第 i 个坐标与 x 的第 i 个坐标相同; $h_1(x)$ 的第 n 个坐标与 x 的第 n 个坐标变化小于 $\delta \leqslant \dfrac{\varepsilon}{4}$. 于是,

(3) $d(h_1, \mathrm{id}_Q) < \dfrac{\varepsilon}{4} + \dfrac{2}{2^m} \leqslant \dfrac{\varepsilon}{2}$;

(4) $h_1|K = \mathrm{id}_K$;

(5) $h_1(W_n(\theta)) \subset W_m(1)$.

对于空间 $\mathbf{J}^m = \mathbf{J}_1 \times \mathbf{J}_2 \times \cdots \times \mathbf{J}_m$, 我们可以定义同胚 $\phi \in H(\mathbf{J}^m)$ 使得

(6) $d(\phi, \mathrm{id}_{\mathbf{J}^m}) < \dfrac{\varepsilon}{2}$;

(7) $\phi|p_{\{1,2,\cdots,m\}}(K) = \mathrm{id}_{p_{\{1,2,\cdots,m\}}(K)}$;

(8) $\phi(\{x \in \mathbf{J}^m : x_m = 1\}) \subset (-1,1)^{m-1} \times \{1\}$.

见图 10-9.

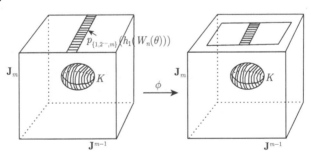

图 10-9　ϕ 的定义

最后, 令 $h_2 \in H(Q)$ 使得

$$p_{\{1,2,\cdots,m\}} \circ h_2 = p_{\{1,2,\cdots,m\}} \circ \phi, \quad p_{\mathbb{N}\setminus\{1,2,\cdots,m\}} \circ h_1 = p_{\mathbb{N}\setminus\{1,2,\cdots,m\}}.$$

那么, 容易验证 $h = h_2 \circ h_1$ 满足条件 (i)—(iv).　　　　□

推论 10.4.1 对任意的 $n \in \mathbb{N}$, $\theta \in \{-1, 1\}$ 和 $\varepsilon > 0$, 存在同胚 $h \in H(Q)$ 使得

(i) $h(W_n(\theta)) \subset s$;

(ii) $d(h, \mathrm{id}_Q) < \varepsilon$;

(iii) $h|K = \mathrm{id}_K$.

证明 利用引理 10.4.1, 我们能定义自然数列 $n_1 = n < n_2 < \cdots$ 和同胚列 $h_1, h_2, \cdots, \in H(Q)$ 使得

(1) 对任意的 $i \in \mathbb{N}$,

$$h_i \circ h_{i-1} \circ \cdots \circ h_1(W_n(\theta)) \bigcap \bigcup \{W_j(\mu) : \mu \in \{-1, 1\}, j < n_i\} = \varnothing;$$

(2) 每一个 h_i 和 id_Q 充分接近使得

$$d(h_i, \mathrm{id}_Q) < \frac{\varepsilon}{2^i};$$

$$h = \lim_{i \to \infty} h_i \circ h_{i-1} \circ \cdots \circ h_1 \in H(Q) \quad \text{且} \quad h(W_n(\theta)) \bigcap B(Q) = \varnothing.$$

(见引理 10.1.1 和定理 10.1.1).

(3) 对任意的 i, $h_i|K = \mathrm{id}_K$.

那么, h 满足 (i)—(iii). □

我们的第二步是证明对任意的 $A \in \mathcal{Z}(Q)$, 存在"小"的同胚 $h \in H(Q)$ 使得 $h(A) \bigcap B(Q) = \varnothing$ 且 $h|K = \mathrm{id}_K$. 为此, 像前面一样, 我们先证明如果 $B(Q)$ 被任意的面代替时, 上面的结论成立.

引理 10.4.2 令 $A \in \mathcal{Z}(Q)$, 那么对任意的 $n \in \mathbb{N}$, $\theta \in \{-1, 1\}$ 和 $\varepsilon > 0$, 存在同胚 $h \in H(Q)$ 使得

(i) $h(A) \bigcap W_n(\theta) = \varnothing$;

(ii) $d(h, \mathrm{id}_Q) < \varepsilon$;

(iii) $h|K = \mathrm{id}_K$.

证明 由推论 10.4.1, 存在同胚 $h_1 \in H(Q)$ 使得

(1) $d(h_1, \mathrm{id}_Q) < \frac{\varepsilon}{3}$;

(2) $h_1|K = \mathrm{id}_K$;

(3) $h_1(W_n(\theta)) \subset s$.

那么, $K \bigcap h_1(W_n(\theta)) = \varnothing$. 注意到 $A \bigcup K \bigcup B(Q) \in \mathcal{Z}_\sigma(Q)$, 所以由定理 10.2.2(3), 存在连续映射

$$\alpha : Q \to Q \setminus (A \bigcup K \bigcup B(Q)) \subset s$$

使得

(4) $d(\alpha, \mathrm{id}_Q) < \frac{\varepsilon}{3}$.

应用定理 5.2.2, 因为 $\inf\{d(\alpha(q), x) : q \in Q, x \in A \bigcup K\} > 0$, 我们能够选择充分接近于 α 的同胚嵌入 $\beta : Q \to s \setminus (A \bigcup K)$ 使得

(5) $d(\beta, \mathrm{id}_Q) < \dfrac{2\varepsilon}{3}$.

由于 $K \bigcap (h_1(W_n(\theta)) \bigcup \beta(h_1(W_n(\theta)))) = \varnothing$, 所以,

$$\gamma = \beta|h_1(W_n(\theta)) \bigcup \mathrm{id}_K : h_1(W_n(\theta)) \bigcup K \to \beta(h_1(W_n(\theta))) \bigcup K$$

是同胚且容易验证 $d(\gamma, \mathrm{id}_Q) < \dfrac{2\varepsilon}{3}$. 见图 10-10.

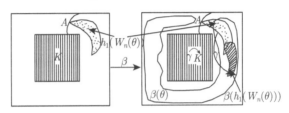

图 10-10　β 的定义

因为上面的同胚两边都是 s 中的紧集, 所以应用定理 10.3.1 知存在 γ 的同胚扩张 $h_2 \in H(Q)$ 使得 $d(h_2, \mathrm{id}_Q) < \dfrac{2\varepsilon}{3}$. 则 $h_2(h_1(W_n(\theta))) \bigcap A = \varnothing$ 且 $h_2|K = \mathrm{id}_K$. 所以 $h = (h_2 \circ h_1)^{-1}$ 满足引理的要求. □

现在我们可以证明下面的定理.

定理 10.4.1　令 $K \subset s$ 是紧集, $A \in \mathcal{Z}(Q)$. 那么, 对任意的 $\varepsilon > 0$, 存在同胚 $h \in H(Q)$ 使得

(i) $d(h, \mathrm{id}_Q) < \varepsilon$;

(ii) $h(A) \subset s$;

(iii) $h|K = \mathrm{id}_K$.

证明　我们把 Q 的所有面排成一列, 依次定义一列 Q 到自身的同胚使得每一个同胚都不改变 K 中的点且与恒等映射充分接近使得

(1) 它们复合的极限 h 是同胚 (利用引理 10.1.1) 且 $d(h, \mathrm{id}_Q) < \varepsilon$;

(2) $h(A) \bigcap B(Q) = \varnothing$ (利用引理 10.1.3 和引理 10.4.2).

那么, h 满足定理的要求. □

我们证明这一节的主要定理.

定理 10.4.2　令 $E, F \in \mathcal{Z}(Q)$, $h : E \to F$ 是同胚且 $d(h, \mathrm{id}_Q) < \varepsilon$, 存在同胚 $\overline{h} \in H(Q)$ 使得 $d(\overline{h}, \mathrm{id}_Q) < \varepsilon$ 且 $\overline{h}|E = h$.

证明　利用定理 10.4.1 和定理 10.3.1 立即可得. □

注 10.4.1　(1) 也许你认为, 同胚扩张的存在性是重要的, "小"同胚的要求是不重要的. 但事实并非如此! "小"同胚的要求也是非常重要的, 因为, 正像你在前

面看到的那样, "小" 同胚的存在性能够保证我们制造新同胚.

(2) 定理 10.4.2 是在我们选定了度量的前提下成立的, 也就是说, 如果我们仅仅令 ρ 是空间 Q 上一个相容度量, 那么, 定理 10.4.2 对于 (Q,ρ) 未必成立, 但我们有下面的修订版.

定理 10.4.3 设 ρ 是空间 Q 上的相容度量. 那么对任意的 $\varepsilon > 0$, 存在 $\delta > 0$ 使得对任意的 $E, F \in \mathcal{Z}(Q)$, 如果 $h : E \to F$ 是同胚且满足 $\rho(h, \mathrm{id}_Q) < \delta$, 则存在同胚 $\overline{h} \in H(Q)$ 使得 $\rho(\overline{h}, \mathrm{id}_Q) < \varepsilon$ 且 $\overline{h}|E = h$.

证明 对任意的 $\varepsilon > 0$, 因为, $\mathrm{id}_Q : (Q, d) \to (Q, \rho)$ 是一致连续的, 所以, 存在 $\gamma > 0$ 使得对任意的 $x, y \in Q$, $d(x, y) < \gamma$ 能推出 $\rho(x, y) < \varepsilon$. 又, 因为 $\mathrm{id}_Q : (Q, \rho) \to (Q, d)$ 也是一致连续的, 所以存在 $\delta > 0$ 使得对任意的 $x, y \in Q$, $\rho(x, y) < \delta$ 能推出 $d(x, y) < \gamma$. 那么, 利用定理 10.4.2 知 $\delta > 0$ 满足要求. $\square$

定义 10.4.1 设 $f : X \to Y$ 是连续映射, 如果 $f(X) \in \mathcal{Z}(Y)$, 那么我们称 f 是 **Z-映射**. 进一步, 如果 f 还是同胚嵌入, 那么我们称 f 是 **Z-嵌入**.

利用我们的主要结论, 我们能够证明下面有用的结果.

定理 10.4.4 设 X 是紧度量空间, A 是 X 的闭子集, $f : X \to Q$ 连续且使得 $f|A : A \to Q$ 是 Z-嵌入. 那么, 对任意的 $\varepsilon > 0$, 存在 Z-嵌入 $g : X \to Q$ 使得 $g|A = f|A$ 且 $d(f, g) < \varepsilon$.

证明 利用推论 10.2.1 和定理 10.2.2(3), 存在 $k_0 \in \mathrm{C}(X, s)$ 使得 $d(f, k_0) < \frac{\varepsilon}{4}$. 由定理 5.2.2, 存在同胚嵌入 $k : X \to s$ 使得 $d(f, k) < \frac{\varepsilon}{2}$. 因为 s 中的任意紧集是 Q 的 Z-集, 所以, $k(X), k(A) \in \mathcal{Z}(Q)$. 进一步, $h = (f|A) \circ (k^{-1}|k(A)) : k(A) \to f(A)$ 是同胚且 $d(h, \mathrm{id}_Q) < \frac{\varepsilon}{2}$. 注意到 $k(A), f(A) \in \mathcal{Z}(Q)$. 因此, 定理 10.4.2 可以推出存在同胚扩张 $\overline{h} \in H(Q)$ 使得 $d(\overline{h}, \mathrm{id}_Q) < \frac{\varepsilon}{2}$. 那么 $g = \overline{h} \circ k : X \to Q$ 满足定理的要求, 其中 g 是 Z-嵌入是因为 Z-集是同胚不变的. $\square$

练 习 10.4

10.4.A. 设 X 是度量空间. 假设 $X = Q_0 \bigcup Q_1$ 且 $Q_0 \approx Q_1 \approx Q_0 \bigcap Q_1 \approx Q, Q_0 \bigcap Q_1 \in \mathcal{Z}(Q_0) \bigcap \mathcal{Z}(Q_1)$. 证明 $X \approx Q$.

10.4.B. 证明 $X = Q \times \mathbf{S}^1 \bigoplus Q \times \mathbf{I}$ 是 Q-流形, 但定理 10.4.2 对 X 不真.

10.4.C. 把定理 10.4.4 中的 Q 用 s 代替, 证明结论仍然成立.

10.5 吸 收 子

本节我们将定义 Hilbert 方体中的吸收子并证明其在拓扑上的唯一性.

设 X 是一个空间, A 是 X 的子空间, 我们称 (X,A) 为**空间对**. 设 (X,A) 和 (Y,B) 是空间对, 如果存在同胚 $h: X \to Y$ 使得 $h(A) = B$, 那么我们称 (X,A) 和 (Y,B) 是**对同胚的**, 记作 $(X,A) \approx (Y,B)$. 显然, 如果 $(X,A) \approx (Y,B)$, 那么 $X \approx Y$ 且 $A \approx B$. 但反之不然, 见练习 10.5.A. 本节的目的是给出空间对 $(Q,B(Q))$ 的拓扑特征. 利用这些特征证明, 可数无限个区间的乘积同胚于 $\mathbb{R}^{\mathbb{N}}$ 当且仅当这些区间中有无限个非紧; 对空间 $\mathbb{R}^{\mathbb{N}}$ 中任意可数多个紧集 $\{A_n : n \in \mathbb{N}\}$, 有

$$\mathbb{R}^{\mathbb{N}} \setminus \bigcup_{n \in \mathbb{N}} A_n \approx \mathbb{R}^{\mathbb{N}}.$$

同时, 这些特征也是我们下一节证明本章主要结论的重要工具.

下面假设 (M^Q, d) 是一个同胚于 Q 的度量空间.

定义 10.5.1   设 $A \in \mathcal{Z}_\sigma(M^Q)$.

(1) 如果 A 满足下面条件, 则称 A 为 M^Q 的一个**吸收子**:

对任意的 $K, L \in \mathcal{Z}(M^Q)$ 和 $\varepsilon > 0$, 存在同胚 $h \in H(M^Q)$ 使得

(i) $d(h, \mathrm{id}_{M^Q}) < \varepsilon$;

(ii) $h(L \setminus K) \subset A$;

(iii) $h|K = \mathrm{id}_K$.

(2) 如果 A 可以写为满足下面条件的单调递增的 M^Q 中 Z-集列 $(A_n)_n$ 之并 $A = \bigcup_{n \in \mathbb{N}} A_n$, 则称 A 为 M^Q 的一个**骨架子**:

对任意的 $n \in \mathbb{N}$, $K \in \mathcal{Z}(M^Q)$ 和 $\varepsilon > 0$, 存在同胚 $h \in H(M^Q)$ 和 $m > n$ 使得

(i) $d(h, \mathrm{id}_{M^Q}) < \varepsilon$;

(ii) $h|A_n = \mathrm{id}_{A_n}$;

(iii) $h(K) \subset A_m$.

事实上, 上面的两个概念是等价的, 甚至, 从拓扑上讲, M^Q 的骨架子和吸收子仅仅有一个. 准确地说, 如果 A 是 M^Q 的吸收子, 则 $(M^Q, A) \approx (Q, B(Q))$. 这是本节的第一个目标. 为了证明上面的两个概念是等价的, 我们首先证明下面比较容易的一个方向.

定理 10.5.1 M^Q 的每一个骨架子一定是 M^Q 的一个吸收子.

证明   设 A 是 M^Q 的一个骨架子, 那么我们可以进一步设, $A = \bigcup_{n=1}^{\infty} A_n$ 使得 (A_n) 满足定义 10.5.1(2) 的要求. 为了证明 A 是 M^Q 的一个吸收子, 设 $K, L \in \mathcal{Z}(M^Q)$, $\varepsilon > 0$. 那么, 由引理 2.7.1, 存在闭集列 $\varnothing = L_0 \subset L_1 \subset \cdots$ 使得 $L \setminus K = \bigcup_{i=0}^{\infty} L_i$. 下面我们归纳地定义一列同胚 $h_i \in H(M^Q)$ 和一列自然数 $1 = n(0) < n(1) < \cdots$ 使得对任意的 i, 下面条件成立:

(i) $d(h_i, \mathrm{id}_{M^Q})$ 充分小使得 $h = \lim_{i \to \infty} h_i \circ h_{i-1} \circ \cdots \circ h_0 \in H(M^Q)$ 且 $d(h, \mathrm{id}_{M^Q}) < \varepsilon$, 见定理 10.1.1;

(ii) $h_i \circ h_{i-1} \circ \cdots \circ h_0(L_i) \subset A_{n(i)}$;

(iii) $h_i|(K \bigcup A_{n(i-1)}) = \mathrm{id}_{K \cup A_{n(i-1)}}$.

这时, 显然 $h \in H(M^Q)$ 满足定义 10.5.1(1) 中的要求. 从而, 我们仅仅需要完成归纳定义即可. 显然, $h_0 = \mathrm{id}_{M^Q}$ 和 $n(1) = 1$ 满足上面的条件. 现在, 假定 $h_0, h_1, \cdots, h_i$ 和 $n(1) < n(2) \cdots < n(i)$ 已经定义且满足归纳假定. 我们定义 $h_{i+1} \in H(M^Q)$ 和 $n(i+1) > n(i)$. 令 $B = h_i \circ \cdots \circ h_0(L_{i+1})$, 那么由归纳假定 (iii) 和 L_{i+1} 的定义, 我们有 $B \in \mathcal{Z}(M^Q)$ 且 $B \bigcap K = h_i \circ \cdots \circ h_0(L_{i+1} \bigcap K) = \varnothing$. 于是

$$\gamma = \inf\{d(x, y) : x \in B, y \in K\} > 0.$$

存在 $\delta > 0$ 使得 $h_{i+1} \in H(M^Q)$ 满足当 $d(h_{i+1}, \mathrm{id}_{M^Q}) < \delta$ 时, (i) 成立. 由定理 10.4.3, 存在 $\xi \in (0, \gamma)$ 使得在 M^Q 的 Z-集之间的任何和恒等映射小于 ξ 的同胚都能扩张为 M^Q 之间和恒等映射小于 δ 的同胚. 因此, 由于 (A_n) 满足定义 10.5.1(2) 的要求, 存在同胚 $f \in H(M^Q)$ 和 $n(i+1) > n(i)$ 使得

$$d(f, \mathrm{id}_{M^Q}) < \xi < \gamma, \ f|A_{n(i)} = \mathrm{id}_{A_{n(i)}}, \ f(B) \subset A_{n(i+1)}. \tag{10-14}$$

$n(i+1)$ 和 f 几乎满足归纳假定, 不成立的仅仅是 $f|K = \mathrm{id}_K$. 所以, 我们需要对 f 做一点修订. 事实上, 考虑

$$(f|B) \bigcup \mathrm{id}_{A_{n(i)} \cup K} = (f|(B \bigcup A_{n(i)})) \bigcup \mathrm{id}_K : B \bigcup A_{n(i)} \bigcup K \to f(B) \bigcup A_{n(i)} \bigcup K.$$

由 γ 的定义和式 (10-14), 它是 M^Q 中两个 Z-集之间和恒等映射的距离小于 ξ 的同胚, 因此, 由 ξ 的定义, 存在一个和恒等映射的距离小于 δ 的同胚扩张 $h_{i+1} : M^Q \to M^Q$, 那么 $n(i+1)$ 和 h_{i+1} 满足归纳假定. □

下面的定理给出了吸收子的基本性质, 特别是, 吸收子是唯一的.

定理 10.5.2 (1) 如果 A 是 M^Q 的吸收子, $h : M^Q \to M^Q$ 是同胚, 那么, $h(A)$ 也是 M^Q 的吸收子;

(2) 如果 $A, B \in \mathcal{Z}_\sigma(M^Q)$ 且 A 是 M^Q 的吸收子, 那么, $A \bigcup B$ 也是 M^Q 的吸收子;

(3) 如果 A, B 是 M^Q 的吸收子, $\varepsilon > 0$, 那么, 存在 $h \in H(M^Q)$ 使得 $h(A) = B$ 且 $d(h, \mathrm{id}_{M^Q}) < \varepsilon$.

证明 (1) 由 h 的一致连续性得到, (2) 是显然的, 我们仅仅需要证明 (3). 令

$$A = \bigcup_{n \in \mathbb{N}} A_n, \ B = \bigcup_{n \in \mathbb{N}} B_n,$$

这里, 所有的 A_n 和 B_n 都是 M^Q 的 Z-集. 首先, 在 $H(M^Q)$ 中归纳地定义一个序列 (f_n) 使得

(4) $d(f_n, \mathrm{id}_{M^Q})$ 充分小使得 $f = \lim_{n\to\infty} g_n \in H(M^Q)$ 且 $d(f, \mathrm{id}_{M^Q}) < \varepsilon$;

(5) $B_n \subset f_n \circ g_{n-1}(A)$;

(6) $f_n \circ g_{n-1}(A_n) \subset B$;

(7) $f_n | \bigcup_{i=1}^{n-1} (g_{n-1}(A_n) \bigcup B_i) = \mathrm{id}_{\bigcup_{i=1}^{n-1}(g_{n-1}(A_i) \bigcup B_i)}$,

这里, $g_{n-1} = f_{n-1} \circ \cdots \circ f_1$.

假设 $f_1, f_2, \cdots, f_n$ 已经定义. 首先选择 $\delta > 0$ 充分小使得当 $d(f_{n+1}, \mathrm{id}_{M^Q}) < \delta$ 时, (4) 成立. 令

$$K = \bigcup_{i=1}^{n} (g_n(A_i) \bigcup B_i).$$

由归纳假定 $K \subset B$ 且 $K, g_n(A_{n+1}) \in \mathcal{Z}(M^Q)$. 因此, 由于 B 是吸收子, 我们能够在保持 K 不动的情况下通过任意小的同胚把 $g_n(A_{n+1})$ 吸收在 B 中, 从而, 存在 $\alpha \in H(M^Q)$ 使得

(8) $d(\alpha, \mathrm{id}_{M^Q}) < \dfrac{\delta}{2}$;

(9) $\alpha(g_n(A_{n+1})) \subset B$;

(10) $\alpha|K = \mathrm{id}_K$.

现在, $\alpha(g_n(A))$ 是 M^Q 的吸收子. 令

$$K' = K \bigcup \alpha(g_n(A_{n+1})).$$

则 $K' \subset \alpha(g_n(A))$ 且 $K', B_{n+1} \in \mathcal{Z}(M^Q)$, 所以, 存在同胚 $\beta \in H(M^Q)$ 使得

(11) $d(\beta, \mathrm{id}_{M^Q}) < \dfrac{\delta}{2}$;

(12) $\beta(B_{n+1}) \subset \alpha(g_n(A))$;

(13) $\beta|K' = \mathrm{id}_{K'}$.

令 $f_{n+1} = \beta^{-1} \circ \alpha$. 我们验证 f_{n+1} 满足归纳的条件. 显然, $d(f_{n+1}, \mathrm{id}_{M^Q}) < \delta$, 故 (4) 成立. 由 (12) 知, $\beta(B_{n+1}) \subset \alpha(g_n(A))$. 因此,

$$B_{n+1} \subset \beta^{-1}(\alpha(g_n(A))) = f_{n+1}(g_n(A)).$$

即 (5) 成立. 由 (9) 和 (13) 知 $\alpha(g_n(A_{n+1})) \subset \beta(B)$. 所以,

$$f_{n+1}(g_n(A_n)) = \beta^{-1}(\alpha(g_n(A_n))) \subset B.$$

(6) 成立. 最后, 显然, (7) 可以由 (10) 和 (13) 得到.

归纳定义完成. 令 $f = \lim_{n\to\infty} f_n \circ \cdots \circ f_1 = \lim_{n\to\infty} g_n$. 那么, 由 (4) 知 $f \in H(M^Q)$ 且 $d(f, \mathrm{id}_{M^Q}) < \varepsilon$. 下面, 我们验证 $f(A) = B$, 完成了证明.

由 (6),(7) 知

$$f(A) = \bigcup_{n=1}^{\infty} f(A_n) = \bigcup_{n=1}^{\infty} g_n(A_n) \subset B. \tag{10-15}$$

又, 对任意的 n, 由 (7),(5) 知

$$
\begin{aligned}
B_n &= \lim_{n<m\to\infty}(f_m \circ \cdots \circ f_{n+1}(B_n)) \\
&= \lim_{n<m\to\infty}(f_m \circ \cdots \circ f_{n+1} \circ g_n)(g_n^{-1}(B_n)) \\
&= f \circ g_n^{-1}(B_n) \\
&\subset f \circ g_n^{-1}(f_n(g_{n-1}(A))) \\
&\subset f(g_n^{-1}(g_n(A))) \\
&= f(A).
\end{aligned}
$$

因此,

$$
B = \bigcup_{n=1}^{\infty} B_n \subset f(A).
$$

结合式 (10-15) 知 $f(A) = B$. □

结合上面定理的 (2), (3), 有

推论 10.5.1 如果 $A, B \in \mathcal{Z}_\sigma(M^Q)$ 且 A 是 M^Q 的吸收子, 那么, 存在同胚 $h \in H(M^Q)$ 使得 $h(A\bigcup B) = A$.

我们需要给出 Q 的一个骨架子说明骨架子和吸收子确实是存在的. 为此, 对任意的 $n \in \mathbb{N}$, 令

$$
\Sigma_n = \prod_{i=1}^{\infty}\left[-1+\frac{1}{2^n}, 1-\frac{1}{2^n}\right]_i = \{x \in Q : |x_i| \leqslant 1 - 2^{-n}\}.
$$

我们称

$$
\Sigma = \bigcup_{n=1}^{\infty} \Sigma_n = \{x \in Q : \sup_{i=1,2,\cdots} |x_i| < 1\}
$$

为 Q 的 **真内部**.

定理 10.5.3 Σ 是 Q 的一个骨架子.

证明 由定理 10.2.3(2) 知所有的 Σ_n 都是 Q 的 Z-集, 因此, $\Sigma \in \mathcal{Z}_\sigma(Q)$. 对任意的 $K \in \mathcal{Z}(Q)$, $n \in \mathbb{N}$ 和 $\varepsilon > 0$, 由定理 10.4.1 知, 存在 $h \in H(Q)$ 使得 $d(h, \mathrm{id}_Q) < \varepsilon$, $h(K) \subset s$ 且 $h|\Sigma_n = \mathrm{id}_{\Sigma_n}$. 选择 m 充分大使得

$$
\sum_{i=m}^{\infty} 2^{-i} < \frac{\varepsilon}{4}.
$$

对此 m, 选择 $k > n$, 使得对任意的 $i \leqslant m$,

$$
p_i(h(K)) \subset [-1 + 2^{-k}, 1 - 2^{-k}].
$$

又, 对任意的 $i > m$, 选择同胚 $h_i : \mathbf{I}_i \to \mathbf{I}_i$ 使得

(i) $h_i([\min p_i(h(K)), \max p_i(h(K))]) \subset [-1 + 2^{-k}, 1 - 2^{-k}]$;

(ii) $h_i|[-1 + 2^{-n}, 1 - 2^{-n}] = \mathrm{id}_{[-1+2^{-n}, 1-2^{-n}]}$.

利用它们定义同胚 $f \in H(Q)$ 为, 对任意的 $x = (x_1, \cdots, x_m, x_{m+1}, x_{m+2}, \cdots)$,

$$f(x) = (x_1, \cdots, x_m, h_{m+1}(x_{m+1}), h_{m+2}(x_{m+2}), \cdots).$$

那么, f 确实是一个同胚且 $d(f, \mathrm{id}_Q) < \dfrac{\varepsilon}{2}$, $f|\Sigma_n = \mathrm{id}_{\Sigma_n}$. 显然, $f \circ h$ 和 $k > n$ 满足

$$d(f \circ h, \mathrm{id}_Q) < \varepsilon, \quad f \circ h(K) \subset \Sigma_k, \quad f \circ h|\Sigma_n = \mathrm{id}_{\Sigma_n}.$$

所以, Σ 是 Q 的骨架子. 　　　　　　　　　　　　　　　　　　　　　　□

推论 10.5.2　Q 的每一个吸收子都是骨架子.

证明　由上面的定理, Σ 是 Q 的骨架子, 从而, 由定理 10.5.1, Σ 是 Q 的吸收子. 再由定理 10.5.2(3) 知吸收子在对同胚的意义下是唯一的, 因此, 对 Q 的每一个吸收子 A, 都有 $(Q, A) \approx (Q, \Sigma)$, 因此, A 也是骨架子. 　　　　　□

至此, 我们完成了本节的第一个目标. 所以, Q^M 中骨架子和吸收子是相同的且从同胚的意义上讲仅仅有一个, 一般来讲, 骨架子的定义往往用来验证 Q^M 的一个子空间是否是骨架子, 而吸收子的定义往往用来给出它的性质. 本节的第二个目标是给出上面结果的直接应用, 包括证明 $B(Q)$ 是 Q 的吸收子.

回忆一下, 对任意的 $n \in \mathbb{N}, \theta \in \{-1, 1\}$, $W_n(\theta) = p_n^{-1}(\theta)$, 称其为 Q 的一个面. 令

$$\mathcal{B}(Q) = \{W_n(\theta) : n \in \mathbb{N}, \theta \in \{-1, 1\}\}.$$

那么,

$$B(Q) = \bigcup \mathcal{B}(Q).$$

我们有下面的引理.

引理 10.5.1　对任意的无限子集 $\mathcal{A} \subset \mathcal{B}(Q)$, 存在 $h \in H(Q)$ 使得 $h(\Sigma) \subset \bigcup \mathcal{A}$. 从而 $\bigcup \mathcal{A}$ 是 Q 的吸收子.

证明　显然, 我们能不失一般性地假定, 存在无限集 $N \subset \mathbb{N}$ 使得

$$\mathcal{A} = \{W_n(1) : n \in N\}.$$

我们可以给出 $\mathbb{N}$ 的一个分划

$$\{N_m : m \in \mathbb{N}\},$$

使得对任意的 $m \in \mathbb{N}$, N_m 是无限的且

$$\min N_m \in N.$$

对任意的 $m \in \mathbb{N}$, 令

$$Q_m = \prod_{i \in N_m} [-1,1]_i = [-1,1]^{N_m} \approx Q.$$

那么, $Q = \prod_{m \in \mathbb{N}} Q_m$. 进一步, 在每一个 Q_m 中应用定理 10.4.2, 存在同胚 $h_m \in H(Q_m)$ 使得

$$h_m \left(\left[-1 + \frac{1}{2^m}, 1 - \frac{1}{2^m} \right]^{N_m} \right) = \{ x \in Q_m : x_{\min N_m} = 1 \}.$$

那么, 很容易看到,

$$h = h_1 \times h_2 \times \cdots \times h_m \cdots$$

满足 $h(\Sigma) \subset \bigcup \mathcal{A}$.

最后一个结论由 $\bigcup \mathcal{A} \in \mathcal{Z}_\sigma(Q)$、定理 10.5.3 和定理 10.5.2(1)(2) 得到. □

我们得到一个重要结果.

定理 10.5.4 对于 Q 的子集 A, $(Q, A) \approx (Q, B(Q))$ 的充分必要条件是 A 是 Q 的吸收子.

这个定理是证明一个空间同胚于 $B(Q)$ 或者 s 的基本方法. 下面是两个直接的例子.

推论 10.5.3 设 A 是空间 $\mathbb{R}^{\mathbb{N}}$ 的子集且可以表示为可数多个紧集的并, 那么,

$$\mathbb{R}^{\mathbb{N}} \setminus A \approx \mathbb{R}^{\mathbb{N}}.$$

证明 我们认为 $\mathbb{R}^{\mathbb{N}}$ 是 $s \subset Q$. 那么, $A \in \mathcal{Z}_\sigma(Q)$. 于是, $A \bigcup B(Q)$ 是 Q 的吸收子. 所以, 由上面的定理知 $(Q, A \bigcup B(Q)) \approx (Q, B(Q))$. 因此,

$$(Q, s \setminus A) = (Q, Q \setminus (A \bigcup B(Q))) \approx (Q, Q \setminus B(Q)) = (Q, s).$$

故, $s \setminus A \approx s$, 即 $\mathbb{R}^{\mathbb{N}} \setminus A \approx \mathbb{R}^{\mathbb{N}}$. □

推论 10.5.4 对任意的 $n \in \mathbb{N}$, 设 I_n 是非退化的区间, 那么

$$\prod_{n \in \mathbb{N}} I_n \approx \mathbb{R}^{\mathbb{N}}$$

当且仅当有无限多个 I_n 是非紧的.

证明 如果 I_n 中仅有有限多个非紧, 那么, 由定理 4.4.5 知 $\prod_{n \in \mathbb{N}} I_n$ 是局部紧的. 因此, $\prod_{n \in \mathbb{N}} I_n \not\approx \mathbb{R}^{\mathbb{N}}$. 如果 I_n 中有无限多个非紧, 那么, 不妨设所有的 I_n 都是

$(-1, 1), [-1, 1), (-1, 1], [-1, 1]$ 中的一个. 这时, 有无限多个 n 使得 $I_n \neq [-1, 1]$. 所以存在无限集 $\mathcal{A} \subset \mathcal{B}(Q)$ 使得 $Q \setminus \prod_{n \in \mathbb{N}} I_n = \bigcup \mathcal{A}$. 由定理 10.5.4 和引理 10.5.1 知

$$(Q, s) \approx (Q, Q \setminus \bigcup \mathcal{A}) = \left(Q, \prod_{n \in \mathbb{N}} I_n \right).$$

因此,

$$\prod_{n \in \mathbb{N}} I_n \approx s \approx \mathbb{R}^{\mathbb{N}}. \qquad \square$$

练　习　10.5

10.5.A. 证明 $(\mathbf{I}, \{0\}) \not\approx \left(\mathbf{I}, \left\{ \dfrac{1}{2} \right\} \right)$.

10.5.B. 证明 $B(Q) \times Q$ 和 $B(Q) \times B(Q)$ 都是 $Q \times Q$ 的吸收子.

10.5.C. 设 $A \in \mathcal{Z}_\sigma(Q)$ 是 Q 的吸收子, $B \in \mathcal{Z}(Q)$, 证明 $A \setminus B$ 也是 Q 的吸收子. (提示: 因为 A 也是 Q 的骨架子, 从而 $A = \bigcup A_i$ 满足骨架子的要求, 令 $B_i = \left\{ x \in A_i : d(x, B) \geqslant \dfrac{1}{i} \right\}$. 验证 $\bigcup B_i$ 是 Q 的骨架子, 从而 $A \setminus B$ 也是.)

10.5.D. 设 $-1 < a_n < b_n < 1$, 令

$$A = \{(x_n) \in Q : \text{最多存在有限多个 } n \text{ 不满足 } x_n \in [a_n, b_n]\}.$$

证明 A 是 Q 的吸收子.

10.6　Anderson 定理

本节, 我们将证明下面的 Anderson 定理.

定理 10.6.1 (Anderson 定理)　Hilbert 空间 ℓ^2 同胚于无限可数多条实直线的乘积 $\mathbb{R}^{\mathbb{N}}$, 即

$$\ell^2 \approx \mathbb{R}^{\mathbb{N}}.$$

我们知道 $\mathbb{R}^{\mathbb{N}} \approx s$, 这样, 为了得到上面结果, 我们仅需要证明 $\ell^2 \approx s$. 而 s 是 Q 的一个子空间且其余集是 Q 的一个吸收子. 在本节, 我们将给出一个与 ℓ^2 同胚的空间 l 的一个紧化 K 使得 $K \approx Q$ 且 $K \setminus l$ 是 K 的吸收子. 这样, 用上一节的吸收子的唯一性知我们的结论成立.

事实上, K 是 Q 的子空间:

$$K = \left\{ x \in Q : \sum_{i=1}^{\infty} x_i^2 \leqslant 1 \right\}.$$

称 K 为**椭圆 Hilbert 方体**. 我们的第一个目标是证明 $K \approx Q$.

回忆一下, 对 $n = 1, 2, \cdots$,

$$\mathbf{B}^n = \left\{ x \in \mathbf{J}^n : \sum_{i=1}^{n} x_i^2 \leqslant 1 \right\}.$$

依此, 我们可以认为 $\mathbf{B}^\infty = K$, $\mathbf{J}^\infty = Q$. 利用定理 8.3.4, 对任意的 $n < \infty$, 我们能够建立 $\mathbf{B}^n$ 到 $\mathbf{J}^n$ 之间的一个同胚, 但是, 同样的方法对 $n = \infty$ 是无效的. 所以, 我们需要一个更复杂的方法证明 K 和 $Q = \mathbf{J}^\infty$ 也是同胚的. 对任意的 $n = 1, 2, \cdots, \infty$, 定义 $\Phi_n : \mathbf{J}^n \to \mathbf{B}^n$ 为, 对任意的 $x = (x_i) \in \mathbf{J}^n, i \leqslant n$, 归纳地定义 $\Phi_n(x)_i$ 为

$$\Phi_n(x)_i = y_i = \begin{cases} x_1 & \text{如果 } i = 1, \\ \sqrt{1 - \sum_{j=1}^{i-1} y_j^2} \cdot x_i & \text{如果 } i > 1. \end{cases}$$

引理 10.6.1 对任意的 $n \in \mathbb{N} \bigcup \{\infty\}$, $\Phi_n : \mathbf{J}^n \to \mathbf{B}^n$ 是一个连续映射且对任意的 $i \leqslant n$, $\Phi_n(x)_i$ 由 x 的前 i 个坐标确定.

证明 我们用归纳法证明, 对任意的 $i \leqslant n$, $\sum_{j=1}^{i} y_j^2 \leqslant 1$. 事实上, 当 $i = 1$ 时, 由于 $y_1 = x_1$, 所以, $y_1^2 = x_1^2 \leqslant 1$. 假设 $i < n$ 且 $\sum_{j=1}^{i-1} y_j^2 \leqslant 1$. 则由定义, $y_i = \sqrt{1 - \sum_{j=1}^{i-1} y_j^2} \cdot x_i$. 所以

$$y_i^2 = \left(1 - \sum_{j=1}^{i-1} y_j^2 \right) \cdot x_i^2 \leqslant 1 - \sum_{j=1}^{i-1} y_j^2,$$

即 $\sum_{j=1}^{i} y_j^2 \leqslant 1$. 我们证明了, 对任意的 $i \leqslant n$, $\sum_{j=1}^{i} y_j^2 \leqslant 1$. 这说明了 $\Phi_n : \mathbf{J}^n \to \mathbf{B}^n$ 确实是映射. 其连续性是显然的. 最后一个结论由定义得到. $\qquad \square$

但是, $\Phi_n : \mathbf{J}^n \to \mathbf{B}^n$ 并不是单射 $(n > 1)$. 我们将证明 $\Phi_n : \mathbf{J}^n \to \mathbf{B}^n$ 是近似同胚. 为此, 我们给出这个映射的另一个表达式. 对任意的 $n \in \mathbb{N}$, 定义 $\Psi_n : \mathbf{B}^n \times \mathbf{J} \to \mathbf{B}^{n+1}$ 为, 对任意的 $((x_1, x_2, \cdots, x_n), t) \in \mathbf{B}^n \times \mathbf{J}$,

$$\Psi_n((x_1, x_2, \cdots, x_n), t) = \left(x_1, x_2, \cdots, x_n, \sqrt{1 - \sum_{j=1}^{n} x_j^2} \cdot t \right).$$

引理 10.6.2 对任意的 $n \in \mathbb{N}$, $\Psi_n : \mathbf{B}^n \times \mathbf{J} \to \mathbf{B}^{n+1}$ 是连续满射且

$$\Phi_{n+1} = \Psi_n \circ (\Phi_n \times \mathrm{id}_{\mathbf{J}}). \tag{10-16}$$

证明 对任意的 $(x_1, x_2, \cdots, x_n, x_{n+1}) \in \mathbf{B}^{n+1}$, 我们考虑两种情况.

情况 1. $\sum_{i=1}^{n} x_i^2 = 1$. 这时, $x_{n+1} = 0$. 所以, $((x_1, x_2, \cdots, x_n), 0) \in \mathbf{B}^n \times \mathbf{J}$ 且 $\Psi_n((x_1, x_2, \cdots, x_n), 0) = (x_1, x_2, \cdots, x_n, x_{n+1})$.

情况 2. $\sum_{i=1}^{n} x_i^2 < 1$. 这时,

$$(x_1, x_2, \cdots, x_n) \in \mathbf{B}^n, \quad t = \frac{x_{n+1}}{\sqrt{1 - \sum_{i=1}^{n} x_i^2}} \in \mathbf{J}$$

且

$$\Psi_n((x_1, x_2, \cdots, x_n), t) = (x_1, x_2, \cdots, x_n, x_{n+1}).$$

Ψ_n 的连续性是显然的. 最后, 式 (10-16) 由定义立即得到.　　□

引理 10.6.3　对任意的 $n \in \mathbb{N} \bigcup \{\infty\}$, $\Phi_n : \mathbf{J}^n \to \mathbf{B}^n$ 是连续满射.

证明　当 $n = 1$ 时, $\Phi_n = \mathrm{id}_\mathbf{J}$ 是满射. 对于 $n \in \{2, 3, \cdots\}$, 使用上面的引理和数学归纳法得到. 当 $n = \infty$ 时, 对所有的 $m \in \mathbb{N}$, 定义 $j_m : \mathbf{J}^m \to Q$ 为,

$$j_m(x_1, x_2, \cdots, x_m) = (x_1, x_2, \cdots, x_m, 0, 0, \cdots).$$

则 j_m 连续且 $j_m(\mathbf{B}^m) \subset \mathbf{B}^\infty$. 容易验证下面交换图.

$$\begin{array}{ccc} \mathbf{J}^m & \xrightarrow{\Phi_m} & \mathbf{B}^m \\ {\scriptstyle j_m} \downarrow & & \downarrow {\scriptstyle j_m} \\ Q & \xrightarrow{\Phi_\infty} & \mathbf{B}^\infty \end{array}$$

从而,

$$\begin{aligned} \Phi_\infty(Q) \supset \Phi_\infty\left(\bigcup_{m=1}^{\infty} j_m(\mathbf{J}^m)\right) &= \bigcup_{m=1}^{\infty} (\Phi_\infty \circ j_m)(\mathbf{J}^m) \\ &= \bigcup_{m=1}^{\infty} (j_m \circ \Phi_m)(\mathbf{J}^m) \\ &= \bigcup_{m=1}^{\infty} j_m(\mathbf{B}^m). \end{aligned}$$

最后, 注意到 $\Phi_\infty(Q)$ 是紧的, 由 $\bigcup_{m=1}^{\infty} j_m(\mathbf{B}^m)$ 在 $\mathbf{B}^\infty$ 中稠密知 $\Phi_\infty(Q) = \mathbf{B}^\infty = K$. 所以 Φ_∞ 是满射.　　□

我们需要下面的映射及其性质. 令

$$\mathbf{B}_r^2 = \{(y_1, y_2) \in \mathbf{B}^2 : y_1 \geqslant 0\}.$$

定义 $\phi : \mathbf{I} \times \mathbf{J} \to \mathbf{B}_r^2$ 为

$$\phi(s,t) = (s, \sqrt{1-s^2}t).$$

那么 ϕ 是连续满射. 进一步, 我们有

引理 10.6.4 $\phi : \mathbf{I} \times \mathbf{J} \to \mathbf{B}_r^2$ 是近似同胚且对任意的 $(x,t) \in \mathbf{B}^n \times \mathbf{J}$,

$$\Psi_n(x,t) = (\phi(\|x\|,t)_1 x^0, \phi(\|x\|,t)_2), \tag{10-17}$$

这里 $x^0 \in \mathbb{S}^{n-1}$ 满足 $x = \|x\|x^0$.

证明 注意到 $\phi(\{1\} \times \mathbf{J}) = \{(1,0)\}$ 是单点集. 因此, 对任意的 $\varepsilon > 0$, 由于 $\mathbf{J}$ 是紧的, 利用 Wallace 定理 (定理 4.3.5) 存在 $\delta \in (0,1)$ 使得

$$\operatorname{diam} \phi([1-\delta,1] \times \mathbf{J}) < \varepsilon.$$

显然, 存在同胚 $h_0 : [1-\delta,1] \times \mathbf{J} \to \phi([1-\delta,1] \times \mathbf{J})$, 使得对任意的 $t \in \mathbf{J}$,

$$h_0(1-\delta,t) = \phi(1-\delta,t).$$

见图 10-11.

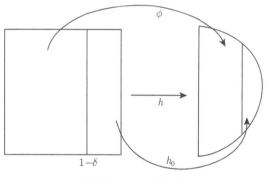

图 10-11 h 的定义

那么, $h = h_0 \bigcup \phi |[0, 1-\delta] \times \mathbf{J} : \mathbf{I} \times \mathbf{J} \to \mathbf{B}_r^2$ 是同胚且

$$d(h,\phi) < \varepsilon.$$

我们证明了 $\phi : \mathbf{I} \times \mathbf{J} \to \mathbf{B}_r^2$ 是近似同胚. 式 (10-17) 是显然的.   □

利用这些引理我们得到下面的结果.

引理 10.6.5 对任意的 $n \in \mathbb{N}$, $\Phi_n : \mathbf{J}^n \to \mathbf{B}^n$ 是近似同胚.

证明 利用引理 10.6.2, 我们仅仅需要证明对任意的 $n \in \mathbb{N}$, $\Psi_n : \mathbf{B}^n \times \mathbf{J} \to \mathbf{B}^{n+1}$ 是近似同胚. 我们已经证明了 $\Psi_n : \mathbf{B}^n \times \mathbf{J} \to \mathbf{B}^{n+1}$ 是满射. 对任意的 $\varepsilon > 0$, 选择同胚 $h : \mathbf{I} \times \mathbf{J} \to \mathbf{B}_r^2$ 满足 $d(h,\phi) < \varepsilon$. 定义 $H : \mathbf{B}^n \times \mathbf{J} \to \mathbf{B}^{n+1}$ 为

$$H(x,t) = (h(\|x\|,t)_1 x^0, h(\|x\|,t)_2).$$

见图 10-12. 那么 H 是同胚且由式 (10-17) 知

$$d(H, \Psi_n) < \varepsilon. \qquad \square$$

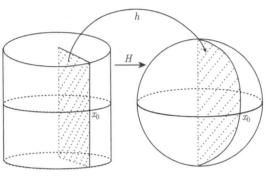

图 10-12　H 的定义

利用上面的引理和定理 10.1.3、定理 10.4.2, 我们能证明下面的定理.

定理 10.6.2　$\Phi_\infty : Q \to K$ 是近似同胚.

证明　对任意的 $\varepsilon > 0$, 我们证明存在 $H \in H(Q)$ 满足下面的 (i), (ii).

(i) 对任意的 $y \in K$, $\mathrm{diam}\, H(\Phi_\infty^{-1}(y)) < \varepsilon$;

(ii) $d(\Phi_\infty, \Phi_\infty \circ H) < \varepsilon$.

由 Bing 收缩准则 (定理 10.1.3) 知, 此说明了 Φ_∞ 是近似同胚.

选择 $n \in \mathbb{N}$ 使得

$$\sum_{i=n+1}^{\infty} 2^{-i} < \frac{\varepsilon}{6}. \qquad (10\text{-}18)$$

对此 n, 由定理 10.1.3 和引理 10.6.5, 存在同胚 $h \in H(\mathbf{J}^n)$ 使得

(iii) 对任意的 $y \in \mathbf{B}^n$, $\mathrm{diam}\, h(\Phi_n^{-1}(y)) < \dfrac{\varepsilon}{3}$;

(iv) $d(\Phi_n, \Phi_n \circ h) < \dfrac{\varepsilon}{3}$.

定义 $H \in H(Q)$ 为

$$H(x_1, \cdots, x_n, x_{n+1}, x_{n+2}, \cdots) = (y_1, \cdots, y_n, x_{n+1}, x_{n+2}, \cdots),$$

这里, $(y_1, \cdots, y_n) = h(x_1, \cdots, x_n)$. 那么,

$$H \circ j_n = j_n \circ h. \qquad (10\text{-}19)$$

下面我们仅仅需要证明 H 满足下面的 (i), (ii) 即可.

为证明 (i), 假设 $y = (y_1, \cdots, y_n, y_{n+1}, y_{n+2}, \cdots) \in K, a = (a_1, \cdots, a_n, a_{n+1}, a_{n+2}, \cdots), b = (b_1, \cdots, b_n, b_{n+1}, b_{n+2}, \cdots) \in Q$ 使得 $\Phi_\infty(a) = \Phi_\infty(b) = y$. 令

$$y^0 = (y_1, \cdots, y_n), a^0 = (a_1, \cdots, a_n), b^0 = (b_1, \cdots, b_n).$$

那么, $y^0 \in \mathbf{J}^n, a^0, b^0 \in \mathbf{B}^n$ 且由引理 10.6.1 中最后一个结论知 $\Phi_n(a^0) = \Phi_n(b^0) = y^0$.
所以, 由 (iii) 知

$$d(h(a^0), h(b^0)) < \frac{\varepsilon}{3}. \tag{10-20}$$

又, 因为 a, b 的前 n 个坐标分别和 $j_n(a^0), j_n(b^0)$ 的前 n 个坐标相同, 由 H 的定义
知它们在 H 下的像也有相同的性质. 因此, 由式 (10-18) 知

$$d(H(a), H(j_n(a^0))) < \frac{\varepsilon}{3}, \quad d(H(b), H(j_n(b^0))) < \frac{\varepsilon}{3}.$$

因此, 由 j_n 是等距映射和式 (10-19) 及 (10-20) 知

$$
\begin{aligned}
d(H(a), H(b)) \leqslant & d(H(a), H(j_n(a^0))) + d(H(j_n(a^0)), H(j_n(b^0))) \\
& + d(H(j_n(b^0)), H(b)) \\
< & \frac{\varepsilon}{3} + d(j_n(h(a^0)), j_n(h(b^0))) + \frac{\varepsilon}{3} \\
\leqslant & \frac{\varepsilon}{3} + d(h(a^0), h(b^0)) + \frac{\varepsilon}{3} \\
< & \frac{\varepsilon}{3} + \frac{\varepsilon}{3} + \frac{\varepsilon}{3} \\
= & \varepsilon.
\end{aligned}
$$

我们证明了 (i). 为证明 (ii), 假设 $x = (x_1, \cdots, x_n, x_{n+1}, x_{n+2}, \cdots) \in Q$, 像上面一
样, 我们令 $x^0 = (x_1, \cdots, x_n)$. 那么, 由引理 10.6.1、H 的定义式 (10-18) 知

$$d(\Phi_\infty(x), \Phi_\infty(j_n(x^0))) < \frac{\varepsilon}{3},$$

$$d(\Phi_\infty \circ H(x), \Phi_\infty \circ H(j_n(x^0))) < \frac{\varepsilon}{3},$$

$$\Phi_\infty(j_n(x^0)) = j_n(\Phi_n(x^0)), \quad \Phi_\infty \circ H(j_n(x^0)) = j_n(\Phi_n(h(x^0))).$$

所以, 由 (iv) 和 j_n 是等距映射知

$$
\begin{aligned}
& d(\Phi_\infty(x), \Phi_\infty \circ H(x)) \\
\leqslant & d(\Phi_\infty(x), \Phi_\infty(j_n(x^0))) + d(\Phi_\infty(j_n(x^0)), \Phi_\infty \circ H(j_n(x^0))) \\
& + d(\Phi_\infty \circ H(j_n(x^0)), \Phi_\infty \circ H(x)) \\
< & \frac{\varepsilon}{3} + d(j_n(\Phi_n(x^0)), j_n(\Phi_n \circ h(x^0))) + \frac{\varepsilon}{3} \\
\leqslant & \frac{\varepsilon}{3} + d(\Phi_n(x^0), \Phi_n \circ h(x^0)) + \frac{\varepsilon}{3} \\
< & \frac{\varepsilon}{3} + \frac{\varepsilon}{3} + \frac{\varepsilon}{3} \\
= & \varepsilon.
\end{aligned}
$$

因此, (ii) 成立.   □

推论 10.6.1　$K \approx Q$.

至此, 我们的第一个目标已经达到. 我们的第二个目标是给出 K 中一个同胚于 ℓ^2 的子空间 l. 事实上,

$$l = \left\{ (x_n) \in K : \sum_{n=1}^{\infty} x_n^2 = 1 \right\} \setminus \{(-1, 0, 0, \cdots)\}.$$

引理 10.6.6

$$l \approx \ell^2.$$

证明　显然, l 是 ℓ^2 的子集. 进一步, 由定理 2.6.12, l 作为 K 的子空间和作为 ℓ^2 的子空间有相同的拓扑. 而作为 ℓ^2 的子空间, 下面定义的映射 h 建立了 l 到 ℓ^2 的子空间

$$\ell_0^2 = \{(x_n) \in \ell^2 : x_1 = 0\}$$

之间的同胚:

$$h(x_1, x_2, \cdots) = \begin{cases} (0, x_2, x_3, \cdots) & \text{如果 } x_1 \geqslant 0, \\ \dfrac{(0, x_2, x_3, \cdots)}{\|(0, x_2, x_3, \cdots)\|^2} & \text{如果 } x_1 \leqslant 0. \end{cases}$$

见图 10-13.

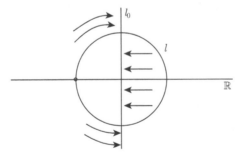

图 10-13　h 的定义

由于 $(x_1, x_2, \cdots) \mapsto (0, x_1, x_2, \cdots)$ 显然是 ℓ^2 到 ℓ_0^2 之间的同胚, 因此,

$$l \approx \ell_0^2 \approx \ell^2. \qquad \square$$

我们的第三个目标是证明 $K \setminus l$ 是 K 的吸收子. 为此, 对任意的 $\varepsilon \in [0, 1)$, 令

$$K(\varepsilon) = \left\{ (x_n) \in K : \sum_{n=1}^{\infty} x_n^2 \leqslant 1 - \varepsilon \right\}.$$

那么, $K = K(0)$.

引理 10.6.7 对任意的 $\varepsilon, \delta \in [0,1)$, $K(\varepsilon) \approx K \approx Q$, 且, 如果 $\delta < \varepsilon$, 那么 $K(\varepsilon) \in \mathcal{Z}(K(\delta))$.

证明 显然,

$$\phi_\varepsilon(x) = \sqrt{1 - \varepsilon} x \tag{10-21}$$

建立了 K 到 $K(\varepsilon)$ 之间的同胚, 因此, 第一个结论成立. 为证明第二个结论, 不妨设 $\delta = 0$. 对任意的 $\eta > 0$, 选择 n 充分大使得

$$\sum_{i=n-1}^{\infty} \frac{1}{2^i} < \eta. \tag{10-22}$$

定义 $f : K \to K$ 为:

$$f(x_1, x_2, \cdots) = \left(x_1, x_2, \cdots, x_{n-1}, \sqrt{\left(1 - \sum_{i=1}^{n-1} x_i^2\right)\left(1 - \frac{\varepsilon}{2}\right)}, 0, 0, \cdots\right).$$

因为

$$\sum_{i=1}^{n-1} x_i^2 + \left(1 - \sum_{i=1}^{n-1} x_i^2\right)\left(1 - \frac{\varepsilon}{2}\right) \leqslant \sum_{i=1}^{n-1} x_i^2 + 1 - \sum_{i=1}^{n-1} x_i^2 = 1,$$

所以 $f : K \to K$ 是连续的. 又,

$$\sum_{i=1}^{n-1} x_i^2 + \left(1 - \sum_{i=1}^{n-1} x_i^2\right)\left(1 - \frac{\varepsilon}{2}\right) = 1 - \left(1 - \sum_{i=1}^{n-1} x_i^2\right) \cdot \frac{\varepsilon}{2} > 1 - \varepsilon.$$

因此, $f(K) \subset K \setminus K(\varepsilon)$. 由于对任意的 $x \in K$, $f(x)$ 和 x 的前 $n-1$ 个坐标是相同的, 所以, 由公式 (10-22) 知 $d(f, \mathrm{id}_K) < \eta$. 由定理 10.2.3(1) 知 $K(\varepsilon) \in \mathcal{Z}(K)$. □

注意到, 作为一个从 K 到自身的连续映射, 容易验证, 由公式 (10-21) 定义的同胚 ϕ_ε 满足:

$$d(\phi_\varepsilon, \mathrm{id}_K) < \varepsilon. \tag{10-23}$$

现在, 我们能证明下面的定理.

定理 10.6.3 $\bigcup_{n=2}^{\infty} K\left(\frac{1}{n}\right)$ 是 K 的吸收子.

证明 由引理 10.6.7 知 $\left\{K\left(\frac{1}{n}\right) : n = 2, 3, \cdots\right\}$ 是 K 的一列单调递增的 Z-集列. 我们证明其并为 K 的骨架子, 从而由定理 10.5.1 知本定理的结论成立. 我们仅仅需要验证 $\left\{K\left(\frac{1}{n}\right) : n = 2, 3, \cdots\right\}$ 满足定义 10.5.1(2) 中的条件 (i)—(iii). 为

此, 设 $n \geqslant 2$, $\varepsilon > 0$, $Z \in \mathcal{Z}(K)$. 由推论 10.6.1 和定理 10.4.3, 存在 $\varepsilon_1 \in (0, \varepsilon)$ 使得对于 K 中任何两个 Z-集之间的和单位映射的距离小于 ε_1 的同胚都可以扩张为 K 到自身的和单位映射的距离小于 ε 的同胚. 再次应用推论 10.6.1 和定理 10.4.3, 存在 $\varepsilon_2 \in (0, \varepsilon_1)$ 使得对于 K 中任何两个 Z-集之间的和单位映射的距离小于 ε_2 的同胚都可以扩张为 K 到自身的和单位映射的距离小于 $\dfrac{\varepsilon_1}{2}$ 的同胚. 选择 $m > n$ 使得 $\dfrac{1}{m} < \min\left\{\dfrac{\varepsilon_1}{2}, \varepsilon_2\right\}$. 最后, 我们按下面的方法定义同胚 $h : K \to K$ 使得其满足定义 10.5.1(2) 中的条件 (i)—(iii).

我们先做一个预处理. 由引理 10.6.7, $K\left(\dfrac{1}{n}\right) \in \mathcal{Z}\left(K\left(\dfrac{1}{m}\right)\right)$, 所以, 对于由公式 (10-21) 定义的同胚 $\phi_{\frac{1}{m}}$, 我们有

$$\left(\phi_{\frac{1}{m}}\right)^{-1}\left(K\left(\dfrac{1}{n}\right)\right) \in \mathcal{Z}(K)$$

而且

$$\xi = (\phi_{\frac{1}{m}})^{-1}\Big| K\left(\dfrac{1}{n}\right) : K\left(\dfrac{1}{n}\right) \to \left(\phi_{\frac{1}{m}}\right)^{-1}\left(K\left(\dfrac{1}{n}\right)\right)$$

是 K 中两个 Z-集之间的同胚. 由公式 (10-23) 知

$$d(\xi, \mathrm{id}_K) \leqslant d((\phi_{\frac{1}{m}})^{-1}, \mathrm{id}_K) = d(\phi_{\frac{1}{m}}, \mathrm{id}_K) \leqslant \dfrac{1}{m} < \varepsilon_2.$$

因此, 由 ε_2 的选择知存在同胚扩张 $f : K \to K$ 使得 $d(f, \mathrm{id}_K) < \dfrac{\varepsilon_1}{2}$. 我们完成了预处理.

现在考虑同胚 $\phi_{\frac{1}{m}} \circ f : K \to K\left(\dfrac{1}{m}\right)$ 在 Z-集 $K\left(\dfrac{1}{n}\right) \bigcup Z$ 上的限制 $\eta = \phi_{\frac{1}{m}} \circ f | K\left(\dfrac{1}{n}\right) \bigcup Z$. 那么

$$d(\eta, \mathrm{id}_K) < \dfrac{\varepsilon_1}{2} + \dfrac{1}{m} < \varepsilon_1,$$

$$\eta | K\left(\dfrac{1}{n}\right) = \mathrm{id}_{K(\frac{1}{n})}, \quad \eta(Z) \subset K\left(\dfrac{1}{m}\right).$$

所以, η 是 K 的两个 Z-集之间的小于 ε_1 的同胚, 因此, 可以扩张为 K 到自身的同胚 $h : K \to K$ 使得 $d(h, \mathrm{id}_K) < \varepsilon$. 则 h 和 m 满足我们的要求. 这个证明的思路见图 10-14.

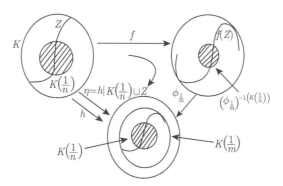

图 10-14 定理 10.6.3 的证明思路

推论 10.6.2 $l \approx s$.

证明 由上面的定理和定理 10.5.2(2) 知 $K \setminus l = \{(-1,0,0,\cdots)\} \cup \bigcup\limits_{n=2}^{\infty} K\left(\dfrac{1}{n}\right)$ 是 $K \approx Q$ 的吸收子, 因此,

$$(K, K \setminus l) \approx (Q, B(Q)).$$

所以, $l \approx s$.

现在, 我们能证明 Anderson 定理.

定理 10.6.1 的证明 由引理 10.6.6 和推论 10.6.2 知

$$\ell^2 \approx l \approx s \approx \mathbb{R}^{\mathbb{N}}.$$

练 习 10.6

10.6.A. 证明 $\ell^2 \approx \ell^2 \times [0,1) \approx \ell^2 \times [0,1] \approx \ell^2 \times Q$.

10.6.B. 证明 $\triangle(\ell^2) \approx \ell^2$.

参 考 文 献

[1] Beer G. Topologies on Closed and Closed Convex Sets. Dordrecht: Kluwer Academic Publisher, 1993.

[2] 北京大学数学系几何与代数前代数小组编, 王萼芳, 石生明修订. 高等代数 (第三版). 北京: 高等教育出版社, 2003.

[3] Cauty R. Un espace métrique linéair qui n'est pas un rétracte absolu. Fundamenta Mathematicae, 1994, 146: 85–99.

[4] Engelking R. General Topology. Berlin: Heldermann Berlag, 1989.

[5] Engelking R. Theory of Dimensions, Finite and Infinite. Berlin: Heldermann Berlag, 1995.

[6] Curtis D W, Schori R M. Hyperspaces of Peano continua are Hilbert cube. Fundamenta Mathematicae, 1978, 101: 19–38.

[7] Falconer K. 分形几何. 曾文曲译. 北京: 人民邮电出版社, 2007.

[8] Jech T. Set Theory. New York: Academic Press, 1978.

[9] Kelley J L. General Topology. New York: van Nostrand, 1955. (中译本: 吴从炘, 吴让泉译. 一般拓扑学. 北京: 科学出版社, 1982.)

[10] Kuratowski K, Mostowski A. Set Theory, with an Introduction to Descriptive Set Theory. Warszawa: Polish Scientific Publishers, 1976.

[11] van Mill J. Infinite-Dimensional Topology, Prerequisites and Introduction. Amsterdam: North-Holland, 1989.

[12] van Mill J. The Infinite-Dimensional Topology of Function Spaces, North-Holland Mathematical Library 64, Elsevier Science B.V., Amsterdam, 2001.

[13] Munkres J R. Topology. Second edition. 北京: 机械工业出版社, 2006. (中译本: 熊金城, 吕杰, 谭枫译. 拓扑学. 第二版. 北京: 机械工业出版社, 2006.)

[14] Munkres J R. Elements of Algebraic Topology. Addison-Wesley Publishing Company, 1984.

[15] Rudin W. Functional Analysis. Second Edition. McGraw-Hill, 1991.

[16] Sakai K. Geometric Aspects of General Topology. Berlin: Springer, 2013.

[17] 熊金城. 点集拓扑讲义. 第三版. 北京: 高等教育出版社, 2003.

[18] 杨忠强. Alexander 子基引理的一个简单证明. 陕西师范大学学报 (自然科学版), 1998, 26(2): 103–104.

[19] 张恭庆, 林源渠. 泛函分析讲义. 北京: 北京大学出版社, 1987.

[20] 张锦文. 公理集合论导引. 北京: 科学出版社, 1999.

索　　引

A

按坐标处于一般位置, 230

B

包含, 5

包含于, 5

保序映射, 16

闭包, 41

　　拓扑空间中的集合闭包, 158

闭集, 36

　　拓扑空间中的闭集, 158

闭区域, 276

闭映射, 49

　　拓扑空间之间的闭映射, 158

边界, 43

　　拓扑空间中的集合边界, 158

边界保持的同胚, 303

边界点, 43

　　拓扑空间中集合的边界点, 158

标准有界化度量, 34

不动点, 137

不动点性质

　　连续映射有不动点性质, 137

　　拓扑空间有不动点性质, 230

C

常值映射, 9

超空间, 107

　　紧子集超空间, 107

　　有界闭子集超空间, 107

　　有限子集超空间, 107

超限归纳法, 15

乘积集合

　　乘积形状的子集, 29

两个集合的乘积, 6

两个集合的 Cartesian 乘积, 6

向因子集合的投影映射, 29

一般集合的乘积, 28

一般集合的 Cartesian 乘积, 28

一般投影映射, 29

因子, 28

因子集合, 28

有限集合的乘积, 6

乘积空间

　　标准基

　　　　无限乘积空间的标准基, 62

　　　　有限乘积空间的标准基, 60

　　乘积度量空间

　　　　可数乘积度量空间, 61

　　　　有限乘积空间, 59

　　乘积拓扑

　　　　可数乘积度量空间的乘积拓扑, 61

　　　　拓扑空间的乘积拓扑, 161

　　　　有限乘积空间的乘积拓扑, 59

　　拓扑空间的乘积, 161

　　　　标准基, 161

　　因子空间

　　　　可数乘积度量空间的因子空间, 61

　　　　拓扑空间中的因子空间, 161

　　　　有限乘积空间的因子空间, 59

　　最大值乘积度量, 58

　　最大值乘积度量空间, 58

　　Euclidean 乘积度量, 58

　　Euclidean 乘积度量空间, 58

承载子, 234

稠密集合, 44

稠密性

　　拓扑空间中的集合稠密性, 158

处于一般位置, 223

传递关系, 10

刺猬空间, 119

粗拓扑, 157

存在量词, 3

D

单纯复形, 233

　　单纯复形网格直径, 233

　　顶点集, 233

　　重心坐标, 234

单点集, 2

单调的连续映射, 82

单射, 9

单位分解, 193

　　从属于覆盖的单位分解, 193

　　局部有限的单位分解, 193

单形, 231

　　顶点, 231

　　顶点集, 231

　　经向边界, 231

　　经向内部, 231

　　面, 231

　　真面, 231

　　重心, 234

导集, 41

　　拓扑空间中的集合导集, 158

道路, 88

　　闭路, 88

　　起点, 88

　　圈, 88

　　拓扑空间中的道路, 159

　　终点, 88

道路连通的度量空间, 88

道路连通分支, 88

　　拓扑空间中的道路连通分支, 159

道路连通性

拓扑空间的道路连通性, 159

等价, 3

等价度量, 52

等价关系, 10

等距的度量空间, 51

等距映射, 51

第二可数的拓扑空间, 182

第一可数的拓扑空间, 182

递减的映射, 17

　　严格递减映射, 17

递增的映射, 17

　　严格递增映射, 17

点态收敛, 68

点有限的子集族, 248

点在空间中连通, 82

定义域, 6

度量, 31

　　对称性, 31

　　三角不等式, 31

　　正定性, 31

度量空间, 31

度量空间的上界, 34

对称关系, 10

对集, 2

对角线, 66

F

反对称关系, 10

反偏序关系, 12

范数, 212

　　ℓ^2 空间的范数, 64

范数导出的度量, 212

仿紧的拓扑空间, 190

非, 3

非空集合, 2

分割, 253

覆盖, 91

　　开 (闭) 覆盖, 91

　　秩, 246

子覆盖, 91
　有限子覆盖, 91
赋范线性空间, 212
复形, 233

G

隔离子集, 76
公式, 3
孤立点, 37
骨架子, 314
关系, 6
　集合上的关系, 10
广义连续统假设, 25
归纳集, 13

H

函数
　有界函数, 111
函数空间
　上确界度量的函数空间, 111
和度量空间, 65
河流空间, 34
恒等映射, 9
后继集合, 7
后继序数, 20
或, 3

J

基, 38
　拓扑空间的基, 158
基数, 20
　集合的基数, 20
基数的三歧性, 21
极大元, 12
极限, 40
极限序数, 20
极小元, 12
集合, 1
集合不相交, 4
集合的并, 5
集合的差, 5

集合的分划, 11
集合的交, 4
集合的幂集, 6
集合的元素, 1
集合相交, 4
集值映射, 216
　下半连续的集值映射, 216
加细, 190
　σ-局部有限的加细, 190
　σ-离散的加细, 190
　局部有限的加细, 190
　开加细, 190
　开重心加细, 197
　离散的加细, 190
　星加细, 197
　重心加细, 197
接近的, 300
紧化
　Čech-Stone 紧化, 176
　大, 175
　单点紧化
　　度量空间的单点紧化, 127
　　拓扑空间的单点紧化, 178
　等价, 175
　紧化的剩余, 175
　可度量化紧化, 124
　拓扑空间的紧化, 174
　最大紧化, 176
　Alexander 紧化
　　度量空间的 Alexander 紧化, 127
　　拓扑空间的 Alexander 紧化, 178
紧空间, 91
　紧度量空间, 91
　紧拓扑空间, 171
紧子集, 91
　拓扑空间中的紧子集, 171
近似同胚, 289
径向边界, 289

径向内部, 289

局部道路连通, 89

局部道路连通性

　　　拓扑空间的局部道路连通性, 159

局部紧度量空间, 102

局部紧拓扑空间, 173

局部凸线性空间, 222

局部有限, 190

局部有限的单纯复形, 234

聚点, 41

　　　拓扑空间中集合的聚点, 158

具有性质 P 的拓扑, 163

距离, 31

句子, 3

绝对可扩张的空间, 73

绝对收缩核, 73

绝对 $\mathcal{F}_n$ 度量空间, 75

绝对 $\mathcal{G}_n$ 度量空间, 75

K

开集, 36

　　　拓扑空间中的开集, 156

开区域, 276

开映射, 49

　　　拓扑空间之间的开映射, 158

可定义的类, 3

可度量化空间, 157

可度量化拓扑, 157

可度量化拓扑空间, 157

可分的拓扑空间, 182

可分空间, 118

　　　可分度量空间, 118

可分性

　　　拓扑空间的可分性, 158

可赋范线性空间, 212

可逆的同痕, 294

可三角剖分的空间, 233

可收缩的, 289

可数基数, 22

可数集合, 22

可数紧拓扑空间, 300

可数维空间, 283

可数无限基数, 22

可数无限集合, 22

可数序数, 22

空集, 2

空间, 156

空间对, 314

　　　对同胚的, 314

L

类, 3

离散, 190

离散度量空间, 31

离散拓扑, 156

离散拓扑空间, 156

离散子集, 41

　　　拓扑空间中的离散子集, 158

连通性

　　　局部连通性

　　　　　局部连通的度量空间, 83

　　　　　局部连通的拓扑空间, 158

　　　连通的度量空间, 76

　　　连通的拓扑空间, 158

　　　连通分支, 82

　　　连通集, 76

连续扩张, 70

连续统, 102

连续统基数, 25

连续统假设, 25

连续选择, 216

连续映射, 45

　　　拓扑空间之间的连续映射, 158

　　　拓扑空间之间在一点连续性, 158

　　　在一点连续的映射, 45

链, 13
　　偏序集中的链, 27
良序关系, 13
良序集, 13
　　序型, 20
量词, 3
邻域, 39
　　拓扑空间的邻域, 158
邻域基, 39
　　拓扑空间的邻域基, 158
流形, 280
　　Q-流形, 293
　　边界, 280
　　边界点, 280
　　带边界流形, 280
　　无边界流形, 280

M

满射, 9
命题连接词, 3

N

内部, 43
　　拓扑空间中的集合内部, 158
内点, 43
　　拓扑空间中集合的内点, 158
内积, 213
内积空间, 213
逆映射, 9
捏为一个点的商空间, 187

P

膨胀, 248
偏序关系, 11
偏序集, 11
偏序集的同构, 17
平行四边形法则, 213
平庸拓扑, 156
平庸拓扑空间, 156

Q

齐次的拓扑空间, 276

前继序数, 20
前截, 15
嵌入映射, 55
强 0-维拓扑空间, 247
强可数维空间, 283
强拓扑, 157
强无限维空间, 283
且, 3
球, 34
球极投影, 178
球形邻域, 39
区间, 14
　　半开半闭区间, 14
　　闭区间, 14
　　开区间, 14
　　退化的区间, 14
全序关系, 13
全序集, 13
群, 305

R

任意量词, 3
弱拓扑, 157
弱无限维空间, 283

S

三角剖分, 233
商集合, 11
商拓扑
　　拓扑空间的商拓扑, 162
商拓扑空间, 162
上半连续, 222
上界, 12
上确界, 12
上确界度量, 63
上确界范数, 212
射影空间, 188
收敛, 40
收缩, 193

收缩核, 50
　　拓扑空间的收缩核, 243
收缩映射, 243
双射, 9

T

同构, 17
同构向量空间, 210
同构映射, 210
同痕, 294
同痕的, 294
同伦, 294
同伦的, 294
同胚, 49
　　拓扑空间之间的同胚, 159
同胚不变性质, 50
同胚嵌入, 55
　　闭同胚嵌入, 55
　　等距嵌入, 55
　　　闭等距嵌入, 55
　　　开等距嵌入, 55
　　开同胚嵌入, 55
　　拓扑空间的同胚嵌入, 159
同胚映射, 49
图像, 95
椭圆 Hilbert 方体, 321
拓扑, 36
　　度量导出的拓扑, 157
　　拓扑空间的拓扑, 156
拓扑空间, 156
拓扑群, 300
拓扑完备的度量空间, 144
拓扑性质, 50
拓扑学家的正弦曲线, 83

W

完备度量空间, 134
　　可完备度量空间, 144
　　　拓扑空间的可完备度量性, 158
　　完备化, 142

完全有界, 136
完全正规的拓扑空间, 170
完全正则拓扑空间, 165
万有空间, 129
　　连续像意义下的万有空间, 130
维数
　　大归纳维数, 245
　　覆盖维数, 246
　　小归纳维数, 245
伪边界, 287
伪连通分支, 86
伪内部, 287
无处稠密集合, 44
无处局部紧的拓扑空间, 248
无限集, 22
五点完全图, 280

X

吸收子, 314
细拓扑, 157
下半连续, 222
下界, 12
下确界, 12
线性表示, 210
线性空间, 211
　　可度量化线性空间, 211
线性序集, 13
线性映射, 210
相容度量, 157
向量空间, 209
　　0 元的存在性, 209
　　对称集, 210
　　负元, 209
　　负元存在性, 209
　　几何无关的向量组, 223
　　加法, 209
　　交换律, 209
　　结合律, 209
　　数乘, 209

凸包, 210

凸子集, 210

维数, 210

无限维, 210

线性无关的向量组, 223

向量组的秩, 223

子空间, 210

星集, 197

序对集, 2

序列, 28

度量空间中的序列, 40

收敛序列, 40

拓扑空间的收敛序列, 158

拓扑空间的序列, 158

序数, 18

偶序数, 20

奇序数, 20

序数的三歧性, 20

Y

压缩映像, 137

一一对应, 9

一致连续映射, 51

一致收敛, 68

遗传仿紧空间, 199

遗传正规的拓扑空间, 171

映射, 6

映射的复合, 9

映射的限制, 9

映射的像, 6

映射下的逆像, 9

映射下的像, 9

由基所生成的拓扑, 160

由集合生成的向量子空间, 210

有界度量, 34

有界度量空间, 34

有界集, 34

有限基数, 22

有限集, 22

有限交性质, 93

有限余拓扑空间, 164

原始公式, 3

蕴含, 3

Z

展开, 202

强展开, 202

真内部, 317

真子集, 5

振幅, 150

限制的振幅, 154

正规拓扑空间, 165

正则闭集, 44

正则开集, 44

正则拓扑空间, 164

直径, 34

值域, 6

指标化, 10

指标集, 10

指标映射, 10

重心重分, 235

重心坐标, 231

锥, 292

子基, 39

子集, 5

子空间, 53

闭子空间, 55

拓扑空间的闭子空间, 161

开子空间, 55

拓扑空间的开子空间, 161

拓扑空间的子空间, 161

子偏序集, 13

自反关系, 10

自然数, 14

自然数集, 14

自然映射, 11

自由变量, 3

族, 1

族正规的拓扑空间, 202

最大元, 12

最小元, 12

其　他

0-维度量空间, 114

0-维拓扑空间, 247

F_σ-集, 68

　　拓扑空间中的 F_σ-集, 158

G_δ-集, 68

G_δ-集

　　拓扑空间中的 G_δ-集, 158

σ-紧空间, 207

σ-局部有限, 190

σ-离散, 190

ε-网, 136

0-阶 Borel 集, 74

1-阶 Borel 集, 74

Abel 群, 209

Baire 度量空间, 147

Baire 性质, 147

　　拓扑空间的 Baire 性质, 158

Banach 空间, 212

Borel 集, 74

Cantor 集, 113

　　余区间, 113

Cantor 空间, 117

Cauchy 不等式, 32

Cauchy 列, 134

de Morgan 对偶律, 8

Dirichlet 函数, 72

Erdös 空间, 266

Euclidean 空间, 32

$F_{\sigma\delta\sigma}$-集, 74

$F_{\sigma\delta}$-集, 74

$G_{\delta\sigma\delta}$-集, 74

$G_{\delta\sigma}$-集, 74

Hausdorff 度量, 106

Hausdorff 空间, 164

Hilbert 空间, 213

Hilbert 空间 ℓ^2, 33

Klein 瓶, 189

Kuratowski 14 集定理, 44

Lebesgue 数, 99

Lindelöf 拓扑空间, 182

Lipschitz 映射, 142

Nöbeling 空间, 146

Peano 连续统, 111

Riemann 函数, 155

Russell 悖论, 3

Schwarz 不等式, 213

Sorgenfrey 线, 161

Spermer 映射, 240

T_1 拓扑空间, 164

T_2 拓扑空间, 164

T_5 空间, 171

T_6 空间, 170

$T_{3\frac{1}{2}}$ 拓扑空间, 165

T_3 拓扑空间, 164

T_4 拓扑空间, 165

Tychonoff 拓扑空间, 165

Whitehead 拓扑, 234

Z_σ-集, 301

Z-映射, 313

Z-集, 301

　　Z-嵌入, 313

Zermelo-Fraenki 系统, 7

Zermelo-Fraenki 选择公理系统, 2

ZF 系统, 7

ZFC 系统, 2